[英] 李约瑟 原著　柯林·罗南 改编

江晓原 主持　上海交通大学科学史系 译

中华科学文明史

THE SHORTER SCIENCE & CIVILIZATION IN CHINA

上海人民出版社

西方人应当认识，在中国人看来，科学并不是出于基督教传教士的慷慨恩赐，并不是在中国自己的文化里毫无根基的。相反地，科学在中国文化中有光辉灿烂而深厚的根基。如果中国中古世纪的社会当真像有些人宣传的那样是一个绝对专制、毫无自由的社会，我们就无法解释几千年来怎么会产生那么多的创造和发明，也无法理解为什么在那样漫长的岁月里中国总是处于比欧洲领先的地位。

——英国皇家学会会员　李约瑟

我们要正视中华民族给李约瑟的帮助，没有中华民族的支持，也不会有李约瑟的巨著。假如他还在世，我相信他也不会否认这个事实。从一定程度上来讲，《中国科学技术史》可以说是中华民族努力的成果。

——剑桥大学李约瑟研究所前所长　何丙郁

对李约瑟及其著作的赞誉节选

李约瑟力图以西方的术语诠释中国的理念，而他可能也是当今学者中唯一拥有完成这一艰巨任务所必备之各种条件的人。其著作在实践上和在知识上可以说同等重要。这是远高于外交层面的一个西方认知行动。

——英国历史学家　阿诺德·汤因比

李约瑟博士是一位学识渊博、研究成绩卓著的科学家。他有很高的西方文化素养，又对东方文化有相当深刻的体验和理解。因而他能充分地认识到，世界上各个国家与民族之间在科学技术方面是通过交流而互相渗透、互相促进的，整个科学技术的进步又是汇合了各个国家与民族科学技术精华而加以发展和创新的结果。

——中国科学院前院长　卢嘉锡

李约瑟写中国古代科技史，在国际上的影响比我们自己人要大。一是因为他的学术地位，他当时已是英国皇家学会会员，是著名的生化学家；二是因为他的书是剑桥大学出版社推出的，这个出版社牌子很硬。我们国家的领导人看到外国人对中国古代的科技成就研究得那么深入，而我们自己没有做，就很重视。李约瑟功不可没。

——中国科学院院士　席泽宗

李约瑟博士十分关心我国青少年科学工作者，对他们将来在21世纪的地位而寄予无限的希望。

——国际科学史研究院院士　胡道静

李约瑟教授编著的《中国科学技术史》乃是20世纪的划时代巨著，《中华科学文明史》是在该书的基础上改编而成的普及读物，同样具有重要价值。李约瑟身为英国学者，愿意摒弃西方历来对中国科技傲慢的立场，以实事求是的态度，彻底研究我国二千多年来科技与文明的发展，这种高尚的精神实在难能可贵。由于跨越和覆盖的范围很广泛，书中的有些结论还不能算是定案，但无论如何，本书对科技史普及的贡献是无可置疑的。

——数学家　丘成桐

李约瑟在他的不朽巨著中发掘出无数中国科技史上的重要成就。本书作为李约瑟巨著的缩写本，承原著之精要，以简明流畅的历史叙事，达到了深入浅出、举重若轻的境界，勾勒出中华几千年来辉煌的科学技术与文明史。书中以数理科学即数学、天文学、物理学等可以量化的科学为主，还涉及了医学、气象学、地理学、工程学等领域。同时，作为中国科学史的精神背景，儒、墨、道、法、释各家思想也得到了系统的论述。这是一部最可信赖的中国古代科学文化的通史读本。

——历史学家　余英时

由李约瑟的巨著《中国科学技术史》浓缩的这套《中华科学文明史》，钩玄提要，旁征博引。从中我们可以窥见原书气魄之大、包容之广：从理论性的哲学、天文、数学、物理，以至技术性的地理、水利、航行、建筑、道路、桥梁、冶炼等，都为其全盘网罗，蔚为大观。由是，读者可以对中国传统科技得一概观，或以之为深入研究的门径，这是它的划时代贡献。

——香港中文大学教授　陈方正

将“科学”(S)纳入最有影响的国际学术组织(UNESCO),将“文明”(C)纳入宏大的中国科技史研究计划(SCC),这是李约瑟博士的过人之处,其意义远远超越了“中国古代科学”这一特定的论域。

——国际科学技术史学会主席　刘　钝

我们今天的“科学”概念来自西方,所以根据李约瑟的难题,中国自然没有,也不可能发生欧洲那样的近代科学。中国有自己的文明发展历程,李约瑟以欧洲的科学概念来研究中华文明,提出其著名的难题,显示出他思虑过人之处,因此这部《中华科学文明史》无论对我们或者对西方人而言,就都带有明显的启发性的意义。

——复旦大学教授　周振鹤

李约瑟经典著作的经典浓缩,中国科技通史的权威版本。

——北京大学教授　吴国盛

这是到目前为止面向公众普及中国科学史最好的读物之一。

——清华大学教授　刘　兵

李约瑟改变了世界看待中国的方式,也改变了中国人看待自己的方式。

——北京大学教授　张维迎

总目录

新版前言

江晓原

关于李约瑟《中国科学技术史》

在中国大众心目中,李约瑟已成"中国科学史"的同义语。他的巨著《中国科学技术史》,原名 *Science and Civilisation in China*,直译应该是《中国的科学与文明》,这个书名,既切合其内容,立意也好;但是他请冀朝鼎题署的中文书名却作《中国科学技术史》,结果国内就通用后一书名。其实后一书名并不能完全反映书中的内容,因为李约瑟在他的研究中,虽以中国古代的科学技术为主要对象,但他确实能保持对中国古代整个文明的观照。然而这个不确切的中译名沿用已经很久,也就只好约定俗成了。

关于这个书名,还有别的故事,说法各不相同。有趣的是这样取名背后的观念,我们之所以欢迎这个大大偏离了原意的书名,最初很可能是一种潜意识在起作用——希望将可能涉及意识形态的含义"过滤"掉。

李约瑟最初撰写《中国科学技术史》(我们如今也只好约定俗成,继续沿用此名)时,他曾认为只需要写一卷即可，但真的动手才发现这是远远不够的。此后计划不断扩大，变成总共七卷，前三卷皆只一册，从第四卷起出现分册。剑桥大学出版社自1954年出版第一卷起，迄今已出齐前四卷，以及此后各卷中的若干分册。由于写作计划不断扩大，分册繁多，完稿时间不断被推迟，李约瑟终于未能看到全书出齐的盛况。

李约瑟未完成的巨著，很容易让人联想到号称“科学史之父”的乔治·萨顿(George A. L. Sarton)。大约20世纪20年代，萨顿大发宏愿，要撰写《科学史导论》，从荷马时代的科学开始论述，第一卷出版于1927年。这部书他写了三卷(第三卷1947出版)，论述到14世纪。随后萨顿的宏愿又进一步扩大——他决定写“1900年之前的全部科学史”，全书计划中共有九卷，可惜到他1956年去世时，仅完成头两卷：《希腊黄金时代的古代科学》(1952年出版)、《希腊化时期的科学和文化》(1959年出版)。他去世后，此书的写作计划就无疾而终。

要说这两部巨著的工作条件，李约瑟的似乎好一点。特别是他先后得到大批来自各国的学者的协助——其中最重要的当然是鲁桂珍。由于鲁桂珍和李约瑟的特殊关系，来自鲁桂珍的帮助就不仅仅是事功上的，而且还是心灵上的、精神上的。这一条件恐怕是萨顿所不具备的。李约瑟固然学识渊博，用力又勤，但如此广泛的主题，终究不是他一人之力所能包办。事实上，《中国科学技术史》全书的撰写，得到大批学者的协助。其中最主要的协助者是王铃和鲁桂珍二人，此外据已公布的名单，至少还有罗宾逊、何丙郁、席文、钱存训、叶山、石施道、麦克尤恩、库恩、Peter J. Golas、白馥兰、黄兴宗、丹尼尔斯、孟席斯、哈布斯迈耶、R. 堪内斯、罗祥朋、汉那-利胥太、柯灵娜、Y. 罗宾、K. 提太、钱崇训、李廉生、朱济仁、佛兰林、郭籁士、梅太黎、欧翰思、黄简裕、鲍迪克、祁米留斯基、勃鲁、卜正民、麦岱慕等人。

对于《中国科学技术史》，曾经长期担任李约瑟研究所所长的何丙郁，发表过一个非常值得重视的看法：“长期以来，李老都是靠他的合作者们翻阅《二十五史》、类书、方志等文献搜寻有关资料，或把资料译成英文，或替他起稿，或代他处理别人向他请教的学术问题。他的合作者中有些是完全义务劳动。……我只是请大家正视一件事情，那就是请大家认清楚李老的合作者之中大部分都是华裔学者，没有他们的合作，也不会有李老的中国科技史巨著。李老在他巨著的序言中也承认这点。”①

说李约瑟的《中国科学技术史》是集体的贡献，并不是仅从有许多华裔科学家协助他这一方面上来立论，还有另一方面。何丙郁说：“我还要提及另一个常被忘记的事情，那就是李老长期获得中国政府以及海内外华人精神上和经济上的大力支持，连他晚年生活的一部分经费都是来自一位中国朋友。换句话来说，我们要正视中华民族给李约瑟的帮助，没有中华民族的支持，也不会有李约瑟的巨著。假如他还在世，我相信他也不会否认这个事实。从一定程度上来讲，《中国科学技术史》可以说是中华民族努力的成果。”②

翻译李约瑟《中国科学技术史》的工作，一直在国内受到特殊的重视。在“文革”后期，曾由科学出版社出版了原著的少数几卷，并另行分为七册，不与原著对应。不过在当时这已算罕见的“殊荣”了。到20世纪80年代末，重新翻译此书的工作隆重展开，专门成立了“李约瑟《中国科学技术史》翻译出版委员会”，卢嘉锡为主任，大批学术名流担任委员，并有专职人员组成的办公室长期办公。所译之书由科学出版社与上海古籍出版社联合出版，十六开精装，远非“文革”中的平装小本可比了。

关于“李约瑟难题”

这些年来，国内喜欢求解“李约瑟难题”的人，多如过江之鲫，看得我们实在已经严重审美疲劳了。

2009年三联书店出版了陈方正的《继承与叛逆——现代科学为何出现于西方》，它以副标题“现代科学为什么出现在西方”作为纲领，对西方科学史做了通史性质的论述。这样的尝试在中文著作中是不多见的。

陈方正这部书，与以研究中国科学史著称的美国教授席文（Nathan Sivin）的一个想法十分相合，席文认为，“与其追究现代科学为何未出现在

---

① 何丙郁：《李约瑟的成功与他的特殊机缘》，载《中华读书报》2000年8月9日。
② 同上。

中国,不如去研究现代科学为何出现在西方”。席文还认为,“李约瑟难题”是没有意义的——因为在他看来讨论一件历史上未发生过的事情“为何没有发生”是没有意义的,所以“李约瑟难题”被他尖刻地比喻为“类似于为什么你的名字没有在今天报纸的第三版出现”。

席文的这个比喻,其实是有问题的。一个平常人,名字没有出现在报纸第三版上,当然很正常;但如果是一个名人,或一个此刻正处在某种风口浪尖上的问题人物,比如某个正闹绯闻的女明星,比如该报纸的第三版恰好是娱乐版,那她的名字没出现在上面,人们是可以问问为什么的。我的意思是说,席文的这个比喻,没有抓住问题的要点。

那么问题的要点在哪里呢?其实每个对中国近几十年来的相关语境不太陌生的人都知道,就在“李约瑟难题”的前一句。

“李约瑟难题”的表述有许多版本,意思都大同小异(当然没有必要在这里做版本考据),基本意思就是:“中国古代科学技术曾长期比西方遥遥领先,为何近代科学却没有在中国出现?”这里前一句是前提,是被当作已经获得认定的一种历史事实,“李约瑟难题”要在这前一句的基础上,来问后一句所表达的问题。

于是,问题的要点立刻就浮现了——那些热衷于解答“李约瑟难题”的论著,几乎从来不尝试给出任何有效的证据,来证明那个前提,即中国古代科技究竟是如何“遥遥领先”于西方的。他们的逻辑显然是“李约瑟已经这么说了,那就肯定是真的”。而他们显然喜欢这样的前提,于是反反复复去“解答”。许多这样的“解答”其实是某种变相的意淫——因为每次“解答”都是对“中国古代遥遥领先”这个前提的一次认定,而每次对这个前提的认定都能带来一次心理上的自慰。

至少二十年前,我就主张“李约瑟难题”是一个伪问题。在 2001 年 5 月 24 日接受《南方周末》专访时,又做过比较全面的论述。

如果我们站在客观的立场观照近现代科学的来龙去脉,就不难发现“李约瑟难题”确实是一个伪问题——当然伪问题也可以有启发意义。因为那种认为中国科学技术在很长时间里领先于世界的图景,相当大程度上是中国人自己虚构出来的。古代中国人在科学和技术方面,所走的发展路径和西方大不相同。事实上，古代几个主要文明在这方面走的发展路径都是互不相同的。而在后面并没有人跟着走的情况下，“领先”又从何说起呢？这就好比一个人向东走，一个人向南走，你不能说向南走的人是落后还是领先于向东走的人——只有两个人在同一条路上，并且向同一个方向走，才会有领先和落后之分。

比如在唐朝时，中国可能是世界上最强盛的国家，但在世界历史长河中，国力最强盛的国家并不一定就是科学最先进的国家。国力强盛有共同的、相对简单的衡量标准，科学文化先进与否的衡量标准却要复杂得多。而且，科学史意义上的科学先进同我们现在通常意义上的科技发达，考量标准也不一样。

陈方正《继承与叛逆》书前，有余英时写的长序，阐发陈著的价值和意义，是一篇非常重要的文章。在余英时的序中，也将“李约瑟难题”称为伪问题，余英时采用了另一个比喻：不可能说“某一围棋手的棋艺曾长期领先某一象棋手”。这和我上面的比喻倒是堪称异曲同工。

本书的意义与价值

今天的人们，物质生活越来越富裕，窗外有百丈红尘，其诱惑越来越剧烈，许多人被名缰利锁越缠越紧，每日的步履越来越匆忙，在物欲深渊中越陷越深，离精神家园越来越远。我们可以看到，随着时间的流逝，宏大主题的鸿篇巨制是越来越少了。作者懒得写，读者也懒得读了。

李约瑟的《中国科学技术史》卷帙浩繁，从1954年起出版，已出数十巨册，至今仍远未出齐，而李氏已归道山。剑桥大学出版社在李氏生前，考虑到公众很难去阅读上述巨著，所以请科林·罗南(Colin A. Ronan)将李氏巨著改编成一种简编本，共得五卷。现在罗氏也早已谢世多年了。

这部五卷本《中华科学文明史》，原名 *The Shorter Science and Civilisation in China*，就是李氏上面那部巨著的简编本之意。我们当然不应该将错就错，再继续沿用先前不确切的书名。所以《中华科学文明史》这个书名，既符合作者原意，顺便也是一次正名——尽管是已经迟到的正名。

由于是简编本，这部书的读者对象，自然要比李氏计划中有七十余册的皇皇巨著广泛得多。书中略去了大量繁琐的考证,阅读起来也比较流畅。

李约瑟给中国人民、给中国科学史带来的最宝贵的礼物,是他的著作中宽广的视野。这部简编本虽然经过了科林·罗南的改编,但这一特点仍然得到保持。书中论述中国古代科学文化时,经常能够展现出东西方文明广阔的历史背景,而历史上中国与欧洲之间科学与文化的交流及比较,则是贯穿全书的一条主线,李约瑟对此倾注了巨大的注意力。

例如,在谈到中国古代水运仪象之类天文观测—演示仪器时,就介绍了起源于拜占庭的"阿拉伯自鸣水钟",而以前国内的读物大谈中国的水运仪象台时,从来不提西方历史上的同类仪器,好像它们从来就没有存在过一样。又如,即使是在论述中国历史上的伪科学时,李约瑟也不忘记进行中西方比较,在谈到中国十四世纪时的一幅算命用的星命图时,李约瑟立即将它与公元初几个世纪西方"系统化的古希腊占星术中的十二宫或十二所"联系起来,认为两者的实质内容是一样的。

这样的做法对于中国读者来说是极为有益的——因为我们以前有太多的读物向我们描绘过一幅又一幅夜郎自大的虚幻图景,好像古代只有中国的科学技术独步全球,别人都在蛮荒世界。虽然李氏有时不免有点拔高中国古代成就,但他主要也只是在比较抽象的概念上拔高,具体论述时则都是实事求是的。

这部简编本的论述基本上是实事求是的——而实事求是的论述是不会误导读者的。如今媒体或书刊上,特别能误导读者的,是一种"真实的谎言"。这是一种高明的说谎技巧,其中每一个成分都是真实的,但是合起来就构成谎言。比如,向儿童谈科学史,说我们今天讲两个科学家的故事,一个是爱因斯坦,一个是黄道婆;即使所讲的事都是真实的,但小孩子听过后就获得这样的印象:中国古代有一个像爱因斯坦那么伟大的科学家黄道婆,而这个印象却是一个谎言。因为黄道婆即使历史上真有其人,也无法和爱因斯坦相提并论。

李约瑟的工作和李约瑟的精神,都有永远的价值。事实上,他已经成为一个象征。但这不是"我们先前阔多了"的象征,而是中西方文化沟通、交流的象征。

关于本书中译本

本书中译本是集体合作的成果。参与本书译、校者，主要是上海交通大学科学史系的教师及研究生，也有若干其他单位的人士。各卷具体分工名单如下(未注明单位者皆为当时上海交通大学科学史系师生)：

第一卷　1～6 章：　段爱爱译，王　媛、江晓原校

7～8 章：　李　丽译(华东师范大学古籍研究所)

9～11 章：　邢兆良译

12～16 章：李　丽译

第二卷　1～3 章：　钮卫星译

4～5 章：　郑　燕译(浙江科学技术出版社对外合作编辑室)

6 章：　商伟明译(杭州市农业银行国际业务部)，关增建校

第三卷　1 章：　付桂梅译(上海交通大学学报编辑部)，关增建校

2～7 章：　辛元欧译

第一～三卷索引：　王国忠译(浦东华夏社会发展研究院李约瑟文献中心)，孙毅霖、钮卫星、关增建、江晓原校

江晓原、关增建、纪志刚、辛元欧四人共同审阅了前三卷的校样。

第四卷　全部：　梁耀添译，陆敬严校(同济大学机械系)

第五卷　全部：　王　媛译

策划、组织、统稿：江晓原

·

还有几个问题需要向读者说明：

■　英文原版中的错误问题。科林·罗南简编本中有一些错误，这些错误可分为两类：

甲、硬伤，比如将年代、地名之类写错，我们对这类错误的处理办法是正文依据原文，然后在错误之处加上“应作某某——译者注”字样，放在括

号内。

乙、并非简单的硬伤，但是属于明显不妥的论断，我们对这类错误的处理办法是正文依据原文，然后在页末注中加以说明。

■ 对其他中译本的参考。我们在翻译中主要参考了如下两种译本——这里谨向诸译者及出版社深表谢意：

甲、《中国科学技术史》翻译小组：《中国科学技术史》，科学出版社，1975年。此中译本包括“总论”两册、“数学”一册、“天学”两册、“地学”两册，系另分卷册，不与李约瑟英文原版对应。

乙、由科学出版社和上海古籍出版社联合出版的中译本，完全按照李约瑟英文原版的卷册，到2002年本书初版时为止仅出版了如下四册（此后当然又已出版了若干册，但已不及为本书翻译时所参考）：

袁翰青等译：第一卷“导论”，1990年；

何兆武等译：第二卷“科学思想史”，1990年；

刘祖慰译：第五卷第一分册“纸和印刷”，1990年；

鲍国宝等译：第四卷第二分册“机械工程”，1999年。

■ 在本书中译本索引中，我们删除了少数专为西方读者而设、对中国读者来说纯属起码常识的义项。

此次新版，重新统一调整了全书目录，并对初版文本中的错误作了修订。

最后，我要在这里感谢所有参加本书工作的人。特别感谢、怀念本书初版的责任编辑、已故的胡小静先生，以及上海人民出版社的其他有关编辑，他们已经并还将继续为本书付出极为艰巨的劳动。

江晓原

2013年11月16日

于上海交通大学科学史系

目 录

第 一 卷

第二卷

第　一　卷

前言

李约瑟教授所撰写的《中国科学技术史》是学界一部不朽的著作，它开创了一片新的天地，为西方读者详尽而连贯地介绍了中国从远古时代起到17世纪晚期科学技术的发展。比起一般读者，这部巨著更适合于学者和研究人员使用。书中有一些内容迄今为止还没有被西方世界所了解，而这些内容又如此重要，使得现在明显地需要有一套缩写本，让有无科学素养的人都能看懂。李约瑟先生和剑桥大学出版社都意识到了这一点，我被邀请接受这项任务，这使我充满感激和兴奋，感激的是我由此成为这项伟大研究与更多读者的连接纽带上的一环，兴奋则由于这项不轻松的任务意味着我将在以前未涉足过的海洋中展开一段探索旅程。 xiii

在这套缩写本的编写中，许多人都曾给予过我帮助和鼓励，其中李约瑟本人对我帮助最大。向他的请教，常常是在喝过茶后，他总能使我受到教育，同时又得到一段愉快的经历，就这样他帮助我解决了如何把如此多的信息缩写进文章里的难题。对李约瑟先生的感谢，除了在于他为我准备的参考文献，还在于他从始至终与我一起关心整部文稿。我们一起阅读稿件,他加以赞赏,虽然由于《中国科学技术史》一书正文的编写压力使他未能系统地介绍新材料,但我们还是借此机会增加了一些新的内容并借助从已出版的几卷书中获得的知识做了些重点的修改,包括一些更正。另外,我们改变了章节标题和题目顺序,使它与原版的第一、二卷不尽相同。然而,无论如何,它不是《中国科学技术史》的再次编辑,它不能不结合过去二十年的新发现,比如在中国文化的史前部分或考古学方面的新进展。正如现在展现给大家的,它只是基本上是那部著作的缩写本。

ix

这里在分析语音的罗马化时保留了韦德·霍理斯的做法,即将送气音符号用h代替。

我还要感谢剑桥大学出版社的安东尼·巴特先生,感谢他介绍我做缩写本的编写者;感谢出版社编辑艾伦·温特,如果没有他的耐心帮助,书中会比现在多出许多不足之处。另外,我还衷心地感谢桑德拉夫人与黛安娜夫人,尽管不时有改动,她们还是成功地为我打出了手稿;还要感谢我的妻子佩妮,她认真地通读了作品,并提出了一些有益的见解。

柯林·罗南

写于小山酒吧

1976年11月23日

第一章　序　言

1

现在，人们越来越认识到科学史是人类文明史的一个重要组成部分，是人类文化发展的一个基本成分。探寻科学史的发展时，许多学者无一例外地从今天科学技术的思想和实践追溯到它产生的摇篮——古代地中海地区。他们发现，始于苏美尔人、巴比伦人和古代埃及人的进化给古希腊乃至罗马帝国带来了科学思想以及对自然观察的发展。通过伊斯兰世界，它们又传播到中世纪的欧洲，在欧洲的文艺复兴运动兴起时，它们引发了具有革命性的变革。

在很大程度上，所有这些都是新事物。例如，在一个半世纪以前，苏美尔人和巴比伦人对科学的贡献还不为人知。1837 年，当威廉·厄尔撰写他的巨著《归纳科学史》时不自觉地忽视了其他文明对现代西方科学文化的贡献，并且没有受到任何批评。而现在情况有些不同了，不仅巴比伦人和苏美尔人的成就被认识，还有以前我们了解得不够的印度文化遗产。与之相似，在我们的认识中仍然对来自亚洲文明的贡献有着巨大的隔膜，尤其是它的两个最古老的文明中处于北方的中国。中国的科学史迹就是本书讲述的主题。

确切地说，中国人对于科学技术和科学思想的贡献随不同的历史时期而不同，这一点将变得很明显。在远古和中古时代，中国的科学技术极其重要，但它的角色在 17 世纪早期耶稣会传教士到北京出访后发生了变化，渐渐地融进了过去 300 多年连续发展的一般科学中。在耶稣会传教士来到之前，中国的科学处于依靠观察与实验的阶段，理论相对落后。即使如此，中国人还是成功地在希腊人之前做出了许多科学技术上的发现，与掌握了古希腊科学知

2

识的阿拉伯人并驾齐驱，在公元1世纪到13世纪之间达到了一个西方世界无法企及的科学知识水平。

对以西方古典艺术为基础的文化背景下长大的人来说，中国人的成就令人吃惊。当然，16世纪的中国没有像欧洲那样从这时开始产生现代科学，理论素养的薄弱和希腊科学中精确性的基础——推理几何学的缺乏，对中国人产生了负面影响。尽管如此，在中国古代社会，比起在希腊、罗马甚至欧洲中古社会，科学更容易得到应用；此外在中国发展了一种有机的自然观，这种自然观和近代科学经过机械唯物论统治三个世纪之后被迫采纳的自然观非常相似。它的产生是本书将要讨论的问题之一。

即使今天，对中国人的发明与科学发展的偏见仍然存在，要评估中国人的成就也是件困难的事。老的（17世纪）耶稣会传教士所传来的不确切的编年史至今仍然在起作用，它导致人们要么过分夸大，要么过分减损东亚人祖先的成就，同时，中国人与西方学者也忽视了中国的早期成就，或只是给了一些表面的关注。传说本身也常常未被应有地认识，而造成许多有价值的材料被忽略了。然而，大多数欧洲人都隐约地意识到了远在欧亚大陆的另一端有一个浩瀚繁荣的文明，和他们自己的文明一样的错综复杂和丰富多彩。欧洲人在对中国文明，特别是对中国科学技术进行了解的过程中，有一道几乎无法逾越的鸿沟，这便是中国人所使用的象形文字。大多数汉学家都必然具有文学方面的爱好和修养，然而还是有很多零星的文学样式几乎从未被涉及过，更遑论仔细研究了。

从某种意义上来说，这本书是一种探讨，一种精要的探讨，它的详细资料力图与李约瑟先生及他的合作者们所发掘的文献相一致。作为一名合格的研究科学与科学史的人员所具有的素质，必须对这个国家及其语言非常熟悉，并能和许多科学家、学者接触，他还必须能够研究中文原著，包括已有了译本的和从没有被翻译过的著作。这样就能使他纠正那些错误的翻译或错误的概念。举个例子：在公元前4世纪的《墨子》（《墨子》是墨翟的作品）一书唯一完整的译本中，有一段讲到纺织。西方译本的译文是："妇女们从事各种刺绣，男人们则用穿插的方式编织织物。"这段译文的字面意义似乎是指提花织机，只有对文章进行仔细的研究后，才知道其中根本没有提到花纹的编织，作者实际是指"刻丝"，也就是将各种彩色丝线编入已经织就的织物而成一种锦。因此这里实际上没有涉及提花织机，人们也不可能以此为证据宣称中国在公元前4世纪发明了提花织机。除了这个，还有不少其他例子可以说明对语言或其所涉及的技术不熟悉所面临的错误危险。

3

这里应该指出，尽管出版的这部著作有 90%是李约瑟先生亲笔写的，正如他所说，若没有他的同事们的合作，这项工程是绝对不能完成的。从 1948 年到 1958 年，他的主要合作者是王静宁（王铃）先生，现在是澳大利亚堪培拉市的教授，他是一名历史学家和数学家；1958 年，李先生的一位更老的朋友鲁桂珍，一名医药与生物史专家开始与他合作；几名其他的中国学者也给予了积极的合作，特别是布里斯班的天文、炼金术与早期化学史专家何丙郁，还有加利福尼亚的罗荣邦，他在制盐工业及深井挖掘技术那一章提出了不少见解；另外，芝加哥的世界纸张及印刷史权威之一钱存训先生，研究传统化学工业的李励生先生都提供了帮助。随着时间的推移，要感谢的人越来越多，比如纺织技术现在由东京的奥达义作先生负责，陶瓷部分由香港的屈志仁先生编写。西方学者也加入了这项研究，比如肯尼斯·罗宾逊先生，他草拟了物理声学部分；德克·伯得先生，正在研究传统中国文人的世界观，还有简洛兹·开米柳斯基先生，他正在撰写对中国逻辑的重要研究。上面列出的这些绝不是全体合作与参与者的名单，只是使人们对这项团队工作所涉及的规模有一个大概了解。

李约瑟先生及他的同伴们所编写的那七卷本，大约分为二十个独立部分，其中的十个部分已经出版，像它们一样，希望这一缩写本对于增进国际了解能够作出一些贡献。中国人的天分，普遍由于早期的农业与艺术成就而被呈现在西方人面前：而我们的纪元中前 13 世纪在技术发明方面从中国接受的影响几乎完全被忽视了。它们对 17 世纪西方的科学革命有多大的影响也尚未被全面地评判。即使这样，也必须承认我们电磁铁学知识的所有根基都在中国，而处于转折期的欧洲则受到了中国人所信服的宇宙无限思想的极大影响。无论最后的答案是什么，了解并鉴赏其他文化中学者和技术工匠们的成就，都可以促进彼此的相互理解。一些人认为，整个现代文明是从 16 世纪和 17 世纪欧洲的文艺复兴人物，例如伽利略和维萨留斯开始的，从而得出欧洲人得天独厚的结论，我们对此一定要坚决反对。在人类了解和控制自然方面，中国人有过伟大的贡献。没有一个人或一个民族曾经垄断过对科学发展的贡献。如果我们要走向一个人类团结友爱的未来，那么所有的成就都应被承认，被赞美。

4

5

第二章 中国语言

在介绍中国科学技术的成就之前，很有必要了解一下其产生的社会文化背景。为之后各卷中所包含的科学细节提供一种背景是本卷编写的目的。要建立这个背景，最好先让我们简要地论述一下：首先是中国的地理，之后是其历史，然后是使东亚与西方文化发生交往的机会。在此之后，我们就可以研究中国哲学中科学思想的产生和发展问题了，如果我们想了解中国人的创造才智，科学思想是需要知道的必不可少的一部分。

在这一卷中，我们肯定会运用中国人的名字，会参考中国语汇，因此在对背景进行研究之前，很有必要在这里对中国的语言本身作一说明。首先，我们要能够把中国文字转化为拉丁化的写法，以便书写方便，并对它的发音有一些了解。汉字是有音调的，音调的不同可以使一个字有不同的含义，我们所采用的任何一种体系（拉丁化）最多只能是接近汉语，而且对于如何拉丁化长期以来一直有争议。现在已经产生了许多竞相媲美的方法，有些是根据一度曾被中国邮政采用的那种广州语进行拉丁化，其他的方法则来自语音和语言学家们的研究。1867年托马斯·韦德先生意欲建立一套国际通用的体系，但是法国和德国的汉学家们根据他们自己对拉丁表的发音方式发展出另外的方法。1890年，韦德系统被霍理斯修改并加以采用，称为韦德·霍理斯体系，这个体系成为当今西方世界最广泛使用的系统。该系统最强大的对手是中国政府在1962年由官方提出的拼音系统。在前面的表中两种系统均被列出，另外还列了李约瑟先生及其合著者们在这几卷中所采用的方案。本书中没有像韦德与霍理斯那样使用很多撇号来指明送气辅音，而是加上一个字母

8

“h”来表示，这样就可以直接和印度文字中的语音相比较。例如，“Buddha”和“Buddhism”是一般的拉丁化语音。

作为一种语言，汉语是统一的：中国文字是一直保留着象形写法的唯一一种文字。出现这种情况的原因还不是很确定，它没有转化为拼音写法的原因可能是从一开始它便是严格的单音节的。无论是由何种原因所致，它一直保留了象形写法，而不像埃及文字和苏美尔文字，这两种文字后来都产生出了拼音字母。

表 1　汉语的拉丁拼音

6

威妥玛翟理斯系统	加德纳系统	本书采用系统	发　　音
ch-	*zh-*或 *j-*	*ch-*	介于 *chair* 与 *jar* 之间
ch'-	*ch-*或 *ts-*	*chh-*	如在 *much*、*harm* 中，强送气音
f-	*f-*	*f-*	如在 *farm* 中
h-	*h-*	*h-*	如盖尔人的-*ch* 音，如在 *loch* 中
hs-	*x-*	*hs-*	轻送气音变龇音，愈后愈强，试将 *hissing* 中第一个 *i* 去掉读之
j-	*r-*	*j-*	如法语 *je* 或 *jaune* 中的 *j-*，用嘴的前部发音的 *j-*，听起来像 *r-*（参考波兰语的 *rz-*）
k-	*g-*	*k-*	*k* 与 *g* 之间
k'-	*k-*	*kh-*	*k* 作强送气音，如在 *kick hard* 中
l-	*l-*	*l-*	如英语
m-	*m-*	*m-*	如英语
n-	*n-*	*n-*	如英语
p-	*b-*	*p-*	如 *lobster* 中的 *b*，或在法语 *peu* 中
p'-	*p-*	*ph-*	如 *party* 或 *parliament* 中的爱尔兰地方音，送气音比法语、德语和英语都强
s-	*s-*	*s-*	如英语
sh-	*sh-*	*sh-*	如英语
t-	*d-*	*t-*	近似英语中的 *d-*，但又不完全是 *d-*，略带*t-* 音
ss-	*s-*	*ss-*	只和-*ŭ* 连在一起（参见-*ŭ*）
T-	*t-*	*th-*	*t-*作强送气音，如在 *torment* 的爱尔兰方言中

（续表）

威妥玛翟理斯系统	加德纳系统	本书采用系统	发　　音
ts-	*c-*	*ts-*	如在 *jetsam*、*catsup* 中
ts'-	*z-*	*tz-*	*ts* 作强送气音，如在 *bets hard* 中
tz-	*c-*	*tz-*	只和-*ŭ* 连在一起（参见-*ŭ*）近似发音 *ts'*
tz'-	*z-*	*tzh*	
w-	*w-*	*w-*	如英语，较弱
y-	*y-*	*y-*	如英语，稍弱

42 个元音、双元音和字尾辅音

-a 或 *a*　如 *father*，宽 *a* 音
-ai　如在 *aye* 中，更像意大利语的 *hai*、*amai*，英语中的 *why*
-an　有些像英国人读荷兰语的 *Arnhem*；*r* 不发音，或如德语的 *ahnung*
-ang　*-nug* 对元音有半鼻音、半喉音的影响，有点像德语的 *angst*
-ao　如在意大利语 *Aosta*、*Aorno* 中，没有英语 *how* 中那么融合
7　*-ê*　最接受 *earth*、*perch* 或 *lurk* 中的英语元音
-êi　威妥玛说，发音如前一个音和-*y* 自然接合，像英语的 *money* 去掉-*on*-，一般发音如-*ei* 或-*ui*（参看下面）
-ei　一般和英语的 *may*、*play*、*grey*、*whey* 无法分辨
-en　如在英语 *yet*、*lens*、*ten* 中
-ên　如在英语 *bun* 中
-êng　如在英语 *unctuons*、*flung* 中
-erh　如在英语 *burr*、*purr* 中
-I　如在英语 *east*、*tree* 中的元音
-ia　不像 *yah*，两个元音较清楚地分开，可是也不像意大利语 *Maria*、*piazza* 中的元音那么清楚，并且不单独地重读
-iai　如在意大利语 *vecchiaja* 中
-iang　如上面-*ang* 加上一个元音
-iao　如上面的-*ao* 加上一个元音
-ieh　如在法语中 *estropié* 中
-ien　元音很清楚，如在意大利语 *niente* 中
-ih　短元音，如在 *cheroot* 中
-in　短元音，如在英语 *chin* 中
-ing　短元音，如在英语 *thing* 中
-io　短元音，如在法语 *pioche* 中
-iu　较英语词尾-*ew* 为长，如 *chyew*，而不像 *chew*，如作猫叫 *mew* 的拟声发音
-iung　如上面的-*ung* 加一元音

-o	有点像介于英语 *awe*、*paw* 和 *roll*、*toll* 的元音之间
-ong	如在英语 *dong* 中，较短
-ou	正像 *-eo*，英语的 *Joe*
-u	如在英语 *too* 中
-ü	如在法语 *eût*、*tu* 中
-ŭ	在英语 *bit* 中的 *i* 和 *shut* 中的 *u* 之间。只和 *ss-*、*tz* 及 *tzh-* 连在一起，威妥玛说："它从喉部发出一，有点像说话的人轻微打嗝似的。"
-ua	如在西班牙 *Juan* 中，可缩短成 *wa*
-uai	如在意大利语 *guai* 中
-uan	如上面的 *-an* 加上一个元音
-üan	*ü* 与上面相同，*-an* 如在英语 *antic* 中
-uang	如上面的 *-ang* 加上一个元音
-üeh	如在法语 *tues* 中
-uei	*-u* 如上，*-ei* 如上，参考法语的 *jouer*
-ui	如在意大利(不是法语)*lui* 中
-un	如在意大利语 *punto*、*lungo* 中
-ün	如在德语 *münchen* 中
-ung	如在英语兰开夏地方音 *bung*、*sung* 中的发音，没有 *cong* 那么宽
-uo	*o* 音如在英语 *lone* 中的发音，整个音如在意大利语 *frori* 中的发音

注：如上面所指出，威妥玛—翟理斯系统采用北京"官话"作为标准。可是今天的普通话发音和官话不尽相同，因此本书略作修改，以便和普通话相符合。例如在 pên(本)和 chêng(郑)中必须有长音符号"^"，但在 jen(人)、chen(真)或 chhen(陈)中，便无需应用。同样，在 hsüan 中我们保留分音符号"¨"，介在 yuan 中便不写出。反长音符 ŭ 表示的音可以从总是和它连用的辅音来辨认，因此我们略去了"˘"这一符号。

中国文字最原始的形式大体上是象形，即将图画减略到必不可少的程度，使之通俗化，后来就成为字。当然，具体的事物，例如天体、动植物、工具和器具，都很容易画出来，很多在表 2 中列出。汉字的古代形式从科学技术史的观点来看，有时是非常有意义的，在以后的有关章节中将不时地提到这一点。后来，随着语言的进步，又产生了其他一些书写形式。文字的范围也扩充到包括由各种代用体形成的间接符号，例如以姿态代行动、以果代因等。又如，"陟"字有向上登高之义，起源是两只向上脚印的图画；而"畐"字，意指充满，是从古代坛的图画中引申出来的。文字后来也有联想组合，例如，"父"字包括手和杖的古代符号；"妇"表示女人和扫帚，而"男"字则有力(耕种)和田两个部首，含有"在田间用力耕作者"的意思。

一些汉学家认为，除了间接符号与联想组合外，还有可称为互解符号的一小类文字。在互解符号中，其中一个符号源于另一个，它们起始意义相同，而后来彼此被区别开来。例如，"考"字据说是从"老"字而来，因为很自然，总是老年人考年轻人。可是实际上,这两个字原来是完全同义的(即“年长”的意思)。

到现在中文字中属于象形文字、间接符号、联想组合和互解符号的字,还有两千个左右。它们不会对中国现在所使用的文字产生重大影响,但是由于中国的同音字(如英语中的 sow、sew、so)非常多,因此自古以来便有一种趋势,即借用一个义不同音同的字,严格说来是同音异形的另一个字来代替某字。这种很强烈的双关语趋向使得已失去原来意义的一些字接受了完全新的词义。例如,古代的缀字法清楚地表明,“来”字原来表示一种谷物([illegible]),而“萬”字原来则表示蝎([illegible])。这种转移是由于不同字的同音引起的,这样的语音字称为假借字。

在中国文字的演变中,最大的发明是限定语音字,一个限定部首加到语音部首上去,这样便指出了字义所在的范畴,一系列具有同样(或几乎同样)发音的字就可以毫不混淆地书写出来。现让我们举例说明这一点。例如,“同”和各种不同的部首组合下列各字:

金+同=铜　　竹+同=筒　　行+同=衕

相反,“水”字却几乎总是作为限定部首与其他字组合,表示该字与水有关。如:

水+末=沫　　水+又=汉　　水+每=海

这样的组合字究竟有多少是在公元前10世纪到前7世纪的周代早期所造的我们并不知道,其中有许多看来确实是合适的,有时甚至颇有诗意,可以看到思想的前因后果。有些字既可以用作语音部首,也可以用作限定部首,视情况而定,如“耳”和“立”,见表2。

9

表2　中国文字的演变

象形文字				
古代字体	小篆	现代字体	各种书写方式	部首号码
[illegible]	[illegible]	人	[illegible]	9
[illegible]	[illegible]	虎	[illegible]	141
[illegible]	[illegible]	羊	[illegible]	123
[illegible]	[illegible]	象	[illegible]	—
[illegible]	[illegible]	鸟	[illegible]	196
[illegible]	[illegible]	鱼	[illegible]	195
[illegible]	[illegible]	壶	[illegible]	—
[illegible]	[illegible]	车	[illegible]	159
[illegible]	[illegible]	月	[illegible]	74
[illegible]	[illegible]	山	[illegible]	46

蒙许可,据 G. 哈隆,“中国文字”, *World Review* (Sept. 1942)复制,有所修订。

前面各类中，任何一个象形文字和符号都可以用作语音部首，也就是说，可以使构成的字具有和它原来表示的字相同或类似的音。可是限定部首的数目是有限的，因为在原始文明的各个阶段所需表达意义的范畴比较小，因此，部首限定字便逐渐成为汉字分类的便利工具。公元前 9 世纪时，部首方法已经得到充分使用，并在公元前 213 年前后被整理出来。公元 121 年完成了第一部大辞典，共有 541 个部首，这个数目一直被用了 1 200 年，之后被减到 360 个，然后又减至 214 个，直到今天还保持这个数目。

对于研究中国文字的自然科学家来说，把这些部首比成化学中的“分子”与“原子”，可能是有帮助的——汉字可以大致看作分子，它们是由一套 214 个原子用各种排列组合方法构成的，在一个“分子”中所包括的“原子”可以多至七个，并且“原子”可以重复（像形成晶体一样），在一个字中可以有三个同样的要素，如在“森”字中，“木”这一要素便重复了三次。一种晚期的人为的方法把语音字拆分成基本的字根，许多字原来和各个部首没有任何关系，但约定俗成使它们归属于某些部首以便查找。有些汉字实在难以查找，结果一些辞典后面只得加上一个特殊的表，将这些“部首不明”的字列入表中。另外，也有一些字形很复杂的字，由于它们是定型了的古代象形文字，如“龜”字，字形复杂，笔画有十七划，无法进行详细研究，于是排在部首表末尾。“分子”、“原子”的类比对于研究许多文字是有用的，而对文字符号的分析的重要性将在以后研究中国科学术语时详细地加以讨论。 12

汉字的六种分类最初是由汉代的刘歆和许慎在公元 1、2 世纪划分的，从此以后，便一直成为中国学者们经常讨论的问题，它们被称为“六书”。这六类字的名称是：

（1）象形——描写形状（象形文字）

（2）指事——指示状况（间接符号）

（3）会意——观念会合（联想组合）

（4）转注——意义转移（互解符号）

（5）假借——借用（语音借用）

（6）形声——形与声（限定语音）

其中，形声字包括了大部分汉字。在 1716 年出版的《康熙字典》中有 47 000个字，其中象形和符号类字不超过百分之五，其余都属于第六类。

中国文字在中国整个历史中，经历了不断的删减和简化。中国的古代文字具有比中古代和近代中国文字更多的音。在亚洲的其他语言中发音也有变化，对这些问题的研究在科学技术史上是很重要的，因为它们影响到关于自然产物、思想和技术传播的一切结论。例如，到公元11世纪时，发音不知不觉地改变了，司马光发表了一套通常所称的“韵表”，这个图表系统被更多地使用并迅速传开(如图1)。由于这些韵表像在地图或数学模型中一样使用了坐标，可能建立了坐标几何学的发展基础(关于这点将在下卷讨论)。

14

11

内轉第二

疑	羣	溪	見	泥	定	透	端	明	並	滂	幫	
				孃	澄	徹	知	微	奉	敷	非	
		角			徵					羽		
												平
顒	蛩	銎	恭	醲	重	蹱			逢	峯	封	
				鱌		統	湩	鳩				上
	梁	恐	拱		重	寵	冢		奉	捧	覂	
				癑		統	湩	霿				去
	共	恐	供	械	重		湩	幪	俸		葑	
		酷	梏	褥	毒	儥	篤	瑁	僕	蕌	襮	入
玉	局	曲	輂	溽	躅	楝	瘃	娟				

通志略 十二 七音一

七 中華書局聚

图1 采自郑樵《通志略》的语音表(约1150年)[字被置于坐标系统中，横轴(从右至左读)以字首辅音“分度”，而纵轴(从上至下读)以元音和韵母“分度”。横轴也可用来按乐符分类(从上算起第三行)，而纵轴上各字的位置按四声排列]

汉语中所使用的语音的缺乏大大削减了语言的用途，至少影响了科学专业术语的发展。从表 3 可以看出，中文语音少到什么程度（空白点表示缺少了许多可能的语音组合），一半以上的可能语音组合都空着。在实际应用中，汉语口语的四个音调增加了可能运用的语音数目，但问题还很严重。在《康熙字典》中共有字 47 000 个，但使用的音只有 412 个或可以说由于使用四声增加到 1 648 个左右的语音。因此，平均算来，每一个语音大约有 30 个含义。

13

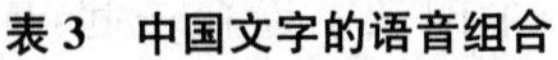

表 3　中国文字的语音组合

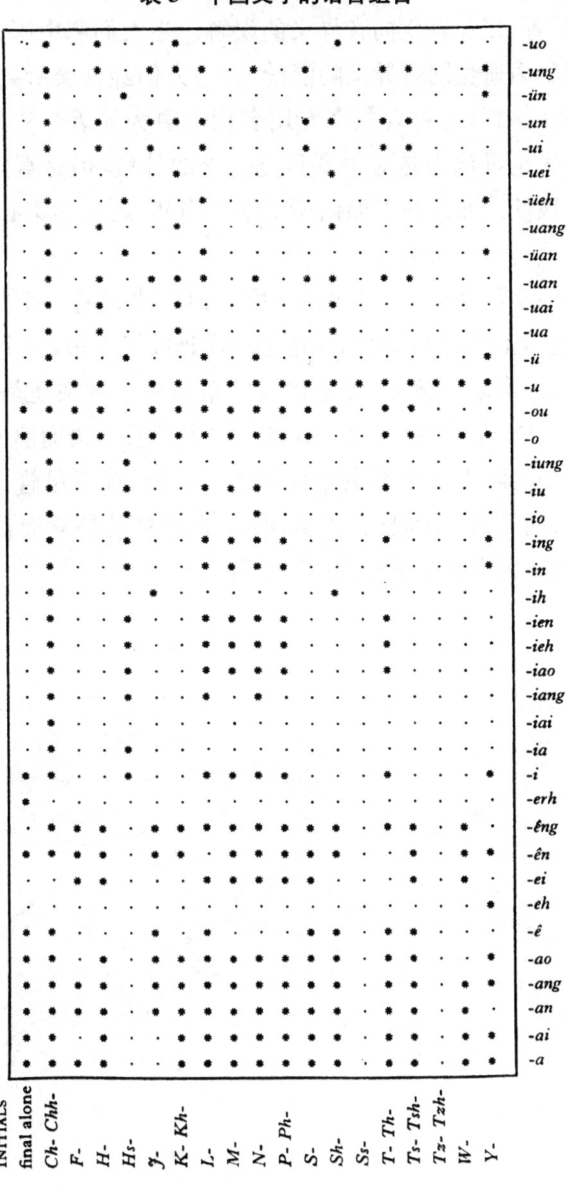

情况没有看上去那么严重，因为这其中很大一部分字是废弃的字、诗词用字或高度专门化的字，但在发展新的科学术语的过程中，中文的确很不方便创造出新字。在创造科学名词的时候，西欧不仅可以用希腊文和拉丁文的词根，而且还可以用阿拉伯文词根，中文则没有这样的资源可供利用。但最近有人将语音与部首结合形成了新的视觉组合字，以求解决这个困难。

前面说中文是一种严格的单音节语言，这句话需要斟酌，因为在口语中已产生了一种趋向，即把两个同义字连在一起，成为同源异体重叠词，例如“看见”、“感谢”等，以免发生同音异义的误解。当人们和中国人谈话时，马上就会感到他们尽力避免同音异义的混淆，因为人们经常会听到像“火车的火”等等这样的一些解释，这种现象在专用名词上更为显著。从某种程度上，同源异体词的产生也可认为是对语音日益贫乏的补偿，但是直到公元13世纪，它只在口语中被使用而未被书面语所采纳。当然，历史学家必须考虑研究这一现象。

尽管有很多不足之处，汉语相对于欧洲语言来说有一个很大的优点，这便是：虽然存在文体的不同，汉语文还是同样延续了下来，一个人一旦能读懂它，他便会毫无困难地理解它，无论他读的东西写于现在还是两千年前。欧洲语言就不是这样了，欧洲的语言中，书写文字随着口语而演变，在几个世纪以后就形成一种实际上完全新的书面语言。另外，汉语尽管词义不明确，它却有一种精练、简洁和玉琢般的特质，给人的印象是朴素而优雅、简洁而有力，这也是与其他语言相比下显现的一个优点。

第三章　中国地理

15

中国的地理背景——出演中国文明发展这一戏剧的舞台，是造成中国和欧洲的文化差异的重要因素，这点在讨论结束后将会看到。

从地图上看，一眼就可发现中国被其主要的两条河流——黄河和长江所分划。这只是一个过于简单的陈述，但是对于一个多山、有平原、还有大面积的沙漠和肥沃地区的国家来说，河流可以作为有用的结构，帮助人们描述简要的概念。我们先看东北地区和渤海湾，辽河向南流入渤海湾的东北部，而在渤海湾的西南面则是黄河入海口。顺着黄河溯流而上，左边耸立着圣山之一——泰山，这座圣山曾由于与降雨龙王有关而备受尊崇，还有多山的山东半岛，华北平原在河的右边，然后这条河流开始穿越多山地区。我们先沿河逆流北上，再沿戈壁沙漠西行，溯河而上，我们向西南行经一座大城市——兰州，在这里，黄河离青海湖附近的发源地不远了。在黄河大弯曲以内区域，多半与鄂尔多斯沙漠之间隔着一系列长城边陲小镇，如榆林——一个充满传奇色彩的城市，在那里沙土被风吹起，形成像墙壁或牌楼那么高的土堆。

黄河并不是自成一体的，其他河流也注入其中。如沁河、流经中国古都之一——洛阳的洛河、另外一条也叫做洛河的河流以及渭河。渭河河谷的整个南坡是陡峭的山崖，其北坡由于古代岩层被从北部沙漠吹来的黄土覆盖了十多英尺厚，因而比较平缓。顺河谷上行时，可以看到沿北坡有许多古代皇帝的陵墓，整个地区呈现着历史的足迹。在那里有中国最早的文明，有秦朝封建制度的兴起和汉唐两代首都长安（今天的西安）的辉煌。甘肃东部、宁夏东南部和陕西中部形成一个明显的自然区，虽然有山脉穿过它的西部、南部

16

和东南部，这个地区还形成了自给自足的特点，这是只有在中国地理上才极常见的一种布局。

长江的通航条件和航程远胜黄河，它流入位于上海东南方向的太平洋。假如我们溯江西航，不久我们将到达一个较平坦的地区，该地区有三个湖泊：太湖、鄱阳湖和洞庭湖，湖南和湖北两省即因在洞庭湖的南北而得名，如同河南和河北两省因在黄河的南北而得名一样。长江在更西面的大湖之间，与向南流的大河汉水汇合，之后长江沿着四川省流出时切削出许多雄伟的峡谷，它们可与美洲大峡谷及非洲大裂谷并列为世界有名的地理奇景。四川的砖红沙壤是它的土壤特征，青藏高原挡在其西部。到达这儿的时候，我们又遇到了另一个自然区域，在第二次世界大战期间，它为中国军队提供了一个日本人难以攻陷的堡垒，这一地区过去一直与从杭州到中印边界的东南及南海岸一带隔绝，直到近代它们之间才建立了友好交往关系。

中国国土上的山岳看起来错综复杂，但实际上可将它们分为三类：东北——西南向褶皱山脉、东西向山脉以及其他褶皱山脉。东北——西南向山脉就像通向青藏高原的一系列巨大的台阶，包括了“东北部”和“中东部”基本经济区的大部分。就东西向山脉而言，四座重要山脉将中国划为四个自然区：陕西盆地（洛阳西部）、四川红壤高原盆地、贵州高原和南方沿海半圆形区域，特别是环广东一带。其他褶皱山脉包括所谓“云南弧”，长江上游从青藏高原冲下后便顺着它的弓形地区奔流。

基本上，中国和中亚的构造与其他多数地区的不同之处在于，它有一种复杂的高山山脉网把许多比较平坦的地区分开。十分明显，与欧洲相比，中国不是被内海甚至简单的道路而是被山脉分割成一个个独立区域，因而中国文化与语言能够成功地达到统一的确是异常艰难的。

不但中国的地理有很大的不同，而且不同地区的气候条件也有很大的差异。在西部，青藏高原大部分是荒凉的封冻的高寒沙漠，居民极少，人部分人以游牧为生，常年把牦牛和山羊从一个个高山草地赶到另一个高山草地。塔里木盆地和蒙古草原是大片干燥的草地和真正的沙漠，风景优美但人口稀少，住在这里的人也过着传统的游牧生活，他们自己的文化直到现在才与作为主流的汉族文明相结合。东北平原上，尽管气候严寒，每年无霜期只有五个月，但其农业已得到极大的发展，尽管以历史的观点来看，这个地区重要性不大。

到了东部的山东一带，我们便进入了历史上有名的地区，它是古代诸侯国——齐的一部分。这个地区虽然冬季严寒，也还有一些主要的农作物长得

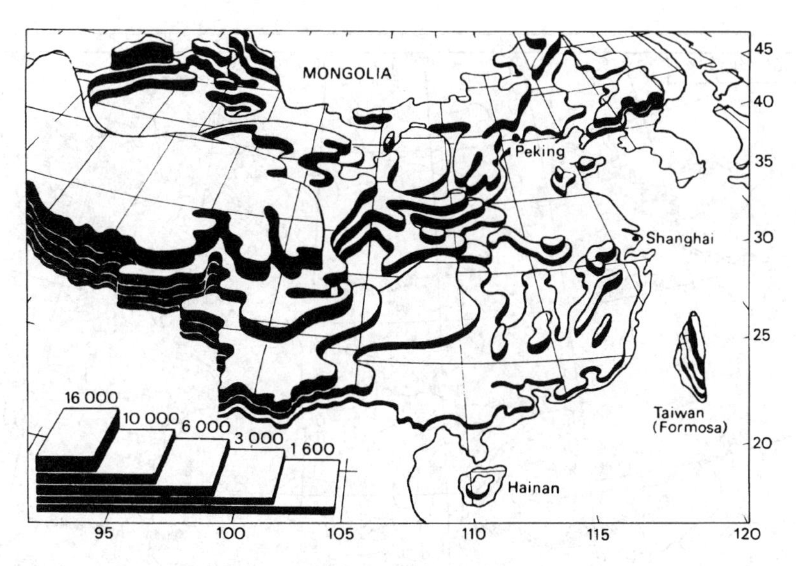

图 2　中国大陆的东向海拔梯度

不错。另外，它还出产一种以栎树叶而不是桑叶为食粮的野蚕丝。临近西南部的华北平原的土壤是冲积黄土，只要大量施肥(包括人粪)，就会是很肥沃的。平原大部分是黄河带来的淤泥冲积而成的，尽管黄河有周期性的泛滥，但仍耕种许多农作物：最主要的一种是小麦，也生产小米、豆类、棉花和大麻等。

在北方与东北，山西、陕西和甘肃几省呈现出另外一幅完全不同的景象：这里为黄土所覆盖，这种黄土是非常肥沃的未经淋滤的土壤，栽植作物可以多年不施肥，它的保墒能力使得能在雨水很少的条件下获得丰收。在这个特别适宜于农作物生长的地区，形成了古代中国农业的最古老的中心地区。现在回到东面的长江下游流域，那里有无数的运河和河流，是种植水稻的中心，没有土地被闲置。在山东、河南和陕西省西南部省界以南的东南沿海省份，人们也种植水稻，而主要的还是从事木材工业与渔业，中国的航海者一向大多数是福建人和广东人。这些省份气候温暖潮湿，人民讲许多种彼此听不懂的方言——这是因为这个地区历史上同内地隔离所造成的后果。

四川红色盆地位于西部，是中国人口最多、最引人注意和富饶的地区之一。水稻是该地区的主要作物，也种植很多其他作物，包括棉花、甘蔗、橘子、烟草，还有冬季作物。一些农民一年可以种三茬作物。四川的南面是云南、贵州的高原和山地，群山环绕。四川的平地很少，大约只占 5%—10%，气候像所有热带或亚热带的高山地区一样温暖舒适，因此所有可以利用的平地，都被精耕细作。

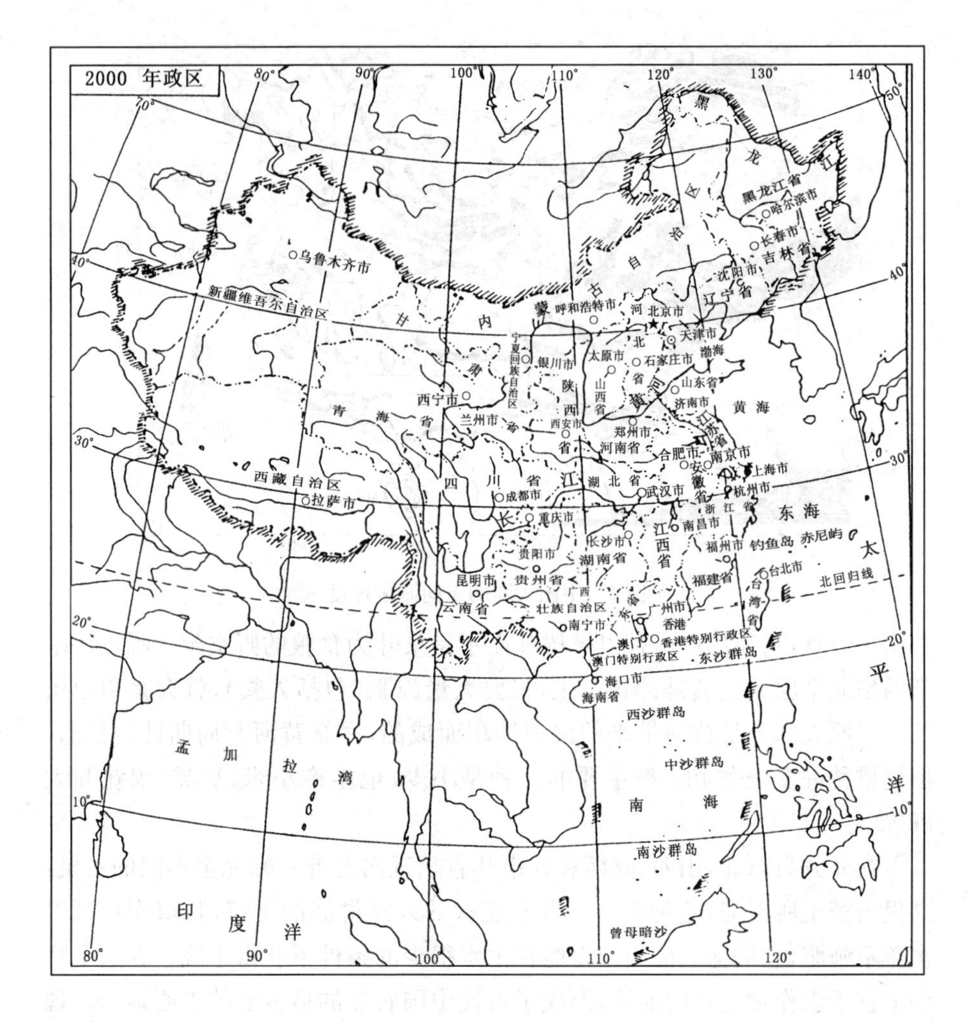

图 3　中国全图

最后，我们来到广东地区的河谷，作为对中国广阔地理条件简单介绍的最后一站。两广地区的气候是热带气候，夏季湿度大、时间长而炎热，冬季则相当干燥而微冷，然后有两个月雾季。农业和四川一样主要是种植水稻，也种植甘蔗、烟草和柑橘。这里一年三熟是很普遍的，还有许多蚕丝出产。

第四章　中国历史——先秦时代

中国所能提供的古代原始资料比任何其他东方国家、也确实比大多数西方国家都要丰富。譬如印度，它的历史年表至今还是很不确切的，而关于某一事件的发生时间，中国往往不仅可以确定它的年份，它的月份，甚至日期。很多官方历史与编年史均被保留了下来，这些史书表现的客观性和不偏不倚的态度很值得赞扬。但令人遗憾的是，其中只有一小部分被译为欧洲文字。从经济、政治和社会的观点看，这部分文字很有价值，但总的来说，它对科学史用处很小。它们的确为我们提供了许多关于天文与气象的材料，因为在古代，天文是计算历法及预测事件的最基础的依据，另外，天象被用以预卜未来。中国过去的文化偏重文字而轻视科学，所以历史学家不得不在别的地方找到所需要的证据。这类资料倒是可以在儒家称为"杂书"一类的文献中找到，虽然它们几乎未被翻译过，却为李约瑟先生与其合著者们提供了广泛研究依据。

当然，我们需要有一个科学发明所属的历史时代结构，由于中国的年代像中世纪的欧洲一样，是从各个帝王登位算起的，要做到这一点就要作出一个朝代列表。我们知道，中国的朝代并不是完全连续的，表 4 可以引导我们去了解这近四千年的漫长过程，一般认为，记载中公元前 841 年以前的历史有一些不准确性，而那之后的历史事实则无甚异议，幸运的是，科学史主要与后一阶段关系较大。

表4　中国的朝代

朝代	年代
夏(传说中的?)	约公元前2070—前1600
商(殷)	约公元前1600—前1046
周代早期	约公元前1046—前771
周(分封制时期)春秋	公元前770—前477
战国	公元前476—前221
秦(第一次统一)	公元前221—前206
前汉	公元前206—公元8
汉　　新莽	公元9—23
后汉(或东汉)	25—220
三国(第一次分裂)	220—265
蜀(汉)	221—263
魏	220—266
吴	222—280
晋(第二次统一)	
西晋	265—317
东晋	317—420
(刘)宋	420—479
南北朝(第二次分裂)	
齐	479—502
梁	502—557
陈	557—589
北魏(拓跋)	386—534
魏　　　西魏(拓跋)	535—556
东魏(拓跋)	534—550
北齐	550—577
北周	557—581
隋(第三次统一)	581—618
唐	618—907
五代(第三次分裂)	
后梁、后唐(突厥)、后晋(突厥)、后汉(突厥)、后周	907—960
辽(契丹、鞑靼)	907—1125
西辽(哈剌契丹)	1124—1211
西夏(唐古特吐蕃)	1032—1227
宋(第四次统一)	
北宋	960—1127
南宋	1127—1279
金(女真、鞑靼)	1115—1234
元(蒙古族)	1206—1368
明	1368—1644
清(满族)	1616—1911
中华民国	1912—1949
中华人民共和国	1949

注：表中凡没有在括弧中加注的，都是汉族人当皇帝的朝代。在东晋时，北方至少有18个独立国(匈奴、吐蕃、鲜卑、突厥等)。文献史家还常常用“六朝”这个词，这是指从3世纪到6世纪末南方的六个朝代，包括(三国的)吴、晋、(刘)宋、齐、梁和陈。(原著年表错误较多，今据上海辞书出版社2000年版《辞海》修订。——译者注)

中国的史前时期与商朝

21

在中国土地上，我们已经知道其遗迹的最早居民是“北京人”所属的那个人种。“北京人”生活在更新世的初期或中期，即大约公元前 40000 年左右，比欧洲和地中海的尼安德特人要早。也有确实的证据表明，大约公元前 12000 年左右在中国居住着新石器人类。在这之后，是一个空白时期，无法知晓史前期的这个阶段的情况。公元前 2500 年左右，这片显然无人居住的土地突然开始出现了巨大而又忙碌的居民群落（如表 5 所示）。有证据表明，那里有数百以至数千个村落，居住着从事畜牧业以及农业的居民，他们熟悉纺织木工和陶器制造。很显然，华北地区这种奇怪的旧石器时代与新石器晚期之间的间断，只能期待进一步的考古发现，才能加以证明。

22

表 5　若干历史年代

年代	地中海	埃及	巴勒斯坦	美索不达米亚	印度	中国
BC（公元前）						
3500	早期米诺斯约 2600BC	旧王国 2600BC 造金字塔 2700—2500BC		乌尔城市之开始	印度河谷文明	仰韶文明
2500		中王国 2100BC		拉迦什的古提人 2100BC		
2000	中期米诺斯约 1800BC		亚伯拉罕?			龙山文明 1600BC
1500		新王国	摩西约 1300BC			商代 周征服商 1027BC
1000			大卫王约 1000BC 所罗门约 950BC			

23

（续表）

年代	地中海	埃及	巴勒斯坦	美索不达米亚	印度	中国
			毁坏耶路撒冷圣殿	琐罗亚斯德（今伊朗）约600BC 尼尼微陷落约600BC 居鲁士攻陷巴比伦538BC	佛教约560BC 耆那教约560BC 大流士入侵旁遮普512BC	孔子约550BC
500	雅典帕台农神庙修成450BC 柏拉图428—348BC					战国480BC
400	亚里士多德384—322BC	亚历山大征服约327BC				
300	布匿战争250—150BC				阿育王在位300—274BC	秦始皇统一221BC 汉朝202BC（应为206BC——译者注）
100	罗马帝国31BC	克娄巴特拉女王69—30BC	罗马征服耶路撒冷63BC			

（续表）

年代	地中海	埃及	巴勒斯坦	美索不达米亚	印度	中国
AD(公元)						
0			耶路撒冷城毁灭 AD70			
200						汉朝结束 AD220

最初的重要文化被定名为仰韶文化，是以沿西向东包括今天的甘肃、陕西、山西、河南和山东这一狭长地带的发掘所揭示的。仰韶时期人民的主要食粮几乎可以确定是稷，而到该时期末，则以稻米为主食。既然这两种庄稼都被认为不是中国本土所固有的，那么就一定是从东南亚传入的。在仰韶文化遗址中已辨认出狗和猪的骨头，以及后来的羊和牛的骨头，可是我们不能确定它们是否已经被驯养，因为直到现在或不久之前，在蒙古还有真正的野马。仰韶文化最显著的特征是彩陶，这种彩陶大概是在公元前2500年左右用“泥条叠筑法”而不是“轮转法”制成的。

值得一提的是，已有某些迹象表明，在这一发展阶段，在北亚和北美已经存在有广大的文化聚集区。例如，人们在这些广大地区发现了典型工具是长方形或半月形的石刀，它与在欧洲或中东所见的石刀完全不同，可是在爱斯基摩人、美洲印第安人、中国人和西伯利亚人那里，却都可以找到。另一方面，那时的中国人自己还发展了一些特色发明，其中最值得注意的是两种类型的陶器，因为它们与任何其他地方所已知的不大相同，而且引发了古代的烹饪方法和最早时期化学之间的关联（将在以后卷中研究）。其中一种陶器名为鬲，是一种三只空心脚的大锅，空心脚可以提高表面加热的速度从而取得更高的效率（见图4）；另一种陶器叫做甑，其底部穿有孔眼且可将之置于鬲的上边，从而组合成为一种有效的用来蒸东西的容器，它有能同时烹调多种食物的优点。若将这两种容器合成一体，常常带有可移动的隔栅，它便成了甗，当青铜器代替了陶器以后，它变得更加占优势了。现在我们知道，它直接导致了后来东亚特色的蒸馏装置的产生。 26

在河南、山西一带，仰韶时期之后的另一新石器文化，名为城子崖或龙山文化。这里的居民仍未使用金属，而是用一种质地细致、加工良好的光滑的黑陶器皿。龙山居民已将仰韶居民所驯化的动物完全驯化,还有可能饲养了马。龙山人也可能知道利用带轮的乘具,尽管证据不算确凿。在这个时候出现了不同种类的发现,如陶轮以及用夯土筑成建筑或房屋,这些技术在中东早已熟知,可是在中国它们还是新的。

24

25

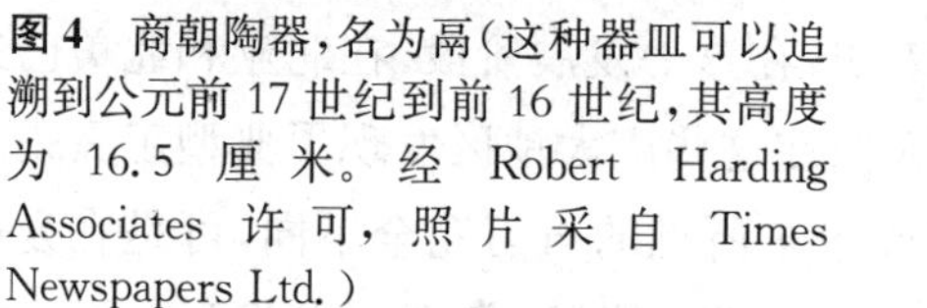

图 4 商朝陶器,名为鬲(这种器皿可以追溯到公元前 17 世纪到前 16 世纪,其高度为 16.5 厘米。经 Robert Harding Associates 许可,照片采自 Times Newspapers Ltd.)

图 5 商朝陶器,名为甗(它是一种将蒸东西与烹调置于一体的陶器,1953 年发掘于河南郑州。它高 40 厘米,与图 4 中的鬲产生的时代基本相同)

讲完龙山文化,我们谈一下公元前 1600 年左右的情况,在这个时期的最初 100 年内,突然出现了成熟的青铜文化,在中国历史上,这就是商代了(见图 6)。在这方面我们所知道的情况大部分来自对商代首都(今河南安阳)的发掘,发现商代的存在是现代考古学中最富有传奇性的事件之一。19 世纪末期的数十年间,安阳附近的农民在耕地时常常见到奇异的骨头碎片,村中有一人将这些骨头碎片当作“龙骨”卖给药店作药用。1899 年,中国学者们看到这些骨头并惊奇地证实了骨片上刻有极古的文字;1902 年,人们充分认识到了它们的重要性,它们是刻有文字的卜骨,并成为汉初以来从没有掌握过的宝贵材料。一下子它们使中国的哲学、语言学和历史学往古代回溯了将近 1 000 年之多,并证明了中国很多传奇性的历史——黄帝的统治、大禹治水,还有许多,是当时历史上真实事件与实践的反映。在这方面存在一个问题:什么样的文字先于卜骨上高度发展过的文字出现？近来人们从新石器时代的铜器上发现了记录的许多标记，这些标记或许就是后来发展成为中国文字的最早文字形式。

27

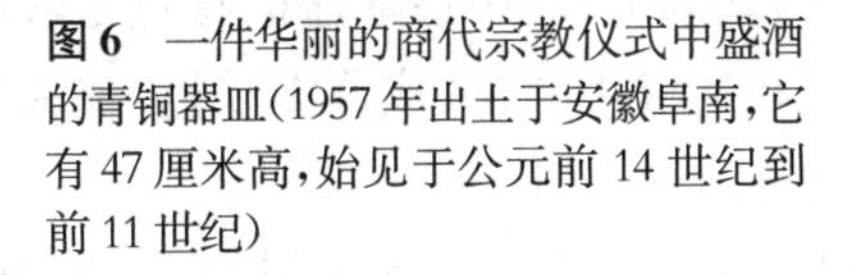

图 6　一件华丽的商代宗教仪式中盛酒的青铜器皿（1957 年出土于安徽阜南，它有 47 厘米高，始见于公元前 14 世纪到前 11 世纪）

图 7　商代卜骨［字样由罗振玉所描述，从 L. C. Hopkins“阳光月光”（《皇家亚洲学会杂志》1942 年 4 月）复制］

卜骨用以占卜，方法是用烧红的木炭或火红的青铜棒来炙烤哺乳动物的肩胛骨或龟骨，然后根据甲骨上所呈现的裂缝形状或方向来猜度神的答复。在安阳地区似乎还有一种特殊的方法，略早于公元前 1520 年商朝时。商朝，占卜技术得到了发展，而占卜组织机构严密，因而保存了这种记录，在当时可能是作为秘密记载而保存起来的。

28

在商代，青铜器得到了广泛的应用，用于祭祀、战争和奢侈品等一切用途，但有趣的是，很少用于工具和器具。商朝祭祀上精巧的工艺令人敬畏，甚至超过以后的一切作品。然而，商代统治的区域很小，也许只是从安阳向任何方向伸展至多不超过 300 公里。这个时代里，母系制度似乎已为父系社会所代替，家庭制度和崇拜祖先的风气重，用人献祭的事的确存在，至少在贵族的葬礼中是以奴隶殉葬的，这一习俗持续很久，直到周代。

商朝还有两个特征很值一提。一点是竹子的广泛应用，其中一种用途就是用作书简，这些书简大致和保存至今的汉初书简相同，一行一行的文字写在竹片或木片上，再把它们用两根绳子编缀在一起，因而有册这个字，册表示描述一本书的形状。另外，中国写字用的毛笔也是在商代出现的，商代时还出现了中国书写文字；第二个特征是应用贝壳作为交易的媒介。这便是为什么许许多多具有“价值”意义的字都用原意指贝壳的“贝”作偏旁的原因。“贝”究竟是从哪里来的，现在还不能确定，它有可能来自长江口以南的太平洋沿岸，它们经过那么长的路途来到商代文化中心这一点是值得注意的。

周朝、战国和第一次统一

周朝人来自西部地区(大体上相当于现在的甘肃和陕西)，它的文化较之受其称羡的商代人低劣。大约在公元前1027年，周征服了商，周朝人继承了商代在青铜器制作、制陶和纺织业等方面的传统，并且进一步发展了书写文字。

虽然早先可能是游牧民族，可是周代人很快就吸取了当时正发展中的中国文明的全部农耕特点。另外，原始封建社会在商代已粗具轮廓，在周代则将之系统化，得到了几乎和欧洲典型的封建时期同样的充分发展。周朝的整个封建制度建立在农民的农业生产劳动的基础上，其中最显著的特点是农民在贵族领地上被强制徭役。帝国(那时已在形成中)被分成许多采邑，掌握在新的贵族阶级手中，很多商朝人被驱逐到鲁国和齐国。

29 尽管看起来周朝统治确立，但它的不安定最后完全显示出来了。公元前8世纪，封建帝国似乎很牢固的假象终于破灭了。公元前771年，周幽王被一个与野蛮民族结成联盟的小王国的军队杀掉，他的继承者不得不从现今西安附近的首都向东迁至洛阳。在其后的几个世纪中，大约二十五个半独立的封建诸侯国只在表面上承认洛阳的领导权，而他们之间则又互相争当霸王。第一个争得这种霸主地位从而能在帝国左右各诸侯的是山东的齐国。齐国本身有两个特殊条件：它是食盐的主要产地；在炼铁方面，齐国也居领先地位。大约在公元前500年左右，中国人就已经知道铁了，齐国掌握了一套周朝没有的制铁技术，这似乎是齐国称霸的重要原因。紧接着，宋、秦、晋和楚等诸侯国也相继获得霸主地位。

到公元前6世纪，不仅政治上发生了重大改变，而且中国古代文化也确实进入了全盛时期。哲学思想中的“诸子百家”在公元前500年到250年间达到了登峰造极的境界；由于各诸侯国之间的相互冲突，人民中间不断增长的不安情绪，以及因铁的出现而引起的技术革命，促使大量哲学家涌现出来。这些哲学家带着弟子从一个首邑到另一个首邑，准备在受到聘请的时候担任朝廷顾问。这个时代，书院开始创始，其中最有名的是齐国都城的稷下书院，它在大约公元前318年由齐宣王创建，书院中邀请了除秦以外其他诸侯国的著名学者，提供给他们住宿和生活费用。这一书院和柏拉图在雅典所创建学园时期相近，吸引了许多最有才华的人士，有些我们会在后面提到。 30

与这些知识上的重大发展同时并进的，还有许多文化上的进展。它们是如此之多，以致这一时期经常被看作中国的“古典”时代。在这个时期，手工技巧和生产方法都有了进步：出现了畜力牵引的犁；集市增多，货币经济加强

32

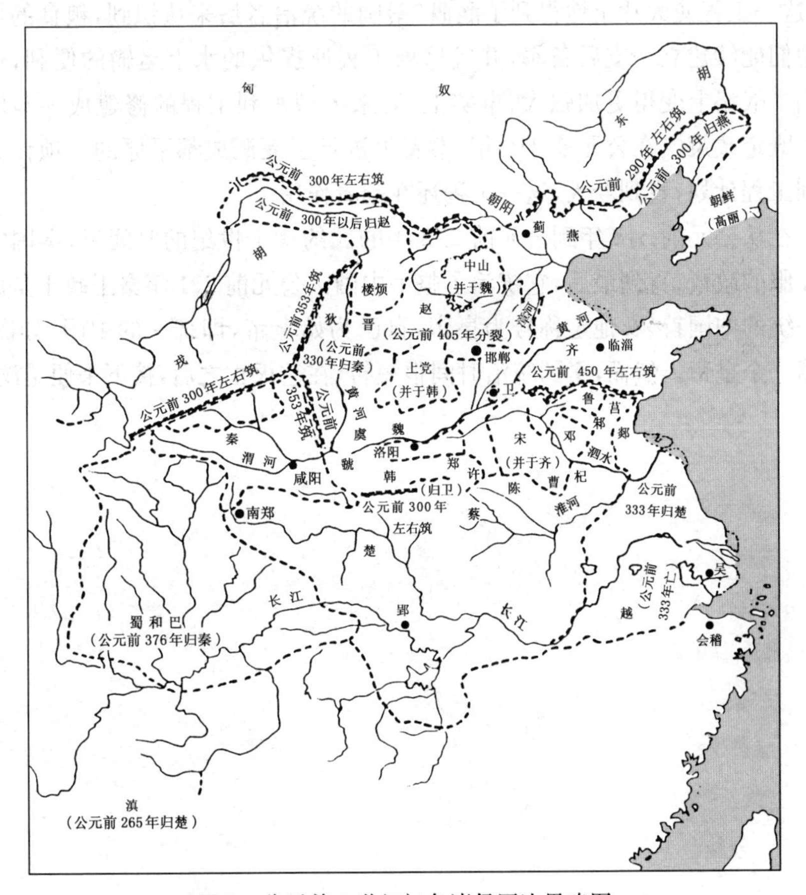

图8　公元前3世纪初各诸侯国边界略图

（经许可，采自A. Werrmann, *Atlas of China*. Harvard University Press, 1935）

了,并逐渐取代土地和劳役的占有而成为财富和权势的来源。在军事上铁被广泛使用,为了使国境更加安全,弓弩被发明出来,中国是世界上最早发明弓弩的。

在战国时期,工业的集中和水利工程系统的控制在各国相互兼并过程中扮演了重要的角色。这个时期,弱国不断被强国兼并,在秦国的封建制被封建官僚制代替之后,其他诸侯国也如法行之。这个时期,秦国全国人民军事化,并采用了什伍连坐制度,依靠严刑峻法的高压统治变成了当时的新秩序。秦国的力量迅速增长,使其他诸侯国感到很惊骇,他们采用结盟以及其他权宜之计来保护自己。尽管这样,他们还是失败了。例如,他们联合起来诱使秦国修筑那条把现今西安和渭河北边的泾、洛两河连接起来的郑国渠,目的是使国人不能逃离自己的领地同时削弱秦的军事威胁。可是,结果则正好相反,这一工程使大片土地得到了灌溉,秦国的统治者后来认识到,粮食的增产使他们能够建立一支后备军,并且这项工程所提供的水上运输的便利,也使他们在战略上变得更加强大,事实上,后来大型水利工程的修建成为秦国的一个既定政策。在公元前316年,秦着手进行了灌溉成都平原的一项伟大的水利工程计划,直到今天,这一工程还在起着作用。

31

在从公元前318年到公元前222年的大约一个世纪的时间里,秦国实行了征服的政策,直到最后,它统治了整个中国。公元前221年秦王政于是成了大一统的中国首领,他定称号为皇帝,自己为始皇帝,即统一的中国(如图8)的第一个皇帝。然而,秦的统治时间很短暂,在它灭亡之后,接下来便是汉朝。

第五章　中国历史——统一的帝国

33

秦朝

统一的新帝国建立以后，马上建立起官僚制的政府，这种政治制度成了其后整个中国历史的特征。大的封建领主遭到废黜，他们的领地改由高级官吏来治理，世袭贵族制当时虽然还继续存在，但其代表人物则被迫在京城居留。农民在土地方面得到了较多的权利，可是必须缴纳各种赋税。行政上，全国分为很多个郡，每个郡都设有军事长官和行政管理长官。从度量衡直到马车和战车的尺寸，一切都标准化了。开始在一些郡修筑两旁植树的道路网，并将各封建诸侯不同时期在北方建造的长城连接起来，形成一条后防线，这就是万里长城。有人认为修造长城是为了阻挡游牧民族的侵犯，要达到这个目的，或者建防御门，或者修筑坡道使城墙自身成滑坡形，无论使用哪种方式，都能延缓外族统治者的到来。然而，修造长城不仅仅是为了防御北方的野蛮人，也是为了阻止长城内的汉民集团跑去参加游牧生活，建立混合农业田园经济。

秦始皇既然已经组织了庞大的军队，势必要进一步寻找更多的用武之地。于是，秦便向南扩张到前人所没有到达过的地方。这些战役极不平常，他们征服了沿海的福建、两广，甚至到达现在越南北部的东京。在一次扩张领土的战役中，有大约 3 000 多名年轻男子、工匠，还有非常能干的女子都卷入了其中，这次战役由徐福率领，他的坟墓至今仍能在日本本州南部的新宫市被我们见到。事实上，他们已经到达日本并在那里定居下来，最近的牙齿考古学已表明这一点。可以说这些人对那里的人口与艺术作出了很大的贡献。

35

图9 北京北部南口附近的长城(庞廷摄于1910年左右)

很大程度上,日本人的牙齿很像中国人商代的骨架,然而早期日本居民则是很像现住在北海道和该国其他北部地区的现代虾夷人。但是,秦始皇不仅仅对军事征服感兴趣,在大臣李斯的倡导下,他实行了文字的统一。另外,秦始皇对方术和炼丹术也很感兴趣。据说,他不倦地工作,每月处理的奏章重达1.5吨,并且不时到各地巡行。

公元前220年(应为公元前210年——译者注),秦始皇这位伟大的统一者去世,他的儿子继位,但那是一个十分无能的统治者。几乎马上便发生了叛乱。开始时,一些以前的封建诸侯国为了建立他们自己的小邦,提出了"恢复领地"的口号,接着又爆发了陈胜吴广的起义,刘邦在众多的起义军中的威望颇高。最后刘邦抓住了到来的机会,于公元前202年控制了局势并建立了汉朝,即皇帝位,史称汉高祖。汉代在历史上是一个稳定的朝代,一直持续了四百多年。

汉朝

尽管在某些地区,人们想恢复纯粹封建割据的愿望非常强烈,可是人们很快便明白了,这是不可能的。刘邦登位后,最初采用了一种调和的方法。

很多小的封建特权是被承认了，可是，在大的方面，则是沿用了秦代的，而不是周代的国家制度，并在继承制度方面建立了一个严格的法规。为了削弱封建王侯的领土范围，汉朝规定当王侯们死亡的时候或他们有任何一点过错时，便削减他们的一部分封地，而且，关内侯必须居留京城。其结果是使每个诸侯国的权力逐渐缩小直到中国再度成为一个中央集权统治下的国家。

刘邦建都长安(现在的西安)，并在全国建立了十三个郡(其界线实际上与现今省界相同)。为满足统治需要而建立的竞争性考试的挑选程序，便为此后儒家(将在第七章讨论)长期把持中国社会的局面创造了条件。儒家之所以能有这样的地位，部分理由是因为法家的主张被看作是过分残暴的，而儒家则合乎人情地采纳了一些简单的原则，降低了惩罚的严格程度。实际上，在汉代时期，儒家思想成为在新的官僚体制中高度发展的具有正统地位的思想。汉代还举行过一些闻名后世的学者集会，以确定一种具有国家根本大法性质的惯例，并按古籍中的先例决定某些问题。公元前51年，在皇宫内的石渠阁中举行了第一次集会，其重要性足以和西方的尼西亚会议(公元325年)相比(罗马帝国统治者君士坦丁在尼西亚召集全罗马帝国基督教主教会议，制定了著名的《尼西亚信条》——译者注)。

36

在汉代时期，宦官在政治上权力增大，起着重要的作用。尽管他们经常受到士大夫阶层的谴责，可是在每一次受到挫折以后，往往又重新得势，这种情况部分是基于统治者认为不必担心宦官能建立自己的国家的事实，官职世袭制度合乎风俗与习惯。在这样的官僚制度下，每次出现皇权变动，就常会导致流血事件发生，这样宦官制成为一种有价值的体制。宦官的权力在汉武帝时代达到了一个极盛阶段，因为，汉武帝不像以前的皇帝那样，他不愿让他的官员分享统治权，而是将政权完全置于自己手中。结果，丞相便不再是皇帝与人们之间的中介，只有宦官替皇帝执行权力，因为他们可以在内廷接近皇帝，充当皇帝的耳目。

汉武帝在位期间(公元前140—前87年)是中国历史上最重要的时期之一，因为这一时期社会稳定、治理得法，并建立了开明的外交政策。然而开始存在经济困难，以前的反商业法令商人感到惶惑，他们竞相投机并抬高物价，以致货币不敷应用。汉武帝的反击措施简单而有效：他起用最有才能的商人进入行政机构，试行了通货制度，其中包括首次使用纸币，即采用仅能在皇帝御苑内猎获的白鹿的皮制成的货币，强制作巨额购买之用。作为一种另加的稳定措施，"常平仓"的办法也已采用：在谷类价格低廉时，国家进行收购；在价格上涨时，国家再出售出去。在长城以北，抵抗匈奴的战争一直持续不断。

37 汉朝与其他国家的交往使罗马和罗马叙利亚"使者"出现了几次访问中国的高峰,其中以张骞的著名的外交使团为最好的例证。张骞奉命西行约5 000公里,前往已在大夏(今阿富汗斯坦北部及塔吉克斯坦和乌兹别克斯坦之一部)的大月氏,该代表团的目的是联合大月氏,反击匈奴。由于匈奴杀死了大月氏的国王,他们还用月氏国王的脑壳当作饮酒容器,汉武帝认为这是一次成功的大好机会。张骞在出使过程中,出色地管理了该使团。不幸的是,途中张骞曾被匈奴两次捉拿并扣留长达十年之久。令人感到惊讶的是他两次带领该使团沿着自己逃离敌地的路线,安全返回汉朝,还带回了多种多样的植物和其他土产。张骞出使西域的重要性远远超过了值得颂扬的冒险意义,因为它导致了中华帝国的向西扩张,并奠定了连接中国文化区与伊朗文化区之间以丝绸之路著称的贸易路线的基础。更为重要的是,它标志着中国人发现了欧洲,因为从亚历山大时代起西域就属希腊管理。

汉朝的皇帝,特别是汉武帝,都酷爱黄老之术,常被史家所批评。汉武帝扩大了皇帝的祭祀和正式的方术礼仪,并且花了许多时间试图和超自然的神灵沟通。汉武帝很聪敏,不易受骗,可是他始终感到方士们有些做法可能并不完全是骗人的。事实上,这些方士也并非完全骗人,因为他们或许理解到(如同我们现在理解的那样),在早期方术和科学之间有着密切的关系。无疑,汉代的方士们曾经揭开了真实的而有价值的自然观察中的一部分,例如,在炼丹术、磁学、药用植物学等方面。事实上这个时期,公元前2世纪,正是中国最伟大的传统药方收集的时期,特别是《黄帝内经》,这与希腊的诡辩家之间有某些相似之处,它已经成为随后2 000年中国医药学的基础。

汉武帝追随以前皇帝的做法,派海军远征队到东海,目的在于与据说住在太平洋诸岛上的神仙交往。他与他的继承者以更近于战争的方式,深入朝鲜半岛的大部分地区,并在那里建立了包括四个郡的殖民政府。这一文明中心对于当时正在缓慢发展的日本文化影响很大。 38

公元9—23年,汉朝由于王莽篡位而中断。王莽是新朝的第一个也是末一个皇帝,统治很短暂,但他以一系列以加强官僚体制为目的、影响深远的改革著称。他的农业改革政策宣布将全国土地收归国有,把大量占有的土地再分给自耕农,并对不耕种的土地课税。最初解放了男性奴隶,可是因为难以实施,于是对奴隶主课以重税。以铜币兑换金币的结果是,国家财富极大增加,并积聚了比中世纪欧洲的全部供应量还多的黄金。"常平仓"的制度(政府在谷物跌价时收购,涨价时出售的制度)被再试行了一次,但像其他改革一样未奏效。如果有积极而忠实的行政机构,该新体系很可能就会成功,可是王莽统治下的官吏们只会自肥，商人和金融业者陷于绝望境地，人民大众日益不安。最后爆发了“赤眉”军的起义。赤眉是王莽时代的一个秘密会社——在中国历史上，秘密会社的活动是曾起过很大作用的一种因素。结局是统治崩溃了，王莽被刺杀。

王莽的统治并不都是失败，因为他对当时的科学和技术很感兴趣，假如可以称之为科学技术的话。以后卷中我们也将涉及，王莽还可能和磁罗盘的起源有关。正是在王莽的倡议下，在公元 4 年召开了中国历史上第一次科学会议。遗憾的是，他们商议的记录没有留传下来。在 15 年之后，由于匈奴入侵，在全国每三十人中征募一人入伍时，王莽召集专家开会，他们自称能给军队提供帮助。王莽对这些说法都进行了试验，结果发现它们没有一样是能实现的。

王莽死后，西汉宗室刘秀在短期混乱后胜利地崛起，公元 25 年，他建立了后汉（即东汉）。由长安迁都洛阳，他的施政本质上是巩固前汉的做法和政策。和匈奴的战争又继续进行，著名的将军班超曾任西域都护。他镇压了塔里木盆地（现新疆省）匈奴的叛乱，并将中国的影响力发展到西部的波斯湾，中国和罗马帝国两大势力之间就只隔着这一地域。此外，约在公元 120 年之后，商业上有了更多的来往，主要是经由波斯湾航线与阿拉伯和叙利亚的商业来往。

39

从中国科学史的角度来看，汉代（特别是后汉）是比较重要的时期之一。汉代在天文科学和历法改革方面取得了很大的进展，在地学方面曾有一项卓越的发明，开始奠定动植物分类学的基础，炼金术很盛行，并于公元 142 年出现了第一部以它为主题的著作。当时广泛地流传着一种明确的怀疑论和理论性的思潮，特别是王充在公元 80 年的表述（详见第一卷第 203 页。指原书页码，下同。——译者注），有两位王子参加了第一部炼丹术书籍的编写活动。河间献王刘德是一位学者和藏学家，就是他为我们保存了在技术上很重要的《考工记》——《周礼》的一部分。更为著名的、甚至带有传奇色彩的人物是淮南王刘安，他将中国古代科学思想上最重要的不朽著作之一题上他的名字，名为《淮南子》。事实上，总的来说，目录学在当时受到刺激而发展，因为汉代标志了书目的第一次系统发展，专家搜集并编辑了关于天文、医药、军事科学、历史、磁学和占卜方面的资料，这些与汉代历史相结合，列出了写在木简、竹简或丝绢上的大约 700 种著作。汉代末年，佛教传入中国，在洛阳第一部佛经被译成了中文。

在技术方面，这一时期的标志是纸的发明、推广和制陶技术的多方面发

41

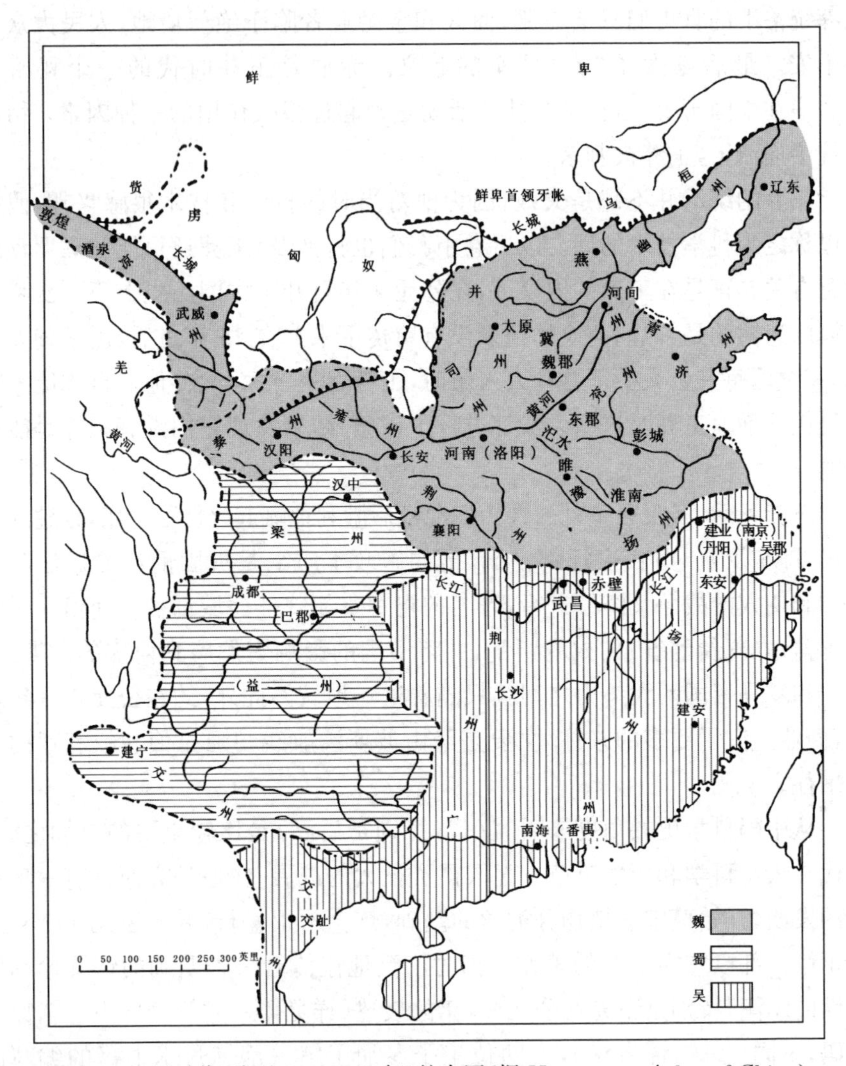

图 10 三国时代(公元 220—265 年)的中国(据 Herrmann, *Atlas of China*)

展,例如上釉和初级瓷器的肇始,以及波斯和欧洲要到数世纪后才能达到的纺织技术水平。许多为中国人所不知的天然物产这时也输入了,例如改良的马种,西方来的紫花苜蓿,从南方和西南方来的柑橘、柠檬、槟榔和荔枝。此外,还有大量的来自和阗以及可能来自缅甸的翠玉。或许汉代人在航海技术上最伟大的成就就是最晚在公元 1 世纪发明了舵。

到汉朝末期,宫廷政变和骚动日益频繁,公元 184 年的一次农业危机导致了农民的暴动。这次事件是由一个秘密会社"黄巾"引导的。虽然暴动被镇压了下去,但一些部队的统帅却谋取了职位并获得了大权,而到了公元 220

40

42

图11　约公元440年时的中国（据 Herrmann，*Atlas of China*）

年，中央政权无法再维持下去了。在以后的半个世纪中，中国分裂为三个独立王国，这三个王国同时并存，处于长期敌对状态。

三国时代

三国是指魏、蜀、吴。魏拥有北部和西北部，地盘主要在黄河流域，建都洛阳；吴占有南部和东南部，包括长江流域以及两广地区；西蜀以四川盆地为其地盘，同时控制着贵州的山区和云南的一部分。

三国相争中的许多战役和谋略后来成为传奇式的故事，并被写成中国最著名的一部小说以及许多戏剧。魏国的奠基者曹操成为勇敢而冷酷狡诈的统治者的典型。但是，三国分裂的意义，对我们来说，远较当时的军事事件更为重要。它更是一个经济的划分，各国均有一个重要的经济区。这是非常重要的，因为中国的文明是建立在精耕细作的农业以及向权力中心缴纳谷物贡赋的基础上的。而在3世纪的中国，必须重视水利工程，无论用之灌溉还是运输，因此，治水从一开始本质上就是中央政府的一项职能。地区地理也起着较为关键的作用，但由于这三个经济区的自然资源不相上下，于是，水利工程就成为权力斗争的主要因素。三国期间，吴国完成了一条重要的运河，并开凿了人工湖以灌溉离南京不远的丹阳。蜀国则在渭河上游兴修水利。而魏国人对水利工作则给予最大的重视。在204—233年间，魏建成三个大水库、两条运河干线和六条重要的运河，魏的最后胜利，部分原因应归于他们发展军事农业，部分应归于饿敌而不是与敌军对抗的政策，但很大一部分原因是它有发达的水利工程。

在三国这个分裂战乱的时期，人们自然地要转向宣扬来世的宗教以求逃避现实，而这时传入的佛教正好能满足这种需要。但此时，道教也发生了巨大的变革，道教把古代道家学说同围绕原始萨满教这个核心而形成的大量方术性科学知识结合起来。然而，佛教在当时很流行，特别是在后半世纪，到4、5世纪时，社会比较安定，出现了一大批宗教艺术，具体包括东部著名的云冈石窟和敦煌千佛洞中的壁画。

43

三国战争的不朽可以从下面一个故事中看出。李约瑟先生告诉我，1943年，他在四川一家茶馆与当地农民谈论这场战争时，他们说："你将看到，和以前一样，北方仍会获胜的。"日本人与汪精卫勾结在南京建立"政权"，正像三国时吴国的孙权一样；蒋介石在古都的重庆独守一方，正像蜀国时的诸葛亮一样；而在北方，毛泽东为领袖，如同魏国的曹操。听到这里，李约瑟先生和其同行者感到有些震惊，因为这些农民们谈论公元3世纪的事却像在讨论几年前发生的事一样。

晋朝和它的后继者

虽然魏国在265年获得了对三国的控制权，但还是魏国一个将领司马炎建立了新的统一的晋朝。然而这并不表明中国以后将进入和平阶段，因为北方经济区马上面临着北方各种落后民族入侵的巨大压力，其中一些民族已经通过被招请入关帮助打仗而在汉族产生了一定的影响力。大约在半个世纪后，晋室被迫迁到长江以南，建都南京。在北方，各民族间也彼此作战，从 304 年到 535 年间的两个世纪中，相互争雄的"王朝"有十七个之多。魏是存在时间最长的王朝，最后，它控制了除去东北部山东之外的整个北方。虽然北方一直处于战乱状态，它却影响了其入侵者。事实上，中国文明具有异常大的聚合力和吸收力，这种能力使近代之前的任何入侵者都无法抵制。

在 3 世纪后半期晋国建国的时候，日益增加的各国交往便刺激了地理学的发展，特别突出的是伟大的地图学家裴秀。并有一些新的风俗习惯出现，其中包括喝茶。另一方面，人口减少，源于战乱冲突在这个时期连续不断，或　44
许是由于人口减少的原因，人们开始使用一些节约劳动力的工具，如独轮车和水磨，后来到 4、5 世纪时，又着力发展军事技术。这种技术发展的结果是，当时需要的是军事才能，而不是行政才能，那些在军事方面稍有欠缺的人倾向了观察，于是引起了理论科学研究的发展。4 世纪早期，道家中产生了最伟大的博物学家兼炼丹术士抱朴子(葛洪)。数学研究在当时也比较盛行，当时还出现了一种新的写作文体和地名索引(地方志)，与当地的地形学和记录表面上相关联，常璩所著的《华阳国志》，描述了陕西南部和四川北部地区，记载了蜀国都城成都的建筑，还有地方著名人士的传记。这只是其中一部分内容，它还描述了地方的碑铭、风俗习惯、植物、鸟类和其他动物以及铜、铁、盐、蜂蜜、药材、竹等等物品。这时方志很广泛地流行，现在知道的有 6 500 种以上，可是很少是在 7 世纪以前的。

在 6 世纪时，政治又开始不稳定，北魏分裂东西两部分，550 年以后，分别被汉族人的王朝北齐和北周所灭。南方的晋在前一世纪被刘宋所灭，而刘宋又被三个王朝所代替，这三个王朝的寿命又很短。最后，杨坚在 6 世纪 80 年代再度统一南北方，建立隋朝。到公元 610 年，新的隋朝皇帝(指杨坚之子杨广，史称隋炀帝——译者注)统一了整个大陆，从南方的安南和台湾到中亚细亚的塔什干和哈密。

隋朝

中国处于分裂动乱的状态共有 330 年，三国的 60 年，南北朝的 270 年。可以预料到，再次统一中国的强大统治集团的首要工作，应当是采取措施来改善北方和南方之间的联系。隋朝的第一位皇帝取得了一些成就，而他的继任者隋炀帝全面检查了长江、黄河之间从前零散断续的水道运输系统，并第　45
一次以大运河的形式修筑了作为连接干线的重要水道。这条新的水道正好通过南北之间的传统战场，成为替后世开万代之利的宏伟工程，只是它将很多人的生命都耗费于其中。当时征集的劳工约550万人，包括某些地区15—50岁的全部平民在内，他们在5万名监工的监督下，进行劳动。此外，每五户必须出一人去参加供应及准备食粮的工作，凡不能或不愿完成任务的人要受"枷项笞背"的处罚。最后，在这样的施工中发生上面所说的残暴，使损失的人数在200万以上。

隋朝的统治时期很短，因而在文化方面没有很大影响。由于公共工程上的劳民伤财，征讨中亚、特别是对高丽的穷兵黩武，以及由于其他引起民愤的原因，而引起了全国性的骚动，隋炀帝本人被突厥族围困在雁门时，起义爆发了。公元617年，李渊和他的次子李世民攻下长安，夺取政权。第二年，唐朝开国皇帝便即位了。

唐朝

唐朝建立在隋朝所奠定的基础上，其统治延续了几乎300年，这个时期，中国的疆界和势力范围扩展到汉以来未曾达到的程度。早年，唐朝的军队成功地击败了突厥部族，而且一直打到了游牧地区。30年后，突厥族承认了唐朝"大汗"的统治权。当时，唐的势力也进入了西藏，藏王娶唐朝公主为妻，并因而获得了许多开化的影响：水磨和铁索吊桥等发明开始在西藏应用。到660年，实际上整个朝鲜都处于唐朝统治之下。750年左右，唐朝的领土扩张达到了最高峰，以后逐渐地衰落和缩小。唐朝和塔什干王子的不幸外交事件导致了伊斯兰人的反击，在751年的塔拉斯河战役(即怛逻斯之战)，中国军队全军覆没。这一战役是世界历史上决定性的战役之一，结果，中国丧失了大片领地，这也标志着伊斯兰教向东方扩张的结束。

唐的失败直接导致了大唐下几个小国寻求独立的活动，蒙古宣布独立，西南方傣族地区占有云南，也叛离了唐朝，成为独立的王国(南诏)，东北方的鞑靼人开始建立强大的根据地，而朝鲜半岛上新罗国并吞了唐朝的保护国。和藏族的良好关系也未能继续下去，最后，西藏成了对唐朝统治的一大威胁，以致哈伦·拉施德与唐朝皇帝谋求阿拉伯—中国结盟，以便对付他们。之后的一段时间内，社会比较稳定，唐朝的统一又延续了一个多世纪。

46

在以迎外与仇外两种态度反复交替的中国(这点与英国历史有些相似)，历史上，唐代确实是任何人都受到欢迎的一个时期。首都长安成为国际著名人物荟萃之地。阿拉伯人、波斯人和叙利亚人来到长安与许多其他种族的人相会，并且同中国学者在渭河之滨那座古城的壮丽亭台中一起讨论各种问题,中国的富人也相当普遍地雇佣中亚人作马夫和驼夫,印度人作魔术师,巴克特里亚人和叙利亚人作歌手和戏子。一些外国的宗教在这个时期传入中国,6 世纪早期传入祆教;公元 600 年左右景教从叙利亚传入;在 7 世纪末叶又从波斯传入了摩尼教。正像汉代一样,中国人自己也作远途旅行,最典型的例子是唐代求法高僧玄奘,他去印度 16 年,求取佛经。佛教在唐代是大扩展时期,并由于和当时最出色的艺术家们有密切关系而更加兴盛。敦煌千佛洞建于这个时期,其壁画反映出当时的国际主义,画上的僧人等有欧洲人的特征:棕色甚至红色的头发,蓝色或绿色的眼睛。最后,佛教膨胀,庙宇以及其中僧尼数量不断增多,一个国中之国正在兴起,最后它可能会向中国社会的公认基础挑战。政府对之逐渐警觉起来,公元 845 年,捣毁了庙宇 4 600 所,拆除了神龛 4 万座,使僧尼 26 万人还俗,并解放了奴隶 15 万人,没收了数百万亩耕地。

可是,在另一方面,唐代佛教对印刷术的发明起了推动作用。由于这种或那种原因,佛教徒经常需要绣绘菩萨神像,抄写佛名等,这种活动在当时最好的方式便是木板印刷。当时还有另外一种需要——科举制度建立后,成千上万的人需要教科书,他们还要进行公务员考试,于是,时代很明显在召唤印刷术的改进。第一次试验木板印刷的时代大约是在 6 世纪。

图 12　敦煌千佛洞(约 8 世纪)——佛窟全景
(主要色彩:淡红、淡绿,顶部为深蓝、绿和棕色)

48

图 13 敦煌千佛洞唐代(约 8 世纪)佛窟中的护法神像(后面壁画为诸善神与众恶鬼大战图;侧面壁画为西方极乐世界。神像由混合灰泥塑成,大小与人体略同)

49

在唐代,中国法典开始编纂,并有新的犯罪法律得以发展,但在这个时期的特殊光荣是文学艺术和创建于 754 年的皇家书院(翰林院)。科学成就却相对较少:道家热衷于炼丹术;少数佛教学者由于他们的科学著述而名垂后世,著名的天文学家和数学家僧一行,曾相当精确地计算了恒星年尾数的数值,并发明了机械钟表齿轮的擒纵器。唐代文化气氛是人文主义的,而不是太注意科学技术方面。除了首次发明印刷术外,在技术上唐代还是有一些新成就的:当时中国人掌握了制瓷技艺,因而他们可以根据自己艺术品位去真正制成瓷器。另外磨粉厂厂主们还掌握了线状与旋转运动的相互转变的标准方法,在 659 年还产生了第一部官方药典。

在经济方面,唐代继续了传统的做法。农民的赋税还是很重,可是对商人的课税更重,虽然新的对外贸易使他们变得很富裕,由于没有独立的银行出现,商人们大受限制。然而,政府对商人积聚的大量资金仍很担心,自然不会在这方面对他们有帮助,还宣布了茶叶出口必须官营;另一方面,官员们还渴望通过放贷取利来补足他们的薪水,然而,财富的积聚却使商人更加有钱。

到 9 世纪末 10 世纪初时,无数世袭统治者的半封建、半自治的政府兴起于边地,官僚统治的中央政府已无力约束。到 907 年,中国再次转为分裂状态,五代时期开始了。

五代十国时期

在唐朝之后发生了严重的分裂,我们并不知道为什么瓦解现象竟如此彻底。而且,中国已进行了几近 1 000 年的水利建设工作。至少,在理论上讲,需要有一个中央政府。或许,在 750 年之后唐朝政府几乎没有进行水利工程这一事实与经济区的分裂有一些关系。但是,或许新的军事技术的发展也是其中一个因素,对于这一方面的发现的记载以及火药的应用可以追溯到分裂开始(公元 850 年或者是 880 年)。火药在公元 919 年的战争中第一次投入战

50

场使用。尽管唐朝之后中国陷入了分裂局面，一些生活方面的东西还是有一定的发展，其中特别是印刷术有了长足的进步。

宋朝

960年，赵匡胤被武将拥上皇位，建立了宋朝，统一局面再次形成。宋太祖——赵匡胤立即采取措施巩固统治，防止拥立他为帝的武将夺权。为了达到这个目的，他使用了聪明而简洁的战略。皇帝召集全体武将赴宴，暗示若他们放弃军权可以提供给大量的土地。第二天，军队将领们均提出辞呈，退役还乡了。

当时，辽国仍旧占据着东北、蒙古和华北平原北部的地区，尽管如此，宋朝还是用黄金、丝绸等财物以保证与其保持友好关系。这种把一向由邻邦向朝廷进贡的惯例倒转过来的"纳贡"，开创了一个向番邦定期交付财物的先例。从960年直至1126年，和平状态一直持续。可是到了后来，尽管每年仍要贡送礼物，金军还是大举进犯，结果宋朝皇帝和几乎全部官员都被掳去，其余的人则逃到南方，建都杭州，被称为南宋。

然而这些灾难并没有使宋朝人生活的方式发生改变。交通继续得到改进，并且至少有496项水利工程收到了效果，而唐代只有91项。另外，宋朝时艺术与科学也发展到了很高的程度。散文代替了诗歌，而每当人们研究中国科学史或技术史的任何特定问题时，总会发现宋代是主要关键所在（见图14）。闸门与新的测量仪器得到改进和应用。沉箱（即一种工人在水面下工作时乘之不漏水的装置）以及横向抗剪壁在桥梁建造中被巧妙引进。这个时期还编纂了中国建筑工程的经典著作《营造法式》。造船业有了很大的进步，出现了相当大的航海帆船，指南针也开始用于航海业。化学在宋代也取得了重要进步，出现了第一本科学著作（印刷的）。火药成为有用的武器，首次使用是用投石机投掷"手榴弹"与炸弹的形式进行的，之后便以很多武器特别是火箭为载体的，宋金之战便是它的第一个试验场。中国人从未运用过古希腊与罗马时代的那种弹弩方式，但却提高了投石机技术。他们将一根杠杆装置在一个支点上，并将之弯曲使弹丸在短臂被压时抛射出去。宋朝人另外还发展了强有力的喷火器，即将许多箭放在马车上同时射击。

52

如果说化学在当时就是这样被用来从事破坏性战争的话，那么与此同时蓬勃发展起来的生物科学却被用来造福人类。宋代出现了许多著名的医生，制药学和针灸法等一类古老的医术，也被重新加以整理得到提高，新发现——种痘术（现代种牛痘的前驱）也得到了推广。1111年左右，当时十二位最著名的医师共同编纂了一部御医百科全书《圣济总录》，有关药用植物学的

图 14 敦煌千佛洞宋代(约 12 世纪)佛窟中的佛或菩萨像
(主要色彩:绿、黑、蓝、白、金)

著作达到了空前未有的高水平。13 世纪这些草本描述,要比 15 和 16 世纪早期欧洲的植物学著作高明得多,从 1406 年印行的第一版《救荒本草》可以看得出来。宋朝颇具特色的是众多的关于植物学—动物学的专著以及包含有如此多的科学发现的各式各样的注解与记录。

11 世纪时的宋朝是中国整部科学史中最有特色的人物——沈括生活和工作的时代。沈括生于 1030 年,具有政府机构中学者的通常经历,曾当过军事指挥官,主持过水利工程建设,担任过翰林学士。在他的许多次旅行途中,无论走到哪里,不论公务多么繁忙,他从不忘记录下任何科学与技术上有意义的事物。他在大约 1086 年完成的《梦溪笔谈》是最早描述磁罗盘的著作之一,其中还包括有许多天文学、数学以及化石方面的记载,制作模型地图和有关制图学方面的许多事项,冶金方法的描述,以及占很大篇幅的生物学观察。科学内容占全书篇幅的一半以上。

对于数学有浓厚兴趣的不仅仅是沈括一个,宋代出现了一些中国各朝代中最伟大的数学家,特别是秦九韶、李冶与杨辉等。他们使中国的代数学达到了当时世界的最高峰。人文科学的研究也不落后。983 年,一部编年百科全书《太平御览》出版,将中国古代和中古代作家的名言系统地分门别类;紧

53

接着，一部地理百科全书《太平寰宇记》出现，而于1084年，司马光完成了前所未有的第一部完整的中国通史《资治通鉴》。这些不朽的著作，不仅仅是宋代学术的产物，而且令人满意的教育环境也对之起到了很大作用。在这种作用下，新儒家学派也兴起。它与思想科学进展的关系，我们将在后面再加讨论。

宋代还产生了中国历史上两大改革家中的第二人——王安石。他和王莽不同的是，他不曾得到，也不想得到王位。可是他和王莽一样，对实际事务、科学和技术很感兴趣。他曾研究过植物学、医药、农业和纺织方面的著作。1069年他当宰相后，提出了一系列改革方案，这些改革方案有一部分是由于它们所引起的反对浪潮而变得著称于世。他的改革方法主要是财政上的，他首先改组了财政机构，并由于行政管理的合理化、朝廷的节约措施而节省国家预算40%之多。他又建议取消古代把纳税的谷物运入京都的制度，代之以在各大城市设置官仓，这样，谷物便可以就地出售了。而税金则可以依照新的土地调查，以现金的方式送交中央政府。同时，他建立了国家贷款制度，农民可以用生长着的谷物作抵押而获得贷款，而利息则低于市场。他制定了抑商的法令，对商品囤积课以重税，并限制奢侈品的生产。除了这些措施之外，十户为一保，其中任何一人犯罪，全保负责。每一保必须出若干人去当兵，富家豪门还必须提供马匹。

51

这场改革引起了异乎寻常的强烈反对。广大农民群众虽然因为免除徭役而高兴，却不满于保甲制。保的责任方法在施行时带来了麻烦：富人反对废除农民劳动力；政府官员不同意对已成为其合法财物的清点；而二者均对通货纸币持有不可靠的观点。简而言之，虽然变法与其原始想法达到了惊人的一致程度，它与传统的封建官僚机构相距太远。王安石被击败退职，并死于1086年。可是，他的变法未曾被遗忘，其中一些在其他人的努力下实行了。

54

元朝

在13世纪，发生了亚洲历史上游牧民族的草原文化与精耕细作的农业文化之间的一次最大的冲撞。1204年，成吉思汗宣称他是北方所有游牧的蒙古族的大汗并制定了扩张的政策。首先进攻女真族的金朝，并于1215年攻下了北京，12年之后征服了西夏，1233年占领开封。在后来的45年中，蒙古人同宋朝连年作战，他们发现宋朝军队不但拥有最优良的技术设备，而且也善于作战，直到1279年，南宋末帝死于海战，蒙古人便统治了整个中国。

元朝持续了整整一个世纪。铁木真大帝本人并没有统治过中国，因为他早期死于西夏战役。当他们最后统治了中国后，蒙古人看到中国的农业时，表现出极大的惊奇。初始成吉思汗本想把汉人杀死并把土地变成牧场，但是一位辽国贵族的后裔叫耶律楚材的人建议并说服蒙古人，在这样的一种良好的税收系统已建成的基础上，制定税是更好的选择。汉族人郭守敬也成为其行政机构中的一名工作人员。这二位有才能的科学家在北京建立了一座当时最重要的天文台。

中国在元代比在以前和以后的任何时候都更著称于欧洲。这是因为蒙古人统治下的疆土一直扩展到欧洲、喜马拉雅山以北的全部地区，从北京到布达佩斯，从广州到巴士拉，全都在一个政权统治之下。通过中亚细亚的交通线在当时比在以前和以后的任何时候都更繁忙和安全。在大汗的朝廷中充满了许多有各种技能的欧洲人和穆斯林。虽然蒙古人招请了大批汉族学者参加他们的官僚统治，可是最高的职位一般是让外族人来担任的，假使蒙古人不能胜任，皇帝会指派一位非中国籍的人来担任。因此，马可·波罗在元朝担任职务达 16 年之久。元朝时中国对外的交流增多；道路建设有了改进，沿途并设立了官办的驿站；大运河还被挖掘了一些新的河段；一些探险家被派去寻找确定黄河的真正发源地，地理学兴盛，1311—1320 年，朱思本编制了大地图集《舆图》。

55

元朝时基督教第二次传入中国，可是结果并不比早些时候景教的传入有更大的成功。道教遭到严重摧残，它的经典遭到焚毁，被迫转为地下活动，它很快便成了带有反抗外族统治的民族信仰性质的组织。时间一年年地过去，随着汉族士大夫愈来愈多地进入官僚政治，儒教又获得尊重。大约到 14 世纪中叶，元朝已接近末日。由于它一直未能组织起一个对它忠心耿耿的行政机构，财政制度非常紊乱。秘密会社活动活跃起来了。到 1356 年，民族运动变得十分强大，占领了南京。10 年后，明军占领了北京，最后于 1382 年，最终征服了云南，推翻了蒙古人的统治。

明朝和清朝

明朝建国时(1368 年——译者注)定都中东部经济区的南京。建国后，颁布了新法，兴修了一些灌溉工程。然而南北之间仍有战争，明与蒙古人作战，蒙古人定都哈拉和林，明军追击逃敌直到雅布洛诺夫山脉，这是中国军队过去没有到过的最北部。满洲也稳固地并入明朝版图，可是在明朝首任皇帝洪武皇帝死后，其继承者们为了争夺皇位而发生了内战。最后，1403 年，这场争斗结束，首都又一次迁到北京，在第三位皇帝朱棣的统治下，国家进入了永乐年代。

虽然中亚的领土日渐缩小，但明代是中国历史上最伟大的航海探险时代。1405 年,宦官、提督郑和率领由 63 艘远洋帆船组成的舰队,访问了南洋许多地方,并把巴邻旁和锡兰的国王带到中国朝见皇帝表示效忠。在以后的 30 年中,这样的远征共进行了 7 次,每次都带回关于地理和海路的丰富资料以及大量物产。在中国第一次看到了像鸵鸟、斑马和长颈鹿等一类动物。进行这几次远征的原因,至今仍不明了,也许如正史所载,是为了寻找皇帝的侄子——被赶下台的前任皇帝,事实上他已隐藏起来做了和尚。无论如何,这种远征的停止也像它的开始那样突然,其结果是对印度洋的控制权落入了阿拉伯人与葡萄牙人之手。之后中国沿海屡遭日本海盗的严重劫掠,安南则宣布独立。从郑和第一次远征 110 年后的 1514 年开始,欧洲人开始频繁地进入中国沿海,英国人于 1637 年到达。俄罗斯人试图从西伯利亚与明朝建立关系,可是没有成功。西班牙人则于 1565 年占领了菲律宾,和中国的贸易额大为增加,这是墨西哥银元进入中国的开始。

56

明代中国内政的历史是恢复中国国有文化的历史。城堡、公路、假山花园、桥梁、庙宇和神殿、陵墓和牌楼等大量地建造起来。约有 500 个城市的城墙全部重建。官僚机构又迅速膨胀,1496 年整个帝国有文官 10 万人以上,武官 8 万人以上。然而,由于内部宦官和儒家学者士人之间的尖锐的权力斗争,这种官僚制度迅速走向崩溃。而斗争的结果是宦官占据了上风。一些士大夫被清理出官僚政治机构后,便组织了半书院半政党性质的团体。在 15 世纪和 16 世纪完成了大量的学术著作,百科全书的编纂兴盛起来。最有代表性的著作是《永乐大典》,该书 1403 年开始编纂,达 11 000 多册,可是编纂工作组织得很好,只花了四年时间便完成了,参加工作的学者有两千人以上。为了编这本书,从全国各地收集了各种珍本,但是因篇幅太大,无法印刷,只抄写了两部,而主要的那一部于 1901 年(应为 1900 年——译者注)义和团运动期间(事实上是八国联军进占北京——译者注)在圆明园被焚毁。残存的大约 370 册分散收藏在世界各地的图书馆中。在哲学方面,明代最盛行的王阳明的学说,他从新儒学的科学人文主义转向比较反科学的唯心主义。

我们必须注意到,在明代并没有真正的科学。地理学的研究盛行起来,王子与平民们却对植物学显出了极大的兴趣,1406 年撰写的名为《救荒本草》一书描述了精细的植物木刻画。但无疑地,明代最伟大的科学成就是李时珍的《本草纲目》。该书 1596 年出版,详细叙述了约 1 000 种植物和 1 000 种动物,根据其生态特征将其分为 62 篇逐一介绍,附录中还附有 8 000 多个药方。在该书中,李时珍还非常出色地讨论了蒸馏法及其历史、预防天花的牛痘接种,水银、碘、高岭土和其他物质在治疗中的用途等等。当时还有很重要的两

57

部技术著作，一部描述了各种各样的制造工艺（宋应星《天工开物》——译者注）；另一部则全面讨论了军事技术（茅元仪《武备志》——译者注）。

到了17世纪初期，明室日趋昏庸腐败，赋税繁重，弊端百出。1644年，一位起义首领进入京城，明朝末代皇帝自杀。努尔哈赤在明朝一位将领（吴三桂——译者注）的应允下入关助战，可是满人一旦大批入关，就再也不能把他们赶出去了。从那时起，清朝的统治就开始了。

现在我们将结束对中国历史的概述。1582年，意大利耶稣会士利玛窦到达澳门，并于1601年到达北京，9年后在北京逝世。他不仅是一位杰出的精通中国语言的语言学家，也是一位科学家、地理学家和数学家，他使自己和耶稣会同事们适应中国社会的风俗习惯，终于获得了朝廷的宠幸。他帮助朝廷改革历法，并引起朝廷对科学技术各个方面的广泛兴趣。利玛窦与几位博学的中国教徒，特别是作为农业家的官员徐光启，一起翻译了数学、天文学和水力学方面的著作，并鼓励其他学者编纂书籍。例如，徐光启本人曾著有农业方面的卓越巨著（《农政全书》——译者注）。于是，希腊与欧洲文艺复兴的科学就这样传到了中国。在18世纪和19世纪，因为受到一些因素的影响，中国科学与全世界科学的融合进行得很慢，可是当时就已不易分辨出中国思想家和观察家所作贡献的特殊风格了。对于为什么我们要结束这段关于中国科学发展与其他文明发展联系的回顾，原因就在此。当时，中国就已作为全世界科学大家庭的一员而占有它自己的位置了。

58

第六章　中国和欧洲之间的科学传播

中国文化的独创性

尽管有大量的文献讨论到中国和欧洲之间的交往，可是我们还是没有足够的事实对之作出总结。例如，认为在中国人的思想和实践中，有一大部分特殊的发展来源于西方，这种成见很难消除；还有对于中国早期的天文学、π值、水压机均源于西方这些观念也依然存在。当然我们知道这些都是错误的。

另外，认为每一件事物只有一个来源是错误的，我们不能排除在大不同地方出现完全独立而相似的思路，特别是在有关科学发现方面。我们可用一个实例来说明。现在看来，关于生物学中的"灵魂阶梯"学说很可能在西方与东方是独立出现的。在西方，亚里士多德认为，植物有生长的灵魂，而动物则有生长与感觉的灵魂，而人则具有生长、感觉与理性的灵魂。这个理论出现在公元前4世纪。不到一个世纪，荀卿在中国宣讲过很相似的学说。假若这种概念是经过传播的，那就必须传播得十分迅速，从当时的旅行条件来看，进行如此迅速的传播是极不可能的。我们宁可相信这种概念是各自独立产生的，因为它终究明显地反映了自然界的阶梯性，认识到一些生物比另外一些要复杂的事实。

毫无疑问，就知识的传播而言，中国是处在传播圈的，事实上，中国和它的西方及南方邻国之间的交往与反应，要比一向所认为的多得多。另外，在科学革命之前，中国的发明与发现持续从东方向西方传播，经历了20个世纪。而且技术程度越高，传播起来便越发容易。或许是由于中国人的自然哲学与西方人对此的概念不相容的原因，中国人的特殊的科学思想没有传播出去。尽管有些不同文化的传播，却丝毫未曾影响到中国人的思想与文化模式的特

59

殊性。虽然有交流存在,这种模式建立保证了可贵的独立性。由于存在有联系,观念与技术上彼此的交流无疑存在,但是这些却从未影响到中国文明的特征与模式,还有其科学。就这方面说来,可以毫不夸张地说,中国是"与世隔绝"的。从文化意义上来讲,这点非常正确。

有许多中国在实用科学领域影响欧洲的例子,我们有很好的理由相信,对于从中国向西方的传播,我们所知的比实际发生的要少得多。但这里有一个李约瑟与他的合作者非常珍视的原则在起作用,即:毫无疑问,主张完全独立发明或发现的人有义务提供证据,在两个或以上文明中相继出现的诸如新装置、新发展之间的时间间隔越长,通常举证的责任也越重。随着若干世纪时间的流逝,技术当然经常会被它的接受者改进,但是谁知道在欧亚大陆上,传播的毛细血管,不是连接着最初的发明或发现者与他在不同文明中的后继者呢?

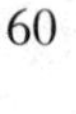
60

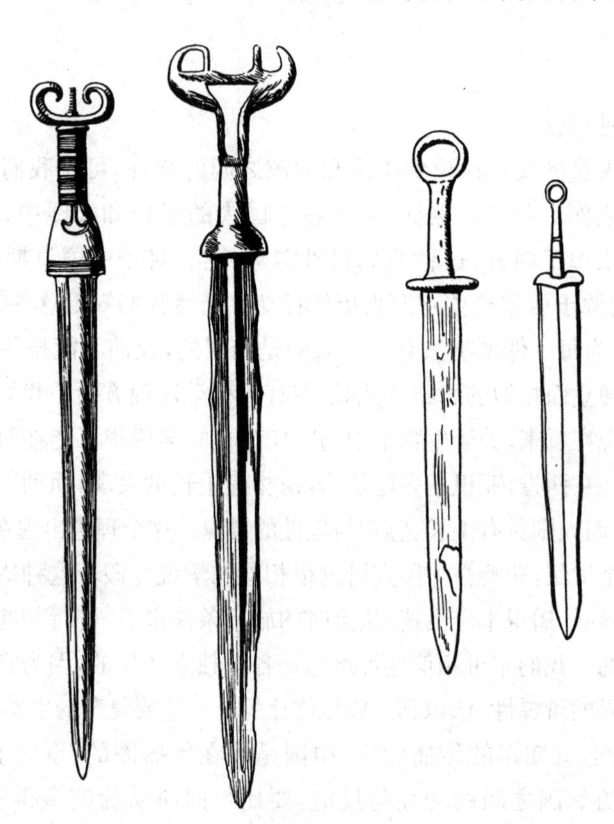

图 15 具有鲁角柄头和环形柄头的青铜双刃剑(从这里可以看出商朝、周朝时的中国和哈尔希塔特文化时代的欧洲在技术方面的联系。从左到右:丹麦、中国、俄罗斯的库班、中国。经许可,采自 O. Janse, "Notes Sur que ques Epées Anciennes Trouvées en Chine", *Bulletin of the Museum of Far Eastern Antiquities*. Stockholm,1930)

61

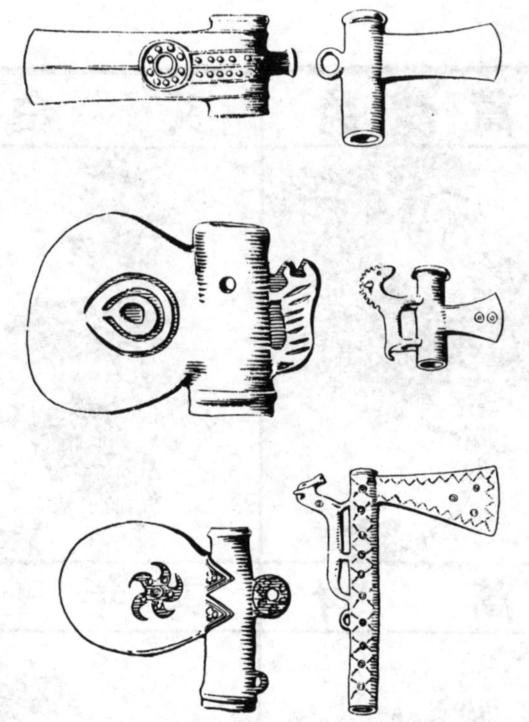

图 16　青铜器时代的礼仪斧钺（在非实用刃部的另一端是兽形浮雕或圆环。左面三种是中国斧，右面三种是哈尔希塔特文化的斧。经许可，采用 O. Janses, “Quelques Antiquités Chinoises d' un caractère Hallstattien”, *Bulletin of the Museum of Far Eastern Antiquities*. Stockholm, 1930）

62

图 17　公元 2 世纪的武梁祠画像石［表现被神话了的太初英雄伏羲及其姐妹（或配偶）女娲。他们都是独足神，手持木匠用的矩和绳（拟人化了），作为建设和治理的象征。铭文的内容是，龙身的伏羲，首创帝王的统治，画八卦，结绳记事，以管理四海之内所有的人（“伏羲仓精，初造王业，画卦结绳，以理海内”）］

63

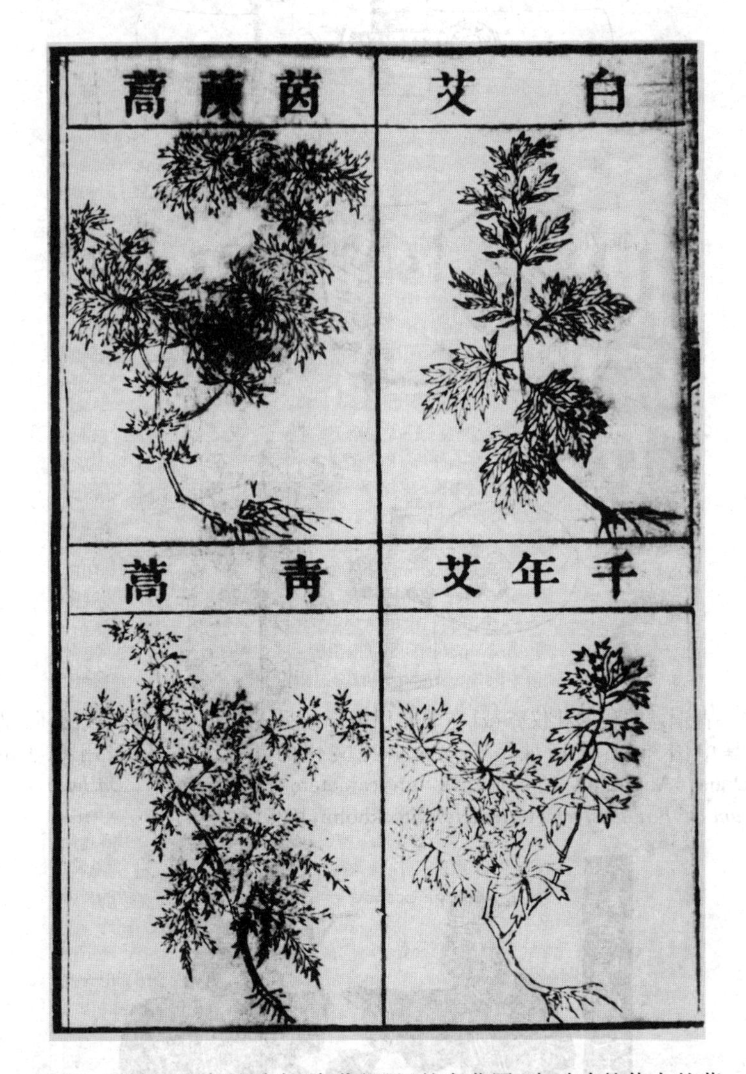

图 18 图中右上方是采自《本草纲目》的白艾图(李时珍的伟大的药物学著作详细叙述了艾及其同科植物在中药中的许多用途。它们作为肠道驱虫药是很有名的。这一品种的确是治线虫类寄生虫迄今最有效的一种生物碱——山道年——的来源。艾叶干燥粉碎后,可作为古代中国医学中常用的艾灸的火绒)

中西文化的联系

中国保持了其文化模式的独创性并不是由于与西方文化交流发展得晚,相反,早在商朝以前的青铜器时代这种接触就已存在,到周朝有一定的发展。在这些时代也许是因为国与国之间的界线争得不厉害,但无论是什么原因,交流继续下去了,有许多记载可作证据。例如,中国与西方存在相似形状的青铜制的剑，一些祭祀用的斧头也在样式上相近，还有马具饰扣及其他青铜制品均有相似的形状物。另一个较为奇特的是关于“鸠车”的普遍存在。“鸠车”是一个青铜制的或陶制的鸟像放在三个轮子上。不仅在中国有这种物品，埃及与欧洲许多遗址也发现过这种“鸠车”。“鸠车”是一种玩具，还是一种宗教崇拜物？这些问题仍没有答案。然后，也有不同文化下均发现的动植物像的遗址，如“独足神”（带有鱼尾的神人），在中国与高卢都可以找到许多这种神像。此外，还有和草药艾有关的巫术。尽管艾这种植物并没有引人注意之处，但它却不仅在中国，而且在古代和中古代的欧洲以至于墨西哥都被广泛采用，作为制线香或绳香的原料和驱邪的灵药。神话和宗教仪式方面，中西也有一些相似处，这表明它们也曾通过某种方式有过交流。

中西的商路

在叙述正题之前，似乎有必要简单谈谈西方人所知道的关于中国的几个名称，其中最有名的便是 Seres、Sina 与 Cathay。Seres（丝国）这个字起源于“丝”，传到欧洲成为希腊字 Ser，很明显，这个名称暗示了它大约始于丝绸贸易开始的时期（约公元前 220 年）。Sina 属拉丁文，从它又演变出了现代英语中的 China。但它并非来自罗马，而是来自公元前 2 世纪的印度，因为它是由中国历史上的秦朝的梵文形式演变而来。之后的一些王朝也有了西方名字，10 世纪出现的契丹辽部落由陆路传入西方，产生了俄文中 Китай，以后它便成了欧洲人很熟悉的 Cathay。在欧洲中古时期，对于 China 和 Cathay 这两个名称是否指同一个国家还不能辨别，就像在早期对于 Sina 和 Seres 的情形一样。理由是相同的，因为上述两组名称中的前者是由海路而来，后者则由陆路而来。

64

然而，西方对中国的称呼的历史，却可以追溯到远远早于关于 Seres 记录的时代。早在公元前 5 世纪的时候，希罗多德就有过关于锡西厄人（生活在古代欧洲东南部以黑海北岸为中心的一地区——编者注）及其习俗的详细记载。他是根据旅行者的记录写成的，其中他提到了一个名叫 Hyperboreans（即北国人——译者注）的部落，有研究表明，Hyperboreans 不是别种人，而正是居住在关中地区和黄河下游一带的汉族人，这种观点开始听起来较荒唐，直到希罗多德世界地图表明，汉族人确是居住在“北风之外”，即他们居住在中亚严冬所达不到的地方，享有比较温暖的气候。

接下来的一位关心中国的希腊学者是天文学家、地理学家，亚历山大时代的托勒密。在 2 世纪时，托勒密依据从丝绸商迈厄斯·提提阿努斯的代理人那里获得的信息，对里海和中国之间的国家作出了清楚的描述，因为从公元前 5 世纪到公元 2 世纪，希腊人对中国的了解逐渐增多。公元前 2 世纪，张骞出使西域。他发现，在四川与印度之间，取道云南和缅甸或阿萨姆有一条商路。这条商路到印度的路程，相当于从印度到中东地区的两倍，于是我们便可想象他是怎样从如波斯一样远的国家收集回信息的。张骞出使西域是发展丝绸贸易的开端。它不仅是中国丝绸销往西方的通路，还是中国进口物品的必由之路。这些物品多是植物，例如葡萄、紫花苜蓿、胡葱、胡荽、胡瓜、无花果、红花、胡麻、石榴和胡桃等，半数带有“胡”字，意思是指从中亚或者波斯来的。当然，也有从中国传出去的植物和树木，例如柑橘、梨和桃等，这些树木在大约 2 世纪时传入印度。许多世纪以后，中国西部山区花卉品种之多，实在令人惊奇，那时已有了现在西方人花园中栽植的那些玫瑰、芍药、杜鹃花、山茶花、菊花等等了。

陆路只是中西旅行的一种方式，现在我们来谈一下海路，在这里便涉及希腊、罗马同印度的关系，而不是它们同中亚的关系了。希腊人关于印度的最早的知识，是由尼多斯的提西亚斯医生带回来的，他在公元前 5 世纪时在波斯宫廷中工作。可惜他的描述有过多的幻想和奇异的成分，如他的著作中载有关于“金液泉”（由矿石炼金）、“树衣”（棉花）的资料。公元前 302 年—前 288 年间出使月护王孔雀王朝的麦加斯梯尼的记载的真实性曾被长期怀疑过，但后来得到证实。他描述了婆罗门与沙门的活动与信仰，但他仍相信“掘金汉”的妙处。

叙述印度与西方各国之间往来的一本主要著作是一部天文学著作《厄立特里亚海周航记》。该书约于公元 70 年写成，作者是一位希腊—埃及航海商人。他不仅描述了航海与港口，还讲到了那里货物的买卖，可以看出他是一名终身从事航海的商人。我们可以看出，那个时候至少是商业接触发展到了很高的程度了。

从 1 世纪到 3 世纪中叶，海上贸易发展较慢、但很稳定。西方的船舶（名义上是罗马的，实际上是希腊—埃及的）曾到过印度的所有港口；在这个时期的后半叶，有一些船只甚至远航到喀的加拉，这个地方可能在印度支那或甚至在广东的某个地方。印度人和僧伽罗人的船只也曾到达过同一海路的各部分，一些罗马人还在印度建立了货栈。中国的远洋航行直到 3 世纪以后才开始，到 8 世纪时一些情况发生了改变。阿拉伯人变为这些海域的主人，9 世纪时他们与中国人取得了直接的联系，以后他们经常来到中国南部，并在广州和杭州等地亲自建立“侨居区”或“货栈”。但是阿拉伯人的统治并没有一直延续下来，12世纪末以后，他们在太平洋的航运事业逐渐让位给中国人。到15世纪中国明代时，在一段很短的时间内，中国人曾在海上称雄，这一时期的中国远洋航船又抵达婆罗洲、菲律宾岛、锡兰、马拉巴尔，甚至东非的桑给巴尔等地，后来到16世纪时，葡萄牙的探险家才开始了新的航海时代。

古代丝绸之路

海上贸易发展的同时，陆上商路也随之兴盛起来。大约在公元前106年，横越亚洲的丝绸贸易开始经常化，很多路线均为人所用（如图19）。可是到了400年，由于干旱日益严重，楼兰城成为废墟，那条通过它的路也就被废弃了。这些路线要经过很多独立国家和众多城市，因而就有很多中间商人作为去西方贸易的中间人而获利。因而，人们经常想开辟一条海路来代替中间的几段陆路。除丝绸以外，经过著名的商路的其他商品还有罗马百科全书学家普利尼所提到的“中国铁”，再有就是毛皮、肉桂和大黄等。大黄似乎另有它自己的特殊商路。从西方运往东方的物品有玻璃制品、羊毛、亚麻织物和人造宝石等，但不是很多；罗马在对中国的国外贸易中，出现金融枯竭，可是黄金并没有到达中国，而是被中间经手的一些国家收走了。

罗马帝国解体后，横越亚洲的联系路线方向出现了很重要的历史变化。尽管海路受到一些干扰，主要的陆路却未发生变化，这个现象主要源于阿克苏姆王国的兴起，阿比西尼亚依靠它在红海南部的港口阿杜利斯，获得了像波斯一样重要的中间人的地位。早在4世纪的时候，由于拜占庭的建立，新的商路发展起来，直接从梅尔夫通过亚美尼亚，而不必经由美索不达米亚。事实上，丝绸工业当已成为拜占庭财富的基础之一。然而拜占庭当时的处境很困难，因为一些其他情况迫使他们和波斯人作战，而波斯人又正是从拜占庭赖以获得丝绸供应的。 68

552年，查士丁尼皇帝突然宣布丝绸工业由国家专营后十年，蚕种被引入欧洲，局势得以改变。关于此事有各种不同的记载。拜占庭作家普科匹乌斯说，它是某些印度僧人受雇从“赛林达”带来的，而泰奥法内斯则说，是一些波斯僧人从产丝之国将蚕蛾的卵放在中空的手杖里偷运出来的。这两种说法可以调和，即认为前者所说的僧人指以前曾到过印度的波斯景教徒，他们是从柬埔寨或新疆移植丝绸工业的。这只是故事的一部分，因为移植丝绸工业不仅仅需要蚕卵，还需要对这个工业中的各种技术具有充分知识的人，对于这个问题则无人提及。

67

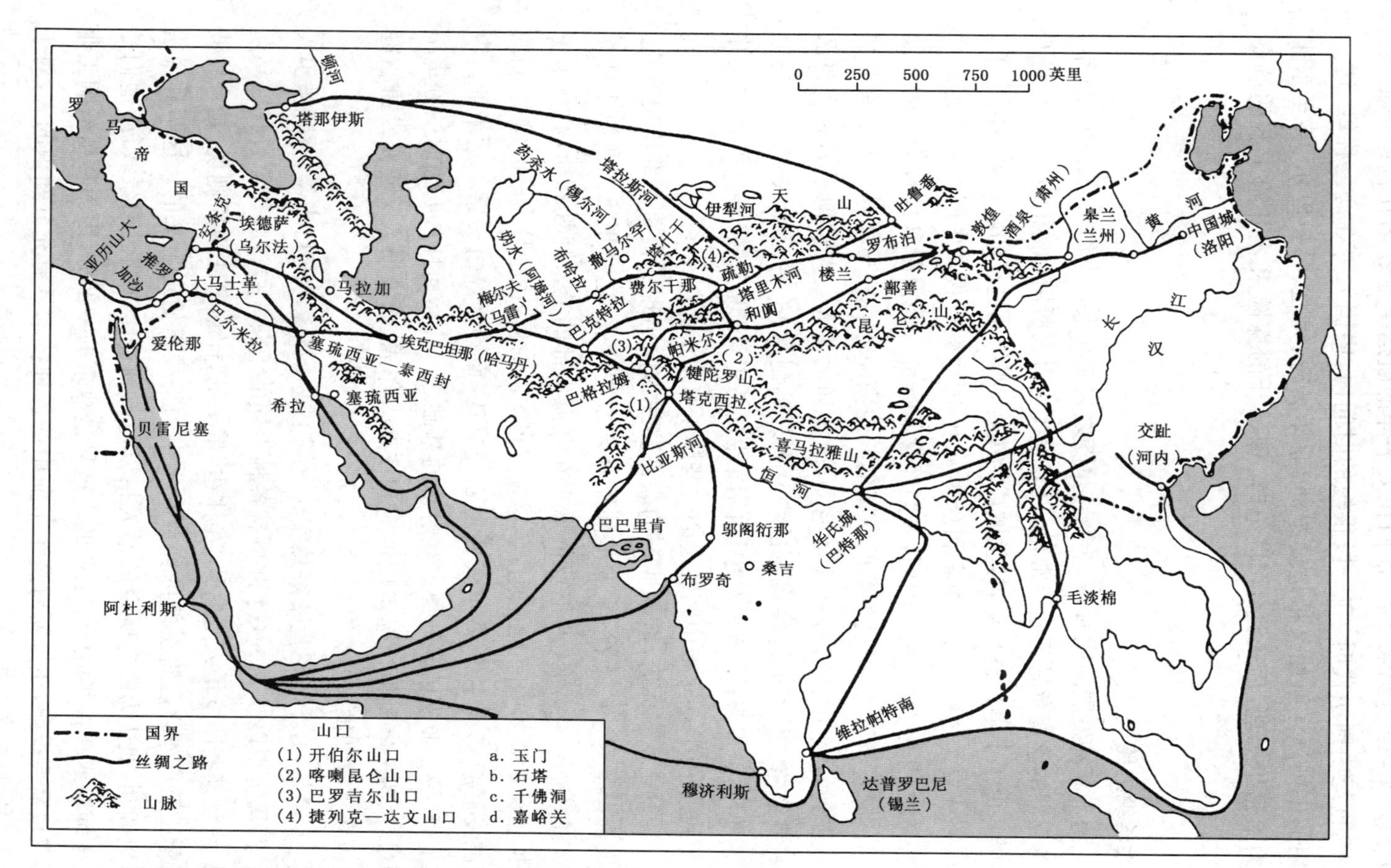

图 19 公元1、2世纪以后中国与西方之间的贸易路线（经许可，据 G. F. Hudson, *Europe and China*. Arnold, 1931）

到了6世纪，土耳其统治了中亚，商路继续起着作用，而到7、8世纪时他们让拜占庭人在中国建了使馆，但是751年发生的塔拉斯河战役使陆路交通中断，陆上交通中断所造成的损失却从海上贸易中得到了补偿。在整个唐代，都有波斯商人来中国经商。他们在陆路交通中断时，大概是经海路而来的。第一批波斯使节在456年到达中国，携有宝石、地毯和香料，唐代的波斯商人普遍地被看成是魔术师、炼丹术士和拥有法术宝石的富商。他们的最大集中地是长安的西市，在那里，他们往往出高价收买宝石或矿石，而这些物品的中国主人却不知道它们很有价值。

在11和12世纪，陆上交通本已减少，而在蒙古人的统治下，它却又获得了梦想不到的重要性。这是由于蒙古人的统治一直延伸到巴格达与布达佩斯，这便意味着中西交通变得便利了许多。14世纪时，一位商人的笔记本上记录着："据来往商旅所说，从（顿河口的）塔那去中国的旅途，不论日夜，都非常安全。"塔那位于顿河口。

在13、14世纪时，蒙古大汗的宫廷里曾经有过大批欧洲技师，但是，能确实指出的任何机械技术或自然原理的传播，却仍是寥寥无几。另一方面，在14、15世纪时，曾出现过中西之间关于鞑靼奴隶的交易，有些鞑靼人被卖给意大利家庭作仆人。例如，在1366—1397年间，有259个鞑靼人，他们中大部分是年轻的妇女，在佛罗伦萨的奴隶市场上被出售。奴隶的流入大约开始于1328年，当时马可·波罗自己的奴仆鞑靼人彼得，被批准为威尼斯市民。随着1453年拜占庭的灭亡，贩卖奴隶才结束。事实证明，其间不同的民族在很多方面进行了融合，而这种融合毫无疑问地促进了几个部门技术的推广与进步，特别是纺织业。

69

中西文化与科学的接触

东西方商路的发展促进了中国与其他西方国家外交方面的交流，虽然这种交流并不平等——因为来到中国都城的外国使节，比中国派遣出去的人数多得多。实际上，中国人看起来没有西方人所具的冒险精神，对外国文化也没有太多的兴趣。例如，在汉朝的时候，中国就总是迎接使者，而中国人则明显地不愿到他们觉得是天然的地理范围以外的远方去旅行，以免有高山症的不适。即使他们的确旅行过，他们也曾试图找借口结束旅行。这里有一个典型的例子便是甘英。公元前1世纪时，甘英被派遣出使罗马叙利亚，在到达巴比伦的时候，帕亚水手劝他们说，从巴比伦开始的海上旅行有着很大的危险性，不宜再继续下去。毫无疑问，安息人为了避免中国人和罗马人发生任何

图 20 自鸣水钟的图例[采用加扎里的关于机械装置的论文手稿(1206年)。上部是黄道十二宫的符号。然后是依次出现的人像和依次燃亮的灯盏;在这下面,从铜鹰嘴中有金球落入铜杯,击钟使之鸣响;最后是五个乐量组成的自动乐队。中国史学家在 10 世纪曾描述过这种阿拉伯自鸣水钟(起源于拜占庭),而中国人自 7 世纪起也曾经自行制造过]

直接交往,他们夸大了危险性。一旦两者直接交往,他们就无法得到中国人的好处了。事实上,似乎这只是一个策略,它施行得很成功,以至于中国人确未曾亲自去过罗马。

在众多的来中国访问的人中，不全是与使者或商队有关的人，也有魔术师与杂技演员，虽然这两类人与技术的传播看起来不应有任何关系，然而事实恰好相反。我们知道，当时许多早期的巧匠，例如提西比乌斯(公元前 2 世纪)和赫伦(公元 1 世纪)，以及他们的中国同行如丁缓和马钧，都曾为宫廷娱乐制作过机械玩具、魔术道具、舞台游戏机械等。他们所使用的方法通常便含有了技术的成分，我们确信正是以这种巧妙的娱乐才使波斯使节团第一次出现在中国。事实上，5 个世纪之后，也有关于流浪魔术师和巫师的记载。这以后，从唐代开始，官方也记录了一些奇妙事实的出现，特别是从西方来的水钟。自远古以来，中国人对漏壶的构造便已熟悉，水钟所能引起兴趣的部分是能自鸣的机械装置。这种构造可使其中的金球一个一个地落入下面的容器中，借以表明经过的时间，这种图案似乎与原始的传统相吻合。 71

在出现于中国的其他奇迹中，有来自叙利亚的“夜光璧”。尽管它很有可能是从萤矿石中提炼出来的石头，但我们还是无法精确说明它过去曾是什么。萤石有许多品种，经过加力或摩擦会发光。同样当时也有进口的红海的珊瑚和珍珠以及波罗的海或西西里岛的琥珀。可是中国人善于从某些叙利亚宝石中鉴别出人造赝品。当然，尽管这个时候财富积累很多，如古罗马宫廷的大量黄金珠宝却多半是镀金的铜制品和彩色玻璃，因而我们没有理由为此时出现仿造珠宝而兴奋。叙利亚位于制造宝石地区的中心，因此在那儿很容易就可以得到仿造的原型。鉴于中国人对早期欧洲的原始化学中模仿工艺的特殊兴趣，从科学史的观点看，中国人鉴别真伪的能力很强。

除了存有对技术种类的引进的记载外，唐代对其中的一个种类进行了独立事项的记录，这便是：对西方医学的兴趣。曾有资料说罗马叙利亚有很高明的医生，能打开脑取出虫，治愈目眚(一种盲症)。穿颅术很早以前便闻名于世，但中国人对此的记录很有意思。中国在同时代也懂得了同样的手术。西方人一直想要制作一种万能的解毒药，因而将 600 多种药材成分拿来配方制药，这种药也企图在中国得到销路，但中国人很快便意识到，这只是一个神话而已。

中国与印度之间文化和科学的接触

关于中国与印度之间的接触，很早便有了记载。张骞曾认为，四川的物产经由云南—印度的交通线到达了大夏。从 4 世纪中叶开始，出现了佛教徒交往的伟大时期。386 年，印度高僧鸠摩罗什来到中国，竭力宣扬大乘佛教。但他实际上只是无数继起的传教者之一。实际上，这个时期也有许多中国的 72

73

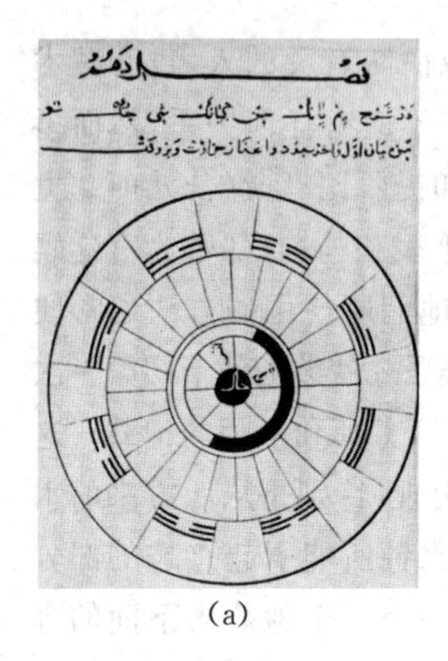

(a)

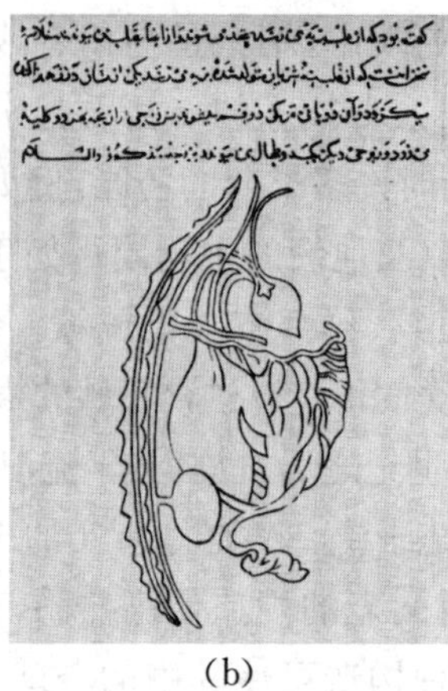

(b)

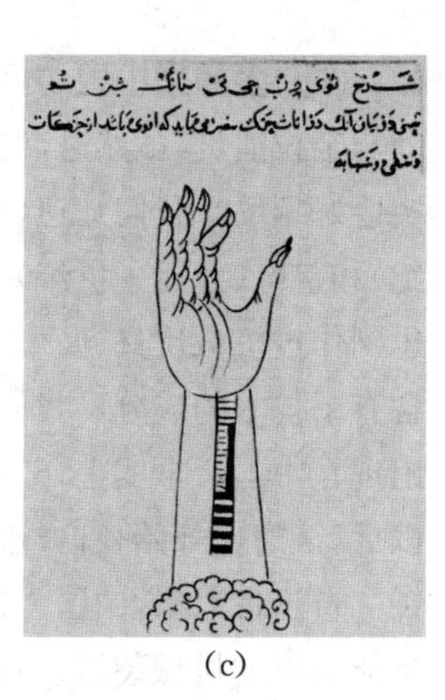

(c)

图 21 1313 年左右拉施德丁·哈姆达尼所编《伊儿汗的中国科学宝藏》一书中有关医学的三幅插图[图(a)将八卦和昼夜相配，以说明患者体温的升降；图(b)为内脏解剖图（可以辨认出心脏、横膈膜、肝脏和肾脏）；图(c)为脉经图。原书虽是用波斯文写的，但这些图来源于中国，还是十分明显的。采自 Süheyl Ünver，*Tanksuknamei Ilhan der Fünenu Ulumu Hatai Mukaddimesi*（Turkish tr）. Istanbul，1939]

佛教学者，忍受着艰难与困苦，到印度去取经，回国后又写他们的旅行。这是一种很有意义的双向交流活动。7、8 世纪的文章描述了婆罗门的天文学与数学，还有关于矿物酸的最早记录，这些都为这种接触提供了依据。

可是，尽管这样，我们却很难拿出印度科学影响中国科学的确凿证明。只有中国数学对印度数学的影响却是无可怀疑的。中国的天文学中赤道系统和医药中气功生理学的一般理论，很可能都是从古代美索不达米亚的最基本的概念中产生，然后由印度人、中国人和希腊人以完全不同的方式加以发展的。就印度技术而言，所处地位很相似：即对中国产生了影响，但是这种影响很小。除了和棉花有关的机器之外，这种机械出现很晚，印度人没有什么大的贡献。

印度的文法与语言学的伟大成就无疑曾促进了 5、6 世纪中国的语言学研究，而印度的绘画与音乐也对中国人产生了一定影响。但是，中国与印度的接触在科学技术上的影响却微乎其微。

中国与阿拉伯之间的文化和科学的接触

公元 625 年，也就是先知穆罕默德从麦加出走到麦地那后的第三年，阿拉伯人完全征服伊朗，他们的统治范围很快就到达了中国势力的前沿。中国和伊斯兰的第一次直接的接触产生了许多传说，这些传说的真伪是很难辨别的。虽然伊斯兰一度想征服中国，但无论如何并无阿拉伯军队插足于其间。从7世纪以后，中国和阿拉伯之间在知识上接触的机会很多。8世纪末，即公元798年，哈伦·拉施德派遣使者来商议抵抗吐蕃人骚扰双方的联合战略。以后的300年中，双方的贸易关系以及与之相关的产业都保持了良好的状态，直至11世纪。

13世纪末，蒙古人征服各地带来了整个东西方的统一，当时旧大陆两端的科学家个人之间的交往要比以前频繁得多。我们发现了13世纪阿拉伯人在阿塞拜疆的马拉盖所建的天文台以及藏书超过40万卷的图书馆，那时中国天文学家还被聘请协助进行这项工作。阿拉伯的医药学也得到了中国人的协助，其中14世纪早期的波斯医生拉施德丁·哈姆达尼，曾写过一本书，书中不仅提到许多中国医药上的论题，特别值得注意的是，他认为中国的象形文字比拼音文字优越，更适用于科学，因为中国文字中一个字的意义和它的发音无关，不会造成模糊不清。文化反过来向另一个方向传播的事实，可以从对伟大的医师与炼丹术士拉齐进行访问的一段动人的描述中得到证明。有一位不知姓名的中国学者与拉齐接触了一年左右，他学会了阿拉伯文，当他决定回国时，提前一个月告诉拉齐，他很愿意笔录盖伦的16卷著作。这位学者如愿以偿地作了笔录，速度之快令拉齐与一名学生难以置信。他使用了"草书"形式，以至于写得比拉齐朗诵得还要快。不过，在他回家途中肯定发生了意外事件，因为关于希腊医药对中国医药的影响，一点痕迹都找不到。 74

尽管伊斯兰与中国接触甚多，学者们在把阿拉伯文的作品译成拉丁文时，所选择的经常是古希腊和古罗马著名作家的著作，而从不选择伊斯兰学者们有关印度或中国科学的著作。在16种重要的阿拉伯和波斯著作中，只有一种在1700年以前被译成欧洲文字，有6种至今仍未翻译。因此，西方科学的发展未受到中国和印度的大的影响。而另一方面，在公元后整整14个世纪的时间内，技术上的发明创造尽管缓慢地、但却大量地从东方传到西方，其中包括了造纸、印刷术、火药、磁罗盘传入欧洲，这些内容可在17世纪弗兰西斯·培根的记录中找到。

总的观察

中国位置很独特，这使它同古代各大河流域文化隔绝开来。尽管在这种情况下，接触别的文化较为困难，我们还是看到了不断有技术，如果不能称为科学的话，传入西方。这种传播对欧洲的发展起了至关重要的作用。 75

因为当时其复杂性远不及现在，独立发明的可能性便显得很小，而传播则变得更为重要。记里鼓车上所需要的简单的齿轮组，被认为是公元前3世纪时的伟大发明，而当今世界上任何青年技工都会把它装配出来。

传播虽然有着重要的作用，但要赢得这种发明权却常常很困难。让我们举一个极端的例子来说明。1824年，约瑟夫·夫琅和费，一位德国天文学家，发明了天文望远镜的时计驱动装置，使得观察变得很方便。他确实不知道一个事实：早在8个世纪以前，尽管没有望远镜，中国人已用他们的天文仪器制造出了类似装置。这种发展是否真的是再发明？有时则会出现其他的情况。有时虽然我们没有证据，可是我们确信该两个事件是由传播而至。举例来说，第一座大型石拱桥是在公元600年后不久在中国建造的，而直到18世纪欧洲才出现了这种桥。欧洲的吊顶是独立的发明还是间隔时间较长的传播？在很多情况下，如果不是不可能的话，传播的时间（具体日期）也很难被找到，虽然我们知道欧洲工程师在建造该桥之前已经知道中国的石拱桥，我们却不能确证。然而，很清楚，也有许多技术装置在中国很早就为人们所知，在西方它们也很久之前就被人们知道，如独轮车、活塞风箱、弓弩等，还有深钻技术、铸铁术等。另一方面，也有一些发明从西方传入中国，但这往往要花费很长的时间，举两个实例，如螺旋和水泵。对于另一些技术，中古代后期的西方人虽然知道中国人曾应用过，可是他们并没有采用。纸币、煤的使用和船舶建造中的防水隔舱就是这方面的典型事例。发明与技术的传播有许多面，如表6、表7所示。

76

表6　中国传到西方的机械和其他技术

名　　称	西方落后于中国的大致时间（以世纪计算）	名　　称	西方落后于中国的大致时间（以世纪计算）
(a) 龙骨车	15	(h) 独轮车	9—10
(b) 石碾	13	(i) 加帆手推车	11
用水力驱动的石碾	9	(j) 磨车	12
(c) 水排	11	(k) 挽畜用的两种有效马具：	
(d) 风扇车和簸所机	14	胸带式	8
(e) 活塞风箱	约14	颈带式	6
(f) 提花	4	(l) 弓弩（作为个人的武器）	13
(g) 缫丝机（锭翼式，以便把丝线均匀地绕在卷线车上，11世纪出现，14世纪时应用水力纺车）	3—13	(m) 风筝	约12
		(n) 竹蜻蜓（用线拉）	14
		走马灯（由上升的热深气流驱动）	约10

（续表）

名　　称	西方落后于中国的大致时间（以世纪计算）	名　　称	西方落后于中国的大致时间（以世纪计算）
(o) 深钻技术	11	作为战争技术而使用的火药	4
(p) 铸铁	10—12	(x) 磁罗盘（天然磁石制成的匙）	11
(q) 常平悬架	8—9	磁罗盘针	4
(r) 弓形拱桥	7	航海用磁罗盘	2
(s) 铁索吊桥	10—13	(y) 纸	10
(t) 河渠闸门	7—17	印刷术（木版）	6
(u) 造船和航运的许多原理	多于 10	印刷术（活字版）	4
(v) 船尾舵	约 4	印刷术（金属活字版）	1
(w) 火药	5—6	(z) 瓷器	11—13

表 7　西方传到中国的机械技术

77

名　　称	中国落后于西方的大致时间（以世纪计算）
(a) 螺旋	14
(b) 液体的压力唧筒	18
(c) 曲轴	3

最后，还有一个被称为“激发性传播”的问题，所谓激发性传播，是没有技术的渗入，而一种思想得到传播。风车就是这样的一个例子。风车是波斯人在 8 世纪时发明的，当时它是水平架设的，它在 5 世纪后传入中国时，仍然保持这样的架设方法。可是欧洲的风车从一开始就是垂直架设的，我们可以从 14 世纪的最早图画中看到这种风车。这一事实似乎告诉我们，所传播的仅仅是利用风车的思想，别无其他。这种概念传到欧洲后，水车制造者采用了他们自己的技术即垂直架设的方法，将之付诸实践。事实上，可能是一个从黎凡特返回的人，告诉别人说萨拉森人利用风力碾磨玉米，仅此而已。技术上必须从那里开始，为了达到目的，他们便使用了一种不同的途径。而风车不是一种单独的例子，我们还可举出很多其他例子。

在东西方的文化交流中，其方式有很多，正如上所述，包括直接的和间接的方式，商人与使团的旅行方式，抓囚犯的方式，沙漠居民的移民方式等。从最近的研究来看，这种交流往往比以前我们设想的要多得多。

78

第七章　儒家与儒家思想

准备工作就绪之后，现在我们可以开始探讨中国哲学对科学思想的发展所起的作用了。从一开始我们就必须强调中国人的思想与我们自己的思想的显著差别以及西方传统的观察自然界的方法与中国传统方法之间的明显差异。这些差异的具体内容将在本章及以后各章中详加阐述，但要而言之，便是欧洲哲学倾向于在物质中发现真实，而中国哲学倾向于在关系中发现真实。中国哲学的这一特性对中国的科学产生了深刻的影响。

一开始我们应简要地研究儒家，因为儒家思想在后来一直支配着整个中国的思想，然后转向儒家的劲敌道家，道家对自然界的思索是整个中国科学的基础。我们还应探讨的有法家，他们倡导一种几近于法西斯的极权主义，但提倡法律面前人人平等；再后便是墨家，墨家重视科学方法和从军事技术中发展而来的科学实验，他们是一些富于侠义精神的军事和平主义者；然后是名家，他们沉心于逻辑悖论和事物的定义；最后是阴阳家（自然主义学派），他们发展了一种哲学，赋予中国的原始科学思想以特有的基本理论。此外我们还应予以简要论述的有怀疑派的兴起、佛教思想的冲击和新儒家（宋代理学）的出现。但最先予以讨论的还是孔夫子本人。

儒家思想最早出现于公元前6世纪，儒家学派是根据它的创立者的名字命名的。有许多关于孔子的生平的传说，但并不都是真实可信的。为人们所确知的情况是：他姓孔名丘，字仲尼，但后人都尊称他为孔夫子，即孔老师，西方把这一称呼用拉丁文写成 Confucius。79 公元前522年（应为551年，此有误——译者注）孔子出生于鲁国（今山东省境内），他具有商王室后裔的血统。

他毕生致力于发展和传播一种关于公正与和谐的社会关系的哲学。大约在公元前 495 年他被迫离开鲁国，之后的数年间他率弟子周游列国，在诸侯间进行游说，希望能获得一个机会把他的思想付诸实践。在他生命的最后三年，他回到鲁国从事写作与教学。孔子死于公元前 479 年。他的一生在当时看来显然是失败的，但他对后世所产生的影响是如此的深远，以至于他经常被称作中国的"无冕之王"(素王)。

儒家思想是一种重视现世、关心社会的学术思想，试图在一个封建官僚式的社会里争取实现尽可能多的社会公正。孔子认为要想实现社会公正，应恢复古代的圣王之道。孔子经常运用这一传说的历史权威，同时他更喜欢称自己为继承者，而不是革新者。在一个因诸侯混战而动荡不安的封建社会中，孔子寻求着社会秩序。在孔子所处的社会中，人命不值钱，法纪荡然，人们依靠个人的力量、武装的随从与阴谋诡计自行其是，而孔子宣扬着和平以及对个人的尊重。

> 出门如见大宾，使民如承大祭。己所不欲，勿施于人。在邦无怨，在家无怨。(《论语・颜渊》第二章)

孔子提倡不考虑阶级差别的普遍教育，认为外交、行政职位应该被授予那些学业优秀的人，而不是那些出身于较高社会等级的人，这一思想是具有革命性的。孔子教导说，政府的真正目标应是全体人民的福利与幸福，而这一目标的实现不应依赖推行严厉的专断的法律，而是要善于运用公认为良好的而又合乎自然法的风俗习惯。因此，在早期的儒家思想中，伦理和政治是没有区别的，政府是家长式的政府。

从上述可以得出一个结论，这个结论曾有可能对科学有重大意义，即儒家学派提倡知识上的民主。如果像孔子所相信的那样人人都是可教的，那么每个正常人从潜能上来说就都能和其他人一样判别真理。其次，孔子时常告诫人们在有疑问时不要妄作判断，在沿用旧籍时应遵循良好的旧范例，宁可阙疑，也不要杜撰不实之词。但儒家思想并不是科学性的：儒家学派认为宇宙有道德秩序，研究人类的适当对象应该是人，反对对自然进行科学的探索。儒家思想无疑是一个理性主义体系，但它把注意力倾注于社会问题，拒绝研究一切非人类的现象。因此儒家思想中的理性因素本有可能对科学观的发展起促进作用，但事实上没能起到这样的作用。 80

孔子最伟大且最有影响的传人是孟轲，孟轲是中国的"亚圣"，有时也被尊称为孟子。孟子出生于孔子去世后一百多年的公元前 374 年，他一生中大部分时间是在梁国和齐国作君主的顾问。孟子的学说中并无多少新意，他强调了孔子的民主思想，宣称在一个国家中人民是最重要的，礼仪习俗本来是为人而制定的，而不是相反，礼仪如果堕落为空洞的俗套就不好了。

人性学说

从科学思想史的角度来看，孟子最令人感兴趣的是他的人性学说。他说："每个人都有一种不忍看到别人受苦的心情。"从这个基本观点出发，他试图论证恻隐之心是人的本性，且由此得出人性在总体上是向善的结论。然而与孟子同时代的一些思想家并不同意这种性善论，一些思想家主张人在道德上是中性的，还有的则主张人性是恶的。这些对立的观点显示出中国早在公元前4世纪便有了整个欧洲历史和中国历史上所进行的广泛论战的萌芽形式，直到现代之前，这些论战都是在对有机进化学说缺乏明确了解的情况下进行的。孟子的观点并不为后世所有的儒家学者所接受：例如一个世纪之后，荀子（名况，时人尊而号为卿）主张人的本性是向恶的，任何好事都决定于广义的教育，然而荀子同时承认每个人都有向善发展的无限能力。到了孟子之后400年的汉代，荀子关于人性的二重论得到进一步发展，怀疑派思想家王充主张人生来就兼有善恶两种禀赋，否认人性有向善或向恶的任何一种倾向。

81 此后，中国儒家学者逐渐地摆脱武断，以一种更科学的方式来探讨人性。13世纪一种新的综合的观点形成了。1235年戴埴在他的著作《鼠璞》中写道：

> 世之论性者二，恶、善而已。人往往取孟而辟荀。予合二书观之。孟子自天性见，所谓善，必指其正大者，欲加持养之功，《大学》诚其意之谓也。荀卿自气性见，所谓恶，必指其谬戾者，欲加修治之功，《中庸》强哉矫之谓也。……然则孟子之学，澄其清而滓自去；荀子之学，去其滓而水自清。有补于后觉则一。（《鼠璞·性善恶》）

随着这样的言论的出现，看来只需给予充分的时间，中国人便能在人性问题上达到一种只能由生物进化的知识来提供的正确的认识，然而中国文化却从未能独自发展到这一程度。

灵魂阶梯论

在西方，公元前4世纪时亚里士多德采用了psyche（心灵）这个词来作为区别生物与非生物的准则。亚里士多德所作的更深入的研究使他得出这样的结论：灵魂是有不同的类别和等级的。正像我们已经知道的那样，他相信植物只有一个生长性的灵魂，动物有生长性和感受性的灵魂，而人有三种——生长性的、感受性的和理性的灵魂。用这个方法来描述生物的行为方式是机敏且有效的，亚里士多德的这一学说统治了生物学界达数百年之久。

儒家也有一套自己固有的等级系统。因为我们发现荀子在亚里士多德之后一个世纪里说道：

> 水火有气而无生，草木有生而无知，禽兽有知而无义，人有气、有生、有知、亦且有义，故最为天下贵也。（《荀子·王制篇》）

荀子活动的时间比亚里士多德晚一个世纪，人们可能会从这一事实推测中国人的有关“灵魂阶梯”的思想源出于西方，但是正像我们已经指出的，事实并非如此，因为荀子活动的时间比丝绸之路的开辟早一个半世纪。重要的是中国人的思维方式与西方人的不同之处：西方人以理性思维为人的特征，而儒家学者关注的是人的正义感——一种社会属性。 82

中国人使“灵魂阶梯”学说发展得更为详尽。6—14 世纪，儒家与宋代理学家对这一问题作了深入的探讨——除了构成万物的物质——能量（气）和普遍组织原则（理）之外，植物还有生气，动物与人还有血气和血气知觉，最后动物与人还有知和良能。明代生物学家王逵在 14 世纪构建了一个包括生物与非生物的“灵魂阶梯”学说。他主张天有气，雨、露、霜、雪也是有气的；地有气和形，有形的物质可能有性，因此草、木和某些矿物有气、形和性。天和地相交泰使气与形相结合，所有的动物都有气、形、性和情，人类除上述之外还有意。王逵还指出了动物的分泌液、排泄物及羽毛鳞甲的属性。王逵的学说相当完备，似乎不只是荀子思想的发挥，但仍合乎中国人一贯的思维方式，以人的正义感而非其理性思维能力为人区别于其他生物及非生物的特性。

荀子的人文主义

在讨论了有关人性学说及“灵魂阶梯”学说的儒家思想的形成和发展之后，我们必须再一次回过头来看公元前 3 世纪的荀子，因为荀子的思想很好地例证了一个重要的问题——儒家对于科学的矛盾态度。

荀子一方面宣传一种不可知论的唯理主义，甚至否定神灵的存在；另一方面反对如墨家和名家所试图建立的科学逻辑体系。他了解技术是有用的，因为技术有实际的功效，但否认理论研究的重要性。荀子的怀疑主义倾向是很明显的，在鬼神迷信四处传播的时代他写道： 83

> 冥冥而行者，见寝石以为伏虎也，见植林以为立人也，冥冥蔽其明

也……

夏首之南有人焉，曰涓蜀梁。其为人也，愚而善畏。明月而宵行，俯见其影，以为伏鬼也；仰视其发，以为立魅也；背而走，比至其家，失气而死。岂不哀哉！凡人之有鬼也，必以其感忽之间、疑玄之时定之。此人之所以无有而有无之时也。（《荀子·解蔽篇》）

荀子还攻击了当时的相面术——根据一个人的外貌特征来判断吉凶祸福。从表面上看来荀子的怀疑主义精神应该对早期科学起促进作用，但事实上荀子过分偏重于人文主义，阻碍了他的学说对科学发展的促进。他深受道家影响，乃至有时用“道”字来表示大自然的秩序，然而他又把表示礼仪、良好风俗、传统习惯的“礼”推崇到宇宙原则的位置。他拒绝承认细致而单调的科学逻辑思维的重要性。道家也许对探索事物的原因感兴趣，而荀子道：

愿于物之所以生，孰与有物之所以成？（《荀子·天论篇》）

他确信忽视人事而致力于思索自然是对整个宇宙的误解。结果是他过于重视社会人事，打击了科学的发展。

作为一种宗教的儒学

在汉代，儒家学说成为封建官僚国家的官方教条。公元前195年汉高祖在孔氏家庙为纪念孔子而隆重地设过祭。公元59年汉明帝诏令全国每一所学校祭祀孔子。这一举措使得对孔子的崇拜走出孔氏家庙，并把孔夫子从学者们的先师变成为官吏们的至圣。儒学演变为一种礼拜，一种宗教，以一种英雄崇拜为基础，兼有敬神和祭祖双重性质。由于儒家思想中没有专职祭司这个概念，因而这种新宗教的执事和主祭由地方上的学者与高官担任。

84

从帝王时代之初便发展起来的中国的国教与儒教颇有不同。在中国国教里皇帝代表百姓充当最高祭司，每年在天坛、日坛和农庙中设祭。在帝王时代之前各诸侯也在自己的封地内设坛祭祀社稷之神，但封建统一帝国的皇帝所举行的祭祀仪式远比以前诸侯们所举行的更为庄严壮观。儒家学者们赞同这种国教，且肯定参与担任了祭祀的执事和参祭者，但这种国教并非儒教。这种国教只是在理论上存在，而与中国民众也没有多大关系。

儒教与科学史几乎是毫不相关。儒教中没有神学家，因而没有能力抗拒科学的世界观渗入它的禁区。然而儒家学者一直继承了儒学创建者的态度，避而不谈自然界和对自然界的研究，一千多年来一直集中注意力于人类社会，而且仅仅是人类社会。

第八章 道家与道家思想

现在让我们以道家的眼光来观察世界。道家被他们公开的反对者——儒家称作“逍遥隐者”。直至今天道家思想体系仍在中国人的思想背景中占有至少和儒家同等重要的地位。在一定程度上了解道家思想对于理解全部中国科学技术是至关重要的。

道家思想体系是一种独特的哲学与宗教的混合体,还包含了原始的科学和方技,是世界上唯一并不极度反科学的神秘主义体系。道家的命名并不是像儒家那样根据它的某个创立者的名字,而是来源于道家学者追寻一种道路的思想。古汉字中“道”是由一个表示“头”的符号(首)和一个表示“行走”的符号(辶)构成的。逐渐地这个词演变成一个专门术语,被赋予哲学的和宗教的意义。“道”一词是难以翻译的,“道路”仅是它真正含意的一种反映,人们可以称它作“自然的秩序”,也可以称它作“宇宙内部及宇宙背后的固有的力量”。但为了避免任何误解,我们还是保留原样称它作“道”,它的含意将在后文中逐渐变得明朗。

道家思想有两个来源。首先是战国时期的哲学家,他们遵奉的是大自然之道,而不是人类社会之道。他们不求用于封建诸侯,而是隐居在乡野沉思冥想,探索自然。虽然这些哲学家们的想法从未能完整地表达,但看来他们深深地感到如果缺乏对自然界更深刻得多的理解,想要把人类社会带入如儒家所期望的那种和谐状态是永远不可能的。道家思想的另一根源是一批古代萨满和术士们,他们很早就从北方进入中国文化,他们作为一种原始宗教和方术的代表在中国古代文化中起过重要作用。萨满是一种崇拜自然界中

86 次要的神的宗教，相信通过迷乱的动作和幻想的空中旅行，祭祀者能够指挥神灵，接触到看不见的力量，从而治愈人身体上和精神上的疾病，并能保证在狩猎与农业生产中获得丰收。

人们可能难以理解如此不同的两种因素竟能结合起来形成道教，但只要想到在人类文明的初期，科学与方术是不可分的，便能在很大程度上解决这一问题。到了很久以后，当人们拥有了充分的试验证据和足够的怀疑主义精神，科学和方术才有可能被区分开来。在科学与方术尚未被区分的时候，炼金术士在进行炼金术试验时把一些化学物仔细地混合、加热的行为与巫婆用符咒镇住别人而在一口大锅里捣腾的动作看起来是没有什么不同的。在西方科学与方术的区别直到17世纪才实现，而在传统的中国从未真正实现。然而这并不重要，重要的是道家学派的哲学家为了探求自然规律自己动手做实验，无论他们的目的是什么，他们像相信自己的头脑一样相信自己的双手，正是因为这个原因，在中国研究炼金术的人主要是道家学者。道家学派的思想家为了探索自然而亲自进行体力劳动这一事实清楚地表明了儒家学派与道家学派之间的另一个根本的差别。没有一个儒家学者会屈尊从事任何的体力劳动，而对道家学者来说这是他求道的一部分。道家学者从事体力劳动的行为有效地使得他们跳出了封建贵族哲学以及后来的官僚学者的狭窄的文化圈子。

不幸的是道家思想在西方翻译家和作家那里即使不是被完全忽视，也是在很大程度上被误解了。道家的宗教被忽视，道家的方术被视为迷信而被一笔勾销，道家的哲学则被说成是纯粹的宗教神秘主义和诗歌。道家思想中的科学性在很大程度上被忽视了，而道家学者所采取的政治立场完全被误解了。诚然在早期的道家思想中确实有宗教神秘主义的成分，道家学派中最重要的思想家也确实跻身于历史上最出色的诗人和作家的行列。但认为道家学者仅仅是为了避免参与儒家人文主义与法家专制主义之间的论战而退出了封建诸侯的宫廷是不对的，相反道家学者对整个封建制度展开的尖锐而激烈的抨击这个事实，被大部分中国的和西方的道家思想注释家所忽略了。总87 之，虽然道家思想中确实有宗教的和诗意的成分，但它至少同样强烈地是方术的、科学的、民主的，并且在政治上是革命的。

道家的道的观念

道不是指人类社会内部的生活方式，而是指宇宙的运行方式，换言之，即大自然的秩序。约成书于公元前300年的《道德经》中清楚地阐述了道家的道的观念，此书几乎可称得上中国语言中最深奥、最优美的著作，传统上人们认为该书的作者是老子（姓李名耳，字伯阳，或聃）——中国历史上最隐晦的人物之一。老子约生活于公元前 4 世纪（应为公元前 8 世纪，正值春秋时代——译者注），他曾对天地万物作过这样的描述：

> 道生之，德畜之，物形之，势成之。是以万物莫不尊道而贵德。道之尊，德之贵，夫莫之命而常自然。故，道生之，德畜之，长之育之，亭之毒之，养之覆之。生而不有，为而不恃，长而不宰，是谓玄德。（《道德经》第五十一章）

我们应该反复地聆听老子的这些教导。作为大自然的秩序的道使万物发生并支配万物的一切活动，这种对万物的孕育和支配不是靠强制力，而是靠一种空间和时间的自然曲率。人只要放弃强加于自然的先入之见，顺应道，便能察觉、理解事物的本来状态，并从而支配和控制。著名道家学者庄子（名周）在一本约与《道德经》成书于同一时代（应为战国时代——译者注）的重要的道家学派著作《庄子》中这样说：

> 天其运乎？地其处乎？日月其争于所乎？孰主张是？孰维纲是？孰居无事推而行是？意者其有机缄而不得已耶？（《庄子·天运第十四》）

88

庄子的自然主义思想强调自然运行的统一性和自发性，庄子在他的著作中叙述了一席想象中的老子和孔子间的谈话，这席谈话清楚地表明在道家学者看来生物界与无机界一样都是受道的支配的。

在后文中还将经常述及的另一内容便是修道者所取得的身体上和精神上的益处。后来这具体化为对长生不死的追求，使身体得以保存和净化并进而成“仙”——拥有不死的灵魂和不老的躯体，在乡野间永久地生活着。为了实现这个目标，道教的方士们采用了药物和炼丹，以至于瑜伽的吐纳、房中术和导引术，这些我们将在后文中述及。

在探索自然的活动中，道家学者们显然意识到变化、作用与反作用以及更广泛的哲学上的暗示，从而逐渐形成了他们的自然观与世界观。因此我们在《庄子》中看到：

> 阴阳相照，相盖相治，四时相代，相生相杀。欲恶去就，于是桥起。雌雄片合，于是庸有。安危相易，祸福相生，缓急相摩，聚散以成……观道之人，不随其所废，不原其所起，此议之所止。（《庄子·则阳第二十五》）

庄子的这段话显得特别有意义,首先它宣称极始和极终都是道的秘密,人所能做的只是描述和研究自然界,这段话不亚于一纸信仰自然科学的宣言书,并表明了对形而上学的厌恶,对宇宙生成论和世界末日论的反感,在道家的著作中我们时常能发现类似的观点。

89 其次这段话表明中国人认识到了浓缩和稀释的物理过程——换言之认识到了密度的差别。诚然在300年之前古希腊人便认识到了这一点,但在公元前1世纪之前要传播这类思想几乎是不可能的,所以《庄子》中的这段话使我们有充分的理由相信这是中国人独立的思想。对道家著作的进一步研究使我们清楚地看到《庄子》中的这段话并不是述及聚散论的特例,在别的几处道家学者们都独立地得出了与古希腊人相当近似的结论。我们在约成书于公元前330年的《管子》中发现哲学家管仲与古希腊人一样认为水是宇宙的原始元素,他说:

> 地者,万物之本原,诸生之根菀也……水者,地之血气,如筋脉之通流者也。

自然界的统一性与自发性

假如有一种观念是道家最为强调的话,那便是自然界的统一性,以及道的自发性和永恒性。“是以圣人抱一而为天下式。”(《道德经》第二十二章)在《管子》中我们又发现这样的话:

> 惟执一之君子能为此乎?执一不失,能君万物。君子使物,不为物使,得一之理。

无疑这句引言中有宗教神秘主义的因素,其他类似的文章中也有这一因素,但这只是因为我们尚处于中国思想史的早期阶段,宗教和科学尚未分化。然而撇开神秘主义因素不谈,从我们对道家已有的了解中我们清楚地知道这一论述是对自然界的统一性的肯定,今天我们已经知道,正像万有引力一样,自然界的统一性是牛顿之后的现代自然科学的根本前提。此外我们还知道道家的政治理想是原始未分化的社会形态。

道的统一性贯穿着万物。《庄子》说:

90

> 夫子曰:夫道,于大不终,于小不遗,故万物备。广广乎其无不容也,渊渊乎其不可测也。(《庄子·天道第十三》)

而更富有想象力的是:

东郭子问于庄子曰："所谓道，恶乎在？"庄子曰："无所不在。"东郭子曰："期而后可。"庄子曰："在蝼蚁。"曰："何其下耶？"曰："在稊稗。"曰："何其愈下耶？"曰："在瓦甓。"曰："何其愈甚耶？"曰："在屎溺。"东郭子不应。(《庄子·知北游第二十二》)

这样，没有任何事物是在科学探索领域之外的，不论它是多么使人厌恶，多么使人不愉快或多么琐碎。这的确是一条非常重要的原则，因为道家在走向最后有可能导致现代科学的方向中，他们必将对一切为儒家所鄙视的事物都发生兴趣——诸如那些似乎毫无价值的矿物、野生动植物，人体各部分及其排泄物等。正如《管子》中所说："圣人像天那样没有偏私地覆盖一切；像地那样没有偏私地承载一切。"

不偏私，以同样的态度对待一切事物而拒绝予以区别，不对自然界及人类社会中的事物作道德判断，这样的思维方式是儒家所绝对不能接受的，但却是自然科学的精髓所在。科学必须在伦理上是中性的，虽然道家学者也生活在须作道德评判的社会中，但他们却看到了这一点，这是值得赞扬的。人类的标准不应该像儒家学者所教导的那样成为自然界的准则。

道家学者不仅认识到自然界是统一的，不由人的标准评判的，还认识到自然界是自足的，而非创造出来的。他们的关键用语是"自然"——自发的，自己起源的，自然的。老子说："人法地，地法天，天法道，道法自然。"这是对科学自然主义的基本肯定。庄子有一次在描述风穿过树枝、空穴而发出的声音时强调了老子的这一观点：

91

子游曰："地籁则众窍是已，人籁则比竹是已。敢问天籁。"

子綦曰："夫吹万不同，而使其自已也。咸其自取，怒者其谁耶？"(《庄子·齐物论第二》)

当这些现象普遍地被解释作精灵、水神、林神的声音的时代，庄子的这种自然主义的思想是很可贵的。后来，当谈论到自然现象时，"自然"一词便被普遍地采用了。公元前2世纪《淮南子》一书中说："自然之势也。"这明确地表示至少到那个时候，道家学者已懂得了因果关系原则，虽然他们没有像希腊人那样正式地表述出来。

然而道家学者对自然的理解不仅仅是简单的、机械的。例如，在公元前4世纪庄周阐述了一种非机械的因果关系理论。在《庄子》中有一篇给人以深刻印象的描述动物或人体内不受意识控制的自然活动过程的文章这样说道：

若有真宰，而特不得其朕。可行已信，而不见其形，有情而无形。百骸、九窍、六藏，赅而存焉。吾谁与为亲？汝皆说之乎？其有私焉。如是皆有为臣妾乎？其臣妾不足以相治乎？其递相为君臣乎？其有真君存焉？（《庄子·齐物论第二》）

当我们想到现在已知的关于有机体中刺激物与反应器官的复杂相互关系或内分泌系统腺体的相互影响时，就会感到这些话确实是很惊人的。在道家学者看来人体和宇宙都无需一个有意识的操纵者，他们把自然界看作一个无需神来安排的有机体。

92

自相矛盾的是道家著作中有一些寓言描述发明家制作了一种人体模样的自动装置，把这些装置打开后显露出来的只是机械结构而已。表面上这似乎是告诉我们道家对于自然持一种纯粹的机械主义观点，但下面这个故事将告诉我们事实并非如此，这个故事出于《列子》，作者是列御寇，是所有同类故事中最惊人的：

王荐之曰："若与偕来者何人邪？"对曰："臣之所造能倡者。"穆王惊视之，趋步俯仰，信人也。巧夫领其颐，则歌合律；捧其手，则舞应节。千变万化，惟意所适。王以为实人也，与盛姬内御并观之。技将终，倡者瞬其目而招王之左右侍妾。王大怒，立欲诛偃师。偃师大慑，立剖散倡者以示王，皆傅会革、木、胶、漆、白、黑、丹、青之所为。王谛料之，内则肝、胆、心、肺、脾、肾、肠、胃，外则筋骨、支节、皮毛、齿发，皆假物也，而无不毕具者。合会，复如初见。王试废其心，则口不能言；废其肝，则目不能视；废其肾，则足不能步。穆王始悦……（《列子·汤问第五》）

这个故事约创作于公元前3世纪，它毫无疑问是宣布其作者信仰对包括人类行为在内的一切现象的自然主义解释。似乎是为了起强调作用，《列子》中还记载了另一个有趣的故事，说的是神医扁鹊做了一次置换两个人的心脏的手术，手术交换了两个人的心思，但使他们的外貌保持不变。

93

这类故事属于一种古老的机械主义—自然主义传统，这个传统约在同一时期在中国和希腊都有所表现。还有一个有趣的故事说的是墨翟制造的木鸢，这个故事不仅表明了道家有关飞行的机械主义观点，而且古希腊哲学家塔兰托的阿契塔恰好也有同样的故事。阿契塔公元前380年时在世，而这一年恰好是墨翟去世的年份，这个巧合再次证明了在东西两种文明中思想家们正在发展着同样的科学世界观。

道家的口号变成为"察其所以"。历经秦始皇帝国大一统时期由封建官僚制取代封建制所引起的社会动荡，道家学者一直在追求这一目标。然而生活是艰辛的，儒家伦理文化的势力变得不可抵挡的强大，迫使道家或者与它融合，或者转入地下。结果是如我们在《吕氏春秋》(其中第一部分完成于公元前239年)一书中所能看到的那样，道家确实在一定程度上被儒家所同化。在《吕氏春秋》一书中虽然也有许多科学论证，但它一般总是以应用于人类社会为归趋。例如它说：

凡物之然也必有故。而不知其故，虽当与不知同，其卒必困。……水出于山而走于海，水非恶山而欲海也，高下使之然也……

国之存也，国之亡也，身之贤也，身之不肖也，亦皆有以。圣人不察存亡贤不肖，而察其所以也。(《吕氏春秋·审己》)

尽管在这里作的装腔作势的言论是儒家的口吻，但道家仍表示了对科技的否定，并且在这本书中还能找到别处有力地支持这种观点，比如有一个故事说的是在一次宴会上，一位长者自鸣得意的讲话被一个十二岁的"坏小孩"打断，小孩说：人不过是世界上各种动物中的一种，鱼和野味并不是为人创造的，正像人并不是为老虎创造的一样。这本书也许是和儒家学者合作而写的，但道家的基本观点仍保持不变。 94

对自然的态度：科学观察的心理

公元3世纪道家思想演变为一种宗教，人们盖起了道教的建筑。有意思的是道家的建筑一直被称作"观"：其他宗教建筑通常采用的名称如"寺"、"庙"等从来不用于道教的建筑。"观"的意思是"观看"：组成"观"字的两部分，一个是表示看见，另一个最初是表示一只鸟。因此"观"字最初的含意很可能是观察鸟的飞行，并从观察所得的朕兆中作出预言。但随着时间的流逝，"观"字的含意起了变化，在公元前430年到公元前250年，"观"字被用来表示瞭望塔，并被正式用来表示为占卜而对自然现象进行的观察。"观"字被用来称呼道教建筑是对道家对待生活的基本态度的承认，这种态度中也许有方术和占卜的含意，但是以观察自然世界为基础的。

道家对待自然界的态度与管理社会所需的态度相差甚远。观察自然应是感受式的，被动的，而不是命令式的，主动的。真实的观察要求人们放弃成见，不要坚持一套社会信念。儒道两家的分歧是本质性的，道家关于"水"和"阴性"的象征是产生分歧的典型例证。于是"水"和"阴性"的象征迷惑、误导了许多西方道家思想的注释家，但早在公元前4世纪的《道德经》中便清楚地说道：

> 上善若水，水善利万物而不争，处众人之所恶。故几于道。（《道德经》第八章）

水是柔顺的，容器是什么形状，它就成为什么形状，它能渗入小得看不见的缝隙，它镜子般的表面可反映自然界的一切。大河与海洋由于处在低处，溪流都流入它的怀抱，才会显得很强大，同样圣人对百姓说话时应采取低姿态才能取得君临天下的地位。道家的领导原则是由内及外的：

95

> 知其雄，守其雌，为天下溪。为天下溪，常德不离，复归于婴儿。（《道德经》第二十八章）

我们还可以列举很多章节来说明道家对阴性原则的赞赏，并能从中看到接纳的被动的科学态度。

道家学者凭借着这样的根本的态度直观地达到了科学和民主二者的根源。儒法两家的伦理思想是阳性的、强硬的、管理的、统治的，甚至于是侵略性的，而道家强调一种截然相反的态度——阴性的、宽容的、柔顺的、忍耐的、神秘的和承受的。道家学者反对封建社会，同时诗意地描述他们理想中的集体主义社会，这种社会形态在青铜时代社会分化之前的原始村社内曾一度存在过。根据中国人的思维方式要把阴和阳分开来是不可思议的，现在假设阴阳是可分的话我们很愿意把道家思想称作一个阴性的体系，把儒家思想称作一个阳性的体系。然而中国的每一个哲学家——无论他属道家与否——都认识到阴阳的不可分，于是中国人想出了一个新的概念——“让”。“让”字在字典中的解释是谦让、让予，放弃较好的位置，并引申为邀请。“让”字可以表示一种原始的“馈赠”风俗。按照这种风俗，一个首领的威望取决于他在定期的聚会上所能分赠给全体部族的食物或其他物品的数量。在中国，由谦让而得来的不可思议的美德、社会声望及“面子”已成为一种统治因素，并且这种现象不局限于道家学者的圈子里。确如李约瑟所指出的，凡在中国居住过，并亲身经历过和一群人一起走过一个门道时的那种困难，或亲眼见过学者们、官员们在宴会上积极争相推让上座的人，都对中国人谦让的习惯留有深刻印象。尽管并不为道家所独有，但谦让精神在道家哲学中发展到其顶峰，以至于道家学者拒绝官职的事情是屡见不鲜的。

了解了道家观察自然的态度之后，我们现在可以开始探讨道家学者观察自然的动机了。答案仍然在道家著作中，我们只要翻翻《列子》便能找到一个很有意思的寓言：杞国有个人整天担心天会塌下来变成碎片而使得他没有栖身之地，这种忧虑使得他吃不下睡不着。但列子并不主张同情这个杞人的痛苦，而主张告诉他自然的真相，只有这样才能给予他心灵的平静。这个寓言并不像许多人认为的那样只是一个笑话，而是强调指出人类在面对自然力的骇人的展示时，需要对自然现象作理性的解释。地震、火山爆发、洪水、传染病等都能引起人类的恐慌，但只要人们一开始对各种大灾难进行研究、分类，只要一开始以科学的眼光来看待这些灾难性事件，人类立刻就觉得自己更强大、更自信了。探索自然灾难的成因、研究其性质、预测其未来的发生率、指定其名称，这些行为都能给予人类以任何其他方式都难以得到的心灵的平静。道家学者不满足于像儒家学者那样把注意力局限于人类社会中的事务，他们希望能对自然界有把握，而实现希望的途径便是观察自然。

96

观察、思索自然界并从而获得自信与心灵的平静，中国人称这个过程为“静心”，而希腊的德谟克利特和伊壁鸠鲁的原子论派则称之为 atataxy，即宁静，我们确切无疑地知道东西方哲学在这一点上是十分近似的。《庄子》说：

> 古之治道者，以恬养知。知生而无以知为也，谓之以知养恬。（《庄子·缮性第十六》）

与此相应的是伊壁鸠鲁的原子论派哲学的传人卢克莱修（约公元前 65 年）在他的著作《物性论》中说：

> 能驱散这些恐怖，这心灵中黑暗的，
> 不是初升太阳炫目的光芒，
> 也不是早晨闪亮的箭头，
> 而只是自然的面貌和它的法则。

庄周动情地阐述这个题目，类似的词句我们还能找到很多。他时常谈到“乘天地之正”或乘“自然之无穷”；他描述那些摆脱了人类社会无价值的纠纷而与大自然合一的人所能得到的解脱感。庄子的思想在后世道家学者的著作中被一再地阐述。“静心”赋予圣人以不可超越的地位，而静心观确实是贯穿全部道家思想的。我们在成书于公元 8 世纪的《关尹子》一书中仍然能看到这样的词句：

> 心蔽吉凶者，灵鬼摄之。心蔽男女者，淫鬼摄之。……心蔽药饵者，物鬼摄之。……惟圣人能神神而不神于神，役万物而执其机。可以会之，可以散之，可以御之。日应万物，其心寂然。（《关尹子·五鉴篇》）

97

道家的沉思能带来心灵的平静，那么道家的行动又如何呢？《庄子》中曾说古时遵循“道”的人，用心灵的恬静来培养他们的知识，不会用他们的知识来做违反自然的事。至少李约瑟认为"无为"一词应译作"不做违反自然的事",反对按通常的译法把"无为"译作"无所作为"。道家提倡不违反事物的本性,不强使物质材料完成它们所不适合的功能,在人事方面不勉强去做在有识之士看来必归于失败的事。后世的道家学者也支持庄子的观点,例如在成书于公元前120年的《淮南子》中,刘安曾这样说:

> 或曰:无为者,寂然无声,漠然不动。引之不来,推之不往。如此者乃得道之像。吾以为不然。尝试问之矣。……若吾所谓无为者,私志不得入公道,嗜欲不得枉正术,循理而举事,因资而立权自然之势。(《淮南子·修务训》)

大约在公元300年时,郭象在其《庄子注》中说道:"无为者,非拱默之谓也。直各任其自为,则性命要点。"假如道家著作中有关"无为"的篇章都被按李约瑟的意思翻译,它们和这一学派的原始科学的一般特性是很符合的。公元前4世纪的《道德经》以它那珠玉般的简洁语气说道:"无为,则无不治。"

98

在后文中我们将知道,这种"无为"概念的最深沉的根源可能在于原始农民生活的无政府性:植物没有人干涉就生长得最好,人没有政府的干预就生活得最昌盛。要点不在于无所作为而在于与自然相和谐。汉代的儒家学者不喜欢道家的"无为"思想,因为这一思想与儒家的教义是完全相反的。因此他们强调"无为"中不作出努力的性质,后来又受到汉末佛教坐禅方式的影响,"无为"确实变得含有避免一切活动的方式。最终"无为"一词被逐渐地误解、滥用,并玷污了道家的声誉。

道家的经验主义

要想实行"无为",先得观察自然以学习自然之道,这样便有一种科学的态度。道家的"无为"思想与对自然的观察引导他们重视实验,而这一点对整个中国科技发展史是最重要的。在成书于公元前3世纪的《吕氏春秋》中我们找到一篇有关经验主义的出色论述:

> 知不知,上矣。过者之患,不知而自以为知。物多类,然而不然……
>
> 漆淖水淖,合两淖则为蹇,湿之则为干。金柔锡柔,合两柔则为刚,燔之则为淖,或湿而干,或燔而淖,类固不必可推知也……
>
> 鲁人有公孙绰者,告人曰:"我能起死人。"人问其故,对曰:"我固能治偏枯,今吾信所以为偏枯之药,则可以起死人矣。"物固有可以为小,不可以为大,可以为半,不可以为全者也。(《吕氏春秋·似顺论·别类》)

以上引文清楚地告诉我们实践的重要性，下文还将告诉我们工匠有时候比学者知道得更多： 99

> 高阳应将为室，家匠对曰："未可也。木尚生。加涂其上，必将挠。以生为室，今虽善，后将必败。"高阳应曰："缘子之言，则室不败也。木益枯则劲，涂益干则轻，以益劲任益轻，则不败。"匠人无辞而对，受令而为之。室之始成也善，其后果败。
>
> 高阳应为小察，而不通乎大理也。(《吕氏春秋·似顺论·别类》)

这个故事里的家匠比他好诡辩的主人知道得多，因为实践经验教他认识了他所使用的材料的真实的性质。无论逻辑推理主义者的辩术多么高明，最终总是自然规律获胜，自然将使一味依赖逻辑推理的人陷于迷惑，并证明道家的实践经验主义的态度是正确的。人类的这种本能的实践的观点是长存的，我们所知道的例子还有在8世纪，当唐代最杰出的画马大家韩幹还是一个青年时，皇帝请了当时最好的画家来教他，但他宁愿整天呆在御马厩里观察御马。无论对于一个工匠还是对于一个圣人，实践经验都是很重要的，道家的这一主题一直荡漾在多少世纪以来的中国思想之中。

变、化和相对性

道家学者是如此地关注自然，以至于他们一定会非常关心变化的问题。道家并非唯一关心变化问题的学派，阴阳家与名家也同样在思索这一问题。道家把变化分成不同的类型：由以前的行为引起的变化、使万物都回复到本来状态的循环运动中的变化、逐渐发生的变化以及突然发生的变化。道家还特别指出了内在的变化和外在的变化。甚至道家所称的圣人也经历变化，圣人根据他对世界的感觉的改变而改变自己的态度与行为，使自己更接近于自然，但圣人对世界基本的观点还是保持不变的。道家学者全心关注自然界中的变化，但使他们特别着迷的是循环过程中的变化，这种变化不仅表现在四季的迁移转换中，也明显地表现在全部宇宙与生物过程中。在这个问题上道家学者的思想轨迹再次与古希腊原子论派学者的相近似。 100

当述及生与死的问题时，道家对这一自然现象表示出理解与顺从。《庄子》中这样说：

> 若死生为徒，吾又何患？……是其所美者为神奇，其恶者为臭腐，臭腐复化为神奇，神奇复化为臭腐。(《庄子·知北游第二十二》)

我们在道家著作中时常能找到道家学者由于把握了自然之道而表现出的对

变化的理解与顺从，而这正是道家所以能获得心灵平静的根源所在。除《庄子》之外，其他一些道家著作也表达了一个过程的终结是另一个过程的开始的观点。

一方面道家在哲学上对不可避免的变化、腐朽、死亡表示了顺从，另一方面道家在宗教和科学上同样强烈地表达了寻求肉体上的永生的愿望，这两方面看起来是互相矛盾的，但事实上并不矛盾，因为道家所追求的长生不老正是以一种特殊的方式达到的，即以顺应自然的方式生活，而不是违背自然，人们唯一要做的便是找到真正顺应自然的生活方式。道家还有一个重要的观点认为真理广泛地存在于各种不同的观点中，人们所持的观点不可能完全正确，也不可能完全谬误，而只能以“道”为检验的标准。互相冲突的观点只能以天道的无形的力量来调和，而这力量便体现在历史事实与自然现象之中。《庄子》中有一则关于猴子的有名的寓言生动地说明了这个问题：

101

劳神明为一，而不知其同也，谓之“朝三”。何谓“朝三”？曰：狙公赋芧，曰：“朝三而暮四。”众狙皆怒。曰：“然则朝四而暮三。”众狙皆悦。名实未亏，而喜怒为用，亦因是也。是以圣人和之以是非，而休乎天均，是之谓两行。（《庄子·齐物论第二》）

庄周的思想具有真正的辩证性质，在他看来，变化是永恒的，现实只是一种过程。庄子的辩证思想在很大程度上与19世纪欧洲哲学家黑格尔及后来的马克思主义者的思想是相通的。整个的道家思想都是富于辩证性的。我们从科学的观点出发觉得道家的辩证思想很有趣，因为这使得道家否认物种的固定不变性，从而得出一种与进化论非常类似的理论。认识了这一点我们便能理解《庄子》中的一篇文章，这篇文章曾使得许多西方的翻译家感到头痛，文章的开始是这样的：

种有几，得水则为㡭。得水土之际则为蛙蠙之衣。生于陵屯，则为陵舄。（《庄子·至乐第十八》）

这一物种变化的过程从植物到昆虫的幼虫，从昆虫的幼虫到蝴蝶和螃蟹，然后又变作鸟、变作马，最后变成人。很显然在这篇文章中庄周是在描述道家所观察到的昆虫蜕变的过程，并把这一过程伸展以涵盖整个生物进化史。

中国人从认识到物种的变化，即进化论出发，进而认识到不同的环境会相应地培养出具有不同能力与资质的物种，这样的认识便接近于物竞天择的理论了。确实道家对不同物种在形式和功能上存在的巨大差异有深刻印象：对某个物种是好的形态换到另一物种上会很糟。事实上他们甚至认为一个生物的有用或无用可能是他们得以生存的原因,《庄子》中有一些篇章阐述了“无用”的价值,比如说一些大树正是由于对任何人都是无用的,才免遭砍伐,得以长寿健壮。在这些篇章中我们可以隐约地看出道家避世守静的愿望,但无可否认的是这些篇章也表明道家对物竞天择的道理有一定的了解。

102

道家思想中另一个重要的具科学性的方面是对相对性有一定的了解。人类社会中的判断标准当被应用到人类社会之外时显得很荒谬,比如动植物的时间尺度与人类的时间尺度肯定是极为不同的。《庄子》中说:

> 小知不及大知,小年不及大年。奚以知其然也?朝菌不知晦朔,蟪蛄不知春秋,此小年也。楚之南有冥灵者,以五百岁为春,五百岁为秋。上古有大椿者,以八千岁为春,八千岁为秋。而彭祖乃今以久特闻,众人匹之,不亦悲乎!(《庄子·逍遥游第一》)

从上文及其他一些篇章中可以看出道家不愿意做大与小的判别。道家的这种态度也许有一些政治上的寓意,但其科学上的价值并不因此而受到削弱,道家在处理大与小的问题时清楚地知道形状的相对性,也知道视错觉现象的存在。《吕氏春秋》中说:

> 夫登山而视牛若羊,视羊若豚。牛之性不若羊,羊之性不若豚。所自视之势过也。(《吕氏春秋·壅塞篇》)

值得注意的是道家在重视变化与相对性的同时,拒绝把人作为万物的中心,而以人为中心,重视人事却正是儒家理论的根基所在。

道家对变化的兴趣并不单纯是科学性的,他们的某些思想明显带有方术的性质,但我们只要想到在远古时代科学与方术的关系是如此地紧密,这也就在意料之中了。然而尽管道家重视变化的思想中带有方术的性质,尽管道家从未自创一套系统的关于自然的哲学,但他们很擅长于将他们观察自然的成果发展为实践中的应用。《庄子》中说:

103

> 其分也,成也;其成也,毁也。凡物无成与毁,复通为一。唯达者知道为一,为是不用而寓诸庸。庸也者,用也;用也者,通也;通也者,得也。适得而几矣。因是已。已而不知其然,谓之道。(《庄子·齐物论第二》)

虽然缺乏理论背景,或者说是系统的理论背景,但一种尊崇科技的精神已明显地被表达了。有了这样的精神,在科学领域取得大进展便是情理之中的事了。道家学者显然没有错误地认为任何技术上的进步都必须以系统完整的理论知识的获取为前提,他们意识到只要以实践经验为依托,技术人员便能设法在一定的情形下做出正确的事，即便有时候他所持有的理论知识是错误的。

道家对知识和社会的态度

现在我们必须公正地探讨道家的政治立场这一问题，西方学者在这方面曾发生了严重的误解，而这正像西方学者不了解我们在上文已讨论过的道家思想的原始科学性和观察性一样。要言之，道家持有一种与儒法两家差别很大的对待知识的态度，并试图遨游于尘世之外。儒家的社会知识被庄子蔑称为“君牧之分”，并被认为是无稽之谈，在道家看来真正的知识是对于道和自然的了解，而不是人为的关于社会等级的教条。为了获取真知，道家提倡“虚心”，即从心里除去一切错误的儒家式的知识，抛弃歪曲的记忆、偏见和成见。道家提倡经验主义，尊重工匠的技术，这种态度在以后的中国科技史中有深远而实际的作用，因为它鼓舞了古代中国伟大的发明家们。道家对知识所持的这种态度显然与儒家的观点是截然相反的，而这一观点的对立形成了政治上与道德伦理上的不同教派。

道家的政治立场代表了他们解决实际问题的态度，同时道家的政治立场决定了他们对知识的态度与道家的神秘主义之间有着紧密的联系，这种情况在思想史上并不是偶见的。当我们回顾西方文艺复兴时期现代科学方兴未艾之时，我们会发现有类似的情况。现代科学的兴起不仅是因为人们在实践活动中发现了旧思想的种种欠缺之处，也是因为人们不喜欢旧思想以当权者为靠山而仗势欺人的态度。基督教神学拉古代的科学思想，尤其是亚里士多德的学说为紧密的盟友，这种做法使得初生的现代科学不得不与已建立威望的教条而成为强有力的庞然大物作斗争。新生的科学组织以确凿的实验结果及探讨问题的新角度来推翻旧的过时的思想体系，然而这意味着攻击整个已建立威望的思想体系。然而新兴的实验主义者并不是孤军奋战，出人意料的是他们在基督教神秘主义者中发现了盟友。在现在看来这是难以使人置信的，但我们应该记得在当时的西方社会中基督教统治了所有人的思想，占据了所有人的根本的文化背景，无论是当权派还是它的反对者。在这场现代科学与旧思想的论战中，基督教教义注定在两方面都会有所表现。基督教神秘主义之所以会与新兴的科学运动结成盟友，是因为其自身也包含了一定的经验主义成分，而理性主义神学家不注重实践经验，他们自然而然地便站在了旧秩序这一边。

发生在西方的这场论战与东方儒道之间的冲突一样都有一些政治寓意。

在科学革命进展得最成功的北欧,大多数新兴的科学实践者都站在基督教新教的清教徒一边,拥护他们所有的争取社会新秩序的政治主张。杰出的神秘自然主义者帕拉采尔苏斯(1493—1541 年)以极端的形式向我们展示了这种早期的革命精神。帕拉采尔苏斯提倡把炼丹术应用于医学,在他第一次观察了矿工的职业病后,便不顾一切地反对使用矿物药品,他既是一个实验主义者,又是一个理论家,在政治上他是一个平等主义者。他本人是一个强烈的个人主义者,但他看到以某种集体主义的方式能使社会得到拯救。他与庄周不谋而合地说贵族和平民的存在并不是神的旨意,神的旨意是要求人人都是兄弟。帕拉采尔苏斯的思想与道家有许多相通之处。人们可以发现他的炼金术中的药物来源于中国人关于长生不老药的观念,并混杂了一些阿拉伯和拜占庭的文化。

东西方文化史中的这种相似现象并不是独一无二的,我们还可以举出一些别的例子。在 10 世纪的伊斯兰神秘主义神学与波斯及美索不达米亚的科学的发展是密切相关的:一个半秘密的平等主义会社——精诚兄弟会——在其政治思想及对科学的兴趣上都与道家十分近似。与道家一样,当精诚兄弟会发现将他们的社会目标付诸实践为不可能时,他们的思想遂发展成为宗教神秘主义。

道家所追求的理想社会是一种农业集体主义社会,其中没有封建制度,也没有商人,实际上他们是鼓吹返回到一种简单的生活方式。这是对儒家和法家控制社会的一种反运动,儒家与法家思想中的权威势力把民众作为工具对待,以某些人为尊贵,以其他人为低贱。道家强烈反对儒家与法家的政治态度,然而他们认为攫取自然以造福社会是正当的行为,被他们认为错误的行为是剥削大众以积累私人的财富。道家向往一个平等的社会,并以远古时代的原始公有制为指南,他们喜欢的原始种族社会也许本来是母权制的,这也许是道家推崇阴性符号的原因之一。在某段时间里他们或许甚至相信返回到原始社会是可能的,并努力寻求愿意将他们的思想付诸实践的统治者,然而像以往的改良者一样他们没能取得成功。

105

鉴于道家的目标是返回到一种更原始、更淳朴的社会状态,他们不能被称作通常意义上的革命者。但在这一点上他们的政治态度很大程度上被误解了,这主要是由于我们西方学者对他们所使用的某些术语不理解,很明显的例子比如汉语中的“朴”(未经雕刻的砖)和“浑沌”(混乱)。在我们审视并重译《庄子》、《淮南子》及一些更古老的书籍之后,我们清楚地知道无论“朴”在后世具有什么含意,在公元前 2、3 世纪“朴”字是有政治含意的,在那时“朴”

字意味着社会中的每个成员与他的邻居们团结一致。“浑沌”一词或“浑”、“沌”二字是“未分化”和“同性质”的意思，意味着道家理想社会中的无阶级状态。道家典籍中记载有一些特殊人物，即“传说中的叛逆者”，这些特殊人物的名称强调并肯定了上述对于“朴”、“浑沌”等术语的解释。据说这些特殊人物曾被远古传说中的帝王所征服，他们的名称中的政治喻义明显地表示出他们中的一些人正是某种政治思想的人格化体现。一些人的名称与刚才述及的政治术语有明显的联系。传说中的叛逆者驩兜便被认为与被黄帝放逐的怪物浑沌是同一的，而驩兜这个名称本身在字面上的意思是“和平的风箱”，而这个传说中的怪物据说是冶金术和金属武器的发明者。另一个怪物叫梼杌，意思是“未加整饰的木桩、柱、梁或原木”，另一个怪物叫共工，即工匠的首领，字义是“共同劳动”。这些名称和劳动人民有着明显的联系，很可能这些传说中的叛逆者是前封建集体主义社会中的首领，他们的被放逐象征社会形态向封建主义社会转化。这样的解释也适用于其他传说人物，如三苗和九黎可能是代表存在于封建社会之前的从事金属加工的部族团体。

如果对道家政治观点作这样的解释是正确的——这样的解释使得道家著作中许多原先晦涩难懂的内容显得有意义了——那么我们应该能够在道家学者与劳动群众之间发现紧密的联系。这样的联系确实存在。孟子在公元前 3 世纪描述合作农业单位时曾提到过早于他一个世纪的道家哲学家许行和陈相。似乎是为了证实哲学家对于体力劳动的关注，道家著作中经常述及体力劳动的技巧，并特别关心诀窍和“天才”。在任何技术初生之时，“天才”都是事关重要的，而在道家看来“天才”是不能被传授的，要想获得这种“天才”只有依靠仔细观察大道在自然万物中的运行。身为哲学家却对体力劳动的技巧感兴趣，这种事在儒家看来完全是闻所未闻的，却很适合道家的平等观念。

虽然道家尊重体力劳动的技巧，采纳了经验主义的观点，信赖并欣赏技工和发明家的机敏灵巧，但有时候他们却矛盾地表示了对科技创新的反对。初看起来这一现象十分奇怪，并且与道家的自然主义哲学和我们已知的道家思想与科学技术的联系是直接抵触的，再加上道家对知识的否定态度，这一现象把许多注释者引上一条错误的道路。然而在仔细审察了他们的论述之后，我们发现道家反对的是技术的误用，而不是技术本身。道家反对的是封建地主以技术为手段对民众实施奴役。《庄子》中的一则故事形象地说明了这一点，故事说的是子贡看到一个农夫正在用水桶从井里打水，子贡告诉他有一种很简单的节省劳力的器械——桔槔可以被用来干这种活，但那个农夫笑着回答道：

> 吾闻之吾师，有机械者必有机事，有机事者必有机心。机心存于胸中，则纯白不备。纯白不备，则神生不定。神生不定者，道之所不载也。吾非不知，羞而不为也。（《庄子·天地第十二》）

107

道家之所以持这样的观点的原因是不难发现的。封建势力在一定程度上正是依靠掌握了炼铜、灌溉工程等技艺而实施他们的统治，因此技术创新导致了阶级的分化。由此得出的结论是技术创新本身的价值也才为可疑的，并不是因为创新本身有什么错，而是因为它们很容易被利用来达到不正当的目的。例如任何工具或机器都能被封建地主用来作为刑具，难怪同情民众的道家会对它们侧目而视。

这样我们可以说道家渴望原始社会，想回到“黄金时代”。在西方文化中类似的思潮时常出现——希腊的犬儒学派和斯多噶学派对文明生活的摒弃，基督教有关人的堕落的学说，18 世纪对“高贵的野蛮人”的赞美。然而虽说西方出现了几个学派具有这类思想，他们是不能与道家相提并论的，道家比斯多噶学派和犬儒学派有更完善的组织，道家在政治上的反封建立场与科学上启蒙的结合胜于任何西方学派。

萨满、巫和方士

在阐述道家的思想时我们不应忽视道家和北部亚洲人的原始宗教与巫术之间的联系，特别是和萨满这种人神之间的行医者和魔法师，在中国萨满被称作“巫”。巫这个名称很有意思，因为这个字与舞蹈有关，在甲骨上发现的这个字便是描绘一个正在作法的萨满法师手里拿着羽毛在舞蹈的样子，有时候女人也能成为萨满法师。道家不仅是一种承认萨满的魔法作用的神秘主义哲学，也重视起源于原始母系社会的阴性符号。另一个词“方士”也很重要，这个词曾被译作“一位拥有魔药的绅士”，这显然与萨满的行医有关。考虑到萨满、法术和早期医药之间密切的关系，便能够理解在道家中有方士这类人，但事实上关系更密切，因为道家确定无疑地知道巫、医药与他们对炼金术的研究有关联。

108

巫并非一直能取得官方的好感，这一点与道家的政治及方术思想的境遇有相似之处。事实上在宋代巫受到官方严厉的迫害，直到清末刑法中仍有禁止巫术的条文。但考虑到巫有时会做出人祭之类残忍的事，人们从人道主义立场出发在一定程度上是会同情儒家对巫的反对。无论如何官方的压制使得道家中巫术这一方面转入地下，并在一定的时候在民间形成了秘密的组织，这些组织日后在中国人民生活中起了重大的作用。

道家的个人目标

我们在本章开始处便已简要地提到过道家从很早便痴迷于有可能实现肉体上的不朽的想法，他们想要的是在现世中的不死，而不是在另一个世界中。因为人有灵魂，中国人相信即使肉体腐朽了，灵魂仍能独立地继续存在。事实上道家相信有一批神仙存在。由于对年轻的状态十分痴迷，他们相信一定能找到阻止衰老的方法。到中世纪导致衰老的因素被“人格化”为“三虫”或“三尸”，而修炼技术便被认为是从体内逐出这些因素，只有这样人才能变为“真人”，以轻妙的青春之躯永久地生活下去。为了达到这种美好的状态，必须为死去的修炼者举行特殊的入葬仪式，这修炼者应终生实行下列几种修炼炼术——炼气术、日疗术、导引术和房中术。

气功锻炼在中国可上溯至远古。炼气术的目的是使得修炼者回复到在母亲子宫内的呼吸状态，但由于道家对母体与胎儿之间的气体循环一无所知，他们认为正确的方法便是呼吸得越安静越好，憋气憋得时间越久越好。憋气导致了各种后果——耳鸣、眩晕、出汗——而这些都被认为是达到永生的很好的训练。第二种修炼术——日疗术或称作使用日光浴（其价值在欧洲直到现代才被认识），其修炼方法是使人体暴露于日光之下，手持一个字（加围框的日字），用红色笔写在绿纸上。然而只有男性才应这么做；女性修炼者则应暴露于月光之下，也是手持一个字（加围框的月字），用黑色笔写在黄纸上，但这样练法很难使妇女增加维生素 D。

109

第三种修炼术是体操锻炼，被称作“导引”，即身体的伸缩，或许是从求雨的萨满的舞蹈变来的，印度的瑜伽术也对此产生过重大影响。后来也称为“功夫”和“内功”。这些都来源于古老的中国医学的观念，即身体的毛孔容易阻塞，从而引起体液的壅滞和疾病。同时也采用了按摩。

第四种修炼术——房中术，遇到了儒家和佛教的强烈反对，但在今天看来却相当有意思。由于阴阳理论已被普遍接受，认为人类的两性关系与整个宇宙机制具有密切关系是十分自然的，道家认为两性关系对长生不老能起到重要的帮助作用。一些有关房中术的古代典籍中确实提到了一些以长寿闻名的性学专家。私下练习的这种技术被称为“阴阳养生之道”。其基本目的是尽可能地保存精液，并利用两个个体中的巨大力量作为互相的不可缺少的滋养。道家的修炼术与世俗普遍的行为方式之间并无绝对的差别，不同的是道家出于坚持自己一贯的思维方式特别强调了房中术中女性的重要性。房中术的某些技巧可能来源于拥有大量姬妾的贵族家庭中的性行为，我们有理由这样推测，因为在一夫多妻的家庭中如何组织健康的性生活确实是一个重要的问题。

道家的房中术中包含了两个相对立的方面——一方面为了增加精液的数量而进行性刺激，另一方面采取方法避免精液的流失。节欲被认为是违背自然的规律的，被佛教大力宣扬的独身被认为只能导致神经官能症，于是为了避免精液的损耗便经常采用交而不泄的方法，即与一连串的对方交接但只射精一次。在今天看来进行一连串的交接却不射精是有损心理健康的，但对道家而言情况有所不同，因为两者的目的不同。修炼道家的房中术并不是为了一个负面的目的——避免怀孕——而是为了一个正面的目的——促进阴阳二体之间的互相滋养，特别是阳。道家所采取的另一种方法是在射精时刻压迫阴囊和肛门之间的会阴，从而使精液转入膀胱，道家认为这样能把精液输送到身体上部而滋养大脑，即还精补脑。他们不知道在这一过程中精液最终和尿一起被排出体外。印度人有时也采取类似的做法。 110

道家特别强调一连串的对象，并有许多(互相矛盾的)选择方法，但由于存在着季节、气候、月相、星占状况等一套严格的禁忌，所以道家修炼者很少能碰上适当的吉日。然而在房中术这种道家的生理—宗教修炼中最使人感觉惊异的是修炼者除了进行通常的婚姻生活及私人修炼之外，还要举行公开的性交仪式。这些仪式起源于2世纪，在公元400年前成为通行，举行这种仪式时先是跳舞，随后或者是两个领祭者当着会众的面进行交合，或者是会众们各自在庙宇场院四周的房间内进行交合。

道家作为一种宗教

1943年李约瑟与几位优秀的科学家结伴从云南省省会昆明出发到西山作一次远足，在西山他们参观了三座寺院，两座是佛教的，一座是道教的。由于知道道家对科学有兴趣，所有的同行者都特别热衷于参观道家的“三清观”。这是一座劈岩而成的圣祠，建立在一个几乎是绝壁的半山上。然而李约瑟发现同行者对“三清”指何人都一无所知，他认为这说明对于整个比较宗教学中最有兴味的现象之一——当时的科学家一般都还缺乏研究。就我们而言，当我们研究道家思想时，不能忽略道家作为一种宗教这一课题，因为我们至少要能够解释在远古及中世纪早期的道家思想如此明显的科学思想的萌芽何以会消失，以及道家思想何以会全然转化为一种有组织有仪式的有神

图 22　位于辽宁沈阳附近鞍山东南面的道教寺观

论宗教。

111

首先，作为宗教的道家无疑是对古代中国封建社会的崇拜社稷之神的集体主义宗教的一种反动。国家变大了，国教发展了，人民中的大部分都参与祭祀仪式变得不可能，因而道教就成了中国本土的寻求个人解脱的宗教。道教形成于汉代，很大程度上归因于公元 1 世纪一个有名的张氏家族。相传这个张氏家族是张良的后代，张良在公元前 1 世纪辅佐刘邦击败了秦王朝及为道家所厌恶的效力于秦王朝的法家，并建立了政权。这个家族在一切事务上都显得强有力，他们把道家发展成道教的行为可能被看作是可供效仿的榜样。一个世纪之后，张姓家族的另一个成员，既是道士又是炼丹师的张道陵将初生的宗教进一步发展，他的追随者是如此之众，以至于他能在川陕边界建立一个半独立王国。张道陵被认为具有魔力，他死后不久，道教的声威大振，于是在 165 年首次对道家崇奉的祖师——老子举行了正式的皇家祭祀。

112

张道陵的活动和教义可能曾受到某些外来宗教的影响，但无论是由于什么原因，一座真正的道观在公元 2 世纪建立了，并在此后的许多个世纪中一直保持着兴旺。423 年在北魏的朝廷中寇谦之取得了“天师”的称号，并建立了所谓的道教的“教廷”，从此一直未间断。然而随着时代的推移，道教本身也遭受了巨变，最著名的便是道佛之间长期的争论，结果是两败俱伤。道家的影响因而减弱，在宋代(公元 11、12 世纪)新理学获得了思想界的威望。当少数民族王朝如蒙古人和满族人掌权的时候，他们的官员对道教都采取疑惧的态度,不仅因为道教是具有颠覆性的政治力量,很容易形成反异族的骚乱组织,还因为道教的占卜方法能够很容易地用于预言朝代的更迭,受到官方的强烈反对,道教便进一步衰败下去。

在道教兴盛的岁月里,教主们拥有许多神圣的封号。这种情况开始于公元3世纪,并在此后一直延续,到5世纪确立了道教的三位一体,即三清。三清分别被称作天宝君,即元始天尊,主宰过去;灵宝君,即太上玉皇天尊,主宰现在;神宝君,即金关玉晨天尊,主宰未来。道教的三清的形成可能受到基督教三位一体思想的影响,但三清形成的年代却是相当早的。三清更可能起源于早在公元前4世纪(应为公元前8世纪——译者注)便已形成了的道家关于宇宙起源进化的观念,即“道生一,一生二,二生三,三生万物”。

113

从整体上看,我们不可避免地得出这样的结论:道家思想发展成为一种中国本土的宗教,与佛教的僧侣组织相并立。然而道教的形成并未使得道家的哲学思想、集体主义的政治观点、神秘主义思想及科学态度全然湮没无闻。事实上,在道教与佛教并立的局面中,道家思想与儒家思想仍然构成中国人的思想背景,在未来很长一段时间中仍将如此。事实上道家的基本思想至今仍具蓬勃的生命力。当李约瑟一行经过陈列着各式各样神像的佛教庙宇,到达位于最上方的处在优美园景中的道教的殿宇时,他们看到一间空空的厅堂,厅堂中只立着一块大石碑,上刻四字:“万物之母”,这块碑形象地表明了道家思想万古长青。

114 # 第九章　墨家与名家

有两支中国学派都在努力试图建立基本的科学逻辑体系。墨家带有强烈的政治倾向，并形成了一定的规模，名家则相对逊色得多。墨家在战国末年就已经完全被各种社会事件所湮没了。事实上，我们甚至于不知道墨家的创始人墨翟的生卒年代。目前所能确定的是在公元前479年至公元前381年之间。他去世的时间应该比后来著述反对他的孟子出生的时间稍微早一些。墨子出生于鲁国，可能曾经在宋国做过大臣，并且为那些希望成为封建国王的政府官员的人办学授课。他最重要的学说是“兼爱”与“非攻”。这些学说使他成为中国历史上最杰出的人物之一。

墨家被认为是中国封建社会时期具有“骑士风度”的代表。因为尽管他们反对战争，但他们的和平主义是有限度的。实际上，他们在军事技术上进行自我训练以便能够很快地帮助被强国袭击的弱者。相比之下，墨家更注意有关筑城和防御性的技术，这些技术引起了他们对基本的科学方法的兴趣。他们对机械和光学的研究成果记载于现存最早的有关中国科学的历史文献中。如果说道家对于生物学上的变化有特殊的兴趣的话，那么墨家可以说主要被机械和物理所吸引。难以令人满意的是：以往的学者都将注意力集中在《墨子》这部墨家学说的有关伦理方面的章节上，却忽略了其中的科学命题。

115 **墨翟的宗教经验主义**

正如我们看到的一样，道家宣扬反对封建主义。认为社会的演变是一个错误的开始。他们希望重新回到原始的社会安定团结的国家之中。墨家一方面批判了原始社会，他们说：每个人都按自己的意愿行事会导致永不停息的争论。“人世间的混乱”就像“动物之间”一样都是因为“成为统治者的愿望”。另一方面，墨家也不赞成儒家的观点。儒家认为：一旦世界成为一统，就会有伙伴之间的和谐与爱，而与他们有关的优良行为就会盛行起来，友善与同情成为通常，形成了一种基本的集体主义。墨家认为：当帝国成为“家族继承”的形式，当人们忽略了集体而专注于自己的家庭时，事实上，当彻底的儒家道德观高于其他任何学说时，所有这些优点都会失去的。

墨家告诫道：要解决儒家学说所造成的问题就应该回到古代大公无私的贤君统治时期的观念，因为只有在那个时代才能实现“大同”，才意味着真正实践了“兼爱”或者说博爱。他们的目的是维护封建制度的运行，从这个角度来说，墨家的观点与儒家是相同的。但是，这一观点又被其严谨的对剥削弱者的行为进行谴责的伦理学非常深刻地调和了。墨家认为上天的意志“憎恶攻击小国的大国，大家族骚扰小家族，强者掠夺弱者，聪明的人欺骗愚蠢的人，出身高贵的人蔑视出身低贱的人。”

墨家非常重视不可见的世界。他们相信鬼和灵魂的存在，认为鬼魂是人类的道德观察者。非常奇怪的是，他们是通过科学的经验主义得出了这一观点。

> 子墨子曰：
>
> 天下之所以察知有与无之道者，必以众之耳目之实知有与无为仪者也。请惑闻之见之则必以为有，莫闻莫见则必以为无。……自古以及今，生民以来者亦有尝见鬼神之物，闻鬼神之声，则鬼神何谓无乎？（《明鬼下》）

墨子的这种看法并非不科学；诉诸大众的观察原是自然科学结构的一部分。他得出了错误的结论是因为他低估了人们的鉴别能力的作用。5个世纪后，王充在一次有关墨家的讨论中指出了这一点。王充的观点记载在成书于公元83年的《论衡·薄葬篇》中：

116

> 是故是非者不(只)徒耳目，必开心意。墨议不以心而原物。苟信闻见，则虽效验章明，犹为失实。

墨经中的科学思想

墨翟早在公元前4世纪就开始实践他所宣扬的“兼爱”学说。这种学说与西方最好的一神教教义相类似，但与科学史却没有多少直接的联系。当我们研究《墨子》一书中的墨经与经说时，我们才会意识到后期墨家付出巨大的努力去建立其经验科学所依据的思想体系。下面挑选出的一些例证可以使我们看得更清楚：

经云：偏去莫加少，说在故。

经说云：偏，俱一无变。

这句话是关于主观性的判断。如：一朵“美丽的”花。不论你是否认为它美丽，都是同一朵花。

经云：火，热，说在顿。

经说云：火，谓火热也。非以火之热我（与俄通）有，若视日。

墨家大量地讨论了关于精神在对人的感觉和知觉进行分类、整理的工作。知觉是以可以用五路感觉器官（五路知）理解的世界作为其客体的。“五路知”的资料是通过反应得来的，而反应是经由知识的概念及其解释（恕）来达到的。有趣的是“恕”这个字显然是墨家作为专业术语创造出来的，早已经从字典消失了。

经云：一法者之相与也尽类，若方之相合也，说在方。

117

经说云：一方尽类，俱有法而异，或木或石，不害其方之相合也。尽类犹方也。物俱然。

下一段是讲因果关系的：

经云：故，所得而后成也。

经说云：小故有之不必然，无之必不然。体也，若有端。大故有之必然（无之必不然）。若见之成见也。

在上一段中，小故与其说是一个原因不如说是必要条件。毫无疑问，在看到这段文字时，我们好像置身于科学思维的殿堂。随后，由更多的问题构成了知识：

经云：知、闻、说、亲；名、实、合、为。

经说云：知，传受之，闻也。方不瘴，说也。身观焉，亲也。所以谓，名也。所谓，实也。名实耦，合也。志行，为也。

这里没有对行动（为）的任何偏见，道家也有相似的特征：

经云：闻所不知若所知，则两知之。

> 经说云：闻在外者所知也。“或曰在室者之色，若是其色(在外)。是所不知若所知也。……名以所明，正所不知。不以所不知疑所明。若以尺度所不知长。” 118

下面有一段关于“知和行”的重要段落：

> 经云：意未可知。……
>
> 经说云：段、椎、锥俱事于履：可用也。成绘履过椎，于成(或)椎过绘履，同“过”件也。

只有通过实践才能区分本质和非本质的事物。理性的辩论则被建议：

> 经云：以言为尽诗。诗，说在其言。
>
> 经说云：(以)诗，不可也。之人之言可，是不诗；则是有可也。之人之言不可；以当，必不审。

我们可以看出，这段文字不是一种建议，而是对道家不信任可理解的辩论的攻击。但是，并不是所有的道家的观点都与墨子的教诲相抵触。例如：墨家赞同道家的关于从对自然的研究中可以获得宁静以及从恐惧中解脱的观点。

> 经云：平，知无欲恶也。
>
> 经说云：平，淡然。

上述引文说明：除了一些近似的观点以外，我们来到了一个与道家不同的世界。在这个世界里既没有道家的诗歌和幻象，也不像道家那样对现实生活不感兴趣。尽管墨家意识到了事物的变化，但仅限于生物的变化。我们固然不得不通过错误百出的版本和巧妙的校订来理解他们的著作，但重要的是理解他们的大概的描述，他们概括的方法可以说是科学方法的全部理论，这些方法是通过被扭曲的记载来传递的。他们讨论感觉和知觉、因果与分类、 119 一致与差异以及部分与整体的关系等。他们意识到了社会因素在确定名词术语时的作用，并区别对待第一手材料和第二手材料。令人遗憾的是墨家没有提出一个比“五行说”(我们将在下一章进行讨论)更合理的更全面的自然观理论。墨家详尽地批判了“五行说”理论，但也仅仅做到了这一步。

墨家试图定义各种科学推理，尽管从他们的著作中还不能完全确认，但我们有理由相信他们已经确定了两个最重要也是最基本的概念：演绎和归纳。例如：在谈到关于运用思维“模式”的一段文章中可以看出演绎的雏形：

仿(效)在于取(法)

凡为所仿效者,即是取以为法者也。

故若适于仿效,则(所推之理)为正确。

若不适于仿效,则(所推之理)不正确,是乃仿效。

换句话说,如果一个人正确地认识到原因(通过系统地提出一个"模式"),那么这个人就可以得出正确的答案。但由于在自然界中这些原因远远少于被考虑的结果,找出这些原因只能通过演绎的过程来实现。

另外,对于归纳这样一个从特殊到一般的推理过程,下面一段文章是很有价值的:

推也者以其所未取之同于其已取者,予之也。

实际上,在这里我们已经很明显地通过有限的例子得到了一个总的概括。

墨家通过其概念化的模式得到了他们自己的演绎和归纳,和同时期的古希腊一样,达到了非常高的科学理论水准。有一种想法是很诱人的:如果墨家的逻辑和道家的自然主义相融合,中国可能早已越过了科学的门槛。中国科学的悲剧就在于这一切并没有发生。

120

公孙龙的哲学

名家(名学或名学派)作为一个学派与道家、墨家并没有非常清晰的区别。该学派最早是在公元前 2 世纪到公元 1 世纪由天文学家和历史学家司马迁和历史学家班固将其单独列为一个学派。名家有两个最著名的代表人物:一个是惠施,生活于公元前 4 世纪;另一个是公孙龙,其生平主要活跃在公元前 3 世纪上半叶。二人均与道家代表人物庄周同时期。惠施死后,庄周曾感叹道:"无可纵谈之人。"公孙龙与惠施同战国时期的其他学者一样,都曾经为封建帝王做过顾问,都曾经教过一些对他们的逻辑运用感兴趣的学生。但看起来同样都没有取得很大的成功。他们的所有著述除了部分保存下来的《公孙龙子》一书以及散见于《庄子》及其他学者的著作中外,绝大部分都散失了。

《公孙龙子》一书被认为达到了古代中国哲学的最高境界。这部著作的问答对话形式很像柏拉图的著作体裁。现存的部分著述中存有关于现在我们讨论的"共相"(universals)(如:"白"、"马"、"坚"等)与具体事物的区别的论述。下面我们举一个典型而又简明的关于"共相"(指)的讨论(见《公孙龙子·指物论》):

(天下之)物莫非指,而指非指(即指不可再为分析或分裂为他指)。

(倘使)天下无指,物无可以谓物(因其无可以表明属性)。

倘使非指者,天下无物,可谓指乎?指也者天下之所无也;物也者天下之所有也,以天下之所有,为(即系或相当于)天下之所无,未可。天下(在物质上)无指,而物不可谓指也。不可谓指者(其本身)非指也。

下面是一段经过删校的对话(见《公孙龙子·白马论》):

白马非马……。"马"者所以命形也;"白"者所以命色也;命色者非命形也。故曰白马非马(等等)……求马(等等)黄黑马皆可致;求白马黄马黑马不可致……。故黄黑马一也,而可以应有马,而不可以应有白马,是白马之非马(等等;或马的本质)审矣……。

121

"白马非马"这个显而易见的荒谬之辞是名家最著名的辩辞。其主要用意在于吸引未来的思考者。从自然科学的观点来看,名家最令人感兴趣的是其有关变化方面的讨论,其中心问题是探索自然,见《公孙龙子·通变论》:

问:二有一乎?

答:二无一。

问:二有右乎?

答:二无右。

问:二有左乎?

答:二无左。

问:右可谓二乎?

答:不可。

问:左可谓二乎?

答:不可。

问:左与右可谓二乎?

答:可。

二的共相仅仅是二的本身而不是其他任何事物。但是,右加上左是两个数,因此他们也可以被称为二。

问:谓变而不变,可乎?

答:可。

问:变奚?

答:右。

换句话说，这就是真正的共相显示自己在两个事物中然后又消失了。

问：右苟变，安可谓右？苟不变，安可谓变？

122 答：二苟无左，又无右，二者左与右，奈何？羊合牛非马，牛合羊非鸡。

在这段文字中，公孙龙的目的是表明共相是很少变化的，而具体事物则总是在不断变化的。

惠施的辩辞

名家的学者总是在其著作中提出令人震惊的言论。例如："四足动物都有五条腿。"尽管他们的主要目的在于使人们注意到"四足"之类的不变的共相。然而惠施的著作中却不再有诡辩——他对于科学和逻辑更感兴趣。惠施在辩辞中总是设想引出一个特定的逻辑观点。名家的辩辞与古希腊哲学家芝诺的著名的辩辞极为相似。芝诺比惠施早大约一个世纪。但由于当时交通的阻碍，似乎应该说：古希腊和中国的哲学家各自独立地找到了辩论的方法。

惠施的一些辩辞认为自然界充满了变化和相关，见《庄子·天下》，如：

天与地卑；山与泽平。

指出：天与地之间一定有一个边界。事实是，从宇宙的角度看，地球不规则的表面是完全可以忽略的。另外，

南方有穷而无穷。

这个辩辞很明显地说明：在已知的地理范围之外还有广大的区域。同时，证实地球是球形。

另外还有：

我知天下之中央，燕之北、越之南是也。

除了有关空间相对性的辩辞之外，一些辩辞也显示出有关时间相对性等方面的内容。

日方中方睨；物方生方死。

这也同样适用于天文学和生物学。从天文学的角度看：中午短暂的时光似乎是空幻的。太阳光总是倾斜地从不同的地点照射到地球表面。从生物学的角度看，按照现代科学的观点，这个辩辞可以作为研究衰老的参考。因

123

为,较年轻的组织老化的速度也较快。难道惠施比他自己所知道的更接近目标？然后,又有：

今日适越而昔来。

这个辩辞竟然像是爱因斯坦相对论教科书中的一段。确切地显示出承认不同的地区有不同的“时间尺度”。当然,以上的解释并不是唯一的。正如一位20世纪早期的儒家学者所声称的：这些辩辞是为了证明所有空间的区别都是不真实的和虚幻的。但从反映论的角度看,他们的目的更类似于芝诺。试图去证实在自然界中的基本的连续性而反对间断性。

时空的相对性和变化并不能完全涵盖惠施的所有观点。他还有大量的辩辞是关于原子论、分类与共相、意识的作用、可能性与现实性以及似是而非的自然奇观等。下面我们首先举例：

至大无外,谓之大一,至小无内,谓之小一。

“至大”似乎是前述宇宙的时空,“至小”实质上是原子。因为原子不可再分。原子论这个由芝诺提出的概念,在不久之后受到了墨家与名家的攻击。

下面的一个辩辞：

犬可以为羊。

这是一个典型的分类与共相的例子。其含义为：可推测的狗和羊都是四足动物。

火不热。
目不见。

使我们正面理解是什么和怎么样：火本身并不热,热是由意识来说明的；眼本身并不能看见东西,仅仅是服务于意识的感觉器官。下面是一个讲有关可能性的另一种形式的辩辞：

卵有毛

强调可能孵化的小鸡。而像：

山出口

124

是一种典型的关于自然奇观的辩辞,可能与火山爆发有关。还有一些辩辞涉及数学、机械以及动物生殖等方面。

形式逻辑还是辩证逻辑?

名家惯用的辩辞形式时常见诸通常被认为属于道家的著作中。例如:在《列子·汤问》中记载了一位哲人——夏革(我们暂且不管是否确有其人)与商朝的国君商汤的讨论。

> 殷汤问于夏革曰:“古初有物乎?”夏革曰:“古初无物,今恶得物?后之人将谓今之无物可乎?”殷汤曰:“然则物无先后乎?”夏革曰:“物之终始,初无极已。始或为始,恶知其纪?然自物之外,自事之先,朕所不知也。”
>
> 殷汤曰:“然则上下八方,有尽乎?”革曰:“不知也。”汤固问,革曰:“无则无极,有则有尽。朕何以知之?然无极之外,复无无极。无尽之中,复无无尽。(因此)无极复无极,无尽复无尽。朕以是知其无极无尽也,而不知其有极有尽也。”

这两个问题相当于康德的第一和第二矛盾律。其对无限的强调显然属于道家的观点,但处理问题的方法则类似于名家。对我们而言,最重要的是后来墨家与名家的著作对研究中国科学思想发展起到的重要作用。

125

墨家与名家试图为自然科学世界的建立打下一定的基础。在为之而努力的过程中——主要表现在辩辞和矛盾论中——他们明显趋向于辩证法而不是形式逻辑。典型的中国式思想总是考虑事物之间的联系而不是引起问题的实质。当西方人的思想在问:“什么是这个事物的本质(主要)意义?”时,中国人的思想却在问:“这一事物的起源、作用及结束是怎样与其他事物相联系的?我们应该怎样对付它?”

在17世纪科学启蒙的欧洲,这种形式的辩证逻辑和形式逻辑根本不值一提。形式逻辑受到了猛烈的攻击。三段论推理在经由亚里士多德整理之后成为欧洲中古时期唯一的理论体系。英格兰新科学活动中的历史学家托马斯·斯帕特在17世纪60年代末期指出:

> 这种辩论方法本身只是从一个单独的事物推断出另一事物,根本不适合知识的传播。……简单地说:辩论是磨炼人的智慧的非常好的工具。可以使人全方位地、谨慎地陈述已知的原则,但是永远不能探索科学本身切实的本质。

后来的科学家们重复或者反驳这种观点。指出:形式逻辑已经严重地妨碍了独立思考。换句话说:正像道家已经意识到了世界的变化性那样:形式逻辑在处理自然界最大的问题方面并不是一种合适的工具。这一点也正是当我们在此考察科学的发展过程时，为什么对古代中国的辩证法和动态的逻辑方面的例子非常感兴趣的原因。

有人说：形式逻辑是欧洲科学发展所必须经过的一个阶段。但是无人能确认此事。我们也不知道，如果中国的社会条件适合科学的发展，墨家或者其他学派是否会建立这样一种逻辑体系。现在，只有一件事可以确定：战国时期的哲学家们在他们的作品中使用了所有的被古希腊人所分类的思维方法。只不过他们没有使用精练的语言来命名和描述形式逻辑。在此，还有另外一个可能的原因——一些数理逻辑学家今天仍持这样的观点，即：中国的单音节表意文字比印欧拼音文字更能恰当地表达诡辩的逻辑原理的含义。126 因此，中国人从没有感到有整理思维方式的必要。

迄今为止，我们并不知道，在秦朝统一中国的动乱时期墨家和名家逐渐衰微的确切原因——或许是社会条件使人们的思想更趋向于儒、道两个极端吧！儒家具有的明确的社会目标阻碍了人们对逻辑问题的关注。正如儒家学者荀子指出："君子不讨论这些问题。只限于有益的讨论。"但毫无疑问，墨子兼爱的思想在汉朝以后已经被吸收到儒家的思想中，改变了孟子的做作而又等级分明的爱的原则。墨家所热衷的科学和技术虽然被儒家舍弃，却和传统的道家逐渐合而为一。

墨家学派就这样分裂消失了。那么名家呢？有人说，到中古时期的中国已经完全没有人知道他们的工作了，但是这种说法似乎有些夸大其词。在 3 至 4 世纪，晋朝的名理学派声称：他们的辩论继承了名家的风格。6 世纪，在纪念道家学者张志和的碑文上记载着他曾经写过一本书《冲虚白马非马证》（论坚、白、马的意义）。如果这个情况属实的话，这个最早由墨翟研究的课题在 12 个世纪后仍然是道家学者的一个研究课题。考虑到中国古代学者的著述与现存典籍之间的巨大差距，在比较道家、墨家、名家与同时期古希腊学者的成就时，我们可以得出如下结论：就有关的科学思想的基础而言，古代欧洲与古代中国的哲学之间并没有根本差别。

127 # 第十章　中国科学的基本观点

我们现在探讨一个对于中国科学思想史有着致命的重要性的领域：基础概念和学说是由中国的阴阳家在很久以前提出的。这个主题可以方便地分为三个方面：一、五行学说；二、阴阳学说；三、那精巧的符号结构的科学运用，或者说得更准确些，原始科学运用，《易经》(1.秦)。根据现代研究，我们的讨论将与早期西方汉学家的不带批判性地承袭的中国传统有相当大的不同，我们不妨先来看一下一些对科学思想有重要意义的中国词汇的起源和发展。

一些最重要的中国科学词汇的起源

在任何科学发展以前，必须存在一批合适的词汇，现在，由于安阳甲骨文的发现(第4章)，和刻在商和周的青铜器上的字符的发现，一个丰富的书写词汇宝库需要研究。不是所有的字符都已被识别，虽然如此，却有足够的表意文字供我们选择来了解中国科学术语的起源。的确，古代文字或许对秦汉时期的原始科学的解释思想几乎没有影响，可是对于我们来说，这些早期的表意文字本身是有趣的，因为它们帮助我们去理解通往科学的古代中国途径。一些重要词汇的选择可在附随的表格中找到(表8)，首先是中文字，然后是它的古体形式，最后是它的古代意义的简要解释。

对这张表格的研究表明科学起始阶段所必需的基本术语的构造，按表意文字的原理，是正如我们所料的，只有两个(第20和21)能被看作纯粹的几何学的符号；剩下的78个是一种或另一种图案。人们仍然藐视分析，至少8个是从发音相像的词(同音字)那儿假借过来的，三个或四个涉及抽象的概念，

128

表8 与科学思想有重要关系的表意文字的字源

编号	今字字形	古字(采自甲骨文、金文或篆文)	高本汉"汉文典"编号	字形说明
1a	也		4	a) 这个字的形体像一种眼镜蛇之类的蛇。从语意上看,原来是从蛇的意念上演化出"危险的确定"这种意义。"蛇"字当然跟"也"字有关系。不过这种解说不如下一个说法那样广泛地为人所接受。
			4	b) 这个写法的形体是女阴的外阴部,阴门。因此,可能先引申为生命之门,进而为"生命或存在之确定",随后被用作一个肯定词,涵括了所有次要的表示性质及属性的肯定词。这一说,即使在儒家道学气氛笼罩的时代里,也没有受到反驳。
1b	是		866c	这个字的上半部是个圆形的太阳的样子,下半部,可能是"正"字。"正"的意思是"正确"、"正直"、"公平"、"方正";"确实存在的"。如此,就是"存在于太阳底下的那个东西"。这就表示,眼睛的视觉代表一切的感觉器官,说明"存在"这个观念。
2a	不		999	这个字的形体,像是在一根茎上长着的花萼,下垂的两笔是叶子;从意义上看,这个字作为否定词用,无非就是声音的假借。传统的说法(许慎)是把这个字看成一个抽象观念的象征,那就是说,像一只鸟飞上天去,以使它"不"被捕捉。
2b	非			传统的解释以为这个字是"飞"字的下半部,"飞"字本是一只鸟的样子;因此,"非"字像鸟的两翼(或者就是两只鸟),背对背而"不"是相向。所以(如果许慎的说法不错)这个字是一个抽象观念的象征。当然,表示肯定与否定观念的字还很多,形义方面都是大同小异的。
3	異(简化字为"异")		954	这个字像一个人正面直立的样子,两手上举护头,或者是表示尊敬的一种姿势。后一种意义见于金文;也许这个字的形体是表现着一位正在对策的大臣昂然的样子。此字从它的意义上看,如果不是同音假借,那么它就是内涵着一种社会地位——贵族与平民——之间的差别而言。如此,从这一方面引申出来的意思也就是:"差异"、"怪异"、"差别"等。这个字形在表示头的部分上是非常夸张的,也可能是代表一张面具。

129

（续表）

编号	今字字形	古字（采自甲骨文、金文或篆文）	高本汉“汉文典”编号	字形说明
4	如		94g	这个字从女从口。是一个来源很早的同音假借字。上古时代的原义不得而知。
5	若		777	这个字像人跪形，或许是正在拾集一些植物之类。有的人就认为这个字有臣服、顺从的含义，所以它的意思是“和顺”、“同意”、“和蔼”、“安顺”，再引申之，就是“姑且承认”、“准许那样，如果……”。但更较可能的，是说完全是声音的假借。
6	易		850	字体像蜥蜴之形，而字的意义是源自“颜色变易”（参考变色龙，或变色蜥蜴），或位置的快速变更、移动。
7	變（简化字为“变”）		1780	这个字很显然未见于甲骨文或金文，必然是一个晚出的字。从字的形体上看，意义是不很明显的。不过悬在左右两方的丝绞，据许慎的讲法，是从纺车捻线的事态上引申出来“使成秩序”的意思，下面的那个部首，像手执杖棒之形，表示“运动”、“动作”。从字义上看，如果这个字不是假借字，那么它所指谓的，可能就是“从紊乱变为秩序”这种意思。
8	化		19	这个字像两把刀形，就是那种刀形货币。货币的兑换情形，就引起了人想到用它来表示一般的“变化”这类的意思。
9	元		257	这是一幅人的侧面图像，特别注重于表现头部，所以有“第一”、“开始”的意思，头部又是人体的最重要的部位。因为古人无疑知道，头部是脊椎动物在胚胎时期生长得最快的部位，而且从体积的比率上看也比后期的发展要快。所以，这无非表示了，造字的人，对于初级生物学，已经有些知识了。
10	因		370	字形像一张席子，其上有编织纹。席子是一种可以使人靠着的东西，或是基础之物。这种意义是由“因”字的静止义引申到时间性的意义。还有一点是我们应该注意的，就是在“宿”字的小篆体里，也包含有这个“因”字。“宿”的本义是“晚间息止之处”，又是一个常用的天文学术语。

130

（续表）　131

编号	今字字形	古字（采自甲骨文、金文或篆文）	高本汉“汉文典”编号	字　形　说　明
11	故		49i	这个字采自金文，左边的部分，是“古”，有“古老”、“古代”的意思，它在整个字结构上的含义不很明显，但是从字形上看，“古”字像是一面盾牌放置在一个开放的架子上。右边的部分，像是一只手握着一根杖，表示动作。所以，广义地说，“故”的意思显然就是“往事”、“前例”、“早先的行动”。
12	為（简化字为“为”）		27	这个字像一个人的手放在一只象的鼻子上。这是表示抓握与手脚熟练。
13	始		976p，e'，g'，h'	像是一个头朝下的胎儿，右边作女人形。这个字与“胎”字的关系极为密切。如此，字的意义可能是表示一个女性的怀孕，也就是“起始的起始”、“太始”、“太初”。
14	行		748	这个字就是一幅十字路口的图画。
15	去		642	这个字像一个盖了盖子的米筐。从它现行的意义上看，它只是一个同音的假借字。
16	至		413	像箭击中目标或地面。
17	止		961	像人的足形。
18	盡（简化字为“尽”）		381	像一只手拿着一把刷子，去清除一件容器。
19	真		375	这个字从它的篆体上看不出所代表的意思，可是（我们就所有从它的字上看）几乎可以确定它有“满盈”、“填满”、“坚实的”等意义。所以，引申有“实情”、“真实”的意思，与“空虚”为反义。这里所列出的字形，像是一个饱满的袋子，立在一个凳子上，如其果真如此，那么这个字就象征着一种抽象的观念。
20	上		726	就是一个几何图形的字，表示这个观念。
21	下		35	构造方式同上。
22	中		1007	132 这个字像一根旗杆，中间有一个斗形物（现在中国式的船桅上，还有此物），是用来俯视或瞭望的，上下两曲线，是两条带形的旗帜。

（续表）

编号	今字字形	古字(采自甲骨文、金文或篆文)	高本汉"汉文典"编号	字形说明
23	方		740	这个像是一具犁或耜。引申之后，就是"耕耘了的地方"。
24	入		695	字形像是一个蹊锲形物或箭镞。
25	出		496	这个字的上半部像人的足形。下半部像是一处关闭的空间，如洞穴或房屋之类。两部分合起来表示离去的意思。
26	南		650	这个字像是某种乐器，也许就是一口钟。但是它何以会有目前的意义，颇为费解。
27	北		909	像两个人互相背对着的样子，大概是一个同音的假借字。或许跟"化"字是同类的。
28	西		594	学者们都认为这个字的形体像是一个鸟巢或是一张捕鸟的网（丁山）。大概也是一个同音的假借字。然而字形看来倒很像是一个包裹的样子。
29	東（简化字为"东"）		1175	传统的解释是说，隔着一棵树，看见旭日上升（许慎）。这个说法，不很恰当。其实这个字很像是一个囊袋或包裹之类，还有的写法作人背负囊袋的样子。照字的意义看，除非它纯粹是同音假借字，否则以包裹来表示方位，殊觉怪异。徐中舒以为"东"字就是"囊"与"橐"的古文。这很能启发我们想到后来的道家称"天"（而后称宇宙）为"青囊"。或许他们想，捆住这个"囊"的绳索就是赤道与黄道。"橐"，又是冶金的鼓风箱，老子即用"橐"来比附"天"。此外，徐中舒说现在的通行话仍然还保存着"东西"（指某一物品）一语，其中就包含了这个"东"字。"东"（古文"橐"），表示天、地以及其中所有的一切。丁山颇赞同这个说法，吴世昌亦然，虽然他对这个字在宇宙论这方面的用法上抱有怀疑的态度，不过吴氏却提出了几个关于"东"字在这一方面的古代异体，这些异体仍然在某些省份的通行语中使用着。这是很耐人寻味的。
30	天		361	这个字像人形，头部特大，许慎说"至高无上"，表示原始神人同形同性的神。许多现代学者都得此结论。
31	日		404	字形像太阳的样子。

133

（续表）

编号	今字字形	古字（采自甲骨文、金文或篆文）	高本汉“汉文典”编号	字　形　说　明
32	月		306	字形像月亮的样子。
33	明	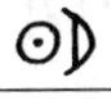	760	就是把日与月两者合成一个字。
34	光		706	字形像一个人跪的样子，头上有火光之形，也许是一个握持火炬的人。
35	歲（简化字为“岁”）		346	字形原来是一种特别的祭祀的象征，可能这种祭祀是每年举行一次的。
36	春		463	这个字像是植物在春天萌芽的样子。细小的枝子，看来还不能够支持它们本身的重量。
37	夏		36	从字形上看，意义甚为晦涩。右上方的那一部分，当是“豕”。
38	秋		1092	这个字像一只龟形。字形经过多次的衍变，到后来只作从禾从火了。
39	冬		1002	许慎以为这个字像两支下垂的冰柱，此说恐怕有问题。比较另一种写法可以断定是两根下落的树枝，枝头上各有一个果实或叶子。
40	風（简化字为“风”）	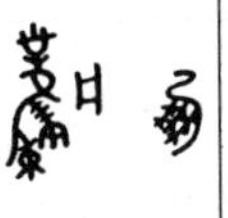	625	从字义上看，这个字是一个同音假借字。字形上，像是一只凤，或者说得确实些，就是一只孔雀，开着屏。此处所举出的第一个古文，采自甲骨文，字右边的是声旁，当是“凡”，古“帆”。
41	雨		100	字形像是下雨的样子。
42	雪	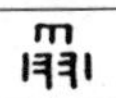	297	字形像是雪花的样子。
43	電（简化字为“电”）		385	许慎以为这个所要表示的，是一种伴着雨而来的可以伸展之物。许氏解释十二地支之一的“申”字，就以为它是“引申”这种观念的象征。但是在别处，他又把“申”字讲成为电之形，这一说现在已被学者们接受。所以，整个字，从结构上看，就是“Z”字形的闪电，其上覆以雨滴。“神”字，也从申，申又是这个字的声旁。这表示古代的中国人，对于闪电的畏惧，并不亚于古希腊人对宙斯神，北欧人对托尔神（雷神），印度人对因陀罗（司雷电）的程度。由此，更可注意的，就是司管雷电的神（如果原来就已经完全人性化了），并没有把他的个性长久地存在中国人的心中。

134

135

（续表）

编号	今字字形	古字（采自甲骨文、金文或篆文）	高本汉"汉文典"编号	字　形　说　明
44	雷		577	字形中间部分是闪电的形状，周围加圆形的图案，是表示雷在闪电中的声响。有人以为这些圆形图案是鼓，恐怕不很可靠。
45	虹		1172j	字形像是一条两头蛇的动物在天空中。这种形象（莫非是表示"雨龙"这种意义）保留到现在，在这个字的字形里就是左边的"虫"字。
46	生		812	这个字像是一棵植物从土地里长出来的样子；这就是植物生长的象征。
47	同		1176	字形像是一个有盖子的器物。有些金文的这个字，在盖子上还加上一把柄。如此，器物与它的盖子，当然是表示一种相属的概念。
48	類（简化字为"类"）		529	在小篆之前的字体里没有这个字。它的意义，就其形体看是不很清楚的，在有些古典文献里（如《诗经》），"类"字可以训为"善"。许氏以为此字从犬。传统的解释说，虽然有些狗的血统不一，外形不相似，但是，狗总是狗，究竟还是一类。
49	少		1149	这个字像是四颗谷粒，这是表示少量的谷物这个概念。如此，就有少量的意思，引申后，就是"年少"、"年轻"了。
50	老		1055	字形像是一老人拄着手杖的样子。
51	死		558	这个字的形体像是一个人跪在一堆骨头或骸骨的旁边。
52	人		388	这个字就是一个男人的样子。
53	男		649	这个字像是一块田地与一具耕具。意思就是一位男性的耕者。
54	女		94	这个字就是一个妇人的样子。
55	身		386	这个字像是一个怀孕妇女的体形。
56	血		410	字形像是一个装了祭物的祭器。
57	己		953	这个字从它的意义上看，本身必然是一个同音假借字。在形体上看，它像是弋弓上的箭矢的绳索。

136

（续表）

编号	今字字形	古字（采自甲骨文、金文或篆文）	高本汉“汉文典”编号	字形说明
58	祖		46	像阳具之形，如此也可以当作是一个阳具形的祖先牌位来讲。这个字本来只作“且”。与“且”相关而义同的一个“牡”字，现在只用来说动物。
59	妣		566n	像女性的外阴部。另一个异体作“牝”，现在只用来说动物。
60	公		1173	仍然是男性生殖器的形状，特别着重在阴茎部位。传统的解释（许慎）说这个字从八，从厶。所谓：八犹背也，又说：背厶（私）为公。这是不能令人相信的。
61	文		475	这个字像是一个正面的人形，显出文身的花纹或画在身上的图案。
62	陽（简化字为“阳”）		720	传统的解释（许慎），以为这个字上半部像太阳之形，下半部是斜阳的光线（吴世昌）。另外有一个异文，像是一个人手中捧着一只有孔的璧。璧，不仅是礼器，同时（我们在下文会知道）也是中国人远古时代所用的一种天文仪器。
63	陰（简化字为“阴”）		460 651x，x’，z	这个字从云（象形）从阜，今声。阜字，有山丘的意思。
64	金		652	从字形上看，也许是像一处矿坑，上面有掩盖物或是山丘。旁边的点，表示是矿砂堆。
65	木		1212	这个字就像一棵树的样子。
66	水		576	字形就像是一条流动的水流。
67	火		353	字形就像是火焰的样子。
68	土		62	字形像是土地之神的男性生殖器形的祭坛。
69	氣（简化字为“气”）		517c	这个字像是一股上升的气体。“米”部是后来加的。
70	道		1048	这个字像是一个人头（象征是人），朝向一条路的某处，所以有道路的意思，引申后，就是“正道”。
71	理		978d	此字不见于甲骨文及金文之中。本处所举出来的古文，只是臆测的。“里”（从田从土）字自然是它的声旁，“玉”则是部首。这个字应该出现在较晚的时代。

137

138

139

（续表）

编号	今字字形	古字（采自甲骨文、金文或篆文）	高本汉“汉文典”编号	字　形　说　明
72	則（简化字为“则”）		906 906	a）字形可能是表示一把刀用于镂刻一组图案，或者是把一套法则镌刻在青铜质的鼎上。 b）从另一个方面看，这个字也可能是表示贵族上流社会中所通用的一种进膳礼节，而这个礼节或规矩也是别人应该遵守的。如果这样讲，那么这个字所从的“刀”，便是一种餐刀，所从的鼎类物，就是盛食品的器物。
73	度		801	这个字不见于甲骨文与金文中。字的首要部分，是下方的“又”，像是“手”形。“手”（与臂）在古代是度量上最重要的标准之一。
74	灋（简化字为“法”）		642k，1，m	这个字的写法从“水”，从“去”，从“廌”。“廌”是一种传说中的独角兽或独角的牛。据说，古时在土神的祭坛之前设有神意的裁判法庭，这种兽类被人牵至该地，如人有罪，则此兽便会以角触之。大概此种兽类与犯人搏斗之后，如犯人依然活着，便算是把邪恶消除了；到了汉代，还常有犯人被放在一种像竞技场的地方，与猛兽搏斗。从“水”，大概其着眼处并不如许慎所说的“平之如水，从水”，可能是取义于清净（指心理方面），浇洒，奠洒，或滴，这些都是伴着古代的典礼仪式而来的。也说不定是表示把犯人放在河中，任其沉浮，作为惩治之法，所以才会从“水”。
75	律		502	这个字的左边是“行”字的一半，也表示道路。如此，这个字的意思就是政府公布的规章法律——因为右边从聿，像是一只手握着一支笔，所以就有“标准化”、“统一化”这样的意思。这个字到了后来，又转成为“音阶的音调”。此字不见于甲骨文与金文中。
76	德		919k	这个字的左边是“行”的一半，意义与“行”同。右边则是代表从原始解剖学的眼光所观察的眼睛与心脏的形状。眼与心，当然是分别地表示“观察”与“思考”的。从十则表示是社会的原体。如此，这个字最初意义可能近似于“神奇力”、“勇武之气”；而一位能够见事思考而又能孚众望的领袖无论是教士、先知、勇士或国王——就具有那种神奇的力量。拉丁语Virtus一词，其意义原来也与“人”有关系。如此，引申来说，也就是某种无生命的物体所具有的神奇（超乎自然）的性质。后来，又成为药石之德（神奇性质），或“道”之“德”。

140

（续表）

编号	今字字形	古字(采自甲骨文、金文或篆文)	高本汉“汉文典”编号	字形说明
77	禮(简化字为“礼”)		597	这个字的右边，像是两块玉盛在一个礼器中。在甲骨文及金文之后，此字写为从示。“示”，意思是：标示、告示、表示、通告、神、神威、宗教。有些学者以为“示”字的形体像是拿出来预备要使用的长短各一的神杖。但是还有些学者（郭沫若），说得非常信实，他们以为“示”是变了形象的一种生殖器象征。
78	數(简化字为“数”)		123r	甲骨文与金文中尚未发现有此字。这个字部首“攴”所处的位置在右边，而且又是表示动作的，这是反常的情形。左边的“婁”，是一个声旁，样子像一个女人头上戴着一套奇怪的头饰。无论其意义如何，与其整个字的意义无关。整个字原来应是表示“经常”、“时常”、“屡次”、“频繁”的意思，从此加以引申，就进而作表示数目，以及数目依次的总和。所以，成为数目抽象概念的一个符号或象征。
79	術(简化字为“术”)		497d	这个字的中间部分像是一种黏性的植物，但是它的作用只是标明这个字的声旁而已。字的部首是“行”，像十字路口之形。我们从汉代以及更早的文献中可以知道，这个字最早的意思本是“路”或“街”，而这个用法一直延续到5世纪。这正如英语所说的Ways and means，故“术”字便渐渐地涵括了“正确方法”这样的特定含义，所以也可以说是“正确的技术”的意思。“道”字从它的本来具体的意义到它的后来比喻的意义，其所经过的衍变也是这样的。
80	算		174	此字不见于甲骨文与金文之中。虽然有些字体中的写法，像是一个算盘的样子，不过这可能是汉代的字体了。时代比较早的一个写法，是从“王”的。“王”的形状并不是（如许慎所想的那样）一块玉石。我们几乎可以肯定它所表示的是一个竹制的“计算器”。所以这个字从“竹”。

141

142

另外这些字符描绘了自然事物、人类躯体和它的部分以及人类的行为。这也许已被想到，可是值得注意的是这些字符中数量最多的是那些涉及科学技术和交流沟通的字。如果我们分析一个较大的样本，这样的倾向可能会改变，虽然如此，我们能发现表意文字是怎样从日常生活中发展从而随后获得抽象的含义。它们同时演示了日常思考和实验中的科技术语实际上是怎样出现的。

阴阳家,驺衍和五行学说的起源与发展

五行学说可追溯到公元前350年到公元前270年间,是驺衍——真正的中国科学思想的创立者的时代。虽然驺衍可能不是这个学说的独创者,可是无疑是他把流传了超过一个世纪的思想体系化及稳固起来。一些关于驺衍的性格和声望的事迹可以从《史记·孟子荀卿列传》(公元前1世纪)中得知:

> 驺衍睹有国者益淫侈,不能尚德若大雅……乃深观阴阳消息,而作怪迂之变,《终始》《大圣》之篇,十余万言。其语宏大不经,必先验小物,推而大之,至于无垠。先序今,以上至黄帝,学者所共术……
>
> 先列中国名山、大川、通谷、禽兽;水土所殖,物类所珍,因而推之,及海外人之所不能睹。称引分天地剖判以来,五德转移,治各有宜,而符应若兹。以为儒者所谓中国者,于天下乃八十一分居其一分耳……
>
> 王公大人,初见其术,惧然顾化,其后不能行之。是以驺子重于齐。适梁,梁惠王郊迎,执宾主之礼。适赵,平原君侧行襒席。如燕,昭王拥彗先驱,请列弟子之座而受业。筑碣石宫,身亲往师之……其游诸侯见尊礼如此。岂与仲尼菜色陈、蔡,孟轲困于齐、梁同乎哉!
>
> 驺奭者,齐诸驺子。亦颇采驺衍之术以纪文。于是齐王嘉之,自如淳于髡以下,皆命曰列大夫。为开第康庄之衢,高门大屋,尊宠之。览天下诸侯宾客,言齐能致天下贤士也。

143

以上所引用的事迹是有启发性的。驺衍对封建王国的访问是有史书记载的,而且他似乎是齐宣王时代那个坐落在齐国都城城门外的"稷下"学院的资格最老的成员。可是,值得注意的是,驺衍和他的阴阳家徒众不同于道家,并不回避宫廷与君主的生活方式。此外,很明显地,所有的原始科学的哲人喜欢社会上的重要地位和声望,可是如果阴阳家的"术"仅仅是空话的话,这一切就很难实现。所以,那一定不仅仅是口头空谈。

144

通过对《史记》的进一步研究得到了线索:阴阳家的思想中携带着一种政治轰动因素,这种因素封建统治者是不会视而不见的。这用驺衍自己的话来解释最好:

> 五行相次,转用事,随方面为服。(《史记·封禅书》"集解")
>
> 五德从所不胜。虞土、夏木、殷金、周火。(《文选·齐故安陆昭王碑文》)
>
> 凡帝王之将兴也,天必先见祥乎下民。黄帝之时,天先见大螾大蝼。黄帝曰:"土气胜。土气胜,故其色尚黄,其事则土。"及禹之时,天先见草

> 木，秋冬不杀。禹曰：“木气胜。木气胜，故其色尚青，其事则木。”及汤之时，天先见金，刃生于水。汤曰：“金气胜。金气胜，故其色尚白，其事则金。”及文王之时，天先见火，赤乌衔丹书集于周社。文王曰：“火气胜。火气胜，故其色尚赤，其事则火。代火者必将水；天先见水气胜。水气胜，故其色尚黑，其事则水。水气至而不知，数备，将徙于土。”(《吕氏春秋·应同》)

所以即使五行(金、木、水、火、土)的基本概念在本质上是自然的、科学的这一点不久将被弄清楚，阴阳家们拥有一个用来恐吓他们的封建君主的半科学、半政治的论调。可以肯定，是驺衍把这种理论推展到宫廷世界中去了。他认为每一个统治者和他的宗室只是凭借五行之一来统治他的国家。他提出，实际上，宗室的兴衰理论，把人事与历史和非人类的大自然现象，并列于同样的“法则”之下。人事与自然两者都是遵守不变的相互作用的法则的，这就是“相克”。人类历史上的一切变更，都是这种“相克”的基层表象。尽管封建君主们将要面对十分严重的问题，他们似乎开始相信这种论调的真理。一方面，探察五行背后的规律以采取防范措施很困难；另一方面，自然的周期变化是无情的，所以没有一个宗室能期望永远存在下去。很明显，他们需要专家的意见，而且他们愿意为此付出很大的代价。

145

尽管阴阳家的学说毫无疑问是一个很大的学说，尚不止以上所说的，还涉及了天文、历算以及早期炼金术的学问。我们已经看到，驺衍曾列了一张自然产物的清单，其中可能包括了矿物、化学物质与植物，不过他的弟子们做得更好：

> 宋毋忌、郑伯侨、充尚、羡门高，最后皆燕人。为方仙道，形解销化，依于鬼神之事。

由此我们可以看出，阴阳家与炼金术是有一定关系的，并不是各自独立的。而且，与那些沿海国家中后来成为汉武帝专政的重要力量的方士也有密切的关系。秘密书信的传递，也可能是传说，也提供了这方面的证据。在《汉书·楚元王传》中，我们可以读到：

> (刘向)上复兴神仙方术之事。而淮南有枕中鸿宝苑秘书。书言神仙使鬼物为金之术，及驺衍重道延命方。世人莫见。而更生父——德——武帝时，治淮南狱，得其书……

当然，尽管公元前2世纪的炼金术著作不是驺衍写的，炼金术是源于驺衍

146

的——炼金术士们总是习惯于这样说——不过比世界上任何地方的炼金术产生得都早的中国炼金术很可能是由阴阳家倡导而产生的。

《尚书》也述说了五行学说。《尚书》是各个时期作品的凑合物。其中所提到的五行问题出现在秦时(大约公元前 3 世纪)添入的词句中,当然不比驺衍的时代早。文章的开头就说"五行"是"九畴"之一,"九畴"中其余的除了一个是天文方面的事情外,其他所有的都是关于人与社会的特性和关系的。这些部分被称为"彝伦"。"彝"字在这里是个特别有趣的字,因为它的原始表意文字的外形看上去像一个礼器中盛着猪肉和米,器物本身则被丝装饰并被两只手捧着。所以这个字可能与礼拜有关,然而在这里却是表示一种自然科学规律的含义。

这些叙述五行的部分是极有用的。因为它使我们得到了一些洞察阴阳家们理解五行的门路。《尚书·洪范》云:

> 五行:一曰水,二曰火,三曰木,四曰金,五曰土。水曰润下,火曰炎上,木曰曲直,金曰从革,土爰稼穑。
>
> 润下作咸,炎上作苦,曲直作酸,从革作辛,稼穑作甘。

以上这些让我们明白了,五行的概念不是五种基本的物质,而是五种基本的程序。中国思想注重关系而不是物质本身。我们可以列一张表。先是五行之一,再是它引起阴阳家注意的自然性质或程序,然后是它的现代同义词,最后是阴阳家联想的它对应的味道。

147

水	湿润、滴落、下降、(溶解?)	液体流质溶液	咸味
火	炎热、焚如、上升	热力、燃烧	苦味
木	以切割与镌刻的工具,可使成所欲之形	得以加工之固体	酸味
金	在其呈液态之时,以铸造之法而使其成形。又可以重熔、重铸之方法而再变更其形	可以凝固(铸造),熔而重凝之固体	辣味
土	出产可食的植物	营养	甜味

由这个观点上看,五行学说是一种把自然界物质的基本性质分类的尝试。性质,只会在事物经历变化时显示出来。"五行"事实上是在永远流动循环的运动中的五种强有力的力量,并不是消极静止的基础物质。在西方,古希腊人有的"行"通常被认为是物质。公元前 7 世纪时只有三"行",到了公元前 560 年有了五"行"。它们是"土"、"气"、"火"、"水",以及一个充当以上四种的基层的被称为"本质"的物质。不过即使这有一些与中国理论相似的地方,

例如希腊人说这些“行”一个与另一个敌对——一个与中国相克理论显著相似的地方——以及把“行”与特定的神联系在一起，直到比驺衍略早些的亚里士多德时期，希腊的“行”才开始与性质联系起来。尽管有不少相似之处，中国与希腊观点的不同之处远比相似处醒目，所以我们似乎不必作东西思想传递的假设。

阴阳家们，尤其是在汉代的传播过程中，似乎是带着一种化学偏见来看待“五行”的，虽然他们的科学方法是随着时间而改变的。这里的一个关键任务是伏胜，一个旧齐国的学者。他很可能出生在驺衍逝世之后不久。他的主要工作大约在公元前250年到公元前175年之间。他是一个研究书经的专家。传说他能靠记忆把《尚书》的绝大部分背出来。这些说法可能是伪造的，它可能只说明他和他周围的那群人重新编订了《尚书》。不过无论事实是怎样的，似乎从这时开始，“五行”学说结合入了《尚书》之中。然后的几年中，后来的学者使“五行”学说渐渐偏入政治方面而不是科学方面。到了公元75年，这个学说的本质已经开始被巨大的所有时机征兆所包围。“现象论”在这时达到了顶峰。人们相信政治上和社会上的变乱将会导致地上的“五行”现象的位置混乱和天上正确事情的异常。至此，阴阳家们的原始科学变成了我们将在下一章讨论的伪科学。 148

这是一次由文本出入造成的巨大的严重变质。到公元1世纪，中国文化分为了两大思想体系——“今文学派”和“古文学派”，后者包括了大部分的科学和伪科学思想家。分裂是由于一些与先前被接受的东西有区别中国古典作品版本的发现而产生的。在一本古代手稿中写道，公元前92年，鲁恭王在扩大他的宫殿时拆除了一所孔子的家宅。可是后来的讨论使我们清楚地认识到“古代的文章”是伪造的。可是，情况是复杂的，因为虽然“今文学派”在文章的立场上较为稳固，他们却接受了所有伪科学的夸大之词。当“古文学派”在相信假的文献的时候，他们却更具理性。一般来说，“今文学派”在西汉占有优势，“古文学派”则在东汉占有优势。

由于逐渐与预言和占卜联系起来，有关“五行”学说的文献在汉以前和汉代产生了很多。这些文献都是冗长而又怪诞的。比如，在讨论每一“行”在特定的季节的优势时，《管子·五行》说：

> 睹丙子，火行御。天子敬行急政，旱札苗死，民历。七十二日而毕。
>
> 睹戊子，土行御。天子修宫室，筑台榭，君危。外筑城郭，臣死。七十二日而毕。 149

儒家学派的重要自然哲学家董仲舒在公元前135年左右所写的《春秋繁露·五行之义》中也说道：

> 天有五行。一曰木，二曰火，三曰土，四曰金，五曰水。木，五行之始也；水，五行之终也。土，五行之中也。此其天次之序也。木生火，火生土，土生金，金生水，水生木。……诸授之者，皆其父也；受之者，皆其子也。常因其父以使其子。天之道也。
>
> 是故以得辞也，圣人知之，故多其爱而少严，厚养生而谨送终，就天之制也。以子而迎成。养，如火之乐木也；丧父，如水之克金也……
>
> 是故木居东方而主春气。火居南方而主夏气。金居西方而主秋气。水居北方而主冬气。是故木主生，而金主杀，火主暑，而水主寒。使人必以其序；官人必以其能。天之数也。

在以后的几个世纪里，"五行"的循环再现越来越成风格，到了一定的时候，一年中的十二个月有十二个由"五行"轮流产生的事物相配。这些精心配上的事物在命相方面被广泛运用。

150 "五行"学说就此并入了汉代的政治思想，但是驺衍的原始科学思想被传统的正统的儒家学派强力驳斥。我们可以从桓宽在公元前80年所写的《盐铁论》中了解驳斥有多强烈。按照推测，《盐铁论》是前一年政府官员与儒家学者之间举行的一次讨论会的一份详尽的报告。《盐铁论》中说：

> 大夫曰：驺子疾晚世之儒墨，不知天地之弘，昭旷之道。将一曲而欲道九折，守一隅而欲知万方。犹无准平而欲知高下，无规矩而欲知方圆也。于是推大圣终始之运，以喻王公列士。中国名山通谷以至海外……
>
> 文学曰：尧使禹为司空，平水土。随山刊木，定高下，而序九州。驺衍非圣人；作怪误惑六国之君以纳其说。此春秋所谓匹夫荧惑诸侯者也。孔子曰：未能事人，焉能事鬼神……故无补于用者，君子不为。无益于治者，君子不由。

这一段很重要不仅因为它说明了儒家学者的反科学观点，还因为它揭示了秦朝统治阶级受到了阴阳家们的强烈影响。幸运的是，炼金术与药学方面的成分并没有因为儒家的驳斥而消失，因为它们已被道家的思想体系所吸收。

151 **稳定的"五行"学说**

我们现在能够把"五行"学说看作是在汉代定稿，然后传给了所有以后的朝代。有两个方面是值得特别注意的："五行"的排列次序和符号的相互关系。

排列次序是指“五行”在各种古代和中世纪的主题介绍中被命名的次序。它们完全不同。以下举出四种最重要的次序：

（1）宇宙起源序	水、火、木、金、土
（2）相生序	木、火、土、金、水
（3）相克序	木、金、火、水、土
（4）“现代”序	金、木、水、火、土

宇宙起源序应该是“五行”产生的次序。它由水开始，因此在中国文章中重复循环出现“水”是最原始的元素。相生序应该是“五行”一个使另一个产生的次序。它与四季的次序相对应。以“木”代表春为开始，“水”代表冬结束（土对应位于夏秋之间的一个月份）。

相克序描述了每一个“行”克其前一个“行”的次序。在某种意义上，它是四种次序中最值得尊敬的一种，因为它是与驺衍本身的学说联系起来的一种次序。它是基于一种根据每日的科学事实形成的概念的逻辑次序产生的一个序。例如：“木”克“土”大概是由于一种木铲可以挖土。“金”克“木”是由于金属能够切割木头。“火”克“金”是由于火能使金属熔化甚至使其汽化。“水”克“火”是由于水能够灭火。最后，“土”克“水”是由于土能筑坝挡水还能掩盖水——这个很自然的隐喻对研究水力灌溉和水力工程学的人有很重要的意义。这个次序也对政治观点有重要意义。它被作为历史现象的解释提出来，而且被暗示会运用于将来，因此对预言很有用。最后，是“现代”序，是最难理解的。可是，这个次序是流传到现代中国人的口语中的。每个人仍在学“金、木、水、火、土”，即使在托儿所的诗歌里也是。

152

在排列次序中还包含了两个有趣的二级原理，有关变化程度的原理。它们是控制原理和隐蔽原理。控制原理是单独从相克序中导出的，同时，根据这个原理，克的过程被认为是受征服着征服者的那个“行”的控制的。例如，“金”克“木”但“火”控制这个过程；“火”克“金”但“水”控制这个过程等等。这个原理在命相学中被运用，不过虽然如此，中国人在运用这一原理时完全遵循了逻辑思维途径，在我们看来，这种思维方式可适用于经验科学的许多领域。例如，在动物种类的生态平衡方面，丰富的掠夺他人的形式，其次序是根据动物的形体大小和生活习性的；比如一种特殊的鸟的数量的增长会间接地对一种蚜虫的数量增加有益，因为鸟的数量增长对瓢虫有细微的影响（相克），这种吃蚜虫的瓢虫本身是鸟的食物。

中国的控制原理当然会被批评，因为作为一个循环的过程，任何事情都不会发生,因为每一个“行”总是抑制着另一个。可是,中国人从来没有以为“五行”会在同一时刻任何地方有效地出现,所以这种批评只是形式上的。控制原理既然与相生序和相克序有关系,所以结果必然是控制的那个“行”永远是由被克的那个“行”所生的,而且这一系统一直延续。例如,“木”克“土”而受制于“金”,但“土”生“金”,所以就有了有义务的反馈。当儒家接纳了这个概念以证明父仇子报时,这个概念产生了社会影响。可是它的基本含义是具有科学性的。正如我们在古代炼金术中所知,某种物质对另一种物质产生破坏作用的同时,自身也受到了变化或破坏。这个概念与我们现代的化学很相似。反应的积聚造成化学反应的停止便是一个例子。生物化学告诉我们更多。人类肌肉中的收缩性蛋白质之一,肌浆球蛋白,就是它本身的含磷酵素结晶物分解了能提供给它能量的物质。

第二个原理,隐蔽原理,是以相生序和相克序为基础的。它提到了一个变化过程被一个产生比原过程毁掉的物质更多物质或是比原过程更快的过程隐蔽、掩盖的情况。因此,“木”毁(克)“土”,而“火”隐蔽了这个过程,因为“火”毁了“木”使“土”(灰)远比被“木”毁了的“土”迅速地增长。与控制原理一样,有现代的生物学和生态学的例子证明:大型食肉动物吞食挪威旅鼠的行为被其他因素导致旅鼠数量急剧增加的现象所掩盖。

153

注意到在这些原理中潜藏着一个量化的因素是很重要的:结论与数量、速度和率(速率、比率)有关。这可能是由因排列次序本身轻易引出的问题引起的,因为我们应该意识到早期的中国思想家对它们并不满意。例如从《墨经》中保存的一小段后来的墨家学者对阴阳家的批评我们可以看出这一点:

> 经云:“五行毋常胜。”
>
> 经说云:“五:金、水、土、木、火。离然火铄金,火多也。金靡炭,金多也。金之府水(但不生水)。火离木(但非生自木)。”

这些对驺衍的相克理论进行的抨击也许是对他对墨家学派逻辑研究的傲慢态度的反击,但是也同样作为墨家科学思想中有关“量”的示威途径。

符号的相互关系

“五行”逐渐变成与宇宙中被分为五类的任何可想象的事物有联系。表9列出其中的一些,不过应该了解这里只是一些精选品。

表 9　符号的相互关系 154

行	时	方	味	臭	天干	地支,及其相属之生肖	数
木	春	东	酸	膻	甲　乙	寅(虎),卯(兔)	8
火	夏	南	苦	焦	丙　丁	午(马),巳(蛇)	7
土	一	中	甘	香	戊　己	戌(狗),丑(牛) 未(羊),辰(龙)	5
金	秋	西	辛	腥	庚　辛	酉(鸡),申(猴)	9
水	冬	北	咸	朽	壬　癸	亥(猪),子(鼠)	6

行	音	宿	宫	辰	星	气	国
木	角	1—7	苍　龙	星	木　星	风	齐
火	徵	22—28	朱　雀	日	火　星	暑	楚
土	宫	——	黄　龙	地球	土　星	雷	周
金	商	15—21	白　虎	宿	金　星	寒	秦
水	羽	8—14	玄　武	月	水　星	雨	汉

155

行	帝	阴　　阳	事	政	部	色	器
木	大　禹	阴在阳或少阳	貌	宽	司　农	青	规
火	文　王	阳或太阳	视	明	司　马	赤	衡
土	黄　帝	阴阳中平	思	恭	君之宫	黄	绳
金	成　汤	阳在阴或少阴	言	力	司　徒	白	矩
水	秦始皇	阴或太阴	听	静	司　空	黑	权

行	虫	牲	谷	祀	脏	体	官	志
木	鳞(鱼类)	羊	麦	户	脾	筋	眼	怒
火	羽(鸟类)	禽	菽	炉	肺	脉	舌	乐
土	裸(人类)	牛	稷	中　庭	心	肉	口	喜
金	毛(哺乳类)	犬	麻	门	肾	毛　皮	鼻	哀
水	介(无脊椎类)	猪	黍	行	肝	骨	耳	惧

如果有人把相互之间的关系分成几组,就像表中列出的那样,仔细地分析可能使它看上去像是不同的组是由不同的学者组编写的。例如,尽管天文学组可能是早在公元前 9 世纪的,但它有一些确定的迹象说明是出自公元前 4 世纪的伟大天文学家甘德之手,也很可能是在甘德三个世纪后的本家占星家甘忠可所为。其次,还有与驺衍有联系的阴阳家组编写的阴阳组和关于心理和生理机能的组别。最后是两组特别具有科学趣味的组别。一组是关于 156 原始农业,一组主要关于医学。有关农业组的令人惊讶的一点是在其中关于

谷类的列表上没有包含稻米的内容，可是“米”出现在了医学组中（在此没有列出医学组），由此推测农业组学派发源于中国的北部，或是发源时间比较早。实际上，医学方面的哲学家们从很早开始就提出用一个六序列补充或是代替科学思想家的五序列。因此，人体中有六个而不是五个内在的“阳”和六个“阴”，而且许多别的在分类时的例子也能在医学中找到。也许，这起源于六进制计算而非十进制的巴比伦尼亚；也许，五重规则只是中国固有的。

正如我们可能想象的，这些相互关系遇到了批评，有时是严厉的，因为它们导致了许多荒谬的事，就像公元1世纪的王充在《论衡·物势篇》所指出的：

> 寅，木也，其禽虎也。戌，土也，其禽犬也，丑、未亦土也。丑禽牛，未禽羊也。木胜土，故犬与牛、羊为虎所服也。亥，水也，其禽豕也。巳，火也，其禽蛇也。子亦水也，其禽鼠也。午亦火也，其禽马也。水胜火，故豕食蛇。火为水所害，故马食鼠屎而腹胀。
>
> 审如论者之言，含血之虫亦有不相胜之效。午（案：属火）马也；子（案：属水）鼠也；酉（案：属金）鸡也；卯（案：属木）兔也。水胜火，鼠何不逐马？金胜木，鸡何不啄兔？

王充的抨击只是中国的怀疑传统的一部分，这一点将在下一章中讨论，不过在这里引述是因为这是对相互关系以及整个“五行”学说的典型责难。157 尽管有这样的批评，这些相互关系似乎在开始时对中国的科学思想有帮助。它们必定不比在欧洲中世纪思想中占优势的希腊的“行”的理论差，只有当它们变得过于精密和怪诞、过于远离了自然观察时，它们才确实是有害的。作为它们起积极作用的一个例子，这段出自沈括的《梦溪笔谈》（公元1086年）卷二十五的话是值得引述的。沈括，是中国历史上兴趣最广博的思想家之一，因此他对这个学说的运用是很有趣的。文中说：

> 信州铅山县有苦泉，流以为涧。挹其水熬之，则成胆矾。烹胆矾则成铜。熬胆矾铁釜，久之，亦化为铜。水能为铜。物之变化，固不可测。
>
> 按黄帝素问，有天五行，地五行。土之气在天为湿。土能生金、石，湿亦能生金、石。此其验也。

当然沈括对化学变化有明确的理解，因为同其他人一样，当时他完全接受了“五行”学说。同样的时期以及以后一直到17世纪，在欧洲，沈括所描述的化学反应被认为是变质的迹象。实际上，他的描述说明了他是一个很好的观察者，而且他的描述很可能是任何语种中有关由铁置换金属铜使其沉淀并有硫酸铁生成的最早记录。

数目学和科学思想

在我们结束对“五行”系统的讨论前，有两个中国阴阳思想的重要例子必须提及。它们都是记录在《大戴礼记》中的。《大戴礼记》是产生于公元85—105年间的一本汇编物，尽管引文所注的日期是公元前2世纪。头一篇写道：

单居离问于曾子曰：“天圆而地方者，诚有之乎?”曾子曰：“离，而闻之云乎?”单居离曰：“弟子不察此，以敢问也。”

曾子曰：“天之所生上者，地之所生下者。上首之谓圆，下首之谓方。如诚天圆而地方，则是四角之不掩也。且来，吾语汝。参尝闻之夫子曰：天道曰圆，地道曰方。方曰幽，而圆曰明。明者吐气者也，是故外景。幽者，含气者也，是故内景。故火、日外景，而金、水内景。吐气者施，而含气者化。是以阳施而阴化也。” 158

阴阳之气各静其所，则静矣……

毛虫，毛而后生；羽虫，羽而后生。毛、羽之虫，阳气之所生也。介虫，介而后生；鳞虫，鳞而后生。介、鳞之虫，阴气之所生也。唯人为倮匈而后生也；阴阳之精也。

毛虫之精者曰麟，羽虫之精者曰凤；介虫之精者曰龟，鳞虫之精者曰龙。倮虫之精者曰圣人。

这一段文字作为下一段的一个介绍是很有意义的，尤其是提到了圣人是“倮虫之精”。这确实最好地证明了中国思想是拒绝把人从自然中分离出来或是把个人与社会人分开来的。其中也包含了一个即使是现代进化论者也无法说得更好的观点，这就是在低级生物活动中看到的基础力量和在较高层次中能发展人类社会道德生活的最高表现的那些基础力量是一样的。第二段文字几乎全是关于生物学： 159

子曰：“夫易之生人、禽、兽、万物、昆虫，各有以生。或寄，或偶，或飞，或行，而莫知其情。惟达道德者，能原本之矣。”

天一、地二、人三。三三而九。九九八十一。一主日。日数十。故人十月而生。

八九七十二。偶以承奇。奇主辰。辰主月。月主马。故马十二月而生。

七九六十三。三主斗。斗主狗，狗三月而生。……

鸟、鱼，皆生于阴而属阳。故鸟、鱼皆卵。鱼游于水，鸟飞于云。故冬，燕、雀于海，化而为蚧。万物之性各异类。故蚕食而不饮，蝉饮而不

> 食。蜉蝣不饮不食。介鳞，夏食冬蛰。龁吞者，八窍而卵生。咀嚾者，九窍而胎生。

这里，可见阴阳家，或者是这段话的作者，都不仅对自然的观察很仔细，而且他们的观察结果局限于数字神秘主义的结构中。这些神秘主义的影响已经很明显地出现在符号关联的表中（表 9），而且它似乎在很长一段时间里产生了一种吸引力，尽管它产生于公元前 3 世纪，或是更早一点，它在 12 世纪这么迟的年代中还是很活跃。这些在我们对中国科学观念的评价中必须予以重视。

160 **阴阳学说**

迄今为止，比起阴、阳这两个基础力量，我们更多地在谈论关于"五行"和它们的符号关联。这仅仅是因为我们对"五行"的了解比对阴阳的了解多。尽管驺衍的学派被称为阴阳家而且后来的书中讨论时也把这归为他的成果，阴阳这个概念并没有出现在他现存的文章中。不过，我们基本可以确定阴阳的哲学用途始于公元前 4 世纪，而在更早的文章中出现的有关篇章则是后来插入的。

一些有关阴和阳的事实是清楚的。我们知道，例如中国文字中的阴和阳与黑暗和光明有关。"阴"字图解为山（山影）和云，"阳"字的形象有阳光或在阳光中飘动的旗帜的意思（尽管后面的也许是代表一个人手执一只象征天的穿孔的玉璧，这个玉璧也可能是最古老的天文仪器）。这些是与《诗经》这本古代民间诗歌集中的字的用法相适应的。在这里，"阴"引出了冷、云、雨、女性、如储存夏天用的冰的地窖中的黑暗等概念。相反，"阳"则引出了阳光、温暖、春夏、男性以及明亮等概念。"阴"和"阳"也有实际的意义："阴"是山或谷有阴影的一面，"阳"则是有日光的一面。

它们被明确使用为哲学术语出现在公元前 3 世纪的《易经》中（《易经》我们后面将作详细讨论）。在这里，似乎是宇宙中只有两种基本力量或作用，有时一个占有优势，有时另一个占有优势，作波浪式的交替。除了《易经》别的书中也有提及。例如，公元前 4 世纪，《墨子》中有两处提到，一处说"凡回于天地之间，包于四海之内，天壤之情，阴阳之和，莫不有也"，另一处说"（圣王）节四时调阴阳而露也"。《道德经》中说："万物负阴而抱阳，冲气以为和。"

当我们前进到公元前 2 世纪汉儒时期，我们可以发现一些特殊的评论。董仲舒在《春秋繁露》中说：

161 天有阴阳，人亦有阴阳。天地之阴气起，而人之阴气应之而起。人之阴气起，而天之阴气亦宜应之而起。其道一也。明于此者，欲致雨则动阴以起阴，欲止雨则动阳以起阳。

我们不久将会发现《易经》中包含了一些极为重要的材料，这些材料赋予了我们对于中国科学思想更深刻的认识，可是由于阴和阳是这个课题最基础的部分且它们有着数目众多的附属物，我们最好还是在这里对阴阳这个方面予以重视。《易经》中包含了一系列总共 64 个由或断或连的六条线组成的符号，这些符号与阴、阳相关联。每一个六线形符号主阴或是阳，经适当的排列，由此推出共 64 个阴阳交互的卦。图 23 对此作了个例子来说明阳是如何一分为二，再为四，再为八然后一直到六十四个阴阳交互存在的。当然，这个过程并不会就在那儿停止了，六十四可以延伸到一百二十八，然后一直到无限。阴和阳从来不会完全地分离开来，但是在每一个程度、任何一个小断片中，只有一个会明显地显现出来。现在这个理论具有相当多的科学趣味，因为这一次又一次地分开两个因素、使一个占优势而另一个成为隐性的理论与现代科学思想有着相似之处，例如在遗传学中。所以我们再次有了与假定的五行相互关系的对等物——它们和只在我们的时代里能看到的对自然的有效运用的想法是一样的。简单扼要地说，现代科学所看到的一些构成世界的元素是中国早期哲学家的预想预言到的。

162

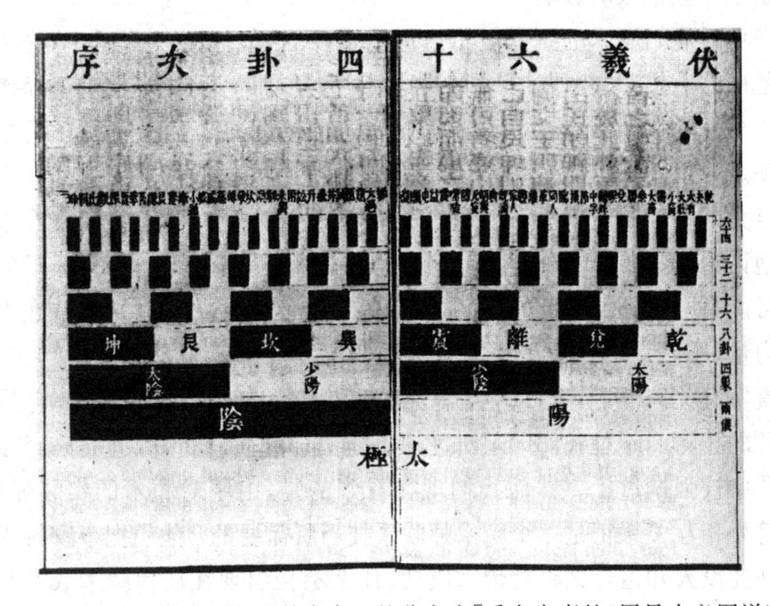

图 23　《易经》的卦（"伏羲六十四卦次序"）的分离表[采自朱熹的《周易本义图说》(12 世纪)，曾在胡渭的《易图明辨》卷七和别处被翻印。阴和阳是分开的，但正如第二次分开时所出现的那样，每一个都含有其处于"隐性"状态中的对立面的一半。这个过程没有逻辑终点，但此处只继续到六十四卦的阶段为止]

“联想”思考及其重要性

我们现在到达了我们能够看到中国的有关两个基础原理——阴阳和“五行”——的科学观念的程度。基本地，阴阳是由人类本身性经验的正负投影推出的，而“五行”则被认为是为每个物质和每个过程的理由而产生的。受五元系统影响的宇宙中的每一个事物都是与“五行”相联系的，但是，由于不是每一个事物都能被纳入五元的系统的，有的只能被纳入其他数目的系统（如四元、九元、二十八元等）。这广阔的研究门径产生了中国思想的另一个方面——神秘数目论。它的主要目的是找出繁多的用数字表示的门类之间的关系。

大部分欧洲学者把神秘数目论看作是纯粹的迷信，并且声称它阻碍了中国真正的科学思想的发展。一些现代的中国科学家也倾向于类似的观点，不过至少他们还有必须面对数千个未受任何现代科学观点训练、却仍认为中国古代思想系统仍是有可取之处和生存能力的中国传统学者的借口。可是我163 们并不关心这个最后的问题以及有能力进行自我现代化的中国社会的现代化，我们必须发现古代传统的思想体系是否单单只是迷信或只是一种原始的思想，它是否可能包含了一些中国文明的独特产物，如果有，它是否对别的文明产生了一些积极的影响。

一项对原始魔术的研究显示这似乎是以“相似律”和“蔓延律”这两项定律为基础的。依照“相似律”，相似可产生相似，而“蔓延律”是指曾经接触过的事物分开后仍然继续互相影响。而中国的五元符号相互关系正是建立在这两项定律上的，而且与这两项定律完全吻合。我们立即得出这样一个有关它们巨大的相互关系列表的主题的提示，它是魔术的。这些我们现在不需要详细地讨论，因为我们早已经注意到开始是魔术孕育了科学而且最早的科学家很可能是魔术师。毕竟，尽管魔术产生于神秘生活的种种裂缝并在生活中获取力量，然后它结合入了常人的生活并为其服务。魔术倾向于真实具体，它与真实有关。的确，魔术与技术、化学和工业有着同样的功效，它是一门“做事”的技巧。不过我们无须对这一点作更详细的分析，因为它已经在道教的章节中被强调过了。然而我们现在看到的是，由于对魔术的实际强调，中国的符号相互关系正是一个魔术师联系技巧所需要的：他们把事物排入一个顺序并在没人知道什么将会带来成功、什么不会出现在任何魔术或实验过程中。一定是有什么指南在引导魔术师选择正确的条件而且是符号间的相互关系提供了这个指南。如果一个人在利用水做实验或是变魔术，他自然就不会穿红色的衣服，因为红色是火的颜色。这样的关联可能只是直觉而并非其他什么东西，可是除此之外在当时他们又能怎样呢？

现代学者把这类心理上的研究门径称为“联想思考”或是“同等思考”。这是一个直觉联想系统，它有自己的逻辑和因果规律。它不是迷信，而是一个有它自己的标准的完全合理的思想系统，不过当然，它与强调外在原因的现代科学思想特征的类型是不同的。它不把自己的思想分为一系列的等级而是平等地排列在一个“图案”中。其中事物并不是通过机械原因相互影响而是通过一种感应效应。

164

在我们讨论的中国思想中，“次序”和“图案”是两个关键词，或者你也可以说只有一个关键词“有机体”，因为符号间的相互关系、联系，《易经》中的六线形都是一个巨大整体的一部分。事物以一种独特的方式进行活动并不一定是因为别的事物先前的行动如何，而是主要因为它们在千变万化的循环的宇宙中所处的位置被赋予了内在的性质，使其行动身不由己。如果它们没有按照那独特的方式进行活动，它们就会失去自己所处的位置而与其他事物的联系（那些造就了它们的要素）将会改变并会把它们变为另一种东西。它们的存在依赖于整个世界有机体，它们通过一种神秘的共鸣进行相互作用。

没有什么地方比董仲舒对这方面的解释还要好的了。在公元前 2 世纪的《春秋繁露》中的“同类相动篇”中我们看到：

> 今平地注水，去燥就湿。均薪施火，去湿就燥。百物去其所与异，而从其所与同。故气同则会；声比则应。其验皦然也。试调琴瑟而错之。鼓其宫则他宫应之，鼓其商而他商应之。五音比而自鸣，非有神，其数然也。
>
> 美事召美类；恶事召恶类。类之相应而起也。如马鸣则马应之。
>
> 帝王之将兴也，其美祥亦先见；其将亡也，妖孽亦先见。物故以类相召也。故以龙致雨，以扇逐暑……
>
> 非独阴阳之气，可以类进退也。虽不祥，祸福所从生，亦由是也。无非已先起之，而物以类应之。

165

董仲舒所用的分类包容了宇宙中各种可适应于五元系统或其他的数字系统的事物。有趣的是，他用弦乐器的听觉共鸣来使那些对声波一无所知的人信服，并证明了他所说的宇宙中同类的事物共鸣或相互作用、活动的观点。当然，他提出的并非是最原始的、认为任何事物都能影响任何别的事物的观点，而是主张万物通过可选择的相互作用紧密地结合而成为宇宙的一部分。的确，对于董仲舒和他的继承者来说，事物间的因果关系是十分特别的，因为它是一种层状结构而并非是随意偶然的。任何事物都不是独立的,可是任何事物也都不是由机械原因造成的。宇宙中的有机体都有自己适合的位置并且按照一个永恒的、戏剧性的循环进行活动。如果一个事物掉了队,那么它将终止存在。但事实上,从来没有一个事物掉队。在此,就如在中国思想的其他地方一样,文章说明了这种自然过程的规律性被猜想为团体生活的一种相互适应而不是像政府的法律那样的东西。不仅在人类的关系中,在整个自然界中都存在着"给予"和"接受",以礼相待而不是在单调的力及其程序中相互争斗。在妥协中找到解决。

假如所有这些真实深刻地表明了中国的世界画面中的一些东西——有许多事让我们相信它们确实表明了——那么五元关系就是思想系统的一个理论图解,而且汉代以及以后的学者并没有深陷于"原始思想"的泥沼中。在真正的原始思想中任何事物都能是其他事物的"因":任何事都是可信的;没有一件事是不可能的或是荒诞的。假如一艘汽船比一个小港通常的船多了一个烟囱并且随后出现了传染病,那么这艘汽船的出现将会和其他事物一样被认为是传染病发生的原因。而当事物被分类后,由于它们在一个五元系统中,那么事物就不会被随便认为是任何事物的"因"了。

脑中有了这样的思想,我们就得出了原始真理发展有两条途径这样一个结论。一条希腊人选择的途径是以对宇宙的机械解释的方法对因果关系的概念加以精炼的,就如德谟克利特(Democritus)的原子论。另一个途径是把宇宙万物万事系统化、结构化,以协调各个部分之间的相互作用与影响。以希腊人的世界观来看,如果一种物质在某一时间占据了某一地方,那是因为另一种物质将它推向那儿。而后一种观点则认为,这种物质的行为是由它与周围其他物质的共同作用力所主宰,即物质行为的动因不是单一的反应力,而是环境的共力。

166

希腊德谟克利特学派的方法可能是现代科学所必需的前奏,但那并不意味着将中国人的观点批评为纯粹的迷信是正确的。属于同一类的事物会相互感应或相互作用这个思想,在希腊也有呼应者。例如,亚里士多德声言,宇宙有三种运动:空间运动为同类相吸;生长运动为同类相互营养;质的变化则是同类相互影响。这种思想以及与之相同的思想,反映了希腊最古老哲学家的自然现象中的"爱"与"恨"的思想。但这儿必须强调的是,当希腊思想作为一个整体来说后来偏离上述观点而走向机械的因果观念之时,中国的思想却发展为一种有机的观念。认为中国人对于宇宙的看法是原始的,这实在是一个错误，而且是严重的错误。我们的宇宙是一个精确有序的宇宙，既不受某个至高无上的造物主的法令所主宰，也不由原子的无情的碰撞所左右，它是各种意愿的有机的协调统一，自发而又有序，颇像乡村舞蹈者，他们谁都不受法则约束，谁都不被别人所推动，而是自愿地相互合作。如果月亮在某一时间存在于某一星系，这不是因为任何人命令它这么做，也不是因为它在服从某个可以用数学来表达的规则或孤立的动因。月亮在那儿出现是整个宇宙有机体的自然模式使然，而不是任何其他原因。回顾整个时间长河，我们在德谟克利特观点的结尾处看到的是牛顿的世界，但我们却没有发现中国思想感情有类似的断层。继之而来的是现代的“有机哲学”，它源自20世纪的数学家和哲学家怀特海(A. N. Whitehead)，对此“有机哲学”我们将在稍后再作论述。

传统中国思想与被普遍接受的现代科学之间的对立，在彼此对于数字的使用方面表现得非常明显。正如我们所应看见的，大量值得赞扬的数学成就当然是产生于中国，但我们在此讨论的问题是中国的数字神秘主义或与他们的关联式思考相联系的数字论。这种数字论正如埃及的金字塔所代表的19世纪的联想一样——那里通道的交叉及长度都被视作未来事件的日期——为现代科学思想所不取，它在中国似乎也没有多少科学价值，但同等重要的是，它似乎也并没有产生什么负面影响；事实上，我们可以断言，甚至最夸张的五行与数字的联系也以其自己的方式存在过。显然他们在中国科学思想感情的发展中起过作用，正如欧洲曾出现使用法律程序审判动物这样的过分情形是“自然法则”观念的前奏。 167

东西方的时空观也是不同的。对于古代中国而言，时间不是一个纯粹抽象的量，而是被分成不同的季节，每个季节又有各自的节气。不过，延续性也是有的，因为时间只以一个方向流动，而且在中国从未有任何倾向采用印度哲学家的时间循环说，即使印度的信仰在中国是有所知的。空间并不是一种向全方位延伸的抽象统一体，而被分成了东、西、南、北、中各个不同的领域，各自又与时间和五行相关联。东方永远与春天和木有关联，南方与夏天和火，等等。这种分隔的世界与伽利略及牛顿将几何空间和宇宙重力延伸到整个宇宙之前的中世纪欧洲十分相像。

对于古代中国而言，事物之间主要是互相联系的关系而不是因果关系。正如董仲舒在公元前2世纪所说：

> 天之常道，相反之物也不得两起。(阴与阳)并行而不同路，交会而

各代理。此其文。

宇宙是一个庞大的有机体，有时这个分子占主导，有时那个分子占主导，各个部分都以完全的自由互相合作互相服务。

在这样的一个系统中，因果关系不是各个事件之间的关联，而颇像现代生物学家所称的哺乳动物的“内分泌乐队”，在这个“乐队”里，虽然所有的内分泌腺都在工作，却不容易发现哪一种因素在起领导作用。我们应该清楚，当考虑哺乳动物，甚至人类本身的高级神经中枢方面的问题时，现代科学需要这种“内分泌乐队”观念。但若撇开现代科学，很清楚，这样一种因果观念，即承上启下的观念依附于互相依赖的观念，统治了中国思想。

168

中国与西欧的元素理论及实验科学

中国的观念对西方科学的直接影响可能超过人们的估计。20 世纪以来对宇宙的更好理解，即是视宇宙为自然的有机体来修正牛顿的机械的宇宙观。这是一场运动，它代表了这样一种倾向，即开始使用在自然科学及世界观研究中所用的各种现代的调查研究之方法。在生物学方面，它已终结了一场有关有机体究竟是由机械力所驱动还是从其他生物遗传而来的无谓的争论。然而，如果追溯这场运动的起源，可以发现，它不是开始于 20 世纪而是 17 世纪，发起者应该是哲学家及数学家莱布尼兹(G. Leibniz)。作为牛顿的无穷小微积分的共同发现者、现代象征主义逻辑的创始人，他想要设计一种将物质与形式相结合的运动科学。这最终导致他提出这样一种思想——宇宙中最最终极的存在是单原子元素，一种心理物理元素。单原子元素是不可摧毁的，与其他单原子元素没有因果联系，而是在它们自身的内部变化着。在宇宙初创之时，所有单原了元素是在一种预先建立的互相协调中完全同步生成的，之后各个元素自发地映现出所有变化着的存在，而不受一种反映中国自然观的哲学，尤其是当我们发现莱布尼兹在写给他的同时代人的一封信中提到，在植物的生长过程中，它现在的状况一定与它将来及过去的状况有关。因此有必要认识到莱布尼兹确实研究过 12 世纪朱熹的新儒家学派的翻译作品中的中国思想。事实上，这种引进的中国思想很可能对莱布尼兹制定他的哲学计划有现实的帮助。既然生物体的现代西方哲学观以莱布尼兹为主要奠基人，那么它也应承认中国科学思想所作的贡献。

169

然而，欧洲的有机宇宙观有一个方面可以追溯到莱布尼兹之前，那就是微观宇宙和宏观宇宙的思想，它包括许多与中国关于宇宙形态的思想相同的观点，但它从来没有在同等程度上主宰过这种思想。西方观点有两个方面：一方面宇宙与人体之间在各个部分都存在具体的对应；另一方面人体与其存在的状态相对应。这个思想最初似乎在公元前4世纪由柏拉图和亚里士多德提出，后者是第一个使用“微观宇宙”一词的人。在他的《物理学》书中，他写道：

> 如果这能在生物身上发生，什么会阻止它也在宇宙中发生？因为如果它能在微小的世界中发生，它也会在宏大的世界中发生。

希腊的斯多葛学派继承了柏拉图之所创，他们论争道，世界是一个有生命的理性的存在，其中当然有人与自然的具体的对应，到公元1世纪，罗马哲学家与政治家塞涅卡已明白地指出，大自然就像人的身体，河流与静脉相对应，地质物质与肌肉相对应，地震对应于人体的痉挛，等等。

这个观点一直持续到上古及中世纪的欧洲，虽曾有基督教神职人员反对它。它还渗透到伊斯兰教，出现在10世纪巴士拉城的“精诚兄弟会”的百科全书中，甚至在文艺复兴及现代科学来临以后，某些16及17世纪的自然哲学家仍然持有这种观点。例如帕拉采尔苏斯学派的医生及神秘主义者罗伯特·弗卢德，设立了如下的对立：

热——运动——光明——扩张——稀薄

冷——惰性——黑暗——收缩——浓厚

这个例子在中国阴阳学说中则比比皆是。著名的教士布鲁诺（他在1600年被焚死），也将宇宙视为一个有机体，并说太阳与地球的性交产生了所有的生物。但这些观点似乎是源自毕达哥拉斯，希腊公元前5世纪神秘主义者及数学家，而不是源自柏拉图，不论中国思想可能带来什么样的影响。

在犹太思想中也发现了这种观点，事实上，这种观点已传播得非常广以致人们想要寻找它的共同来源，追溯到毕达哥拉斯以及中国自然主义者之前的同时带有东、西方文明的思想源头。这样的源头或许可能在巴比伦幼发拉底河与底格里斯河流域的文明中找到。如果说在巴比伦的焙陶经文里找不到证据，那么这种思想可能不在经文里而在实践中，尤其是在占卜所用的方法中。巴比伦有一种广为传播的习俗，用部分或整个祭祀的牲畜来预告未来；在中国商朝，正如我们已知的，是用乌龟壳或牛和鹿的肩胛骨；伊特拉斯坎人及罗马人是用肝脏，而那正是巴比伦人更早使用的。在这个习俗的后面隐藏的是这样一种理论，即天和牲畜的各个部分可以分成各个区 170

域，而未来的命运可以在这些区域的迹象中发现：事实上牲畜就是一个微型宇宙。空间和时间被分成独立的成分，预示着之后空间和时间的所有科学分隔，而在空间领域，小和大——小宇宙和大宇宙——互相反映、互相对应。

欧洲和中国的观点可能有各自的起源，但它们肯定呈现出某些相同点，然而也有一些根本性的不同。在欧洲，原始的有机自然主义伴随着一个次要的相似观点，“状态小宇宙—大宇宙类比”，而两者都显示了欧洲“精神分裂”的特性——既要思考物质世界又要思考宗教精神。造物主上帝永远必须是机器后面的至高推动力：动物的有机体可以被对应到宇宙，但对神的信仰意味着永远要有一个“指导原则”。这是一条中国人显然不愿走的路。对于他们来说，之所以可用生物或宇宙的各部分来解释观察到的现象，是因为有一种“意愿”：各个部分是自发地互相合作，甚至是无意识的，而仅这一点就足够了。因此，有机宇宙说有两个传统，两者走着各自不同的路。直到17世纪，当莱布尼兹欧洲小宇宙—大宇宙观念的继承人，在北京与耶稣会士交流时，中国味道的观点才传入西欧并开始发挥影响。

我们现在该问五行学说是不是自然科学在中国发展的障碍？当然，正如我们已知的，五行学说可能导致荒谬，但这并不比欧洲的占星术与西方元素理论相结合的身体幽默更荒谬。回顾历史，我们可以看到阴阳五行说并不总是不科学的。例如，五行之元素很好地对应了我们今天所称的物质的五种基本状态。我们可以把水视为所有液态，火为气态，同样，金可以包括所有的金属及半金属，土为所有的土地元素，而木则可代表所有的碳元素复合物，即有机化合物。无论如何，我们应该永远记住“元素”这个词作为“行”的翻译从来就是不能令人满意的，因为“元素”的含义太物质化，而“行”在一开始就清楚表达了它具有运动的意思。但“过程”或“状态”也不是“行”的确切译词，因为“行”并不是没有物质的含义。如果任何人企图嘲笑中国人这些思想的执著，他们不要忘了在17世纪的欧洲，新科学的拥护者不得不艰苦地与那些想要紧紧抱住在亚里士多德的著作中被认为神圣的古希腊宇宙观。不过，在那个时代，亚里士多德的思想是先进思想的先驱；只是因为时间的推移，它才显得落后，最后不得不被宗教改革和文艺复兴所驱逐。中国的思想也是一样的：阴阳五行学说总的来说有助于科学思想的发展；唯一的问题是它们持续得太久：中国没有宗教改革，没有文艺复兴。

171

但当一切都讨论过后，可以很好地证明，至少小宇宙—大宇宙观念对西欧的新科学是有所贡献的。威廉·哈维的血液循环的发现并不完全建立在

表 10　《易经》中八卦的意义

	1	2	3	4a	4b	5	6	7	8	9	10	11	12	13	14	15	16
1	☰	Chhien	乾	♂	父阳	龙、马	天	金	南	西北	季秋	上半夜	君主	深红	头	存在、力量、武力、扩张性	施与者
2	☷	Khun	坤	♀	母阴	牝马、牛	地	土	北	西南	季夏孟秋	下午	人民	黑色	腹	驯良、生活营养、方、形状、固结	接受者
3	☳	Chen	震	♂	长子	奔马与飞龙	雷	木	东北	东	春	早晨	青年	深黄	足	运动、速度、道路、荚豆、鲜竹笋	鼓励、刺激
4	☵	Khan	坎	♂	次子	猪	月和淡水（湖）	水	西	北	仲冬	午夜	盗贼	血红	耳	危险、险峻、弯曲物、轮子、精神异常、深渊	流动（特别指水）
5	☶	Kên	艮	♂	少子	狗鼠和大嘴鸟	山	木	西北	东北	孟春	黎明	看门人	—	手和指	关隘、大门、果实、种子	保持固定地位
6	☴	Sun	巽	♀	长女	母鸡	风	木	西南	东南	季春孟夏	早晨	商人	白色	大腿	缓慢稳定的工作、树木的生长、生长力、经商才能	渗透、温和、连续操作
7	☲	Li	离	♀	次女	雉、蟾蜍、蟹、蜗牛、龟	闪电（和太阳）	火	东	南	夏	正午	女战士	—	眼	武器、枯树干旱、明亮、紧靠着火和光	爆燃、依附

（续表）

	1	2	3	4a	4b	5	6	7	8	9	10	11	12	13	14	15	16
8	☱	Tui	兑	♀	幼女（妾）	绵羊	海和海水	水和金	东南	西	仲秋	黄昏	女巫	—	口和舌	反影和镜像、消失	静穆、快乐

说明：

第1栏：构成为卦的爻的组合。

第2栏：卦名的罗马拼音。

第3栏：卦名。

第4a栏：卦的“性别”。

第4b栏：“亲族”中的相关地位（摘自《说卦》第十节）。

第5栏：相关的动物（大部分摘自《说卦》第八节，但补充了其他资料）。

第6栏：相关的自然物体或“徽号”（摘自《说卦》第十一节）。这个表很重要，因为表11中的六十四卦通常是以这些名词来描述的。例如，第三十九卦“蹇”是由（八卦的第四卦）“坎”在（八卦的第五卦）“艮”之上组成的，即

$$\frac{\text{淡水（湖）}}{\text{山}}$$

在表11中，这些自然物体是用下列缩写字来表示的：H＝天（heaven）；E＝地（earth）；T＝雷（thunder）；Fw＝淡水（湖）[fresh-water(lake)]；M＝山（mountain）；WW＝风（wind）；L＝闪电（lightning）；Sw＝海水（海）[sea-water(sea)]。

第7栏：相关的元素（五行在这里必须包括八卦）。这个表显示了大部分附录与自然主义学派的关联，摘自《说卦》第十一节。

第8栏：根据“更古的”先天或伏羲系统的相关罗盘方位。

第9栏：根据“较晚的”后天和文王系统的相关罗盘方位，系《说卦》第五节所给出。

第10栏：相关的季节。

第11栏：相关的日夜时间。

第12栏：相关的人物类型（摘自《说卦》第十一节）。

第13栏：相关的颜色（摘自《说卦》第十一节）。

第14栏：相关的人体部分（摘自《说卦》第九节）。

第15栏：卦的主要概念或“效能”（大部分摘自《说卦》第七节）。

第16栏：卦的次要抽象概念。

表 11　《易经》中六十四重卦的意义

	1	2	3	4	5	6	7	8 Legge	9 H. W	10 R. W
1	䷀	Chhien	乾	*H/H*	天、父系的、干燥的、男的	天、君主、父亲，等等，命令、控制	施与者	57	—	1
2	䷁	Khun	坤	*E/E*	地、母系的	地、人民、母亲，等等，支持、包含、温顺的、附属的	接受者	59	—	6
3	䷂	Chun	屯	*Fw/T*	萌芽	开始的困难、“反起动”[1]	减慢一个进程开始的因素	62	—	10
4	䷃	Mêng	蒙	*M/Fw*	覆盖	年幼无经验[2]	发展的初期	64	—	14
5	䷄	Hsü	需	*Fw/H*	需要、抻长	拖延政策[3]	停止、等待	67	—	17
6	䷅	Sung	讼	*H/Fw*	诉讼	斗争、打官司[4]	程序的对立	69	—	20
7	䷆	Shih	师	*E/Fw*	军队、将军、教师	军事[5]	有组织的行动	71	—	23
8	䷇	Pi	比	*Fw/E*	集合	联合、一致	凝聚	73	—	26
9	䷈	Hsiao Hsü	小畜	*WW/H*	饲养	用温和的手段调整创造力、驯养	较轻的抑制	76	—	29
10	䷉	Li	履	*H/Sw*	鞋、踩踏	用谨慎的行动得到冒险的成功、纤弱的步伐	缓慢的前进	78	—	32
11	䷊	Thai	泰	*E/H*	兴旺的	春天的温暖、太平（在宋代进而指进步的社会时期之一）	向上的历程	81	—	34

175

（续表）

	1	2	3	4	5	6	7	8 Legge	9 H. W	10 R. W
12	䷋	Phi	否	*H/E*	不好	秋天的开始（在宋代进而指衰退的社会时期之一）	停滞或倒退	83	—	38
13	䷌	Thung Fen	同人	*H/L*	词义是在一起的人	联合、社团	集合的状态	86	—	40
14	䷍	Ta Yu	大有	*L/H*	词义是有很多	财产丰富、富裕	更大的丰富	88	—	43
15	䷎	Chhien	谦	*E/M*	谦恭	隐藏的财富、谦虚	卑下中的高尚	89	100	46
16	䷏	Yü	豫	*T/E*	愉快	和谐的兴奋、热情、满意	鼓舞	91	—	49
17	䷐	Sui	随	*Sw/T*	跟随	随从	继续	94	—	52
18	䷑	Ku	蛊	*M/WW*	毒物	腐败社会中的麻烦工作[6]	腐化	95	—	55
19	䷒	Lin	临	*E/Sw*	接近	权力的来临	接近	97	—	58
20	䷓	Kuan	观	*WW/E*	观看	思考、寻找征兆[7]、让影响扩散	视界、视觉	99	—	60
21	䷔	Shih Ho	噬嗑	*L/T*	咬[8]；话声	群众、市场、法院、刑法	咬和烧透	101	113	63
22	䷕	Pi	贲	*M/L*	光明	装饰的	装饰、式样	103	—	66
23	䷖	Po	剥	*M/E*	剥皮、剥夺	坠落、倾覆、瓦解，像是一座房屋仅由屋顶维持着（卦的象形表达）	不聚合、散开	105	—	69
24	䷗	Fu	复	*E/T*	回复	一年的转折点	回复	107	—	71

（续表）

	1	2	3	4	5	6	7	8 Legge	9 H. W	10 R. W
25	䷘	Wu Wang	无妄	*H*/*T*	不鲁莽、不虚伪[9]	不鲁莽、诚实不欺、无罪但有困难	意想不到的事	109	—	74
26	䷙	Ta Hsii	大畜	*M*/*H*	饲养	被固定的和沉重的东西所压抑的创造力	较大的抑制	112	—	76
27	䷚	I	颐	*M*/*T*	下颚	口（由此卦以象形字体来表示）	营养	114	—	79
28	䷛	Ta Kuo	大过	*Sw*/*WW*	超越	大大超过、奇怪但不一定不利[10]	较严重的不稳状态	116	5，118	82
29	䷜	Khan	坎	*Fw*/*Fw*	坑[11]	峡谷的边沿、危险和对它的反应，下边，急流	流动	118	—	84
30	䷝	Li	离	*L*/*L*	分离、离开	网眼（卦的象形表达）、附着于火和光	爆燃、附着	120	112	87
31	䷞	Hsien	咸	*Sw*/*M*	一切（但在此处当“感”用）[12]	相互影响、交织、追求	反应	123	—	91
32	䷟	Hêng	恒	*T*/*WW*	永恒不变[13]	坚持	持续	125	—	93
33	䷠	Thun	遯	*H*/*M*	隐身、隐蔽[14]	缩回、隐退	倒退（比第十二卦更甚）	127	—	96

（续表）

	1	2	3	4	5	6	7	8 Legge	9 H. W	10 R. W
34	䷡	Ta Chuang	大壮	*T/H*	巨大的力量[15)]	巨大的力量	巨大的权力	129	—	99
35	䷢	Chin	晋	*L/E*	上升、提升[16)]	封建等级的提升	迅速的提升	131	—	101
36	䷣	Ming I	明夷	*E/L*	被压抑的智慧[17)]	对一个良吏的功绩缺乏鉴赏	变为黑暗、光的熄灭	134	4	104
37	䷤	Chia Fen	家人	*WW/L*	家庭成员	一家或一户的成员	亲属	136	—	106
38	䷥	Khuei	睽	*L/Sw*	分离	分裂和疏远	反对	139	—	110
39	䷦	Chien	蹇	*Fw/M*	跛[18)]	跛、制止	迟滞	141	—	112
40	䷧	Chieh	解	*T/Fw*	解剖、解析	解开	解散、解放	141	108	115
41	䷨	Sun	损	*M/Sw*	损坏、伤损、减损	免除过分、付税	减少	146	—	118
42	䷩	I	益	*WW/T*	利益	资源的增加、增益	增加、附加	149	—	121
43	䷪	Kuai	夬	*Sw/H*	叉子、解决、决定	突破、解除紧张、缓和	爆发	151	—	124
44	䷫	Kou	姤	*H/WW*	交媾	向着邂逅、相遇、交媾前进	反应、熔化	154	—	127
45	䷬	Tshui	萃	*Sw/E*	丛林、聚集	收集过程、人民团结在贤明统治者的周围	凝结、凝聚	156	—	130

178

（续表）

	1	2	3	4	5	6	7	8 Legge	9 H. W	10 R. W
46	䷭	Shêng	升	*E/WW*	高升	一位好官的功业	上升	159	—	133
47	䷮	Khun	困	*Sw/Fw*	被围、苦恼	窘迫、苦恼、惶惑	包围、疲惫	161	—	135
48	䷯	Ching	井	*Fw/WW*	一口水井	可靠性	源头	164	—	138
49	䷰	Ko	革	*Sw/L*	皮革	脱皮、因而是变化	革命	167	—	141
50	䷱	Ting	鼎	*L/WW*	三脚锅	（人才的）培养（据说是卦的象形表达）	器皿	169	—	144
51	䷲	Chen	震	*T/T*	震动、摇动、雷	运动着的刺激力量	激动	172	—	148
52	䷳	Kên	艮	*M/M*	限制[19]	稳定如山	不动性、保持固定位置	175	5	151
53	䷴	Chien	渐	*WW/M*	逐渐浸染[20]	缓慢而稳定的进展（如用浸泡和染透的方法引起的化学变化）	发展、缓慢而稳定的前进	178	—	154
54	䷵	Kuei Mei	归妹	*T/Sw*	词义为“归来”，“妹妹”	结婚[21]	结合	180	—	157
55	䷶	Fêng	丰	*T/L*	丰富（丰收）	繁荣	较小的丰富	183	—	160
56	䷷	Lü	旅	*L/M*	旅行、旅客	异乡人、商旅	游历	187	—	163

179

（续表）

	1	2	3	4	5	6	7	8 Legge	9 H. W	10 R. W
57	䷸	Sun	巽	*WW*/*WW*	温雅的	风的侵入	温和、透入	189	—	165
58	䷹	Tui	兑	*Sw*/*Sw*	兑换	海、愉快	静穆	192	—	168
59	䷺	Huan	涣	*WW*/*Fw*	广阔的、膨胀、不规则	涣散、与好事疏远	解散	194	—	170
60	䷻	Chieh	节	*Fw*/*Sw*	竹节	期限、章节、有规则的划分、节制、(对一般现象的)沉思、禁闭、沉默	有条理的限制	197	107	173
61	䷼	Chung Fu	中孚	*WW*/*Sw*	词义为“中央”，信任	衷心的诚意，国王的权势	真理	199	105	176
62	䷽	Hsiao Kuo	小过	*T*/*M*	稍微超过	少量过剩	较小的不稳状态	201	—	180
63	䷾	Chi Chi	既济	*Fw*/*L*	词义为“完成”，达到目标	完满，成功的完成	完备，完美的秩序	204	—	183
64	䷿	Wei Chi	未济	*L*/*Fw*	词义为“不完全”，没有完全达到目标22)	当一切尚未完成或没有成功地完成时的形势	杂乱、潜在的可能达到完成、完善和秩序	207	—	187

说明：

第 1 栏：构成为卦的爻的组合。

第 2 栏：卦名的罗马拼音。

第 3 栏：卦名。据认为，所有名称都是从最常出现在卦的征兆中的那些字派生的。

第 4 栏：卦的特性表征，系依据组成该卦的两个与其相关的自然物体或“徽号”而命名的八卦，例如，第七卦，E/F_w，土在淡水之上；或第二十一卦，L/T，闪电在雷之上。

第 5 栏：构成为卦名的字的一两个比较常用的词义。

第 6 栏：卦的具体意义或社会意义。这些意义大部分是从《易经》本文和《象传》注释得出的。

第 7 栏：卦的抽象意义。这些意义表示卦从汉代以来就一直代表着的东西，并且表明经过中古时代直到这种传统的终结，具有原始科学的和科学的头脑的人对它们所采取的概念用法。

第 8 栏：表示参考理雅各[Legge (9)]的书的页码。

第 9 栏：表示参考卫德明[H. Wilhelm (4)]书中的解释的页码。

第 10 栏：表示参考卫礼贤[R. Wilhelm (2). vol. 1(德文版)]书中的解释的页码。

1) 此卦的经文包含着一个关于新妇去夫家所骑的马的颜色这一古老的农民的征兆。结婚是一种“开头难”的事情。

2) 一切解释都与此卦的原义不同。此卦关系到《金枝》的汉文同义字。“蒙”是菟丝子(*Cuscuta sinensis*；见 BⅡ，131，181，450，451；Ⅲ，163)的古代别名，它是一种类似于槲寄生的寄生植物。它的较普通名称是“女萝”和“菟丝子”。菟丝子没有根是中国早期自然主义者很感兴趣的一件事，这在后文关于超距作用(和磁学)问题的部分将要谈及。在更早的时期，它无疑的是一种重要的神奇物体。寄生植物一向被广泛认为是神圣的[Frazer (1)]，韦利[Waley (8)]指出，经文一开头的“匪我求童蒙，童蒙求我”那句话，不过是为了避免损害圣草的恶果的一句咒语。“年幼无经验”的观念起源于把这种植物当作是童子的一种古代民俗，最后的抽象意义当然就离题更远了。

3) 由于古代抄录者的疏忽，这个字未加上参加发音的偏旁，因此这里的意义所根据的是一种误解，在后文我们还将举出更多的例子。此卦不应该是“需”，而应该是“蠕”，意指某种爬行昆虫(“蠕”这个字从未当作属名或种名使用过，关于这个字，经文中有五个农民的征兆。

4) 这种争执被认为是与战利品的分配有关，因为经文中有一个关于战俘嘻笑的征兆。

5) 经文中有一禽兆，表示谈判将获成功。

6) 此处所有根据“蛊”毒而确立的意义似乎都多少引起误解；古代典籍中所说的是从观察祭祖的胙肉中蛆的动作而取其征兆。

7) 经文指的是对祭祀用的牲畜前进或后退的观察，和对儿童接受启蒙而有所感悟后的语言的观察[参见《论衡》，Forke (4)，vol. 1，pp. 232，237，246；vol. 2，pp. 2，3，126，162]。韦利[Waley (8)]甚至提出，“童”字的原义是“按礼节挨打的人”，他的论证根据是该字的古代形体。当利玛窦报告1600年左右中国的习俗时,人们仍在倾听着“古怪的童谣”[见 Trigault (1); Gallagher (1), p. 84]。

8) 此处经文是根据吃饭时所发现的物体的征兆;其余一切都是广泛的派生。

9) 这完全是一种误解。“无妄”是一个单词,意义大概是:把一个人形捆在公牛身上,从村中赶走,作为一个替罪羊。这是韦利最美妙的鉴定之一。

10) 经文中包含着一个柳树征兆。

11) “坑”是对的;其余的解释都是后来学者的异想天开。所指的古代礼仪是在一个坑里向月亮祭祀(参见《礼记》第三十四篇)。

12) 从上文可知,“咸”遗漏了它的部首“心”,本应为“感”。征兆的根据是四肢的刺痛。

13) 此处持久的概念就是指韦利[Waley (8)]所谓的古代术士的“稳定程序”。一旦获得一个吉兆时,就必须举行一种仪式来稳定它(例如,把一些物品埋起来或封锁起来)。由于“恒”字的古体包括月处在两条横线之间,那意思是:它原来是在新月初现时举行的一种仪式,为的是使有利的事态在整个那个月中持续下去。两条横线也许代表在该征兆周围划的巫术线,就像是新居住区周围的界线。这样一种观点是对《论语·子路第十三》第二十二章作了新的阐明,其中有孔子说过的名言:“南人有言曰:‘人而无恒(“恒”通常译为坚持),不可以作巫医。’善夫!‘不恒其德,或承之羞。’”这一切都归结为一种对持久性的完全抽象的概念。

14) 此处“遯”是“豚”的讹误,与隐藏毫无关系,它是指由猪仔活动而得的征兆。

15) 这源出于公羊被矮树丛绊住的征兆。

16) “晋”,应为“搢”,即插入。因此,经文大概与用巫术提高家畜的繁殖力有关,插入系指雄雌的交配。

17) 这又是一个完全的误解。李镜池指出,“明夷”是一种鸟的古名,这些征兆与它有关。表中所列的解释都是后人的想象。

18) 我们已经看到,这起源于有关绊倒的征兆。当然,对后来的科学思想家来说,像迟滞这样的一种概念是很有用的。

19) 这完全是一种误解。“艮”应该是“齦”,这个征兆是关于老鼠在咬祭祀用的牺牲品的裸露躯体的方式。

20) 正如我们在上文中看到的,虽然中国古代思想家对于溶液中缓慢的化学作用有着深刻印象,但是这个征兆卦辞的最古形式可能与那种概念毫无关系。本卦的“渐”字也可作“掠过”解。李镜池也表明,它指的是野鹅掠过诸如岩架和树木之类的天然物体的方式,从而提供了征兆。

21) 结婚征兆是本卦的基础。

22) 尽管对这最后一卦有很高明而富哲理的解释,可是对经文的分析表明,它曾一度与得自动物过河的征兆有关。韦利这样说:“如果小狐狸在快要渡过河时,沾湿了它的尾巴,你的事业就要完全失败。”

心脏是一个泵这样的机械类比理论上，它也建立在太阳与地球上的水循环的气象过程之间的合作的类比：布鲁诺视大宇宙中的太阳就像小宇宙中人的心脏。这个观点与中国的非常接近，因为，与宇宙的类比一起，心脏就像一个泵的观点也与哈维同时期在中国出现。总而言之，中国的相关思想和宇宙类比说并不能使其在西方“新的、实验的哲学”中生存下来；用实验、综合推理以及数学方法来解释所有的自然现象超过了所有早期的科学理论形式。“不同空间的宇宙”这个古老的思想已被希腊几何学的“宇宙是一个统一的空间”理论的应用所驱逐。然而，随着对生物学的研究进入一个新时期，以及对生物本质的认识的不断发展，莱布尼兹和中国的相关理论和方法正在起一定的作用，虽然形式有所变化。 182

《易经》的体系

前文已详述了中国关于事物互相共振的思想——我们应称之为“距间作用”(action at a distance)的世界观。并且我们也已论述了阴阳五行学说有助于中国文明进程中科学思想的发展而不是一种妨碍。但是在中国自然哲学中还有第三个组成部分——《易经》的体系——对于这个体系，要形成一个非常一致的观点是不可能的。

最初可能是源自农民占卜的书文以及用于占卜的方法的不断积累，《易经》最终发展成由符号和这些符号的解释所组成的复杂而精密的体系，在任何其他国家的文明中都找不到与之相对应的书文。这些符号被认为是反映大自然一切发展进程的镜子，因此，中国中世纪科学家一直试图通过将自然现象简单地与相关的符号联系起来来解释自然现象。这些符号渐渐发展成抽象的意义并且开始削弱进一步思考的必要性，因为这种抽象提供了误导人的深奥意义。

如今我们见到的《易经》已是一本复杂的书。这些符号由一系列线条所组成(见表10与表11)，像前面在“阴阳”的讲座中提到的一样。这些线条可能与数东西的棒或占卜的长短棍有关。线条所有可能的排列组合形成八个三条线的组合(表10)，64个6条线的组合(表11)，都称作“卦”：在这本书里它们非常有序地排列着，每一卦都有一段说明，传统上被认为是古代周朝(约公元前1050年)的文王；然后有一段评语，一般有六句句子，被认为是周公所写(约公元前1020年)。但这只是正文，还有更复杂的评语和附文，有些被认为是孔子写的(虽然并不是他写的)。

有关这本书的情况其实至今还不清楚。现在没有人相信周文王或是周公与它有关,不过有些人认为它可能出于公元前 6 世纪,而另一些人认为它出 183 自于战国时期公元前 3 世纪。就我们而言,可能最好采用如下观点:《易经》的基本内容源自公元前 7、8 世纪的卦文,但到周朝末年(公元前 3 世纪)才形成现在的版本。而评论及附录是在公元前 1 世纪至公元 1 世纪间,由秦、汉的儒家学者编写而成。

古代中国农民的占卦与所有其他文明社会的原始文化一样,他们关心的是一种模糊的感觉及在动植物身上观察到的不同寻常的现象。这些都与卦作联系,并以此来解释。例如,第 39 卦“蹇”,源自“绊”,意“跛”,而且我们发现它有现实及社会的意义:跛行及阻止,并且还有抽象的意义:迟滞。对第 39 卦的评语是:“蹇”,西南为吉,东北为凶。此卦也利于遇到伟人。若坚定且端正,就会有好运。对第 39 卦的评语还有:第一行是中分线,意味着前进会遇到困难,而原地不动能承受赞扬。第五行是连线,意味着要与最大的困难斗争,而朋友们会来帮助。在第二个评语中隐含着的古代农民的卜文本应是这样的:在前进中的绊跌者应受到赞扬,一个大跌绊意味着朋友将临。

如果《易经》只不过是一种卜文,那它仅仅只是取代许多类似的卜文。但它的详细的附文给予它更高的伦理和宇宙论的地位,而且其解释越抽象,其整个体系越是要将自然界的每一个具体事实都赋予一种假定的观念,将每一个事件都作一番假定的解释。此外,符号的抽象性的发展是与出于早期魔术的早期科学的发展同步的。

对那些真的想要用自然主义的态度来解释诸如磁力或潮水问题的汉朝学者来说,这似乎是显然要做的事。但不幸的是,这都是在作误导,或许在《易经》的颈子上绑上一块磨石,将它扔进海里倒是更明智的。

注意到在 64 卦中,总共有 45 卦都与时间或空间方面有关,只有 19 卦,例如有关神灵、真理、幻象或意外的卦,与时空无关,我们可以对《易经》中所蕴含的观念有所理解。这么多的卦都具有时空关系这个事实表明汉朝以后的 184 中国思想家尽力设法使“卦”与它们曾经具有的极端的人性意义相脱离。当然,“卦”也可以被归入其他范畴,不过,其他范畴只是指出那些在自然界之中没有对应物的卦之间的关系。不幸的是,中国的中世纪学者对它们的重视要胜过任何可以在自然界观察到的东西。

要真正了解《易经》对中国科学的意义,还有两个相关问题我们必须提出:根据附文,自然主义学派及汉朝学者认为《易经》究竟说些什么?在随后的年代中科学作者们是如何利用“卦”的重要意义的?正如我们已经说过的,对于第一个问题的答案似乎是,他们将《易经》看作是各种观念的聚集,并试图从这些长短线条中得出一个包含所有自然现象的基本法则的综合性的符号象征。像道家学派一样，他们想通过分类寻找一种思想的平静，他们在《易经》里找到了这样的分类。

对于第二个问题可以这样回答："卦"的重要意义被广泛地利用。例如，《易经》的体系被系统地与天体运动相联系，以及与时间的流逝相联系。事实上，与八卦和日月的运行，每月的日及天干有关的一套完整的体系在 2 世纪末及 3 世纪初已经绘成，这个系统被称为"纳甲"的方法，并进一步与炼丹术有关联，认为化学过程的功效依赖于整个过程所发生的时间。再后来，卦的体系延伸到包括声学及生物和医学方面的推测。

"卦"在炼丹术方面的使用可以在最早期的炼丹术的书——《周易参同契》中见到，该书于公元 142 年由魏伯阳所著，也可以在一千年以后新儒学家朱熹对该书的评语中见到。

185

表 12　《易经》中所提到的发明

发　　明	传说中的圣人	归　属		注　　释
		卦名	卦次	
网(和织品)	伏羲	离	30	此卦据说是象形的
耒耜	神农	益	42	风/雷，二者都与木(木犁)有关
市场	神农	噬嗑	21	闪电(即太阳)/道路上的活动
船		涣	59	木/水
车		随	17	活泼/道路上的行动
门		豫	16	此卦或许是象形的；运动/土(墙)
杵臼	黄帝、尧、舜	小过	62	木/山(即石)
弧矢		暌	38	闪电(即日光如箭)/消逝
宫室		大壮	34	雷(即恶劣天气)/天(即空间)
棺材		大过	28	静穆/木
结绳记事		夬	43	言语/坚实性(即保留所说的事物)

朱熹说魏伯阳利用"纳甲"的方法作指导，在适当的时间添加试剂及提取成丹冷却式设置。他进一步解释道，有两卦是与仪器有关，还有两卦指化学物质，剩下的 60 卦都与"火候"——即决定进行化学操作的正确时刻(或许指使用的火力)——有关。某一对于魏伯阳著文及朱熹评语的研究阐明，《易经》中的各种相关联系蕴含了辩证因素——任何事物的状态都不是永恒的，否极泰来，盛极必衰。朱熹还在他的另一评语中提供证据，说明"卦"在 5 世纪及更早就被炼丹士所用。

186

表 13 《参同契》中卦与太阴循环和周日循环的联系

太阴月的循环,《参同契》第十和四十一章

	卦次	
(A)复	24	复回点(即起点)
(B)震	51	激动
(C)(兑)	58	静穆(即平静地在作用着的过程)
(D)乾	1	施与者(即阳之极,无月)
(E)(巽)	57	温和的渗入
(F)艮	52	静止不动
(G)坤	2	接受者(即阴之极)
(A)复	24	复回点……
		循环复始

周日的循环,《参同契》第四十一章

	卦次	
(A)复	24	复回点(即起点)
(B)泰	11	行进
(C)(大壮)	34	强大的威力(即过程的加速)
(D)(夬)	43	决定性的突破
(E)乾	1	施与者(即阳之极,正午)
(F)(姤)	44	反应
(G)随	17	接续
(H)否	12	停滞
(I)(观)	20	视觉(?)
(J)(剥)	23	分散
(K)坤	2	接受者(即阴之极,午夜)
(A)复	24	复回点……
		循环复始

《易经》在生物领域中的使用也绝不少见。在王逵写于14世纪末期的《蠡海集》(“甲壳虫与海”——以甲壳虫的视野不能看到整个海洋之寓言为题)中,我们发现下面有关血的一段:

> 人与畜,凡动物血皆赤者,血为阴,属水,坎为水。中含阳。血色赤,所含者阳也。离中之交生,气之动也。去体久,即黑,熟之,亦黑,返本之义也。

187

这是典型的王逵的研究方法,他善于看到别人未看到的许多与生物化学有关的新奇现象,但这段文字也足以显示出卦的谬妄性。“血红色”在早期先被武断地认为与"坎"有关，而王逵又似乎将"坎卦控制了血"作为血为红色的完满解释。

《易经》与行政管理方式的关系

李约瑟指出《易经》至今仍然对中国人的思想具有那种强有力的影响，对任何在中国生活过的人来说只是一种普通的知识。事实上，一个世纪之前学者们还在声称所有有关电、光、热或欧洲任何其他物理学分支的理论都包含在八卦之中。当然现在看来这并不正确；然而时过境迁，钟摆已经偏向另一个极端，以致亚洲的科学史因大多数中国学者和科学家对《易经》的忽视而遭受损失，他们都将它视为中世纪中国的愚昧。当然，必须承认虽然阴阳五行学说对中国科学思想的发展有好的作用，但《易经》的精细的符号体系几乎从一开始就是一种障碍。一种新奇的分类法，然后什么也不再做，它只是一种巨大的"归类系统"，将所有的非常容易地分门别类"归档"，几乎类似某些时代的艺术形式妨碍了艺术家观察自然。

然而，有一个问题不能不讨论。为什么关于《易经》的有关的论述，在欧洲找不出相应物，且能如此经久不衰？答案能在"它是一个巨大的归类系统"中找到吗？它在中国文明中所具有的巨大影响力是由于它所解释的世界基本上与中国的官僚主义的社会秩序相一致？抑或它之受欢迎是因为它是一种对于自然世界的"行政管理方式"？稍加注意，我们就会发现答案即在此。当中国人说某卦"控制"了某一时间或某一现象，当某个自然物体或事件被说成是在某一卦的庇护下，人们自然就会想起那些在政府部门工作的人都熟悉的字眼——"贵部之事"，"转交贵部作适当处理"，等等。

表14　易卦与《周礼》中行政体制的联系　188

部	相关的概念	卦名	八卦序号	六十四卦序号
(1) 治官(冢宰)	天	乾	1	1
(2) 教官(司徒)	地	坤	2	2
(3) 礼官(宗伯)	春	震	3	51
(4) 政官(司马)	夏	艮	5	52
		巽	6	57
		离	7	30
(5) 刑官(司寇)	秋	兑	8	58
(6) 考工(司空)	冬	坎	4	29

事实上，《易经》几乎可以被描绘成从合适的渠道通向合适的部门的一种

组织机构，几乎是人世间的官僚体制的“天”的对应物，是人类文明所产生的独特的社会秩序在自然世界中的反映。并且这种联系在中国思想中并不是不自觉的。在理想化的被汉朝学者精密设计，并且在《周礼》中传下来的官制中，每个官名实际上都与一个季节有关，因而也就直接与卦有关。

基于上述，我们可将本章告一段落。可能我们所谓的“关联组织”思想的整个体系在某种意义上是中国官僚社会的一面镜子。不仅《易经》的庞大的“归类体系”，而且它的“符号关联”，其间万物都通过联系，或许能最好地描绘成对自然世界的“行政管理方式”。这样，我们或许应该理解道家将宇宙看作一个有机体的教义，以及希腊人的将宇宙看作原子的不同环境的反映的“原子世界”，因为道家处在一个官僚占统治地位的高度组织化的社会，而原子论者处在一个省城联邦和个体经商者的社会。

希腊的原子论和推理几何是17世纪欧洲新科学基础的组成部分，正如现代资本主义社会的温床在19世纪孕育出现代科学的始祖，产生了彻底的机械和物质的宇宙观。但自从那个时代以来，科学在向着更加现代化前进，一方面它要解释更加无比广大的宏观世界，另一方面它又要研究极其微小的微观世界，科学的范围已远远超过牛顿创立的宇宙图。这一切，加上生物学方面日益加深的知识，使我们有必要重新注视许多科学观念，在这些观念中有机体都起了重要作用。我们现在发现某些有机体哲学是必须的，而这种哲学，用莱布尼兹的观点来看，起源于古代及中世纪中国的官僚社会。当然，这样一种现代科学的新形式并不能取代传统的原子——牛顿论体系，只是因为现代科学必须研究传统的牛顿理论体系所没有涉及的宇宙领域，这个事实才使新的科学形式显得必要。于是，我们的结论是，中国的官僚体系和他们的有机世界观最终可能证明是自然科学世界观形成的必要因素。然而，即使这个结论是正确的，《易经》对中国科学思想的坏影响仍然存在，因此也就仍然存在着巨大的历史矛盾，即，虽然中国文明本身不能产生现代自然科学，但离开了中国文明的特殊哲学，自然科学就是不完善的。

189

此处还得加上一点：17世纪时，莱布尼兹在写给在北京的耶稣会士的信中，尤其是在给白晋(Joachim Bouvet)神父的信中，多次谈及《易经》，当他研究八卦中的长短线条时，他明白了这个令人惊奇的事实——这些线条与数的二进制是一致的(二进制是用于计算机及电子计算器的计算方法)，这个方法是他本人在写信的前几年发明以代替十进制的。中国人似乎在许多世纪之前就发现了这个系统。然而，莱布尼兹的观点并不是十分有根据：发明八卦的人们只不过是把他们的两个基本元素即长、短划，作出任何可能的排列组合而已，在他们的思想中并不存在二进制算术，甚至根本没有意识到有这样的计算方式存在。然而，莱布尼兹相信中国人有这个知识，这激励了他去发展他自己的体系，并设计出最早的计算机。

由此，我们就有了进一步的观点：二进制现在被认为在所有电子计算机电路中作为基本的运算方法起着巨大的作用，并且对生物学家分析哺乳类动物的中枢神经系统也有帮助。因此，在《易经》的八卦中无意识巧合碰上的东西，被莱布尼兹有意识地发现，证明在现代科学技术中具有极其重要的作用。 190

191 # 第十一章　伪科学与怀疑主义传统

迷信在中国的盛行，如同在其他古老的文明中一样。通过占卜，占星术，相术，预测未来，选择某一天的凶吉，以及关于鬼神的传说，是上古和中世纪中国思想的背景的一部分。如果我们想得到古代中国科学的公允评价，作为古代世界文明的一部分，那么，它自然不能被忽视。对于自然界的重要发现和实际的调查，在一些迷信的引导下，它们是如此的难以觉察。毕竟，巫术与科学都包含着人的操作，所以即便是在中国的迷信与怀疑主义那里，以经验为根据的基本元素也没有被丢弃。像对所有的自然知识一样，怀疑的态度是中国思想的要素之一。这两点是现代科学的发展所必须具备的主要要素，但现代科学的发展还需要第三个要素：可以通过实验方法检验的理论系统。这是古代的中国所缺乏的，因为他们从未超出过相对原始的难以确量的五行和阴阳学说。

本章的大部分将放在中国的怀疑论的传统上，并主要讲述它的主要倡导者——王充，一位1世纪时的孔教徒，他同时又受道家自然观的影响。为了检验他的工作，我们先转向那些产生过怀疑论的重要问题：伪科学下的迷信。

用胛骨的方式占卜

术数是一种通过多种方法预言宿命的技术，但它是建立在相信未来可预言的基石之上，至少可以预言国家和王室所关心的事。它被尽可能设计成毫192 不模棱两可的“是”或“否”的判断方式。最古老的方式是龟卜，用烧红的金属灼烧龟甲，或牛、鹿的肩胛骨，以出现的裂纹来解释将要发生的事。事实上，这一古老的技术的词源可能就是来自肩胛骨裂纹的象形文字。最早被采用

193

的可能是牛或鹿的肩胛骨，而龟骨则在其后。对于当时采用的是什么龟似乎还存在一些歧义，中国传统上认为是海龟壳。但通过对现存的一些较大的龟甲残片的检验表明很可能是一种现在已经绝迹了的陆地龟。所有这些，不管是肩胛骨还是龟甲，看上去像来自中国文化的发源地之外的遥远南方。

图 24　晚清时一幅关于传说中的帝舜及其诸臣（包括大禹）的画像，画中正在用龟蓍卜问（采自《钦定书经图说·大禹谟》）

甲骨的裂片一般总会给予占卜者不容置疑的“凶”，“吉”的答案。对于古代中国人而言，这种以甲骨释疑的行为可能是他们解决精神上犹豫不决的事情的方式。但对我们而言，这种行为的最大价值在于它可以帮助我们了解上古中国的社会以及中国文字的古老的书写方式。

始于公元前 1000 年的周朝，另一种占卜方式开始风行，即“筮仪”。它用一种西伯利亚的名为“蓍草”的干茎，“蓍”与“占”一词的语义相通，它具有“巫”的部分特征，意指巫术。诚如前面章节所讲，这种蓍草茎可能就是《易经》里长短线组合符号的来源。

一般而言，“巫”被用于不是特别重要的事，而胛骨或龟骨则用于意义重大的事件，但有时二者通用。在这种情况下，事情面临两难。由古老的典籍《尚书·洪范》里记载了一种在不同可能之间的联系体系，占卜者用以摆脱这种两难境地。《尚书》成书于公元 4 世纪，其中保留了取自可上溯到公元前 10 世纪的资料。这种体系可以以表 15 的方式表示出来。

194

表 15　占卜的方式

赞　同		反　对	
龟、蓍	或	龟、蓍	这种情况肯定为吉或不吉。
蓍或龟		蓍或龟	蓍适用于近期的未来，龟适用于远期的未来。
龟、蓍、王	或	龟、蓍、王	这种情况不管大臣和人民的意见如何，都属于吉或不吉。
龟、蓍、臣	或	龟、蓍、臣	这种情况不管君主和人民的意见如何，都属于吉或不吉。
龟、蓍、民	或	龟、蓍、民	这种情况不管君主和大臣的意见如何，都属于吉或不吉。

最终的结论是否符合占卜者的占卜结果我们无法知道,但是如果最终的结果与之相符,那它有时必然意味着一种奇特的民主与迷信的结合。

到汉朝及其以后,那种通行的甲骨占卜方式逐渐减少了,但是用草茎占卜的方式保留了下来并被经常使用,事实上,它几乎一直延续到现在。在道观里,普通群众从道士提供的签筒里抽出一支,并从与签上的数字对应的纸符上得知"凶吉"。在今天日本的庙宇里存在着一种用占卜机的更简单的方式,如果纸上显示不吉的信息,你必须把它系在庙里花园中的树上,以此来使其影响失效。

在公元前4世纪到前3世纪的战国时代,另一种预言方式开始出现,即任意选择《易经》里八卦的组合。因为每一卦多少都有特定的抽象定义和自然过程,那么得出这一偶然性排列的预兆的结果并不困难。这种草茎占卜方式应用于一般的情况,它是被预言之事在被混乱之后的一种不可预测的顺序排列,它的潜台词就是相信有种看不到的力量影响着最终的顺序结果。为了选到更好的条件,占卜者必须集中注意力于已知,只有这样,精神影响才会控制和掌握混乱的顺序。在用《易经》占卜之前,卜者往往焚香祷告,而在占卜过程中,心理意识可能对事情的抉择起决定作用。

195

星象学

对中国的星象学的研究一直较少,它采用了与美索不达米亚人和欧洲人的不同的方式。后者更关心星群在日出和日落之际的隐没与出现,以及对于日月运动和日月蚀等。单中国古代所注意的是环绕北极的星群(北斗七星)以及穿过赤道一带的星群。尽管前者只能在夜间看到,但它永不沉没,也不会升起,因为它总在地平线上。根据赤道星群,天空被分为二十八宿,就像一个橘子分成的各个部分。中国的星象学家对于某一时刻在某一星位出现的行星的注意不如他们的西方同行们,对他们而言,更重要的是某一行星或月亮恰好出现在它们周围的特殊星群。同时他们也对于星体合点,日月蚀,彗星,新星,及其他反常的天体现象和奇怪的气候现象都表现出浓厚的兴趣。

古代中国的占星学与古代西方的一样,都很少关注对个人命运的预测,除非是王室成员。对未来的预测主要是用于国事,如战争的选择,庄稼的收成等。在美索不达米亚人那里,对个人命运的占卜,直到公元前280年才由一位占星学家贝洛索斯(Berossus)介绍进来,随后的一个世纪,一种"民主"的占星术出现了,而在这种变化发生前,很难将它与中国的占星学区分开,正如很难将公元前7世纪的亚述巴尼拔王的图书馆里用黏土烤制的记事形碎片与(公元前90年前后)汉代司马迁所著的《史记·天官书》加以区分一样。

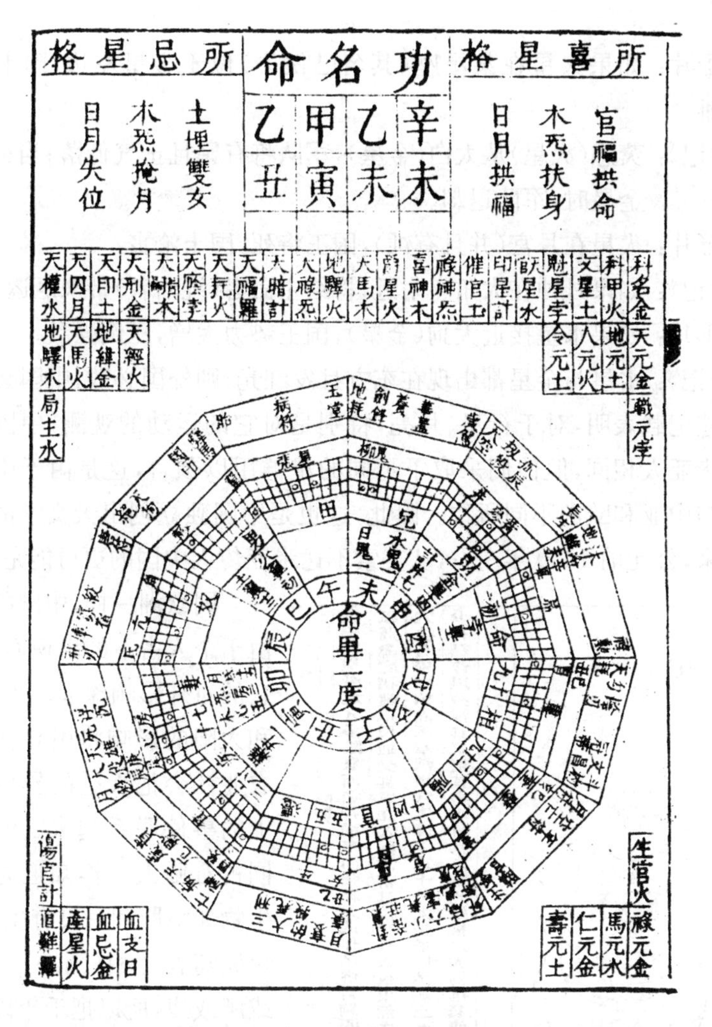

图 25 中国14世纪的一幅星命天宫图[它是表示一系列各种吉运的39幅星命天宫图中的第19幅;这里表示的是一个人注定要成名。这套天宫图是《郑氏星案》的一部分,该书附于托名唐代(8世纪)张果的《星宗》一书之后作为其第十八、十九两篇。取自《图书集成·艺术典》卷五八四"汇考"二〇第十九页。星占的吉运要点载于右上角方框内,不吉要点载于左边相应的方框内。方框之下与底角,表示天体对于生命和健康的四十二个不同方面所产生的影响。其中除日月五星(五星以其五行的名称代表)外,还包括罗睺、计都(黄道与白道的两个交点)、彗星和气。中间圆盘最外圈是星官名称,第三圈是二十八宿名,第七圈是十二支。各扇形区的意义由第五圈加以说明。从右自二时半处按逆时针方向数起,它们涉及寿命、钱财、兄弟、田产、子女、奴仆、夫妻、疾病、旅行、官职、福运和体相。从这十二区的次序和性质立刻就可看出,它们无非就是在恩皮里库斯(Sextus Empiricus,公元170年前后)和马特努斯(Firmicus Maternus,公元335年前后)这些人的时代得到了系统化的古希腊占星术中的十二宫或十二所(loci,topoi),十二宫是天球上固定不变的分区,星命天宫图就是按照一个人出生时黄道星座、行星和某些恒星所占的位置来进行占卜(见 Bouché-Leclercq,1, pp. 280ff.; Eisler, 1, p. 39)。horoscope(天宫图)这个词本身起源于用来确定时间的星辰,古代埃及和巴比伦的天文学家们已习惯于观察这些星辰的升起。我们可以看到,中国的占星术至少包含古代世界各民族所共有的许多内容。在这里所示的特殊情况中,有两个宫(第六和第十二)是互相颠倒的。但如根据于阿尔和迪朗(Huard & Durand, 1, p. 67)所著录的一幅安南图来判断,东亚与希腊天宫图各宫次序的不同之处,可能比这里还要大得多。]

(1) 楔形片：如果火星在某星座（其名已佚失）位于金星左边，阿卡德将有灾难。

《史记》：荧惑（火星）从太白（金星），军队将有警且士气低落；当火星离开金星时，军队退却。

(2) 楔形片：火星在月宫（并且有蚀），国王将死，国土沦丧。

196 《史记》：如果月蚀在大角座附近，将给主命者（统治者）带来厄运。

(3) 楔形片：如果水星接近大狗（金星），国王势力大增，压倒强敌。

《史记》：水星与金星都出现在东方且发红光，则外国必败，中国必胜。

这些记载表明，对于行星、月亮，特别是对它的运动的观测，中国人与美索不达米亚人相同，但他们采取了不同的星群用以预言，这是由于中国的星象位置与中亚和欧洲不同所致。因此，这也是中国独立创出天文学的有力证据。看来，公元前1000年左右，从美索不达米亚传入中国的更可能是星占学。

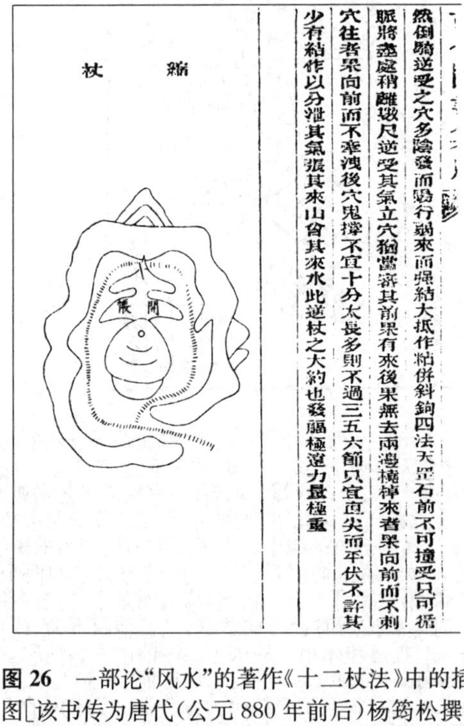

199 同欧洲一样，中国的星占学由于个人占卜的出现而没落，但它的对外影响深远。当然，月亮和太阳的影响将引导任何一个农业社会把天空的异象与大地上的事件联系起来。198 但中国人同古希腊人一样知道海洋里的生物如海胆和海贝有生殖周期；鱼卵随着月相（圆缺）的改变而或肥或瘦，所以把千年以前仅仅用于国事的星占术用来预测个人的祸福也并非毫无逻辑可言。

与中国星占紧密相关的是另一套相信“凶吉”日期的占卜体系，可以用日历来预测未来。对于“凶吉”黄道的信仰可以追溯到古老的美索不达米亚人和埃及人那里，它似乎与月相的改变有关。中国建立在历法基础上的“算命”对此有更精确的描述，它把周期性的改变分为“十

图26 一部论“风水”的著作《十二杖法》中的插图[该书传为唐代（公元880年前后）杨筠松撰。采自《图书集成·艺术典》卷六六六“汇考”一六。图示一特殊的墓址，朝向一条小山脉的峰巅，小山分隔开两个溪谷，而整个墓地为另外两条较远的丘山山脉所环抱。据说后边这种丘山山脉越高越好，并且决不能有“舌”或联结内部小丘与主要山岭的高脊（如同图的顶部所示）]

二地支”与“十天干”，根据年、月、日、时得出所测之事。这四点是四个主要因素，每个因素又与“五行”相关。

堪舆

中国的占卜之术中，不仅问卜于天，而且也有问卜于地的方法，即“风水”，或“堪舆”。其基本观点是生者的住宅或死者的墓地处在不适当的位置，那各种灾祸将会降临到住房子的人或死者的子孙后代身上；相反，所处吉地将会降福禄于他们。因为每一地都有自己独特的地势，它们可以局部性的改变自然之气。因此，依照地势作相应的调整，可以得到所求的和谐。山岳的形状，水流的走向，是“风水”构成的最主要因素，但建筑的高低，街道与桥梁的方向，也被看作主要因素。那种不可知的自然力，随着天体的运动而时刻改变，所以它们的所处位置必须被认真考虑。所处的位置是至关重要的，但并非无可补救，对于“凶地”可以通过挖沟渠，开隧道等措施加以调整，改变它的风水。

这种信仰非常久远，根据有关记载，至少可以追溯到公元前 4 世纪。到 2 世纪以后，“风水”说已广为流传，以至于《史记》中为这些占卜者专设一栏称为“堪域家”。然而风水说真正得以巩固是在一个世纪以后的“三国”时代。 200 管辂的《管氏地理启蒙》是这方面的代表（尽管我们还不能确认是否为他的著作）。在三国时代，大地上的阴阳地势被认为是天空中青龙（春天出现在东方）与白虎（秋天出现在西方）的象征。这就要求房屋与墓室的构造符合地势，青龙居左，白虎居右，以此护佑。然而这仅仅是一个简单的开端，高耸的峭壁被认为是“阳”，圆形凸起的高地被称为“阴”，由此影响，在选择地址时，尽可能平衡，五分之三选阳，五分之二选阴。更复杂的是八卦，天干，地支，五行交织在一起被占卜者考虑。由此，一般都强烈偏好弯曲的道路，曲折的墙壁与建筑，更讲求符合地势的要求而不改变它；直线型或几何学的布局则被摒弃。风水在某些方面很有好处，如它提倡种树或竹作为屏障，住宅要靠近水流。尽管在另一方面它发展成为完全的迷信，但它也含有美学成分，因为在中国美丽的山谷，村庄，农田，房舍比比皆是。

现在看来，罗盘的发明主要是为了用于风水，在风水家那里，它衍生为“式”。这种盘有上下两个，上面的圆盘对应天，下面的方盘对应地，北极星刻于上盘上，指明方向。这种罗盘可以追溯到公元前 3 世纪。它非常精确，即便是在阴雨天气里也一样可以精确地指明方向，但是关于它是如何被发现的还有待继续考证。风水家的罗盘与象棋有关，它早期应用于占卜之时卜者于其上掷骰子的占卜方式。

201

图 27 晚清时的一幅选择宅址的图画(画中堪舆家正在察看磁罗盘。采自《钦定书经图说·召诰》。使用磁罗盘事被绘入周代文字的插图中,是年代学上的错误)

其他种类的占卜

在诸多的占卜中,有许多其他种类的,如相术。它相信人的命运可以凭借人的面相、体貌等特征来预言。看相者既看脸又看手,二者皆用。此类相术在中国遍及各处,但中国的相术有一独有特点,它把指纹作为一种辨别方式的创新早于世界上其他任何民族。

202

解梦,由梦来预言将来,是另一种中国古代常用的占卜方式之一。至于它在多大程度上与弗洛伊德的心理分析学相近,则有待研究。拆字,对名字的字间结构加以拆解，分析预测将来。这是一种特殊的中国占卜方式，只能存在于象形文字语言环境中，它有点像西方的“自动书写”式的占卜方式，而这是在13世纪的宋代以后才传入中国。

周与前汉之前的怀疑论趋势

尽管中国历史上的迷信与命运之说产生得很早，但理性主义传统一直与之紧密伴随。《左传》庄公十四年有一段关于公元前7世纪的记载：

> 初，内蛇与外蛇关于郑南门中，内蛇死。六年而厉公入。公闻之，问于申儒曰：“犹有妖乎？”对曰：“人之所忌，其气焰以取之，妖由人也。人无忧焉，妖不自作。人弃常则妖兴，故有妖。”

尽管这段文字述及古老的教义，即道德上的过失引起自然灾害，它同时也表达了鬼与妖皆为主观现象，它是人的心理投影。这段文字的引用并非断章取义，它仅仅是许多类似观点的表述之一。例如，在公元前6世纪，有一种观点认为国君的身体健康状况依靠于他的工作，出行，饮食，喜怒哀乐，而非山川河流及星辰之神。确实，当我们进入诸子时代，我们发现，其中许多人都表示了怀疑主义和理性主义的观点。例如荀卿（公元前3世纪）就说过：

203

> 雩而雨，何也？曰：无何也，犹不雩而雨也。日月蚀而救之，天旱而雩，卜筮然后决大事，非以为得求也，以文之也。故君子以为文，百姓以为神。以为文则吉，以为神则凶也。

并非所有的儒者都是怀疑论者，而且，汉代儒者分裂为两个尖锐对立的学派。一派于公元前2世纪儒学被定为国家宗教之后兴起，而在约三个世纪之后道教兴起后，这派儒者整合了邹衍学派大部分原始科学和半巫术内容——阴阳五行和神秘预言。伴之以旧儒家的道德观念，这派传统导致了“现象主义”——相信伦理和礼仪的异常是与宇宙的异常相联系的。另一派则继承了怀疑论的传统，这在一则发生在公元46年的故事中得到很好的记载：

> 刘昆……除为江陵令，时县连年火灾，昆辄向火叩头，多能降雨止风。征拜议郎，稍迁侍中、弘农太守。先是，崤、黾驿道多虎灾，行旅不通。昆为政三年，仁化大行，虎皆负子渡河。帝闻而异之，二十二年，征代杜林为光禄勋。诏问昆曰：前在江陵，反风灭火，后守弘农，虎北渡河，行何德政而致是事？昆对曰：偶然耳。左右皆笑其质讷。帝叹曰：此乃

长者之言也。顾命书诸策。

正如本章开头所提到的，王充是怀疑论的最主要代表，并且是中国古代

204 最伟大的思想家之一。他的《论衡》完成于公元83年。他的论述充满理性并且以一种彻底的批判态度对待他的研究。尽管他的自然观建立在阴阳、五行的基础上，但他否认天意，持一种自然主义世界观。在他看来，男女本原处于自然的核心；而天即是阳，地即是阴，阴阳调和如同波浪一样此消彼长。

王充接受了凝解的观念(the idea of condensation and rarefaction)，并深化了它们——生命起源于阴阳聚合：

> 水凝为冰，气凝为人，冰凝为水，人死复神。其名为神也，犹冰释更名水也。人见名异，则谓有知，能为形而害人，无据以论之也。

另外，王充谈到了那些修炼仙术的人，认为他们追求不死之身如同追寻镜中月，水中花。

王充接下来说明了阳气是指精神，阴气是指骨肉，阴阳调和赋予人生命，而阳气独现，则会有鬼神之事：

> 夫人所以生者，阴阳气也。阴气生为骨肉，阳气主为精神。人之生也，阴阳气具，故骨肉坚，精气盛；精气为知，骨肉为强。故精神言谈，形体固守，骨肉精神，合错相持，故能常见而不减灭也。

205 在《论衡》中的许多地方，王充描述了太阳的辐射具有毒性，并认为所有的伤害事件，都是由太阳辐射导致。为此，他举了孵卵的例子。

> 鸡卵之未孵也，澒溶于彀中，溃而视之，若水之形，良雌逡伏，体方就成，就成之后，能啄蹶之。夫人之死，犹澒溶之时，澒溶之气，安能害人？

与他的自然主义相呼应，王充注意到了自然界中的机遇，竞争和定数。因此，他用自然界中的事例来强调机遇，驳斥那种坚持认为人身上发生的任何事情都与他认定的道德观念有关的观点：

> 蝼蚁行于地，人举足而涉之，足所履蝼蚁乍死，足所不蹈，全活不伤。火燔野草，车轹所致，火所不燔，俗或喜之，名曰“幸草”。夫足所不蹈，火所不及，未必善也，举火行有适然也。
>
> 由是以论，痈疽之发，亦一实也。气结于积，聚为痈，溃为疽创，流血出脓，岂痈疽所发身之善穴哉？营卫之行，遇不通也。

王充同时认为宇宙也并不是专为人而创造出来的：

如天故生万物,当令其相亲爱,不当令之相残害。五行之气,天生万物,以万物含五行之气,更相残害。天自当以一行之气生万物,令之相亲爱,不当令五行之气,反使相残害也。

我们现在可以看到,王充对宇宙的形成有其自己的观点,认为地球是由一块旋转的物质固化形成。但这一看法并非他首创。在公元前1世纪以前,最初的模糊概念似乎来源于水井。在公元前120年的《淮南子·天文训》中,我们可以看到: 206

天地未形,冯冯翼翼,洞洞漏漏,故曰太昭(始)。道始于虚廓,虚廓生宇宙,宇宙生气,气有涯垠。清阳者薄靡而为天,重浊者凝滞而为地。清妙之合专易,重浊之凝竭难,故天先成而地后定。天地之聚精为阴阳,阴阳之专精为四时,四时之散精为万物。

这里所提出的观点与道教有一定关系(见第八章),但它可能不是最早提出的。如果《列子·天瑞》中的记载确有其事,那这一观点最早可追溯到公元前4世纪。

故曰,有太易,有太初,有太始,有太素。太易者,未见气也。太初者,气之始也。太始者,形之始也。太素者,质之始也。气形质具而未相离,故曰浑沦。浑沦者,言万物相浑沦而未相离也。清轻者上为天,浊重者下为地。

王充《论衡·谈天》中的观点与之非常相似:

说易者,元气未分混沌为一。儒书又言,溟涬濛澒,气未分之类也。及其分离,清者为天,浊者为地。

正如上文,究竟是何物上升又是何物下降这个问题依然是模糊不清。因为中国文字历来不讲究精确。“者”字的意思可以是事物,也可以是人,这也就很自然地被作者想到了。如果原子论在其他领域也能被接受的话,这将非常重要。因此在12世纪,新儒学家朱熹在《朱子全书》卷四十九中的论述已非常接近于一种实际可行的理论: 207

天地初开,只是阴阳之气。这一股气运行,磨来磨去,磨得急了,便拶许多渣滓,里面无处出,便结成个地在中央。气之清,便为天,为日月,为星辰,只在外常周环运转。地便在中央不动,不是在下。

天运不息,昼夜辊转,故地榷在中间,使天有一息之停,则地须陷下。

唯天运转之急，故凝结得许多渣滓在中间。地者，气之渣滓也。所以道轻清者为天，重浊者为地。

尽管没有切中要害，但这段文字肯定动摇了那种认为沉淀物是由粒子形成，并因相互摩擦而变小的说法。

在这里，我们还得审视一下王充的另一种观点，关于人在宇宙中的地位。首先，他以毫不妥协的精神来攻击中国的宗教。正如他对人类本原说的态度一样，该学说的传统在于人是万物的中心。虽然他也承认人是所有生物中最出色的，但他仍指出，生活在地球上的人类就如同寄生在长袍上的虱子一样。如果虱子想了解人的想法，不断发出声响，人也不会听见；那么就可以想象那种上天会明白人的语言并帮助人实现愿望的说法是多么荒谬。王充一旦有机会，就全力抨击迷信说法。天是虚，地无生气，无论如何它们不能说不能动，自然也不会被人的种种行为所影响，也就是说，它们既听不见祈祷，也不会回复。这样尽管占卜的方法各异，其基础已完全不复存在。

王充一方面用统计学的观点来证明某种信仰的荒谬，另一方面说明这些迷信不合乎情理，从而达到自己抨击迷信活动的目的。例如，历阳城在一个平常的夜晚被洪水淹没，沉于湖底，历阳城监狱中的数千犯人或是居民都不会选择这么不幸的一天；而换作那些高官们也没有能力选择多么辉煌的日子。至于给鬼神的祭祀品，王充更视之为无稽之谈，《论衡·解除》云：

208

> 世信祭祀，谓祭祀必有福；又然解除，谓解除必去凶。解除初礼，先设祭祀，比夫祭祀，若生人相宾客矣；先为宾客设膳，食已驱以刃杖。鬼神如有知，必止战，不肯径去，若怀恨反而为祸。如无所知，不能为凶，解之无益，不解无损。
>
> 且人谓鬼神何如状哉？如谓鬼有形象，形象生人，生人怀恨，必将害人。如无形象，与烟云同，驱逐烟云，亦不能除。
>
> 形既不可知，心亦不可图，鬼神集止人宅，欲何求乎？如执欲杀人，当驱逐之时，避人隐匿，驱逐之止，则复还立故处。如不欲杀人，寄托人家，虽不驱逐，亦不为害。
>
> 衰世好信鬼，愚人好求福。周之季世，信鬼修祀，以求福助。愚主心惑，不顾自行，功犹不立，治犹不定。故在人不在鬼，在德不在祀。

王充的热情使人联想到以赛亚的预言能力，这可能正是中国文化的特点。如果我们要寻找与希伯来预言相媲美的东西，在儒家唯理论者和不可知论者中便可以找到。

王充所攻击的另一种思想是道教认为通过身体和心灵的修炼可达到物质不灭。王充的观点非常有意思。首先,他将道教的宗旨和为长寿所进行的修炼同生物的蜕变相比较。例如,他说当鹌鹑和螃蟹蜕变时,也有可能被吃掉;同时,与不会蜕变的动物相比,会蜕变的昆虫的生命更为短暂。王充的动物学非常的原始,因为他所谓的"蜕变"包括各种各样的变化,当时一些似真实假的东西得到承认,然而他的观点并不因此而缺少影响力。其次,他指出当心境平和被道教视为有益于长寿时,那草木却又如何呢?尽管它们从无激情澎湃,但心境平和并未使它们长寿,至多有一年多的寿命。而且,过多的呼吸对存活的生物体构成伤害,那么什么是呼吸的目的呢?如果人注视河流,看到河水汹涌穿过大地,为何不试着用运动来增加血液的流量呢?很明显,未被阻碍的血液是最健康的。最后,王充又用技术观点来驳斥炼金术,更进一步加深了他的观点的正确性。 209

总而言之,王充作为一位严谨的儒学家,尽管同意道教的自然主义,却反对他们的试验性的技术,虽然这些在他年老时有所改变。王充一贯反对任何精神信仰,并以极大的热情驳斥一些传说,这些传说多伴随有超自然的生育,与龙的交流等等,这些传说在当时仍为大多数人相信。

王充和现象论者

王充赞同道教关于存在一个更美好的原始时代的观点,他以此为基础对现象论者进行抨击,《论衡·自然》云:

> 礼者,忠信之薄,乱之首也。相识以礼,故相谴告。三皇之时,坐者于于,行者居居,乍自以为马,乍自以为牛。纯德行而民童蒙,晓惠之心,未形生也。当时亦无灾异,如有灾异,不名曰谴告。何者?时人愚,不知相绳责之也。末世衰微,上下相非,灾异时至,则造谴告之言矣。夫人天也,非古之天厚,而今之天薄也。天谴告之言生于今者,人以心准况之也。

这是对根深蒂固的思想和一些有势力的人的抨击。名义上这些人是发展了自然主义学派观点的汉儒学家,他们的观点产生了任何道德不规则性所有的自然影响的一种系统。根据他们的观点,如果皇帝和他的臣子没有适当地举行典礼仪式,飓风就会来临,树木也不能正常的生长;如果皇帝不能言之有据,民众就不会降顺等等;而且,这不仅适用皇帝,也适用于整个官僚制度,地方官员的过失导致一系列的当地自然界的不规律。 210

现象论实质上是一种反占卜学,它使文学的长河更增光彩,致力于探索和解释天地间所有不正常的现象和灾难。中国各个朝代都有现象论的影子。实际上，在王充的时代，甚至于经典著作也被用作素材收集以与理论相符，但当这种方式变得无效时，新的文献出现了。在适当的时期，这些新文献被视为权威，在1—2世纪被赋予极高的地位，许多国家事务都参照它们来决定。对于这些，王充都提出种种他收集到的反面观点来予以强烈抨击；诸如季节性的冷热取决于统治者的喜怒，虎虫之害则归咎于官员的不力等；王充断然否定了自然灾害和不幸是上天发怒造成的或是由于严冬时的苛政和反抗。他认为所有这些都是统治者的过失。

> 寒温之至，殆非政治所致，然而寒温之至，遭与赏罚同，变复之家，因缘名之矣。

这里我们可看到预先建立的和谐的信任。现象论者认为自己发现了不变的现象，王充则确信他们一事无成。

王充对现象论的否定使他卷入了另一个严肃的问题“遥相作用”。如果人的行为和上天的回应不存在，如果本质上人不是万事万物的中心，那么在 211 宇宙的生物体和谐的前提下，什么样的行为作用于两者之间呢？于是出现了一个纯粹的原因和结果的物质顺序。王充不得不承认存在某种遥相作用，尽管他所做的限制了其影响。龙能呼风唤雨，但只在100里的范围内能做到；也许有心灵感应，但不能超过一定的距离。王充还发现来源于星宿的力量构成了人类个体一种重要才能。当然，自然能影响人类，但他声称人类的一些细微行为也能影响自然。不幸的是，现象论继续广为传播，当它最后逐渐消失时，其原因并非由于王充的抨击，而主要是由于统治者对一次又一次的反叛从现象论的著作中找到理由的不满。

王充和人类的命运

王充在当时是一位苛刻的批评家，但他对中国文化有着值得肯定的地方，特别是关于人类事务和命运问题。他认为命运并非是上天降临于各人的不可违抗的法令，而是三个独立的因素：一，人类法律所赋予个人的精神精髓；二，星宿所产生的特别影响；三，机遇的作用。

对于关系到各人的精神精髓，王充认为不仅是精神上被赋予，还有生理上所固有的。他写道“个人的命运是身体所与生俱来的，正如鸟不同与鸡，而鸡又总是生活在鸡舍里”。在不同于环境影响的遗传基因方面，这是一个不变和有趣的例子。这使他接受了相术的观点。第二个因素即占星术也是非常重要的。当王充提出他的观点时，占星术正从宫廷流入民间，似乎他的科学自然论使他有了对占星术新范畴的信仰。这种新范畴是个人的占星术。这是一种逃避的方法，从而从某种假设的鬼神或其他超自然的影响下脱离出来。当然，王充不与一些关于传统天体行为的论述打交道，他认为该论述简直是荒谬绝伦，还有战争后太阳后移 40 度，火星在君主说话时向前少许移动等。不管怎样，这在中国科学史上成为一个悖论，即由伪科学的怀疑论者建立的个人占星术。 212

最后一个因素就是机遇，王充曾试图将它分析得更透彻一些。他将时间的影响同使人类灭亡的灾难发生的偶然区分开，也同幸运区分开。正如一个囚犯遇上大赦，或是一个人凭天资再加上机遇当上了大官等。王充没有真正准确定义过机遇，但他的观点在当时独树一帜，其他人都认为有几种区分——自然命运，鬼神之间互为影响；鬼神对命运的影响或是命运不同于鬼神的愿望。他也相信一种严格的先决条件，在这个先决条件中个人的愿望毫无作用。

从科学思想史的角度来看，王充是一位公认的杰出人物。正如他自己在《论衡》中写道：

> 论衡篇以十数，亦一言也，曰，疾虚妄。虚妄显于真实，诚乱于伪，岂吾心所能忍哉？世间书传，多若等类，浮妄虚伪，没夺正是，心喷涌笔手忧，安能不论？论则考之以心，效之以事，浮虚之事，辄立证验。

遗憾的是，王充的作品的主要内容是消极的，毁灭性的。如果他能提出一些阴阳，五行等因素对科学技术更有影响的假设，他对中国思想的贡献将会更大。

汉以后的怀疑论传统

王充所强调的怀疑论的教义贯穿于中国的历史。实际上当将它同宗教影响，神学以及其他文明的经典作品比较时，它代表了中国诸多文化成就。因为怀疑论的存在，儒学家采取嘲讽鬼神信仰的态度。随着佛教影响力的增长，逐渐成为迷信的一支生力军。儒学家开始驳斥佛教。例如，在 484 年，在竟陵王座前展开了一场大辩论。怀疑论学者范缜抨击王充的因果报应理论。他说道："神之于形，犹利之于刃，未闻刃没而利存。"后来，他的观点体现在《神灭论》一书中，该书有 70 多处驳斥佛教的地方。 213

其他的文录却告诉我们怀疑论的教义在行动上有进一步的体现。632

年，吕才奉皇帝的命令编撰当时所存的有关阴阳五行的书籍，他在每章分别冠以表示怀疑的序言。在这以后，用于反对迷信的各种文章越来越多，大约在700年后，天文学家，占卜家刘基仍在用纯自然的因素来解释自然现象。与他同时代的谢应芳在1348年，在他的著作中搜集了大量反迷信的素材。在明初，也能找到众多的怀疑论的例子。到了明末，道教的经验主义的伪科学与儒家的怀疑论的传统的区分已经非常明显。而当时西方的新实验主义哲学传入中国后，这两派已走到了尽头。

作为怀疑论传统成就的中国人文主义研究

作为一种对我们所说的怀疑论传统的补充，我们看到了这种补充对人文主义研究，校勘和考古发展的作用。这些都是怀疑论传统的拥护者所能发现出成果的领域，由于证据充分，用数学方法来处理科学理论从而深入问题的本质是可行的。

尽管在公元前2世纪，西方的亚历山大图书馆有着重要的古文献，但根据文献进行研究的工作直到17世纪才得到发展。中国成为人文科学的发源地，语言学的研究可追溯到汉朝，当学者们运用王充的怀疑论精神来评判古文献时，当时的统治者考虑到经典著作的汇集而对这次研究表示支持。但在13—14世纪，中国的人文主义迎来了它的成熟期，同时，中国在科技方面也达到了巅峰；而且新儒学的兴起，也在这方面取得了伟大的哲学成就。所有这些成就在当时的欧洲完全无法与之相比。

214

也许促进运动发展的因素之一是对所出现的支持现象论的文章的不满。一旦这些文章经过审查发现缺乏真实性，学者们的注意力都集中过来，以真实的古文献和传统的评论来抨击它们。其中最好的一部古文献的大纲是1175年晁公武的《郡斋读书志》，一直到6个世纪以后的《四库全书》，它仍被作为依据。

在经过了蒙古的衰落以及明朝之后，这一运动基本上已停止，可能是因为爱国主义的兴起，对被视为神圣的国家文献的抨击受到了影响，但在16世纪末，历史分析再次开始，其产生的影响不亚于100年后出现于西方的英国批判主义学派。

重要的传统总是伴随着饶有趣味的考古学，考古学是追溯过去的一种最早的尝试，以便在10世纪对这项学科的研究上升到科学的水平。到了11世纪，有了对铭文的研究，出现了有关的书籍。12世纪的成果更是惊人，徽宗即位后，立即开始建造考古学博物馆，随之出现了考古学目录。1149年，出版了

《泉志》，这是世界上第一部关于钱币的书籍。此外，还有其他处于时代前列的研究。尽管明朝不再兴盛，但由于17世纪的开放，考古学再度兴起，成为中国学术成果中一颗璀璨的明珠。

由此，我们明白了中国的怀疑论传统并非仅仅是空洞和理论化的，也不仅是泛泛的和破坏性的。儒家没有像道家那样有兴趣于非人文的自然界，但在人类生活及思想中，开辟了用非实验性的科学方法来解决问题的空间，这是他们独创的。其中表现出的不仅是改变自然界的惊人力量，更像是一座前人历史构成的知识大厦，这座大厦在欧洲还得在200年后才能建立起来。 215

216 # 第十二章　晋朝、唐朝的道家和宋代的新儒家

魏晋时代的道家思想

看来道家哲学家的原始科学教义，似乎由于无人赏识而最先消失了。其他的道家思想虽然还在继续被讨论，被评注，但其最首要的科学性已被忽略了。到了魏晋年间（3—4世纪），儒家忙于鼓励一种支持其宗教的神秘的解释，可以称之为彻底的修正主义的东西，因为其他任何东西都将威胁他们自身的至高无上的地位以及官僚主义社会秩序的稳定。道家的科学观察和极为民主化的理想都使他们感到震惊，因此开始了对道家哲学的大肆歪曲。在道家著作新注疏家的倡导下，兴起了玄学派。实质上他们全都是儒家，因为他们认为儒家的圣人们胜过任何道家人物。当然，他们当中也有一二位从事技艺修炼，如炼丹的。"道"在这时被理解为"无"，而孔子则受到称赞，因为他不试图去说那些不可说的东西。庄周的话虽然也受到了称赞，但却被认为对于人类社会活动是无用的，同时道家通过冥思，自然获取宁静的理论被完全曲解了。道家原有的理论被试图转化为可被儒家传统占统治地位的环境接受的哲学。

重新定位的结果是，儒道合一的学派诞生了。在这些哲学机智或"清谈"派里，他们只标榜名言隽语，而对世俗事物则避而不谈。然而，这些学派吸引了当时最出色的学者。不久，他们中有一些开始反对官方论调，首先强调道217 教观点中激进主义。其中一个人物就是诗人嵇康。他曾以铁匠的手艺诋毁过儒家。然而，他和其他一些人拒绝接受传统道德和社会制度的约束，这是

万万不许的，因为这样几乎使人们认为要不要道德制约是无所谓的，最重要的是个人信念。也许嵇康他们是这么说的，但我们没有几本他们自己的著作作参考来提出我们的看法。必须记住，我们读到的一些文字实际上来自他们的敌人。

在这段时期，修正派并没有完全如愿以偿。除出现了像嵇康这样的反叛者以外，甚至一些早期的评注家自己依然欣赏古代道家的许多政治主张。然后在3世纪末及4世纪初，出现了一个特立独行的人物——鲍敬言，他是中国整个中世纪中最激进的思想家。关于他的生平，我们一无所知，因为他只出现在4世纪时出版的《抱朴子》中很长的一篇（《外篇》卷四十八）中，那一篇涉及他与炼丹术士葛洪的对话。尽管当时的封建官僚体制已稍有改变，但在鲍敬言的言论中，旧时道家对封建主义反感的势头却丝毫没有减弱。

> 儒者曰："天生烝民，而树之君。"岂其皇天谆谆之言？亦将欲之者为辞哉！夫强者凌弱而弱者服之矣；智者诈愚则愚者事之矣。服之，故君臣之道起焉；事之，故力寡之民制焉。……彼苍天果无事也。
>
> 曩古之世，无君无臣。穿井而饮，耕田而食，日出而作，日入而息。汎然不系，恢尔自得，不竞不营，不荣不辱……

鲍敬言又进一步以传统道家的风格描述了纯朴与诚实的减弱和矫揉造作的生长。他还将现实情况与道家的理想国作了对比：君主的欲望是无法满足的；他们在内宫霸占妇女，对取之于人民辛苦劳动的钱财挥霍无度。君主、官吏的仓库里衣丰食足，而人民却饥寒交迫。只要这种社会不平等继续存在，一切法律和法令，无论是多么的公正，也将毫无价值。显而易见，不管鲍敬言是什么人，他清楚地洞察了社会压迫和战争的起源，并再一次充分鼓吹了早期道家的政治论调。但他几乎是如此做的最后一人。 218

与道家的政治学说和哲学学说的衰亡命运相比之下，早期道家的实验传统却不仅继续存在，而且越来越兴旺。从三国时代到晋朝（大约200年）再到隋代的整个历史时期，炼丹术被培养到了以前梦想不到的境地。中国最伟大的炼丹家就生活、工作在这个时期。但不幸的是，对于这段时间我们知之甚少，因为汉代发明纸张后，绝大部分是写在不耐久的材料上面，因而没有能保存下来。尽管如此，我们还是幸运的，因为我们有葛洪的《抱朴子》，其中头几篇包含着某些高水平的科学思想。这里我们看到人的心灵在探索着要掌握自然界的复杂性，而现象的多样化给人们的印象比现象的概括统一化要深得多。这本书是以优美的散文体写成的，因此没有引起儒家们的注意。让我们从其《内篇》卷二、卷三中关于长生不老可能性的争论篇章中作为例证：

或问曰："夫班、狄不能削瓦石为芒针，欧冶不能铸铅锡为干将。故不可为者，虽鬼神不能为也；不可成者，虽天地不能成也。世间亦安得奇方，能使当老者复少，而应死者反生哉？而吾子乃欲延蟪蛄之命，令有历纪之寿，养朝菌之荣，使累晦朔之积，吾子不亦谬乎？"

抱朴子答曰："夫存亡终始，诚是大体。其异同参差，或然或否，变化万品，奇怪无方，物是事非，本钧末乖，未可一也。夫言始者必有终者多矣。混而齐之，非道理矣。谓夏必长，而荠麦枯焉。谓冬必凋，而松竹柏茂焉。谓始必终，而天地无穷焉。谓生必死，而龟鹤长存焉。盛阳宜暑，而夏天未必无凉日也。极阴宜寒，而严冬未必无暂温也。百川东注，而有北流之浩浩。坤道宁静，而或震动而崩驰。水性纯冷，而有温谷之汤泉。火体宜炽，而有萧丘之寒焰。重类应沉，而南海有浮石之山。轻物当浮，而牂牁有沉羽之流。万殊之类，不可以一概断之，正如此也……何独怪仙者之异，不与凡人皆死乎！"

219

或人难曰："人中之有老彭，犹木中之有松柏，禀之自然，何可学得乎？"

"且夫松柏枝叶，与众木则别。龟鹤体貌，与众虫则殊。至于老彭，犹是人耳。非异类而寿独长者，由于得道，非自然也。"

除了像引文所说的那样，葛洪也许在讨论天然气的火焰，轻汽油的渗透及漂浮的群岛。可以承认的是，在《抱朴子》一书中有许多荒诞的、幻想的和迷信的东西，正如几个世纪后出现在帕拉切尔苏斯文中的一样。但其论证却是有逻辑的、视野也是开阔的。它大大胜于同时代西方希腊早期化学家所提出的任何东西。另一节引文则很好地表现葛洪和其他道家炼丹上们把奇异的信念同真实的事实混在一起的特点：

220

夫变化之术，何所不为。盖人身本见，而有隐之之法，鬼神本隐，而有见之之方。能为之者，往往多焉。

水火在天，而取之以褚燧；铅性白也，而赤之以为丹；丹性赤也，而白之而为铅。云雨霜雪，皆天地之气也，而从药作之，与真无异也。

至于飞走之属，蠕动之类，禀形造化，即有定矣。及其倏忽而易旧体，改更而为异物者，千端万品，不可胜论。

人之为物，贵性最灵。而男女易形，为鹤为石，为虎为猿，为沙为鼋，又不少焉。至于高山为渊，深谷为陵，此亦大物之变化。变化者，乃天地之自然，何为嫌金银之不可从异物作乎？

狭观近识，桎梏巢穴，揣渊妙于不测，推神化于虚诞。从周孔不说，坟籍不载，一切谓为不然。不亦陋哉！

（《抱朴子·内篇》卷十六）

当然，葛洪生长在一个十分支持他的观念的时代，即使在他去世后，炼丹术仍备受推崇。在389—404年，北魏皇帝在其首都创设了一个道家头衔和一家专门调制各种丹药的作坊。确实，西山被指定为丹炉的木柴供应区，那些犯死罪的人被叫去尝试长生不老药。尽管御医曾试图停止这个制药实验室的活动，可却未能成功。

在这几个世纪之中，正如儒家重新解释道家哲学著作一样，道家借用了《易经》并对它进行加工，试图得出一种普遍的科学理论。这个运动似乎始于东汉时代，因为142年是它的最早著作成书时期。这本书由魏伯阳署名的《周易参同契》，一般称其为《参同契》。如本书第十章中所述的那样，在《参同契》中，我们发现在八卦和"天干"周期之间有周密的关联，用以象征日月运动各个不同的阶段，因而世界上有了阴阳二气的盈虚增长。炼丹家认为这本书及其包含的体系对于他选择恰当的时机进行加热和其他实验操作是有重大意义的。

221

唐宋时代的道家思想：陈抟和谭峭

《参同契》中包含的那种思想似乎在陈抟的身上达到了它的顶峰。在唐宋之间那几个短促的时代中，陈抟是位非常杰出但却有些朦胧的人物。他在后唐时期（932年）取得了功名，在954年后周时期第一次被召入朝，在976—984年间，宋代第二位皇帝对他十分礼遇。在这段时期将近结束时，他一定年纪很大了，便推说自己无知，极力要求引退，去过孤独的隐居生活，并于5年后逝世。胡渭于1706年所撰的《易图明辨》一书对他及其著作多有论述。尽管这本书成书较晚，它仍有不可小看的重要性，因为它把与《易经》相连的炼丹术的哲学历史置于一个健全的批判基础之上。《易图明辨》破除了传统的见解，即这一切都要上溯到远古。它是研究中国思想发展所必不可少的。

据胡渭称，对《易经》中八卦的特定排序始于陈抟。而且很清楚，魏伯阳及其《参同契》是陈抟学说的重要来源。但在我们看来，因为我们的时代已不再炼丹了，所以目前重要的是弄清楚《易经》八卦怎样被设想为如此之深刻地"嵌入"自然界之中的。这是中国中古时期科学思想的特征，而且如前所述，这也是被认为妨碍了对自然界的真正科学解释的因素之一。然而，这并不代表它没有重要性;它为宋代理学的综合工作铺平了道路。其之所以如此,不仅因为道家对图像的喜爱刺激了宋代思想家也制作出他们自己的图像,而且因为它强调了这个世界彻头彻尾的自然本性,因为这对中古代后期的道家来说,只要掌握了正当的技术,自然界中就没有人所不能控制的力量。如果确实有"超自然主义"的话,这并不是说这种东西如此强大以致人只能拜倒在它面前;而是说自然秩序中有些低级的精灵,人们可以使之为自己服务。

222

在唐代时,真正的道家哲学出现了第二次繁荣。在 6 世纪和 10 世纪之间,出现很多书籍;它们以道家的实验研究所取得的新知识作为背景,复活并扩大了很多旧教义。其中典型的有《关尹子》,又名《文始真经》,作者是晚唐时期或唐朝以后某代的一个不知名的道家。该书由自称为"抱一子"的陈显微于 1254 年编纂并加以评注。我们可以读到:

> 人之力,有可以夺天地造化者。如冬起雷,夏造冰,死尸能行,枯木能华,豆中摄鬼,杯中钓鱼,画门可开,土鬼可语。皆纯气所为,故能化万物,……有合者生,有散者死。彼未尝合未尝散者,无生无死。客有去来,邮亭自若。
>
> (《关尹子·七签篇》)

最后的这种说法十分科学,特别是其关于唯物主义的近乎经典的定义,即一切变化都是表面的,都是出于基本粒子的组合与再组合,而基本粒子本身则是不变的。

> 万物变迁,虽五隐气见,一而已。惟圣人知一而不化。
>
> (《关尹子·七签篇》)

我们几乎要把这样一种说法称为 19 世纪热力学第一定律的先兆了。

这些唐代作家一概都赞赏人与自然之间相互影响的微妙反应。有时这种做法仍然采用古代现象论者的形式,但往往达到更大的深度。然后,他们讨论了关于潜在与现实的问题。《关尹子》一书说道:

223

> 有时者气。彼非气者,未尝有昼夜。有方者形。彼非形者,未尝有南北。何谓非气?气之所自生者。如摇箑得风。彼未摇时,非风之气。彼已摇时,即名为气。何谓非形?形之所自生者。如钻木得火。彼未钻时,非火之形。彼已钻时,即名为形。
>
> (《关尹子·三极篇》)

这段文字颇有趣味,因为它表示了唐代道家在探索宇宙比气或形更为基本的东西。他们的先辈对“道”这一名词想必已感到满意了，但现在却需要某种更加精确的东西来作诠释。

正如我们将看到的，理学家甚至在此之前的道家都欣赏这样一种事实：现实化的过程、出生或生长的过程，要比衰弱的过程漫长得多，而且显然要困难得多。正如关尹子所说的：

> 从事建物则难，以道弃物则易。天下之物，无不成之难而坏之易。
>
> （《关尹子·一字篇》）

这段话使我们联想到威廉·哈维对胚胎学的一段评论：

> 对生物的构造和成长要比对他们的解体和拆散，需要有更多而且更为熟练的操作；那些轻易灭亡的东西，它们的形成和发展都是缓慢的。

在有些道家著作里也可以找到一些对归纳法和演绎法的赞赏，让我们再看一段《关尹子》的引文：

> 均一物也，众人惑其名，见物不见道。贤人析其理，见道不见物；圣人合其天，不见道，不见物；一道皆道，不执之即道，执之即物。
>
> （《关尹子·八筹篇》）

在这里，关尹子似乎想说，普通人对概括不感兴趣，而儒家却兴趣颇深；224 但是即便不刻意寻求概括也不在乎个别现象的道家，事实上却把两方面都看到了，只不过他们有时着眼于特殊的，有时着眼于一般的。他又说：

> 是以善吾道者，即一物中知天、尽神、致命、造玄。……得之契同实，忘异名。
>
> （《关尹子·一字篇》）

然而，道家一向对逻辑与推理的不信任仍然在羁绊着他们的步伐：

> 智之极者，知智果不足以周物，故愚。辨之极者，知辨果不足以喻物，故讷。勇之极者，知勇果不足以胜物，故怯。
>
> （《关尹子·九药篇》）

并且关于圣人不偏不倚这一老话题又被提了出来：

> 圣人师蜂立君臣，师蜘蛛立网罟，师拱鼠制礼，师战蚁置兵。众人师贤人，贤人师圣人，圣人师万物。惟圣人同物，所以无我。
>
> （《关尹子·三极篇》）

尽管在科学理论上仍无多大进展，但对宇宙的原有的科学观点并未丧失殆尽。8世纪时李筌所撰的《阴符经》中有这样一段话：

自然之道静，故天地万物生。天地之道浸，故阴阳胜。阴阳相推而变化顺矣。是故圣人知自然之道不可违，因而制之。至静之道，律历所不能契。爰有奇器，是生万家、八卦、甲子、神机鬼藏、阴阳相胜之术，昭昭乎进乎象矣。

225

古代合作性的政治学说多少尚未被完全遗忘，但从科学的角度出发，更有趣的是记下方术、实验、养身和延年益寿四者的混合物，及坚持这样一个老话题，即以技术应用来理解自然，而不是为人类社会造福。如《关尹子》中两段话：

方术之在天下多矣，或尚晦，或尚明，或尚强，或尚弱，执之皆事，不执之皆道。

道本至无。以事归道者，得之一息，事本至有。以道运事者，周之百为。得道之尊者，可以辅世。得道之独者，可以立我。知道非时之所能拘者，能以一日为百年，能以百年为一日。知道非方之所能碍者，能以一里为百里，能以百里为一里。知道无气能运有气者，可以召风雨。知道无形能变有形者，可以易鸟兽。得道之清者，物莫能累，身轻矣，可以骑凤鹤。得道之浑者，物莫能溺，身冥矣，可以席蛟鲸。

226

知气由心生，以此吸神，可以成炉冶。……

以此同物，水火可入。惟有道之士能为之，亦能战之而不为之。

（《关尹子·七签篇》）

最后几句话对如今的高科技是多么地适用，对于人类来说既是危险的，又是充满希望的。

在所有的这些典籍中，从科学哲学的观点来看，最有独创性的大概就是《化书》了，普遍认为该书由谭峭于公元10世纪著成。该书包含了一种特殊的主观唯实论，它认为虽然世界是真实的，但我们对世界的认识却取决于我们如何观察它，所以我们不能完全掌握世界的全部真实面貌。例如，对猫头鹰来说，黑夜是明亮的，而白昼是黑暗的；对母鸡来说，就像对我们自己一样，事实却正好相反。于是，谭峭以典型的道家口气问道：这两者之中，应当认为哪个是正常的，哪个是“反常的”？他说，事实上我们不能假定白天就是明亮的，并适合于官能感觉，而夜间则相反。在这里，推论是这样的：我们看到的颜色和听到的声音都不是真实存在的，而是我们自己感觉器官的构造物；这个观点几乎可以看作是8世纪后欧洲哲学家约翰·洛克的第一性的质和第二性的质的区分的先行。接着，谭峭提到视错觉和对所见事物的注意或不注意的现象。他说，一个人也许会射击一块有条纹的石头，因为他的印象，那是一只老虎；或者射击水面上的波纹，因为他的印象，那是一条鳄鱼。况且，如果那里真的有这些动物存在的话，他的注意力也可能完全集中在它们身上，以致简直看不见它们旁边的石头或波纹。这使谭峭推论道："没有一种事物是真正真实的，一切事物都是假想的，仅仅是我们从周围环境中挑出某些因素来构成我们的世界图像。"他说，这可以引申到生和死本身上。只有道（所有人的一切感官——印象的基础）才是真正真实的，一切事物都是相对的，因此我们的感官本身并不给我们提供一幅外在世界的绝对图像。

至于自然界的因果关系，谭峭明确表示必须找出各种决定性的因素，这些因素可能是难以察觉的。

> 转万斛之舟者，由一寻之木；发千钧之弩者，由一寸之机；一目可以观大天；一人可以君兆民。太虚茫茫而有涯，太上浩浩而有家。得天地之纲，知阴阳之房，见精神之藏，则数可以夺，命可以活，天地可以反复。 227
>
> （《化书》）

理学及宋代理学家的起源

在唐代，道教确实很繁盛，但决不能想象道家是万事如意的，因为他们不仅必须同佛教竞争，而且另外还有一切儒学家也是强劲的对手。这些儒学家们重新思考事物，他们的观点对建立新的哲学学派——理学起了重要的作用，而在宋代，理学成为极为强大的学术力量。在哲学上更为重要的人物似乎是李翱，他在《复性书》中使用了一些后来在理学中变得颇为重要的术语。这本书中有段话对理学的起源颇有启示：

> 性命之书虽存，学者莫能明，是故皆入于庄列老释。不知者谓夫子之徒不足以穷性命之道，信之者皆是也。

这段话有力地提示，在唐代，儒家开始深深感到缺少一种宇宙论来对抗道家的宇宙论，也缺少一种形而上学来和佛教的形而上学相竞争。宋代理学从佛道两家思想中汲取了各种因素，从而满足了这种需要。这样，理学把经典的伦理学教义与推理的宇宙理论密切联系起来，从而把它从被湮没的危险之中挽救出来。

道家的精华在于它的自然主义；它的缺点是对人类社会不太关心。它认为伦理的考虑与科学观察和科学思考并不相干，并且，对于在社会中表现出 228

来的人类最高价值如何才能够与非人类世界发生联系，道家也未作任何解释。荀卿说过："他们见天而不见人。"另一方面则是佛教形而上学的唯心主义。这个阶段就更糟了，因为它既不关心人类社会，也不关心自然界。正如其名，它在乎的是自然界万物的内在本质。它认为社会和自然都是构成一个大幻术把戏的成分，一切众生都应该从中得到援助从而解脱。但是，把世界看作一个大幻术并不会导致科学研究或鼓舞公共正义。然而，再回到古代的儒教也于事无补，因为它完全缺乏宇宙论和哲学，所以不再能满足一个更成熟的时代的需要。事实上，只有一条出路，那就是理学家们走的路，即通过哲学的洞察和想象的惊人努力，把人类的最高伦理理想放在以非人类的自然界为背景的或放在自然界整体的宏大结构的适当位置上。根据这一观点，宇宙的本质从某种意义上说，乃是道德的，并不是因为在空间和时间之外的某处还存在着一个指导一切的道德人格神，而是因为当达到了某种合适的组织水平时，宇宙具有产生道德价值和道德行为的特性。近代的进化论哲学家把这种思想看成一个漫长延续的过程；理学家则认为有许多相继的发展，出现在每个世界浩劫之后，但其基本概念基本保持未变。

研究理学的西方学者们也经常感到困惑，这主要归咎于他们自己无法欣赏这个观点。到北京的耶稣教传教士感到受了冒犯，因为理学否认一个人格化上帝的存在，而后来的新教神学家们则宣称在理学思想中探出了某种泛神论，即把自然看作上帝。的确，有人甚至认为理学家朱熹的唯物主义（在本卷第十四章，我们将谈到他对佛教的攻击）与西方唯物主义的唯一区别在于：后者认为物质服从于它本身的规律，那种规律是非伦理的，而对中国的理学家来说，物质则是服从于伦理的规律的。然而，除却理学的唯物主义不是机械的之外（对于它来说，原子的弹子球因果观点是陌生的），它仍旧是错误的观点。理学家认为道德基本上是植根于自然界的，并且（就像我们应该说的）在具备合适的条件下，它就由于一次突现进化而从自然界中呈现。这样，理学家十分密切地接近进化唯物主义和有机主义哲学的世界观。就这种观点而言，理学所得之于佛教的似乎少于得之于道教的，它实际上同后者是联手的。我们将会更详细地谈到这一点。

229

理学家朱熹和他的先行者

在唐代的道家和宋代理学家之间有一些过渡人物。这并非是他们在年代上早于理学家，而是他们同道教传统颇有渊源。但是，他们并非是孤立的学派，至少其中一位名叫邵雍的就是理学主要领袖人物的朋友。

邵雍是位有创见或者说富于想象力的思想家，他以道家特有的方式拒绝了一切官职。他所著的《皇极经世书》中有一部分包含着复杂的图式，其中把宇宙论的和伦理的观点混在一起，但这些东西很难理解，以至于它们被邵雍的儿子和另一位哲学家所写的叙述取而代之。邵雍还写过一篇有趣的哲学对话《渔樵问对》，其中论述了自然现象的一致性和其他的一些看法。他保留了“道”作为自然界普遍原理的名称，还以半神秘的方式解释了“数”并给了它以很高的地位。道先造数，再造形，最后再用物质来充满它们。他认为道的两种表现形式是动和静。动产生阴、阳；静则产生柔、刚（这是邵雍自己提出的两种实体）。地就是柔和刚的混合体，而天则是阴和阳的混合体。这四象又存在两种属性：强和弱。从这八种成分中，邵雍推导出了一切现象。确实，他似乎有着浓烈的形而上学唯心主义倾向，并且他的方法在风格上偏于老式并富有想象力，但此方法却是一幅详细的物质世界图像。动和静，以及在较小程度上的柔和刚，都是重要的观念，并都被理学家作为基本概念而接受。

邵雍深信随着佛教而传来的印度思想，即有着周期性的世界浩劫，在每次浩劫中世界化为混沌，然后又重新被创造出来。他的思想中有一种十分清楚的中世纪观念，即小宇宙和大宇宙的观念；但似乎没有理由把它归之于中国本土以外的来源。也许，从科学史的观点来看，邵雍思想中最有趣的观念体现在他的“反观”（或“客观观察”）一词中。他说在科学中常有一些我们所不能理解的事物，我们不可以试图强迫它们，把它们纳入某一体制，因为这样做会掺入自我或个人的偏见，这样极容易陷入人为构造的错误之中。可惜的是，邵雍在构造他自己的理论体系时，就不再把这一名言记在心中了。他也相信观察者的普遍共同性。他说，我们并不局限于个人的观察，我们可以利用一切人的眼睛作为我们自己的眼睛，利用一切人的耳朵作为我们自己的耳朵；这样，我们对于自然界的理解就能形成一个有联系的整体了。 230

另一位哲学家程本也是过渡人物，他写《子华子》一书时隐去了真实身份，而托名为一个周代的哲学家。此书很短，而且不十分明确，但对当时道家正在进行的讨论却有某些见地；它谈到了“空洞”和“虚”，其间不存在阻碍物体运动的“阂”和“忤”；还谈到了“平”，其间没有使物体朝着任何方向运动的倾向。程本还屡次提到基本力量，律动或冲力，尽管解释得很不清楚。作者赋予五行以几何形状：水是直的，火是尖的，土是圆的，金是方的。这与六个世纪后卡卜勒的观点相同：卡氏用立体几何的五种形状来表示地球的球面，这种观点在如今中国和日本的佛教寺庙中小塔和窗的特征中留下了印迹。公认的是，书中没有迹象显示程本这里考虑到了“粒子”问题，但如果他没有的话，就很难想象他心目之中想的是些什么了。他的体系还包括五行与人体器官的认同，还有其他理学和生理学方面的暗示。

现在我们需要考察一下宋代理学家的主要学派了。它的五个领袖人物差不多都正好生活在11—12世纪的各个交叠时期。为了从某种历史背景的角度来考虑他们，我们应当记住前四个人与著名的阿拉伯诗人、哲学家和科学家欧麦尔·海亚姆及内科专家西那（即阿维森纳）生活在同一时代，而第五位也是最伟大的理学家则与阿拉伯内科哲学家伊本·路西德和意大利学者、翻译家克雷莫纳的杰拉德同时。所以理学家们的活动大约和欧洲引入古典希腊文化的翻译和评论活动的高潮是同时的。他们恰好在集希腊和基督哲学于一体的欧洲最伟大的集成者托马斯·阿奎那开始他的事业之前，完成了对儒、道、佛三教要素的伟大综合工作。如果这两桩综合事业的同期性只不过是一种偶合，那也是颇堪注目的一次偶合。

231

这五位宋代理学的领袖人物首先从周敦颐开始，他是一位宁愿从事哲学研究而不愿跻身高官阶层的学者；还包括另二位较年轻的学者：程颢和程颐，他们是周敦颐朋友的儿子，都享有哲学家的盛誉。五人中的第四位是程氏兄弟的表叔张载，他可能是把道教和佛教中可接受的因素引入理学思想中最起作用的人。最后一位是朱熹，中国历史上地位最高的综合思想家。他对道教和佛教的研究与实际运用究竟达到什么地步，我们不知道，但可以肯定，他对这两种体系深有造诣，经常引用它们学说中的成分，并把其中的一些融会到他所建立的哲学范畴里去。他在仕途上屡经波折，时而得宠，时而辞官隐退并被剥夺了荣禄。他本人有大量的著作，行文异常清晰流畅，坚定不移地忠实于一种明白确切的世界观，并善于编纂别人的研究和写作——这一切无疑使他成为整个中国思想发展史中最伟大的人物之一。曾有人把朱熹同亚里士多德、托马斯·阿奎那、斯宾诺莎、莱布尼茨和斯宾塞等人作过对比，这种比较并无荒唐之处，它是对朱熹的赞扬。也许托马斯·阿奎那和伟大的维多利亚哲学家赫伯特·斯宾塞两人同朱熹最为相当。这两人均在科学和社会现象的基础上起过综合知识的作用。朱熹与托马斯相似，主要因为他毕竟是中世纪的人，对于有着漫长历史的种种信念进行了系统化的工作，而不是进行激烈的改革或取而代之；朱熹与斯宾塞相似，主要因为他毫不妥协地确认一种彻底的自然主义宇宙观，尽管他缺少像斯宾塞拥有的确定的实验和观察证据作为其广阔的学术背景。中国文明中最引人注目的特征之一，就是它的伟大的哲学家们如果具有斯宾塞式的世界观的话，都会变成阿奎那。

1. 太极 232

周敦颐与其说是一位作家，倒不如说是一位老师，他没有留下什么著作。他的名望主要来自一篇极短的宇宙图解《太极图说》，朱熹在一个世纪后把它当作了自己思想的基础，以类似的题目写了好几篇述评。图 28 就是周敦颐的图解，他的说明如下：

(1) 无极而太极。

(2) 太极动而生阳。动极而静。静而生阴。静极复动。一动一静，互为其根。分阴分阳，两仪立焉。

(3) 阳变阴合，而生水火木金土，五气顺布，四时行焉。

(4) 五行一阴阳也；阴阳一太极也；太极本无极也。五行之生也，各一其性。

(5) 无极之真，二五之精，妙合而凝。乾道成男，坤道成女。二气交感，化生万物，万物生生，而变化无穷焉。

(6) 唯人也，得其秀而最灵。形既生矣，神发知矣，五性感动，而善恶分，万事出矣。

(7) “圣人定之以中正仁义而主静，立人极焉，故圣人与天地合其德，日月合其明，四时合其序，鬼神合其吉凶。”(引自《易经》) 234

(8) 君子修之，吉；小人悖之；凶。

(9) 故曰：“立天之道，曰阴与阳；立地之道，曰柔与刚；立人之道，曰仁与义。”又曰：“原始反终，故知死生之说。”

(10) 大哉易也，斯其至矣。

朱熹解释道：

(a) 此所谓无极而太极也，所以动而阳，静而阴之本体也。

然非有以离乎阴阳也，即阴阳而指其本体，不杂乎阴阳而为言耳。

(b) 同心圆此“〇”之动而阳，静而阴也。中“〇”者其本体也。左半圆者，阳之动也，“〇”之用所以行也。右半圆者，阴之静也，“〇”之体所以立也。右半圆者左半圆之根也，左半圆者右半圆之根也。

(c) 第三图此阳变阴合而生水火木金土也。“～”者阴之变也，“S”者阴之合也。

水，阴盛，故居右。火，阳盛，故居左。木，阳稚，故次火。金，阴稚，故次水。土，冲气，故居中。而水火之⋊交系乎上，阴根阳，阳根阴也。水而木，木而火，火而土，土而金，金而复水，如环无端。五气布而四时 235

233

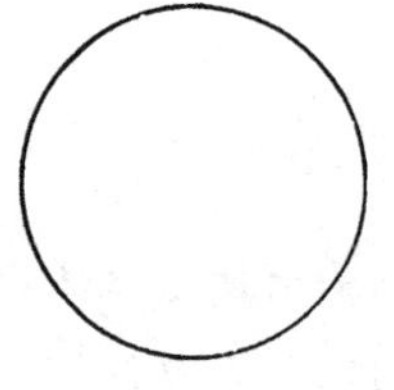

图 28 周敦颐(1017—1073 年)的《太极图》(从上往下数第二个圆的左边写着“阳动”,右边写着“阴静”;下面是五行。倒数第二个圆的左边写着“乾道成男”,右边写着“坤道成女”。最后一个圆的下方写着“万物化生”)

行也。

(d) 第一、二、三图,五行一阴阳,五殊二实无余欠也。阴阳—太极,精粗本末无彼此也。

太极本无极。上天之载,无声臭也。五行之生,各一其性。气殊质异,各一其“○”,无假借也。

此无极,二五所以妙合而无间也。

(e)“〇”,乾男坤女,以气化者言也,各一其性,而男女一太极也。

(f)“〇”,万物化生,以形化者言也,各一其性,而万物一太极也。

周敦颐的信条中最引人注意的陈述是其中的第一段。这实质上是结合道家思潮和儒家思潮的一种综合陈述。朱熹本人肯定了这一点。周敦颐文 236 中出现的“极”自古以来就是一个术语,指天文上的极。所以实际上有这样一种说法即整个人类宇宙是绕着北极星旋转的。像周敦颐和朱熹那样,把整个宇宙当作单一的有机体时,“极”被认为是有机体的中心,是世界中轴线本身。但这儿有两种对立的观点需要调和:一方面,道家的“无极”肯定真正的全部的世界并不有赖于这种基点,因为有机体的每一部分都轮流地处于主导地位;而另一方面,儒家的“太极”则是对赋予宇宙整体并无处不在的内在力量的认同。这样周敦颐和朱熹关于世界的观点就是:世界确实是一个单一的有机体,任何一个特定的部分都不能被认为居于控制地位。

现代人的头脑已习惯于用这类术语进行思维(或者有意识地不进行思维);世界充满了极、中心、磁场、细胞与细胞核,战争或和平活动的社会控制中心。但是,它们都从属于它们所构成的有机体,而不凌驾于其上。世界对于理学家来说并不比对我们更加未经分化:它表现为一系列综合性的组织层次,一个层次的整体乃是再一个层次的一部分。一个层次的化学组合在另一个层次上则变为单个的元素,(对我们来说)在又一个层次上则成了独立的原子粒。尽管人类的最高价值完全是自然的,但只有在人类范畴上它们才能被接受。在这一点上,朱熹的见解是独到的,而在理学家的著作中,我们甚至可以找到表示“组织层次”的术语。总之,“太极”和“无极”的同一性是承认两件事情:第一是存在着决定物质能量的一切状态和转化的普遍模式或者场;第二是这个模式(理)无所不在。动力不可能局限于空间和时间的任何一个特定的点,组织的中心和有机体的本身是同一的。

当我们进一步观察这一精心表达的自然体系时,我们不能不承认宋代哲学家们所研究的概念与近代科学上所用的某些概念并无不同。无疑地,两种基本的力这一观念是从古代由许多物种均有两性的观点中归纳而得出的结论。学者们包括宋代思想家不过是把它的逻辑结论绘成图表而已。但是我们越是阅读他们的著作,就越发觉得他们已洞察到物质有着根深蒂固的两个方面,后来在西方则表现为正电和负电;质子和电子;及所有物质微粒的组成成分。这当然是宋代哲学家所无法表达的事,然而,他们却具有一种真正的洞察力。这里,中国人又射出一箭,落在后来原子物理学家玻尔和卢瑟福的 237

立足点附近,但却从未到达过牛顿的位置。

另一种深刻的信念鲜明地出现在理学家著作里的是,自然界是以波浪的方式运作。两种力轮流上升至顶点,然后消退,让位给另一种力。另外,它们相互生成,那公式使人联想到近代哲学家喜欢用的词:“对立物的相互渗透。”他们经常提到动和静在交替的周期内出现,动上升到最高程度后又回到零点;这表示我们必须考虑对波浪状现象的一种十分合法的科学抽象。

此外,在上述引文中,有一种由于(我们可称之为)化学反应而产生新事物的相当清楚的概念,其中有一处确实是用上炼丹术的象征主义。尽管人们常说在理学之前,中国没有严格意义上的形而上学;但我们可以声称,如果是理学家介绍了形而上学的话,它会与现代科学意义上的物理学在很大程度上相一致。

周敦颐的另一著作《易通书》乍看起来完全是远离自然科学而涉及伦理问题的著作,包括圣人及其在社会中的作用、他的智慧、礼、乐等等。该书的论证围绕着术语“诚”展开论证,此字通常意指“真诚”。然而,在周朝写成的《中庸》里,我们发现一个双关语:“诚者,自成也。”这也暗示着“诚”不仅仅是“真诚”;它是个人天生的一种品质,而且不只是由于个人间的关系而产生的。因此,倒不如说,“诚”是“正直”而不是“真诚”。“真诚”是对己真诚,既不自欺,也不逆自己的本性而动。《中庸》还说:“诚者,天之道也;诚之者,人之道也。”(《中庸》,第二十章)这表明它已超越了人的范围。天有“诚”,因为它忠实地遵循着自己真正的本性,而不做任何违背“道”的事情。这样,我们就意识到,当它的每个机体以绝对的精确性完成了它对自身所属的更高一级的机体应尽的功能时,也就达到了“诚”,我们在这里又有一种现代有机论哲学家非常熟悉的事物状态。

238 《中庸》中“诚”的宇宙论意义在15个世纪后,在《易通书》的许多地方得到了发展。正如《易经》中的第一卦象征着万物的开始,它也是“诚”的起源,“诚”是随着万物而出现的。它是纯洁、完美的,从不施加任何力量;它会产生一切善与恶;它像道一样具有一种美德,可以把私爱转变为博爱;把正直转化为正义;把自然的人类模式转化为社会秩序。它向外扩张,从而引起了开始和发展。收缩时,它又留下了永久的收获。静止时,它仿佛并不存在;行动时,它的存在就显示出来。正像使自身适应诚的影响的个别模式一样,诚属于宇宙中不可见的事物的范畴。再一次,我们有了一种可以融合在含蓄的进化论体系中的概念,它是融会了哲学的自然主义和自然科学的体系。

在其他几位理学人物中,程颢倾向于形而上学;他的弟弟程颐则有一些值得注意的科学观点，但他俩的观点对宋代哲学中与我们所感兴趣的那些方面并无甚关联。然而，他们的叔叔张载特别重视我们经常遇到的一个概念，即一切事物和生物都是一个离散的过程。1 000 年前，怀疑论者王充（见本卷第十一章）曾使用过同一个字眼，但对张载来说，同其他理学家一样，他认为世界上没有超自然的东西。

朱熹完全接受了万物由普遍的“物质—能量”——即“气”——凝聚而成的这一概念。他认为“气积为质”。但朱熹思想的新颖之处在于，他把凝聚过程与阴相联系，把离散过程与阳相联系。在宋代自他起始，这些扩散与凝聚的学说就成了中国思想的普遍背景的一部分。

2. 对普遍模式的研究

现在我们必须回过头来对朱熹的自然主义哲学作进一步的探讨。朱熹主要研究两个基本概念：“气”和“理”。他认为这两个术语代表了基本自然世界中物质和非物质的因素。然而朱熹“气”的重要意义不是一个英语单词就能表达的：它可能是固体或气体或液体，但它的影响在现代人的头脑中就像是“以太波”或“力场”一样微妙。汉学家普遍地把朱熹的“气”简单地翻为“物质”；而朱熹本人用另一个字“质”来表示固体、坚硬和可感知状态的物质。尽管质是气的一种形式，气却不一定就是质，因为物质可以以各种不可捉摸的形式存在。如果非要把“气”翻译出来的话，也许“物质—能量”是最好的译法。 239

关于“理”字的解释则众说纷纭。最早倾向于把它译作“形式”，但这与本不相干的亚里士多德和希腊哲学扯上了联系。也不能把“理”翻译成（科学的）“法则”，这就过早判断了中国人是否在任何时期发展过自然法则的观念这一整个问题了。另外还有其他一些译法同样无法被接受，但从科学家的角度来看，不管怎么样，最好把“理”看成有机体，因为世界可被描述为不同的组织层面。例如，有机体的一个层面会给出原子的构成，另外一个（较高的或较粗糙的）的层面则给出分子的构成，还有一个是活细胞，当然该细胞由许多相互包含的较低层的螺旋状组织构成。这并不是说朱熹和他的理学同事们是如此认为的，他们也没详细地这样暗示过，所以在翻译时使用“有机体层面”这样的词眼是危险的。但是既然在他们使用“理”字时蕴含着这一概念，最满意的办法也许是将“理”译成“形式”，或因此直接用“有机体”这一词，因为朱熹本人曾有意识地把“理”运用到人类所熟知的最充满活力的形式上去，并且理学家思想深处确实存在着“有机体”观念的某些东西。所以，我们可以将“气”翻译成“物质能量”，而把“理”翻成“有机体”或“有机体原则”。这些术语告诉我们，在某种意义上，理学家们离近似于近代自然科学家和有机哲学家关于世界的观点相距不远。在这一点上,朱熹(他使“理”从佛教的背景中脱了身并恢复其古代自然主义的意义)比他的任何解释者都更超前。而且包括中国和欧洲的翻译家们都曾赞扬过他。

现在,我们该听听朱熹本人怎么说,在他的一卷书中,我们可以读到:

> 天地之间,有理有气。理也者,形而上之道也,生物之本也;气也者,形而下之器也,生物之具也。是以人物之生,必禀此理,然后有性;必禀此气,然后有形。

240

(《朱子全书》卷四十九)

至此,引文清楚地证明,把“气”解释为“物质—能量”,把“理”解释为宇宙的组织原理是有道理的。然而,气和理之间存不存在着哪个居先的问题?朱熹有点犹豫,他说:

> 有是理后生是气,自一阴一阳之谓道推来,此性自有仁义。先有个天理了,才有气,气积为质,而性具焉。
>
> 问:“先有理,抑先有气?”曰:“理未尝离乎气。然理形而上者,气形而下者,自形而上下言,岂无先后?理无形,气更粗,有渣滓。”
>
> 理气本无先后之可言,然必欲推其所从来,则须说先有是理。然理又非别为一物,即存乎是气之中,无是气,则是理亦无挂搭处。气则为金木水火,理则为仁义礼智。……
>
> 问:“有是理便有是气,似不可分先后。”曰:“要之也先有理。只不可说是今日有是理,明日却有是气。也须有先后。”
>
> 或问:“理在先、气在后?”曰:“理与气本无先后之可言,但推上去时却如理在先,气在后相似。”

(《朱子全书》卷四十九)

很明显,朱熹试图不陷入唯心主义,但他也不愿意被看作一个唯物主义者。241 他急于避免被逼得说是物质—能量产生于组织或反之,虽然他倾向于前一种观点,部分地因为很难认为有机体是独立于心灵之外的一个范畴;同时也很难摆脱这样一种观念,即一个计划意味着一个计划者必定是在时间上先于并在地位上高于被计划的东西。在根本上,朱熹在以下这种意义上仍不失为一个二元论者,即他认为物质—能量和组织在宇宙中是同时和同等重要的,二者“本无先后”,虽然“理”略为优先这种信念的残余极难舍弃。理由大概主要是无意识地具有社会性的,因为在理学家所能设想的一切社会形式之中,进行计划、组织、安排和调整的管理人,其社会地位要优先于农民和从事

“气”即从事物质和体力劳动的工匠。如果朱熹能摆脱这种偏见的话，他就会提前800年预见有机唯物主义的观点。

这一切都必定会反映在朱熹关于知识本质的理论中。他认为认识（或领悟）是心灵存在的根本模型，但心灵能做到这一点，则证明了我们称之为“物质所固有的精神性”这一点。换句话说，心灵的作用是完全自然的，是物质之具有生产潜能的某种东西，只要它使自己与程度够高的理配置在一起。对组织原理本身来说，正是“理”防止了自然过程陷入混乱：

> 如阴阳五行错综不失条绪，便是理。
>
> （《朱子全书》卷四十九）

“理”也被认为与“太极”是同一的。万事万物都分享着太极，没有它，就不会存在任何事物。它与动和静的特性有关，其中动和静是现代能量和惯性理论中的概念；“理”还同阳动阴静及对宇宙运行的领悟相对应：

> 自有天地，便是这物事在这里流转。一日有一日之运；一月有一月之运；一岁有一岁之运……
>
> （《朱子全书》卷四十九）
>
> 天运不息，昼夜辗转，故地榷在中间。使天有一息之停，则地须陷下……
>
> （《朱子全书》卷四十九）

242

对于朱熹来讲，理与数之间的关系也很有意思：

> 问理与数。曰：“有是理便有是气，有是气便有是数。盖数乃是分界限处。”
>
> （《朱子全书》卷四十九）

这里是某种东西的萌芽，它本来可以使中国科学革命化的，可它缺少从数学的角度考虑自然假说，所以它只是昙花一现，就再也没有下文了。这里提到的“数”，恐怕指的是无用的毕达哥拉斯式的像数学的符号，而不是有助于自然科学的任何一种数学。

朱熹和其他理学家认为“理”和“道”之间颇有关系。道是世界万物的模式，而理则是任何自然物体中都蕴含着的模式、朱熹认为：“道”这个字指广阔和伟大，“理”这个字则包括“道”中所包括的无数脉络般的模式。因此，道用来表示整个宇宙有机体的模式；而理还可以用作小的个别有机体的细微的模式。但按照理学家所不能背弃的儒家传统，“道”这个字往往更多地用于表示人类社会中的人之道，而较少地用于表示非人类的自然之道。但是朱熹在他关于“理”和“气”的学说中试图将古代儒道两家的“道”融入一个框架里，即人类社会的道被看作是宇宙之道的一部分，宇宙之道本身就在人类社会的有机层次上显示出来。这样中国思想中的两大学派就真正在这种方式中得到了融合。

3. 进化自然主义

所有的理学家都持有这样一种共同的基本观点：宇宙经历了创建和毁灭的交替循环。它似乎被邵雍加以系统化的考虑，他开始把十二时辰和中国罗盘的十二指数应用到了它的各个相位，其他理学家也跟着邵雍如法炮制。例如元代的吴临川写道：

> 一元凡十二万九千六百岁，分为十二会。一会计一万八百岁。天地之运，至戌会之中，为闲物，两间人物俱无矣。如是又五千四百年，而戌会终。自亥会始五千四百年，当亥会之中，而地之重浊凝结者，悉皆融散，与轻清之天混合为一，故曰浑沌、清浊之混，逐渐转甚。又五千四百年，而亥会终，昏暗极矣，是天地之一终也。
>
> 贞下起元，又肇一初。为子会之始，仍是浑沌。是谓太始，言一元之始也。是谓太一，言清浊之气，混合为一而未分也。自此逐渐开明。又五千四百年，当子会之中，轻清之气腾上，有日，有月，有星，有辰。……
>
> 又五千四百年，当丑会之中。重浊之气凝结者，始坚实而成土石。湿润之气为水，……燥烈之气为火……
>
> 又自寅会之始，五千四百年，当寅会之中，两间人物始生。……
>
> （《性理大全》卷二十六）

243

在诸如此类的描述中，我们不可忽视中国人对“波浪形”的偏好，例如阴和阳的（波浪状的）交替统治。在某种意义上讲，这种说法是毫无根据的推测，但说它们对中国科学毫无贡献，也未免过甚。因为除了它们所包含的自然主义而外，它们还帮助中国科学在地质学方面达到了先进的观念，而且确实比欧洲更早得多地认识到化石的真正性质。朱熹本人清楚地说明了这一点，在《朱子全书》中可以找到涉及宇宙周期的确切时间长度的反复讨论。但对于深层岩石的固化和一些水中岩石的形成仍未有定论。

对于生命的起源，朱熹也有自己的见解。他认为，“自生”（即从无生命的物质中产生有生命的有机体）在产生生命的过程中一度起过很大作用，并且在某种程度上仍在进行着：

生物之初，阴阳之精自凝结成两个，盖是气化而生。如虱子，自然爆出来。即有此两个，一牝一牡。后来却从种子渐渐生去，便是形化，万物皆然。

244

（《朱子全书》卷四十九）

至于低级动物的本性，他显然承认，适用于人类社会的范畴和价值并不适用于低级动物。社会性的昆虫诸如蚂蚁和蜜蜂，它们的行为表现出“一点义”，而哺乳动物和它们的后代的行为表现出“一点仁”。但是动物有着一种粗糙浑浊的物质构造——现在我们称其为低级的神经组织——这使它们不必实现自然的全部责任。一切动物所表现的行为都不是发自选择，而是由于它们所必须遵循的“道”或“理”。因此，当意识显现在人类这一层次时，它不是与人的生理构造完全无关的某种东西。

从现代科学的角度来看，这些观点是无可非议的，必须记住，这些观点来自12世纪中叶。对于朱熹来说，就像对于我们一样，最高的人类美德是极其自然的，而不是超自然的；是进化过程的最高表现，朱熹有时也把“仁”（宇宙的凝聚原理）当作万物的动力来谈论。禀赋着“气”的人接受着这一天地之心，从此接受生命；因此恻隐之心和仁是他生命中最本质的部分。另外，正如从低级动物过渡到高级动物是有赖于其气的相对纯净性那样；人性善恶的差别也是由于他们所得“气”的不均衡性造成的。但朱熹没有像王充那样，用宿命论的方式来解释这个问题，而是主张一个人凭借自身中的“理”就可以完善自主。这些观点都很有趣，因为在很多方面它们都预见了近代遗传学。

朱熹关于广义上的“有机体”的观点，在他几乎所有的有关人与其他关系的著作中均有体现。有一点很清楚，朱熹在讨论社会组织的本性时与佛教相对照：

天下只有这道理，终是走不得。如佛、老虽是灭人伦，然自是逃不得。如无父子，却拜其师，以其弟子为子。……

（《朱子语类》卷百二十六）

朱熹还讨论了生和死的问题，他很肯定个人的精神是不会存活的。佛教的观点是人的灵魂可作为鬼继续存在下去，并借别人的躯壳再次转化为人；这是荒谬绝伦的。宇宙中唯一不变的东西就是“理”。在这个问题上，朱熹伙同其他理学家将孔子时代关于鬼神的古代术语加以合理化，赋予它们以专门的含义。我们可通过表16来观察词义的变化。人的灵魂由两部分组成，一部分上升，另一部分在死亡时下降，这种观念并不新鲜；理学家们的创新是用这

些术语来表示相当清楚的物理概念,并把它们应用于描述自然现象。因此,朱熹在《朱子全书》卷五十一中说道:

如风雨雷电初发时,神也。乃至风止雨过,雷住电息,则鬼也。

245

表 16 理学家对儒家术语的合理化

与阳有关者		与阴有关者	
气	用于它的古意,即生命的气息。	精	精髓。
魂	精神或灵魂中的"温暖"部分,死后上升与天之气混合。	魄	精神或灵魂中的"寒冷"部分,死后下降与地之气混合。
神	古意为神,现在用来表示以下概念。	鬼	古意为妖怪,现在用来表示以下概念。
伸	伸张,散开	屈	收缩,聚合
散	消散,离散	聚	聚集,凝结

当然,可以有两种方式来理解这段叙述:一种是人民群众的迷信方式,他们在民间宗教里用到了鬼;另一种是学者们采用的自然主义方式。但是,必须把这个矛盾放在中国官僚社会的背景下考虑,在这个社会里仍然存在着祈雨等形式,尽管开明的人并不相信它们会起任何作用。但是,也许回顾一下历史,我们将看到,这种仅仅对古字及其全部的宗教含意加以合理化而未能创制出新术语的严重缺陷,乃是社会环境的最不幸的方面之一,而中国科学就是在这种环境中诞生的。

246

最后,让我们来谈谈理学观念中有神论的问题。朱熹的立场是毫不含糊的:

苍苍之谓天,运转周流不已,便是那个。而今说天有个人在那里批判罪恶,固不可。说道全无主之者,又不可。

(《朱子全书》卷四十九)

他的观点确定了儒家的正统思想,这种观点究竟对中国的科学世界观的发展作出了多大的贡献,我们将在后面(本卷第十六章)讨论这个问题。

宋代理学和自然科学的黄金时代

在以上各页中,把理学哲学解释为有机哲学不啻为一种颇为合理的尝试,但是,在这里值得再一次强调宋代确实是中国本土的科学最为繁荣昌盛的时期。正如前所见,道教被认为同实验科学有某些联系,而事实上它也确实是如此。炼丹术、药用植物学、动物分类学和物理学等，全是受到道教的启发。所以如果我们对理学哲学的观点是对的，这也会显示出这种联系，并且事实上确实如此。大量的证据都可证明这一点。

如果我们要检阅这个时代的伟大的科学家，首先遇到的就是沈括。他首次详细地描述了罗盘针，提到了立体地图，并首次研究化石，确认它们的性质。在数学方面，有许多名家，这里只举几个：刘益、李冶、秦九韶和杨辉。这些人研究出了宋代代数学，这组成了当时全世界最先进的数学技能。在天文学方面有苏颂，我们至今保存有他于1086年精心写成的有关浑天仪的著作。在他之后的一个半世纪后，著名的苏州星图或天象图表刻在了石碑上。在地理学和数量地图学方面，一个新时代自贾耽开始到朱思本结束，他们两位都属于世界上最伟大的地理学家之列。宋代还有许多炼金术方面的著作，植物学和动物学方面的著述也非常多。在五代和宋朝，本草类的重要著作刊行了九种，还包括植物学方面的许多专题著作。医学方面也是硕果累累，宋慈不仅是中国的，也是全世界的法医学的奠基人。建筑和军事技术方面的著作也在这个时期写成了。

247

宋代的理学哲学本质上是科学性的，伴随而来的是纯粹科学和应用科学的各种活动的史无前例的繁盛。然而，这一切成就并没有把中国的科学提到伽利略、哈维和牛顿的水平。经过元、明两代的停滞不前，在清王朝时期出现了人文主义学习的高潮。十分明显的是，当我们回过头看时，会发现除了一系列意想不到的事外，中国文明是不会产生近代自然主义科学的。相反，最后一幕戏也在一场毫无结果的形而上学论战中上演完了。直到17世纪初，当文艺复兴后第一批西方现代文明的使者来到中国首都时，中国学者们才被邀请加入这种“新的或者试验性的哲学”，这种哲学会从根本上来改造世界。

耶稣会传教士从欧洲带来现代数学、科学和技术，这对中国贡献巨大。但是认为由理学所总结的中国思想对世界科学未作任何贡献的想法也是错误的，它的贡献可能要比迄今所认识的大得多。这种新评估的原因很简单：欧洲科学是在一个数学的、机械的世界及笛卡儿和牛顿的世界图像的旗帜下前进的。这种进程在此之前已充分发展了，但它所信奉的自然观不能永久地满足科学的需要；需要把物理学看作研究较小有机体的科学，而把生物学看作研究较大有机体的科学，这个时代一定会到来。如果发生了这种事的话，科学所采取的思维模式将会是非常古老，非常明智的，而决不是典型的欧洲式思维。

中国人所贡献的就是这一点。朱熹及其他理学家的世界观刺激了思维中有机论性质的发展，这种性质通过耶稣教传教士传入欧洲又传给了莱布尼茨，它的重要性毫不夸张地讲是非常大的。在这次中西文化交流中，莱布尼茨是个关键人物。他对中国思想极感兴趣，并与居住在北京的耶稣会传教士长期通信甚至保持着某些私人交往。在某种意义上讲，他被认为是个桥梁建筑师，将神学的唯心主义与欧洲科学的唯物主义联结了起来，本来这是两种欧洲思想从未能成功解决的相对立的二律背反。很难精确地估计莱布尼茨本人究竟接受了多少中国哲学的刺激，因为他不是一个有系统的作家，他所做的事情仅能从信件或断简零篇中印证；不过还是有些事可说的。

248

莱布尼茨想要的是一种实在论，但不是一种机械实在论。与把世界看成一个庞大的机器相反，莱布尼茨主张（另一种）世界观，即把世界看成一个庞大的有机体，它的每一部分也是有机体。这是在 1714 年他的生命行将结束时，在《单子论》这篇他死后才出版的简短而光辉的论文中提出的观点。他的“单子”是不可分解的有机体，是更高级有机体的组成部分，有着各种不同的层次：单子的等级制及其“前定和谐”有似于理学家的理的无数个个别表现。莱布尼茨希望借助于这个等级制的宇宙来克服唯心主义和西方唯物论之间的二律背反。在他的哲学里很容易发现中国思想的因素。在《单子论》中，他写道：“物质的每一部分都可设想为一个充满植物的花园或一个充满鱼类的池塘。”在这里，透过理学的镜子我们能看到佛教的思辨，而且这还与列文虎克和斯瓦默丹等人透过当时新奇的显微镜所看到的实验证明相符合，这些人都是莱布尼茨赞赏地引用过的。

当莱布尼茨提到机器和有机体的区别在于，组成有机体的每个单子总是有生命的并且在意志和谐之中相合作的时候，我们不禁联想到中国通体相关的思维体系所特有的“意志和谐”。莱布尼茨的“前定和谐”是致力于解决 17 世纪身—心问题的学说，尽管它本身并没有维持多久。这种学说与引证过的董仲舒（公元前 2 世纪）的一段话很相近，两者都用了声波的类比。然而，莱布尼茨的另一段话可使我们再次听到中国思想的回声：“在灵魂和肉体相分离的精确意义上说，并没有绝对的生，也没有完全的死。我们所称为生的，就是发展和展开；我们所称为死的，就是闭合和收缩。”在这里，我们仿佛听到道家们在谈论他们的密集和稀疏。

249

莱布尼茨自己关于中国哲学的论点至今仍有着生命力，他明确地称这种哲学为“近代”中国的理学。他写道：

> 当近代中国的诠释家们把上天的统治归之于自然的原因时，当他们

不同意那些总是在寻求超自然(或者不如说超形体)的奇迹和意外救星般的神灵的无知群氓时,我们应该称赞他们。同时在这些问题上,我们也能把那些对于自然界的许多伟大奇迹提供了几乎是数学的解释并使人们懂得大宇宙和小宇宙的真实体系的欧洲的新发现告诉他们,并以此来进一步地启迪他们。

[kootholt(1),P. 447]

当然,这并不是说,中国的有机哲学是导致莱布尼茨走向他的新哲学的唯一刺激。他发现自己的立场同17世纪由本杰明、惠奇科特、亨利、莫尔及库德沃斯等人领导的一个神学家和哲学家的派别,即剑桥柏拉图派的立场之间有一些接触点。他们同生物学界的朋友,诸如约翰·雷和格鲁等人一起发展了一种科学哲学,认为自然界是“生机勃勃的”、“精力旺盛的”,并“有创造性的”,而不是机械的。剑桥柏拉图派思想家想了解和思考自然界,而不是想控制它,他们寻求的是综合而不是分析。但这种观点在极大程度上依赖于柏拉图,因此它不可能取得很大进展。它的支持者们回到了一个支持“活的灵魂的”数学化的世界。然而在17世纪,引向越出笛卡儿和牛顿的唯一途径并不是绕过数学,而是直接从中穿过去;这就是莱布尼茨所采取的道路。但从有机主义看来,这是唯一的途径;在有机论中,每一点泛灵论的残余,每一个把灵魂看作有机发展的活的原则的痕迹都已消失。也许理学家的“理”为这种净化指明了道路。也许如今在当代科学的这个阶段,世界应当归功于庄周、周敦颐和朱熹等人,这要比世人迄今所认识的要多。

250

第十三章　宋明时代的理学家与中国自然主义的后期重要人物

本土自然主义的最后几位杰出人物

1200年朱熹死后，理学几乎止步不前。有的弟子和同僚试图将朱熹的理论应用到专门的领域；有的详尽阐述了关于宇宙灾变的专论；还有的则忙于搜集并刊行朱熹的遗稿。但是，理学并未因此而有真正的进展。另一方面，14—16世纪杰出的思想家们确实致力于理和气的研究，并试图达到理气之间某种最终的合一。如杨东明（1548—1624）曾写道：

> 今谓义理之性出于气质则可，谓气质之性出于义理则不可。

确实，杨东明及其志同道合者都极力反对传统的形而上学唯心主义。传统的形而上学唯心主义断定现实并不存在于外部世界而存在于人的思想中。这种观念在1500年王阳明时期达到了顶峰；同时这也是我们首先要研究的情形。但我不打算占用太多篇幅，因为不论何种形式的唯心主义在中国或在其他任何文明中都没有更有助于自然科学的发展。但它流行起来了，并在天平上不利于中国科学的那一端又添了些许砝码。

唯心主义观的盛行责任似乎在于佛教。中国古代思想中并没有形而上学唯心主义存在的证据。并且它的最初的真正成长，出现在唐代佛教大师如卢慧能（638—713）和何宗密（779—841）的著作中。事实上，中国的形而上学唯心主义本质上是印度“幻境”哲学（即外在世界的基本不真实性）的一种发展，其最伟大的代表人物毫无疑问首推陆九渊（1138—1191）。他与朱熹同时代并是朱熹的死对头。陆九渊比他的任何前辈都更着重、更精确地阐述了这一哲学学说，其中有这样一段话：　251

> 宇宙便是吾心，吾心即是宇宙。
>
> （《象山全集》卷二十二）
>
> 万物森然于方寸之间，满心而发，充塞宇宙。
>
> （《象山全集》卷三十四）

这种观点预先肯定了时（间）空（间）的主观性论，被认为比康德早6个世纪。

陆九渊把新儒学的组织理论"理"完全置于心灵之中。在与朱熹争论了多年之后，两人不得不保留着分歧，因为他们俩的观点确实是格格不入，难以调和的。由于他的哲学观点，陆九渊很自然地被指责为偏爱佛教，他也确实如同许多其他的后期儒家一样采用了佛教冥思的各种手段。但是，有一点是肯定的，陆九渊和他的同代儒家们是始终肯定人在世事中的责任，并否定佛教假借遁世以求被拯救的教义的。确实，依照陆九渊学术圈中流行的一种说法，"佛教的冥思导致寂灭，而儒家的冥思导致行动"（为戴遂良[wieger(2)，P. 225所引用]）。

陆九渊的影响由弟子们代代相传一直持续到16世纪，并由此影响了中国理学的主要代表人物王阳明（1472—1528）。尽管王阳明一直自称为陆九渊的追随者，他却并不沿用前辈们的语言来表述他的唯心主义。在《阳明先生集要》这本选集中，我们可以读到：

> 身之主宰便是心，心之所发便是意，意之本体便是知，意之所在便是物。
>
> （《阳明先生集要》卷一）

对王阳明来说，外在世界并不比想象的世界更不实在，但是一切物质存在毫无疑问都是"世界精神"的产物，所有个人的思想均在这方面或那方面与这个"世界精神"是同一的。因此，他十分强调天生的"直觉"，在他看来，除此之外就不存在知识。这种直觉常常以一种非常伦理的方式被认为是道德直觉。对于这一点，王阳明作为一个真正的儒家，认为他颇有得于圣人孟子。所以，在某些意义上讲，他大约早200年就预见到了贝克莱的唯心主义，并且以更早的时间预见了康德的绝对命令（即道德法则的存在独立于任何隐性的动机或目的之外）。　252

王阳明不仅是个哲学家,还是位很不错的诗人。他的一些诗作在中国妇孺皆知,现在几乎已成为世界文学的一部分了。例如:

> 个个人心有仲尼,自将闻见苦遮迷。
> 而今指与真头面,只是良知更莫疑。
>
> (《阳明先生集要》卷二)

对我们来说,这也许是"内在灵光",是使徒约翰那"指引每个世人的灵光"。不幸的是,不论这一切有多崇高,它们却不利于自然科学的发展。此外,王阳明也不可能了解科学方法的基本原理。曾被朱熹多次使用的"格物"一词最初出现于公元前260年的《大学》之中。几个世纪以来,"格物"已成为中国科学家们的口号。但王阳明是如此写到它的:

> 初年,与钱友同论做圣贤,要格天下之物。如今安得这等大的力量?因指亭前竹子,令去格看。钱子早夜去穷格竹子的道理,竭其心思,至于三日,便致劳神成疾。当初说他这是精力不足。某因自去穷格,早夜不得其理。到七日,亦以劳思致疾。遂相与叹圣贤是做不得的,无他大力量去格物了。及在夷中三年,颇见得此意思。乃知天下之物本无可格者。其格物之功,只在身心上做。决然与圣人为人人可到,便自有担当了。
>
> (《阳明先生集要》卷二)

253 这种传统在整个16—17世纪得到了继续发展,但它同科学却无甚关联。唯心主义学说到了那时已不再兴旺。一个巨大的反向运动——新自然主义运动——正在进行。这个运动来势汹汹,它甚至批评朱熹的观点不够唯物。

唯物主义的再肯定

这场新运动最早、最出类拔萃的代表之一是王夫之(1619—1692)。这位杰出的学者尽忠效力于明朝,直至其所有的残余政权垮台。然后,他又拒绝出任清朝的官职,隐居在衡阳附近的一座山里,以读书和写作了却余生。他似乎和某些耶稣教传教士接触过,但尽管如此,他的作品中几乎觉察不出有任何西方的影响。在哲学上,王夫之是个唯物主义者和怀疑论者。他不仅强烈反对王阳明及其他唯心主义者的论调,而且还猛烈抨击各种形式的迷信活动。他还反对占星术和观象论。尽管王夫之至少在理论上支持新儒学,他却不愿接受世界灾变论。确实,王夫之拒绝探讨任何有关宇宙的话题,他认为那已经超出了可观察或可进行有效讨论的范围。所以在某种意义上,他又折回了更为古老的儒家立场，尽管可以说他处在更成熟的水平上。王夫之的著作大都包含在对《易经》的评注及其他几部较小的书中，特别是在1670年的《俟解》和《思问录》中。

对王夫之来说，现实是由不断运动着的物质组成的。他强调对朱熹的哲学加以唯物主义的解释，理和气应当并重。王夫之写道："象外无道。"但他对中国科学思想最有意思的贡献是对如今生物学家称之为"动态平衡"的关注。动态平衡意指通过反馈机制控制某个复杂的有机体。无论处在什么样的环境中，反馈机制总是要使系统的每个部分保持不变并与其他部分和谐一致。王夫之认为，在一定时期内，"形"是保持不变的，尽管"质"(形的物质组成)是处于不断变化的过程中的，就像喷泉或火焰一样。由于他毫不迟疑地把这一观点运用到了所有的生命形式上，所以可以说他已经领会到了一个生命体中物质和化学变化——事实上就是新陈代谢——的存在。当然王夫之并没有 254 用"新陈代谢"这个19世纪晚期的词汇或其他对等词，但这个观点蕴藏在了他的作品中。

在王夫之看来，五行只是自然界已知的各种物质的基础("材")，而千变万化的物质形式并没有"不变的物质底层"("定质")；相反地，只要它们继续存在，质就处于不断的变化中。关于生成和消逝，他认为："散而归于太虚，复其絪缊之本体，非消灭也。"(《正蒙注》卷一)"生非创有，而死非消灭。"这些我们可称之为部件的"集合"及其随后"入库"的想法，尽管很可能来自公元前4世纪关于"聚"、"散"的概念，却在17世纪的思想家如王夫之那里获得了精确性，这最终把他们提高到可以领会物质守恒规律的水平。如果王夫之知道这条规律的西方表达方式的话，他准会认为那正是自己的想法。

尽管王夫之在自然主义和唯物主义上作出了杰出贡献，他的大部分时间却是花在历史问题上的。即使在这方面，王夫之也表现出了唯物性，连同他那炽热的爱国主义一起，他反对清王朝入主中原，支持明朝大业直到最后一刻。他希望在自己的墓碑上仅刻"明遗臣"三个字。王夫之真正的历史著作区分了古代封建主义和封建官僚主义，详细阐述了社会进化的理论。他颂扬民族英雄，痛斥卖国贼，并剖析了官僚社会的弊端，最后这一点占去他大部分的注意力。他抨击了官僚制度的腐败，并承认了商人阶级潜在的重要性。他认为尽管商业的发展有利于国家，官僚主义却阻碍了它的进步。总的来说，王夫之的经济观念有的十分先进。许多中国的马克思主义者把他看作马克思和恩格斯的一位本土先驱者，这也许是不足为奇的。

汉代思想的再发现

和王夫之同时代在唯物主义运动中有两位举足轻重的学者：颜元和李塨。这两位之所以重要是在于他们创立了颜李学派或“汉学派”(复古运动)。255 他们抨击宋代理学，力图恢复1 800年前汉代学者的思想。颜李学派反对宋代理学的主要理论基础是他们认为理学中充斥着道教和佛教的因子。但他们最大的贡献在于为王夫之18世纪的传人戴震的哲学发展铺平了道路。戴震很早就对科学感兴趣，刚20岁时就写了一本名为《考工记图注》的小书。他一生的后期积极参与古籍中有关数学的整理工作，著书评论计算尺，并成为皇家书馆中知识渊博的编纂者之一。据他的弟子李庭凯介绍，戴震除了对科学之外，对技术也抱有浓厚的兴趣。他也是清代所出现的少数哲学思想家中最伟大的人物。

从以佛教道教作基础对理学的影响入手，戴震开始着手摒弃这些外在因素并创立自己的彻底唯物主义论。他大胆地抛弃了把“理”当作存在于心中的天赐实体这一概念，并假设单单一个“气”就足以解释包括人性最高表现在内的所有一切。这样，戴震又回到了对“道”的古老的概念上，把它理解为自然秩序，正如在用阴阳五行加以解释的现象中所显示的那样。他也十分强调重新发现“理”这一词中“模式”的意义，这一意义由于大量诗意和道德释义的增多已逐步丧失了。于是，戴震把它重新回复到了气(物质—能量)的内在性这一地位上。此外，戴震还抨击了把理学的模式原则同某种普遍法则等同，并用它为政府的行为和法律正名的观点。

戴震提到，事物的原理不能由冥思和内省来揭示，也不可能在顿悟的一闪之间得到，而只能通过“博学、审问、慎思、明辨、笃行”而为人知。他还认为理性并不是由上天加之于人的生理本性上的东西；他在人的存在的各种表现中都可以得到例证、甚至在所谓的低级感情上也可以。这里戴震的观点是很现代的，他直接把矛头指向了被广泛接受的理学。当时的理学已被佛化到了如此程度，以致认为人的自然欲望本质上是邪恶的，应加以限制。另一方面，256 对戴震来说，理想的社会是一个在其中这些欲望和感情都能够自由地表达而又不伤害他人的社会。他坚决主张，甚至仁、义、礼、智等伟大品质也只不过是食色的本能和保命延年的自然要求的衍生物，不能离开这些要求去寻求那些品质。所以美德并不是没有欲望或压抑欲望，而是这些欲望的有秩序的表达和满足。

戴震还认为，把“理”看作天赐的对个人本性的启蒙原理，其社会后果曾给中国社会造成很大的危害。当然，有人会认为承认“理”的思想即使在最卑贱的人的身上也有，会提高他的尊严并赋予他一种当遭遇不公时可向之申诉的更高的“法”。但是戴震指出，当所向之申诉的“法”为长官的主观判断辩护时，它是不起什么作用的。戴震极力主张，任何个人意见都不能叫做“理”。他完全明白了何以科学证明是公有的，而不是私有的；是普遍接受的，而不是个人给予的。

颜李学派对理学所感到的诸多不满中，包括它突出的注重书本的特征。颜元在重新发现古人时，发现有充分的理由认为古人的教育方法要实际得多。因此，当他在学医和行医一段时日后于 1694 年受聘主持一所新办学院时，他引进了技艺的和实际的科目，这可能成为中国教育的一场革命。他看到那个被称为“漳南书院”的学校不但有一个健身房，还有几个摆满了表演和操练用的战争器械的大厅，有几间供教数学和地理用的专门的房屋，一个观象台，以及供学习水利工程、建筑、农业、应用化学和烟火制造术用的设备。不幸的是，仅几年后一场严重的水灾毁掉了整个学校，在颜元去世之前也没有来得及修缮重建。虽然颜元的事业很可能受到耶稣会传教士的影响，但应当记住这种性质的学校就是在 17 世纪的最后几年对欧洲来说也是异常先进的。但这不是中国第一次试图把教育朝着实际事务定向；宋代的王安石就把有关水利工程、医学、植物学和地理学的文章引入科举制度中，但这是在他生前就告失败的改革方案之一。

257

我们现在已经进入的是，由耶稣会传教士引进的后文艺复兴时期的西方科学正在使人们感受到它本身的充分重要性的时代。有趣的是，鉴于这条渠道的神学性质，中国本土的自然主义传统仍是如此强大，以致出现了戴震这样的思想家。他的世界观更加符合现代科学而不是耶稣教传教士的世界观。在公元第一个千年期间，发明和技术主要是从东方传到西方的。但在 17、18 世纪期间，这个进程颠倒了过来。戴震利用了这一点。我们得知，正是戴震广泛地推荐一种阿基米德螺旋式水车作为汲水装置。这很有意义，因为在中国技术中，螺旋原理是不为人所知的。当“西人龙尾车法”出现后，整个事物需要一个明白的解释。戴震写了一篇《嬴族车记》讨论了这一问题。

新哲学或实验哲学

我们现在所讨论的时代已超出了这本书的计划之外，但我们最好对耶稣会传教士到来之后中国出现的科学技术氛围看上一眼——当时的科技硕果累累。例如，在 17 世纪上半叶，江苏省出现了两位杰出的光学实践家——璞玉和孙蕴秋。他们使人联想起在产生现代科学的欧洲起着重大作用的“高级工艺者”。这两位制作了望远镜及其他许多种光学仪器，包括简单的显微镜、放大镜、探照灯等等。其中璞玉同荷兰的利普奇、英国的里奥纳多·犹格斯、意大利的黛勒·鲍特及其他某些人一样，是少数几位独立制作出某种望远镜的发明家之一。但他似乎领先于其他人的地方在于1635年他把望远镜应用到了重炮射击上。

此外，1638年戴榕写了一本名为《奇器目略》的书，记载了他的朋友黄履庄所制造的奇器和用具。黄履庄制造并描述了(或仅仅描述了)气压计、温度计、一种带有可转动指针的温度计、虹吸管、镜子、望远镜及放大镜、各种自动机械：如某种画片放映装置、一种可能是曲柄车或脚踏车或自行车的装置、该车部分由弹簧驱动，并能日行八十里，还有自动风扇，水管及改进了的汲水装置等。戴榕说：

258

> 来广陵，与予同居，因闻泰西几何比例轮捩机轴之学，而其巧因以益进。……所作之奇俱如此，不能悉载。有怪其奇者，疑必有其异书，或有异传。而予与处者最久且狎，绝不见其书。叩其所从来，亦竟无师传。但曰：“予何足奇？天地人物，皆奇器也。动者如天，静者如地，灵明者如人，赜者如万物，何莫非奇？然皆不能自奇，必有一至奇而不自奇者以为之源，而且为之主宰。如画之有师，土木之有匠氏也。夫是之为至奇。”予惊其言之大。

这难道不是亚里士多德和机灵的17世纪化学家罗伯特·波义耳在通过一个17世纪的中国人之口说话吗？然而看来庄子和沈括也并非不在场的。

也许，这可以作为中国科学思想发展史概论结束的标志；它最早开始于诸子百家，直到17世纪又在世界范围的统一体内与近代科学融为一体了。

第十四章 佛家思想

259

在讨论理学时，我们曾有几次提到过佛教。作为中国古代的"三大宗教"之一，只有佛教不是土生土长的。现在，我们最终必须得更仔细地看一下它。任何一个不属于西方文化而想要描述欧洲科学的兴起和繁荣的人，都必然要专设一章的篇幅来叙述基督教的观念对于这一发展所产生的影响。我们仅能推测作者有可能说些什么：比如，他可能论及一个人格化的创世主这一概念的重要性，或者论及时间过程的真实性(因为道成肉身出现在某一特定时刻)，或是论述那些具有"民主"特征的观念，这些观念赋予每个灵魂以价值，因而也许使每个人对于自然的观察获得了价值。这样，在讨论中国的科学技术时，我们面临着一个相似的问题：即判定佛教在传入中国后对科学产生了怎样的影响。即使这些影响主要是负面的，我们还是要像考虑推进发展的因素一样，认真考虑那些阻碍发展的因素。所以，我们不能把佛教问题撇开不谈。

一般特点

科学家和汉学家一样，往往不能对佛教的研究感到满意，因为就原始教义究竟是什么这一问题，双方没有达成完全共识。重要典籍的年代如此模糊不清，连同所有印度文献一起，仍使得许多观念的一般历史带有很大的不确定性。常常是没有明确界定的正统观念，关于大乘佛教(这是在中国流行的形式)如何区别于较早的小乘佛教，出现过形形色色而又往往自相矛盾的观点。一个极端是认为原始佛教完全出于结合了催眠术的魔法和幻术；另一个极端则认为佛陀乃是一种早先哲学体系的信从者。能够确定的是：确实产生了佛教哲学体系，其中包含有关个 261

人的本性和个人的遭遇依因果规律而定的理论，以及关于个人最终命运的学说。然后随着大乘佛教运动的进展，所有这些问题都通过一种"觉悟者"的新理论而产生了变化，这个理论使得"佛"成为众多"救世主"之一。

因为有上述这些困难，以一个简表的形式把有关的主要年代概述一下，或许是有帮助的(见表17)。关于这个年表最显著的事实之一，就是流传至今最早的笔录传说，其年代不早于公元4世纪，正是《岛史》(*Dipavamsa*，锡兰岛的历史)写作的时期，以后一个世纪又编写了《大史》(*Mahavamsa*)。因此，无论如何没有一种著述相当于《春秋》，或者甚至相当于《史记》。所以，尽管晚了约一个世纪，我们关于佛教创始时期的情况，远不如对孔子的生平和时代所知的那样确凿。

260

表17　佛教兴起年表

公元前	
563—483年	佛教创始人，北印度一个小国迦毗罗(Kapilavsthu)的王子乔达摩·悉达多(Gautama Siddhārtha)的生活时期(但是某些权威把它推后一个世纪)。
483年	在王舍城(Rājagaha)举行第一次结集大会。
338年	在吠舍离(Vesālī)举行第二次结集大会。
321年	旃陀罗笈多(Candragupta)建立孔雀王朝(Maurya)。
269—237年	阿育王(Aśoka)统治时期。这是最早关于佛教存在的铭文证据的时期。
247年	在华氏城(Pātaliputra)举行第三次结集大会。
246年	摩哂陀(Mahindra)至锡兰传教。
2世纪	大乘教义开始，并在公元前1世纪贵霜(Kushāna)诸王时期继续发展。
公元	
65年	这是我们所能确定中国出现佛教僧人和居士的最早时代。他们在彭城(现在的江苏徐州)在汉朝亲王刘英的保护之下，形成了一个社团；刘英也是道教的赞助人。皇帝给他的一封信中提到了这些人。众所周知，汉明帝因为一场梦而派遣使节出访，后来他们带回佛经、佛像和僧人——这一故事只不过是3世纪初期编造的敬佛传说而已。
78年	迦腻色伽王(Kaniṣka)即位。
100年	由迦腻色伽王召集，举行一切有部结集大会。
2世纪	龙树(Nāgārjuna)辩证的中观学派(Mādhyamika School)兴起。
148年	安息(Parthian)佛教徒安清到达中国。在2世纪后期来华的其他传教者当中，还可以提到印度人竺佛朔和月支人支谶。从这时起，开始了翻译大量佛经的工作。
5世纪	世亲(Vasubandhu)和无著(Asanga)唯心论的瑜伽行派(Yogācāra School)兴起。
6世纪	陈那(Dignāga's)的因明学派兴起。
7世纪	寂天(Śāntideva)、法称(Dharmakīrti)以及密宗(Tantric School)兴起。

另外一个重要的事实是，佛教徒在有文字记载以前早就分裂成为两派。然而所有派别在某些基本原则上都是保持一致的，其中最中心的一条就是羯魔或灵魂轮回的概念。“羯魔”用前世的善与恶来解释今生的善与恶，并认为人死时，灵魂会附到另一个人身上。它是“前佛教”的观点。佛陀的洞见在于：遭遇的幸福或苦难仅是以前世的道德和伦理来解释，而不是以是否举行了仪式或祭祀为依据的。耆那教徒和印度其他的教士认为通过苦行的方法（往往是些极端的方法）可以减轻或改善个人的业报。但是关于佛陀生平的一切传说都一致认为，他是断然否定这种观点的。他的“羯魔”教义仅体现在“四谛”之中，即：(1) 有苦存在；(2) 苦的原因是贪或欲；(3) 解脱苦难是可能的；(4) 可通过依照“八正道”来禁欲或自我修炼的方法解脱苦难。这是包括除极端苦行以外的各种心理和禁欲方面的修炼。

佛教思想总是被认为是因果报应教义的一种。“轮回”思想中包含着确信有不可避免的“果”这一点经常通过宇宙法则来表达。这与一种人们必须躲避的恶性循环——十二因缘相关联。这些构成了命题的“圆圈”，因为它们不仅一环扣一环，而且最后一环总是回到第一环：一个在佛教的一切说教和画像中都用车轮作为象征的无止无休的“轮回”。佛教的目的就是要使人摆脱这个邪恶的循环，小乘佛教强调个人通过自身努力的解脱；而大乘佛教则强调个人能促使他人解脱的行为。但两者的中心宗旨都是从世俗中解脱出来，这就入了涅槃中“无”的境界。

表 18　十二因缘的轮回　262

无明（avidyā，即无知）	引起	行（saṃskāra 它们被认为是意志的表现）
行	引起	识（vijñāna，即意识）
识	引起	名色（nāmarūpa，即心与身）
名色	引起	六入（ṣaḍāyatana，即六种感觉器官）
六入	引起	触（sparśa，即接触）
触	引起	受（vedanā，即感受）
受	引起	爱（tṛṣṇā，即贪欲）
爱	引起	取（upādāna，即执着）
取	引起	有（bhava，即存在）
有	引起	生（jāti，即出生）
生	引起	老死（jarāmaraṇa，即老、病、死等等苦难）
老死和一切苦难	引起	无明（avidyā，即无知）

可以说，十二因缘的大部分都表明对人体中央神经系统的知觉和运动诸

263 方面均已有某种程度的体会，尽管循环的开端和结尾均没有按逻辑相衔接，并且它需要宗教信仰的眼力才可被接受。佛教徒将身体、心灵以及灵魂分析为五蕴，即五个元素的“束”，这些元素在生时附着在一处，死时分散。这其中有四种是非物质的，它们包括行、识、触、受，为意志集中的表现。五蕴之一是“物质的”，即“体”（身体吸引及自豪）。“体”中包含“四大”，即土（坚）；水（流）；火（暖）；风（动）。这一分法与中国的五行不尽相同，而且似乎并没有对中国的科学思想产生任何显著的影响。

在佛教以前的神圣的印度吠陀经和奥义书的时代，就已经有了对个体灵魂存在的比较朴素的认识。后来，发展为认为个体灵魂和宇宙或神合而为一。然而佛教徒坚决否认个人灵魂的存在，尽管他们主张个人的组成部分（“蕴”）在来世继续存在，直到个人修得罗汉的地位时才最终消散。另一方面，佛教徒也攻击认为个人死后归于消灭的唯物主义理论。同样，某些佛教徒确实提出了诸如“个人本身”的补伽罗（pudgala）范畴，但这从来没有变为正统。但个人确是带着自己过去行为的业报而轮回，并从乾达婆（gandharva，即将要再生之物）的形式而投胎（garbha），这个观点被接受了并最终引起了佛教徒对胚胎学的兴趣。关于再生的结果，根据前世所积的功德或所要赎的罪会有一系列的“趣”（gati）：人可以再生为天神，为人，为饿鬼，为畜生或堕入地狱。

为了完整地描述佛教在传入中国以前的景象，我必须记住，佛教的原始形式乃是为那些集体居住并温驯地维持苦行的僧人们制定的教义，戒律也是专为他们而规定的。只是到了后来，宗教才在普通人之间流传开来。也许这正是为什么佛教在印度比较轻易地就消失了：一旦有教养的僧人和他们的团体消失后，就没有什么可以区别佛教外行人和印度教徒了。因为尽管佛教否定划分社会等级的印度种姓制度，俗家人却从来没有谴责反对过它。在寺院里，佛教徒们接受了瑜伽的修炼方法如冥思和自我催眠，以此作为产生深刻
264 洞识的手段。当时也普遍相信通过这些方法可以获得超自然的力量：如在不同地方显形，飘浮飞行，传心术，隐身等，以及控制通常是自主的其他人体机能。但这些只是僧人的专门功课，而不是在家人的。至于别的神，佛教是容许崇拜它们的，但并不认为它们是幸福的赐予者或是道德的基础。后来佛教发现明智的做法是把它所征服的一切地区的原有的神合并起来，大规模地录用它们作为佛教信仰的护法神，其结果有时十分成功，如在西藏，几乎掩盖了原有教义的真面目。

但是无论何时，佛教的基本态度均未改变。它拒绝回答一切涉及不可知事物的问题。这些问题包括：宇宙是否永恒；宇宙是否有限；生命原则是否就

是有形的身体;如来死后是否存在。也许拒绝做这种推测正是佛教敌视科学研究的又一特征。

大乘和小乘

现在我们可以看一下佛教具体化过程的两种形式：大乘和小乘。小乘是原始的和朴素的(僧人的形式);大乘则非常宗教仪式化并涉及通过佛教解脱来赎罪。本质上,小乘提倡个人进修,天人合一,其反对者称之为“戒律乘”。另外,小乘认为个人的目标应是达到“独觉”,即成为不说法讲道的佛陀。这被称为“小乘”。另一方面,大乘的先辈们强调圆满佛性,否定小乘的自私理想：现在解脱应成为僧俗人等共同的目标。据称佛陀曾为所有人的解脱而努力,所以他的信徒也应该这样做,必要时应该忍受多次的再生,从而推迟个人证得涅槃的时间。这就是“大乘”。关于大乘观念的起源,我们几乎一无所知。所能确定的是,这些观念在2世纪时已经有了高度的进展,也就在这个时候,大乘佛教传入了中国。它是佛教中最“现代的”和吸引人的表现,根据这种新见解,世界上充满了菩萨(bodhisattvas),即神化人物及其化身;他们从事救度世人,并应当像如来本人一样接受膜拜。涅槃,甚至天人合一的思想均被低调处理了,也许有这样一种健全的观念,即仅是自我修炼是永远不能获得自我解脱的,只有努力救度他人,才能使自己得救。最终持有了这种观点后,佛教展示了一个现成的而又十分合乎道家口味的悖论,后来他们毫不困难地盗用了这一点。 265

这个新体系的伟大文献是大约2世纪写于印度并于5世纪译成中文的《妙法莲华经》。此经颂赞菩萨,允诺人人成佛,并包括很多人的预言,要发生周期性的世界灾难等等。然而到了后来,在家的佛教信徒除了崇拜菩萨,几乎一无所知;而四谛的道理则只传授给僧侣们。但是,尽管在一段时间里新观念被当作旧观念的发挥,但当一种新的教义出现时,发挥变得不可能了。新的观念教给人们“无”的概念,并认为经验世界是不真实的。但在此之前,生死轮回被认为是在一个真实的宇宙中进行着的;但现在一切都被描述为一场虚假的皮影戏。入涅槃而得解脱也被描述为从不得不看这场皮影戏的必需中解脱。这就是中观学派(“无相空教”)的工作。这个学派大概始创于公元前1世纪,但直至公元2世纪才由它的最伟大的人物龙树系统化起来。龙树生活在佛教传入中国以后不久。

佛教教义现在认为一切事物都处在永远变化之中,没有一刻相同,因而不存在永恒不变的实体。色、受等体现个体身心存在的五蕴不过都是幻觉。

这种观念是完全否定却又十分强大的，强大到关于“幻”的学说在中国佛教中的重要性，无论怎么说都不算估计过高。也正是这一点使得它同中国的道家和儒家不能相容并可悲地阻碍了中国科学的发展。

佛教在中国的传布

第一批佛教徒大约是公元1世纪中叶抵达中国的，自从2世纪中叶以来，佛教典籍开始源源不断地流入，并在300年后达到了最高潮。但早在2世纪末，出现一本很小但很重要的书《理惑论》，它是由一个姓牟的人写的。此人曾在印度支那住过一段时间，并在那里熟悉了佛教。这本书与科学没什么关联，但它的重要性在于对儒家和道家极为有礼，他力图引用中国本土的经典著作来为佛教辩护。同时，许多印度僧人漂洋过海来到中国，他们穷毕生之力将流入的佛教典籍译成中文。当然，中国人完全不可能识别这些作品(包括大乘和小乘佛法)的编年顺序，结果只能作出纯粹是人为的分类。于是就出现了乔达摩的说教分为五个时期的理论。另一个中国佛教的特征产物是禅法，这是最纯粹的神秘主义，据说是由印度人菩提达摩(达摩)所创立的；他卒于475年前后。禅法摒弃一切哲理，完全依赖神秘的顿悟以及长期专心的沉思默念。禅常被看作是为道所影响的佛教的一种。它有着莫大的文化和艺术的影响，是科学世界观的又一大敌对因素。

266

需要提到的最后一种中国佛教的类型，是所谓净土宗。它相信通过虔诚的祷念菩萨之一的阿弥陀佛，个人有可能在遥远西方某处的极乐世界得到再生，在那里可以听到关于涅槃的极有灵验的说教。尽管最后涅槃的概念消失了，剩下来的只有净土。这一宗派在中国和日本大为盛行，直到今天许多佛教徒仍祷念能进入净土。像禅一样，净土的观念可能有相当一部分来源于道家想象中的仙境。

除这些派别之外，一些其他的哲学派别也开始出现，著名的如识色宗，它区分了不可触物体的精细物质及一般物体的粗糙物质。这同把印度的原子论引入中国是相关联的。佛教思想对于物理学的思忖，常常抱有偏见。但他们对中国思想的影响相对不大。中国思想与佛教观点的基本差别很明了，正如5世纪的萧子显简明扼要地评论那样：“孔老治世为本，释氏出世为宗。”(《南齐书·顾欢传》)

中国自然主义的反应

佛教与中国本土各派哲学之间关系紧张，主要原因之一在于无论怎样试图摆脱个人灵魂观念的困扰,佛教徒们不得不承认确实有某种个体东西的存在,它们存在于连续不断的转世之中。正是在这一点上,佛教与儒家的怀疑主义和道家的无我思想发生了冲突。此外,佛教教义认为可视的世界仅是幻觉,这也是与儒教和道教观点背道而驰的。所以毫不奇怪的,对佛教观点的直接攻击开始了。并出现了佛教的中国式变通——理学。理学结合了儒家和道家哲学,但这种融合直到宋朝才实现。因为直到那时,许多具体问题才明了起来。确实,理学是反对佛教的主要力量,因为道家说话极少。部分原因是他们忙于把佛教的用途和礼拜仪式全盘吸收到自己那种颇为人工组织起来的宗教中来,部分原因也许是他们经历了炼丹和其他实用技艺兴起的第二次高潮,而这些技艺受佛教影响极小。 267

佛教徒与中国哲学家们的水火不容由12世纪的胡寅很传神地表达为:冰和炽热的炭能够比儒教和佛教融合得更好。但最伟大的理学家是朱熹,他时刻反对佛教。关于他的重要观点我们在前一章曾讨论过。本质上,朱熹强调有机的宇宙观而反对自然界是幻觉这一佛家论调。廖子晦写信给朱熹这样说:

> 问天人无二理,本末无二致,尽人道即天道亦尽,得于末则本亦未离。虽谓之圣人,亦曰人伦之至而已。
>
> 佛氏离人而言天,歧本末而有所择。……
>
> 夫天下无二理,岂有天人本末,辄生取舍,而可以为道乎?夫其所见如此,则亦偏小而不全矣!岂所谓彻上彻下一以贯之之学哉!
>
> (《朱子全书》卷四十六)

最后一个问题与另一位理学家程颢的不朽名言完全呼应。关于佛教徒,程颢曾这样说:“当佛教徒只费力去理解上天,而不去研究世人时,他们对天的理解怎么可能是正确的?” 268

朱熹的学生陈淳也曾提出过有力有理有据的论证。陈淳同样不喜欢佛教对来世的理想化,他感到那与任何一种科学的自然观都是敌对的。佛教从存在中解脱的目的并不是人对自然所应做的适当反应。陈淳还争辩道,轮回即无法表现出它的无穷创造力,也没有任何新颖之处。简单地说,他的理学对抗佛学,实质上就是科学世界观与否定世界的神学信仰之间的对峙。

佛教对中国科学和科学思想的影响

尽管佛教认为世界只是幻觉,我们不得不承认,有某些与佛教有联系的特定理论或许对中国人的思想有过开拓作用,而且也许还使他们倾向于科学。其中之一就是相信空间和时间的无限性及除地球之外还存在着其他的世界;还有关于世界周期性灾变的学说。佛教徒认为,在这些灾难之中海洋与陆地颠倒了过来,一切事物都回复到混乱状态,然后再度分化为正常的世界。这种观点确实有借鉴作用,因为或许正是这一概念,中国才认识了化石的真正本质。

然而,佛教与中国科学思想相接触的另一点就是关于生物变化过程的问题。化身或转世的学说自然激起了人们对中国人早就开始研究的那些引人注目的动物形态变化的兴趣。例如,如果鸟能像人们一般认为的那样变成贝,那么人如果他们恶业够重的话,也如此就不足为奇了,要是恶业再重一些,他们甚至会变成饿鬼。然而这只是轮回学说的其中一个影响而已——关于生命终结。那么新生命的开始又是怎样的呢?对这个问题的兴趣曾引起过很多讨论。最终,兴趣的焦点聚集在了胚胎学上,尽管佛教中阻碍中国科学发展的因素使得人们几乎没做什么有用的研究。有趣的是,我们可以从佛教观念在这方面对中国的影响与基督教神学理论如原罪遗传、灵魂入胎等对欧洲 17 和 18 世纪的胚胎学所产生的强烈影响之间,找出某种类似之处。

269

但是,让我们回到中国,一个佛教的例子会告诉我们生物是如何变化的。12 世纪时,郑景望写了《蒙斋笔谈》一书,在那里,我们能读到这样一段话:

> 庄周言:"万物出于机,入于机。"……此言兼载《列子》……不若《列子》之全也。余居山间,默观物变固多矣。然取其灿然者,如蚯蚓为百合,麦之坏为蛾,则每见之。物理固不可以尽解,业识流转,要须有知,然后有所向。
>
> 若蚯蚓为百合,乃自有知为无知。麦之为蛾,乃自无知为有知。……
>
> 以佛氏论之,当须自其一意念,真精之极,因缘而有。即其近者,鸡之孵卵,固自出此。今鸡孵鸭,乃如庄周所谓鸡孵鹄者,此何道哉?

在佛教的画像和雕塑中也可以发现生物学的因素,如图 29 显示甘肃省肃州(今酒泉)卧佛寺的一尊塑像,这个僧人正在经历一次精神上的蜕化,把"旧人"蜕去——他正在用自己的手剥掉以前的皮肤。

但是,在佛教观念与人们对于自然科学逐步发展起来的兴趣两者之间所有的这些试探性接触,还有这样一个事实:即佛教向中国传来了大量高度精妙的有关逻辑和认识论的论述。佛教和其他的印度理论体系往往至少是和欧洲的那些伟大的哲学一样精致,而且其中一些,特别是关于辩证逻辑的理

270

图 29　蜕化在佛像中的表现。甘肃肃州(今酒泉)卧佛寺中的塑像,其中一尊表示"正在脱去旧人",就像蛇或昆虫蜕皮那样(原照摄于 1943 年)

论,大大加强了本已在道家和墨家存在的辩证思潮。但不幸的是,似乎没有证据表明这些高度发达的思维模式大大影响过中国的科学思维或科学研究。　271

密教及其与道教的关系

然而,关于佛教与科学之间的关系另有一点必须提到。因为佛教也有它的另一面,这一面和我们迄今所讨论的苦行实践和唯心哲学有着惊人的不同。佛教之中的这个"道家部门"就是密教。

怛特罗(Tantras)是处于印度教和佛教边缘的后期圣典,在不早于 6 世纪时创作于印度。伴随它们的各种实践有时候是公开的,有时候是秘传的。乍看之下,实在是非常古怪。对人格神的崇拜是突出的,但是更有特色的是强烈的魔幻因素,包括有威力的文字符咒、护身符、手势以及其他咒文,所有这一切在圣典里都有提及。密教采纳了我们也许可以称为"电的心象"作为其象征形式,其术语为"金刚乘"。我们立刻可以看出,这是一种非常类似古代道教中的萨满教和魔术方面的思想体系。因此,按照密教中魔术和科学在单一的未分化的手工操作综合体中曾经结合在一起的原则,如果说佛教曾在任何地方对科学作过贡献的话,那就在这里了。

正如早期和中世纪的道教常对性的现象感兴趣一样，密宗也是如此。例如，金刚杵已被证明是男性外生殖器，而作为佛教偶像特征的莲花，则被证明是女性生殖器。这一神学教义从本质上是说，一个神的神秘的或神圣的活力存在于他的女性对手之中，他就在和对手的永恒拥抱中获得这种活力。随之而来的逻辑结论就是：早期的瑜伽行者（yogi）为了寻求圆满，也必须专门举行特殊典礼和仪式在性交中和他的女瑜伽行者拥抱。随之还有对妇女的崇拜，以作为性交的准备步骤。整个情况确实和道教早期的各种修炼有着令人瞩目的雷同。我们对于这些观念毕竟不能用两千年来由基督先辈们传入的具有保罗式的和反对性行为的经典来加以判断，但我们不妨把它们作为不同文化的态度来心平气和地思考一下，这样我们也许能学到些东西。如果我们确实这样做的话，我们将不得不同意，整个观点同魔幻的科学世界观是联系在一起的，因为性的象征在炼丹术的语言和思维中起着无与伦比的重要作用。化学反应这一概念不也正是从人类两性的会合中得出的吗？

272

印度佛教的密宗似乎是在8世纪时传入中国的，而实际上咒语的经典早在500年以前已经传入了。中国最著名的密教徒之一是当时的僧一行。他是当时最杰出的天文学家和数学家，计时器的设计者。这个事实也许能很好地说明这种形式的佛教对各种观测和实验科学可能具有的意义。实际上，人们不禁怀疑密宗是印度传来的舶来品。更细致的考察似乎表明整个事情至少很有可能是属于道教的。道教和密宗有许多相似之处，于是我们考虑到道家关于性的理论和实践在2世纪至6世纪期间已经盛行于中国，但这种观点的可信性并不大。确实，密宗很有可能是部分地从中国传入阿萨姆（Assam）的道教中发展起来，几个世纪后又重新传回中国的。如果真是如此的话，密宗可能又是一个这样的事例，说明外国人把中国人已经十分熟习的事情又亲切地传授给中国人。另一方面，性的因素自古以来在印度宗教中如此显著，以致佛教的密宗也很可以被认为是佛教与印度教的一种混合物。

总的说来，佛教似乎并未有助于中国科学的发展。本质上，它同任何一种深深否定世界的哲学一样，注定会敌视科学。如果羯魔教义的种族性不是那么强的话，可以想象佛教关于法则的思想也许会刺激自然法则概念的发展。但是命中注定赋予了佛教那广博的宗教信仰以神的庇护。确实，佛教在中亚细亚是个伟大的文明力量，但对于已具有高度文明的中国来说，情况就有点不同了。佛教把普遍慈悲的要素输入了中国，那是植根于受家族支配的中国社会中的道家和儒家所不能产生的。佛教可能是令人悲观失望的，对科学家来说可能是反常的，但是它后来的实践则常常是兼爱的、清晰可辨的实践。

第十五章　法　家

273

在前几页讨论戴震的思想时，我们已看到法的概念离科学与社会思想相距不远。在余下的书里，我们会主要谈到法，包括人类社会的法和自然界的法。首先，让我们回到公元前 4 世纪，回顾一下被称为“法家”的哲学派别。

如果有人对儒家不断的陈词说教感到厌烦，那么他只要读一读法家的著作，就会回过头来对儒家表示热烈欢迎，并体会到儒家抗拒法家所谓暴政的深刻的人道主义了。但是从中国科学的角度讲，法家又是重要的，因为它以尖锐的形式提出了实在法与自然法的关系问题。

人们常说，中国法律的殊荣就在于这样一个事实，即在它的整个历史中（在法家失败后），法律始终是与基于被认为易于证明的伦理原则的那种习俗不可分地结合在一起的；这被称为自然法，与它相对的是由王公贵族或议会制定的，虽不一定与道德有联系却对每个人都有用的法律。例如，禁止儿子弑父是自然法，而规定所有车辆必须靠街道左边（或右边）行驶则是实在法。在中国，成文法和法典的制定被减至绝对最低程度。然而这种态度使得中国的思想气氛不利于发展有系统的科学思想，因此我们必须最低限度地浏览一下法家和他们的思想。

中国第一部刑法的制定可以追溯到公元前 6 世纪，但是法家学派本身是在两个世纪以后才兴起的。直至公元前 3 世纪，他们才真正获得统治地位。274 在那时，他们的政策使得秦国的最后一个君主成为大一统中国的第一个皇帝。但是，我们已经看到，他们残暴的政策引起了人们的反感，并导致了约二十年后汉朝较为温和的统治。法家的基本观念很简单，即“礼”是风俗、习惯、礼仪、谦让的复合体，它按照儒家理想的家长制加以实施，但并没有强大到适宜于权威式的政府。他们的口号是法，即成法，特别是“先定法”（事先规定的法律）。对于这种法，一国之内上自统治者本人，下至最卑贱的奴隶都必须服从，否则处以最严厉的制裁。这里有一个强大的民主因素可以解释近来法家到达中国的原因。但是，他们说立法的君主必须有尊严，有权势。

立法的君主所执行的法不必顾及公认的道德或人们的善意。各种法令条款制定后在各地张贴，明确规定人们的行为应是怎样的。“法令者，民之命也，为治之本也，所以备民也。”（《商君书·定分》）商鞅曾如此说过。他是位法家，曾重新组织过秦国并因此为秦朝的发展铺平了道路。法令强则国强，刑罚应成为最高度的威慑。即使最轻的罪行也要严惩，因为如果不发生小犯罪，大罪行就不会随之而来。应该使人民感到，与其落入本国的警察之手，倒不如到疆场去和敌军作战。胆怯者应该以他们所最痛恨的方式被处死刑。另外，还有周密的举报和控告制度，即使是家庭成员之间也不得隐匿不报。

法家意识到了在理论上制定的成文法，与伦理、公正、甚至于可以称之为人类常识之间的冲突。国家所需要的是服从而不是美德。因而法家提出了所谓的六种寄生虫的功能的学说（即“六虱官”——岁、食、美、好、志、行）。这些会削弱权威式国家的功能，后来又壮大了队伍。还有一种足以毁灭国家的名单——“五蠹”，即：(1) 儒生称颂先王，论说仁义；(2) 善辩者（或是对逻辑学家的攻击）；(3) 行险侥幸的军人拥兵自重；(4) 商贾工匠蓄积财富；(5) 官吏只顾个人私利。不用说，法家与儒家之间起过许多冲突，因为法家认为儿子不应隐匿父亲的罪行，且官吏的选择应看他们的残酷性。自然，法家美化战争，但他们也强调农耕，因为好的收成对国家的强大贡献巨大。

275

法家有一个特点是科学史研究者所感兴趣的，即他们对数量的爱好倾向；他们经常用数目来表达事物。这也解释了为什么秦始皇引入令人瞩目的统一标准，包括统一文字，统一度量衡，甚至统一车的轨距。刑罚也分等级；所有一切都有精确的数量、重量及精确的衡量来评估。没有任何事物不是被充分详细的数据规定的。标准是“法”的最早含义。最近，中国考古学家在坟墓里发现了成千上万的竹简和木简，上面清晰地记载了这件事。所以，理学家们热衷于把复杂的人际关系简化为单纯的数学公式，这最终使他们自己成了机械唯物主义的代表。如果法家做到这一点的话，他们将会建立一个抽象的人际关系系统，就像罗马法典的伟大结构一样。但他们失败了，因为他们有些天真地认为人类情感和人类行为可以像一担盐或一匹布一样，在数量上加以度衡。

然而，法家们清楚，他们所量度的一切，从某种程度上讲是新的事情，并且这种态度似乎有一部分是由新科技的发展如冶金术引起的。这些新技术会丰富法家新的社会理论，并且也许如此专制的秦国的动力正是来自它的兵库。但这也是要留到下一章讨论的问题。现在我们关心的只是这样一个问题：是否量化的成文法能够产生自然科学的自然法规。它并没成功，这不仅因为法家系统在政治上的失败，而且因为随后的立法君主削弱了建立强权法规的想法。除此之外，还缺乏对造物主——上帝的概念。造物主为上天立法，正如世上的立法者制定实在法一样；造物主可以预先规定自然法。然而法家们的社会学与自然界中的新生科学之间没有什么联系。

276

第十六章 人间法律和自然法则

现代自然科学最基本背景中的一种观念体现在人们常说的一句口语中,即“自然的法则”。大多数人把这句话本能地看作只是一个比喻,但这句话表述了我们身处于其中的世界上的事物运行的规则,如重物总是不可避免地要下落,水总是从高处往低处流,太阳总是日复一日地东升西落。在前文中我们已两次述及法,第一次是佛教的道德法,第二次是法家的成文法,而且我们知道在这两个事件中法的概念都有充分的原因未被施用于自然现象。让我们以作出如下询问来结束此章:在古代中国是否曾经产生过任何有关“自然法则”的观念,即科学意义上的描述自然界中有规律的运动的“法”的观念。

我们是否能在中国哲学与科学著作中找到一些只能被译作“自然法则”而不能被译作其他任何形式的语句呢?无疑这是一个重要的问题,如果我们想真正理解中国科学的话就必须要回答这个问题。在西方,在欧洲,自然法的观念与对自然界中反复发生的运动的认识之间总是有紧密的联系的。法学意义上的自然法,即自然地为所有人所遵守的法在西方人的头脑中总是与创造自然界的上帝所施行的法则紧密相关,两者有着共同的根源。但中国人的想法又是怎样的呢?这个问题的答案既不浅显易懂,又不容易找到。

在西方文明中有一个最古老的不容置疑的观念,即正如人世中的立法者颁布成文法的条件而要求人们遵守一样,最高的造物主天神也设置了一系列的法规而要求矿物、晶体、植物、动物及运行在它们的轨道上的星辰遵守。很难确切地说出在欧洲及伊斯兰历史上的什么时候“自然法则”一词在科学意义上被首次使用,但有足够的证据表明至18世纪时它已是交谈中的常用词。

277

大多数欧洲人都熟悉1796年的这类牛顿式的句子：

> 赞美主，因为他开了口，
> 各界都听从他的有力的声音；
> 法则永远也颠扑不破，
> 那是他为了指引世上一切而制定的。

然而中国学者在任何时候都绝不可能说出这类话，中国学者成长、生活于中国文化的思想氛围中，而中国文化中的思想观念与西方文化中的有着根本的区别。而我们所试图发现的是为什么会出现这样的情况。

要回答这个问题我们需考虑以下四点：第一，对基本概念的描述；第二，中国法律和法理学发展史的简明叙述；第三，概述欧洲自然法观念与自然法则观念的分化史；第四，中国和西方有关这些问题的思想的发展过程的比较。其中一个目的就是要看看，这里有没有什么东西是可以恰当地归之于在中国文明中阻碍了近代科学技术在本土上成长的因素的。

自然法和自然法则的共同根源

原始社会中最早的法律乃是不成文的习惯判例法。他们的习俗并不是命令，而且如果有人犯了法，除了社会的道义谴责而外，并没有多少制裁，但在社会分化为阶级以后，就逐渐产生了一套审判制度。随着国家权力的增长，这套审判制度变得比社会以往所遵循的更宽泛，事实上立法者产生了。现在法律在国家所颁布的法规章程中体现，法律不仅以无从记忆的民俗为基础，而且还有在立法者看来是有利于社会的福利而在伦理上并无根据的法律。于是"成文法"出现了，这种"成文法"带有一种人间统治者的命令的性质，服从乃是公民的义务，犯了法就要受到明确规定的制裁。

在中国人的思想中表现为"法"这一名词，正如同以伦理或古代的禁忌为依据的社会习惯表现为"礼"一样，然而"礼"另外还包括一切种类的礼仪和祭祀的规矩。然而中国人似乎丝毫不偏好法，尤其是成文法；在公元前3世纪末，法家受到挫败之后，成文法已经被减到最低限度，而习惯却又恢复到它以前的统治地位。儒家的法理学者惯于抬高仲裁、调解和古代的习俗惯例的地位，把成文法的应用限于纯刑事犯罪的案件上。 278

在西方，罗马法包含两个部分，一方面是某一特殊民族或国家的民法法典，即Lex Legale(成文法)，另一方面则是万民法(jus gentium)，多少相当于自然法(jus naturale)。在不出现相悖的情况下，可以认为万民法是跟从自然法而来的。

罗马法假定了它们的同一性，虽则并不十分稳当，因为有些习惯对于自然的理性来说不一定是自明的，有些法则(例如奴隶制的不可取性)，虽然应得到全人类的公认，事实上却不如此。对这种“自然法”的起源的传统的解释，乃是由于居留在罗马的商人和其他外国人不断增加，他们不是罗马公民，所以不必服从罗马法，他们愿意受他们自己的法律的裁判。罗马法学家所能做到的最好的事，就是从一切已知的各国人民的习惯中采取一个最低的共同标准，从而试图制定对最大多数的人来说是最近于公正的法典。于是便产生了自然法的观念——至少这是各种解释中的一种，但是对我们的目的来说，这就已经够了。自然法就这样成为所有地方的一切人都觉得是自然正当的折衷之道。

成文法与自然法之间的区别也可以在亚里士多德的著作中找到。他说：

> 政治上的正义有两种：一种是自然的，另一种是约定的。一条正义的规则，如果到处都同样有效，不以我们是否接受它为转移，那么它就是自然的。一条正义的规则，如果从一开始就可以是这样安排，也可以是无所谓地那样安排——虽则一经安排之后就不是无所谓的了，那么它就是约定的。例如，一名囚犯的赎金为一米纳，或者一次祭祀应该用一头山羊而不是用两头绵羊，等等……有人认为一切正义的规则都只不过是约定的，因为虽然自然(法则)是不变的，而且是到处都同样有效的，就像火不管在这里或是在波斯都要燃烧，但是我们可以看到，正义的规则却是在改变的。正义的规则在改变，并不是绝对正确的，而只能是有条件的。……但无论如何，既有着自然的正义这种东西，也有着不为自然所规定的正义。很容易看出，哪些正义的规则虽不是绝对的，但却是自然的；以及哪些并不是自然的，但却是法定的和约定的，而这两者同样都是可变的。

279

这段话是很有趣的，因为亚里士多德不仅宣称与数量有关而与伦理无关的事情——例如赎金的多少——只能是用成文法来安排，而且在以科学的意义来谈论自然法则的边缘上摇摆着。然而在中国情况是完全相反的：由于中国文明“与世隔绝”，当时并没有别的部族可以从他们的实践中推演出来一部普遍性的万民法，所以也就几乎不可能有一种万民法。但中国肯定有一种自然法，即圣王和百姓所一贯接受的那套习俗，也就是儒家所说的“礼”。

中国法理学中的自然法和成文法

西方文明的各个民族始终生活在希腊—罗马的法律观之下。希腊—罗马法律体系也曾刺激了伊斯兰的大部分的法律。在西方，法律总是被尊崇为多少是某种神圣不可侵犯的东西，加之于每个人身上，无论他是伟人还是凡人，规定成了调节着各种社会活动形式的条件。但是当我们转视东方时，景象变化了，在中国已建立起精神价值和道德价值的强大有力的体系，并已传播到邻国文化中，于是只能给予法律和法理学以一个卑下的位置。中国只承认自然法，并且只推崇道德的原则，中国的成文法为一切行政人员所遵奉。相应的事实是中国虽是一个学者辈出的国家，却较少产生著名的法官，所产生的法律评论家和理论家则更少，至于著名的律师是从未有过。

《书经》中的《吕刑》篇可以算是对中国最古老的法典的论述。它的年代虽然属于周代，但并不很确定。因此，最早有年代可考的中国法律的法典化是公元前 535 年《左传》中记录的那次，从这段历史的一开头，就表现出贯穿着整个中国历史的代表着儒家思想特点的那种对于法典化毫不妥协的反对态度。这段叙述如下：

> 三月，郑人铸刑书，叔向使诒子产书曰："始吾有虞于子，今则已矣。昔先王议事以制，不为刑辟，惧民之有争心也。犹不可禁御，是故闲之以义，纠之以政，行之以礼，守之以信，奉之以仁……民知有辟，则不忌于上，并有争心，以征于书，而徼幸以成之，弗可为矣。……肸闻之，国将亡，必多制，其此之谓乎。"
>
> （《左传》昭公六年）

280

这样，从一开始，"礼"的柔性的和个人的关系就被感到比"法"的刚性更为可取。《左传》中另外有这样一段记载：

> 冬，晋赵鞅、荀寅帅师城汝宾。遂赋晋国一鼓铁，以铸刑鼎，著范宣子所为刑书焉。仲尼曰："晋其亡乎！失其度矣。夫晋国将守唐叔之所受法度，以经纬其民。……民在鼎矣，何以尊贵？"
>
> （《左传》昭公二十九年）

这经典的儒家思想许多世纪以来一直流传，这种思想也包蕴在谚语"立一法，生一弊"里面。在近代科学技术（比如测量比重，发现个体指数各异等）能把欺诈和辱骂控制在有组织的社会范围之前，要实现这种控制简直是不可能的。中国人虽然不喜欢条文过于具体细碎的法律，但中国人自己又于 13 世纪奠定了法医学。指纹术的发现者又恰是中国人而非欧洲人。但他们那句谚语中包含的智慧也许仍不失为一种智慧。

对于中国早期的法典条款现在人们还一无所知，但我们确实知道的，被

证明成为中国后代法律体系鼻祖的是李悝的体系。约公元前400年,李悝为
281 魏国相,他著的法典叫《法经》。尽管《法经》早已散佚,但《法经》的内容编目却一直被保存了下来。《法经》篇目涉及盗法、贼法、囚法、捕法以及杂法和具法。在后来所有的法典中都能找到的正是这些类项。后来又增补了有关户籍、家庭、婚姻、封臣和兵役的规定以及有关皇家事务的规定,这些全部由叔孙通和其他法学家汇编为汉代的大法典。尽管汉代大法典在隋以前已散佚,但仍可通过阅读《汉书》获得对汉代法律实施的一个很好的概念。

晋、齐和其他朝代都有法典,但都在隋以前散佚,鲜为后人所知。从所掌握的有关资料中发现那些法典似乎都继承了李悝的《法经》和汉代的大法典,几乎全都是有关刑事和赋税的法令,民法仍然极不发达,但与中国早期法典相比,其严厉性有所削弱,特别在刖刑和株连等方面。汉代有一些儒家学者著述法规,在3世纪有数十位法学者都受过儒家学者的教导,这样为法的广泛应用提供了诠释。

在某些方面中国人的法律心态走在欧洲人的前面。正像我们已看到的,法医学在中国出现得惊人地早。按照我们已描述过的中国人典型的思维模式,这种发展并非不自然,因为"礼"的规定是应竭力避免给无辜的人定罪。的确,在这方面应采纳这种谨慎的态度。大约10世纪后前往中国的欧洲人对这种态度作了令人钦佩的评论。那段时期在欧洲的监狱里普遍地采用拷问和鞭笞,气氛极为恐怖,但关于中国法律的实施尤其令16世纪的那些观察者震惊的是:在所有检阅过的案例体系中,都有人被判为死刑,而葡萄牙人相反的证词能独立地从15世纪的一位穆斯林作家的语录中得到支持。这种态度,这种试图竭尽一切办法使地方官吏判定刑事案件的决意,与中国人对自然界
282 的研究经验主义独占上风的特点得以吻合。即使科学鉴定的水平还没有高得能把健全的检验和单纯以迷信为依据的检验区别开来,中国的法律手段远比18世纪的欧洲人文明。

法律和现象主义

对中国法律史的这一仓促的概述,证实了本书第十五章各法家学派和本章开始时所提出的各种结论:在中国,体系化法律和那种审判每一桩案件都按照案情本身的得失依"礼"行使的法律之间始终存在着斗争,"礼"背后的力量奥妙无穷,它与风俗、习惯、礼仪相融。"礼"的深刻内涵并不单纯是我们已经发现的为中国人感受到的对与正义的本能感觉相一致的那些东西,它们还被确信是与"上帝的意志"、整个宇宙的结构相一致的东西。因而,犯罪甚至

争执都会在中国人的心中引起重大不安。因为他们觉得这样就扰乱了自然界的秩序。

在《书经》那样古老的经书中我们找到了依据。比如,《书经》中提到:霪雨是君主不公正的征兆,久旱表示他犯了严重错误,而酷热谴责他的疏忽职责,苦寒谴责他的失察,台风(真够奇怪的)表明他麻木不仁。在《周礼》和许多其他的经书中又增加了一种观念,刑罚只能在万物肃杀的秋天执行,如在春天处决犯人将会对农作物的生长带来不利的后果。似乎中国人的确发现天和地的现象序列在沿着两条时间上平行的缆索而行进,一条受到干扰,好像有一种感应影响到另一条。

前面我们讨论王充,怀疑论者(本书第十一章)和中国科学的基础思想(本书第十章)时,我们已经遇到过这种"现象主义者"图景的许多例子。记得王充主张季节的过分炎热和过分寒冷并不取决于统治者的喜怒,虎患和虫害并不是因为大小官员的邪恶。尽管有这种怀疑主义的存在,那个古老的观念还是普遍地被接受着,甚至出现在像《左传》那样早的作品中。帝王在他自己身上并推及他的官僚机构体现了被认为存在于人与宇宙之间的半魔幻关系的体系,在原始时代,民间的节庆和民间仪式的作用正是要维持这种关系的良好秩序。

283

这种现象主义观点并非中国独有,在古希腊人中有着相似的但不那么细致的信念,这种信念与微观世界和宏观世界的各种理论有着明显的联系。它把原始部落群体的内在关系投射到外面的自然界上,后来(公元2世纪)希腊物理学家在阐释他的人体解剖时就运用过"正义"这个概念,人身体各部分大小不同,是因为大自然根据他们各自不同的用途来加以安排分配,这不是很公正吗?身体的某些部分比另外部分要少一些神经,是因为这些部分不需要那么多的敏感。大自然在万物之中是最最公正的。

这里出现在我们面前的是关于宇宙、人类社会和人体三个层次上的彻底的平行性。但西方人的这个概念与中国人极不相同。西方人看到在所有层次上正义与法则的制定并执行法则的人格化了的神灵紧密地联系着。中国人只看到体现良好习俗的正当性表现社会机体存在与功能所必需的和谐。他们也承认诸天的和谐,如果再深入下去,他们还会默认人体自身的和谐。但这些和谐是自发的,非天命规定的,一处出现不和谐,就会在另外各处引起不和谐的反响。在中国这种现象主义者的信念并没有对自然法则带来什么刺激,而在西方,希腊人的这种观念在形成自然法则的普遍性和斯多噶哲学流派的思想潮流方面是一个很重要的因素。在中国,王充极力反对现象主义的基本信仰及其荒诞，抨击现象主义人类中心说，认为无助于产生科学自然主义法则的概念。在西方，对这种人类中心说的否定要来得晚些，但到了那时候，很可能排除的同时，又接受了太阳中心说，保留了自然界普遍规律这一概念。

如果像中国古代那样，所有犯罪和争执首先并不被看作是对纯粹人类法律的破坏，而是对人与自然和谐关系的不祥的干扰，那么，也许正是这种复杂的因果关系的微妙之处，使得成文法似乎不能令人满意。在公元7世纪的《唐律》里也明确提到，脱离“礼”而致力于法定的“刑罚”是危险而不祥的。这种观点并没有在拉丁文意义上法律一词的地位。个人的权利甚至得不到法律 [284] 的保障：而只有在秩序、责任、等级制与和谐这些观念支配下的义务和相互的妥协。君子的最高理想是始终显示出公正和礼貌的得体。利用个人的地位，谋求个人私利，在中国始终被侧目相视。最高明的艺术是某一些点上的退让。这样积累一笔无形的资金，从而在以后其他方面获得好处。到今天，中国人的办法是固定责任，其措辞方面，不说“谁做了事情”，而是说“发生了什么事”，也只有在发生了什么并得到验定才能指定责任。

法律的社会方面：中国人与希腊人

只有领会了礼和法对社会各阶级的关系，才能理解礼和法相互关系的全部意义。在封建社会，封建主不认为他们自己应服从他们颁布的成文法，这是相当自然的事。礼因此成了统治集团的荣誉法规，而法则成了普通老百姓应服从的法令。在《礼记》中有“礼不下庶人，刑不上大夫”这句名言，这更说明法典化早就遭到叔向和孔子的反对。他们反对法典化不仅因为法典化导致平民的好讼甚至推行政令的障碍，而且因为确定的法律会给整个贵族统治阶层带来不利。这种引申在法学家为官僚主义铺平道路的过程中得到实现。因为儒家后来操纵着官僚机器，他们同时也成了成文法的法学家。许多世纪以来，礼的易适应性使得它保留了许多原来的社会特权，由于礼与中国哲学的关系远比法来得密切，以致在官僚主义长期确立后礼仍然凌驾于法之上。这一切又揭示了《唐律》中“出礼入刑”这个短语的另一含义，即一个人的行为如不遵循被认为伦理上正当的礼俗，他将发现自己已落在刑事的法网中。礼的弹性和微妙灵活性照例有利于享有特权的官僚统治阶级，根据官衔制定出刑罚等级差一直保持到19世纪清代的法典中。

我们完全可以从不止一个社会网络来看待“礼”和“法”：中国社会的集中 [285] 和离心这两种倾向在上古和中古时期被很微妙地平衡着：法适合于官僚制的

水利官员,道适合于自给自足的农业社会,也许"礼"是社会机体中心与边缘的彻底的妥协。

古希腊法律与古罗马不一样,它们在相当程度上分享了中国古代的平衡与调解,而反对抽象的公式。罗马人着眼于寻求无法实现的法的确定性;中国人和希腊人则着眼于案件的个别性。罗马人在反映把父权推向极致的社会中看到了某种男性要素;而中国人偏向于带有更多女性要素的宽大与柔韧,中国的道家思想正是强调了这种对立。确实可以毫不夸张地说,汉代的新儒学家战胜过于男性化的秦代法学家,其部分原因是由于接受了道家的那种反对寻找早已确定的法规的态度,同时又允许地方法官遵循平衡、调解和"自然"法的原则而得到更广泛的自由。与成文法相对立的平衡法则与案情个别化的相对作用的问题始终没有定论,我们今天仍存在这个问题:重点应放在审讯法庭的判决上,还是放在高级上诉法院上。前者能考虑陪审员和被告的心理及证人的表现,后者只能按条文和解释进行工作。

美索不达米亚——欧洲自然法和自然法则的分化阶段

现在我们该移到论证的第三部分——西方文明中的自然法和自然法则观念的几个发展阶段。

毋庸置疑,天上的立法者为非人类的自然现象立法的概念首先起源于古巴比伦人。公元前 2000 年,太阳神马尔杜克(Marduk)被描绘成一位为星神制定法律并固定他们运行范围的天上立法者。是他通过给予命令与敕令维持星神运行的正常轨迹。后来我们发现公元前 6 世纪前苏格拉底希腊哲学家没有谈到法则的特殊性,但谈到了不少有关法则的必然性。阿那克西曼德(约公元前 560 年)也讲过,自然界的各种力量是相互制约的。赫拉克利特(约公元前 500 年)说:"太阳不可能逾越他的限度;否则(正义女神)狄刻的守护神厄里倪厄斯会发现他。"这里规则性被认为是明显的经验事实,因为提及了遵守的原因,所以,至少法的观念是存在的。的确,赫拉克利特提到过一种培育了人类一切法律的"神律",这种"神律"包括人类社会和非人类的自然界,因为神律"对于万物是共同"的,全能和全足的。但是,宙斯,在更古老的希腊诗人那里,被描绘成一位给予上帝和人类而不是给予自然界以法的神,因为他本身不是造物主。后苏格拉底哲学家德摩斯忒涅斯(生活于公元前 4 世纪墨翟和孟轲的时代),的确以其最一般的意义使用过"法"这个词。他说:"如果我们相信我们自己所看到的,那么,整个的世界、神圣的事物以及我们称为的季节都是被法和秩序所制约着的。" 286

亚里士多德从来不使用法的比喻，尽管他偶尔也非常接近于这样做；而柏拉图只采用过一次。整个世界被法统治着，这一观念似乎是斯多噶派（建立于公元前300年）所特有的，因为这个流派的许多思想家无疑会认为宙斯也不过是"普遍律"而已。这个观念可能蕴藏在被毕达哥拉斯流派、柏拉图流派和亚里士多德跟随者都使用过的宇宙一词"cosmos"中，因为"cosmos"一词含有统治和秩序的意思。但对斯多噶派这个概念的明白而有力的支持则可能来自巴比伦那些占星家和星相术士，他们在大约公元前300年开始散布于地中海世界。由于斯多噶派在罗马有很强的影响力，这些范畴较为宽泛的概念对发展人类共同的自然法则的观念，不管是在文化上还是地方习俗上都产生了一定的影响。西塞罗在公元前2世纪讲述了这一种观点，他说："宇宙服从上帝，大海与陆地服从宇宙，人类的生命服从最高法规。"奇怪的是，在公元前1世纪《奥维德》的诗篇里，我们找到了关于非人类世界法律的最清晰的陈述。他毫不犹豫地把Lex（法）这个词运用到天体运动中："qua sidera Lege mearent"（行星根据法则运行），这句话是在评论毕达哥拉斯的说教时写的；另外，当他抱怨朋友的不忠时，他说："（朋友的不忠如同）让西落的太阳回升，让江河由低处向高处流淌，让万物逆自然法则而行，这是足以令人感到恐怖的。"

希腊时代最重要的科学流派是伊壁鸠鲁学派，而不是德谟克利特和卢克莱修学派，他们两位都有力地主张自然和因果解说，也曾谈及过自然法则。在卢克莱修的《物性论》（*De Rerum Natura*）一书中只有一处使用了这个词的后来意义，就是在他否定凯米拉的存在时（凯米拉："把各种来自不同物体的"一些器官或肢体连接在一个身体上，比如半人半马的怪物），卢克莱修说，这些是不可能的，因为身体各部分只有相互适应才可能连接起来，所有的动物都"受到法的制约"（teneris Legibus hisce）。由于伊壁鸠鲁的神学从严格意义上说是不允许存在自然法则这一概念的，这令人惊讶的忽略是因为伊壁鸠鲁认为，上帝没有创造世界，也不会有兴趣于这个世界；由此，这很可能就是伊壁鸠鲁学派的哲学家总是讲"原则"而不谈"法"的主要原因。

287

另一条有贡献的思想线索来自希伯来人，或从巴比伦又通过希伯来人传播的一种观念，即他们认为人体法则是由万能的上帝来规定的，并制约着人类和自然界其他生命体的行为。不难发现"神圣立法者"的概念是以色列人的焦点论题，对所有思考过基督时代的西方人来说，其影响力是很难估计的，如"永不能违抗他的戒律"（《旧约·诗篇》第104篇）、"主制定的律法是永恒坚固的"、"主颁布的律法是决不能违犯的"（《旧约·诗篇》第148篇），像这类经文是每天思考的一部分。犹太人还发展了一种适用于全人类的自然法则。

在可能与犹太教塔木德(Talmudic)法典相冲突的“柳亚后裔七戒”中我们发现了有些类似于罗马法律的“万民法”。

基督教神学家和哲学家继承了希伯来人有一个神圣立法者的观点。基督教早期要找到蕴涵非人类自然法的陈述并不困难。作家阿诺比乌斯说,基督不是什么邪恶的东西。他还说,那种原来建立的法律的规则并没有改变。(希腊人的)这些思想因素没有改变他们所拥有的一切特性,宇宙机器的结构(天体系统)并没有解体,宇宙的轨迹没有改变,太阳没有变冷,月亮的圆缺、季节的轮替、昼夜的交换既没有停止也没有破坏;天还是下雨,种子依然发芽,等等。这里我们提到的是人类自然法则与非人类自然法则尚未发生分化的阶段。在早期的基督世纪有许多文章对此作了非常明晰的表述。375 年在狄奥多西(Theodosius)、阿卡狄乌斯(Arcadius)和霍诺里乌斯(Honorius)的宪法有一条例是禁止任何人从事占卜,违者处以叛逆罪:“擅自改动那条神秘的自然法律不得为人眼所见的原则,就是亵渎神明。”第二种说法是罗马法学家乌尔比安(Ulpian)提出的,出现在 6 世纪查士丁尼(Justinan)的《民法大全》(*Corpus Juris Civilis*)。他说: 288

> 自然法则是自然界教给一切动物的法:这法不为人类所专有,而是为产于陆地或海洋的一切动物和天上的飞禽所共有。从法中,我们人类便有了男人和女人的结合,被我们称之为婚姻;于是又有了孩子的生育和抚养。其实我们发现一切动物甚至最野蛮的兽类,都有着知道这法的标志。

法学史家极力解说这对后来的法学思想没有任何影响的说法,但即使这样,它仍然被中世纪的作家和评论家们所接受。而且他们还明确地表达了这一观点:动物作为准法律个体应服从由上帝制定的法典。在这一点上,很接近于把自然法则作为万物(包括生物)应服从的神圣法律的观点。

随着基督世纪的流逝,自然法则不可避免地与基督教道德逐渐合一,圣·保罗清楚地认识到这一点。5 世纪初圣克里索斯托在“十诫”中已看到了自然法则的法典化,随着格拉蒂亚于 1148 年编纂的著名《教令》(*Decretum*)的出现,自然法则与基督教道德的合一就完成了。中世纪普遍的信念认为,君王的命令如违背自然法则将对庶民不再有约束力而遭到反对。这种学说在新教出现时期以及近代欧洲民主政治的开端产生不小的效果,它与东方孟子的关于臣民有权推翻不按礼行事的统治者的儒家学说是很一致的。这一点,阅读过由耶稣会传教士翻译成拉丁文的中国经书的欧洲社会思想家是不会放过的。

这一切的体系化，自然反映在13世纪托马斯·阿奎那的著作中。他描述了四种法律体系：即永恒法(Lex aeterna)，统治着万物；自然法(Lex naturalis)，统治着人类；成文法(Lex positiv)由人类立法者制订，阿奎那又把它分成两部分：受神灵感召通过教会的教令是神授法(divina)，由君主和立法机关颁布的是人间法(humana)。他还说：

> 每一种被人所制订的法，只有它在从自然法则中推导出来的范围内才具有法的性质，但如果有哪怕一点与自然法则相冲突，它立刻就不成其为法；它仅只是法的腐化。

这与儒家(以不同语言)责难立法者是很类似的，如果"法"不合乎"礼"，它必定是伪法。

当阿奎那的综合工作被宗教改革所摧毁时，自然法则就开始经历它最伟大的发展，人类普遍的理性基础被先前的神意基础所代替。1 500年后随着民族主义的上升，自然法也走向了世俗化，它依靠多种形式由教会走向文明王国。正因为它被认为是起源于罗马商人中间的，于是在17世纪它又回到了商业环境中。据说外国商人把它带入国王的法权内，这就产生一种把它引申到国际法原则中去的态度。

文艺复兴时期自然科学对法的认可

但是，科学家和他们的自然科学又怎样呢？17世纪，是杰出的化学家罗伯特·波义耳(Robert Boyle)和天才伊萨克·牛顿(Isaac Newton)的时代。人们认为，化学物质和行星应服从自然法则的概念得到了充分的发展。然而，这个概念怎么发生的？怎样达到如此充分的成熟？有哪些特征不同于经院学派的综合？当然，第一次在科学意义上使用"自然法则"这个词似乎是出现在1665年伦敦皇家学会《哲学会报》第一卷上。三十年后，它就成了常用语，甚至出现在艺术作品和科学专著中，如由德莱顿(Dryden)翻译的维吉尔(Virgil)的《田园诗》(*Georgic*)等著作。

调查表明，这种观念依然存在于17世纪初的那些哲学家和科学思想家中间，那时，以人类理性为基础的世俗化了的自然法则和以数字表达的自然界的经验法则似乎平行发展，而从阿奎那的"永恒法"引出非人类自然法则的第一位思想家很可能是乔尔丹诺·布鲁诺(Giordano Bruno，1548—1600)。他把宇宙构想成一个有机组织，认为那里无机体和有机体都是有生命的。他还说，上帝唯有在“不容亵渎和破坏的自然法则”中才能找到，这尽管是他的思想，但更接近中国古典思想特征。当然，从科学的角度充分认识这个概念，布鲁诺不是第一位。毫无疑问，转折点出现在哥白尼（Copernicus，1473—1543）和开普勒（Kepler，1571—1630）。哥白尼在讨论行星的运行时，讲到了对称、和谐和运动；但他从未提及“法则”。有趣的是，伽利略（Galileo，1564—1642）也从没有使用过“自然法则”。在1638年出版的成为近代力学和数理开端的《关于两种新科学的对话和数学证明》（*Discorsi e Dimostrazioni Matematiche intorno à due nuovo scienze*）一书中，除了开普勒，都与他是同时代人。尽管开普勒发现了有关行星运行的三大经验定律，令人感到奇怪的是，这与他使用过的“法则”一词并没有联系。虽然他在论述杠杆原理时提到过，也使用过，但似乎仅把它当作尺度和比例的同义语。1546年冶金学、地质学家乔吉斯·阿格里科拉（Georgius Agricola）在他的《论地下现象的起源和成因》（*De Ortu et Causis Subterraneorum*）一书中写道：

> 在构成金属的每一种液体中“土”占多大比例，没有人知道，或很少有解释，但上帝知道，他给予自然界以确定、固定的法，把各种物质混合，融合起来。

这是来自化学而非天文学的最终的明确陈述。

这个概念迅速传播，哲学家和科学家笛卡儿（René Descartes，1596—1650），对自然界法则的观念同后来在波义耳和牛顿的著作里一样，得到了充分的发展。在他1637年的《方法论》（*Discours de La Methode*）里，笛卡儿谈到“上帝赋予自然界的法则”，在7年后的《哲学原理》（*Principia Philosophiae*）一书的结论里，他说，这本书讨论了“物体的相互碰撞根据机械法则所产生的必然结果，并且被确定的日常实验所证实”。哲学家斯宾诺莎（Spinoza，1632—1677）在《神学政治论》（*Tractatus Theologico-Politicus*）一书中对那些“依存于自然界的必然性”的法则和那些“由人的命令而产生”的那些法律作了区别。

291

最基本的问题是，为什么自然法则的观念在欧洲的神学中默无声息地存在了这么多世纪以后，在16和17世纪又获得了如此重要的地位。在近代，上帝统御世界的观念从自然界的例外事件（彗星、怪物诸如此类）转移到成为规则，这是怎么回事呢？答案似乎是这样的：因为统御世界的观念起源于人们把地上的统治者实体化到神圣领域中。所以我们应察看相伴随的社会发展以达到对这种变化的理解。如果我们这样做了，我们立刻会发现，封建主义的衰落和消逝,资本主义国家的兴起,引起了封建贵族的权力瓦解和中央集权的王权大大地增强,我们都熟悉都铎王朝时期的英国和18世纪的法国所发生的这一过程;当笛卡儿从事著作的时候,英国的共和政体正把这个过程进一步向前推动,朝着一种中央集权的但不再属于王室的权威推进。如果我们有理由把斯多噶派的普遍律学说的产生和亚历山大大帝以后各个君主国的兴起时期联系起来,我们同样有理由把文艺复兴时代自然法则概念的兴起和封建制度末期与资本主义初期王权绝对专制的出现联系起来。笛卡儿把上帝看作是宇宙的立法者这一思想,在博丹(Jean Bodin)的王权论仅仅四十年之后就发展起来,这决不是纯属偶然。但是,这使我们面临着一个悖论:在中国,"王权专制主义"为期更长,我们却几乎根本没有遇到过这一观念。接下来我们便要讨论这一问题。

中国思想和自然法则

在西方以盖伦(Galen)、乌尔比安(Ulpian)与狄奥多西宪法为一方和以开普勒与波义耳为另一方的这两个时代之间,为一切人所共有的自然概念和为一切非人类事物所共有的一套自然法则的概念,已经完全分化了。然而在中国有关自然法与自然法则的思想的发展状况与欧洲的情况是明显不同的。

我们已经知道在中国阴阳五行的理论持续了很长一段时间。道教思想家虽然是深沉而又富于灵感的,但从未能发展出任何类似于自然法则观念的东西,这或许是由于他们极度不信任理性和逻辑的力量的缘故。他们确实认识到并欣赏一切事物的相对性质以及宇宙的博大精微,但在他们探索一种西方的爱因斯坦式的世界图景时未能正确地奠定下牛顿主义的基础。沿着这条道路科学是不能发展的。这并不是"道"这一万物中的宇宙秩序不按一定的体系和规则在运行,而是道家倾向于把"道"看作是理性思维所难以把握的。这就是为什么若干世纪以来,交给道家看护的中国科学就只能停留在纯经验水平上的一个原因——这样说大概并不过分。还有,与此并非无关的是,道家的社会理想比其他任何学派的都更不需用成文法。他们希望回到原始部落的集体主义,对任何立法者的抽象法律都不感兴趣。

292

在另一方面,后期的墨家同名家一起极力争取使逻辑过程臻于完善,并首先把它们应用于动物学的分类以及力学和光学的基本原理上,但这个科学运动失败了。我们不知道失败的原因是什么,或许是因为墨家对自然界的兴趣与他们在军事技术方面的实用目的结合得太紧密了。无论如何,在中华帝国第一次统一的剧变以后,这两个学派的幸存者已经寥寥无几了。他们也使用“法”这一术语,但墨家使用这个术语来指“成为原因的因素”,和亚里士多德的用语有些类似(“正式的”、“有效的”、“物质的”以及“最终的”),墨家似乎并不比道家更接近于自然法则的观念。

当我们谈到法家和儒家时,我们就置身于纯社会的兴趣的领域之内了,因为这两家对于人身以外的自然界都是毫无兴趣的。法家把他们的全部重点都放在“成文法”上,它纯粹是立法者的意志,全然不考虑道德因素,如果国计所需,还很有可能与道德背道而驰。法家的法律乃是精确地而又抽象地制订的。儒家则与此相反,他们坚守一套古代的风俗、习惯和礼仪,其中包括为无数代的中国人本能地觉得是正当的那一切行为,例如孝道,这就是“礼”,我们可以把它等同于自然法。换句话说,“礼”是社会习俗的总和,伦理上对它们的认可已经上升为自觉的意识。而且,这种正当的行为必须由家长式的地方官吏来加以教导,而不是加以强制。道义上的说服要比法律上的强制更好。孔子说过:“道之以政,齐之以刑,民免而无耻;道之以德,齐之以礼,有耻且格。”——如果对人民加之以法律,齐之以刑罚,他们就会设法避免刑罚,但却会没有羞耻心,如果是“道之以德”,他们就会自发地避免争执和犯罪。好风俗比固定的法律更灵活,并且能在动乱发生之前加以预防,相反法律只能在动乱发生之后才实施。《礼记》借用了水利工程上的一个比喻,把良好的习俗比喻为防洪堤以阻挡洪水的冲击。这样人们就可以理解儒家战胜法家以后统治中国的如下观点了:遵循礼的正确行为总是依情况而定,事先颁布法律是件荒唐的事,因为不能充分估计到具体情况的复杂性。这就是成文法典被限制在纯属刑事的规定上的原因。

293

虽然在“法”与“礼”之间进行对比是很方便的,但这个区别的最早形式实际上是存在于“法”和“义”之间的,“义”这一术语通常译为“正义”,它的原意是指对于自然人来说是公正的一切东西。汉代《文子》说:“法生于义,义生于众,适合乎人心。”——法(应该)从义中产生,义从普通人民中产生,而且必须与人心里的东西相适应。这就是儒家的观点,即法没有得到道义上的认可就不能存在。法家则持相反的立场。

在整个中国的历史过程中,“义”与“法”的区别始终被人牢记着。我们可以说,“义”是“礼”背后的根据,以及“礼”的内在的和精神上的美德。在唐代(7—10世纪),案件的判决,一是根据“律”,二是根据“礼”,亦即参照儒家经典中论述伦理上与习俗上的正当行为的文字,三是根据“义”。在诗人白居易的著作中有这样一个例子:某甲娶妻三年而无子,他的父母要他休妻。依据汉代早期的《礼记》,父母的要求是正当的,但妻子申诉说她无家可归。其判决是：虽然“礼”允许这种离婚，但根据人道为重的理由，“义”又使之成为不可能。这说明在被称作低一级的与高一级的自然法观念之间可能会发生明显的冲突。然而在唐代，主要冲突发生在“律”与“礼”二者之间，特别是血族复仇的案件中，这种行为是被“礼”所责成，而被“律”所禁止的。在宋代情况变化成为主要冲突发生在“律”与“诏”之间，因为诏书经常批准比法典所规定的更重的刑罚。但对我们而言重要的是“义”比“礼”与人情的联系要更加密切，而这二者都不能被容易地引申到非人类的世界中去。

我们知道“法”这个词能够在自然法则这一意义上被应用，但具有重大意义的事实是直到很晚近的时期，“法”才在这一意义上被应用——至少它在这方面的使用情况是惊人地少。事实上我们所知的，在全部远古和中古时代的中国文献中，唯一能完全肯定的例子是在成书于公元前 3 世纪的《庄子・知北游》中，庄周赞美宇宙的沉寂，说道：

294

> 天地有大美而不言，
> 四时有明法而不议，
> 万物有成理而不说。

但“法”一词在这里是否确定无疑地指法则呢？答案有可能是否定的，自远古以来，“法”一词也包含“法式”和“方法”的意思，这在此处或许是一个较好的译法。

“天法”和“命”

关于“天法”一词中的“法”字的含意并没有疑问，它肯定是指法理学上的自然法，相当于“礼”字的意思。事实上早在公元前 515 年就有一个封建领主说：“如果你们是我的血亲和姻亲，请顺从天法而团结在我的周围。”但是，这并非科学意义上的自然法则，它是在说人事和人类社会。与此相似的一个希腊例子是在柏拉图的著作中“自然法则”一词也是说人事，指“强者的天然权利”。

在这个思想领域内，有可能找到许多上天降命的说法——“天命”一词几乎成了口头禅，尤其是见之于董仲舒这样一些作家的书中，董仲舒要比大多数学者更加倾向于使上天“人格化”。“命”字只不过是古代象形文字的一个口、一个帐篷和一个跪着的人(命)，被用来表示加给人的上天的指令。董仲舒说：“天之为人性命，使行仁义。”这还是指人事，但是我们所试图窥见的，则是上天在命令非人的自然界事物按它们那个样子行事，例如命令星辰夜间在天空中旋转，但显然“天命”未曾如此做过，并且“天法”和“礼”一样并不适用于人类社会之外。

在某些个别的情况中"礼"的原则被无例外地推广到宇宙间一切事物的行为上去,但这主要是诗意的用法。关于"礼"本于天的最典型的阐述载于公元前1或2世纪的《礼记》中: 295

> 是故夫礼必本于太一,分而为天地,转而为阴阳,变而为四时,列而为鬼神。其降曰命,其官于天也。
>
> (《礼记·礼运》)

作者还补充说:"夫礼必本于天,动而之地。"——"礼"扎根在天上,它的运动达到地上。这一切等于说,人类的道德秩序以某种方式而具有超人类(但不必定是超自然)的权威。这样一种信念并没有提出非人类的自然界的内在控制这个问题。

有时候"法"字似乎是用来表示数字的或自然的规则性,但更仔细的观察表明,它所指的仅仅是用成文法来规定计量的标准。在约成书于汉代的《尹文子》中这样说道:

> 法有四呈,一曰不变之法,君臣上下是也。二曰齐俗之法,能鄙同异是也。三曰治众之法,庆赏刑罚是也。四曰平准之法,律度权量是也。

这里第一种法肯定是法学上的自然法,第二种法情况类似,并与人们赖以依照各自的能力在社会上找到合适的地位的自然过程有关。第三种法既包含自然法又包含成文法。第四种法已十分接近真正自然法则的边缘,例如如果要用行星的运行来决定日历,那么行星的运行就肯定是有规律的,钟和律管如果要发出准确的音调就必须具备规定的尺寸。但作者的用意似乎并不在此,作者所想的可能是统治者参考他的建议,任用他来颁布有关重量、长度、节日、日历等的法律。 296

《尹文子》中接着说圣人以天地为自己的模范,君主也应该这样做。显而易见的结论是,我们有着对人间法律的一种诗意的、隐喻的引申,人间法律被认为是非人类的自然界中的某些值得期望的特性的反映。但是悖论依然存在着:"法"居然能得自一个并不存在着法的地方,而对此竟从来没有一个人感到过奇怪。显然在中国思想中对于人类层次上新奇事物的出现有着一种极其强烈的直觉观念。

"理"和"则"

到目前为止,我们在中国思想中尚未发现任何确凿的证据以表示严格的自然科学意义上的法则观念。但在宋代理学家的更先进的思想中情况又是怎样的呢?

我们已知道朱熹及其集团的其他思想家曾很努力地试图把整个自然界和人类都纳入一个哲学体系。他们所研究的主要概念是理和气。“气”相当于物质和能量,“理”虽在技术意义上被使用,实则与道家认作“大自然的秩序”的“道”相去不远。“理”字最古老的意义是表示事物的纹理——玉的斑纹或肌肉的纤维;用作动词时指按照事物的自然纹理或界线来切割它们。“理”字由此获得了通常字典中的意义,即“原理”。朱熹说:

> 理和一把线相似,有条理。和这竹篮子相似。指其上行蔑曰:一条子恁地去。又别指一条曰:一条恁地去。又和竹木之文理相似;直是一般理,横是一般理。有心,便存得许多理。
>
> (《朱子全书》卷四十六)

因此“理”更接近于大自然的秩序和模式,而不是固定的法。它不是镶嵌品那样僵死的东西,它是动态的模式,体现在生命体及人类关系之中。这种动态的模式,只能用“有机主义”一词来表示。然而在《朱子全书》的一个重要章节中我们发现“理”与另一个同样重要的词“则”联系在一起。《朱子全书》卷四十二中说:

297

> 问:天与命,性与理,四者之别。
>
> 天,则就其自然者言之,命,则就其流行而赋于物者言之。性,则就其全体而万物所得以为生者言之。理,则就其事事物物各有其则者言之。到得合而言之,则天即理也,命即性也,性即理也。是如此否?
>
> 曰:然。

这里,起作用的词是“则”字,它曾被翻译为“存在的规则”。无疑朱熹的对话者心中所想的是《诗经》中的有名的一节:

> 天生烝民,有物有则。
> 民之秉彝,好是懿德。
>
> (《诗经·大雅·烝民》)

孟子引用过这段诗,朱熹本人也再次引用过它,借以提出自己的意见,犹如雅理各的“功能”和“关系”就是人的好恶;好善,恶恶就是“存在的规则”,即雅理各的“法”。换句话说,我们必须一方面研究中性的自然性质,另一方面又要研究它们以某种具体的方式而表现为行为的经常倾向。

无疑地我们又一次处于科学定律与法律意义上的自然法之间的无人地带，我们又回到了那两种概念处于高度尚未分化状态的阴影地带。但是当我们考察“则”字的词源时，我们有一个很有趣的发现：“则”([illegible])字在甲骨文和金文中的写法是表示一只鼎和一把刀，也就是用刀把法律刻在典礼用的鼎上这一行为。然而这个词的词义在历史长河中遭几度变迁，被讹为从贝，被当作连接词用，表示“所以”、“因此”、“于是”等，还有一些次要的用法，它们是与法则和规章相联系着的，例如“常则”、“税则”。如果这些就是已知的全部材料，那么把朱熹的“理”等同于《诗经》(“有物有则”)的“则”就不大能令人信服了，但还有更多的材料可以被找到。例如在屈原的论天文学的长诗《天问》中“则”似乎可以被译成法则(“圜则九重，孰营度之”)，虽然并不很肯定。我们还找到一些别的例证以说明“则”字有这种用法，但使我们产生疑惑的是另一些典籍却断然否定把“则”字应用于自然现象。公元前 2 世纪《淮南子·主术训》中说：

天道玄默，无容无则。大不可极，深不可测。

八个世纪之后，柳宗元在《天对》中又说：

无青无黄，无赤无黑，无中无旁，乌际乎天则？

另有一些例证中断然否定大自然是按“则”行事的，例如在公元 3 世纪王弼注《易经》说：

统说观之为道，不以刑制使物，而以观感化物者也。神则无形者也；不见天之使四时，而四时不忒……

这也许是最有启发性的一段话了。它断然否定有一个上天的立法者在发号施令这一概念。这种思想是极端中国式的：宇宙间普遍的和谐是来自万物自发的合作，不是来自上天发布的命令，是由于万物遵循其自身本性的内在必然性。这种中国式的有机主义的教条深深植根于宋代理学。11 世纪张载在谈到天体时说：“凡圜转之物，动必有机。既谓之机，则动非自外也。”由此，如果我们认为“则”意味着某种有似于牛顿所说的自然法则，那是非常谬误的。

中国人之否定有一个上天立法者

我们有必要在讨论中国人否定有上天立法者这一问题上更深入一些，因为中国人宣称上天并没有命令万物按其规则行事是基于中国的一种基本思

299 想,即"无为"。由某个立法者来立法是"为",即强迫事物服从。要找出几段话来证实上天在按照"无为"而行事的这一概念,是一点也不困难的,成书于公元前 4 世纪的《道德经》全书中都贯穿着这个观点,其中我们发现一段重要的阐述,即虽然"道"产生、滋养和覆盖万物,但它并不主宰它们,对它们也毫无所求。——"大道氾兮其可左右。万物恃之而生而不辞,功成不名有,衣养万物而不为主。"这种观念实际上在道家是习以为常的,在 11 世纪被程颢重复道:"天则不言而信,神则不怒而威。"这种观点是崇高的,然而与上天有一个立法者的概念是明显不相容的。

理学中的"理"和"则"

把研究集中在"天则"一词的其他出处上,这对中国科学思想史会是很有价值的。但就我们的观察所及,此词并不常见。"则"本身似乎代表一种边缘的概念。它确实一直有法律性的含意,也有人文性的含意,但虽然也偶尔用在科学的意义上,这样的用法似乎并不流行。朱熹对含有"则"字的经文一定反复思索过,知道"则"字在著述中偶尔被用来表示科学法则。但他对"理"的观念在多大程度上包含有自然法则的概念,这是很难估计的,尚须等到我们能更多地了解到他心目中的经文的重点。不过,在这段讨论的开端我们曾引用过一段重要的对话,其中有一点向我提示:他所指的并不是科学的概括那种意义上的自然法则,那就是这句加了着重号的话:"一切事物都有其自身存在的规则。"它并没有说,每件事物都服从对许多其他类似事物也都有效的普遍法则或规则。所以,这种思想就更多的是适用于作为有机体的个体事物。这里没有绝对的矛盾,只是重点不同,它也和王弼的一段有关道的大意的说法是一致的。

查看一下朱熹的弟子陈淳约在朱熹去世时所写的《北溪字义》一书,我们就可以对什么是理学家所说的"理"与"则"获得更进一步的看法。他说与"理"相比,"道"较宽而"理"较深。"理"是无形的,只是事物的一种自然的、无

300 可逃避的法则,"理"渗透于非人类的物,它是天、地、一切人和一切物所共同的普遍"道理"。"理"是组成实体的东西,"义"是构成功能的东西。"理"渗透万物是自然的、无可逃避的,"义"则是怎样处理、指引或执行它。

本质上,"理"是我们在讨论理学时称作"组织原则"的东西。这里面隐含着"法",但这个"法"是整体的各个部分由于它们是作为整体中的各个部分而存在的缘故所必须遵从的法。无论它们是物质部分还是非物质部分,这都是正确的。这种"法"不是由宇宙统治者的命令而产生的,而是直接产生于宇宙的本性。"理"不是原子服从其自身的统计定律而发生的偶然会合,它与机遇

模式是丝毫无关的。宇宙秩序是完整而不变的，它是一个大的模式，包含着较小的模式，而它所包含的“法”乃是这些模式所固有的，是这些模式所不可缺少的部分，不是外来的，也不是像人类社会的法律约束着个人一样地支配着它们。理学家的有机主义哲学的“法”因而就内在于各个层次的个体机体之中，正如后来在西方文明中人们所感到的一个理想国的法律不应该是写在板上，而应该是刻在公民的心中。

我们由此得出结论说理学家们是以一种“有机的”意义来理解“法”的：牛顿式的用来描述数学化的宇宙的“法”在理学家们的“理”的定义中是完全不存在的，至少它起的作用很小。主要的成分乃是“模式”，在最高限度上则包括活的和动态的模式，换言之即“有机主义”。这种有机主义的哲学中包括了宇宙间一切事物，天、地、人具有同一个理。

上述内容确切地意味着什么，对于我们的论证是很重要的，朱熹曾对此作了长篇的阐述。朱熹正像距他 1 400 年之前的庄周一样，主张“理”周流于宇宙万物之中，宇宙是有秩序的，并且在某种意义上是有理性的，但并不因此就在与哲学相对的科学意义上是可理解的，也不必然地遵守能为人们以准确和抽象的方式总结出来的规则。朱熹用组织层次的术语表达了相当于伦理的概念。在总体模式中“无机”物处于相对较低的位置，而所谓伦理道德现象只有在达到充分高级的有机组织时才开始出现。开始是在动物中不完全地、片面地出现，然后则是在人类中充分地体现。事实上朱熹认为道德概念对无机物而言是不适用的，然而像他之前的道家一样，当他想要描述化学物质的性质时很难找到除了“自然禀赋”及“意识”之外的其他词了。无疑他试图找到一种方法以对化学物的性质进行分类，他确实在通往现代无机及有机化学的漫长道路上前进了几步，然而必要的概念性术语仍待被创造。

301

于是，在 12 世纪后半叶，我们就似乎面临着一种观点，这种观点很像乌尔比安大约在 1 000 年以前在欧洲曾表述过的，然而两者之间有一个深刻的区别：乌尔比安毫不妥协地使用“法”一词，而朱熹主要是依靠一个基本含意为“模式”的术语。对乌尔比安而言万物都是服从普遍律的“公民”，而对朱熹而言万物都是宇宙模式中的“舞蹈者”。因此我们可以说在中国最大的一个哲学学派——宋代理学学派中，关于自然法则的概念，除了某些迹象而外还不能找到更多的东西。

把法排除在外的秩序

在我们即将结束这项研究时，我们无法不得出结论说：在中国远古和中古时期的著作中,所有曾使我们企图翻译为"自然法则"的字句中没有一个是使我们有权可以这样翻译的。中国人的思想观点是沿着全然不同的路线发展的:中国人关于秩序的观念肯定是把法的观念排除在外的。然而对欧洲人而言自然法则的观念是如此理所当然而不自觉,因此许多西方的汉学家毫不怀疑地从文献里读出"法"这个词,而事实上并没有一个汉字能证明这一点。例如一位汉学家在翻译《盐铁论》时写道:"道把它的法悬在天上,把它的生成物散布在地上。"但事实上原文说的是"道悬于天",类似的例子还有很多。当然意译总比直译更为吸引人,但意译很容易由于译者不自觉的知识背景而曲解原文,并且在有些场合下这一点还关系重大。

对动物的法律审判:对比欧洲人与中国人的态度

在下结论之前我们不妨看一下中国和欧洲在法及自然这个问题上的观点之不同的一个显著的例证。读者们也许清楚地知道,欧洲中世纪时法庭上曾有相当数量的对动物的审判和刑事起诉,且往往判处极刑。这种审判从9世纪一直延续到19世纪,在16世纪达到高峰,高峰时期正符合有名的捉巫的狂潮。这些审判分属三种类型:一是对家畜伤人的审判和处决(例如猪吞吃婴儿);二是因飞禽或昆虫造成疫疠而加以驱逐或诅咒;三是对自然界反常现象(如雄鸡产卵等)的处罚。对我们当前的论题来说后两类最有意味,有一个例子很能说明问题:1474年在瑞士巴塞尔,一只公鸡被判应活活烧死,因为它犯了产卵这一"十恶不赦,有悖自然"的罪刑。这一事件的真相也许是性别的误认,一只母鸡的羽毛十分近似于公鸡的以至于被认为是一只公鸡,那时候人们还不懂得性器官的解剖及辨认。这类事件之所以骇人听闻的原因之一,或许是认为公鸡生的蛋是巫师药膏中的一种成分,更糟的是公鸡的蛋有可能孵出传说中使人一见便死的恐怖的怪蛇。

302

对我们而言这个故事的有趣之处在于这种审判在中国是绝不可能发生的。中国人不会如此狂妄地假定自己很懂得非人类所须遵守的法律并可以因动物的行为违背规则而对其进行控诉。相反,中国人的反应无疑地会是把这类罕见而骇人听闻的事件当作是"上天的谴责",于是所危及的将是皇帝或州郡官员的地位,而不是那只公鸡。让我们具体地加以引证。在冗长的《汉书·五行志》中可以发现几处提到鸡或人的性逆变。这些都被列入"青祥"一类,并被认为与五行中木的活动有关。它们预示着它们所出现的那个领地上的统治者将有严重的灾难。

因此,在中国和西方文明的主导态度中有根本的区别。在一些不很重要的事件中也出现过为另一种态度所特有的行为。在后来的中国民间传说中也有把动物送到官府法庭受审的故事，但重要的是中国人叙述这类故事的意图与西方人不同，这些故事一般都是用来表示老虎吃人后悔罪的心情。它们显然是受到佛家的启发，属于上述三种类型的起诉中的第一种，但对当前讨论而言重要的当然是属于第三种类型的事例，即对人并未造成伤害的情况， 303 我们已经知道中国人对此类事件的态度基本上是对于天惩的顺从。然而有时候中国人对此类事件也试图采取积极的措施。716 年唐代有名的宰相姚崇曾表奏皇帝，强调此类事件是完全自然的，而不是“现象论者”的上天报应的结果。他组织了全国范围的反抗措施。又据记载，此前约 100 年，唐太宗公开吃了一盘炸蝗虫，以表明它们并不是上天派遣来惩罚人类的某种神物。但是，这些都是人们的实际反应，而非法律上的诉讼。

统治心理和过度抽象化

在思考东西方之间有关生物世界的法的不同概念的时候，读者也许会想到：根据人主要地必须是与动物界还是与植物界打交道的问题，着重点可能就会有差别。毕竟对立的态度来源于不同的环境。在原野上牧羊人和放牛人鞭打他们的牲口，对羊群和牛群采取一种积极的命令态度，甚至上帝也被想象作一个“善良的牧羊人”，把他的羊群带领到美满的牧场上去。但是牧羊人与立法者相去不远，原野上支配动物的行为与法律对事物和人的支配是一致的。海事惯例对这种命令心理也是一种强有力的支持，因为船上所有人的安全都依赖于水手们对有经验的船长的毫无疑问的服从。因此自然界中的法则很可能是——也确实是——从服从于牧羊人、船长及君主的统治的态度中产生的。

但是当人们主要的是和植物打交道时，就像在以农业为主的文明中那样，心理状况就大不相同了。往往是他对于他的作物的生长干涉得越少，作物就生长得越好；直到收获时农夫才去碰他的作物，任由作物遵循它们的“道”，到适当时机就会给农夫带来利益。因此“无为”这一观念，即不违反自然而作为与农业生活是深刻地相一致的。《孟子》中有一段闻名于世的故事：

> 宋人有悯其苗之不长而揠之者。芒芒然归，谓其人曰：“今日病矣。予助苗长矣。”其子趋而往视之，苗则槁矣。
>
> （《孟子·公孙丑章句上》）

所以，不应该指望农业文明会表现出统治心理以及也许与之有关的神圣立法 304

者的想法。如果这种想法的确是开始于巴比伦的,那无疑是因为巴比伦新月沃土带的古代经济是一种(农牧)混合经济,而古巴比伦文化的传播大部分应归因于那个以游牧为主的民族——希伯来人。

中国和欧洲之间关于法的观念的另一个不同之处所涉及的并不是生物学,而是数学。与希腊人的几何学天才相对应,中国人在算术和代数方面具有天赋。在几何学的抽象性和罗马法的抽象性之间有着一种启人疑窦的相似之处。在罗马法中两个人之间的协议被认为对任何第三者没有任何可能的关系。但对中国法律来说,这种抽象性是不可思议的,如考虑一项协议不可能脱离相伴的具体情况、有关人等在社会中的地位和义务以及它可能对其他人产生的影响。正如希腊几何学研究的对象是单纯的抽象的图形,只要公理一经接受,图形的大小是无关紧要的,罗马法涉及的是被法典化了的抽象内容。但中国人宁愿只考虑抽象的数字(虽然在代数中它们可能不是任何特定的数字),在事关法律时中国人也同样倾向于考虑具体的社会情况。

中国的和欧洲的法之比较哲学

我们已经知道在中国有关阴阳五行的理论所占的地位与早期的科学理论在希腊所占的地位是一样的。中国科学发生了故障是在于最终未能从阴阳五行的理论中发展出更适宜于实践知识增长的模式,特别是未能用数学方式来描述在自然界中发现的规律性。但是,对这种局面,社会经济体制的特殊性质要负主要的责任,看起来对自然的理解的差异并不能解释中国和欧洲之间"法"的概念的不同。

在欧洲可以说自然法帮助了自然科学的成长,因为自然法具有十分强大的普遍性。但是在中国"自然法"从不被认为是法,而被冠之以一个十分社会化的名字——"礼"。因此,虽说相对而言,"礼"对社会的重要性远胜于欧洲的自然法,我们很难想象任何一种适用于人类社会之外的法。当秩序和模式被看作是周行于整个自然界之中的时候,它们通常并不是作为"礼",而是作为道家的"道"或理学家的"理",事实上这两个概念都不具有法学内容。

305 同样,在欧洲可以说成文法帮助了自然科学的成长,因为成文法具有精确的模式。它之所以是令人鼓舞的,是由于这样一个观念,即与地上的立法者相对应,天上也有一个立法者,他的命令通行于凡是有物质存在的任何地方。为了相信自然界是有理性而可理解的,西方人的头脑发现假定有一个至高无上者的存在是很适宜的,这个至高无上者本身是有理性的,并把这种可理解性安排在那里。中国人的头脑中根本不用这些概念去思想。在中国,皇帝陛下并不相当于一个立法的创世主，而是相当于一颗北极星，是宇宙间永远运动着的模式与和谐的焦点——那不是用手制造的，甚至也不是用上帝的手制造的。而模式是在理性上可以理解的，因为它体现在人类自身。

中国人对于神的观念

在这儿不适宜于研究中国人对于神的观念，然而有两点却必须说清，因为它们与我们所讨论的问题有关。其一，在中国古代思想中，上帝的“非人格化”出现得这样早，而且走得这样远，以至于有一个神圣的天上立法者把法令强加于非人类的自然界这一观念从来就没有发展过。其二，中国人所曾知道的和崇拜的最高神灵，从来都不是希伯来人和希腊人那种意义上的创世主。

并不是说在中国人看来自然界是无序的，而是自然界的秩序不是由一个有理性的人格神所规定的，因而中国人也不认为有理性的人格神会用非世俗的语言说出他们预先规定的神圣法典。道家学者确实会藐视这种想法，因为这种想法与道家所观察到的宇宙的微妙性和复杂性比起来是太幼稚了。正如我们已经知道的，中国人有另一种信仰：人类之所以能理解宇宙的秩序是因为人类自身也是由宇宙间的普遍秩序所产生的。人类是宇宙间秩序的最高组成模式。

极其有趣的是，现代科学发现有可能，甚至更应该完全不需要上帝这一假设来作为自然法则的基础，并在某种意义上回到了道家的观点。这就解释了道家这一伟大的学派为什么有如此之多的著作都带有一种奇怪的近代的腔调。然而历史地看，自然科学如果不经过一个“神学”的阶段，是否能达到目前的发展水平，仍然是个问题。

结论

306

总之，自然法则的概念未能从中国法学理论和实践中发展起来。其原因是：首先，中国人对于精确制定的抽象的法典化的法律有着强烈的反感，这种反感来源于中国社会从封建主义向官僚主义转型时期的法家统治下的不愉快的经历。其次，官僚主义体制一旦稳固地确立之后，旧有的“礼”的观念被证明比任何其他观念更适合于中国社会，因而自然法的因素在中国社会要比在欧洲社会相对地变得更为重要。但是自然法在中国极少被用正式的法学术语表述，而同时自然法观念又带有压倒性的社会性质和伦理性质，这一事实使得它的影响范围不可能扩展到非人类的自然界。第三，虽然中国从最古的时代起就的确有过有关上帝的观念，但他不久就失去了所有的人格性和创造性。所以，本来由于有一个有理性的自然界的创造者而能够加以诠释和重述的那种精确制定的抽象的理性的法律概念的发展过程在中国未能出现。

中国人的世界观依赖于另一条全然不同的思想路线。万物之所以能够和谐地共存合作是因为他们都是一个构成了宇宙模式的体系的一部分。他们服从于自身本性的诫命，而不是听从（自身之外的）上级权威的指示。现代科学和有机主义哲学已返回到这一（古老的）智慧，并被对宇宙和生物进化的新理解所加强。

最后总不能不谈到从封建主义直接进入官僚主义的中国社会和经济生活背景，这一背景注定在每一步都影响着中国的科学和哲学。假如这些背景条件对科学更有利一些的话，那么本书中所提及的那些对立的智力因素很有可能会被克服。所有关于那种曾有可能发展起来的自然科学，我们所能说的只是它应该是深刻的、有机的，并且是非机械的。至于古代和中世纪中国各门科学学科的实际情况是怎样的，将在这一简写本的下一卷及以后各卷中被述及。

第　二　卷

第 二 章

前　言

在李约瑟博士的《中国的科学与文明》(*Science and Civilization in China*)简编本的第二卷中，我们开始来详细考察中国人对各门学科作出的贡献。该卷从数学开始写起，写的过程中一直照顾了非数学专业的读者，接着是天学——天文学和气象学(气象学在古代一直被当作天学研究的对象)。接下来的是地学——地理学和制图学，还有地质学及其相关问题、地震学和矿物学。最后是对中国——但不是全部——物理学的一些描述，包括中国人对波动理论的偏爱和对微粒的反对，中国人在测量学方面的工作，他们对静力学和流体静力学、运动学、翼面现象(?)(surface phenomena)、热、光和声的研究，并且还提到了螺旋标尺(?)(tempered scale)这项几乎与欧洲人同步的发明。因此，这一卷包含了《中国的科学与文明》第三卷和第四卷第一部分的一半内容。

我再一次得到李约瑟博士的鼓励和帮助，他总是非常热心地提供建议，并且慷慨地用他那宝贵的时间来仔细阅读这些章节。对于这一切我感激万分。正如前一卷，这不是新的版本，而是原书的节写本。尽管如此，我们还是在一些地方作了小小改动，因为随着时间推移，对一些问题已经有了更深的认识。对于幻方，我们发现没有太大必要修改，尽管斯凯勒·卡门(Schuyler Cammann)提出了批评。但是，希望进一步了解事情经过的读者当然应该去读他的有关文章。吉尼维·贵黛(Genevève Guitel)关于商代数码系统的讨论也没有要求对我们的观点作出大的改动，当然，感兴趣的读者应该很希望参阅她对数码系统的详尽论述。我们也没有改动墨家经典原来的翻译，而专家们肯定会需要去参考安古斯·格莱姆(Angus Graham)的新译本。最后，有必要向读者提到薮内清(Yabuuchi Kiyoshi)在中国历法和天文学方面的工作，以及席文(Nathan Sivin)在中国数理天文学方面的工作。关于所有这些著作的注解见于主要由李约瑟和席文编制的参考书目。

本卷采用的拉丁转写法与第一卷相同，即采用 Wade-Giles 系统，用 h 代替呼吸符号(参阅本书卷一表 1)。

我还衷心感谢出版社编辑西蒙·弥顿(Simon Mitton)博士的极大耐心，和他们复制编辑的悉心照料。我还要感谢雪莱·芭蕾(Shirley Barry)女士，她如此灵巧地打印了手稿；还有我的太太佩妮(Penny)，她仔细阅读了全文，并提出了非常有益的建议。我最后还要感谢阅读校样的斯托姆·顿洛普(Storm Dunlop)先生，和编制索引的穆蕾儿·莫伊尔(Muriel Moyle)小姐。

柯林·罗南
剑　桥
1980 年 2 月 2 日

第一章　数　学

1

从这一卷开始我们进入对早期中国科学与文明研究的第二部分。因为数学和各种理论的数学表述已经成为现代科学的中枢，所以在对中国的任何其他科学和技术进行描述之前先来处理这门学科是合适的。西方学者对中国数学的观点经常在两个极端之间摇摆——既有夸张的赞美，也有过分的诋毁，说中国人在数学方面从来没有做什么有价值的事情，他们拥有的这种数学知识是从希腊人那里传入的。然而，正如即将要证明的，第二种观点当然远远背离了真相。

第一节　记数法、位值制和零

表 19 展示了中国人采用的或过去曾经采用的记数法。其中，在汉代(公元前 1 世纪)和汉代以后被逐渐使用的“会计体”，被认为是比较优美的并且较难篡改。第一列中较小的数字是象形字，但是从 4 往后的数字似乎是植物和动物名称的同音假借字。第三、第四列给出的甲骨文上的数字(公元前 14—前 11 世纪)，以及钱币和青铜器铭文中的数字(公元前 10—前 3 世纪)，在某种程度上与第六、第七列的“算筹”数字有一定的关系，这些算筹数字据信起源于真实的算筹在平板上的排列形状。所有晚出的数字符号都遵循筹算系统。

据说最早出现筹算数字的书是《五曹算经》，写于公元 5 世纪，或许 4 世纪，但是在我们看到的该书的任何一个版本中都没有出现筹算数字，其中的

表 19　古代和中古时期的中国数字

	一 标准 近代体	二 会计体	三 商代甲骨文体 （前 14 到 前 11 世纪）	四 青铜铭文和 货币体（前 10 到前 3 世纪）	五 周代货币上 发现的别体（前 6 到前 3 世纪）	六 筹算体（前 2 到 后 4 世纪）		七 （后期筹算体） （13 世纪）		八 商业体 （始于 16 世纪）
						个位	十位	个位	十位	
1	一	弌或壹	一	一	一 丨	一	丨	丨	一	丨
2	二	弍或贰	二	二	二 ‖	二	‖	‖	二	‖
3	三	叁	三	三	三 ‖丨	三	‖丨	‖丨	三	‖丨
4	四	肆	☰	☰	☰ ⅩⅩ Ⅲ [illegible] [illegible]	☰	‖‖	‖‖×	≡×	×
5	五	伍	⌛	⌛	☰ × ⌛ ⌛	☰	‖‖丨	‖‖丨〇	≡〇	〥
6	六	陆	∧ 介	介	介 介 ⊥ T	⊥	T	T	⊥	⊥
7	七	柒	+	+	个 丫 ╥ ╧ ╥	╧	╥	╥	╧	╧
8	八	捌	)(	)(	)(≡⊥	≡⊥	Ⅲ	Ⅲ	≡⊥	≡⊥
9	九	玖	[illegible]	[illegible]	[illegible] [illegible] ≣⊥	≣⊥	Ⅲ丨	Ⅲ丨×	≣⊥×	夂 夂
10	十	拾	丨	♦	+ ϕ	用 位置① 表示		用 位置 表示		+
100	佰	佰	见 表 20	见 表 20	[illegible]					ȝ θ
1 000	仟	仟			[illegible]					千
10 000	萬	萬			万					万
0	零	零			用空位表示 0—8 世纪			○		○

① 原著的个位与十位两栏数字排倒了，今予以指出。——译者

计算只是用通用的文字写出来的。但是这个问题变得不那么重要了，因为既然数学著作的印刷开始于11世纪，而且有充分的证据证明筹算数字早在一千多年以前已经使用，所以印不印筹算数字想必由各个编印者自己决定的。此外，汉代数学著作中所用的表达式暗示了筹算的使用。

另外一方面，《左传》公元前542年（鲁襄公三十年）条下有一个猜字画谜，常被引用来表明筹算数字的历史可追溯到周代中期。这段文字显然表明了对位值法①的掌握，但是考虑到《左传》经后人改编，以此为证据把筹算数字的历史推到战国以前的某个时期就不够妥当了，至于到战国时期，那无论如何是有货币可以为证的。如果，也是合理的推测，汉字描述计算的字“筭”如果真是古代算筹的象形字，那么数字（连同算板）的历史可以追溯到公元前1000年。一些甲骨文数字（C列），特别是5、6、7和10，看起来特别像排列好的算筹。

秦汉例如𝍦和𝍯这两种数字的功能已经固定下来了，前者用于个位、百位，等等；后者用于十位、千位等等。最晚在3世纪以前，它们已经专门被称作纵数码和横数码。该时期的《孙子算经》载：

> 凡算之法，先识其位。一纵十横，百立千僵，千十相望，万百相当。……六不积五不只。

这个记数系统确立如下：

	1	2	3	4	5	6	7	8	9
个位 百位 万位	𝍠	𝍡	𝍢	𝍣	𝍤	𝍥	𝍦	𝍧	𝍨
十位 千位	𝍩	𝍪	𝍫	𝍬	𝍭	𝍮	𝍯	𝍰	𝍱

这样，数字例如4716可表示为𝍬𝍦𝍩𝍥。由于相邻各位的数码用纵横不同的字体相互区分，计算者就可以使用不分行的筹算板了。但是值得提到一桩十分惊人的事实，在远至公元前13世纪的甲骨文数字中，1和10的符号都是一条直线，前者横，后者纵。这正好与《孙子》所记载的成规相反，但是两者的原则是相同的。

① 如果不管这个术语而仅仅从经验上来说，位值法对每一位读者来说都是熟悉的。像1就是一，10（就是说数字1向左边移动了一个位置）表示十，100（1向左移动了两个位置）就是一百，依次类推。小数，当然是向右方使用位值制：0.1表示十分之一，0.01表示百分之一，等等。

《孙子》引文中的“位”字，主要指算筹在筹算板各行中的位置，换一句话说，就是指位值。“位”另外又叫“等”。在8世纪以前，在数字等于零的地方常常留下空位，例如在敦煌石窟的唐代手抄本中，有一卷包含了一些乘法表，结果用筹算数码表示，像405表示为𝍬 𝍤①。

零的圆圈符号的印刷体最早见于1247年秦九韶的《数书九章》，但很多人相信这个符号至少在前一个世纪就已经开始使用了。一般认为零起源于印度，在印度它最早出现在870年瓜略尔（Gwalior）的波阇提婆（Bhojadeva）碑文上。但是这个从印度到中国的传递缺乏确切的证据。这种形式很可能是从12世纪的理学家们所钟爱的哲学图像中假借而来的。无论如何，宋代数学家手中已经有了一种运用自如、发展完善的记号法，就如这个引自秦九韶著作的例子，减法

1 405 536 = 1 470 000 − 64 464

被表示为：

𝍠𝍬〇𝍭𝍤𝍫𝍥　𝍠𝍬𝍦〇〇〇〇
　　　　　　　　　𝍥✕𝍣𝍮✕

然而，在印度，零的最早碑文证据出现在9世纪后期，而在印度支那和东南亚其他地区零的使用比印度要早两百年。这个事实可能有重大意义。在印度关于位值的文献和碑文证据是相互矛盾的。利用一切证据，最早的年代也似乎只能定到8世纪。但是印度支那的碑文中位值的应用要早得多——印度东部的占婆在609年，柬埔寨在605年。此后不久的683年，在柬埔寨和苏门答腊同时出现了第一批有零的碑文。在印度数字中，10和它的倍数有独立的记号，所以与希腊和希伯来的字母记数法相比，不能算是一次革命性的进步。尽管如此，零的书写符号以及它带来的更加可靠的计算法，那有可能起源于印度文化圈的东部，那里与中国文化圈的南部接壤。

在这个交接地带会造成什么样的结果呢？那里的文化会不会把中国筹算板上给零留的空位换成一个空圆圈呢？关键在于，中国远在《孙子算经》（3世纪末）以前就有了一个基本上是十进制的位值体系。因此道家神秘主义“虚”的概念对发明零符号的贡献，可能并不亚于印度哲学的“空”。零符号最早出现在中印文化交界带有确知年代的碑文中，似乎很难说是一种巧合。

就位值制而言，中国人似乎一直在使用它。对此我们所拥有的最早证据

① 按照“纵横相间”的法则，应改正为𝍣 𝍤。——译者

是商代的数字系统，它们的符号在表20中给出，位值的含义是明显的。它也明显比同时期巴比伦和埃及的字体更为先进。不可否认，三种系统都是从10开始一个新的循环，在10之上累加，每一种都含有位值的成分，但是只有中国商代能够用不超过9个数字在算板上表示出无论多大的数字。另外，他们从不用那种麻烦的罗马式的减法位值系统来构成数字（例如，9在罗马数字中写成Ⅸ）。中国商代的数字系统似乎是西方接受我们通常称为的阿拉伯数字之前两千年最简洁的系统。

我们必须关注的另外一个问题是中国“零”字的起源和它的历史。零字的古义是暴风雨末了的小雨滴，或暴风雨过后留在物体上的雨滴。后来它被用来指各种剩余部分，特别是当与别的字连用的时候，例如“一百零五”这样的用法。这样在利用零字来表示“105”中的“0”就不难理解了。然而这种用法出现得较晚，要精确断定它出现的时间，还需要专门的研究，在明代（14世纪）以前的数学著作中，我们从来没有遇见过零字当作“0”使用的。另外一方面，正如我们已经见到的，宋代（13世纪）代数学家广泛地使用符号○来表示零，并且很容易找到一些本来用得着零的数字。因此在确定时间上有一点困难。不过，我们推测，也许零符号从它最初在宋代通用时就已经读作“零”了，而且之所以起用零这个旧字，不仅因为它有零头的意思，也还因为符号○就像球状的雨滴。

表20 商代甲骨文与周代青铜器铭文中大于10的数字记法 6

	甲骨文体	货币体	青铜器体
11	11月	或	
12			
13			
14	大概相似，但找不到例子		
15			
20			
30			
40			
50			
56	（即五十又六；五十加六）		

（续表）

	甲骨文体	货币体	青铜器体
60			
88			
90			
100			
162			
200			
209	（即二百又九，二百和九）		
300			
500			
600			
656	（即六百五十六；六百，五十，六）这是以后三千年始终不变的形式		
1000			
3000			
4000			
5000			

7

第二节　中国数学文献中的主要成就一览

在此我们对古代数学文献中最重要的著作作一简单概述，也包括那些对古代著作的注释，其中往往包含原始资料。

从上古到三国（公元3世纪）

尽管人们通常认为《周髀算经》是最古的数学经典著作，但是我们所能给出的该书确切的最早年代却比《九章算术》晚两百年左右。然而这是一个比较复杂的问题，如果我们在这里接受通常的观点是比较方便的，尤其是有一些著作是如此的古老，不由得人不信它们的年代可以追溯到战国时代。

《周髀》提到了关于直角三角形的毕达哥拉斯定理(直角三角形斜边的平方等于另两条直角边的平方和的定理)，该定理的得出至少在公元前 6 世纪，但是没有提供后来欧几里得(公元前 3 世纪)给出的证明。书中提到了表，一根竖直的杆子投射日影的长度和方向，从而给出太阳高度的信息，它在早期天文学和历法编制中被广泛使用。书中还有北极星附近的恒星图和一些其他资料。然而，尽管与天文学密切相关，该书还是在数学方面引起人们的注意，因为其中有分数的应用、关于分数乘除的讨论以及寻找公分母的方法。而即使开方的过程没有给出，书中的文字表明平方根显然已经被应用了。

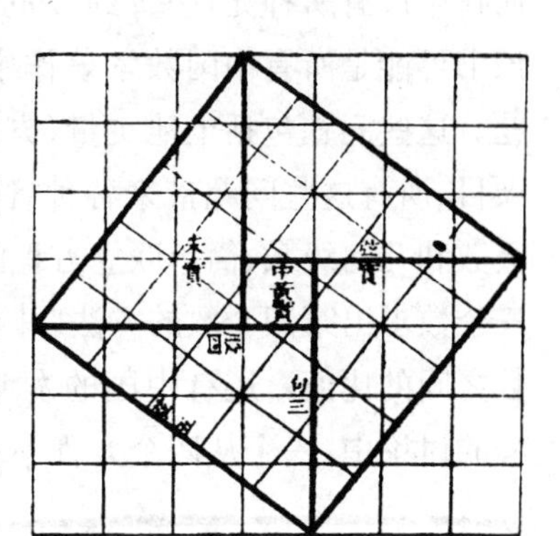

图 30 《周髀算经》中对毕达哥拉斯定理的证明

出现在书中开头的对直角三角形(图 30)的讨论，是该书中最古老的部分。这一段如下所述：

(1) 昔者，周公问于商高曰：“窃闻乎大夫善数也，请问古者包牺立周天历度。夫天不可阶而升，地不可得尺寸而度，请问数安从出？”

(2) 商高曰：“数之法出自圆方，圆出于方，方出于矩。”

(3) 矩出于九九八十一。

(4) “故折矩以为勾广三，股修四，径隅五。既方其外，半之一矩，环而共盘。得成三四五，两矩共长二十有五，是谓积矩。” 8

(5) 故禹之所以治天下者，此数之所生也。

应该记住的是，传说中的大禹是水利工程师和一切与堤防、灌溉、河工等人员的守护神。东汉(当时《周髀》获得现存的形式)的碑铭证据表明，在武梁祠壁的浮雕(公元 140 年)上，传说中的文化英雄伏羲和女娲手中拿着规和矩(参见第一卷第 62 页图 17)。此处提到大禹，无疑是要指出古代已经需要测量术和应用数学了。

无须作进一步解释了，但是值得强调一个似乎具有深远意义的论点，这就是第三段所说的几何学产生于计量的观点。这似乎表明中国人从远古开 9

始就具有算术和代数头脑；他们对那种与具体数字无关的、单从某些假设出发得以证明的定理和命题组成的抽象几何学不感兴趣。精确的数字可以是未知的，但必须有数。值得提醒的是，尽管该书写作于占星术和卜筮大行其道的年代，但书中提到天和地的现象时却不掺和一丁点迷信色彩。

《九章算术》代表了一种比《周髀算经》更为先进的数学知识。要确定《九章》的年代也是很困难的，也许最安全的做法是把它当作秦代和西汉的作品，而在东汉有所补充，一直到2世纪和3世纪初的某个时候获得现存的形式。该书可能是所有中国数学著作中影响最大的一部，它包含九章，共246个问题。这些问题包括土地丈量（方田）、工程（商功）、公平征税（均输）以及其他项目，所有这些问题带来各种各样的数学方法的应用。其中涉及分数、算术级数和几何级数、简单联立方程的解算，书中还介绍了三率法（一种从已知的三个数求出第四个数的方法，其中两个数的比值等于第三个数与第四个未知数之间的比值），还有中国的发明，解算简单方程的假设法。另外，在联立方程的讨论中，一个从四个方程中求算五个未知数的问题得到了讨论——不定方程的预演。除了其中的代数问题，《九章》还处理了几何问题——各种图形的面积和各种容器的体积，还有直角三角形问题以及与此有关的著名问题，其中的一个图示在图31。其中的一些问题后来通过印度被带到了欧洲。

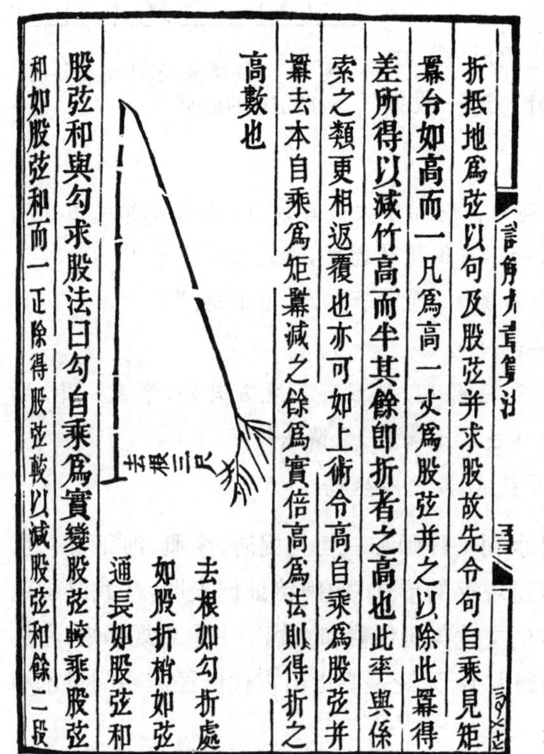
折抵地爲弦以句及股弦并求股故先令句自乘見矩
冪令如高而一凡爲高一丈爲股弦并之以除此冪得
差所得以減竹高而半其餘即折者之高也此率與係
索之類更相返覆也亦可如上術令高自乘爲股弦并
冪去本自乘爲矩冪減之餘爲實倍高爲法則得折之
高數也

股弦和與勾求股法曰勾自乘爲實變股弦較乘股弦
和如股弦和而一正除得股弦較以減股弦和餘二段

图31 折竹问题（采自杨辉的《详解九章算法》，1261年）

除了已经描述过的两种著作，还有许多流行于汉代的其他数学著作；事实上它们中的一些书名还知道。不幸的是所有这些书后来都失传了。然而，汉代徐岳的《数术记遗》是一部相当重要的著作，徐岳活动于公元190年前后。我们通过大约四个世纪后甄鸾所作的注释而了解该书，这本书显然与上述提到的书不同，更接近于道教和占卜术。然而它包含着有关幻方的最早文献记载之一——一个数论方面的发现,我们将在第三节讨论它——以及最早提到了算盘。

从三国到宋初(10 世纪)

11

在接下来的几个世纪里,出现了十二部有声望的著作。最早的一部是《孙子算经》,该书的主要成就在于给出了一个不定分析的算例。这个时期最重要的一部书也许该首推祖冲之(公元 430—501 年)的《缀术》。这本书声名卓著,应该比其他数学书作更深入的研究;很少有人能读懂它。这可能与祖冲之对 π 值的极为精确的确定(图 32),以及有限差分法的使用有关。有限差分法就是确定一个量或方程在一些未知位置处的数值,这是在天文学和历法理论中用到的重要手段。

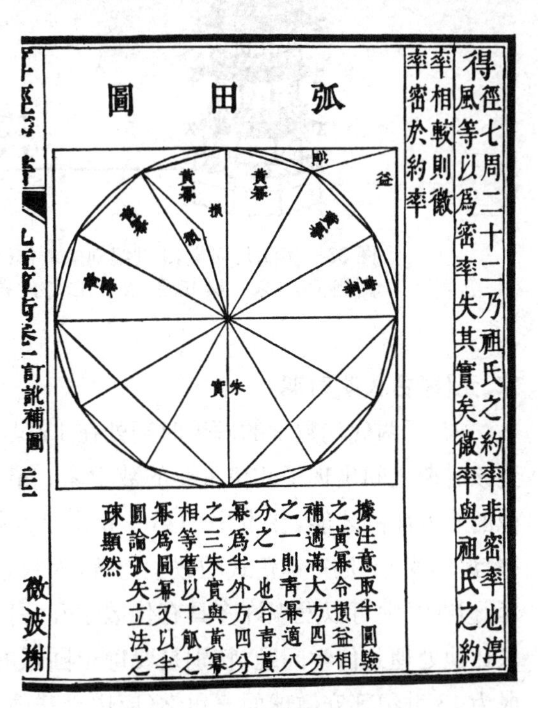

图 32 戴震《九章算术》图示之一,解释刘徽求 π 近似值的方法

12

祖冲之这部书似乎是突破《九章算术》之后中国数学著作进展缓慢的一部主要著作。从 3 世纪到 6 世纪的大部分数学书只是重复了《九章算术》的错误,而在《九章算术》取得的坚实成就基础上鲜有创新。然而,在几乎每一部书里,每一位作者都作出了他自己的贡献。这对张丘建来说尤其如此,他活动于公元 560 年到 580 年,在他的《张丘建算经》中首次处理了真正的不定方程、设计了二次方程(就是说方程中包含了 x^2)的新用途,还用代数式表示了这样的方程,而不是用数字。

三次方程(就是说方程中包含了 x^3)首次出现在公元 625 年的唐代(公元 618—906 年),此时数学在上述一个静态过程之后又有进步。方程应工程、建筑和测量人员的实际需要而产生(图 33)。这也是李淳风(7 世纪晚期)的时代,他也许是中国历史数学著作最伟大的注释家。

13

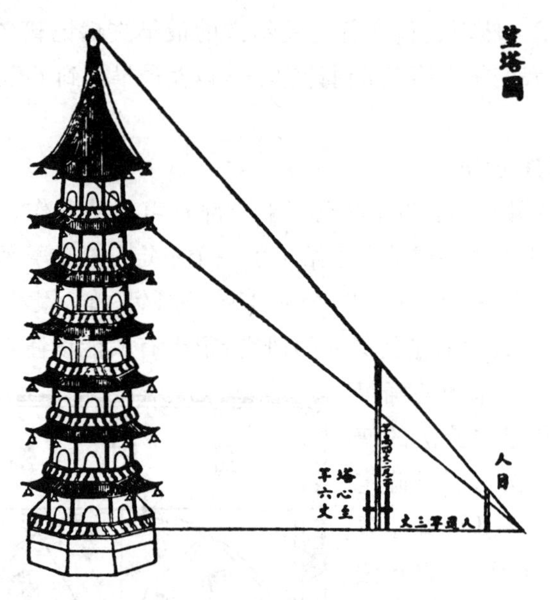

图 33 实测几何学，3 世纪刘徽著作《海岛算经》中介绍的塔高测量法（采自秦九韶《数书九章》的算例）

宋、元（蒙古）、明时期

宋、元两代代数学的辉煌时期处在 13 世纪和 14 世纪，但是在李淳风时代到该时期之间出现了几位重要的数学家。最令人感兴趣的人物是沈括，关于他的多方面的才能，在本书的第一卷中已经提到过了。他在 1086 年完成的《梦溪笔谈》不是一本正式的数学论著，因为它几乎包含了所有当时已知的科学，但在书中可以发现许多具有代数学和几何学意义的内容。他对测量的需求让他处理几何学问题，特别是要确定圆弧的长度，他发明了一种方法，后来成为 13 世纪郭守敬球面三角学（应用于球面上的而不是平面上的三角学）的基础。为了求出一些垒成棱台形状的酒桶的数目，他的书还给出了中国数学史上第一个级数求和的例子。也是在 11 世纪，我们发现了第一本印刷而成的数学著作，尽管这类印刷作品似乎可能再早二百年出现。我们所知的最早印刷品数学著作是刘徽的《海岛算经》。

在宋代科学的晚期（即 1200 年以后），主要是在 13 世纪的后半叶，取得了重大的数学成就。这些成就分别归功于秦九韶（13 世纪）、李冶（1178—1265 年）、杨辉（13 世纪）、朱世杰（13 世纪）等，但是他们似乎是各自独立地工作的——至少我们所掌握的关于这群中古时代中国数学家的资料太零碎，而无法把他们联系起来。从社会地位来讲，13 世纪数学家和唐代数学家有不同之处，在唐代他们都身居高官，而在宋代大部分是低级官吏，他们的注意力放在平民和技术人员都感兴趣的问题上。就像在秦九韶《数书九章》的第一部分讨论了不定分析，余下的是关于复杂的面积和体积问题的计算——诸如从城外一点确定城墙的直径和周长的问题（图 34），或者涉及堤坝建造的问题（图 35）、灌溉水的分配问题和财政事务的问题，等等。

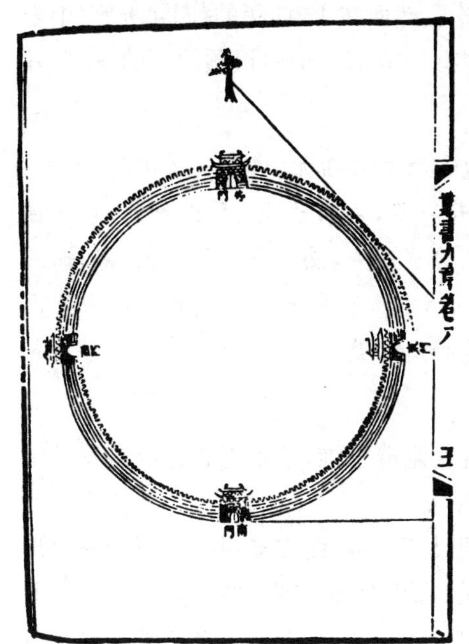

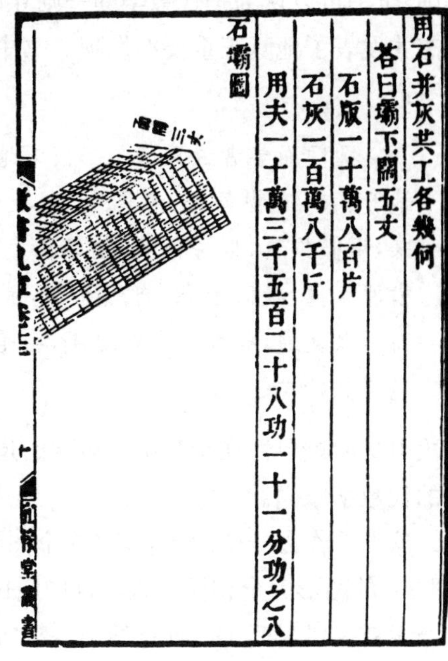

14

图 34 遥测周径（《数书九章》，1247 年） **图 35** 堤坝建筑问题（《数书九章》，1247 年） 16

然而尽管偏向实用，秦九韶的书中也引入了一些新颖的东西。正是在这里出现了一个著名的中国术语天元（一），在不定分析的最重要一步开始前，要先把单位符号（丨）置于算板的左上角，同时零符号也出现在全书中。负数和正数用黑筹和红筹来区别，秦九韶以及他以后的宋、元代数学家总是把常数项（即不含 x 的项）排成负项，这等同于直接让一个方程等于零，这种方法直到 17 世纪初才传到欧洲。 15

现在轮到李冶和杨辉，我们发现他们两人之间有着很大的不同。李冶的《测圆海镜》处理三角形的内切圆，主要是出于解算方程的考虑。他的处理是纯代数学的，在他的《益古演段》中也是如此，在该书中他采用一条横穿过一个数字的斜线来表示这个数字是负数。杨辉与李冶稍有不同，事实上跟这一群数学家中的其他人都有所不同，他对等差级数特别感兴趣，还处理了“复比例问题”（对涉及不同质或量的混合项问题的解算）。杨辉还是小数方面的专家,他使用了相当于小数点的符号。也是在杨辉的书中我们首次发现了二次方程的一次项 x 系数为负数,尽管他说刘益在他之前已经考虑了这个问题。

到了第四位宋代数学家朱世杰,中国的代数学达到了很高的水平。在他的第一部著作,1299 年的《算学启蒙》中,已经提出了代数加法和乘法的符号法则,全书可以认为是代数学的一则导论。然而在 1303 年的《四元玉鉴》中朱世杰才发表了他真正重要的发现。书中有一篇由一个叫祖颐的写的序言,其中写道:

> 踵门而学者云集。……按天地人物立成四元,以元气居中,立天勾、地股、人弦、物黄方,考图明之,上升下降,左右进退,互通变化,乘除往来,用假象真,以虚问实,错综正负,分成四式,必以寄之剔之,余筹易位,横冲直撞,精而不杂,自然而然,消而和会,以成开方之式也。……不用而用以之通,非数而数以之成,由是而知有数皆从无数中来,高迈于前贤能尽其妙矣。

这段引文的重要性在于其中所包含的道家诡辩思维,暗示着它曾经启发过中国的代数学家们。

这部著作以一个图形开篇,这个图形与后来在西方被叫做帕斯卡三角形(图 53)的图形完全相同。朱将这图叫做"古法七乘方图",暗示这个图为人所知至少有一段时间了。他还给出一种"四元术",实质上就是在所求的未知数外,再取几个辅助的未知数,然后从问题给出的已知条件出发,消去这些未知数。这正是上面祖颐这些话的由来。这样,朱世杰解少于五个变数的联立方程组的办法,实际上与西方 19 世纪数学家詹姆斯·西尔维斯特的方法完全相同,只是朱世杰没有使用行列式而已。

在唐代,高深的数学知识被僧人一行应用到历法编制当中去,在元代,由造历的需要而导致了数学家和天文学家郭守敬的一项非常著名的成果。尽管他的原始著作没有一部被保存下来,但是他的方法可以通过其他著作加以研究。

出于历法的考虑,郭守敬必须处理天球上由黄道(太阳视轨迹)、天赤道和月球轨道构成的球面图形。这促使他对球面上的几何图形进行讨论,由此而奠定了中国球面三角形的基础,尽管我们这样说的时候也必须明白他似乎对比如正弦和余弦这样的基本三角几何量还不知道。所以这不是一种正如我们现在掌握的那种全面发展的球面三角几何学。郭守敬还运用了四次方

17

程和唐代李淳风发明的解法①,这相当于我们的有限差分法,这是一种计算太阳在天空中的视运动速度的有效方法。

阿拉伯人对郭守敬和他的同时代人的影响一直还是个未知数。元代的阿拉伯人(主要是波斯人和中亚人)就像唐代的印度人一样,在中国科学技术中显然扮演了相当重要的角色,毫无疑问,来自马拉盖和撒马尔罕天文台的阿拉伯和波斯数学影响有充分的机会进入中国传统数学之中。但是是否产生了重大影响,我们不得而知。

在明代开始的一个半世纪,数学上几乎没有什么令人注目的东西,但是公元1500年以后,事情有所改观。军事工程师兼数学家唐顺之(1507—1560年)因为圆弧方面的计量工作而获得盛名,他同时代的数学家云南巡抚顾应祥系统地发展了当时处理圆弧和弓形的公式。顾应祥还给出了一个方程。但是这两个明代数学家没有一个通晓宋、元代数学,宋、元代数学完全废弃不用了。即使是明代最引人注目的数学家程大位,也没有摘引宋、元的代数学。程大位1593年的《算法统宗》基本上是一本实用性的著作,涉及了各种特殊形状的面积和合金成分的确定,另外也包含了相当数量的幻方。此书还是第一部给出中国珠算盘图说的书,并图示了珠算盘的用法。

随着17世纪初耶稣会士来到北京,我们可以称之为"本土数学"的时代即告结束。中国学者和耶稣会数学家开始合作,耶稣会士把代数学从欧洲传入,中国人对此有很高的热情。直到梅瑴成(1681—1763年)在他的《赤水遗珍》中指出,中国自己的数学在17世纪以前早已有很大发展,由此中国代数学开始复苏。

第三节 算术和组合分析

18

初等数论

在古代,算术一词不是我们今天所谓的算术的简单计算,而是数论的初步。在古希腊和中国共同出现的数字神秘主义和数字学(参见本书第一卷)的氛围中,已经开始认识到素数②、合数、垛积数、亲和数以及类似的数的存在(表21)。在希腊,欧几里得《几何原本》(公元前3世纪)的若干卷中已经把这

① 即二次内插法,该算法由刘焯在《皇极历》(约公元600年)中首创。——译者
② 应当指出中国古代并没有素数的概念。——译者

些知识系统化，其中同时期的“埃拉托色尼网格”是很著名的例子。这种方法通过从自然数 1、2、3、4、5、…等等中筛去合数的方法来求得素数。

19

表 21　数的类型

亲和数	互相等于对方的所有整除因子之和的一对数，就是说，亲和数除以这些数不会有余数。例如，284 和 220 是一对亲和数，因为 284 能被 1、2、4、71 和 142 整除，而 1 + 2 + 4 + 71 + 142 = 220；220 则能被 1，2，4，5，10，11，20，22，44，55 和 110 整除，这些数字之和是 284。
复数	由实数部分和虚数部分组成的数。
合数	有两个或两个以上的因子组成的数。
斐波那契数	数列中的每一个数（除了第一个和第二个）等于前两个数的和。这个数列为 1、1、2、3、5、8、13、21、…
垛积数	所谓垛积数就是这些数，从 1 开始，可以垛积成一些几何图形。例如 . ∴ ∴ ∴ 或 1、3、6、10，等等，是三角形数。. :: ⁞⁞⁞ ⁞⁞⁞⁞，或 1、4、9、16，等等，是正方形数。
标杆数	标杆数简单地说就是奇数。之所以得到这个名称是从垂直于地面的一根竿子而来，这样的竿子就是日晷，后来希腊人把它抽象成两条互相垂直的直线，进而演变成一种仪器，类似于木工用的曲尺，┌。从这中间自然过渡到一种具有这种形状的几何数，就是说，一个大的正方形被切去一个较小的正方形后留下的数。将这个应用到正方形数上，我们得到. :: ⁞⁞⁞ ⁞⁞⁞⁞，这里标杆外面的数字每一个都比前一个大 2。这样，从 1 开始，我们有 1、3、5、7、…，或者一列包括所有奇数的数列。对代数学家来说，每一个数可以表示成 $(2n+1)$。
虚数	实数乘以虚数单位 $\sqrt{-1}$。
无理数	不能表示成两个整数之比的数，例如 $\sqrt{2}$ 和 π。
完美数	数本身等于它的整除因子之和。像 6 就是一个完美数，它的整除因子是 1、2 和 3，而 1 + 2 + 3 = 6。28 是另一个完美数。
素数	除了 1 和它本身，不能被别的数整除的数。
有理数	可以表示成两个整数之比的数，例如：$\frac{1}{4}$、$\frac{1}{2}$、$\frac{3}{4}$ 等。
实数	能用十进制表示成有限或无限序列的数。
正方形数	见上面垛积数。
三角形数	见上面垛积数。

但是奇数和偶数的差别想必首先引起人们的兴趣。在西方，奇数又被叫做标杆数（原因在表 21 中给出）。用这种方法确定数字势必涉及点阵或方阵行数的计算，同样的方法在同时代的中国也用到了，只不过目的不同而已，而这带来这样一个事实：1、3、5、…、n 这 n 个奇数的和等于 n 的平方。人们还把

奇数和偶数同阴阳联系起来也是很自然的，这既可以在中国古代的议论中找到，也可以在古希腊毕达哥拉斯的言论中找到。中国人之间也广泛流传着奇数代表吉、偶数代表凶的迷信。

希腊人对以上各处数都感兴趣，还对另外一些数如完全数和垛积数感兴趣；9 世纪阿拉伯数学家们也被它们激发起兴趣。然而所有这一切对中国数学家们来说都是陌生的，中国数学家们优先考虑的是具体的数，而不是这样的数。他们事实上知道垛积数；秦九韶在 1247 年曾经讨论过垛积数，而它的源头可以追溯到世纪初《九章算术》中级数的表达方式——“锥行衰”。

幻方

中国人感兴趣的另一个方面是组合分析——幻图的构造，即在各种几何形状的表上排列数字，使得在对这些数字进行简单的运算，例如加法，不论从哪一条路线，相加所得的和总相等（图 36）。由于西方学者采纳了很不可靠的中国古代文献的年代，过去一直把组合分析这一数学分支的年代定得比实际年代早得多。但是即使对它的起源采取恰如其分的保守看法，它的发明权似乎仍然应属于中国。既然被叫做“年代不明的中国传统”可以追溯到历史上

20

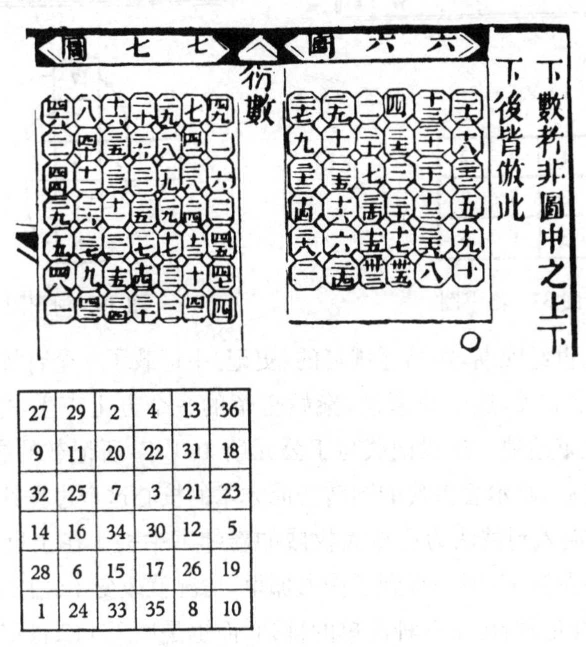

27	29	2	4	13	36
9	11	20	22	31	18
32	25	7	3	21	23
14	16	34	30	12	5
28	6	15	17	26	19
1	24	33	35	8	10

图 36　程大位《算法统宗》（1593 年）中的两个幻方（右边一个已由李俨改成阿拉伯数字示于上图）

的神话时期，事实就很难加以肯定了，但是大致情况可以概述如下。

传说中有这样一个故事：为了帮助治水“工程师”大禹治理天下，从只有他才能治理的水中跃出几头神兽，献给他两张图。其中洛书（图 37）是来自洛水神龟的礼物，河图（图 38）是来自黄河龙马的礼物。毫无疑问这个故事是非常古老的，内在证据表明它不会晚于公元前 5 世纪。在公元前 4 世纪的著作中对这个故事有所征引，但直到公元前 2 世纪，这个图才开始真正有所发展。在《易经·系辞传》中有重要的两个段落。其中一段用通常的方式提到从河中出现的图，但在另一段中提到它们时是作为前十个基数的排列——至少这是由宋代注释家作出的传统解释。

21

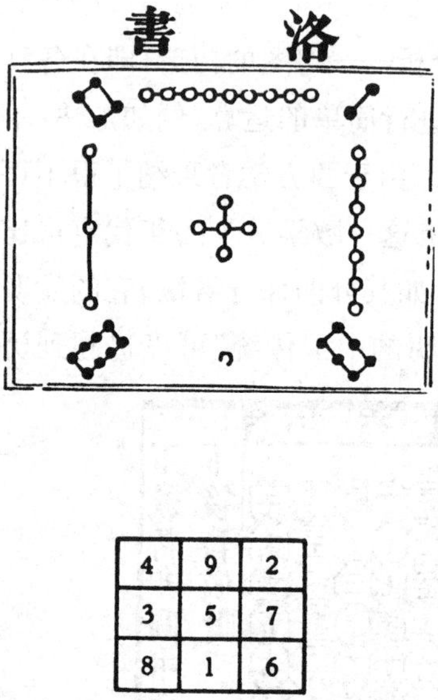

4	9	2
3	5	7
8	1	6

图 37　洛书图

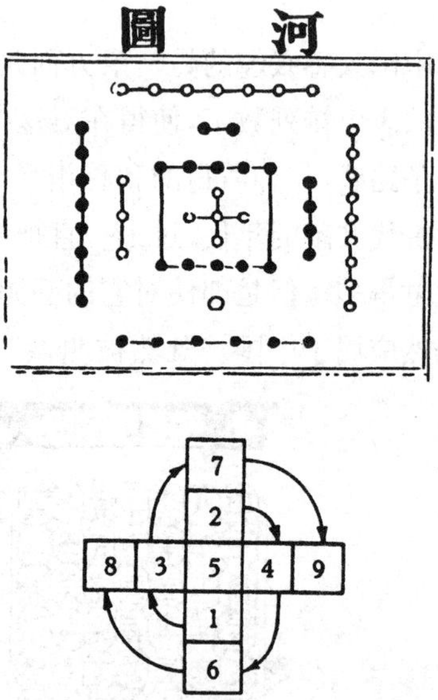

图 38　河图图

公元前 1 世纪晚期，司马迁撰写的《史记》中记载了一个奇妙的故事，很可能与河图、洛书有关，这个故事说，秦始皇帝的一个方士卢生，把录图写的含有预言的书呈献给他。这段记载写于公元前 100 年，所记载的事件发生在公元前 230 年前后，暗示着古代的图转变成方术的核心这个过程的开始，到公元 1、2 世纪它又混入到被认为有重大权威的新纬书中去。在 1 世纪以前，所有线索表明只涉及数字，但一旦到了伪书那里，情况就改变了。比如，公元 80 年左右的《大戴礼记》给出了一种简单的排列，而也是属于 1、2 世纪的《易纬乾凿度》，记载更为明确，值得摘引如下：

阳动而进，变七之九，象其气之息也；阴动而退，变八之六，象其气之消也。故太乙取其数以行九宫，四正四维，皆合于十五。

这里提到的九宫是幻方的九个格子；后代的中国学者对此没有疑问。他们认识到洛书事实上是一个幻方，从它的行、列、对角线相加都等于 15，而河图是这样排列的，抛开中间的 5 和 10（图 38 的上面部分），奇数和偶数相加都等于 20。从此以后，提及河图、洛书的书不断出现，但也出现了一些专门的叙述，明确了幻方的存在。事实上，现在可以明确了，幻方的真正发明，远远早于 940 年出现的关于幻方的明确证据。

然而在 13 世纪以前，幻方的发展明显地与数学思想的主流相分离。直到 1275 年中国人称为“纵横图”的知识，首先由杨辉在他的《续古摘奇算法》中作为一个数学问题来加以研究。他的一些幻方非常复杂（图 39），尽管如此，他总能给出构造这些幻方的方法。例如，一个简单的幻方可以这样构成：把数字一到十六排列在四行四列的方阵上[图 40 (*a*)和(*c*)]，并且分别把内方和外方的对角数字对换[图 40 (*b*)和(*d*)]，即得到一个行、列、对角线都等于 34 的幻方。

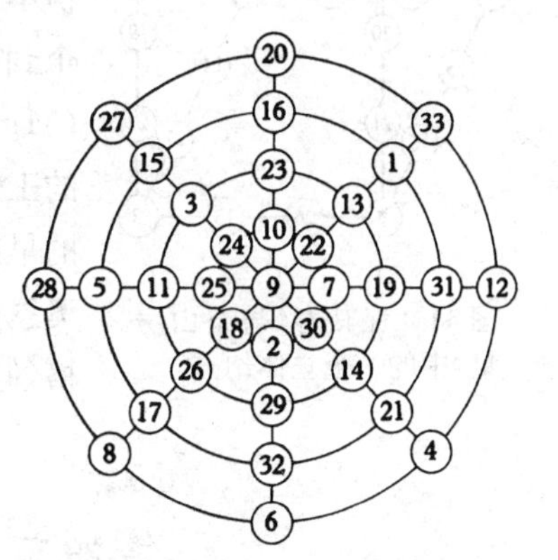

图 39　杨辉《续古摘奇算法》(1275 年)中的一个幻方(根据李俨的考证)

22

1	2	3	4
5	6	7	8
9	10	11	12
13	14	15	16

(*a*)

16	2	3	13
5	11	10	8
9	7	6	12
4	14	15	1

(*b*)

1	5	9	13
2	6	10	14
3	7	11	15
4	8	12	16

(*c*)

16	5	9	4
2	11	7	14
3	10	6	15
13	8	12	1

(*d*)

图 40　一种幻方的构造

程大位在 1593 年的《算法统宗》中继承了杨辉的工作，书中给出了十四个图，其中一个见于图 36，1661 年方中通增添了几个，1670 年张潮又添了更多的图。这个时期的数学家对这方面的数学特别感兴趣，以致在 19 世纪下半叶出现了像保其寿那样的天才爱好者，在他出版的一本《碧奈山房集》中包含有一些立体幻方（见图 41）。

23

这段关于幻方的叙述至少表明，一些西方科学史家的信念是没有根据的，

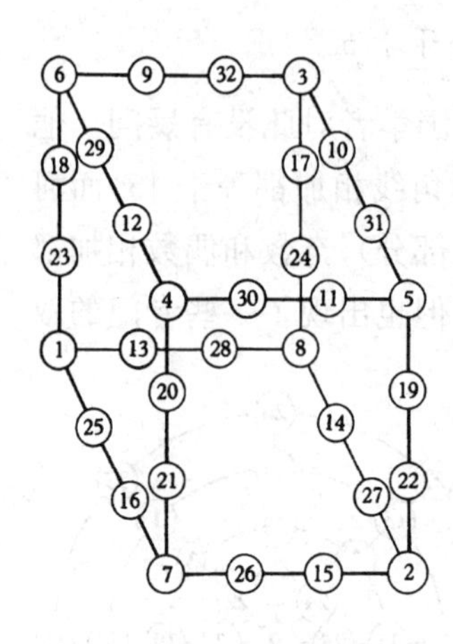

图 41　保其寿《碧奈山房集》中的一个立体幻方

他们认为幻方是传说中的黄帝发明的，他生活在公元前 27 世纪。但是这段叙述也是重要的，因为我们确定的年代使我们能够跟晚期的发展作一比较。在公元 9 世纪，三阶幻方洛书在阿拉伯炼丹术中变得很有名，这在下一卷中将详细讨论；事实上塔皮特·伊本·库拉(Thabit ibn Qurrah，死于 901 年)是第一个讨论它的。然后因曼纽尔·莫斯霍普洛斯(Manuel Moschopoulos，活动于 1295 年到 1316 年)的工作经拜占庭传到欧洲。在欧洲似乎没有这方面的早期工作，大约公元 130 年士麦那(Smyrna)的西奥恩(Theon)把最前面的九个数字写成一个方的表格，但是这不是一个先前曾认为的幻方。

第四节　自然数的运算

24　算术计算中的基本运算并不始终被认为只有四种(加、减、乘、除)。在不同的历史时期其中还包括有其他运算，例如二倍法、减半法和开方等。但是，中国人似乎只承认近代的四种。

四则运算

关于加法(“并”，分数的加法叫“合”；求和有时称为“都数”)没有多少可说的。公元前 3 世纪以前的著作常常把各个数详细地写出，但是很明显，从战国时代开始，加法是用算筹在算板上按照位值制进行的，而在我们应该使用零号的地方留下空格。虽然中国的书法总是一列列从上写到下的，但是数字似乎是从左到右横写的。加得的和数单独写在下面。进位法肯定是很古老的，它是算盘运算的自然结果。

减法(“减”)也是用筹算按同样的方法进行的。减得的余数也是像和数一样单独放置的，但是放在上面。

正如加法是代替较为繁重的数数求答案的办法一样，乘法是加法的简化，它把许多加数“叠在一起”。“乘”这个字的应用似乎正是出于这样的想法，这个字的一般意义是骑马或在什么东西上面，在这里各个加数可以设想

25　为马车夫控制下的一群马。事实上，乘数确实是放在最上面的位置(上位)上

的。乘法是除法的逆过程，它们的图式如下：

位	乘法	除法
上位	乘数	商数
中位	积	被除数
下位	被乘数	除数

附图给出了乘法的过程，以 81 乘 32 为例：

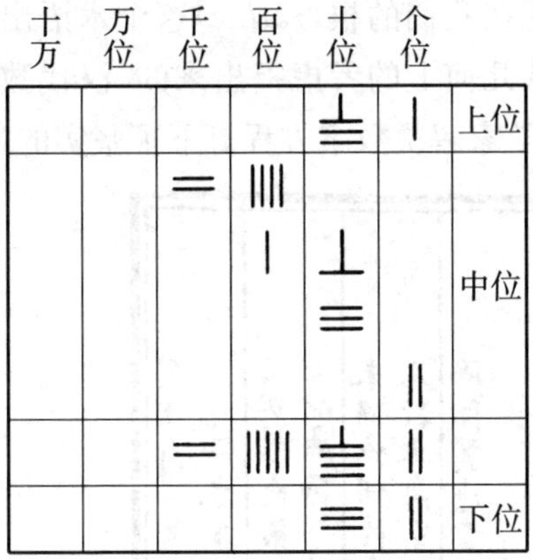

十万	万位	千位	百位	十位	个位	
				𝍰	𝍠	上位
		𝍪	𝍣			
			𝍠	𝍮		中位
				𝍫		
					𝍡	
		𝍪	𝍤	𝍱	𝍡	
				𝍫	𝍡	下位

十万	万位	千位	百位	十位	个位
				8	1
		2	4		
			1	6	
				3	
					2
		2	5	9	2
				3	2

首先 8“呼”3，得到 24，写在左边的两格里，表示 2 400。然后 8“呼”下 2，得 16 写在中间位置，表示 160。1“呼”3 写在十位这列里，然后 1“呼”2 得 2 写在个位列里。相加得到积为 2 592。这个方法在欧洲是不常见的，但在 1478 年意大利算术中被发现。现代通用的近代方法，在中世纪被称为“棋盘法”，或许就起源于这种计算。

因为算板和算筹的关系，乘法表在中国自然是很古老的。与巴比伦人按列排列数字不同，出现在中国古代著作中的表是用文字写出来的。其中最早的大约是公元前 4 世纪的《管子》中的一些片段。当然还有在内蒙古居延发掘出来的公元前 100 年左右竹简上的乘法表，这些乘法表的其中一部分直到宋代的书中还有出现。所谓的毕达哥拉斯式乘法表，即把数字排列在两个坐标上的表（就像驾驶员手册上给出的城市之间的距离表），似乎在 8 世纪前后出现在中国，但是排成了三角阵的形式。

26

对一个数的平方有不同的名称。在汉代称为“方”，宋代称为“乘方”，在现代称为“自乘”。另一个现代术语是“平方”，在古代和现代都是与“立方”相对而言的。

除法与上面所描述的乘法相似，也应用算筹在竖栏里进行。“除”这个字始终是这种运算的专用名词。在耶稣会传教士来华之前,中国从未使用过“帆船法”——一种为大多数读者熟悉的长除法,除数称为“法”,除得的结果叫做“商”。除法表(用文字表达的)从宋代以来很普遍。

根

古代开平方(“开方”和“开方除之”是用到的两个术语),与现代的方法基本上相同。阿拉伯数学家曾经设想一个平方数是从它的根生长起来的,而拉丁学者认为根是几何正方形的一边。现在我们的根(*radix*)这个术语出自阿拉伯语。在古代中国开方的方法也是从几何上的考虑提出来的,汉代数学家精炼了这些方法,从而为宋代的大代数学家解决数字方程打下了坚实的基础。

27

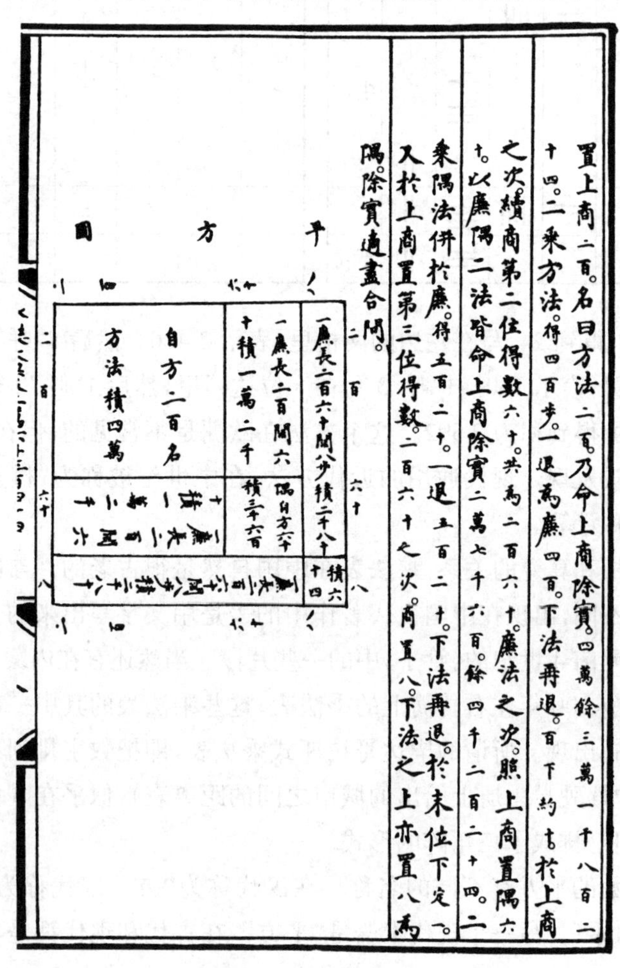

图 42　说明开方过程的图,出自杨辉的《详解九章算法纂类》[1261 年,采自《永乐大典》手抄本(1407 年)卷 16344(剑桥大学图书馆)]

求平方根方法的几何基础大致可以肯定是刘徽在编辑《九章算术》时图示出来的，尽管现存最早的图是在杨辉的《详解九章算法纂类》(1261 年)中(图 42)。汉代人所用的图与稍早由欧几里得在公元前 300 年左右给出的图相似。欧洲开平方和开立方的近代方法是在 1340 年和 1494 年之间提出来的，与《九章算术》中给出的方法相似，根的数字按位置一位一位地分别求出的。它们似乎途经撒马尔罕而来，但是它们怎么到达那里还不清楚。中国代数学家的影响是可能的。

28

计算工具

如果手指计算法可以说是计算工具的话，那么，它无疑是最早的一种。在这方面，中国古代没有多少明确的资料，但是我们知道中国人有几种用手指记数的方法，其中一种只是数摊开的手掌上的手指，更复杂的一种是用手指的不同关节来表示不同的数字。另一种简单的方法就是结绳法，这是用来记数而不是计算的。读者可能都熟悉秘鲁的结绳法，它有一条主绳索，附着打着结的各色小绳索。早在公元前 3 世纪的中国古代文献中，就包含着有关结绳的记载，在东亚和美洲印第安文化之间有许多令人奇怪的共同点，结绳法就是其中的一个。

29

在历史上，除了算板本身外(图 43)，中国数学家们使用了三种主要的计算工具：(1) 简单的算筹；(2) 标有数字的算筹，类似于纳皮尔(Napier)的骨筹(1617 年被介绍到西方的可重复排列的象牙或骨质的算筹)；和(3) 珠算盘。我们将依次介绍这三种计算工具，然后处理西方在这个问题上的进展这个难题。

图 43 “师生问难”中的算板(《算法统宗》的卷首插图，1593 年)

30

筹算

筹算数字从战国时代(公元前 4—前 3 世纪)开始出现在铸币上，同时期的文献资料也提供了证据。也许最著名的例子在《道德经》里，老子在书中别有意味地说:“优秀的数学家是不使用算筹的。”(善数不用筹策)汉以后的文献中提到算筹更加频繁。例如,《汉书》说算筹是直径 2.5 毫米、长 15 厘米的细竹棍,271 根可以装满一个六角形的筒,成为一握。另外,在《史记》中司马迁叙述了公元前 206 年汉朝第一位皇帝跟王陵之间的一次谈话,在谈话中这位皇帝说他的一项才能是“运筹策于帷帐之中”。还有一个关于秦始皇帝的大臣赵佗的传说,他后来以一个独立王国的身份统治南方,据说赵佗在带兵去南方之前,已经制成几种不同的算筹。这些算筹后来保存在晋朝安帝(公元 397—419 年)的武库中,每根有 30 厘米长,其中白色筹是骨制的,其他的黑色筹是角制的。

31

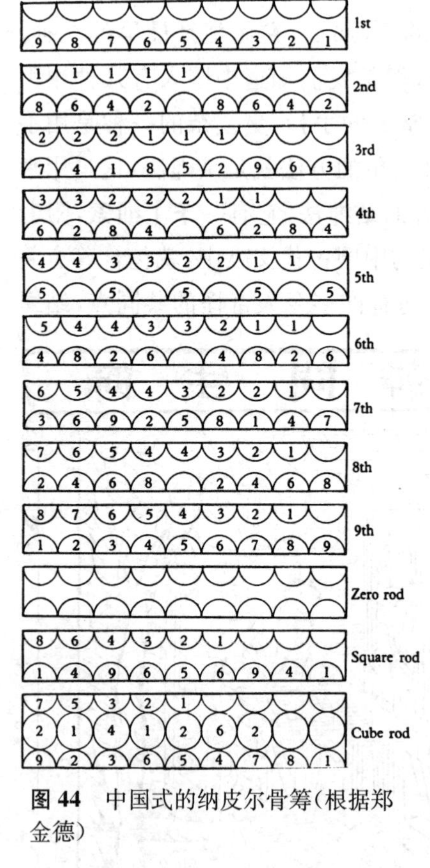

图 44　中国式的纳皮尔骨筹(根据郑金德)

引证更多的资料太烦琐了,但是我们可以再只说一下王戎(公元 235—306 年)的故事,作为晋朝的一名官员,他很支持水碓工程,“常常拿着象牙做的算筹,通宵进行计算,简直无法让他停下来”(每自执牙筹,昼夜计算,恒若不足)。在 9 世纪,算筹是用铸铁做成的,唐代的行政官吏和工程师的腰带上常系着一个装算筹的囊,而 11 世纪沈括描述他同时代的天文学家卫朴时说他“运筹如飞,人眼不能逐”。这种说法使人联想到使用珠算盘时所达到的速度。晚明之后,很少见到算筹的记载了,毫无疑问,因为算筹被珠算盘取代了。

在上面的所有叙述中,都设想在进行计算时,是用算筹在算盘上构成筹码数字来实现的。这种方法比书算方便之处,是它比较容易除去那些不再需要的数。算筹在文字学上也留下了它们的踪迹,因为大多数计算术语都是竹字头,并且像“推算”、“持筹”等许多词语都作为计算上的术语沿用下来了。

刻有数字的算筹

带有数字标志的算筹在中国数学中可能是晚期的发展。这些算筹与纳皮尔(Napier)骨筹实际上似乎是相同的,用它来做乘法是通过一根算筹相对于另一根算筹的滑动来完成的。这种滑动算筹整个17世纪一直在西方得到使用,并且很快传到中国和日本,并在那里引起了很大的兴趣。描述它的最有名的一本书是著名学者兼数学家戴震写的《策算》,图43展示了这种算筹的东亚形式。中国所用的一套算筹还包括零筹、平方筹、立方筹,但是他们保留了古代简易算筹的相同名称,这有时会引起混淆。如果对数计算尺和加法器这两种计算工具——它们都传到了中国——不是如此迅速地按照纳皮尔(Napier)方法发明出来,那么这种算筹系统的用途可能会更大一点。

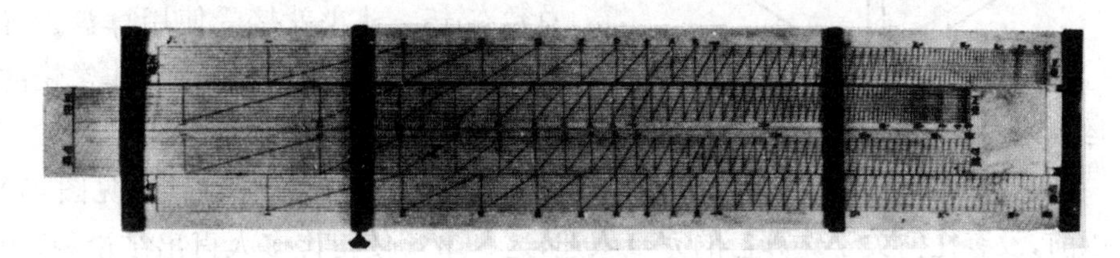

图45 1660年的中国计算尺(米歇尔摄影)

32

珠算盘

关于中国的珠算盘,已经有大量的文献了,我们最好先对此作一个简单的描述。珠算盘又叫做算盘,今天的算盘由一系列相互平行的柱子构成。每一根柱子都穿着七个略呈扁形的圆珠。算盘上有一根横梁把它分成不相等的两部分,梁上有两颗珠,梁下有五颗珠,这些珠子可以拨近或拨离横梁(图46)。每一个算盘通常有12根柱子,但也可能多到30根。在同一根柱子上,梁以上的一颗珠相当于梁以下的五颗珠,每一根柱子的数值相差10倍,因此

33

图46 中国的算盘(原物照片)

任何一根柱子上的一颗珠相当于其右面那根柱子上同一位置上的十颗珠。每一根柱子所代表的位值可以由计算者随意选定。图 46 中的算盘所拨定的数字是 123456789①。横梁以上的两颗珠当中,只用一颗就可以进行加、减、乘这三种基本运算,但是对于除法,每一根柱子如果能表示出大于 10 的数,运算时是比较方便的,因此,横梁以上的两颗珠和以下的五颗珠都有用,给出的总数有 15。从小就接受使用算盘训练的中国人和日本人,可以达到非常快的运算速度。

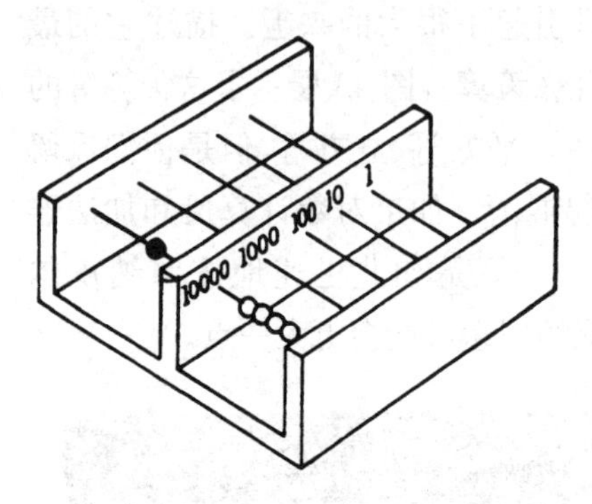

现在来考察一下算盘的历史。在程大位的《算法统宗》(1593 年,见图 47)以前,没有任何关于珠算盘的完整叙述,这一事实使得许多人得出结论说,中国直到 15 世纪末才知道它。然而有关珠算的最早图说出在 1436 年的《新编对象四言》中,这是世界上最古老的一本带插图的儿童读物。似乎没有人注意到 1513 年的《麓堂诗话》把珠算清楚地描述为"珠之走盘",它是按照固定的规则来运算的。另外,东汉末年(约公元 190 年)徐岳的《数术记遗》,尽管可能是它的注释者甄鸾写的,不管怎样,这是提到珠算的最早著作。其中部分文字如下:

34

(正文)珠算:控带四时,经纬三才。

(注释)刻板为三分,其上下二分以停游珠,中间一分以定算位,位各五珠,上一

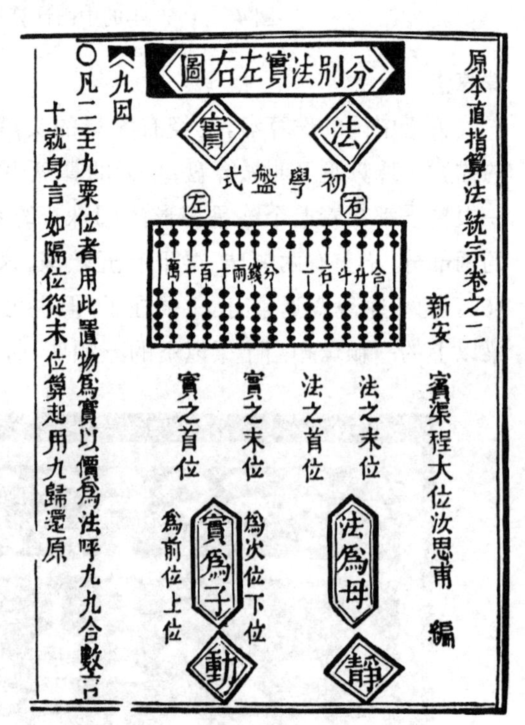

图 47 早期的一张珠算盘印刷图(采自 1593 年的《算法统宗》)

① 原文为 123346.789,误。——译者

珠与下四珠色别，其上别色之珠当五，其下四珠，珠各当一，至下四珠所领，故云控带四时。其珠游于三方之中，故云经纬三才也。

必须承认，这是某种关于珠算盘的非常清楚的描述，显然，这种算盘上每一根柱子上全部可利用的单位数是9。如果没有那个明显地代表金属线的“带”字，那么它可以画成一个木槽和珠子构成的工具。

在另外三个方法的注释中也提到“珠”的使用：其一似乎在每根柱子上有一颗珠在线或槽上上下移动；另一种使用两种不同颜色的珠，使用方法差不多，两者都使用一种像绘图时使用的线格，或者数学家们现在所称的笛卡儿坐标。还有一种方法使用三种不同颜色的珠，但只有一系列水平的线。毫无疑问，它们表明当时人们对坐标关系有了一定的认识。

另一种6世纪的资料提到算筹或算盘，在1078年到1162年之间有四部著作，从书名判断，它们与算盘有关，但是没有一本保留下来。然而，正如所见，在一本谢察微的失传的书中，有确凿的证据表明11世纪用到了珠算，如果《数术记遗》确实是徐岳的著作，那么珠算的历史可以上溯到2世纪。

世界上其他文明的珠算情况怎样？“算盘”这个词的拉丁语可能来源于闪族语的“土”(*abq*)字，这使我们联想到算盘最早的前身可能是土盘或沙盘。接着就是在表面画线条，再在上面放置小石子(*calculi*)或算子。有一些证据表明这种工具在古印度被最早使用。在西方发现了一些金属盘的实物，带有可以在槽中活动的小球；另外在萨拉米斯①有一种大理石的算盘，但是无法确定这些算盘的确切年代。如果我们把这些实物的年代定在公元3、4世纪，并且承认徐岳著作的年代是在2世纪末，那么中国人应用珠算比欧洲人略早。但是有太多的不确定因素，无论如何也不能认为这个问题已经解决了。也许最好的临时结论是：算盘是各文明各自独立的发明。

第五节 非自然数

分数

最初，世界各地都有一种避免分数的倾向，他们制定越来越小的重量和度量单位。只不过在这些单位之间关系的合理程度上，各地之间有所不同。罗马人采用十二进制和十六进制，巴比伦用六十进制，而在中国一般用十进制。

① Salamis 希腊拉阿蒂卡州岛屿和城镇。——译者

从我们能够加以考察的年代起，中国数学就已经惯于运用分数了。《周髀算经》中已经涉及247 $\frac{933}{1\,460}$这样的数字问题，虽然这些数字是用文字而不是用符号表达出来的。例如，用182 $\frac{5}{8}$除119 000时，首先是两个数都用8乘，而且一切近代法则当时的确都用到了。分数划杠的做法似乎是阿拉伯人的发展，在17世纪以前的中国还不流行。另一方面，汉代数学家运用的最小公倍数和最大公约数的技巧似乎非常先进，正如我们所知，欧洲直到15、16世纪才应用它们。

36

苏美尔人和巴比伦人的算术实质上是六十进位制的，并且毫无疑问，希腊人和亚历山大里亚人的六十进分数和圆周的360°划分是从他们那里来的。常常有人猜测，中国人那种古老的六十干支系统也有相同的起源，这种猜测没有有力的证据。中国古代圆周的度数是365 $\frac{1}{4}$，等于一回归年的天数，而不是360。因此，六十进分数在中国人的计算中从未起过什么作用。汉语也没有一个专门的词来表示$\frac{2}{3}$的，而这个分数在美索不达米亚却是如此重要。

小数、度量衡和大数记法

当我们进而讨论中国十进小数的发展史时，我们发现我们卷入到中国度量衡制的发展史中去了。因为从非常早的时期开始，长度计量系统就按照10的幂次分档。也许，我们所能引用的、表明对十进位值制有所了解的最早文字，要数公元前330年前后《墨经》中的一个命题了。我们将之翻译如下：

[经]一少于二而多于五，说在建位。

[经说]五有一焉，一有五焉，十，二焉。

从这里以及从前面说过的证据可以清楚地看到，虽然十进位的概念曾一度失传或不经常流行，但早在这种概念见于《孙子算经》以前一千五百年，中国人对位值制已经有了体会。

正如已经说到过的，在殷商甲骨卜辞和周代青铜铭文中所见到的数字，从50开始，就和近代一样，是用数字与表示位值的字结合起来表示的。所用到的专门符号如下：

37

100或10^2　　百

1 000 或 10^3　　千

10 000 或 10^4　　万

这些符号不会妨碍计算,因为这些符号与其他文明古国例如埃及、希腊和印度所用的表示 18、19、30、40、500 等的符号根本不同,这些中国符号只是表示特殊位值的简单术语。

在周代(从公元前 1000—前 221 年)长度计量单位变化不定,不总是采用十进制。最初的单位是以人体各个部位为根据,如手指、女人的手、男人的手、前臂等等。秦始皇帝统一中国(公元前 221)后,他选择六作为他的标志,并且以此为根据实行他那著名的度量衡标准。虽然他规定六尺为步,但皇帝的法家顾问们却把墨家的十进制记数法用到尺以下的主要长度单位上,并且以后一直是十进制。其规定如下:

1 尺 = 10 寸

1 寸 = 10 分

1 分 = 10 厘

1 厘 = 10 发

1 发 = 10 毫

正如贾谊在公元前 170 年左右的《新书》中指出,共有六种单位,与“先王”的制度是一致的。实际上,还有等于 10 尺的“丈”和等于 10 丈的“引”。这种度量衡制度在整个汉代都通行,在汉以后只是稍有改变。

用度量衡单位的名称来表示十进分数,始终贯穿于整个中国数学之中。3 世纪的刘徽在他的《九章算术》中,把 1. 355 尺的直径表示为 1 尺 3 寸 5 分 5 厘。在开平方时,《九章算术》曾经提到在平方根不是整数的情况下,就会有余数留下,刘徽曾经关心过这些无名微数。他说首先以 10 为分母,接着以 100 为分母,这样继续下去,可以给出一系列十进制的位。

自此以后,所用的方法就没有什么改变,但是值得一提的是,我们今天写成 10^{-1}、10^{-2} 等的表达方式,《九章算术》、公元 3 世纪的《时务论》和公元 5 世纪数学著作的作者夏侯阳都早就熟悉了,只不过在《九章算术》中表达得含蓄,而《时务论》和夏侯阳则表达得很明确罢了。另外,唐代的韩延(活动于 780—804 年)似乎采取了一种革新,他用现代的小数记法来记录数字,用量词来标志最末一位整数。但是,采用统一的体系和术语并用之于一般运算,却是到公元 13 世纪才出现的事情。　38

中国人关心十进制的另一个方面就是他们对大数表示法的兴趣。一些像“巨万”这样的术语已经出现在周代的著作中了,但是它似乎没有固定的含义。然而在《数术记遗》(190 年前后)中,徐岳对此有一段很有趣的记述。他的意思可以表达如下:

	上	中	下
万	10^4	10^4	10^4
亿	10^8	10^8	10^5
兆	10^{16}	10^{12}	10^6
京	10^{32}	10^{16}	10^7
垓	—	10^{20}	10^8
秭	—	10^{24}	10^9
壤	—	10^{28}	—
沟	—	10^{32}	—
涧	—	10^{36}	—
正	—	10^{40}	—
载	—	10^{44}	—

古代著作的所有注释者的解释表明,他们所根据的都无非是上述几种十进制命名法中的这一种或那一种。

印度人,尤其是佛教徒,对大数表示法的特殊兴趣众所周知,不过这对数学的进步有什么意义值得怀疑。古代中国的记数法不可能来源于印度,因为即使《数术记遗》是著于 6 世纪而不是 2 世纪,但经籍的注释者如郑玄或毛亨的年代还是太早了,不可能受到佛教的影响。事实上,中国人的实用精神强烈地反对印度人把数学与神秘主义结合起来的做法。12 世纪前后,沈作喆在《寓简》中写过一段至今尚未受人注意的有趣的话:

39

> 童子修学书算数,印以《菩萨算法》,算无量沙聚,悉知颗粒多少。……然则非有本因定数,佛亦何以自而知之?一涉于数,无有隐显多寡巨细,则皆得而知之矣。盖象数之外不可测也。夫孰有出于象数之外者乎?

总之,十进制记数法的使用在中国是极古老的,可上溯到公元前 14 世纪。在把十进制用到度量衡中去这一方面,他们尤其先进,欧洲一直要等到法国大革命时才这样做。在把十进制用到制图方面,中国人比阿拉伯人和欧洲人早大约一千年。不过,唯一足以使一切数学计算产生变革的小小符号——小数点——却有待于西方的文艺复兴。

不尽根和负数

在西方,不尽根(源于拉丁词根 *surdus*,“愚蠢的”)是不可通约的数。它们是像$\sqrt{2}$或$\sqrt{3}$这样的数,是不能表示成两个整数之比的数。这里$\sqrt{2}$等于1.4142136……,尽管它大约等于$\frac{7}{5}$,但不是严格相等的。对希腊人来说,这不是“无理”,而是“不可比”。由于中国数学家很早就用十进制小数表示方根,所以,即使他们确实了解到有不尽根的存在,他们对根的无理性显然就既不会感兴趣,也不会感到困惑。

中国人同样毫不费力地获得了负数的概念。前面已经提到过,大约在公元前2世纪,正数用红筹表示,负数用黑筹表示。另一种变化是用三角形截面的算筹表示正数,矩形截面的算筹表示负数。宋代的数学家已经熟悉了这种正负号的法则(诸如负负得正等等),在1299年的《算学启蒙》中就有表述。在印度,负数直到630年才被提到,在欧洲则要到1545年才知道负数。

第六节 几 何 学

墨家的定义

常常有人说,所有古代的几何学,除了希腊的以外,都是只探讨与测量有关的事实,而不打算用演绎推理的方法去证明任何几何定律。毫无疑问,演绎几何学是希腊数学的主要特征,同样肯定的是,中国数学的天赋表现在代数学方向上。但是就像希腊数学不是完全没有代数学一样,中国古代的数学也不是没有某种理论几何学。包含这些理论几何学的命题见于《墨经》(参见本书第一卷),然而这些命题至今几乎还未被西方学者知晓。这部古代著作,年代可以确定在公元前330年左右,因此与欧几里得同时代,它中间包含了一些有趣的命题;我们节选如下: 40

(a) 几何点的原子定义

[经]端,体之无厚而最前者也。

[经说]端,是无间也。

(b) 等长的直线

[经]同长,以正相尽也。

[经说]同,捷与狂之同长也。

(c) 空间

[经]宇,弥异所也。

[经说]宇,东西家南北。

(d) 矩形

[经]方,柱隅四交也。

[经说]方,矩见交也。

(e) 堆积

41 [经]次,无间而不相撄也。

[经说]次,无厚而后可。

(f) 圆心和圆周

[经]圜,一中同长也。

[经说]圜,规写交也。

所有上述所引的命题在欧几里得《几何原本》中都有对应的命题。这表明,墨家所遵循的路线如果继续发展下去的话,可能已经产生欧几里得式的几何学体系了。由于《墨经》只有非常凌乱而残缺的版本留传下来,我们确实不能肯定说他们从未超出这些命题或定义的范围。但是,即使他们曾经超出这个范围,他们的演绎几何学只是一个特殊学派的秘密,几乎或完全没有影响到中国数学的主流。

毕达哥拉斯定理

没有人能够说明,对于直角三角形在测量和求积中的了解,在中国可以追溯到什么年代。正如我们已经见到的,这种三角形出现在《周髀算经》中,而且有关的这段文字几乎可以肯定是在墨家学派出现之前就已经写下了的。中国人的这些知识或许可以追溯到公元前 6 世纪。事实是,我们无法考察许多战国以前的中国数学。

在 3 世纪,刘徽把直角三角形图(图 30)叫做“勾股差、勾股并与弦互求之图”。在刘徽时代,这个图是彩色的,中间的小正方形是黄色,周围的矩形是红色,并且有用文字写出的表示勾、股、弦三者一般关系的代数式。关系式的证明与欧几里得的证法完全不同。现在已经知道,毕达哥拉斯定理的一种代数式,也为与商代(公元前 14 到前 11 世纪)同时的古巴比伦数学家所熟悉。随着时间的推移,中国人建立起一套代数公式,用给定的数据来求未知的边或角。然而,在整个中国历史上,对直角三角形的兴趣主要是在测量的应用方面。

平面面积和立体图形的处理

到西汉末年(即公元纪元初[1]),中国人已经建立了一些正确的或近似正确的公式来确定各种平面图形的面积和各种立体图形的体积,但都没有演绎的几何论证来证明这些公式是如何得来的。可能他们曾经利用过模型,并把较复杂的图形经过实验化为较为简单的图形。这些知识体现在《九章算术》中(图 48)。公元 3 世纪,《九章算术》的注释者刘徽是这种"经验"立体几何学最伟大的解释者之一。他擅长把复杂的图形分解成简单的图形,从而很轻易地确定其体积。

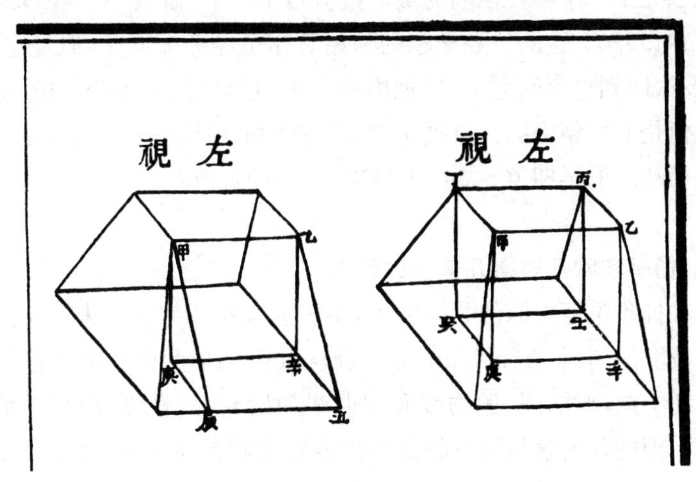

图 48 经验的立体几何学:《九章算术》中的棱台截面 42

π(圆周率)的值

尽管有证据表明,在古埃及和古巴比伦,圆的周长与直径的比值分别为 3.1604 和 3.125,但各古代文明最普遍的做法是将这个比值取作 3。我们现在得到的这个比值是 3.1415926536。在中国,在两部伟大的汉代算书中这个比值也取作 3,此后的另外两部有名的书中仍旧取这个值,并作为一个近似值沿用了几个世纪。

追求较为精确的圆周率数值的最初迹象出现在公元 1 世纪头十年里,刘歆为王莽制造标准量器的时候。他使用 3.154 这个值,但是没有关于他如何得到这个结果的记载。大约在公元 130 年,张衡得到一个 3.1622(即 $\sqrt{10}$)的 43

① 原文作公元 220 年,误。公元 9 年王莽建国,西汉亡。——译者

值;公元3世纪,王蕃重算后得到$\frac{142}{45}$或3.1555,但是远在北方魏国的刘徽,通过一个内接于圆的192边形,并且计算这个多边形的周长,得到$\frac{157}{50}$或3.14。刘徽另外还得到了两个更精确的值。他用一个3 072边形,得到了他最好的圆周率数值3.14159。到大约3世纪中期,中国人赶上了希腊人,后者没有得到过这样精确的圆周率数值。

然后在公元5世纪祖冲之和他的儿子祖暅之的计算中又出现了飞跃,从而使他们领先了一千年。他们的最后数值给出一个"盈数"3.1415927和一个"朒数"3.1415926。这两位数学家的原始著作已经散失不见,但是在1300年左右,赵友钦回到这个问题上,他把内接正多边形增加到16384边,证实了祖冲之的数值是非常精密的。直到1600年,欧洲的阿德里亚人安东尼宗才得到一个仅与祖冲之的早期值3.1415929203相等的数值①。

圆锥曲线、杨辉和欧几里得几何学的传入

由于在抽象论证方面的总体缺乏,中国的立体几何学从未产生过像佩尔加蒙的阿波罗尼乌斯(Apollonius of Pergamon)和他的圆锥曲线巨著那样的人和书。在中国,对椭圆、抛物线和双曲线的研究,一直要等到17世纪才开始。尽管中国的几何学与测量的实用需要紧密联系在一起,然而到13世纪,一些数学家对一些测量所依据的基本上是经验的方法不满意起来。杨辉强烈地批评了这种方法,他说:"古人以题易名,若非释名,则无以知其源。"这是一种非常具有现代意思的态度。杨辉接着进一步给出了一个关于平行四边形的证明,与欧几里得给出的相似。假如这种证明能够得到推广的话,中国人也许就已经发展起他们自己的演绎几何学了。而可以明确的是,类似于杨辉所拥有的思想为接受欧几里得体系做好了准备。这是一个很引人入胜的题目,因为也许在这个时候,由于中国与阿拉伯之间的接触,欧几里得的《几何原本》被翻译到中国。

坐标几何学

坐标几何学或解析几何学(这种几何学通过用数即坐标来表示点、直线和曲线)的发展包括三个主要步骤:(1)坐标系统的发明;(2)对几何学与代

---

① 即$\frac{355}{113}$,史称密率。——译者

数学之间一一对应的认识(就是给几何学中的元素找到一个代数学上的对应者);(3) 用代数式表示几何图形的能力(例如像 $y=x+4$ 或者 $x^2+y^2=6$ 的方程)。中国已经迈出了前两步。 44

在土地利用问题上运用坐标的思想一定是非常古老的。埃及人表示区域的象形文字是一个方格,中文用“井”字表示井周围的田,后来只表示井。在公元前 3 世纪的希腊,坐标系统被运用到作图中去,但在公元 130 年左右这种方法失传了,与此同时它在中国繁荣起来,网格子作图法在中国从未失传。除了制图法之外坐标系统还有另外一种用途,科学史家们很少注意这一点,这就是表格系统的发展。公元 120 年前后,班固和他的妹妹班昭为《汉书》提供了八个编年表。在其中最值得注意的一个表里,他们把大约 2 000 个传说人物和历史人物的名字,按照他们自己规定的九个品德等级排列在网格中。这就是一个比棋盘更古老的一个表,而棋盘常被称为最早的坐标系。汉语的韵表是坐标系统的另一个例子(见本书第一卷图 2),当然中国也有便览性的数字表。至于算盘,它本身就是一个坐标系统。中国人自从有了数学以来,就一直用代数形式来表示几何命题,当用到几何图形时,处理的方式完全是代数式的。在欧洲,这种认识出现得相对较晚,直到 1630 年左右,西方解析几何的基本概念才由费玛(Pierre de Fermat)和笛卡儿(René Descartes)确立。

三角学

关于古代中国数学中的三角学并没有多少可谈的,因为近代三角函数的理论是西方文艺复兴之后发展起来的。然而,所有的古代文明都研究了直角三角形定律。中国人给直角三角形的各边以专门的名称后,似乎觉得没有必要专门命名或计算它们的比率,就像我们在三角学中用的三角比率正弦、余弦等等。但是到了 13 世纪,中国人急于改进他们的天文和历法计算,这导致产生了郭守敬和他的“三角学”。尽管他的原始著作没有一种保存下来,但可以通过别的书来复原他的方法。图 49 是他作的最重要的一幅图——四棱球锥,图 50 是他在计算中肯定用过的一幅图。

在中国朝廷里郭守敬谅必认识一些波斯天文学家,他们掌握了完备的平面三角学知识,但是他们对郭守敬的影响有多大,则很难说。可能 11 世纪沈括关于弧和弦的著作已经提供了郭守敬所需要的一切。当然,在郭守敬之后,中国人在三角学方面没有做出什么重要的工作,直到 1607 年耶稣会士才把近代三角学带入中国。

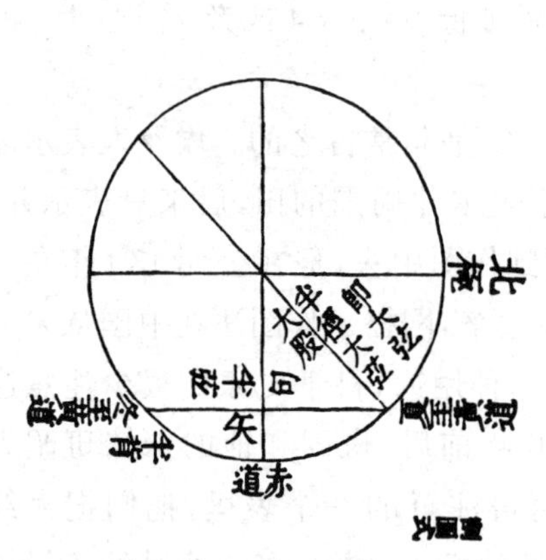

45 **图 49** 某些球面三角问题的图解（采自邢云路《古今律历考》，1600 年）

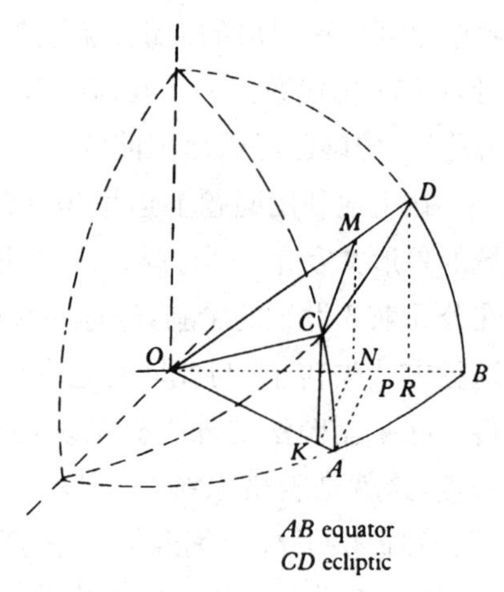

图 50 郭守敬（1276 年）的球面三角形图解

难题和玩具

由于没有更合适的地方，我们就在这里把其他数学问题和玩具略微提一下。很久以来，欧洲人一直倾向于把许多这类玩具叫做“中国玩具”，但其中真正来源于东亚的究竟有多少，他们并不清楚。也许，欧洲人倾向于把他们难以理解的国家名字加在难于解释的事物之上。

有许多这类智力玩具都牵涉多个数学分支，并且与各种各样的具体事物发生关系。例如，拓扑学上的“中国九连环之谜”（它可能从算盘演变出来，见图 51）最早在 1550 年见于欧洲，在 1685 年由约翰 · 沃利斯作了详细的数学说明。本世纪初，这种玩具在中国一般称为“连环圈”，但它的起源不是十分清楚。另一种几何玩具是一套有多种排列的木板（一块方形、一块菱形和五块大小不同的三角形），据说它是“东方最古老的消遣品”之一（中国人称为“七巧图”，欧洲人则称为“唐人图”）。它与多少世纪以来中国建筑师用在窗格子上的丰富几何图形有关。另一个像连环圈一样与拓扑学有关而广泛流传的技巧是折纸术，8 世纪的诗人杜甫有一首诗中提到过它。

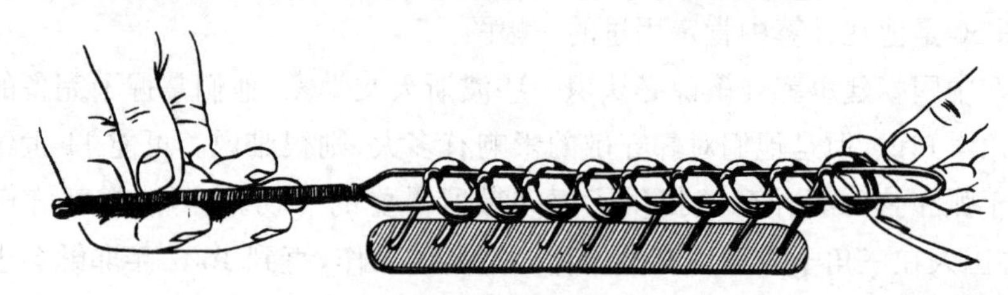

46 **图 51** 九连环之谜[布赖恩 · 哈兰（Brian Harland）先生在兰州得到的样品图]

第七节 代 数

正如前面已经说过的，在讨论早期代数学史之前，必须先弄清楚代数学这个术语的含义。如果我们所指的是解如$ax^2+bx+c=0$这类用符号表示的方程的技巧（这里a、b、c表示常数，x是未知数），那么代数学是16世纪才发展起来的。如果我们允许其他稍稍不够简练的符号，那么代数学可以上溯到公元3世纪；如果纯几何的解法也算数，那么它始于公元前3世纪。如果我们把现在可用代数方法求解的问题统统归入代数学，那么它在公元前第二个千年就已经产生了。而从我们能够追溯的年代（约公元前2世纪）起，代数学在中国数学中一直是占优势的，但它并不属于任何一个上面所说的范畴。实际上，它是一种"修辞的"和位置的代数学，符号的使用是比较少也比较迟的。 47 换句话说，这种代数学用大量抽象的单音字来表示一般化的量（而不是特殊的数字）和数学运算。如果说这些字还不能算是数学符号，那么它们也不是通常意义上的文字了。在演算过程中，算板上的数字按照它们所代表的量的类别（未知数、幂等）而占有一定的位置。这样，一种稳固的、划一的数学图式体系就建立起来了。但是这种方程的形式总是受到具体问题的牵制，因而无法发展出一般的方程理论来。然而，这种用数学图式进行思考的倾向，最终从筹算盘发展出一种完备的位置记法，因而就不需要使用我们的大多数基本符号。不幸的是，尽管这成就是如此辉煌，它却带来了不可能进一步发展的后果。

希腊人用纯几何方法解决了许多比较困难的代数问题。欧几里得在解算与方程$x^2+ax=b^2$等价的问题时，实质上用的是几何上把方形补足的办法，而忽略了负根。直到五个半世纪以后，西方代数学才认识到某种形式的符号。然而最近的研究表明，巴比伦代数学比以前所了解的更先进，它包含了三次方程和四次方程的问题。由于巴比伦代数学非常古老，人们不禁要问：巴比伦代数学是否曾经像种子一样散播开去，一方面为印度和中国的代数学，另一方面为希腊的发展奠定了基础？

在中世纪初期西方科学衰退的时候，希腊的代数学被遗忘了，因此，当伟大的阿拉伯科学兴起时，阿拉伯代数学无疑受惠于印度。或许在较小程度上也受惠于中国。阿拉伯代数学家最著名的是穆罕默德·伊本·缪沙·花拉子米（约780—850年），我们现在的Algebra（代数）这个名称就是从他的著作《归位和抵消的计算》（*Hisāb al-Jabr w'al-Muqābalah*）中得来。书名中的两个词是“归位”(一桩奇怪的事情是,西班牙摩尔族语的动词 *jabara* 演变为西班牙语 *algebrista*,意思是接骨)和“抵消”的意思。例如,给出

$$bx + 2q = x^2 + bx - q$$

经过“归位”(*al-jabr*)后为

$$bx + 2q + q = x^2 + bx$$

然后经过“抵消”(*al-muqābalah*)后得

$$3q = x^2$$

可见,*al-jabr* 具有负量($-q$)移项的意思,而 *al-muqābalah* 则有正量相消以及方程两边各自简化的意思。在中国数学中,没有严格与这些过程相对应的术语,因为他们的代数运算是在完全不用等号(=)的情况下进行的,各项被排列成表格化的行列。但是在方程两边消去 bx,可以说是相当于《九章算术》所提到的“同名相除”。同样,把 $-q$ 移项成为 $+q$ 相当于“异名相益”。李冶(12 世纪)把这个简化的过程称为“并入”和“相消”。还必须记得,代数符号体系在欧洲是发展得很缓慢的,直到佛朗索瓦·韦达(1580 年)才达到一种近代水平。直到明代晚期代数学的符号系统才在中国扎根。

48

联立一次方程组

在汉代的《九章算术》中这些是明明白白的:算筹被放在表格上不同的方格中,以表示不同未知数的系数。这是一个排列系数、交叉相乘,以及相加或相减的问题。例如:

方程				
$x+2y+3z=26$	1	2	3	上禾秉数
$2x+3y+z=34$	2	3	2	中禾秉数
$3x+2y+z=39$	3	1	1	下禾秉数
	26	34	39	

上一行表示 x 项(上禾秉数),第二行表示 y 项(中禾秉数),第三行表示 z 项(下禾秉数),第四行表示常数项。

在汉代和三国时期,这些方程的解法从未脱离具体的问题;一直到 13 世纪的杨辉,才对一般解法作出说明。

矩阵、行列式和假设法

中国人用筹算板中的算筹表示联立一次方程未知项系数的方法,自然导

致了简单的消去法的发现。算筹的排列方式正好是数字在我们今天叫做矩阵里的排列方式——系数按照特定的规则作矩形排列。因此,中国数学在早期就已经发展了像简化行列式时所用的那种各行各列相减的概念。在日本学者于17世纪把这种思想吸收过去以前,行列式概念一直未曾取得独立的形式。奇怪的是,它没有更早地由宋代的代数学家所阐明。 49

然而,需要明白的是,在数学符号系统出现之前,即使是最简单的方程也是个麻烦。老的代数学家不得不用一种累赘的方法来解方程,后来这种方法在欧洲叫做假设法。这种方法的主要形式就是所谓的“两次假设”。例如,在方程 $ax+b=0$ 中,对 x 可能是多少作出两次猜测。这就给出两个假设结果(就是$ag_1+b=f_1$ 和 $ag_2+b=f_2$,这里 g 是猜测,f 是误差)。从这些猜测和误差得到的一对方程现在可以当作两个一次联立方程来处理,从中能够求出 b/a 的值,从而也得到 x 的值(因为在最初的方程中 $x=-b/a$)。

这种方法经过阿拉伯人传到欧洲,但它可能起源于中国。因为这个方法就是中国的“盈不足”术,这实际上就是公元前1世纪《九章算术》第七章的章名。

不定分析和不定方程

在介绍中国数学文献的时候,我们已经几次提到了不定分析的问题。当方程组包含的未知数多于方程数时,那么就会有无限多组解答。当然,在某些场合下,问题的性质可以是只需要求这些解当中的正整数解。不定分析一直是中国人在数学上的一大兴趣,至少在公元4世纪,当时的《孙子算经》已有如下的算题:

> 今有物不知其数。三三数之剩二,五五数之剩三,七七数之剩二。问物几何?

孙子确定了“用数”70、21 和 15;它们分别是 5×7、3×7 和3×5的倍数。当它们分别用3、5和7除时,余数都是1。总和2×70+3×21+2×15=233就是问题的一个解答,从中减去可以减的 3×5×7 的最大倍数(在这里是两倍),得到最小的答案是23。 50

公元8世纪唐朝僧人一行在他的历法中使用了这种不定分析的方法,五个世纪后,秦九韶对这种方法作出了完整的解释。但是在中国数学中,不定问题的最普通形式是“百鸡问题”,这个问题最早出现在475年。11世纪的谢察微是这样叙述的:“今有鸡翁一,值钱五;鸡母一,值钱三;鸡雏三,值钱一。凡百钱买鸡百只。问鸡翁、母、雏各几何?”在5世纪,张丘建用表达得不完整的不定分析方法解算了这个问题，但其他学者发现可以用较简单的方法找到答案，并也这样做了。在清代以前，始终没有对这个问题做过分析。

二次方程和有限差分法

在中国数学中很早就使用二次方程（带 x^2 的方程）了。《九章算术》中有一个问题就是通过求二次方程的正根来解答的，有时二次方程被化作一次方程（就是只含 x 而不含 x^2 的方程）来求解，然后求解相关的平方根，这是古巴比伦数学家早就使用过的一种方法。

在与二次方程有关的方法当中，最有趣的一个是求天体运动公式中的任意常数法。它与现在所谓的有限差分法是相同的。这种方法能追溯到多早还不清楚，但在665年时肯定已经使用了这种方法，也许它在5世纪晚期就已经出现。这里，在李淳风的著作中，他为了找到描述太阳视运动不均匀性的表达式，使用了二次方程。用现代术语写出来就是：$Ax+Bx^2=C$，问题就是要求出常数 A 和 B，因为 x 已知（对太阳的两次连续观测之间的时间间隔），C 也是已知量（每一个对应时间间隔内太阳移动的度数）。从各次观测到的数据，他得到：

$$Ax_1+Bx_1^2=C_1$$

$$Ax_2+Bx_2^2=C_2 \text{ 等等。}$$

然后相减得到差：

$$A(x_2-x_1)+B(x_2^2-x_1^2)=C_2-C_1$$

或者，$A+B(x_2+x_1)=\dfrac{C_2-C_1}{x_2-x_1}$

51 类似地有：

$$A+B(x_3+x_2)=\frac{C_3-C_2}{x_3-x_2}$$

以上两式相减，有：

$$B(x_3-x_1)=\frac{C_3-C_2}{x_3-x_2}-\frac{C_2-C_1}{x_2-x_1}$$

这样就给出了 B 的一个数值解。用类似的办法可以得到 A 的数值解。通过 x 的更高次项和第三个任意常数，可以获得更高的精度，在1281年郭守敬引用了这种方法。郭守敬的方法跟朱世杰在1303年为了对某种级数求和而使用的方法有关，中国的这种方法似乎是显著地领先的，因为欧洲直到17、18世纪才采用并充分掌握这种方法。

三次方程和高次方程

虽然郭守敬在13世纪末期①使用过三次方程(就是含有x^3项的方程),但是早在郭守敬以前六百年中国人就考虑过了三次方程,尽管大部分情况不仅限于正的数值解。从四次到九次方程(就是含有x^4,x^5,…,x^9的方程)在中国宋代得到处理,它们是以数字的形式给出的。事实上,就我们所知,高次数字方程的近似解法开始于中国。这被认为是中国数学最具代表性的贡献。

一直以来人们认为高次数字方程的近似解法到宋代才发展完备,但是如果汉代的《九章算术》被理解透彻的话,就有可能说明这种方法的精髓在公元前1世纪就已经存在了。即使是这种方法的最初形式,也已经类似于欧洲19世纪初期的方法了。早期希腊和印度数学对高次数字方程的解法似乎作出了很少或者没有作出什么贡献。在欧洲,关于这个问题最早值得注意的工作是斐波那契(Leonardo Fibonacci)在13世纪初进行的。他在1225年给出了一个方程的解,这些方程正是中国唐代(7世纪)王孝通所解决的那些具有代表性的方程,因为斐波那契没有给出他如何得到他的结果的细节,所以事情可能会是这样:当时跟东方的交流是可能的,他在欧洲、阿尔及利亚、埃及和叙利亚所作的大范围旅行期间,学到了这种解法。

天元术

52

我们现在进而来讨论宋代代数学家常用的表示数字方程的一般记号系统。这个记号系统具有方形的或矩阵的特征。中央位置被绝对项占据,它被叫做"太"。"人"(z和z的幂)写在"太"的右边;"地"(y和y的幂)写在"太"的左边;"天"(x和x的幂)写在"太"的下面;"物"(u和u的幂)写在"太"的上面。

	物	
地	太	人
	天	

从"太"沿任何一条直线向外延伸,第一个格用来记一次项(例如$10x$);向外第二格是二次项,第三格是三次项,第四格是四次项,等等。从"太"向外沿对角线延伸,第一格用来记乘积项,如xy或xz。但是由于有四个未知数,这样的乘积项就有六种,因此有必要在中格"太"的旁边插入小号数码。下面的左图

① 原文作3世纪末期,误。——译者

说明 $x+y+z+u$ 的记法，中图是更为复杂的代数式 $x^2+y^2+z^2+u^2+2xy+2xz+2xu+2yu+2yz+2zu$ 的记法。右图是 $zy^3-8y^2-xy^2+28y+6yx-2x-x^2$ 的记法。应该记住，负号是通过在算筹数码上加一条斜线来表示的。

	1	
1	太	1
	1	

		1		
	2	0	2	
1	0	₂太²	0	1
	2	0	2	
		1		

2	−8	28	太
0	−1	6	−2
0	0	0	−1

零总意味着，它所占据的格子所对应的项在代数式中不出现。

在宋代代数学家的著作中，正像其中一些留存至今的书所显示的那样，在正文中从来没有这样的图形，只有一些是近代编者插入的（图 52 就有一些），而它们当然按照原有的叙述绘出。

然而我们确实找到了只考虑一个未知数的较简单的天元术代数学计算过程，数字排列在印刷页竖写的行中，并且通常只写出一个“太”字或“元”字，因为只要其中一列被确定下来，就能立即看出其他列表示什么。因此方程 $x^3+15x^2+66x-360=0$ 表示成如右的图形。

54

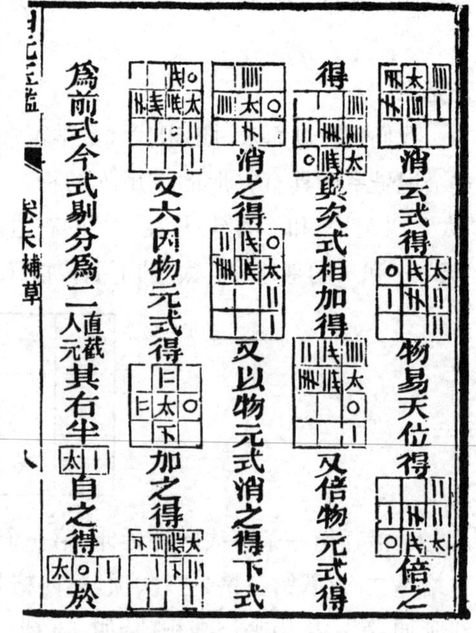

图 52　朱世杰《四元玉鉴》（1303 年）丁取忠校刊本的一页，其中有一些天元术代数表示法的“矩阵”（它所表示的是代数式 $xy^2-120y-2xy+2x^2+2x$）

二项式定理和“帕斯卡三角形”

宋代代数学家在解高次方程时，需要用到二项式定理。二项式就是包含两个数目（x 和其他一个整数）的表达式，当一个二项式在一定次幂下展开时，二项式定理就是给出一个寻找展开式中间项系数的方法。例如：

53

$$(x+1)^2=x^2+2x+1$$

$$(x+1)^3=x^3+3x^2+3x+1$$

$$(x+1)^4=x^4+4x^3+6x^2+4x+1$$

等等

从中我们不难看出，当一个二项式表达式 $(x+a)$ 被展开时，我们能够有一个由系数构成的表。这样一个表的开头部分是这样的：

幂						
2	1	2	1			
3	1	3	3	1		
4	1	4	6	4	1	
5	1	5	10	10	5	1
等等						

55

由于帕斯卡的《算术三角形专论》(*Traité du Triangle Arithmetique*)是在他死后于 1665 年出版的，因此，欧洲人从 17 世纪以来把这一个排列称为"帕斯卡三角形"。事实上，这种排列第一次出现在阿皮亚努斯(Apianus)的《算术》(*Arithmetic*，1575 年)一书的封面上，比帕斯卡要早一个多世纪，而在 16 世纪它已经广为人知了。但是如果阿皮亚努斯、帕斯卡和许多其他人能够看到朱世杰的《四元玉鉴》(1303 年，参见图 53)，他们肯定会大吃一惊。

56

朱世杰说这个三角形是古法，这一事实说明，二项式定理最晚在 12 世纪初期就已经为人们所知。在中国，这个三角形现存的最早复制图是在杨辉的《详解九章算法》中，但是从该书中可以知道它早就存在

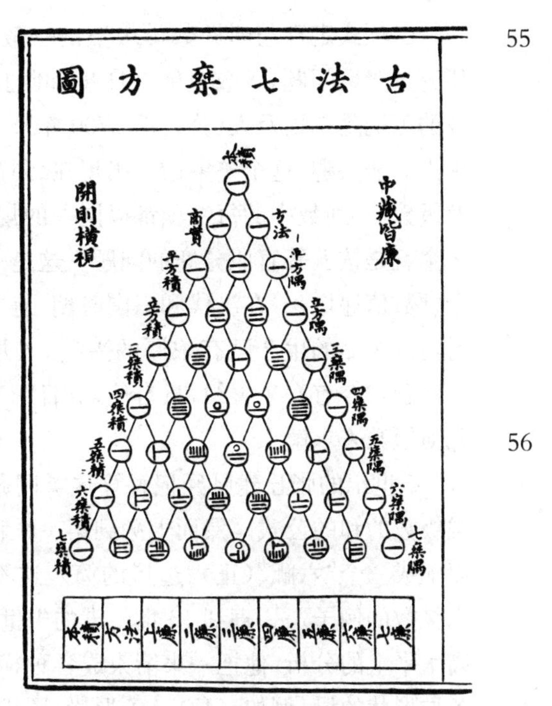

图 53　1303 年载于朱世杰《四元玉鉴》卷首的"帕斯卡三角形"(它被命名为"古法七乘方图"，图中的二项式系数一直排列到六次幂①)

① 原文为"六次幂"，误，应为八次幂。——译者

了。贾宪在1100年前后就曾用“立成释锁”解释过它。而这种方法可能是另一位数学家刘汝锴在《如积释锁》一书(已失传)中最先叙述的。刘汝锴和贾宪似乎是同时代的人。

在图52中有一个很有趣的现象,算筹数字是横过来排列的,因此可以想到三角形的底边原先是竖立在左边的。这样,未知数的幂就应该放在算板中的各横列上,正如我们已经知道的(从《九章算术》),这是古代(汉代)开平方和开立方的惯例。这里我们再次看到在古代算板和宋代代数记法中间的连续性。网格是从古代的横列自然地发展而来的。因此,系数三角形很可能起源于中国。

级数

二项式定理与叫做数学级数的一般性数学问题密切相关。希腊数学家研究过级数问题,级数也能在印度和阿拉伯的著作中找到,但是最早讨论级数的可能是古埃及人(公元前1700年)。中国数学从一开始就对级数问题表现出一些兴趣,这个迹象最早出现在《周髀》中。汉代的《九章》有许多问题涉及级数(一列数中的每一项都以同一的规律与前一项发生联系),例如其中的一个就是按五等官职分鹿的问题。这是一个算术级数问题(就是每一项按一个常数值递增)。在汉代和三国时期,有几个关于女织工的产量问题,可见当时对纺织品的生产已有浓厚的兴趣。《九章算术》和《孙子算经》都有这样一个问题:“今有女子善织,日自倍,五日织五尺,问日织几何?”这里要引入一个几何级数来求解。

57 5世纪的张丘建已经把解算这类问题的过程一般化了,给出了一个求各类级数的和的公式。然而上溯到第一个世纪,人们就已经知道271根算筹可以配成一个“六觚”(正六边形的筒),这不仅是一个形数的例子,也是一个算术级数的例子。一直到13世纪末的朱世杰,在他的《四元玉鉴》里对级数作了高水平上的分析,他把一束箭束成各种横截面,例如圆的和方的;他把球垛成各种形状的垛,例如三角垛、菱形垛、圆锥垛等。然而这似乎标注了中国级数发展的终结,直到耶稣会士来华以前,中国在级数方面没有什么进步。

排列和组合

鉴于中国数学记法具有一般矩阵的性质,人们会想到棋盘问题是从中国传到欧洲的。当然,也有人认为是从印度传去的,因为现代军用形式的棋子在印度被创造出来。有些棋盘问题牵涉到级数问题,另一些则牵涉到排列和组合(就是一次对一组对象中的大量组元进行挑选和排序的问题),甚至概率问题。其中一个著名问题与8世纪唐代僧人一行有关,11世纪沈括在《梦溪笔谈》中写道:

> 小说:唐僧一行曾算棋局都数,凡若干局尽之。予尝思之,此固易耳。但数多,非世间名数可能言之。今略举大数。凡方二路,用四子,可变八十一局。方三路,用九子,可变一万九千六百八十三局。……方五路,用二十五子,可变八千四百七十二亿八千八百六十万九千四百四十三局。……方七路以上,数多无名可记。尽三百六十一路,大约连书万字五十二。

沈括接着又列举了所有一行的方法,说它们能够说明棋盘上所有的变化和移动。

一提到中国对排列和组合的研究,人们立即就会想到八卦和六十四卦(参见第一卷第182页)。可以设想它曾引导人们去对一切可能的排列进行数学研究,并且有理由认为,这些研究结果被某些教派(大概是道教)当作秘密的教义保藏起来了。这里,公元190年的《数术记遗》和它的道教背景是令人感兴趣的。这本书里提到了与占卜有关的卦的排列和可能的骰子的投掷。正如我们前面已经看到的,它还涉及了把不同颜色的珠子放在记数的或刻度的坐标上。考虑到数学家们在应用算筹方面已经十分熟练,因此,如果这些工具仅仅是为了记数,那么它们的价值就不太大了,除非它们的真正用途是研究排列和组合。珠算法的一种更具体的研究表明它能更容易地解决诸如"从9183能组合出多少个不同的数来?"或"八个人围着一张圆桌共有多少种不同坐法?"等问题。六十四卦明显也是一个组合问题:这也是17世纪欧洲数学家莱布尼兹(Gottfried Leibniz)所认识到的。他认为这种排列是把从1到64这些数字用二进位法写了出来(第一卷第189页)。我们知道,13世纪中国的一些数学学派与占卜和算命有关,所以,中国的排列和组合的应用也许正是为了这个特别的目的发展起来的。

58

微积分

通常所说的微积分,大致经历了四个发展阶段。第一步,包括用穷竭法从可度量的量过渡到不可度量的量,这可以在公元前5世纪的希腊和公元3世纪的中国发现。例如,早期探求π真值的人在用多边形内接于圆时,总是力图穷竭多边形之外和圆之内的剩余面积。第二个步骤是无穷小的方法,这个方法在17世纪开始受到重视,并在牛顿和莱布尼兹的著作中得到应用。第三步是牛顿的流数法。第四步是极限法,这也归功于牛顿。

在希腊人当中最接近积分的是阿基米德在公元前225年求抛物线弓形面积的工作。已知三角形面积,他用以下方法来求抛物线弓形的面积:在抛物线里内接一个最大的三角形,然后在抛物线和其内接三角形之间的每一空间中,又内接一个新的三角形,这个新三角形和剩余空间同底同高,这个过程一直重复下去,直到最后的三角形变得非常——或者可以说是无限——小。在中国,这方面也有值得一提的东西。沈括在《梦溪笔谈》中提到了"造微之术",由此看来,他肯定已有一些几乎同无穷小求和相当的思想。这是600年后的1653年由卡瓦列里在欧洲发展起来的。在面积方面,沈括讲到"割会之术",在体积方面他讲到"隙积",也就是需要用穷竭法去精确估计的剩余空间。他一定已经知道,分割成的单元越小,就越能穷竭任何给定的面积和体积。这也是刘徽用来求π的方法。此外,从中国哲学的萌芽时代起,累点成线和累线成面的思想在墨子的定义中已经出现。连续的概念和无限分割的概念也已由名家——惠施(公元前4世纪早期)的朋友们——清楚地表达出来(参见第一卷第九章)。但是这些议论被尘封了千百年,直到我们这个时代才又得到重视。

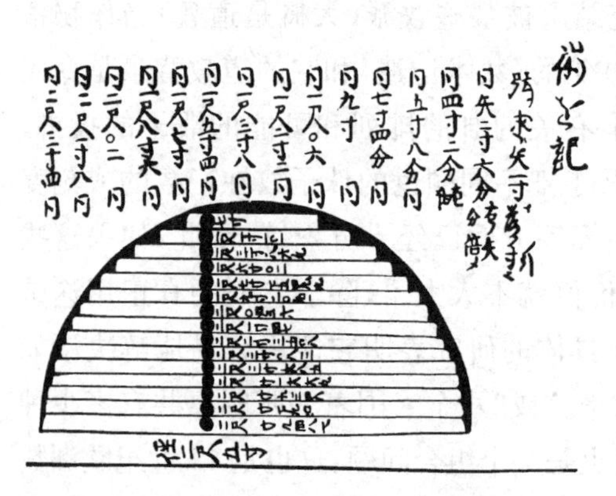

图54　通过对薄矩形积分来测定圆面积的方法[采自持永丰次(Michinaga Toyotsugu)和大桥宅清(ōhashi Takusei)的《改算记纲目》(1687年)]

关于在给定体积内将许多小单元累积起来的问题,直到16世纪仍继续引起中国数学家的注意。周述学在他1558年的《神道大编历宗算会》中给出了在角锥内把球累成十层的图解说明。在17世纪,日本数学家写了大量同卡瓦列里的著作十分相似的著作(图54)。

虽然有人曾经认为,这种穷竭法起源于中国,但到目前为止,还不可能在中国数学著作中指出这种方法的任何实例。不过,可以复制出宋代(可能是11世纪)一部归为萧道存的道家著作《修真太极混元图》中的一幅图(图55),图中显示了几个矩形内接于一个圆。十分可能,呈现在我们面前的就是道家和理学家所发展的、用内接矩形求圆面积的穷竭法的一个思想萌芽。沈括的问题实质上与现代物理学家和结晶学家所谓的"堆积"有关,从17世纪开始,堆积问题已成为日本数学家热心探讨的问题之一。在17、18世纪，日本人比中国人更少地受到欧洲的影响，但是他们的工作达到多大程度上的原创性，则是一个很难回答的问题。实质上，所有土生土长的中国著作和日本著作都停留在静态分析的水平上，只有牛顿和莱布尼兹的研究才发展了动态分析的方法。

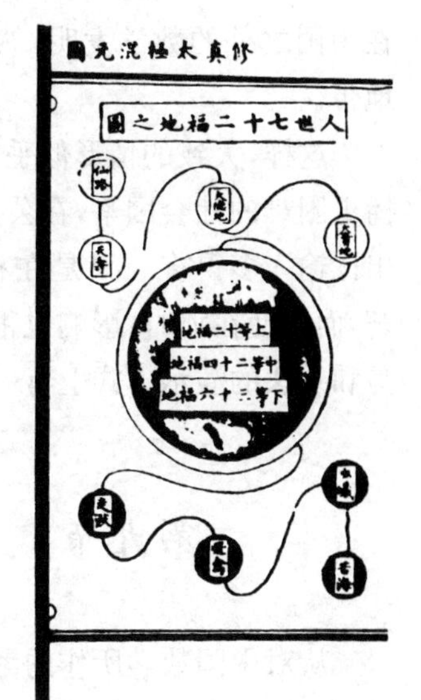

图55　内接于圆的矩形（采自萧道存的《修真太极混元图》，约11世纪）

第八节　影响和交流

在此我们可以停下来看一下，在中国数学与旧大陆其他重要文化区的数学之间发生过的接触，而我们收集到的有关资料是如此之少。首先，　60
正如我们在前面已经指出的，来自美索不达米亚　61
的具体影响很有限，这个判断同样也适用于埃及。在埃及对分数的处理是根本不同的。然而，当问到有什么数学概念似乎曾从中国向南方和西方传播出去的时候，我们却发现一张可观的清单，它包含如下内容：

(1) 开平方和开立方；
(2) 用竖行表示分数；
(3) 负数的应用；
(4) “毕达哥拉斯定理”的独立证明；
(5) 诸如圆面积和一些立体图形的几何问题；
(6) 确定比例关系的三率法；
(7) 假设法求解方程，三次和高次方程的求解；
(8) 不定分析；
(9) 帕斯卡三角形。

还有位值记数法的完善和零符号的书写这些问题。就其年代之早而言，它们似乎是完全独立地在中国成长起来的，中国数学并没有从古巴比伦数学家常用的形式中汲取什么，除了抽象的位值概念可能来到中国，而这也仅仅是可能。尽管证据还不确凿，似乎印度接受位值法不仅较晚，而且是从中国而不是从美索不达米亚得来的。零的书写符号是我们提到的一个发生在中国之外的数学发明，然而就这项发明而言，也是出现在中印文化交错的地带。

这样，大致的情形似乎就是，不管中国的(地理)“隔离”和各种各样使传播更困难的社会因素，在公元前250年到公元1250年之间，中国数学向外输出比输入多得多。只是在相当晚的时期，从南方和西方来的影响才变得显著，而即使在那时，影响也很少是根本性的。传入了一些三角学，在数字的书写和乘法的演示方式上有一点小改变，仅此而已。

第九节　中国与西方的数学和科学

从对中国数学所作的考察得出的结论，为我们提出了一些可以称为本书计划中的焦点的问题。在中国的古代和中古代，数学与科学的关系究竟是怎样的？在欧洲的文艺复兴时期，当数学与科学有了全新的结合，数学发生了什么变化？为什么这些变化不在世界上的其他地方发生呢？

首先我们必须使我们的观点公正。文艺复兴以前的数学著作，在成就上是几乎无法同后来取得的丰富而有效的发展相比的。因此，用现代数学的尺度去衡量中国古代数学的贡献就毫无意义了。我们应该假设自己置身于迈出最初几步的那些人的位置上，并努力了解这对于他们是何等的困难。从人类的体力劳动和脑力劳动来判断，我们很难说，《九章算术》的作者或为解方程而引入天元术的宋代代数学家，为他们的成就所付出的精力，不如19世纪开辟新的数学领域的学者。唯一可行的是在古代中国数学与其他古代民族，古巴比伦人、古埃及人、印度人和阿拉伯人的数学之间进行比较。

62

从已经给出的叙述可以明确知道，中国的数学也可以和旧大陆其他中世纪民族在文艺复兴前的成就相比。希腊的数学如果仅就它具有较大的抽象性和系统性——正如在欧几里得著作中所见到的——而论，它的水平无疑是高的；然而希腊数学的薄弱处也正是印度和中国数学的强处，即代数学。但是，科学史家现在已开始怀疑，希腊科学和数学偏爱抽象、演绎和超越具体、经验和应用的纯粹理性，这是不是一种进步。当然，在从实践到纯知识领域的飞跃中，中国数学未曾参与。

中国数学，就它的本土性而言，暴露出一种弱点。中国数学缺少一种严格求证的思想，这一点可能是一种思维风格的结果，这种思维风格也导致了形式逻辑不能在中国发展起来，它对事物以联想的和有机的思考为主(本书

第一卷）。天元术具有美妙的对称性，但也具有很大的束缚性；宋代代数学在初期一度突飞猛进后，并没有迅速扩大成长起来。

社会因素也要考虑进来，令人惊奇的是，在整个中国历史上，数学的重要性主要是在它与历法的关系中体现出来。由于历法与古代主要的宇宙信仰有关，所以它的制订是帝王的一个神圣不可侵犯的特权，各诸侯国领受历法意味着对皇帝的忠诚。当叛乱和饥荒发生时，一般就认为历法中某些方面出错了，从而要求数学家们重修历法。可能正是这种当务之急使得他们不可避免地面向具体的数字，并且阻碍他们去考虑抽象的概念；不管怎样，中国人重视实践和经验的性格总是使他们倾向于向这方面发展。但是有理由认为，历法领域中的数学也与非正统的道家有关。公元 2 世纪的徐岳肯定受到过道家的影响；5 世纪时出现的萧道存的那张奇怪的图也受此影响；在 11 世纪它启 [63] 发了李冶。最后，中国人对待“自然法则”（第一卷第十六章）的态度是一个很重要的因素。需要重申的是，他们没有造物主的观念，因而也没有最高法则制定者的观念；加以他们坚定地认为整个宇宙是一个自给自足的有机组织，这一切导致产生一种无所不包的宇宙组织的概念，自然规律以及在现实的天球上要用到抽象数学才有效的几条规律，在宇宙组织中并没有地位。

所以，中国数学是功利主义的，从它的社会根源来看，它与官僚政府组织有密切关系，并且专门致力于统治官员所要解决的问题。为数学而数学的情形极为稀罕。这并不意味着中国计算人员对真理不感兴趣，他们感兴趣的不是希腊人所追求的那种抽象的、系统化的学院式真理。在那个年代，大众没有受到教育，他们没有机会接触到政府交办、抄录和分发到各个环节的手稿。工匠们无论有多么了不起的才能，却总是有一座无形的墙把他们和有学术素养的学者分割开来，他们只能在墙的另一边自生自灭。当道教徒和佛教徒启发了印刷术的发明后，这毫无疑问助长了中国数学在宋代的第二次兴盛，但是这个高潮持续不长。伴随着明代民族主义逆流，儒学又一次掌权，这时，数学再次被幽禁在政府衙门的后院。

那么在欧洲文艺复兴时代究竟发生了什么，从而使得数学化的自然科学得以兴起？为什么这又不发生在中国？如果说，要找出现代科学在某一种文明中发展起来的原因是相当困难的，那么，要找出它在另一种文明中为什么没有发展起来的原因就更困难了。但是，研究不发生的原因，有助于了解发生的原因。如果我们拿伽利略（1564—1642 年），这个把自然科学数学化的中心人物，同达·芬奇（Leonardo da Vinci，1452—1519 年）进行对比，我们看到，尽管达·芬奇对自然界有那么深邃的洞察力，并且在实验中大放异彩，但是由于他缺乏数学知识,因而没有带来理论上的进步。达·芬奇不是一个孤立无援的天才,他是15、16世纪一群从事实际工作的人当中最突出的一个,这些人忙于从事对自然界的研究,而他们用的数学是纯功利性的:他们是测量和尺子的主人。对他们所研究的问题他们无意提出一种数学方法。

尽管没有人能够明白16、17世纪自然科学数学化的内在机制,但人们知道,代数学和几何学在过去是独立发展的,而伽利略和他的先行者们所做的是把代数方法应用到几何领域中去。这是带来所有改变的一大步。当然中国人一直在用代数学方法思考几何学问题,但是,当我们来剖析一下伽利略的方法,就知道这是一件不同的事情。我们发现对自然界的新实验方法由以下几步组成:

64

(1) 选择那些可以用数量来表示的特殊现象。

(2) 在观测量之间建立数学联系,在此基础上构成假说。

(3) 从这个假说推出某些能够实际验证的结果。

(4) 观察,然后改变条件,然后再观察,也就是进行实验;尽可能把测量结果用数值表示出来。

(5) 接受或否定事先作的假说。

(6) 一旦接受了假说,便以此为起点构建新假说,并让新假说接受考验。

这就是"新哲学"或"实验哲学"。量的世界取代了质的世界。

然而,在抽象化方面的提高还更进一步,比如对运动的考虑,脱离了任何具体的运动物体。运动被认为在宇宙中处处都是一样的。空间被几何化了,它是抽象的,可用数字表达的。宇宙不再被认为是一个有层次的由不同部分组成的有机整体:现在它只是一个由简单的基本规律的普遍适用性所支撑起来的一个整体。例如,一旦形成了引力的概念,宇宙间就没有任何地方是引力定律不起作用的。这是真真实实的根本性改变。

这一对宇宙有机体的打破,驱除了任何事物都有它自然的位置和功能的想法。物体的本质,它们的形状、重量、颜色和运动等固有性质,这些曾经似乎那么显然地构成一个整体,现在不再有效。但是这需要一种具有高度创造力的思想,经历了若干世纪的挫败的刺激后,才来否定这种统一体,并且主张一个木球和一个不知道由什么物质组成的行星之间的共同之处,要比同一个球的不同性质(颜色、质地和气味等等)之间的共同之处要多得多。这种假说必须是数学上的假说,这点极其重要。正如伽利略所述:

> 哲学是写在这部永远摆在我们面前的大书中的——我这里指的是宇宙。但是,如果我们不首先学习用来写它的语言和掌握其中的符号,

> 我们就无法了解它。这部著作是用数学的语言写成的，其中的符号就是三角形、圆和其他几何图形。没有这些数学语言和数学符号的帮助，人们就不能了解它的片言只语；没有它们的帮助，人们就会在黑暗的迷宫里徒劳地徘徊。

65

因为应用数学早已为技师们熟悉，所以，也许最好把伽利略的革新描述成工艺实践与学院理论的结合。这种结合在以前曾经发生过，只是在较低的水平上而已：例如在中国，自然之道的隐士哲学与萨满教术士的联合（第一卷第107页）。

如果我们对时间和空间给予适当的关注，在所达到的熟练程度方面，中国和欧洲没有多大差别。没有任何西方人能够超过商、周两代的青铜器铸造者，或比得上唐、宋时代的瓷器制造者。阻碍近代科学进步的因素在作出假设这一步。例如，当达·芬奇能够勾画出像直升机或离心泵这样的先进机械时，他还在说什么事物具有它自然的位置和本质。达·芬奇，还有其他人，他们能够取得显著的技术成就，但是没有获得足够的科学理论。这也有助于了解中国的情况，并且可以断定中国科学所达到的境界是达·芬奇式的，而不是伽利略式的。

如果我们更广泛地来看，我们发现16、17世纪欧洲近代科学的发展不是孤立地发生的。它一步一步地伴随着文艺复兴、宗教改革和商业资本主义兴起带来的工业机器生产而产生。大概正是这些在欧洲同时发生的社会变化和经济变化，才造成了一种环境，使得自然科学终于能够兴起，并超过那些高明工匠，半数学家的技术家所达到的水平。把所有的质约化为量，认定在一切现象后面都存在数学的现实性，宣称整个宇宙中空间和时间都是统一的：所有的这一切，是不是和商人的价值标准有某些类似的地方呢？如果不是可以用数目、数量和度量来进行计算和交换的话，货物和商品、珠宝和金钱就没有什么意义了。

在欧洲的数学家中，留有许多这方面的痕迹。关于复式簿记技术的最早书面说明，出现在16世纪初的最好的数学教科书中；最先把复式簿记用到公共财政问题和管理上去的，则是在17世纪早期一位工程数学家写的书中。甚至连哥白尼也发表过货币改革的言论。这些都不是孤立的例子：商业和工业是史无前例地风行。

66

另一方面，我们可以说，中国过去没有出现过来自自然科学方面的富有激励作用的需求。对大自然的兴趣不够充分，受控的实验做得不够充分，对经验的归纳法不够充分，对日月食的预测和历法的计算也不够充分。所有这些“不充分”中国都有。显然，正是商业文化能够单独完成农业封建文化所做不到的事情——把以前彼此分割开的各个数学分支学科和自然知识融合在一起。

第二章 天 学

第一节 天 文 学

67 对中国人来说，天文学曾经是一门很重要的科学，因为它是从敬天的“宗教”中产生出来的，是从那种把宇宙看作是一个统一体、甚至是一个“伦理上的统一体”的观点中产生出来的，这些看法曾使宋代的哲学家们产生出他们那些伟大的有机论思想。更有甚者，在这个以农业人口为主的国度里，历法由他们的统治者颁布，并由效忠于他的臣民加以奉行，这是从最早时期开始就已贯穿在中国历史中的一条连续的主线。与此相应，天文和历法一直是“正统”的儒家之学，它们和炼丹术这类东西不同，后者被看作是典型的道家的和“异端的”东西。有人说得好，希腊的天文学家是隐士、哲人和热爱真理的人，他们和本地的祭司一般没有固定的关系；在中国，情况相反，他们和至尊的天子有着密切的关系，他们是官方政府机构不可或缺的人员，有时按照礼仪还被供养在宫廷之内。

这并不是说，中国古代和中古代的天文学家不是热爱真理的人；只不过在他们看来，用高度理论的和几何的形式来表现——这正是希腊人的特色——是不必要的。除了巴比伦的天象记录外，中国人的天象记录表明他们是在阿拉伯人以前全世界最持久最精确的天象观测者。甚至在今天（以后将会看到），那些要寻找过去天象信息的人，也不得不求助于中国的记录，因为在很长一段历史时期内几乎只有中国的天象记录可供利用。或者如果中国的记录不是唯一，那也是最多最好的。这不仅归因于中国观测者的谨慎记录，也还因为他们有规律地记录像太阳黑子这样的天象。而欧洲人不仅不知道太阳黑子的存在，而且由于他们宇宙学上的成见——即认为天体是完美无缺、没有变化的，也不能承认太阳黑子的存在。中国观测记录的重要性也并不因为早期的观测常起因于相信天象与国家大事有关这一事实而稍有减弱。毕竟，占星术在欧洲也是长期存在的，并以小范围的、个人的形式一直延续到17世纪开普勒(Johannes Kepler)的时代；事实上在当今欧洲这也还是一种流行的迷信。 68

如果我们接受这样一个总的论断，即中国天文学同中国所有其他科学一样，具有经验主义的特点，那么，对于诸如行星的运行规律这类问题，我们就不必苛求了。当利玛窦与中国学者讨论天文学问题时，那些16世纪后期来到中国的耶稣会士们的思想，都保存在他自己作的谈话记录中。中国天文学家的思想，今天从各方面来看，都比利玛窦自己的思想——行星绕着不动的地球转动，它们又都被限定在不变的恒星天中——更接近现代一点。

在西方文献中，关于中国天文学方面的著述比中国数学方面的丰富得多。不幸的是这些文献内容混乱，带有争论性质，而且大多是重复的。从一开始，欧洲人了解中国天文学就是被一种利益所驱使，耶稣会传教士们看出，他们可以凭借欧洲文艺复兴带来的科学进步和中国人打交道，可以靠他们较高明的历法推算和交食预报把自己引入官场，从而得到种种便利。因此，他们一方面力图用贬低中国本土天文学知识的方法，来打动中国人的心，争取他们皈依基督教；另一方面，他们又在许多西方出版物上赞扬中国天文学，为了更好地巩固他们自己在教会中的地位。不仅如此，耶稣会士对中国天文学的了解，尽管是老老实实地去了解的，但是从一开始就因为根本的误解而损害了这种了解。误解主要来自下文将要说明的一项事实，即中国天文学非常依赖于对极星附近和赤道附近的恒星的观测，而希腊和欧洲天文学主要靠观测天体在黄道坐标系中的运动——黄道就是太阳穿行于黄道带星座中的路径。耶稣会士们自然完全没有想到，竟会有另一套完整的天文学体系存在，而这套体系在规模和效用上不亚于希腊天文学体系，但是用不同的方法。这导致了一系列误解，这种误解直到19世纪末才得到澄清。

绝不要低估当时耶稣会士先驱者们所面临的巨大困难。他们在明末清初中国本土科学衰落时期来到中国。当时具有充分学识、能把中国传统天文学解释清楚、能从古书中找出主要章节并加以翻译的学者，可谓少之又少。 69 我们在讲中国数学的时候说到过，其中的一些古籍已经散佚，直到18世纪才被重新发现。还存在着语言障碍，西方还没有汉学这门学问，好的字典还没有编成。令人惊奇的是，这些耶稣会士们所做的已经是尽可能地好了。

当我们来看较近的年代，在19世纪中叶我们发现(西方对中国天文学)有了一种较好的把握；而在20世纪初则有一种提高。然而对黄道带星座的研究使得学者们采取了太过自信的立场，他们对在中国、印度和阿拉伯世界之间是否存在思想交流的通道问题上作出了武断的陈述，尽管他们当中的学者一般只懂其中的一种语言。简单来说，我们可以把西方人对待中国天文学的兴趣分成两种类型：第一类，把中国天文学史看成是整个科学史的一部分；另一类，利用中国的天文观测资料，求解过去几个世纪各个不同的天文量发生了怎样的变化。当历史记录是可靠的，像西汉以来的记载，那么结果也是有价值的；但是，如果过多的关注放在了年代难以确定的半传说时代的古籍上，或根据相传为公元前1000年左右周公所作的观测，计算结果只会使人对中国的文献资料产生怀疑。中国天文学的基础事实不难分解明白，对此现在也没有什么争论，当然，还有许多留待解决的问题，尤其是那些与中国历法的历史变迁有关的问题。

名词术语

在继续讨论下去之前，我们必须清楚怎样描述天空中所有天体的位置，所以，如果我们定义一些基本的名词术语是比较合适的。因为天空看起来像一个以观测者为中心的圆顶屋，所以从描述的角度来讲，方便的做法是，把整个天穹设想成安置在一个巨大的球里面，地球是那个球的球心。然后，我们可以像在地球表面确定位置那样，在天球上画出坐标系，通过在球面上画出的圆(专业地说是“大圆”，就是直径通过球心也就是地球的圆)，我们可以来描述像太阳、月亮这样的天体的视运动。因为我们所假想的天球非常巨大，我们可以凭我们所好，认为观测者固定在球心，而不必考虑地球的大小)。

图56演示了天球的样子。顶上是北天极P：这一点正好在地球的北极上面——换句话说，这是地球的北极在天球上的投影。底下，在P的正下方，是南天极P′[①]；这是地球南极在天球上的投影。对一个地球上的观测者来说，地球的周日自转使得整个天球看起来绕着P和P′(的连线)转动。到两个极的距离都相等的大圆是天赤道；这是地球的赤道在天球上的投影。第二个大圆

① 原图没有标出P′点的位置。——译者

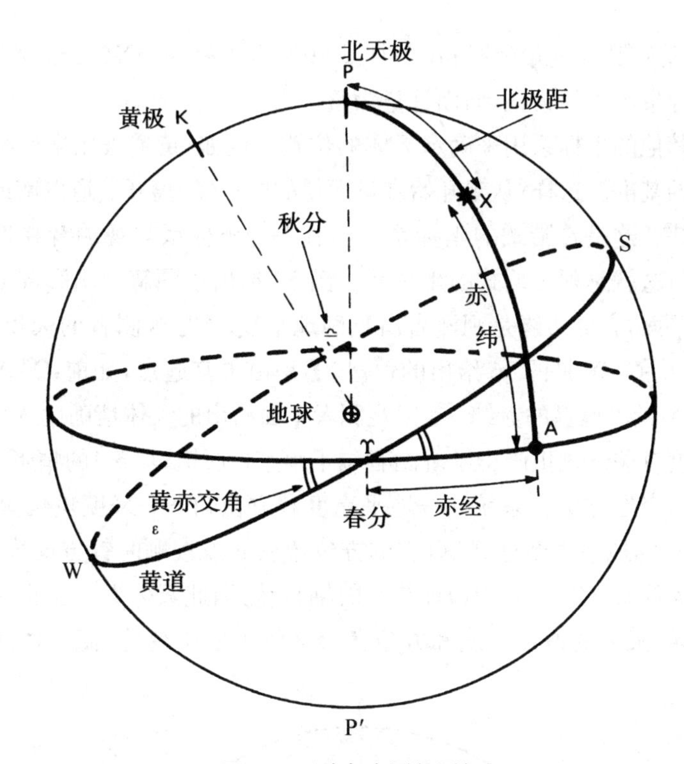

图 56 天球各大圆的图解

70

是黄道,对地球上的观测者来说,黄道是太阳在一年中移动的路径。黄道和天赤道相交的两个点叫做昼夜平分点,因为当太阳运动到这两个点时,地球上白天和黑夜的长度一样长。太阳从南向北穿过天赤道的那个昼夜平分点被定义为白羊宫的起点,常常记作符号♈;这一点也叫做春分点,太阳在 3 月 21 日或左右到达这一点。与春分点相对应的是秋分点,是天称宫的起点。点 S 是太阳在天赤道以北达到的最高点,叫做夏至点①。与夏至点相对的 W 是太阳到达天赤道以下最南端的地方,叫做冬至点②。(当然这些春、夏等等的形容词只对生活在北半球的观测者而言是有效的。在南半球季节是反过来的。)

星星在天空的位置可以用类似于地球上的坐标系来度量,但是这些天体坐标有专门的名字:它们是赤经和赤纬。赤经(对应于地理经度)从♈向东度量;度量单位一般用时、分、秒,因为 24 小时等于 360°,所以一小时等于 15°。赤纬(对应于地理纬度)是向南或向北离开天赤道的角度。这样,图 56 中的恒

① 原图没有标出 S 的位置。——译者
② 原图没有标出 W 点的位置。——译者

星 X 的赤经沿♈A 度量(约为 6 小时或 90°①),赤纬为 AX(大约 45°)。向天赤道以北计量的赤纬为正,向南计量为负。

还有其他的坐标系用来确定天体的位置。例如,黄道被用来代替天赤道作为度量的基准。这样,从♈开始度量而得的叫黄经,离开黄道以南或以北的角度叫黄纬。这是希腊式的坐标系。还有一种坐标系与观测者在地球上的位置有关。这就是阿拉伯式的坐标系。图 57 给出了图解。阴影部分是观测者所在的平面,它的边缘是观测者所见的地平线,Z 是观测者的天顶,底下的那点 N 是天底。X 是图 56 给出的恒星,♈是白羊宫起点,如前:♈A 量出 X 的赤经;AX 量出恒星的赤纬。② 以观测者平面给出的天体精确位置与观测者的地理纬度有关。这里画出了观测者位于南京(北纬 39°55′)的情形。③ 观测者可以用一套地方坐标系统——地平高度和方位角——来度量恒星 X 的位置。恒星 X 的地平高度是 A_ZX,它的方位角从北点按顺时针方向度量,在这个例子里大约有 230°。因为地球绕它的轴自转,因此天体看上去也是在绕它们的轴旋转,天体的地平高度和方位角会连续地发生变化,而天体的赤经和

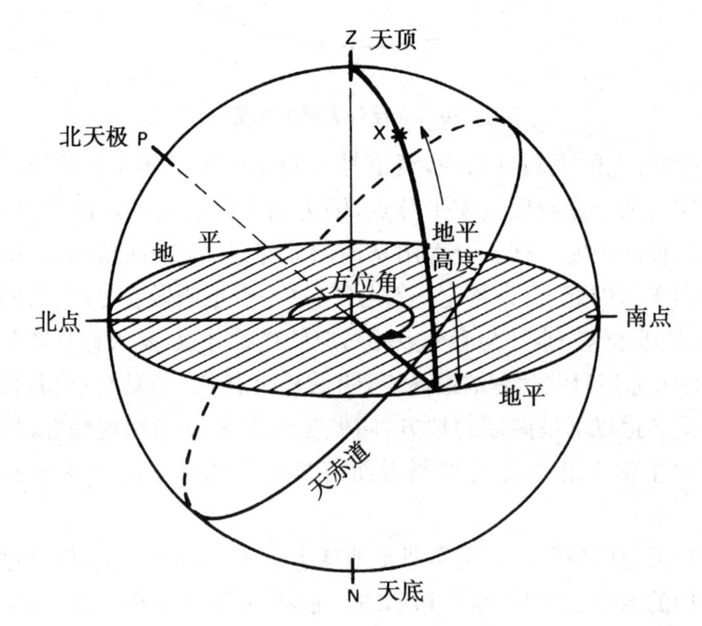

图 57 阿拉伯式天球坐标系图解

① 这个数字与图 56 所示并不符合。——译者
② 图 57 没有标明♈和 A 的位置。——译者
③ 这里原书作者给出的地理纬度应该是北京的纬度,南京的纬度为北纬32°03′。——译者

赤纬原则上是不变的，只是受到天赤道与黄道的交点的缓慢西移的影响。这一叫做“岁差”的运动，与地球自转轴的长期运动有关，它的大小只有每世纪1.4°。

天极离开地面的高度与观测者的地理纬度有关。对一个正好位于北极（地理纬度为90°）的观测者来说，北极的出地高度为90°：它正好在天顶。对一个位于赤道（地理纬度为0°）上的观测者来说，北极的出地高度是0°：它将位于观测者的地平线上。因为整个天球每24小时绕着天极转动一圈，北极离地的高度将导致一些恒星永远不会升起和落下。观测者所处的地理纬度越高，天极的出地高度也越高，就会有越多的拱极星。准确地说，对任何一个给定的地理纬度，拱极星的赤纬将大于该地理纬度的余角的度数[也就是说它们的赤纬将大于等于（90°－地理纬度）；图58]。

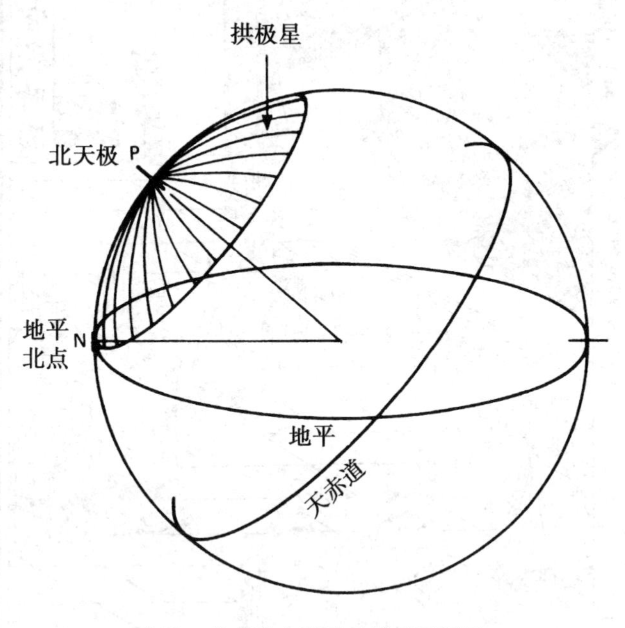

图58　南京地方所见的拱极星图解

73

天文学文献

1. 西文文献

对中国天文学史最早进行研究并作出全面解释的是宋君荣（Antonie Gaubil）。他生于1689年，在巴黎天文台受到过良好的天文学训练，从1723年起到1759年止，一直是耶稣会派驻中国的传教士。他的中文非常出色，经常受皇帝之召担任接见外国使节时的通译。宋君荣非常博学，但是他的著作编排得比较杂乱，好比构成了一个宝藏，必须懂得如何发掘它。第一位认识到中国天文学某些真正本质性问题的是多面手法国天文学家和化学家让·巴蒂斯特·比约(Jean-Baptiste Biot, 1774—1862 年)，在这个世纪里接着比约的还有几位学者，但是在他们的关于中国天文学史或中国科学史的著作中对中国天文学的描述，很少有让人完全满意的。

2. 主要的中国文献

在考虑可能得到的主要中文原始文献时，不得不再次提到，在中国古代和中古代，天文学与朝廷和官府有紧密的关系。说明其官办性质的常用典故是传说中的帝王尧对天文官羲、和的任命(图 59)。这个故事出自《书经》第一

74

图 59 晚清《钦定书经图说》插图：羲、和兄弟奉尧之命，“钦若昊天，历象日月星辰，敬授人时”的传说

卷,涉及两位(或者六位)天文学家。对这件事情发生的年代只能作非常模糊的猜测,它很可能发生在公元前8世纪到公元前7世纪。书中这样写道:

> 乃命羲、和,钦若昊天,历象日月星辰,敬授人时。 75
> 分命羲仲,宅嵎夷,曰旸谷。寅宾出日,平秩东作。
> 申命羲叔,宅南交。平秩南为,敬致。日永星火,以正仲夏。
> 分命和仲,宅西,曰昧谷。寅饯纳日,平秩西成。
> 申命和叔,宅朔方,曰幽都。平在朔易。

这段话作为中国官方天文学的基本章节,已经流传了将近三千年了,但是近来的研究对这段话的神话基础有全新的见解。现在知道,在汉以前的任何文献中,"羲和"两个字不是两个人或六个人的名字,事实上这是一个神话人物的双名,这个人物有时被说成太阳的母亲,有时被说成太阳的驭者。后来这个名字被分裂开来,用到四个术士或法师的身上,他们受传说中某帝王之命,奔向世界的"四极",使太阳在冬、夏二至点停止前进,重返旧路,而在春、秋二分点继续行进,完成它的历程。这种传说很可能自然地源于以下一种恐惧:初民的头脑里很可能有这样的想法,冬季会无限延长,变得越来越冷,或者夏季会热得要死。类似的恐惧在其他古代文明中也有发现,例如,阿兹特克人(Aztecs)认为,为了防止太阳停滞不前或毁灭,必须使用大量的人作牺牲。

在中国,神话中的巫师除了关心太阳的运行之外,还负责阻止日、月食的发生。《书经》中较晚的章节涉及了这样一个详细的例子,记载了一次因为巫师未能阻止日食而由天子下令进行的讨伐。故事的真相可能是,古时对那些驻守在四极的半神化的巫师所执行的一种惩罚,因为这些巫师们被认为玩忽职守。

总之,中国古代国教所具有的天文学性质,从上述故事中可以明显地看出。天文台从一开始便是明堂(祭天地的庙宇,也是皇帝礼仪上的居所)中的不可缺少的一部分。对农业经济来说,作为历法准则的天文学知识具有首要的意义。谁能把历法授予人民,谁就有可能成为人民的领袖。这一点对于很大程度上依赖人工灌溉的农业经济来说,尤为千真万确。冰雪的消融、江河及其支流的涨落,以及多雨的季风季节的开始等等,都需要预先发出警告。 76

所有这一切可以从天文学在《周礼》一书中所占的重要地位可以看出,天文部分肯定是公元前2世纪左右西汉时期收编进去的。此书一开头就说,周

王由于辨正四个方位(靠观测极星和太阳),被拥戴为天子。关于皇家天文学家(冯相氏)我们读到:

> 冯相氏,掌十有二岁、十有二月、十有二辰、十日、二十有八星之位。辨其叙事,以会天位。冬夏致日,春秋致月,以辨四时之序。

这个职位很重要,而且是世袭的。从官名来看,居此位的人夜间必须守候在天文台上。关于皇家占星家(保章氏),我们也看到如下记载:

> 掌天星以志星辰、日、月之变动,以观天下之迁,辨其吉凶。……所封封域,皆有分星,以观妖祥。以十有二岁之相,观天下之妖祥。以五云之物,辨吉凶、水旱、降丰荒之祲象。以十有二风察天地之和……

这个职位也很重要,而且也是世袭的。官名与保管记录有关。这两位官员都有(或想来有)相当多的助手。第三种官职,眡祲,负责大致以气象为主的观测任务,不过日月交食也可能包括在内。最后是掌管漏壶的官员挈壶氏,在后面描述中国天文仪器时我们会再次提到他。

77 两千多年来,这些官员被组织到政府特设的机构钦天监(或司天监)中。这个机构自始至终保持着高度权威,即使是主持官员的科学能力不足时也是如此,譬如在耶稣会传教士管理时期。天文官员享受着种种特权,类似于西方的"神职的特权"。直到上一个世纪,按照清朝律例,钦天监的官员犯罪还是从轻处罚的。他们的长官最古老的官名大概是"太史令"。虽然我们十分了解太史令负有占星任务,但是我们认为,他的工作有不少确实属于天文学和历法方面,对于 Astronomer-Royal(皇家天文学家)这一译名,他始终可以当之无愧。

当然,历代皇家天文台及其设备都处于太史令的管理之下。尤其值得注意(但知道的人很少)的是,在某些时期,首都设有两个天文台,都配备有漏壶和其他天文仪器。沈括的一个同时代人彭乘,告诉我们北宋(11 世纪)有两个天文台的情况。其中一个是翰林院的天文院,设在禁中;另一个是司天监,由太史令主持,设在皇宫外。我们推测,这两个天文台的记录,特别是有关异常现象的记录,每夜都要互相对勘,同时上奏,以防作伪和误报。这是中古时代中国儒家官僚制度对一切都抱怀疑态度和真正的科学态度的一个突出的例子。彭乘还告诉我们,11 世纪中叶天文学工作的情形是很糟的。当他本人在 1070 年任太史令时,他发现这两个机构的观测人员只是互相抄袭几年前的观测报告,没有什么新的发现。他们对天文台的设备也从未加以利用,只满足于进呈那种计算很不精确的天文历表(天体的位置表)。彭乘惩处了六名官员，但是未能做到彻底革新。继他之后任太史令的沈括做得比较成功，他对前人忽视天文学的批评也不少。他写道：

> 皇祐中，礼部试《玑衡正天文之器赋》，举人皆杂用浑象事，试官也自不晓，第为高等。

但是沈括他自己是天文学新繁盛时期的代表。

在首都的观象台不是唯一的天文观测机构；在许多世纪中，在边远地区也同样进行天文观测，观测结果都送到天文局。另外，天文学和数学在国子 78 监中也各自有一席之地。在隋代（公元 581—618 年）所设的明经两科之外，唐代（公元 618—906 年）又增设了另外四科，包括算学一科。但是没有人愿意学，因为学这一科不能飞黄腾达。

知道了这一背景，读者应该开始明白，像数学那一章开头那样，对中国天文学文献重要史实作一番论述是很困难的。现存中国天文学文献的很大一部分出于历代官修史书中关于天文、历法以及祥瑞灾异部分，它们的作者并未全部搞清楚。此外，除了一小部分断简残篇，有关天文学的古书多已散佚。出现这种情况的原因大概是，数学书籍的应用很普遍，而天文书籍则被认为技术性比较强，只有与钦天监有关的少数人才对它感兴趣。这类书籍传抄较少，被集中在禁中和朝廷的图书室中。而在那种地方，只要遇到一两次改朝换代时的大破坏，藏书便荡然无存了。印刷术发明后，情形有些改变，但不能彻底改观。

不仅如此，由于历法与政权有密切的关系，所以每一王朝的官吏似乎都以警惕的眼光，注视着那些对星象进行的独立研究，因为这可以用来编制历法，并可能被密谋建立新朝的反叛者利用。事实上，一直有叫天文官员注意保密的告诫。例如，在 9 世纪，

> 开成五年十二月："司天台占候灾祥，理应秘密。如闻近日监司官吏及所由等，多与朝官并杂色人等交游，既乖慎守，须明制约。自今以后，监司官吏不得更与朝官及诸色人等交通往来。仍委御史台察访。"

作为一种社会学现象，洛斯·阿拉莫斯（Los Alamos）或哈威尔（Harwell）的保密就不是什么新鲜事了。但是，最好、最伟大的科学成就是否会在这样的条件下产生，则是另外一个问题了。从很早以来，中国天文学便得到国家的支持，但它的半秘密状态却是不利的。中国的一些历史学家们自己也感觉到了这一点。在 7 世纪的《晋书》中我们读到： 79

> 此则仪象之设，其来远矣。……绵代相传，史官禁密，学者不睹，故宣、盖沸腾。

虽然如此，如果作太远推论也是不对的。在宋代，无论如何，有一些明确的迹象表明，同官府有联系的读书人家研究天文学大有可能。不过，这种传统也足以说明，为什么利玛窦于1600年赴京师途中，他的数学书籍竟会遭到没收。然而，尽管天文学不像数学那样，有许多保存完好的、前后相承的著作，然而这并不意味着中国天文学文献不丰富。

第二节　古代历书

在保存到现在的两部最古老的历书中包含了许多天文学资料。其中的一部《夏小正》，与夏朝无关。它实质上是一部农历。不过其中有许多关于气候、星象以及物候方面的叙述，按一年十二个太阴月的顺序排列。它的成书年代不确定，但是公元前5世纪也许是一个合理的估计。另一部《月令》要长得多，公元前1世纪并入《小戴礼记》。它给出每个月的天象特点，以及对应的乐律、祭祀等详细描述，大半是关于天子所应举行的仪式的描写，最后是不可做某些事的禁令，并提出警告，如果不奉行这一套特定的仪式，将发生某种灾祸云云。这些每月的仪式，可能形成于公元前3世纪，或者早到公元前5世纪。

接下来我们应该更多地谈论历法科学。但是此处也许合适提到，在公元前370年到公元1851年之间，中国编制和颁行了不少于102部历法，它们一般在一个朝代或政权开始时颁布。人们并没有充分认识到，这些历法是有效的历表，有点像我们的"航海年鉴"，它们给出许多天体的预期位置；所以它们构成了无可比拟的天文学资料。从中可以清楚地看到各种天文学常数在精度上逐渐和连续的提高，而它们真正地被用来展示古代和中古时期中国天文学家对真实世界的准确描述中的一种循序渐进的提高。

80

周代至南北朝(公元6世纪)的天文学著作

在孟子(孟轲，孔子的信徒)时代，生活着两位最早、最伟大的天文学家——齐国的甘德和魏国的石申。最早的星表编制者，就是他们两个和另外第三位天文学家，他的名字已经不知道了，他的著作被归到传说中的商朝大臣巫咸的名下。这就是《星经》。围绕从中发现的大量数据的实际年代，现在还有很多争论，最近的一种观点认为这些测量属于公元前70年左右，而其中的原始著作写于两个世纪以前，这大可与希腊天文学家喜帕恰斯(Hipparchus)的著作(公元前134年)相媲美。

在晚周的初步观测工作之后，汉代把更多的兴趣放在了宇宙论方面。然而，关于宇宙的提问并不新鲜；类似的问题已经由公元前4世纪北方的自然主义学派和南方的著名诗人屈原提出过。因为汉代宇宙论繁盛，可以指望在伪经中找到一些宇宙论的说法，在讲到与幻方的联系时我们提到过伪经。在辑于明代的《古微书》中保留下来的两种伪书的相关章节中，我们看到的情形确实如此。完成于公元前90年的司马迁的《史记》中也有非常重要的一章。作者本人担任了国家最高的天文和星占方面的官员。他首先考察了天空中"五宫"的恒星和星座，然后讨论了行星的运动，接着按占星术关于天上各宿同地上各州对应的说法，来解释日月的异常及彗星、流星、云、气(包括北极光)、地震和丰歉预兆等异常现象。结尾部分是作者作为一位历史学家的感想，全篇对于中国古代天文学具有高度重要的意义。

第一部官修史书《汉书》也有几卷涉及天文学，作者大概是公元100年左右的马续。这里我们发现了如何计算会合周期(即在地球上观测行星相对于太阳到达天空中同一个视位置所花的时间)和如何预报交食出现的细节。在第一个世纪以前，黄道在中国天文学中并不占重要的位置，不过公元85年左右，当贾逵发起历法改革时，已经制造了有关的仪器来确定它的位置。这一新知识，连同对黄赤交角(就是黄道和天赤道之间的交角，见图50)的测量，出现在178年刘洪和蔡邕所作的《律历志》中。随着虞喜对岁差的发现，在4世纪出现一个新的进步。虞喜主要活动在307年到338年，在他的《安天论》中宣布了他对岁差的发现。

81

南北朝至宋初(公元10世纪)的天文学著作

在6世纪末的隋代，有武密编撰的著作和王希明一首重要的天文诗。该诗对当时已经认识的大星座作了很好的描述，它的名字《步天歌》是名副其实的。到了唐代，在7世纪，史书正在编撰中，其中蕴藏了大量天文学信息；在8世纪，出现了《开元占经》，尽管它总体上是一部星占学著作，但其中保存了大量古代天文学文献。这也是密教僧人一行活动的时期，以及一些印度天文学家居留在中国的时期。尽管他们的大部分著作没有保存下来，但是一行的重要著作《大衍历》最近被全文翻译了过来。他们关于行星运动方面的工作似乎有点价值，但是它们对中国天文学的进程几乎没有产生什么影响。不过似乎还有其他方面的影响。波斯天文学家也来到中国，由于他们的出现，在8、9世纪中，中国出现了大量星占—天文文献，它们是巴比伦数学和天文学、特别是计算交食的方法和行星位置预测表，传入中国的众多通道之一。

宋、元、明的天文学著作

从宋代自然科学兴盛这种情况来看，应该可以指望天文学也会很兴盛，而且这一点可以在天文学文献的增加上反映出来。确实如此，当时似乎有大量的文献出现，宋朝的第二个皇帝有一个大的天文学图书馆。然而，其中很少的一部分书籍被保存下来，不过我们总算十分幸运，现在还有一种最重要的宋代天文学著作，即由苏颂从1088年开始7年后写成的《新仪象法要》。书中关于钟的描述在计时历史上非常重要，但是对它的详细叙述必须等到有关中国机械工程的讨论中(本书第三卷)。还有一种重要的天文和历法著作，即王应麟的《六经天文编》，它似乎没有引起现代学者的注意。

82

在元代，非常自然地，是中国天文学家和穆斯林天文学家(波斯人和阿拉伯人)密切合作的时期，并且把新的天文仪器带到了中国。此后，直到耶稣会传教士来到中国为止，文献比较少。不幸的是，除了1281年完成的《授时历》之外，元代大天文学家郭守敬的著作竟然一部也没有流传下来。《授时历》现在已经翻译成了英文。可以提到，在他去世后三年的1319年，出现了马端临的《文献通考》，该书收集了彗星、新星、流星等详细记录表。

在明代天文学也与其他自然科学一样遭受着全面的衰退。只有王祎的著作(约1445年)和稍后王可大的著作可以一提。在耶稣会传教士来华之后，天文学被重新唤醒，书籍有大量出版，所有这些是对西方新观念刺激的回应。

第三节　古代和中古时代的宇宙观念

正如我们已经看到的，战国末期和前后汉时期，在天文学和宇宙论——把宇宙作为整体来研究——方面有过热烈的思索。公元180年前后，蔡邕——他本人也是一个训练有素的天文学家——在上皇帝书中提到当时已形成的各个主要学派：

> 言天体者有三家：一曰周髀，二曰宣夜，三曰浑天。宣夜之学绝，无师法。周髀数术具存，验天然多违失，故史官不用。惟浑天者，近得其情。

5世纪的天文学家和数学家祖暅之也谈到了同样的事情，不过他给周髀学派取了另一个名字，叫做盖天说。周髀一词跟最古老的天算著作的名字相同，意思大概是"周天和表股"。"宣夜"一词后来被解释成"明亮与黑暗"，而现代学者认为是"无所不在的夜"。至于"浑天"一词，毫无疑问是指天球而言。

盖天说(半球式的圆顶)①

从内在的证据来看，盖天说是最古老的宇宙学说。天空被想象成一只倒扣在地上的碗，而大地本身也是另一只倒扣着的碗(图60)。天地之间的距离是80 000里，或46 000公里(1中国里大约等于0.576公里)。大熊座在天空的中央[那个时代在杭州(Hangchow)地理纬度上它看上去在头顶]，人类居住在大地的中央。雨水落到地上向低洼处流注，形成边缘的海洋；地是方的。天是圆的，带着太阳和月亮像车轮一样从右向左旋转，而日月有一种从左向右的运动，但比它们所附着的大圆顶的运动慢得多。天体的出没只是人们的想象，事实上它们从来没有在地下穿行过。大约公元265年，虞耸——他是发现岁差的虞喜的先人，可能是族祖——在他的《穹天论》中说：

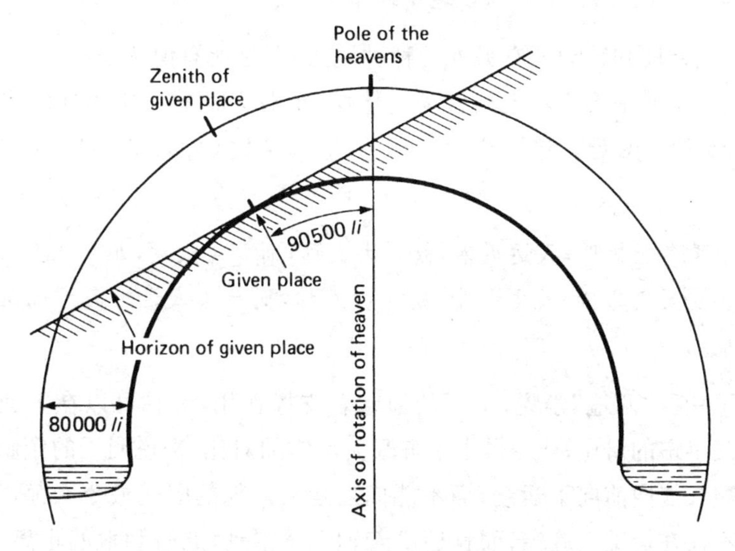

图60　盖天说世界图式复原图(根据赫伯特·恰特莱的图)　83

---

①　近年的研究表明，这是一个错误的认识。关于盖天宇宙模型的正确形状，请见江晓原：《周髀算经》盖天宇宙结构，《自然科学史研究》15卷3期(1996)。——译者

84 天形穹窿如鸡子,幕其际,周接四海之表,浮于元气之上。譬如覆奁以抑水,而不没者,气充其中故也。……天之有极,犹盖之有斗也。天北下地三十度,极之倾在地卯酉之北亦三十度。人在卯酉之南十余万里,故斗极之下不为地中,当对天地卯酉之位耳。日行黄道绕极。……

根据《周髀》的说法,太阳只能照亮直径为 167 000 里(96 000 公里)的范围;在这范围之外的人们会说太阳还没有升起,在这之内的人们则处在白天。太阳实际上被看作了一颗拱极星,像探照灯一样依次照亮地上的这一部分或那一部分。但是它离开北极的距离随着季节而改变。

中国自古以来的说法证明盖天说是十分古老的。由于巴比伦曾有类似的双重穹窿说,使人觉得这一学说更加古老。这可能是巴比伦的文化特征之一,它向西传到希腊,向东传到中国,然后在东西两大文明中分别发展,成为各自的天球学说。可是,天圆地方的概念是很具有中国特色的,它可能是一方面从天球的圆圈;另一方面从地面的四方位点自然产生出来的一种想法。而天极的倾斜度必定包含在最早的天文观测中了。所以在一个中国神话中提到天的倾斜,并不奇怪:

昔者共工与颛顼争为帝,怒而触不周之山。天柱折,地维绝。天倾西北,故日、月、星辰移焉。地不满东南。

后来,关于天极和转动还有另外的种种说法,但是所有说法中对一件事情都搞清楚了,那就是天绕着天极转动。然而,承载天轴的物质的性质问题,显然曾引起不少困难。这可以从 250 年左右姚信《昕天论》的残存部分看出来:

85 又冬至极低,天运近南,故日去人远,而斗去人近,北天气至,故寒冰也。夏至极起,而天运近北,故斗去人远,而日去人近。南天气至,故蒸热也。

他介绍了一种“两地”学说,下面的地起着支撑作用,天轴可以在上面旋转。他用人跟宇宙的对比,或叫做小宇宙跟大宇宙的对比,来说明天的倾斜,即人头的下颚只能向前向下运动,而不能向后运动。他的图式最令人惊奇之处,是天穹不仅在极轴上旋转,而且还沿着轴上下滑动,北极和地的距离一到夏季便比冬季远得多。这种北极的沉降理论在公元 1 世纪很流行。

如果一些翻译家注释得不错的话,与该理论非常相近的一种说法曾经出现在公元前 4 世纪柏拉图的《蒂迈欧篇》(*Timaeus*)中。按照这种说法,大地以一点为中心，在极轴上不断地上下滑动。不过这段文字是出了名的晦涩难解。

浑天说（天球）

天球学说（浑天说）相当于以地球为中心的球面运动概念。这种概念也曾在希腊人中间慢慢地发展起来，特别要归功于克尼都的欧多克斯（Eudoxus of Cnidus）。而在中国这种概念至迟在公元前 4 世纪石申编制他的星表时就已经出现了。浑天说最早的阐述者是落下闳（公元前 140 年到前 104 年间著称）。对浑天说最早、最完整的叙述出自公元 1 世纪天文学家张衡的笔下。张衡在《灵宪》和《浑仪注》中，特别是在后者中对浑天说描述得很清楚：

> 浑天如鸡子，天体圆如弹丸，地如鸡子中黄，孤居于内。天大而地小。天表里有水，天之包地，犹壳之裹黄。天地各乘气而立，载水而浮。周天三百六十五度又四分之一；又中分之，则一百八十二度八分度之五覆地上，一百八十二度八分度之五统地下。故二十八宿半见半隐。其两端谓之南北极。北极乃天之中也，在正北出地三十六度。然则北极上规经七十二度，常见不隐。南极天之中也，在正南入地三十六度。南极下规七十二度，常伏不见。两极相去一百八十二度半强。天转如车毂之运也。

86

我们有种种理由认为张衡的这段话是非常宝贵的。把他的自然哲学同自然法概念的起源联系起来看是很有意义的。在天文学上，他把这种关于天球的臆想出现的年代定为远远早于他自己所处的年代，很清楚地显示了，球形大地包括对极的概念是如何从天球概念中自然产生出来的。最初的天文仪器浑环和浑仪也可能是这样产生的。此外，张衡认识到空间必定是无限的，那么可以说，他能够通过日月这可知觉的运行机制而透视遥远的未知世界。

后世关于浑天说的阐释很多，也有一些争议。公元 1 世纪末，王充虽然对盖天说大发议论，但是当他发现浑天说认为太阳，这炽热的阳精，必须通过水下，就觉得这种学说难于接受。炼金术士葛洪赞同浑天说，极力要证明太阳经过水下这一点并非不可能，因为龙是属阳的，但却能生活在水中。但是不久之后，这“地中之水”的古老概念被人们丢开了。

宣夜说（无限虚空）

历史上第一个和宣夜说联系在一起的人，是年代较晚的郄萌。他成名于后汉，虽然他的生卒年和其他情况都不详，但他很可能与张衡同时而年纪较小。一百多年后，葛洪写道：

> 宣夜之书亡，而郄萌记先师相传宣夜说云：天无质，仰而瞻之，高远无极，眼瞀精绝，苍苍然也。譬旁望远道黄山而皆青，俯察千仞之谷而黝黑；夫青非真色，黑非有体也。
>
> 87 日、月、星象浮空中，行止皆积气焉。故七曜或住或游，逆顺伏见无常，进退不同，由无所根系，故各异也。故辰极常居其所，北斗不与众星西没焉。

这种宇宙观念的开明进步，同希腊的任何说法相比，也毫不逊色。这种在无限的宇宙中漂浮着稀疏的天体的看法，远比亚里士多德和托勒密僵硬的同心水晶球概念先进得多，而这一点是值得强调的。同心水晶球体系曾经束缚了欧洲人的思想长达一千多年。宣夜学说渗透入中国天文学思想中去的程度比表面上看起来要大。例如，张衡在介绍浑天说时写道："过此而往者，未之或知也；未之或知者，宇宙之谓也。"这便是宣夜说的一种反映。所以，甚至在天球上的大圆背后，也孕育着一种无限空间的概念。

中国天文学由于偏重观测而时常受到非难，但是缺少理论是缺少演绎几何学不可避免的结果。人们也可以说，希腊人太偏重于几何学了。下文将会看到，宣夜说直到耶稣会传教士来华还存在着，据说，当时中国学者认为，在宣夜说和耶稣会传教士之后欧洲传来中国的天文学说之间，存在着密切的相似性。他们的看法没有太大错误。

宣夜说的理论具有明显的道家气质，这可以说明此说最古老的著作何以会隐而不见。人们可以觉察到这一学说与《老子》的"虚无"和《列子》的"积气"是有关系的。宣夜说与佛教教义也不无关系。佛教有时空无限、大千世界的概念。晋代(3 世纪)以后，宣夜说肯定从印度经典中得到过许多支持。然而，是 12 世纪理学家朱熹给这些观点提供了哲学论据，他宣称："天无体。"

要证实宣夜说的世界图式和浑天说的天球运动终于成了中国天文学思想的基础这样一个重要结论，我们必须很简要地来看一看中国后来的宇宙论发展历史。88 盖天说直到 6 世纪还存在。人们还试图调和盖天说和球形宇宙这两种概念，但是这种努力并没有成功。并且从那个时候起官方历史学家认为浑天说是唯一正确的学说。但是另外一种曾流行若干世纪的概念，即"刚气"的概念，使中国人想到恒星和行星可以依赖刚气而不需要任何东西的支持(当时他们无法知道天体的外层空间不存在大气)。这种观念一般认为出自道家，并且大概可以追溯到冶金方面使用风箱之初，当时的工匠们已经注意到强大气流的阻力。这是道家而不是儒家应该可以获得的知识。

理学家当中，张载给予宇宙理论特别的关注。他所说的“太虚无体”，是按照宣夜说的传统讲的。他说，地是纯阴所成，凝聚于宇宙的中央；天是浮动的阳气，循周天而左转（向北极看去）。星辰随着奔驰前进的阳气而运转不息。为了解释日、月、五星反方向的周年运动，他应用了一种有趣的黏滞制动原理；他认为，这些天体离地太近，所以地气阻碍它们向前运动。直到耶稣会传教士来华之后中国传统科学和近代科学合流之前，张载和其他类似于他的那些宇宙观念一直还保持着活力。

总之，欧洲希腊化时代和中世纪的正统学说都把天体想象成固定在以地球为中心的一套有形质的同心球上，中国天文学却没有这个紧箍咒。而这种有形质的同心球实质上只是把球面几何学不恰当地具体化了。这确实有点悖论，常常被指责为过分唯物、过分具体的中国人，却给我们留下了相对来说如此自由的对宇宙的解释。他们虽然没有演绎几何学，但是他们也没有水晶球。

如果天体靠罡风驱动，那么地球也许同样在运动吧？有不少古代中国人确实这样认为的，虽然最初他们设想地动是一种摆动而不是转动。张载和其他理学家把地沿着极轴周期性的升降运动同地中阴阳二力的盛衰结合起来，来解释季节性的寒暑变化。他们还把它同潮汐现象联系起来。不过在我们看来，有趣之处主要在于，人和不动的地球居于宇宙的中央这一极端的论调，曾经那样束缚欧洲人的思想，在中国人的思想中却没有留下什么痕迹。

其他学说　　89

除了刚刚描述过的几种宇宙学说外，中国还有其他的关于宇宙的理论。公元前 120 年左右，出现一种理论，文字很晦涩，但是似乎建立在一系列圭表的观测数据基础上的。该理论认为，太阳在中天时和地的距离较日出、日没时远五倍；这种想法涉及一个非常扁的椭圆形外壳。

我们还在汉代的伪书（公元前 1 世纪）中发现一些测量天体距离和地球大小的尝试，这些在公元 3 世纪王蕃的著作中有更详细的阐述。中国人和希腊人大概是同时进行这些测量的。不过，我们还要讲一个古代流传下来的有趣故事，它说明在中国有一种希腊所没有的社会因素，即儒家对科学问题的漠视。故事出自《列子》，年代约为公元前 4 世纪到公元前 1 世纪：

孔子东游，见两小儿辩斗，问其故。一儿曰："我以日始出时去人近，而日中时远也。"一儿以日初出远，而日中时近也。一儿曰："日初出大如车盖，及日中则如盘盂。此不为远者小而近者大乎！"一儿曰："日初出，沧沧凉凉；及其日中，如探汤。此不为近者热而远者凉乎？"孔子不能决也。两小儿笑曰："孰为汝多知乎！"

这是一整套民间故事中的一个，以一个类道教的主题——一个成熟的脑袋长在一个小孩的肩膀上——为中心，在这些故事中，项橐和其他小孩总在争论和辩驳中击败孔子。但是，尽管道家和自然主义者嘲笑儒家，儒家却越来越成为主流的社会团体，而社会对自然哲学的漠视随着他们的统治而增长。

关于此类问题的讨论的真实记录，一直延续到公元1世纪，而当靠近地平线和处在高空时，太阳和月亮视大小的变化是不容易解释的。从现代的观点来看，它涉及心理学和物理学的因素。另外还有一些关于天体自身性质的讨论。日属阳（雄）、火；月属阴（雌）、水——这是中国科学从萌芽状态便有的口头禅。也是从很古时候起，日被叫做太阳，恒星被叫做少阳。而月（太阴）与行星（少阴）相匹配。这样在自行发光和反射发光的天体之间便有了十分恰当的区别。但是，这也许纯属巧合，我们不知道古代或中古代有哪一种文献，曾清楚地说到恒星就是遥远的太阳。在希腊人中，第一个明确说到月光完全来自反射的人，显然是艾莱亚的帕梅尼德斯（Parmenides of Elea，公元前475年前后著称，与孔子同时而略晚），到亚里士多德时（公元前4世纪），这已经被当作理所当然的事情接受了。中国文献最早叙述这件事的大概是《周髀》："日兆月，月光乃出，故成明月。"这段话不会晚于西汉，如果没有公元前6世纪那样早，也很可能是公元前4世纪的。公元前1世纪后半叶，京房把这一说法应用到了行星。6世纪时，一些错误的理论随着一部印度经典的翻译传入中国，但是没有影响人们普遍接受这些被一遍又一遍陈述的正确见解。

另外一个随佛教一同传入中国的错误印度理论是两颗假想的看不见的行星，这两颗"星"把月球白道与黄道的两个交点人格化了，①它们无疑是为了解释月食而设想出来的。然而，中国人自己自古就已经想象出一个运行方向正好与木星相反的"太岁"星；希腊也有类似的"反地球"的理论（公元前5世

① 作者这里是指汉译佛经《七曜攘灾诀》中的罗睺、计都两"隐曜"。简单地把它们叫做错误的理论是不妥的。而且在《七曜攘灾诀》中罗睺固是白道跟黄道的升交点，但计都是月球轨道的远地点，并非如作者所说的是白道与黄道的另一个交点。——译者

纪），该说法的提出如果不是为了把行星数目凑成完美的10，便是为了解释月食。也许这两种概念都起源于一种更古老的巴比伦学说。

第四节　中国天文学的天极和赤道特征

现在可以毫无疑问地确认，中国天文学在逻辑性和实用性方面毫不逊色于埃及、希腊以及较晚的欧洲天文学，但是它是以完全不同的思想体系为基础的。第一批耶稣会传教士并不了解这一点，而对此也需要作一些说明。

早期天文学家面临着一项巨大困难，用来确定季节的恒星（太阳）太明亮，使得其他恒星黯然失色，无法被看见，因此太阳在恒星中的位置不容易确定。可行的方法只有两种：其一是找出哪些恒星是在太阳附近（偕日法）——通过观测日出前或日落后的恒星做到这一点；其二是找出天空中跟太阳相对的恒星（冲日法）。埃及人和希腊人采用第一种方法，在黎明和黄昏时分观测恒星的偕日升和偕日没。古代最有名的科学观测之一就是古埃及人对天狼星偕日升的观测，它警告古埃及人尼罗河的泛滥即将来临。进行这样的观测不需要天极、子午线或天赤道等知识，它们只要求熟识位于黄道带上的星座。所以，埃及和希腊天文学的注意力全部集中在地平线和黄道上。 91

中国人则采用冲日法，寻找位于太阳相对位置上的恒星。他们把注意力集中于永远在地平上不升不落的极星和围绕极星的那些恒星——拱极星上。因此，这个系统与子午线（通过天极和观测者天顶，也就是通过南点和北点的大圆）有密切的联系。他们对拱极星作系统的观测，记录下它们上中天（达到在天空中的最高点）和下中天（处在天极正下方的位置）的时刻。

希腊人当然也是知道拱极星的——荷马就提到过——甚至还有一个希腊故事说特洛伊城被围时，哨兵按照大熊座尾巴的纵横指向换岗。反过来，有迹象表明，古代中国人也注意到了偕日升和偕日没的现象。不过中国人注重的跟希腊人大大不同。天极是中国天文学的根本性基础，与把人跟宇宙做对应的小宇宙和大宇宙的思想背景相联系。天极对应于地上的帝王，一个官僚农业国家的庞大体系在自然地、自动地围绕帝王运转。

很容易理解，子午圈是从圭表中产生出来的，圭表是一根树立在地上的棍子，用来测量日影的长度，这很可能是最古老的天文仪器。观测者白天向南看，测量太阳的投影；夜间向北看，测量拱极星上下中天通过子午圈的时 92

间。《周礼·考工记》这样说：

> 昼参诸日中之景，夜考之极星，以正朝夕。

在测量天体上中天时刻时，需要用到时圈的概念。时圈是些间隔相等的大圆，它们从北极出发，通过天体，到达天赤道，然后到地平。这些也包含着有中国特色的小宇宙—大宇宙的意义，象征着皇帝——这上天在地上的儿子——的权力向各个方向施加影响。所以，从天极向四周辐射的时圈"像伞的桁梁一样"——1086年沈括这么说。在公元前的第一个一千年里，中国人建立起了完善的按天赤道分区的体系，按时圈与赤道相交的点来分划，这就是二十八宿体系。人们可以把这些"宿"设想成天球的弧瓣（像橘子瓣），以时圈为界，名称采用位于时圈上的恒星所在星座的名称，每一宿的度数不等，从这一颗恒星开始度量。

"宿"的边界一旦划定，距星在赤道南北和远近如何都不重要了——中国人总能够知道它们的确切位置，甚至当它们在地平以下看不见的时候，只要观测和它们拴在一起的拱极星的上中天就能知道它们的位置。这就是他们求太阳在恒星间位置的方法，因为他们知道满月在天空中总与太阳处在相对的位置上。这就是前面讨论的浑天说的精华所在。天球的周日运动一旦弄清楚之后，就能够根据拱极星的上中天和下中天定出赤道上每一点的位置。太阳的和恒星的坐标也能够建立起来。

93 **拱极星和赤道上的标准点**

中国古代的确用拱极星的上中天来指示不可见之宿的方位，这一点在公元前1世纪《史记·天官书》中有一段话说得很清楚。司马迁说：

> 杓携龙角，衡殷南斗，魁枕参首。
>
> 用昏建者，杓。……夜半建者，衡。……平旦建者，魁。……

只要我们知道大熊座各星名称和其他几个星座的名称，这些话就可立刻明白了。众所周知，天文学家现在用希腊字母来指称星座中肉眼可见的恒星，较暗的用数字或罗马字母指称。一些比较明亮的恒星还有专门的名字，这些名字一般都有阿拉伯起源。用这个命名系统，和中国的恒星名称，我们来画出一张大熊座的亮星表，也就是被叫做北斗七星的那七颗亮星。中国人把北斗七星分成两个部分，我们叫做犁刃部分或勺口部分，中国人叫做魁；犁或勺的柄部分，中国人叫做杓。图61所图示的恒星如下：

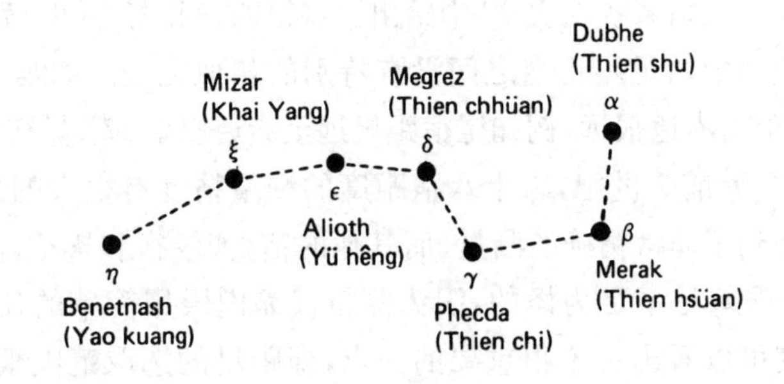

图 61 大熊座诸星

94

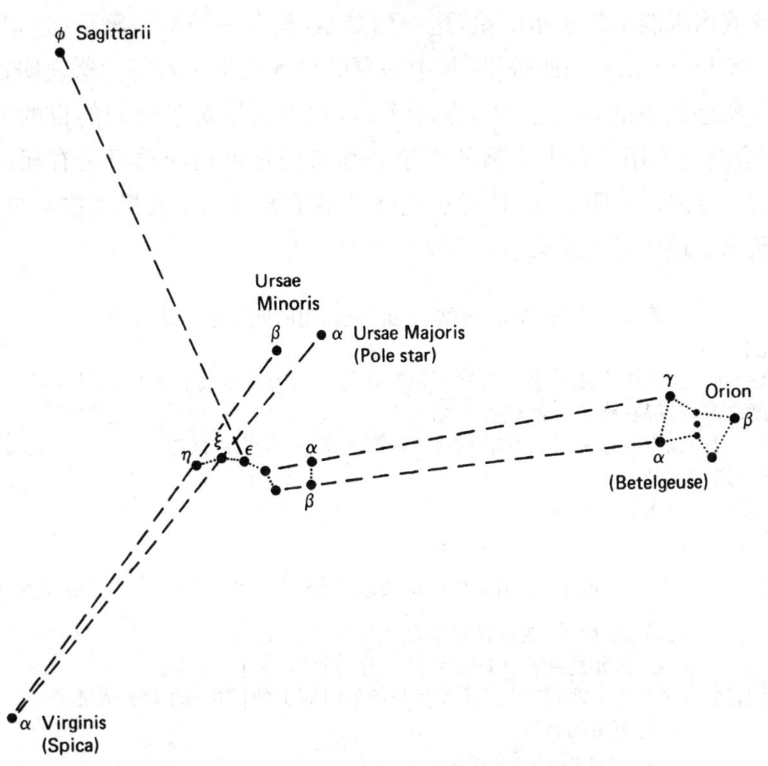

图 62 拱极星与其他恒星"牵制"关系的图示

根据这些信息，利用图 62，我们就能够解释那一段话了。第一句话解释了角星（室女 α）可以通过柄上的最后两颗星找到。实际上要做的是画两条直线，一条通过北极星（小熊座 α，中国人叫做天皇大帝或天极）和开阳（大熊座 ξ），另一条通过天帝星（小熊座 β）和摇光（大熊座 η），这两条直线相交于角星。第二句话陈述了从玉衡（大熊座 ε）引一条平行于天玑（大熊座 γ）和天权（大熊座 δ）连线的直线，将指示南斗（人马座 φ）的位置。斗口和斗底（就是大熊座 γ、β 和大熊座 δ、α）的延长线正好碰上参宿（猎户座）。

完整的二十八宿系统在表22中给出。将第四列和第八(甲)列作一比较，可以发现对应的中西星座古名之间没有特别的相似之处。如第七(丁)列所示，有些距星距离赤道很远，例如尾宿距星远至赤道以南37°，昴宿距星远至赤道以北23°。公元前2世纪，二十八宿距度的测量精度有很大的差异。有的宿，如牛宿，得到了非常精确的测量，而其他的宿，如参宿和毕宿，测量误差在1°以上。这些误差是不足为怪的，因为测量仅靠肉眼用简单的仪器来完成。从第七(乙)列可以看出一个很重要的一点，即距星的选取范围很宽，与星等(即视亮度)没有依赖关系。读者该记得星等数越大，星越暗，六等星是在晴朗的夜晚肉眼能见的最暗的星，这一列显示，只有一颗是一等星(角宿一，室女α)，有不少于四颗的四等星，其中一颗的星等几乎是六等。这表明古代天文学家所感兴趣的是天空的几何学分区，如果亮星对于他们的目的没有用处，便会弃之不用。二十八宿的距星必须与经常可见的拱极星有相同的赤经。这一点或许表明了，这种通过坐标而不是通过视觉效果来描绘星群，明确地预示了现代天文学家划分星座边界的方法。

95

96

表22 二十八宿(月站、赤道分区、由时圈界定天球弧瓣)

说明

第一列 宫。中宫或拱极宫自然不包括在内。因为提供宿名的星座尽管可以离开赤道35度之多，但都在赤道一侧或另一侧。

第二列 二十八宿序号，根据譬如《淮南子》等古籍给出的次序。

第三列 宿名。

第四列 宿名的大概古义。

第五列 提供宿名的各个星座的星数。

第六列 (甲)《淮南子》给出的以中国古度$\left(365\frac{1}{4}°\right)$表示的二十八宿赤道距度。

(乙)《淮南子》距度换算成现代度数(360°)。

(丙)公元前450年的二十八宿赤道距度，采自Nōda。

第七列 (甲)二十八宿距星(即各宿开始处时圈上的恒星)的考证结果。

(乙)距星的星等。

(丙)1900年的距星赤经。

(丁)1900年的距星赤纬。

第八列 有关的拱极现象。本表列有某些拱极星(大部分在大熊座、小熊座和天龙座)的上中天和下中天，完全与地平线下各宿不可见的中天对应。应该指出，这是毕奥(J. B. Biot)按地理纬度34度到40度之间的地区对公元前2357年进行计算而得到的。同样的表如时间不同，例如公元前4世纪，则应该作修正，但一般原则不变。这些拱极星的中国名称见后面的表23。

① 这是南半球的星，并非拱极星，见《夏小正》。

② 严格地说，牵牛本是天鹰座α。

③ 不要与织女相混淆(见表23)。

④ 关于天极附近相当于天乙的一个或几个小星，考证有疑问。

一 宫	二 序号	三 宿名	四 宿名古义	五 星数	六　赤道距度			七　距　星									八　相关的拱极现象
					甲 古度	乙 今度	丙 计算值	甲 考证结果	乙 星等	丙 1900 年赤经			丁 1900 年赤纬			
										时	分	秒	度	分	秒	
东宫	1	角	角	2	12°	11.83°	11.70°	室女 α	1.2	13	19	55	−10°	38′	22″	小熊 α(天皇大帝)、小熊 3233(庶子)下中天,天龙 i(天乙)上中天
	2	亢	颈	4	9°	8.87°	8.81°	室女 κ	4.3	14	07	34	−09°	48′	30″	半人马 α、β(南门)① 上中天
	3	氐	根	4	15°	14.78°	14.46°	天秤 α^2	2.9	14	45	21	−15°	37′	35″	无
	4	房	房	4	5°	4.93°	5.25°	天蝎 π	3.0	15	52	48	−25°	49′	35″	天龙 α(右枢)上中天
	5	心	心	3	5°	4.93°	4.14°	天蝎 σ	3.1	16	15	07	−25°	21′	10″	无
	6	尾	尾	9	18°	17.74°	18.95°	天蝎 μ^1	3.1	16	45	06	−37°	52′	33″	无
	7	箕	箕	4	$11\frac{1}{4}$°	11.00°	10.22°	人马 γ	3.1	17	59	23	−30°	25′	31″	天龙 κ 下中天,北斗斗柄垂直向上
北宫	8	南斗	南斗	6	26°	25.80°	26.54°	人马 φ	3.3	18	39	25	−27°	05′	37″	天龙 ι(左枢)上中天
	9	牛 牵牛②	牛 牵牛	6	8°	7.89°	7.90°	摩羯 β	3.3	20	15	24	−15°	05′	50″	大熊 α(天枢)、大熊 β(天璇)下中天 天琴 α(织女)、天琴 β(渐台)上中天

97

（续表）

一 宫	二 序号	三 宿名	四 宿名古义	五 星数	六 赤道距度			七 距 星								八 相关的拱极现象
					甲 古度	乙 今度	丙 计算值	甲 考证结果	乙 星等	丙 1900 年赤经			丁 1900 年赤纬			
										时	分	秒	度	分	秒	
	10	女 须女[3]	女 使女	4	12°	11.83°	11.82°	宝瓶 ε	3.6	20	42	16	−09°	51′	43″	无
	11	虚	空虚	2	10°	9.86°	9.56°	宝瓶 β	3.1	21	26	18	−06°	00′	40″	大熊 γ(天玑)、大熊 δ(天权)下中天
	12	危	屋顶	3	17°	16.76°	16.64°	宝瓶 α	3.2	22	00	39	−00°	48′	21″	大熊 δ 至 ε(玉衡)、天龙 42 及 184(天乙)[4]下中天
	13	室 营室	室 野营	2	16°	15.77°	16.52°	飞马 α	2.6	22	59	47	+14°	40′	02″	大熊 ε(玉衡)、天龙 42 及 184(天乙)下中天
	14	壁 东壁	壁 东壁	2	9°	8.87°	8.44°	飞马 γ	2.9	00	08	05	+14°	37′	39″	小熊 β(天帝星)上中天、大熊 ζ(开阳)下中天
西宫	15	奎	胯	16	16°	15.77°	15.66°	仙女 η	4.2	00	42	02	+23°	42′	23″	小熊 3233(庶子)上中天
	16	娄	镣铐	3	12°	11.83°	10.83°	白羊 β	2.7	01	49	07	+20°	19′	09″	大熊 η(摇光)、天龙 i(天乙)下中天
	17	胃	胃	3	14°	13.80°	15.20°	白羊 41	3.7	02	44	06	+26°	50′	54″	无

（续表）

一 宫	二 序号	三 宿名	四 宿名古义	五 星数	六　赤道距度			七　距　星								八　相关的拱极现象
					甲 古度	乙 今度	丙 计算值	甲 考证结果	乙 星等	丙 1900年赤经			丁 1900年赤纬			
										时	分	秒	度	分	秒	
	18	昴	昴星团图形	7	11°	10.84°	10.44°	金牛 η	3.0	03	41	32	+23°	47′	45″	天龙 α(右枢)下中天
	19	毕	网(毕星团)	8	16°	15.77°	17.86°	金牛 ε	3.6	04	22	47	+18°	57′	31″	无
	20	觜 觜觿	龟	3	2°	1.97°	1.47°	猎户 λ¹	3.4	05	29	38	+09°	52′	02″	天龙 κ 上中天
	21	参	三星图形	10	9°	8.87°	6.93°	猎户 ζ	1.9	05	35	43	−01°	59′	44″	北斗(大熊座)斗柄(熊尾)垂直向下
南宫	22	井 东井	井 东井	8	33°	32.53°	32.60°	双子 μ	3.2	06	16	55	+22°	33′	54″	大熊 α(天枢)、大熊 β(天璇)上中天;该宿很宽,两星为其末端
	23	鬼 舆鬼	鬼 鬼车	4	4°	3.94°	4.46°	巨蟹 θ	5.8	08	25	54	+18°	25′	57″	同上
	24	柳	柳	8	15°	14.78°	15.16°	长蛇 δ	4.2	08	32	22	+06	03′	09″	大熊 β(天旋)上中天,同前船尾 α(老人)[5]上中天
	25	星 七星	星 七星	7	7°	6.90°	6.86°	长蛇 α	2.1	09	22	40	−08°	13′	30″	大熊 γ(天玑)、大熊 δ(天权)上中天

（续表）

一 宫	二 序号	三 宿名	四 宿名古义	五 星数	六 赤道距度			七 距星								八 相关的拱极现象
					甲 古度	乙 今度	丙 计算值	甲 考证结果	乙 星等	丙 1900年赤经			丁 1900年赤纬			
										时	分	秒	度	分	秒	
	26	张	张开的网	6	18°	17.74°	17.13°	长蛇 μ	3.9	10	21	15	−16°	19′	33″	无
	27	翼	翼	22	18°	17.74°	17.81°	巨爵 α	4.2	10	54	54	−17°	45′	59″	小熊 γ（太子）下中天、天龙 42 及 184（天乙）和大熊 ε（玉衡）上中天
	28	轸	战车踏板	4	17°	16.76°	16.64°	乌鸦 γ	2.4	12	10	40	−16°	59′	12″	小熊 β（天帝星）下中天、大熊 ζ（开阳）上中天

⑤ 人们认为这颗星在公元前第三千纪时，在中国刚刚可在地平线上看到它，但是否因其上中天与柳的位置有关而被注意到，则无任何确证。它像南半球的星，自然也不是拱极星。

表 23 表 22 第八列所指的恒星

100

中国星名	星名释义	陈遵妫 1956 年的证认
渐台	漏壶底座	天琴座 β
织女	织女	天琴座 α
开阳	热或阳的传播者	大熊座 ζ
老人	老人	船底座 α
南门	南门	半人马座 α^2 和 ε
北斗	北斗七星，大熊座	大熊座
庶子	皇帝的庶子	小熊座 5
太一	大一，伟大的第一星	——
太子	太子	小熊座 γ^2
天权	天上的天平	大熊座 δ
天玑	天上的浑环(见下文 159 页)	大熊座 γ
天璇	天上的样板(见下文 163 页)	大熊座 β
天皇大帝	天皇大帝	仙王座 η
天乙	天上的单位，或天上第一星	天龙座 i
天枢	天的枢轴	大熊座 α
天帝星	天帝星	小熊座 β
左枢	左侧的枢轴	天龙座 ι
摇光	闪烁的光	大熊座 η
玉衡	天上的窥管	大熊座 ε
右枢	右侧的枢轴	天龙座 α

为什么星宿的数目正好是 28 个？这个问题并不像它看起来那么简单。“宿”的最古老字形像用席子搭成的小棚。这些天空的区间就像地上散布在路边的茶棚一样，应当是日、月、五星的临时休息站；尤其是为月亮，这个夜间最亮的发光体准备的。这样二十八宿成了量度月亮运动的刻度标尺，而它的数目 28 则可能是古代两种基本月球运动周期的折中值。月球的月相变化一周需要

$29\frac{1}{2}$天(朔望月),但月球回到同一个恒星背景下只要 $27\frac{1}{3}$天(恒星月),因此 28 天这个平均数使用起来比较方便,尽管这两种周期总是无法调和的。

在表 22 中,二十八宿按四宫分为四组,每组七宿。与四季相对应的四宫的象征性名称在下文将给出。这里,方向相反的原则产生了一个奇怪的结果,即春宫和秋宫的位置对调了。心宿在秋天接待太阳来访,但却划在春宫;参宿在春季迎接太阳,但它属于秋宫。这是因为所寻求的答案不是聚合——就如偕日升或偕日没的情形——而是冲日。春季的望月,却是出现在"春"季的宿,而秋季的望月也出现在"秋"季的宿。当地面上的四方点延伸到天赤道上的时候,这样的困难就会出现。增设一个第五宫(中宫、拱极宫)是中国宇宙学的鲜明特点,这在和其他文化(例如波斯文化)有相互影响的所有问题上都非常重要,并且把天上的分区带入到了所有其他的"五分"法中——如我们已经讨论过的五行说(原著第一卷153页及以后)。从极星与帝王之间的明显对比和拱极星座在中国天文学体系中所受到的特殊敬仰来看,把拱极星座看作帝王统治机构中主要成员的宅邸或官署是很自然的。图 63 采自东汉武梁祠石刻,表明他们中的一员坐在北斗七星的斗里。

101

102

图 63 大熊载着一位天官;一幅采自武梁祠石刻(147 年)的浮雕[在原来的石刻上,手持孤星的小妖与斗柄排成一线,但不包括斗柄最后一颗星。所以这颗孤星必定是招摇(牧夫座 γ)]①

① 这颗孤星不是招摇,而是开阳的伴星"辅"。——译者

二十八宿体系的发展

这里提出的第一个问题是，二十八宿究竟古老到什么程度？最近在安阳发现的卜骨使这个问题得到解决。这些卜骨的年代在商代(约公元前 1500 以后)，所以我们可以确定，二十八宿体系是从商代中期开始逐渐发展起来的，因为它的核心部分在公元前 14 世纪已经出现了。这是武丁(公元前 1339—1281 年[①])在位时期，在武丁即位的卜辞(事实上与前后诸王的卜辞一样)中提到了恒星的名称。最重要的恒星是鸟星，鸟星(或星座)据考证就是朱雀，也就是居南宫(朱雀宫)中央的第二十五星宿(长蛇座 α)。而火星是心宿二(天蝎座 α)和居东宫中央的第四、第五宿——房和心。这些名字意味着沿着天赤道把天划分为四个主要的宫(东宫苍龙，南宫朱雀，西宫白虎，北宫玄武)。

除了上面已经提到的两星之外，甲骨卜辞中还提到一颗重要的星，叫做�，这颗星还有待考证。另一颗星叫"大星"。也许这四颗星组成了与四方对应的四宿。图 64 展示了一块记载鸟星的甲骨。可以进一步看到，星宿体系的核心部分由《诗经》中提到的星组成，《诗经》是一部民歌集子，其中的民歌传唱到公元前 8、9 世纪。其中的一首民歌讲到"定"星(飞马座的古名，第十三、十四宿)的上中天；还有一首提到昴(昴星团，第十八宿)的古名"罶"和参(猎户座，第二十一宿)：

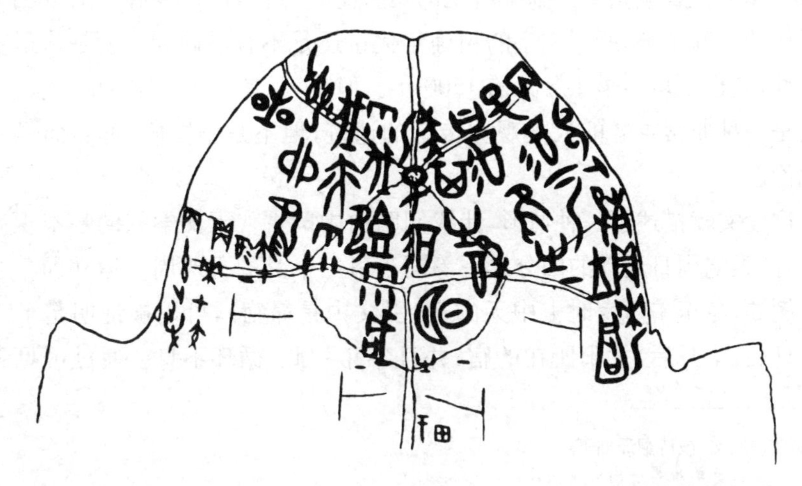

图 64　提到鸟星(长蛇座 α)的卜辞(象形的"鸟"字见左端倒数第二行下面，星字在其后，自成一行。卜辞的年代在公元前 1339—前 1281 年)

103

① 作者此处给出的武丁在位年代仅为一家之说，学术界尚无定论。——译者

牂羊坟首，
三星在罶。
人可以食，
鲜可以饱。①

总之，二十八宿中至少有八宿出现在了《诗经》中。

我们在叙述羲、和的天文学传说时，提到了《书经》。这段任命的文字跟“星辰四季”的文字穿插在一起，这段文字还应该跟另外两项资料——《夏小正》和《月令》——结合起来考虑。原文如下：

日中星鸟，以殷仲春。……日永星火，以正仲夏。……宵中星虚，以殷仲秋。……日短星昴，以正仲冬。……期三百有六旬有六日，以闰月定四时成岁。

说一年有三百六十六天不是一个有启发性的见解，因为我们知道公元前13世纪商代的人们就知道一年大约有 $365\frac{1}{4}$ 天。但是366天这个数字也许就是仅仅表示365天多一点的意思。更值得注意的是，这里提到了第二十五、五、十一和十八宿，每一宿都处在它所在宫的中央。初看起来，与它们所配的季节似乎错了，但是考虑到公元前2000年的情形时，就知道这里没有错，岁差会将星座的位置调整到文献中所说的位置上。然而，即使凭我们对中国天文学所作的全部了解，所引文字的精确年代也还是不容易确定。就是作最宽泛的估计，它也不可能早于公元前1500年。但是，还有这样一种可能，这段文字确实是一种非常古老的天文观测传统的遗迹，但不是中国固有的，而是属于巴比伦。

这段文献描述了一种情形，让我们明白中国古代天文学家的基本观测之一是，把天空周日运动的四分之一等同于每三个月的天球周年运动即一个象限。例如，冬至午后六时上中天的宿（引文中是昴宿），可以被证明是下一个春分日（三个月后）太阳所在的宿，并且年年如此，循环不息。通过可见天体

---

① 按原文，该诗翻译如下：
母羊难得长出公羊头，
昴星也不会到猎户座，
就算吃的能找到，
也很少能够吃一饱。
前两句解释有误：“牂羊坟首”是说母羊有很大的头，形容羊瘦；“三星在罶”中的“罶”不是“昴”的古写，而是一种捕鱼用具，该句说水面平静、倒映着星光，“罶”里没有鱼。“三星”是不是猎户座腰带的三星也值得商讨，更有可能是虚写，泛指天上的星。全诗描写了一种饥馑的状态。——译者

的位置来推断不可见天体的位置，用这一方法来解决太阳在恒星中的位置这一问题，这一过程充分体现中国古代天文学的特点，所有步骤都是在由天极和天赤道构成的网状坐标系中完成的。

另外在《夏小正》和《月令》中提到了宿。在前者中提到了六个宿名，其中两个是第一次出现，天文学上的证据显示该书的年代在公元前4世纪。在记载较全的《月令》中除了五宿没有出现之外，出现了其他所有的宿名，年代可能也与《夏小正》相同。然而这两本书收录在秦、汉时代（公元前3—前1世纪）的《礼记》和《吕氏春秋》中，如果把这两本书的其他记载也考虑在内，那么当时二十八宿是完整的。然而，几乎可以肯定，在公元前4世纪中叶石申和甘德从事天文活动的年代，整个二十八宿体系已经建立起来了。因此，星宿系统的一个连续发展可以追溯到公元前14世纪开始，一直到公元前4世纪，之后没有发生进一步的改变（比如参见图65）。

104

图65　唐代（618—907）铜镜，镜上有二十八宿（自外数第二圈）、八卦（第三圈）、十二兽（第四圈）和代表四个天宫的神兽图（最里面的一圈）。此镜现藏美国自然史博物馆。外圈刻着一首诗，从右侧花形记号处（相当于下午三点时针所指方向）开始为：

105

长庚之英，白虎之精。阴阳相资，山川效灵。宪天之则，法地之宁。分列八卦，顺考五行。百灵无以逃其状，万物不能遁其形。得而宝之，福禄来成。

完整的一圈二十八宿时角瓣见于图 66,其中各宿的距星用空心小圆圈表示,宿里的其他各星用黑点表示。二十八宿距星的分布初看起来似乎让人奇怪,它们的赤纬分布范围很广,以致许多距星处在远离天赤道的这一边或那一边。但是,如果我们考虑到岁差,并画出公元前 2400 年的天赤道(图 66 中的虚线),那么就会有更多的星宿落在这条赤道上面。这个年代远在商代以前。另外,昴宿和房宿很接近于当时的二分点,星宿和虚宿很接近当时的二至点。在中国最古老的天文学文献——公元前 1300 年的甲骨文中,明确地提到了星和房。商代人们既然已经知道了两个分、至点,他们当然也必定知道另外两个分、至点。《书经》提到了所有四个分至点。重要的是这四个点在赤道上各相距 90 度,而大多数宿的距星之间也满足这个关系。

107

在二十八宿建立的年代问题上,人们被引回到公元前 3000 年,但是很大的困难在于中国所有的考古学和文献学的证据都不支持这样一个年代。它可能起源于巴比伦。一颗恒星被选为一宿的距星与它的赤纬无关,这个事实使得事情更加复杂化,事实上有几宿的位置不会落到任何一条可能的天赤道上。赤经是重要的因素,而不是赤纬。是赤经决定了这些距星是否会和一颗

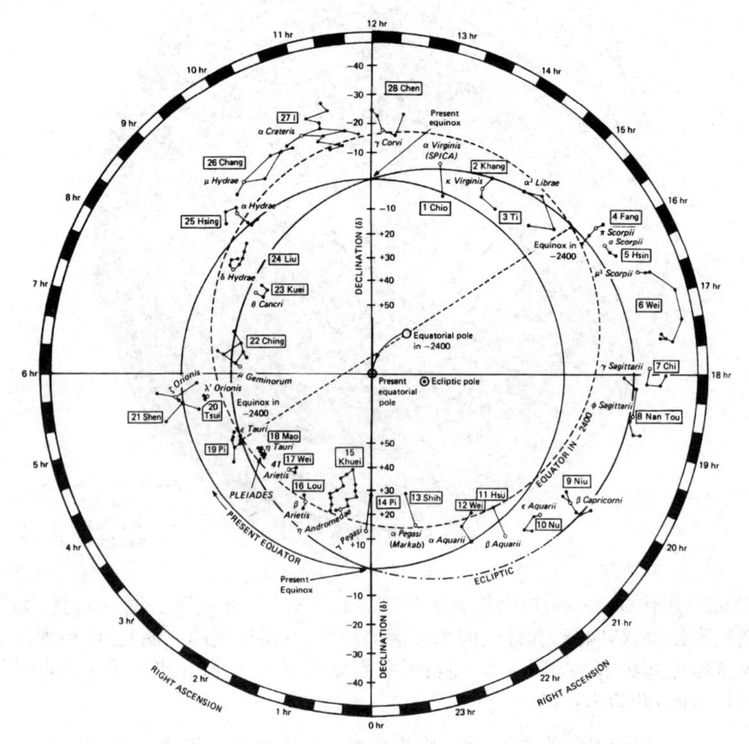

图 66 二十八宿图(宿的中国名称写在长方形里。对每一宿的距星给出了西方的星名,每颗距星用空心小圆圈表示)

拱极星拴在一起，这些例外的几宿大多数满足这一点。其他各宿似乎和商代的天赤道符合得很好，也许只是种巧合。选定这些星的年代可能晚得多，而且可能是为了其他目的。

然而，出现了另外一个问题。昴宿和房宿这一对分点，到了另一个时期应该被参宿（猎户座）和心宿（天蝎座）所取代，这就产生了“辰”这一重要名词的含 108 义问题。这个词在古代文献中是常见的。在较晚的用法中“辰”有许多含义；除了作为十二地支——在算命系统中用到，与历法有关——中的一支外，它还被用作十二时辰中的一辰、天体聚合的凶兆或吉兆、吉星或凶星，以及特定的时期等等。有时人们说到三辰，有时又说到十二辰。人们已经指出，这个字最古老的写法像蝎尾或龙尾（[illegible]），这个图形应该被看作是天蝎座的一部分。由此可以解释在对《春秋》的一种古代注释中，大辰被解释成大火（天蝎 α、心宿中央星）、伐（参星、猎户座的剑）和北极星。所以“辰”的古义就是天空中的“定标点”。这里我们发现，这些古代文献、甚至字的形状，都和公元前 2000 年的星象有关。

岁差对整个星宿系统有很大的影响。由于天赤道和天极的移动，曾经是拱极星的恒星后来不再是了。北斗斗柄的指向被当作季节的指示，整个北斗由七颗星组成，而《星经》中有种古老的说法，北斗原来有九颗星，其中的两颗现在已经看不见。但是如果斗柄被延伸出去，就可以碰到牧夫座的一些恒星，这些恒星可以被认为原来是属于北斗的。《淮南子》有一整卷全部叙述每个月的社交仪式，按照招摇所指的方位分别叙述。因为招摇大概就是现在的牧夫座 γ，在公元前 1500 年就不再是拱极星了，所以，从这可以看出这部书所指的是一种非常古老的传统。这是另外一个证据，要求我们在接受中国天文学起源很晚的说法时应当慎重。

随着时间的推移，岁差也会引起恒星赤经的变动。这会影响到二十八宿距星与拱极星之间的“捆绑”关系，而似乎有证据表明这的的确确发生过。例如，明亮的牵牛星（天鹰座 α）后来被较暗的女（宝瓶座 ε）代替了；同样织女（天琴座 α）也让位给了微弱的牛（摩羯座 β）。大角（牧夫座 α）是牧夫座中的一颗 109 恒星，早期曾经可能组成北斗斗柄的一部分，后来似乎被角（室女座 α）取代了。跟大角有关的是，在它的两侧各有一个包括三颗恒星的小星群，称为“左摄提”和“右摄提”，而这种“摄提格”与木星的周期有关（见下文）。这是中国人注意偕日升的少数实例之一。在这一关系中，有人指出“胧”字——本义是月出——来源于这样一个事实：即在汉代一年开始时，月亮从青龙的两只角之间升起。“胧”字由“月”和“龙”两个部首组成；所以美术方面最常用的题材“龙戏珠”（珠即月）就是从这里产生的（图 67）。

图 67 龙和月的象征性图案[北海公园九龙壁的一部分(摄影),A. Nawrath,《印度和中国》;*Meister werke der Baukunst und Plastik*(摄影集),Schroll,Vienna,1938]

二十八宿的起源

织女一、河鼓二(天鹰座 α 星,俗称"牛郎星")以及其他作为距星的亮星在比较紧要的地方被较暗的星取代的情况,在其他文明没有发生过。尤其在印度没有发生过,这也正是我们涉及的一个曾经引起许多争论的问题,即印度和阿拉伯的月站体系与中国二十八宿的关系。

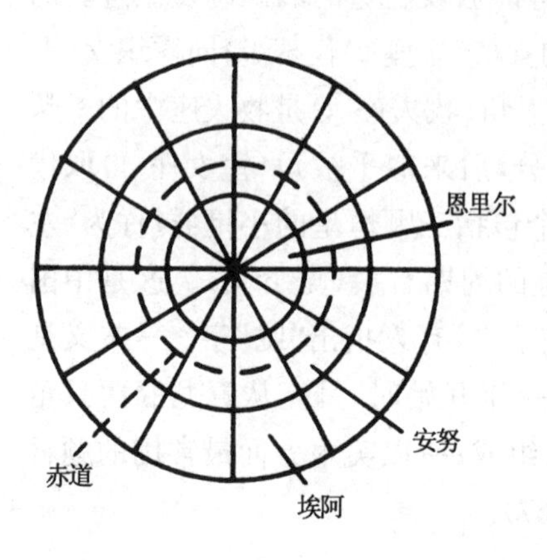

在中国和印度的星宿体系中有一些相似之处。中国二十八宿系统和印度月站系统中有九颗距星是相同的,另有十一颗距星在同一个星座中。中印星宿系统中只有八宿的距星处在完全不同的星座中,其中包括了织女一和河鼓二,它们可

能是早期中国星宿系统中的距星。中国和印度的新年都从角宿开始，在中印两种天文学中，昴宿都是四个90度点（即两分点和两至点）上的星座。

然而，中国是唯一一个能追溯星宿系统逐渐发展过程（正如已经做的）的古代文明。在中国星宿体系中我们发现沿着赤道分布较宽的星宿与赤道上相对位置上分布较窄的星宿有一种“偶合”（图66），而印度的月站系统中则不是这样的。印度月站与拱极星也不是“拴”在一起的，而这正是中国星宿系统的精华所在，印度月站的位置在公元前2400年时离开天赤道更远。最后考虑到文献证据，印度人给不出很多。根据这些情况，有人推测在古代中印两种系统是独立发展的，但是后来当中印文化交流加强时，两种体系发生了某种程度的联系。

有一种说法认为，中印两种系统都源于巴比伦的一种“月宫”系统，该系统被亚洲各古代民族所普遍接受。在尼尼微的亚述国王亚述巴尼拔（Assurbanipal，公元前668—前612年）的图书馆中确实藏有一批楔形文泥板，它们的内容可以确定为属于公元前第二个千年。这些泥板上展示了三个同心圆，分成12个扇形。这样在总共36块区域的每一块内，我们得到一些星座名称和数字（图68）。也许这些是最初展示了拱极星以及和它们对应的“月站”的平面球形星图（天球的平面图形）。这样的平面球形星图已经获得解

111

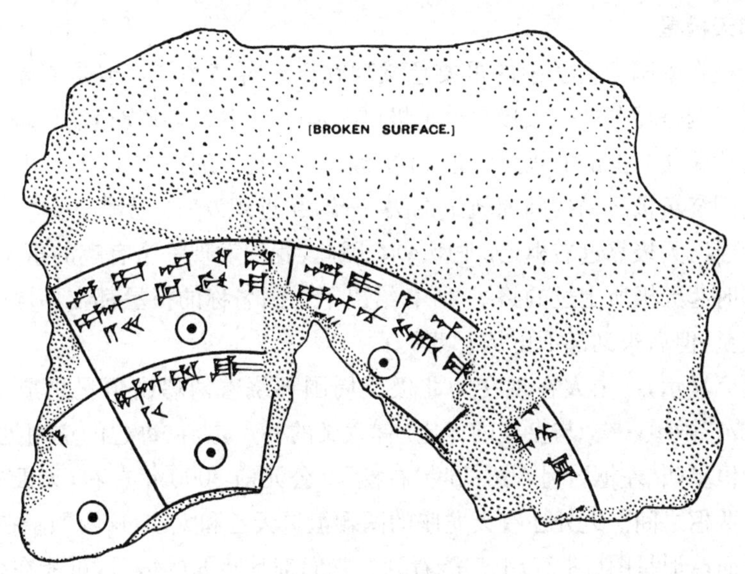

图68 巴比伦的平面球形星图（约公元前1200年）的一部分［采自E. A. 沃利斯·勃奇（Wallis Budge）编著，《不列颠博物馆藏巴比伦泥板楔形文书》，41卷，1896—1931］

读,它们是由七千条星占卜辞组成的系列中的一部分,编成的年代与商代(约公元前1400—前1000年)同期,共有三圈,每圈十二颗星,根据其偕日出没的时间每月配有一星。中间一圈(赤道带)星叫阿努(Anu)星;外圈(天赤道以南)星叫艾亚(Ea)星;内圈是天赤道以北和拱极区的星,叫恩利尔(Enlil)星。大约在公元前700年,平面球形星图被著名的穆尔·阿宾(Mul Apin)星表取代。这些文书资料中从来没有提到过黄道和黄道带星座,直到两个世纪后它们才出现。

112

人们完全可以猜测,东亚的赤道月站系统起源于公元前第一个千年中叶或更早的古巴比伦。在这方面有一项很有意义的事实(尽管迄今还无人注意),这就是《周髀算经》有一张图很像巴比伦的平面球形星图,附带的文字说明与古巴比伦希尔普莱西特泥板(Hilprecht tablet,公元前1400年)中的有关内容也完全对应。当我们回想起《周髀》所描述的是一种最古老的宇宙学说,我们知道这件事情的意义是十分明显的。另外,北京的天坛和祈年殿至今还保存着三层圆台,似乎象征着艾亚—阿努—恩利尔的三环。这里主祭的皇帝自然占据着中央天极的位子。假如中国的赤道天文学确实是(即使部分是)从古巴比伦赤道天文学发展而来的,那么这种线索正是我们希望找到的。

天极和天极星

天极在中国天文学中的重要意义现在已经弄清楚了。但是岁差对天极位置的影响是显著的。天极绕着黄极(图56中的K)作圆周运动。现在天极正在现代天文学上的北极星附近(小熊座α),但是大约在11 000年以前,天极处在它围绕黄极运动的圆周轨道的另一端,靠近织女一(天琴座α)。在公元前3000年,天极靠近右枢(天龙座α)。因此,我们发现一个有趣的事实,即沿着自那时起天极所走过的路线,所有给出了中国名称的恒星都在不同时期充当过极星,但后来又都不再是天极星了。

研究显示,中国人在现在的北极星周围环绕着两堵由恒星组成的"藩"墙,围成紫微垣(一个与皇宫的类比)有意义的一点是,在每边的空白处,一边末端的恒星叫"左枢",另一边的叫"右枢"。公元前3000年左右,天极的位置恰好在两枢之间。近处还有天龙座的两颗恒星天乙和太乙,这两颗星在13世纪的平面球形星图(图77)上都能看到。它们都是暗弱的恒星,可能在公元前第二个千年的早期和晚期分别被作为极星。它们虽然离天极的轨迹不是很近,但也不比天帝星(小熊座β)远。天帝星大概在公元前1000年被当作北极星。中国人并不把小熊座当作一个星座看待。他们只用了其中两颗比较明亮的和一些较暗的恒星，其中一颗（鹿豹座 4 339，图 69）来自毗邻的星座鹿豹座。这鹿豹座的恒星是汉代的北极星。

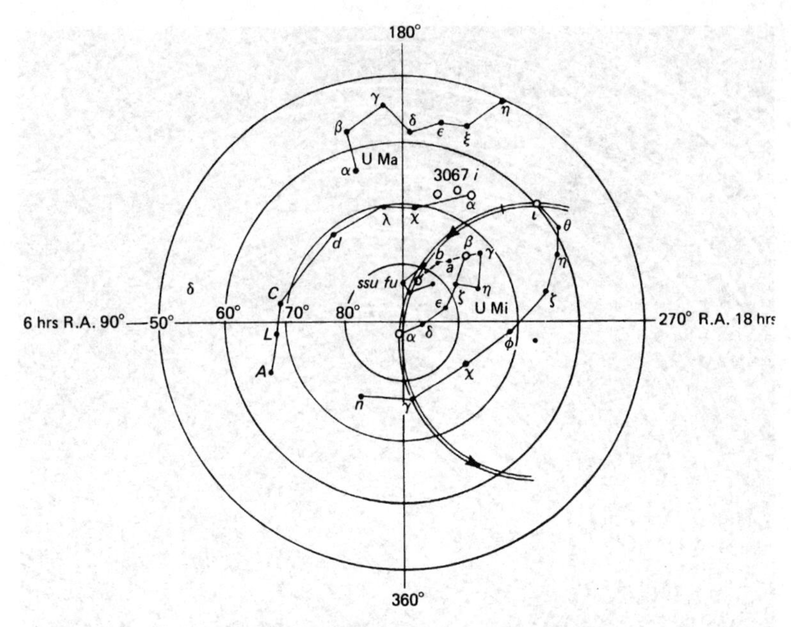

图 69 北天极路径投影图，以及古代的极星

113

因为这些恒星中没有一颗正好处在天极运动的轨迹上，我们应该指望能找到一些古人为了精确确定北极位置的努力。最早提出的解决这个问题的建议出现在《周髀算经》里，其中讲到了北极星的“四游”。当时很可能通过一根叫做“窥管”的仪器来观测“北极中大星”。随着时间的推移，汉代的极星移动了；到 5 世纪人们发现极星离开真正的天极有 1 度之多；到 11 世纪沈括描述了他对北极位移的测量。在西方，一个世纪后这种位移也得到了描述。接着我们现在的北极星被采用了，在中国这发生在明代末年。图 70 展示了一幅现在情形下的照片。

恒星的命名、星表和星图

1. 星表和恒星坐标系

公元前 4 世纪有三位天文学家绘制了星表，他们的名字——石申、甘德和巫咸——在前面讲述中国天文学文献时已经提到过。这些星表一千年以后还一直在使用，但在公元 4 世纪最后由陈卓把他们汇编在一起了。然后在 5 世纪，另一位天文学家钱乐之绘制了一种改进了的平面球形星图，他用不同的颜色来标注三位古代天文学家测定的恒星，以便区分他们使用的不同星占

114

图 70 拱极星的长时间曝光照片[摄影,彼得・吉尔(Peter Gill)]

表 24　古代星表中恒星数目统计　115

	星官数	恒星数	星官数	恒星数
石申				
中，即赤道以北	64	270	—	—
外，即赤道以南	30	257	—	—
二十八宿	28	282	—	—
“赤星”总数	—	—	122	809
甘德				
中	76	281	—	—
外	42	230	—	—
“黑星”总数	—	—	118	511
巫咸				
中、外；“白星”或“黄星”总数	—	—	44	144
	—	—	284	1464

体系。至少这些星图中的第二种在公元 715 年编制《开元占经》的时候还留存于世。《开元占经》收集了唐代以前周、汉的星表，为我们提供了公元前 4 世纪以来天文观测最完整的资料。

表 25　各星表中恒星的可能观测年代　116

	可能观测年代
二十八宿	
六宿（角、心、房、箕、张，可能有斗）	公元前 350 年
其他十七宿	公元 200 年
二宿（亢、参）缺北极距数据	—
三宿（氐、柳、星）异常	—
北天球六十二星	
二十七星	公元前 350 年
十三星	公元 180 年
六星（缺北极距数据）	—
四星	公元 150 年
不确定	
南天球三十星	
十星	公元前 350 年
十六星	公元前 200 年
四星异常	—

中国星图制作的传统显然既久远又连续(表 25)。古代星表中的恒星总数有 1 464 颗,分成 284 个星官或星座。所有的星表采用类似的布局,给出同样的信息:先给出星官的名称,然后是包含的星数,再给出主要大星或距星位置的度量。度量总是包括(甲)恒星的时角,从该星所在宿的起点处开始度量;和(乙)北极距,见图 71 的图示;然而,与众不同的是《开元占经》另外给出了(丙)天体纬度。这是一个典型的希腊度量,可能通过瞿昙悉达的编撰传入中国。瞿昙悉达即使不是出生在印度,也跟印度有密切联系,因为印度使用一种希腊形式的坐标系统。然而中国天文学的根基是建立在赤道基础上的坐标系统,西方在文艺复兴时期才采用同样的坐标系统,特别是在 16 世纪后半叶丹麦天文学家第谷(Tycho Brahe)的精确天文测量之后。这就是赤经、赤纬体系,尽管中国人所指的是恒星的北极距而不是赤纬。正如我们已经看到的,还有基于地平和天顶的第三种坐标系统;这个坐标系利用天体的地平高度和方位角,带点阿拉伯天文学的特征。这种坐标有很不利的一面,它只适用于地球表面上某一特定的位置;这种方法在中国从来没有出现过。地平坐标系与星盘有密切的关系,而在中国还没有找到星盘这种仪器。

117

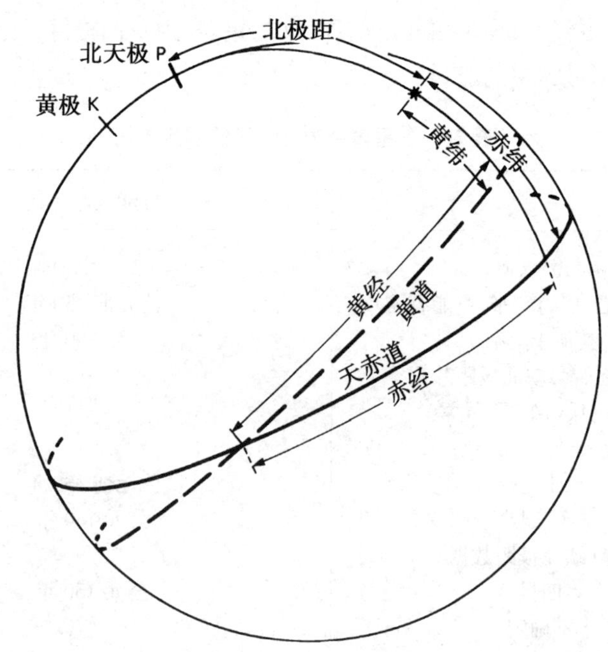

图 71 天球坐标系图

利用北极距确定星表本身的年代是可能的,因为这个距离(以及赤纬)依赖于当时的北极星。正式的年代确定估计在公元前 350 年到公元 200 年之间，最新的估计可能是在公元前70年。这也说明了人们再三强调的一个陈述是多么错误：由希腊天文学家托勒密在《至大论》中给出的星表是直到第谷时期世界上所拥有的关于恒星位置的惟一资料。但是，把中国星表和托勒密和他公元前2世纪的先行者喜帕恰斯的星表作一番比较是有趣的。希腊星表不仅更晚，而且只有中国星表的三分之一大小。很明显，周代和汉代的天文学家在方位天文学方面得到的赞誉应该比他们已经得到的更多。 118

天赤道为现代天文学所使用，中国人使用基于天赤道的坐标系统，然而这在当时似乎也有不利的一面：这可能就是为什么中国人这么晚才发现岁差的原因。在希腊这一发现由喜帕恰斯在公元前2世纪作出，他在编撰星表时，比较了一些150年前作出的观测。他的比较显示一些恒星相对于春分点的位置看起来改变了，然而如果他沿着赤道而不是沿着黄道度量这些恒星的位置，这些改变也许就不那么明显。中国人与赤经对应的度量是某一单独宿中的位置，而不是从分点开始度量的距离，这一事实尤其将掩盖位置改变的效应。公元4世纪前半叶使虞喜作出等同发现的只是二分点和二至点的缓慢移动而已。

但是当中国天文学家对黄道上及其附近恒星位置予以注意时，他们发现了一些新奇有趣的事情。大约公元725年，僧人一行——他接触过印度和希腊天文学——和工匠梁令瓒制造了测天仪器，测出了恒星的位置，与古代星表、星图给出的位置不同。在十多次这样的事例中，一行发现恒星相对于黄道有一种南北向的运动，并对这个现象作了讨论。然而他观测到的这种南北运动不可能归因于岁差，后来这是为众所周知的，这意味着有一些恒星本身就是有真实的运动。在西方，恒星的这种自身运动直到1718年由哈雷发现，他也是通过比较古代观测记录和他本人作出的观测记录而发现。这个一行似乎比哈雷的发现早了将近一千年。然而，恒星的自行量非常小，现在人们认为一行的结果可能与仪器误差有关，而不是真实的效应。然而，很明显的是，在一行的头脑中，恒星完全有可能作这样的运动。

2. 恒星的识别 119

接下来的问题是，中国和欧洲对星群和星座的识别有多大程度的相似？后面将会看到，答案是：相似处非常之少。同一群星被看成不同的图形，一个欧洲的星座时常以几个小星群或星座出现在中国平面球形星图中。例如，长蛇座包括了张、星、柳三宿，以及其他八个跟这个欧洲星座没有丝毫类似之处的星群。如果我们把西方星座和中国星图（表26）作一比较，我们发现只有三个黄道带星座和七个黄道带以外的星座，显示出一点点相似之处。表27列出了比较结果，很明显这种对应给人的印象是不深刻的，这强烈地暗示着，中国对星座的辨认和命名是完全独立于西方而成长起来。事实上，中国的天空中完全缺少海洋的名称；与鲸鱼、海豚、巨蟹等对应的名称一个也没有。在另外一方面，由于农业和官僚性质在中国古代文明中占压倒优势，因而产生了一整套以人间的统治等级制度为蓝本的恒星名称。不仅中国恒星的命名独立于西方，而且它还代表了一种在相对隔绝和独立环境下成长起来的社会。这一陈述仍旧是成立的，即使在公元前 6 世纪以前有一部分巴比伦星占学知识可能传入了中国。这也不会妨碍另一些想法，即某些基本概念，例如导致产生二十八宿的平面球形星图上的“环”、圭表的使用、对天极和二分点的认识等等，早在一千年前已经传入中国。

120

表 26　西方星座和中国星群的关系

	西方星座总数	包括宿的星座数	仅包括若干中国恒星或星群（二十八宿以外）的星座数	所包括的宿数	所包括的其他中国重要恒星及星群数	星座名称在象征意义上的相似性				
						无	很可疑	可疑	星座的区域如酌量扩大或缩小则可以认为有	有
2 世纪托勒密：										
黄道星座	12	11	1	$17\frac{1}{2}$	146	5	1	3	0	3
黄道外星座	36	7	29	$10\frac{1}{2}$	290	21	1	3	4	7
				28						
5 世纪	1	0	1	0	6	1	—	—	—	—
					442					
17 世纪	23	0	23	0	50	23	—	—	—	—
18 世纪	14	0	7	0	7	14	—	—	—	—

表 26 中最后两行记录的星座直到 17、18 世纪才被欧洲人认识和命名。这些星座都在南半球，包括南天拱极星在内。人们往往假定，在耶稣会传教士来华之前，中国人不知道这些南半球星座。但是中国关于南半球星座的知识有一个悠久的增长历史。例如，10 世纪的《旧唐书》中说：

表 27　一些西方星座和中国星群

121

	西方的	中　国　的
黄道带的	摩羯座	牛宿
	狮子座	轩辕(龙骨——与提水车有关)
	天蝎座	房(房间)
		心(心脏)
		尾(尾巴)
非黄道带的	御夫座	五车
	牧夫座	玄戈(邻近星的名称也属于军事方面)
	大犬座	天狼星
	南冕座	鳖
	北冕座	贯索
	猎户座	参(星座图形相似)
	大熊座	北斗

> 开元十二年……以八月,自海中南望老人星(船底座 α),殊高。老人星下,环星灿然,其明大者甚众,图所不载,莫辨其名。大率去南(天)极二十度以上,其星皆见。乃古浑天家以为常没地中,伏而不见之所也。

据说考察结果已经失传,但是这仍然是当时值得注意的一次远征考察,并且的确是中古时代早期唯一的一次。

3. 星图

尽管中国早在公元 3 世纪,甚至可能还在汉代,就已经制成星图,但其中没有一张流传到今天。然而公元前 2 世纪的天文手稿最近被发现和印刷出来。我们从汉代的石刻和浮雕可以知道,用直线连接小圆圈或黑点来表示星群的办法至少可上溯到汉代(图 72)。后来这种方法传播到阿拉伯手稿中,甚

122

图 72　汉代的石刻(左边是织女星座,织女的头部上方是天琴座 α、β、γ;中间是太阳,上面标着它的象征——乌鸦;右边是另一星座,可能是"鸟"星的一宿:房、心或尾。这些星群均以标准的点线方式绘制而成。全图描述了太阳处在时角约 260 度的地方。根据 S. W. 布谢尔:《西藏的早期历史》,载《皇家亚洲学会学报》,1880,N. S. ,12 卷,435)

图 73 重庆南岸老君堂道观外所悬旗帜上的星座[1946 年拍摄，主要星群似乎是天囷(鲸鱼座)]

至翻译成拉丁语文献。在我们这个时代，这种描绘星群的方法可见于道观外的旗帜上(图 73)。

在中国和日本都发现了唐代(7—9 世纪)墓室顶上的粗糙星图。敦煌星图(图 74 和 75)的年代为 940 年左右，如果把摹仿性很强的古代石刻、壁画(如图 63)不计算在内，那么敦煌星图是所有古代文明中流传至今的最古老的星图。而编入苏颂《新仪象法要》的星图是我们拥有的最古老的印刷星图。书中的星图从 1088 年开始编制，结束于 1092 年，在多方面值得注意。两张星图用“麦卡托式”投影法绘制(图 76)，这种画法在当时之前一个多

123

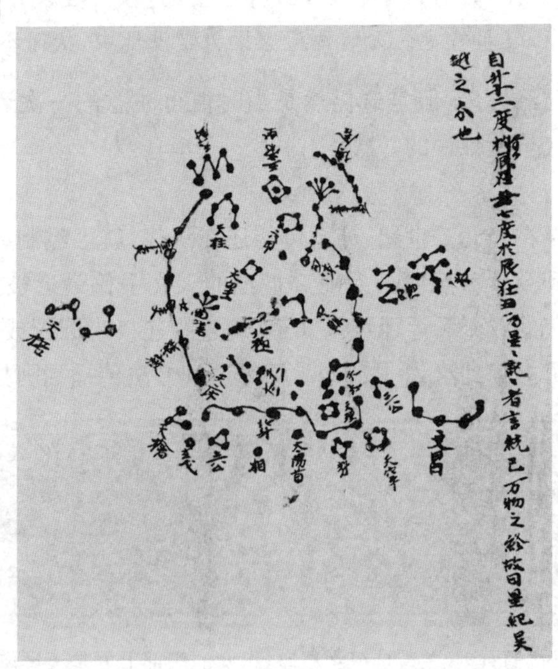

图 74 敦煌星图手抄本(约 940 年，大英博物馆斯坦因收藏品第 3326 号。左边是紫微垣和大熊座的极投影。右边是麦卡托式投影图，自斗宿十二度至女宿七度，包括人马座和摩羯座中的中国星座。图中的星按照古代方位天文学三学派的传统，分别绘成白、黑、黄三色)

124

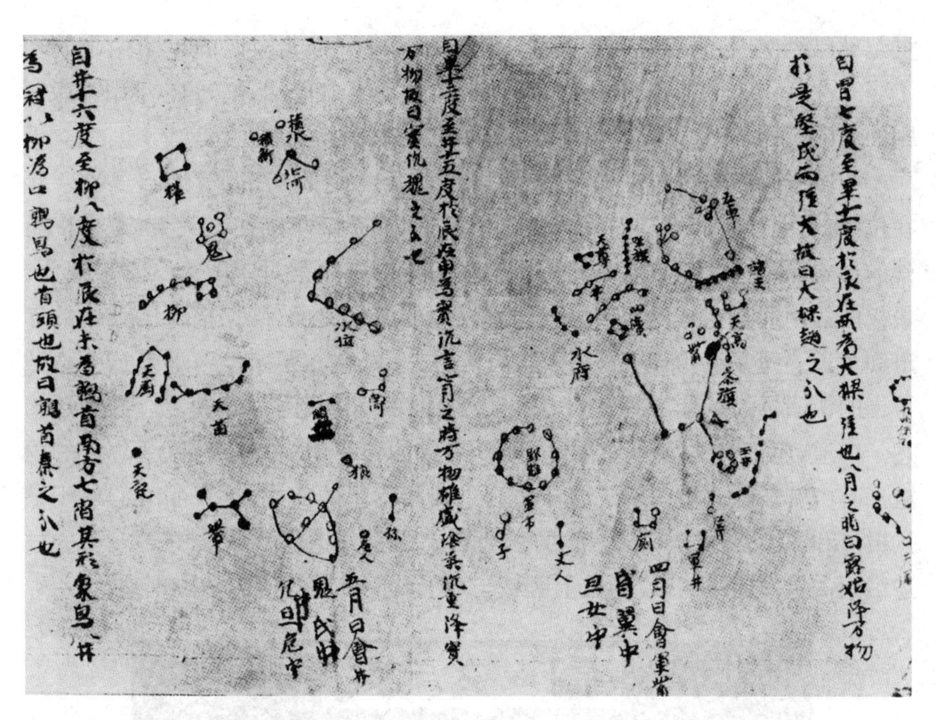

图 75 图 74 中的敦煌星图给出的用麦卡托投影法绘制的二个小时时角片段(右边自毕宿十二度至井宿十五度,包括猎户座、大犬座、天兔座;左边自井宿十六度至柳宿八度,包括小犬座、巨蟹座和长蛇座)

125

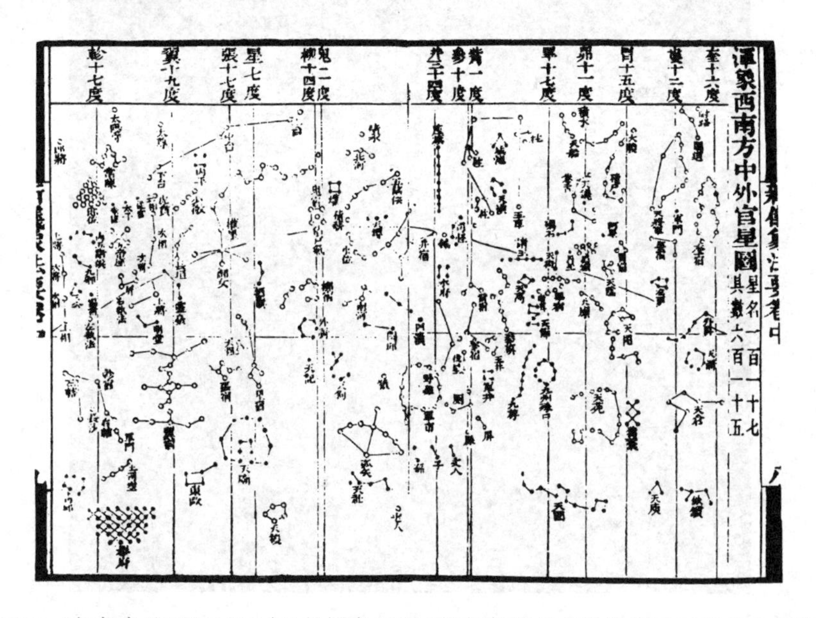

图 76 《新仪象法要》(1092 年)的浑象星图(图中有用麦卡托投影法画出的十四宿。赤道是中间的水平线;上面的弧线是黄道。注意各宿的宽度不等)

世纪就已经应用，尽管当时没有那么精确；其中一张北极区的星图似乎使用了当时沈括作的最新观测结果。另外最近发现了1005年和1116年用木版印刷的星图。

中国最有名的球形平面星图是1193年为年轻的宋宁宗（1195—1224年在位）讲解天文学而绘制的（图77）。这张图在1247年刻在石头上，现在以石碑的形式保存在江苏苏州的孔庙里。星图附的碑铭是对中国天文学最简明、最权威的阐释。在一段基于宋代理学思想的绪论后面，碑铭描写了天球的赤道和黄道。碑文说，赤道"横络天股，以纪二十八宿相距之度"；如果这一直截了当的说明早为近代学者所知，19世纪的很多争论就可以省掉了。碑文还描述了白道，还正确地解释了月食、日食的成因。指出有1 565颗已命名的恒星。其中有趣的一段说明了北斗作为季节指示星的作用，这说明人们对于把拱极星和二十八宿"拴"在一起的古代天文学并未遗忘。碑文中对五星的描述沿用占星术的说法，说到天上区域与地上郡国之间对应的分野理论。

126

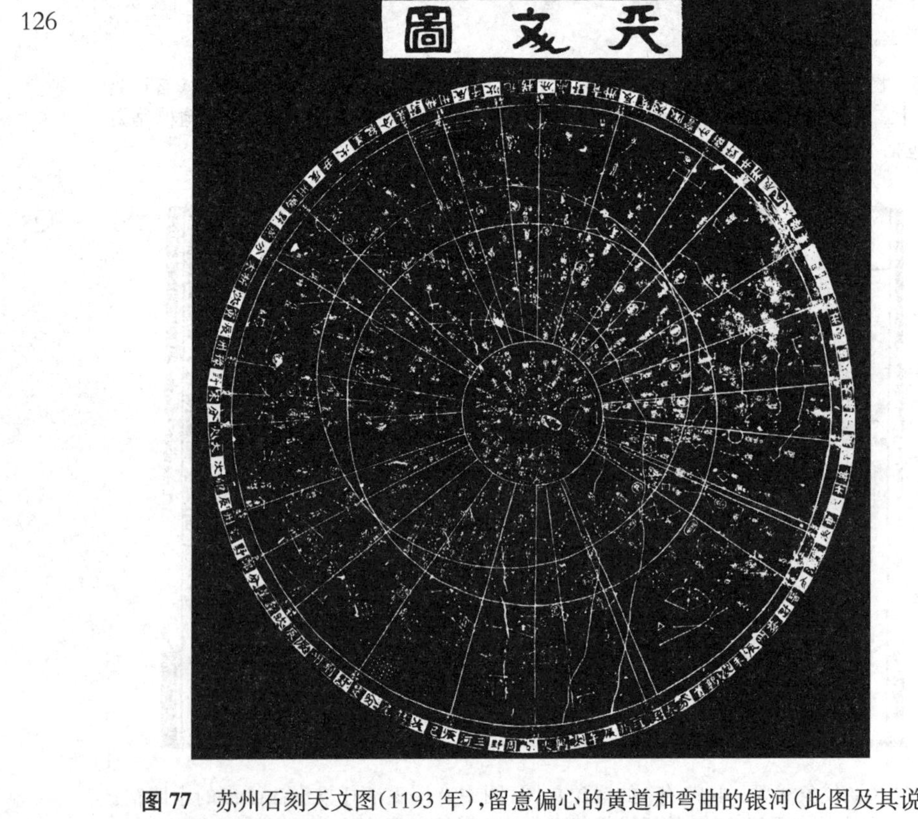

图77　苏州石刻天文图（1193年），留意偏心的黄道和弯曲的银河（此图及其说明文字由地理学家、礼部侍郎兼侍读黄裳完成，1247年王致远刻石）

还有其他的平面球形星图。刻于1395年的一张朝鲜星座一览表,银河画得非常突出,并试图用圆点的大小来表示不同亮度或星等的恒星。星图附的碑文是关于中国古代宇宙学说的评述和二十四节气昏旦中星表。另一幅星图是一只直径34厘米的铜碗,碗底有一些隆起的圆点来表示恒星;尽管这幅星图的年代可能比较晚,不可能早于17世纪,但是它完全属于中国传统。

这些平面球形星图都以天枢作为极星,保存了公元前350年的天文体系。在二分点的位置上它们与苏颂最好的星图不一样,这个位置可能与公元200年左右的情况符合。这种倒退跟当时社会上和政治上的趋势有关。苏颂和沈括研究天文学的时候正是卓越的宰相王安石进行革新的年代。而一百年后的苏州天文图则完成于守旧思想又一次占上风的时候。在我们了解了世界上其他各地绘制星图的情况后,我们就会知道,决不可轻视中国星图从汉到元、明这一完整的传统。欧洲在文艺复兴以前可以和中国星图制作传统相提并论的东西,可以说很少,甚至简直就没有。 127

星辰传奇和民间传说

可想而知,中国有自己的星座传奇,其中有很多跟唐代佛教天文学家一行有关的传说。有一个载于公元855年的《明皇杂录》,是一个离奇、迷人的故事。故事说:

> 一行幼时家贫。邻有王姥者,家甚殷富,奇一行,不惜金帛,前后济之约数十万,一行常思报之。至开元中,一行承玄宗敬遇,言无不可。未几,会王姥儿犯杀人,狱未具,姥诣一行求救。一行曰:"姥要金帛,当十倍酬也,君上执法,难以情求。如何?"王姥戟手大骂曰:"何用识此僧!"一行从而谢之,终不顾。
>
> 一行心计浑天寺中工役数百,乃命空其室内,徙一大瓮于中央,密选常住奴二人,授以布囊。谓曰:"某坊某角有废园。汝向中潜伺,从午至昏,当有物入来,其数七者,可尽掩之。失一则杖汝!"如言而往。至酉后,果有群豕至,悉获而归。一行大喜,令置瓮中,覆以木盖,封以六一泥,朱题梵字数十,其徒莫测。
>
> 诘朝,中使叩门急召,至便殿,玄宗迎谓曰:"太史奏昨夜北斗不见,是何祥也?师有以禳之乎?"一行曰:"后魏时失荧惑,至今帝车不见,古所无者,天将大警于陛下也!夫匹夫匹妇不得其所,则殒霜赤旱。盛德所感,乃能退舍。感之切者,其在葬枯出系乎!释门以瞋心坏一切喜,慈 128

心降一切魔。如臣曲见,莫若大赦天下!”玄宗从之。

又其夕,太史奏北斗一星见,凡七日而复。

一行的确有一些讲述北斗七星的星占学和天文学含义的论著,想到这点,我们就容易理解上面这个控制北斗七星的故事了。

第五节　天文仪器的发展

表和圭

在所有的天文仪器中,最古老的是一种简单地树立于地上的竿子,至少在中国是如此。用这种竿子白天可以来测太阳投影的长度,以确定冬至和夏至,正午影长最长的时候是冬至,最短的时候是夏至。夜晚可以用它来观测恒星天球的缓慢公转,以确定恒星年的长度。它被叫做“碑”或“表”。碑从骨可以写成“髀”;或从木写成“椑”,意思是杆子或木柄。声旁“卑”在甲骨文中作手持杆状物状、有太阳在上方后面( ),尽管这声旁本身现在单独的含义是“低下”的意思,但其原始含义可能就是指表本身。与太阳相比,这毕竟是放在地上的低矮的东西;同时也表示冬至日太阳投射出长长的影子。中国人一向以冬至日为一回归年的开始(回归年就是太阳每年通过同一个二分点或二至点的时间间隔)。

殷商人注意到物体投影的另一个证据,也许可从现在的纯书面文字“昃”字推断出来。昃的意思是日落时分的下午。这个字的甲骨文写法(和),是一个太阳加上一个从不同角度投出的人影。

现存关于二至点观测的古代文字记载,大概以《左传》公元前654年的一段记载为最早,因此值得引述。

129

僖公五年,春王正月辛亥朔,日南至。公既视朔,遂登观台以望而书,礼也。

从这段话来看,鲁僖公参与天文学家的行列时究竟在做什么,史书的记载是不够清楚的。但这是冬至日,他们在测量影长,这点是毫无疑问的。这种数据是如此重要,因此国家统治者亲身参加测量并不令人感到奇怪。

虽然《淮南子》保存了古时表长一丈的传说(在中国数学中有讲周代度量衡用十进位制的可靠证据,此处与之符合),但这早已经废止,大概是因为不便于简易地计算直角三角形的边长。在古代和中古时代的文献中提到的表长都是八尺。就是到了元代,当更高的精度要求需要更大圭表,用的也是八尺的倍数四丈。

最早测量影长用的当然是当时的尺，但是由于尺的大小随官方规定和地方习惯而有不同，因此特制了一种可称之为“表影样板”的标准玉板，只用于测量影长。《周礼》中提到过这种样板，有一个公元 164 年用赤土制的实物还留存于世。二至点的日期可以这样来确定：在预期的日子前后几天将标准样板放在表杆底部的正北，找出正午影长与它最相合的日期。实际上，冬至通过观测夏至间接确定，原因之一可能是这样就只需要一个短得多的样板了。另一个原因是在那个时候很容易找到恒星标志点，在公元前 450 年前后的几个世纪中，牛宿的距星（摩羯座 β）正好在夏至的时候冲日。

采用标准样板系统的目的是为了克服原始度量衡制度的混乱，但没有一直贯彻下去。在某种意义上说，它就是诸如现代的铂制米原器的先声。公元 500 年，祖暅之制成一种青铜仪器，把表杆和水平量尺结合在了一起。大约在此五十年以前，何承天对冬至日影长度进行了细致的测量。只有在进行了这 130

131

图 78 清末刊印的《夏至致日图》，展示上古传说时代羲叔（羲氏兄弟最小的一位）在夏至日用表杆（竿）和土圭测量日影（采自《书经图说》）

样的测量之后,四季的不均匀性才有可能被发现。

对二至点影长的研究提供了准确的黄赤交角(图56)数值。公元前4世纪石申和甘德开始测量天体的赤经和赤纬时,可能已经知道黄赤交角了。在《后汉书》所载公元89年贾逵给出明确数值之前,关于太阳在二至点的赤纬还没有精确的数字可用。在接下来的几百年中中国天文学家一直在测定二至日的影长。图79比较了中国和其他地方测定的不同黄赤交角(ε)数值,考虑了这一数值随时间的缓慢变化。此图给出了这一数值早期的精度信息,但是

132

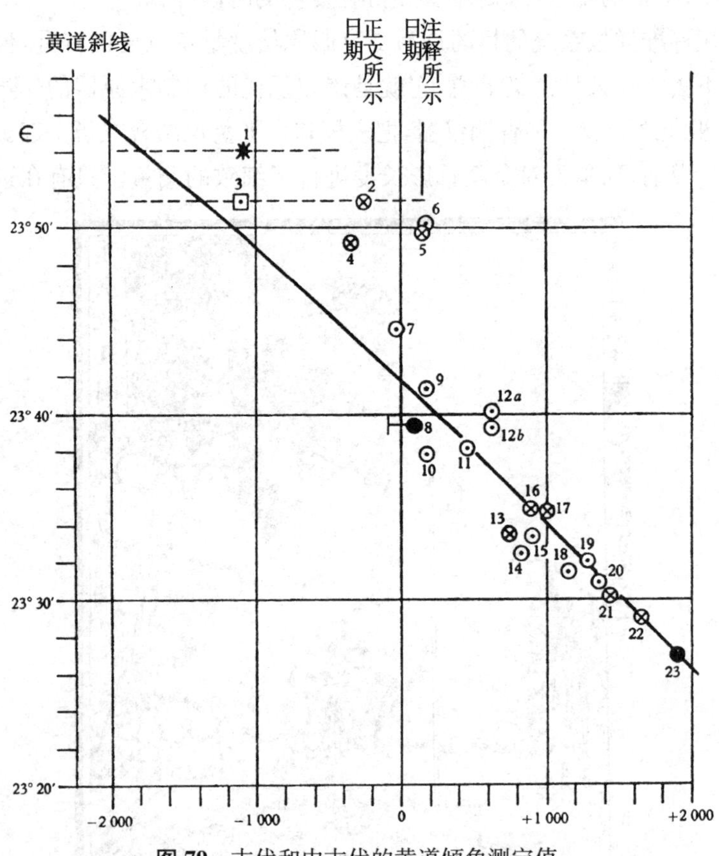

图79 古代和中古代的黄道倾角测定值

1.《周礼》观测值。其观测地点、长度单位和表高均不详。2—3(虚线)经哈特纳重新核算过的《周礼》观测值,地点假定在阳城。 2. 埃拉托色尼(Eratosthenes)。 3. 拉普拉斯的理论值。 4. 皮西亚斯(Pytheas)。 5. 托勒密(Ptolemy)。 6. 刘洪和蔡邕(仅取中国古度$67\frac{1}{8}$度一值,根据哈特纳)。 7. 刘向。 8. 贾逵,年代上溯至落下闳,也是《周髀算经》所列诸值的期间。 9. 刘洪和蔡邕。 10. 刘洪和蔡邕(冬夏二至,《后汉书》的值)。 11. 祖冲之。 12. *a*,*b* 李淳风。 13. 马蒙(al-Ma'mūn)观象台的值[根据 Sindi bn'Ali 和 Yaḥya ibn abi Manṣūr]。 14. 徐昂。 15. 边冈。 16. 巴塔尼(al-Battānī)。 17. 伊本·尤努斯(ibn-Yunus)。 18. 刘孝荣。 19. 郭守敬。 20. 沙梯尔('Ali ibn al-shāṭir)。 21. 兀鲁伯(Ulūgh Beg)。 22. 卡西尼(Cassini)。 23. 现代值。

133

有太多的不定因素——日期、地点、表高和长度测量单位——刘洪和蔡邕的准确数值很可能是碰巧得到的。不管怎样，我们很难完全否定《周礼》提供的数字。也许最好的解决办法是把它们看作周代某地的测量，后来经外行人之手传了下来。误差的范围大到足够使我们可以根据完全不同的历史背景，在公元前 9 世纪到公元前 3 世纪之间，为这项观测选定一个观测日期。尽管如此，还是值得强调，中国的一系列观测值，以郭守敬极精确的数值为顶峰，曾为 18 世纪天文学家在关于黄道倾角渐变的讨论中提供了证据。

另一个在基本运算中曾经长期存在的一个错误是，认为从古阳城的"地中"开始，向北每一千里影长增长一寸，向南每一千里影长缩短一寸。然而许多著名的实测结果反对这一说法。445 年，何承天在印度支那的交州（今河内，在阳城之南 5 000 里）和林邑同时进行实地测量，所得到的结果是每千里影长差 3.56 寸。在 508 年和 600 年还进行了同样的测量。最完整的一套数值是 721 至 725 年间南宫说和僧一行所率领的考察队测得的，在 7 973 里长（超过 3 500 公里）的子午线上分布了九个站点，用标准的八尺表同时进行了冬、夏至影长的测量。得到了日影每隔千里差 4 寸左右的结果。世界各地在中古代初期所进行的有组织的野外测量，显然以这一次最值得注意。

133

与此类测量有关，还值得提到一次更早的记录。这是由一个军队指挥官灌邃作出的观测。公元 349 年，灌邃领导了一次成功的远征，深入越南追击一支败军。在那里他树起表杆，但发现"日在表北，影在表南……故（该地居民）开北户以向日"。这样，中国人知道，在北回归线（正好在广州北面）以南，一年中有一部分时间正午的阳光向南投影，这是亚历山大时代的希腊人也已经知道了的。

当所测得的影长能为天文计算服务时——由于缺乏其他知识，例如地球表面弯曲等，一些测量肯定不是精确的——所有测量中最重要的是对零点的观测，即影长达到它的最大值和最小值的时刻。它们对于制定历法来说是至关重要的。对卜辞中的天文历法进行研究后得知，一条卜辞提到了 548 这个数字；这块卜骨的年代可以准确地定为公元前 1210 年。[①] 这一数字很有意义，因为 365.25 的 1.5 倍是 547.825；所以它的含义是，从冬至经过 548 日后又回到夏至。因此，毫无疑问，公元前 13、14 世纪的商代人制历时使用了表杆来测定二至，这种历法已经作为《古四分历》流传后世。显然，当时已经进行了有规律的连续的观测活动，连续观测的时间至少有四个回归年，这是能凑

① 这个年代只是一家之说，学术界尚无定论，并不如作者所说的那样肯定。——译者

成整日数的最短时间。对回归年日数奇零部分精确值的追求一直贯穿整个中国历史;表 28 给出了一些很接近精确值的数据,其中有些数据是很早的。

134

表 28　回归年和恒星年岁余数值的演进

	回归年岁余(天)	恒星年岁余(天)
真值	—	0.256 37
真值(经计算)		
汉(公元 200 年)	0.242 305	—
唐(公元 750 年)	0.242 270	—
元(公元 1250 年)	0.242 240	—
由卜辞(公元前 13 世纪)推得	—	0.25
刘歆(《三统历》,公元前 7 年)	0.250 612	
祖冲之(《大明历》,公元 463 年)	0.242 815	—
郭守敬(《授时历》,公元 1281 年)	0.242 500	—
韩翊(《黄初历》,公元 220 年)	—	0.255 989
刘焯(《皇极历》,公元 604 年)	—	0.257 610
一行(《大衍历》,公元 724 年)	—	0.256 250
郭守敬(《授时历》,公元 1281 年)	—	0.257 500

大型石制仪器

人们为了追求精确性而建造异常巨大的仪器,是天文学史上最有趣的章节之一。人们这样做的想法是,测量误差按测量仪器从小到大会按比率减少。不过,伴随着欧洲文艺复兴而出现的先进应用技术逐渐提高了测量精度,这样的技术很快就传到了其他地区,最终消除了人们对大型石制仪器的需要。仪器巨型化的趋向首先在中国和阿拉伯天文学中表现出来,然后在 16 世纪晚期丹麦著名天文学家第谷(Tycho Brache)的一些仪器中可以看到,最后在 18 世纪印度的一些天文台中达到它的顶峰。

995 年阿布尔·瓦发·布兹贾尼(Abū'l-Wafā'al-Būzjanī)曾经使用半径近 6.75 米的象限仪(用于测量角度),同时代哈米德·伊本·基德·库江迪(Ḥāmid Ibn al-Khiḍr al-Kujandi)的一个六分仪半径有十七米。著名的兀鲁伯(Ulugh Beg)——他所在的天文台位于撒马尔罕,从 1420 年左右开始工作——有一个六分仪,与伊斯坦布尔的圣索菲亚大教堂的屋顶一样高,也就是说有 55 米高。在中国,元代的郭守敬在 1276 年建造了一个巨大的高表。

135

图80 周公测影台，位于河南告成(古阳城)，洛阳东南80公里处，中国古代天文学家以此地为“地中”(摄影，董作宾等，《周公测影台探察报告》，长沙，1939)。现存的台是明代重修的。原台是郭守敬于1276年左右建造，被用作4丈高的表。表直立在壁龛中，影长从附有刻度的水平石圭测出(参见图81和图82)。台上一室放置水钟(也许是水运机械钟)，另一室可能是放置浑仪之用。

尽管它明显地具有独立的特征，但是是在具有阿拉伯传统的天文学家参与之下，并且是在传入了波斯马拉盖天文台的仪器模型和图像之后完成的。所以这种中国天文学的自然发展，似乎受到了阿拉伯仪器巨型化的激励。

136

在距离洛阳东南80公里处，矗立着一座著名的建筑物，叫做周公测影台。台(图80)呈截顶棱锥形，台基周长15米，顶部周长7.5米。两旁有梯子直达平台顶上，台北面有平房三间，中间一间很开阔，从这里可以清楚地看到四丈高的巨型表(今已不在)的顶端和所投下的影子。台顶是观星台，原来大概有测定天体上中天的杆子，据记载，有一室曾经配备有巨大的漏壶。台基北侧沿地面铺着“量天尺”(图81和图82)，长120尺以上。石圭上除刻度外，还有两道平行水槽，两端连通

图81 周公测影台(顺着圭影望去，圭影上有水平槽)

137

图 82 周公测影台(在台上顺着圭影望去)

形成一个水准器。石圭伸入测影台内部,测影台中间断开以容纳石圭的延伸部分。因此石圭的基座处在台顶观星台中室的墙壁下,巨型表几乎可以肯定是一根独自直立的长杆,嵌在石圭南端的承座中。台面高出石圭仅约 28 尺,整个建筑用砖砌成。获准建造四丈高表的地方是大都(今北京)、上都(元帝国的夏都,即英国诗人柯勒律治笔下的 Xanadu)、广东南海和阳城,但只有大都和阳城设置了圭表。只在阳城一地建成了如此高耸的测影台。这是因为,至少早在汉代,这里便是官方天文学家进行标准至点测量的地方。

虽然不能肯定元代以前阳城是否有像现存建筑那样大的测影台,但附近孔庙前的石表至今还在,这是 723 年南宫说所建。此石表设计成在夏至那一天所投下的影子正好达不到它的截头棱台的底座。在《元史》中有关于圭表和一种装置——景符的说明,后者似乎是一种天才的新发明。

景符用一个宽二寸、长四寸的铜叶制成,中心穿一个针孔。它有一个方形支架,并装在机轴上,以便作任何角度的转动,例如转成北边高、南边低(也就是使景符跟入射光成直角)。这个仪器可以前后移动,以便达到横梁影子的中部,这个影子的界线并不十分分明。在让针孔透过日光时,就可以横梁在影像中部。在旧法中,只测表的顶端,投下影子的是日面上原来的光线。但是用这种方法——即十字叉丝的方法,可以毫无差错地得到来自日面中央的光线。

> 景符之制,以铜叶博二寸,加长博之二,中穿一窍,若针芥然。以方闑为趺,一端设为机轴,令可开阖。搘其一端,使其势斜倚,北高南下,往来迁就于虚梁之中。窍达日光,仅如米许,隐然见横梁于其中。旧法一表端测晷,所得者日体上边之景;今以横梁取之,实得中景,不容有毫末之差。
>
> 至元十六年己卯夏至晷景,四月十九日乙未,景一丈二尺三寸六分九厘五毫。至元十六年己卯冬至晷景,十月二十四日戊戌,景七丈六尺七寸四分。

138

这段文字一直以来被误解了,很多人认为景符装在表的顶端。事实恰恰相反,它是沿着水平圭尺移动,和透镜一样,起着使横梁成像的作用。郭守敬应用针孔成像的原理并不令人奇怪,因为在此之前三百多年中国科学家已经熟悉了小孔成像的原理了。事实上照相暗箱很可能已经从阿拉伯人传到他们那里。当然，13 世纪中用四丈高表测得的晷影结果似乎是所有二至日影长测量中最准的。

日晷(太阳时指示器)

大多数日晷测定时间依靠的是日影的方向而不是长度。也许是由于它太普通和太熟悉的缘故，明确提到日晷或太阳钟的中国文献不多。依照通常的理解，“晷表”一词指的就是日晷。较早提到日晷的是在关于公元前 104 年司马迁提议召集的一次历法专家会议的记载中。其后，《隋书》中有许多关于 6 世纪同类仪器的记载，这些正是司马迁时代的专家们使用过的。这里，我们碰到了在讨论工艺那几章中反复碰到的困难，即需要根据不精确的名称来判断古代仪器的性质。在此种情形下是，仪器的表究竟是垂直放置而指向天顶(如前一节所说用以测量影长的情况)，还是根据地理纬度倾斜成一定角度而指向天极？——只有在后一种情况下才可能进行均匀的时间测量。

这个问题进一步探求下去，就会接触到在中国考古学上早已成为疑团的一个问题，即所谓汉代的“TLV 纹镜”究竟具有什么含义。这个名字来源于汉代铜镜背面经常出现的图案，图 83a 展示了一种典型的样式，图 84 是新莽时代(公元 9—23 年)一面铜镜的照片。现存最早的这类铜镜属于公元前 250 年。

139

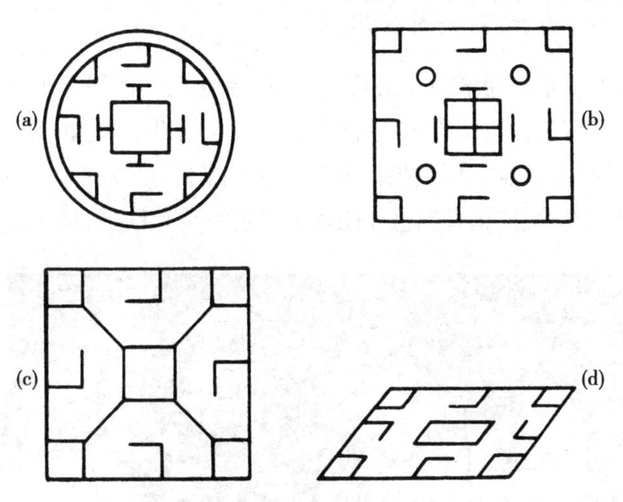

图 83 铜镜上的 TLV 纹和占卜盘

后来人们注意到，汉代浮雕中也有同样的花纹。图 85 是汉代武梁祠石刻(公元 147 年)之一，起初人们以为这只是描绘了一次宴会，后来才认识到这是在表演方术。在背景中一块绘有 TLV 纹的图板，显然是挂在墙上的。地上放着一只小桌，似乎是为了表示平放才仔细地画成那个样子，它很可能就是占卜用

140

图 84 新莽年间(公元 9—23 年)的 TLV 纹铜镜(选自《中国青铜器集录》,上面刻有一首诗,从盘上三点钟方向的五个小点以下开始)

新有善同出丹阳,湅治银锡清而明。
尚方御竟大勿伤,左龙右虎辟不祥。
朱雀玄武顺阴阳,子孙备具居中央。
长保二亲乐富昌,寿敝金石如侯王。

的盘或"栻"(参见第一卷第 200 页)。图 83b 给出了这个 TLV 板的图案。另一幅孝堂山祠石刻(公元 129 年)表示两个人在桌上游戏,桌旁也有这种纹的图板(图 83c 和图 86)。这样,我们便碰到了一种把占卜与游戏相结合起来的东西,稍后(本书第三卷)我们将看到这在磁极的发现中具有重要的意义。

141

图 85 武梁祠石刻(约 147 年)之一[图中表示方士正在作法。背景中墙上悬挂着一个 TLV 纹盘,中间地上置一栻(占卜用的盘)。耶茨(W. P. Yetts)重绘]

图 86　孝堂山祠石刻(约 129 年)之一[图中表示两个人正在桌旁做游戏(可能是“六博”),桌边有 TLV 纹盘。摄影:怀特(White)和米尔曼(Millman)]

从这一切来看,发现仅存的汉代日晷都带有 TLV 纹,就太令人奇怪了。其中的一个日晷是玉制的,另一个是石灰石的,大约 28 厘米见方(图 87),所

142

图 87　西汉时期的平面日晷(用灰色石灰石制成,约 28 厘米见方。安大略皇家博物馆藏,摄影:怀特和米尔曼)

刻的文字和线条见图88。每个刻度占圆周的一百分之一,各辐射线与外层圆圈相交的点是一连串小圆窝,按顺时针方向依次标出1到69的号码。要解释这些,首先要明确它在使用时是水平放置的还是按赤道面放置的。从中国天文学以天极和赤道为准的特点来看,这一发现在古代很可能是这样得到的,把石板按赤道面倾斜放置,把表指向天极,结果便形成了一具太阳计时器。因为这样或那样的原因,这里的仪器也是平行于赤道面倾斜放置的。

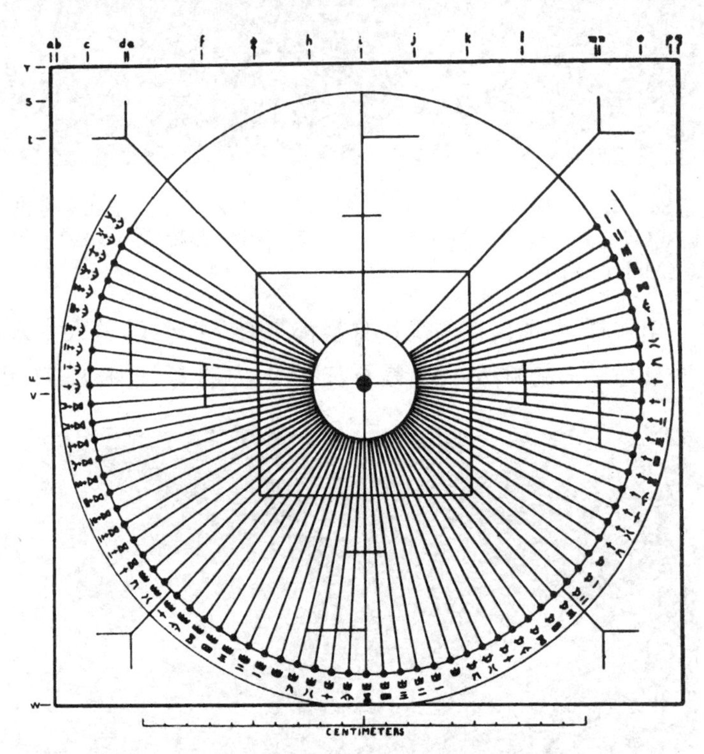

图88 图87所示西汉日晷上的刻度(采自怀特和米尔曼)

仔细的研究使得事情似乎更清楚了,尽管这两个装置不是计时仪器,但是它们是漏壶的时间校准器。一根指示杆插在一个适当的小圆窝里,根据白昼的长度来校准漏壶。至于中央的表,有人说这很可能不是一般意义上的表,而是一块矩形铜板,有铜架与圆周上的T形表相连。T形表的影子会沿铜架落在直立的铜板上,于是表杆的位置指示时间,横线超过铜架的高度便指出季节,如附图中所示。图89展示了这种日晷的一个复制品。

现在只剩下TLV形标记需要解释了。它们可能是表杆高度的记录,或者冬、夏二至表影高度的记录。而且,很可能T形表的高度由大圆圈至T字横线的距离决定,中央铜板的高度则由中央小孔到L字横线的距离决定。至

144

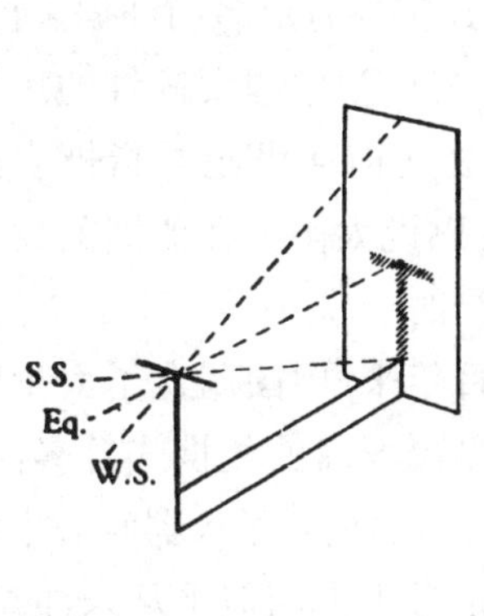

图 89 图 87 所示汉代日晷使用法复原(摄影:怀特和米尔曼)

少,这一安排是实际可行的。关于 V 形标记,有人根据古书中含义模糊的文句得出,最初的日晷大多是一块展平的牛皮或布,沿着赤道面放置。起先这个装置用八个钩子固定,后来只剩下四个了,分别指向四个方位点的中间。V 形标记就是这四个钩子的示意。

我们也许暂时可以认为 TLV 纹最初的用途具有实用和天文学的性质。在铜镜上,尤其是在那些力求表征天地宇宙意义的镜子上刻画这些花纹,是最自然不过的了。六博的游戏盘子可能是一个独立的发展方向。跟占卜有关是毫无疑问的,日晷面表现了天的形状和运行,用它作游戏的盘子是再好不过了。

145

在中国至今仍可以找到许多晚近(明代和清代)的日晷,并逐渐变成双面刻度,晷杆垂直延伸穿透晷面上下。这是因为这样一种日晷,只有当太阳在赤道以北的那半年里,太阳光才照射到日晷的正面。不能肯定这一改进是什么时候出现的,如果不是在汉代,那么下面一段以前没有被人们注意到的话可以为这个问题提供一些线索。从这段话可以看出,12 世纪的天文学家曾南仲显然自以为他发现了什么新的东西。他的儿子或者孙子曾敏行在《独醒杂志》中说:

> 南仲尝谓:古人揆影之法,载之经传,杂说者不一;然止皆较景之长短,实与刻漏未尝相应也。其在豫章为晷景图,一木为规,四分其广而杀其一,状如缺月,书辰刻于其旁,为基以荐之,缺上而圆下,南高而北低。当规之中,植以为表。表之两端,一指北极,一指南极。春分已后视北极之表,秋分已后视南极之表。所得晷景与漏刻相应。自负此图以为得古

人所未至。

关于按季节两面使用的典型赤道式日晷，恐怕没有比这更明确的记述了。但把它说成是曾南仲在1130年左右独自发明的，还需要有更多的证据来证明。

146

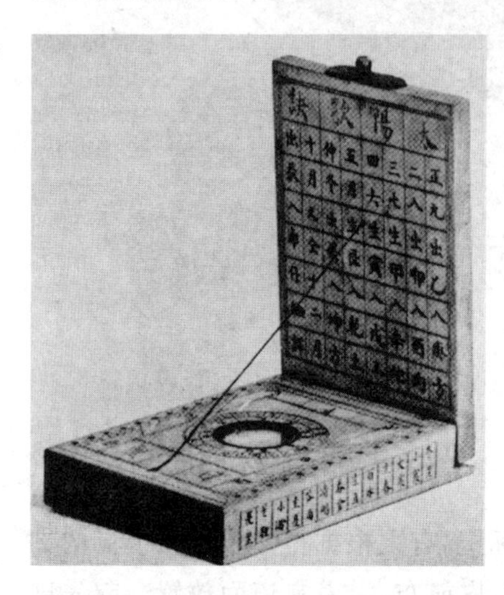

图90　晚近的中国甲型便携式日晷[这种日晷以拉紧的弦为表，罗盘针作定向之用。此日晷大概不会早于16世纪末。凯里(W. G. Carey)先生藏品]

然而，如果我们把中国太阳钟的历史一直追溯到公元前4世纪对指极表的发现，那么可以说太阳钟在亚洲的发展是和西方平行的。

近几百年来，中国制造了大量附有定向用小型磁罗盘的便携式日晷，我们时常可以在今日的科学仪器收藏中看到它们。但是过去人们似乎从未注意到，它们可分为截然不同的两种类型，我们可以称之为甲型和乙型(图90和图91)。对于甲型日晷，当日晷展开时，其中的一根绳子拉紧了。读数在底板上给出，这种日晷的设计有一种西方特色。耶稣会士来华以前，中国人是不知道这种日晷的，它的制作不会早于明末。事

147

实上，中国人不仅把它叫做“平面日晷”，而且还把它叫做“洋晷”。

然而乙型日晷则完全不同。它也有一块附有磁罗盘的板，但日晷的刻度

图91　晚近的中国乙型便携式日晷[日晷的板与赤道面平行，并可依纬度调整，板上装有指极表针。罗盘针作定向之用。凯里(W. G. Carey)先生藏品]

却在另一块板上，后一块板可以按所需的角度任意上下调整，因此不论观测者在什么纬度，都可以使垂直于晷面的表针指向天极。板的背面有一顶杠，一端可以支撑在刻度盘上，使晷面固定不动。但奇怪的是，这种刻度盘上标的不是纬度或地名，而是二十四节气。所以，在中国必定是一地有一地的节气。乙型日晷是完全属于中国特色的，没有任何理由可以把它看作是耶稣会传教士传入的东西——沈括（11 世纪）、甚至还有甄鸾（6 世纪），对它可能都很熟悉。在写于 1360 年的《山居新话》中确实有一段关于便携式日晷的记述。

17 世纪时，乙型日晷已在欧洲流行。大概可以合理地推断说，耶稣会传教士把地平式日晷传入中国的时候，他们或之前的葡萄牙旅行家也把在中国发现的较简易的日晷——即带有垂直指极表针的赤道式日晷带回欧洲。但是更有可能的是，这种日晷是在更早的时候通过阿拉伯人或犹太人之手传入欧洲的。总之，在中国宫殿、园林和庙宇中的永久性日晷均为中国的传统样式，甲型日晷在中国从未取代过乙型日晷。

除了以上提到的两种类型的日晷外，还发现了比较罕见的第三种丙型日晷。如图 92 所示。这种日晷由一套象牙板组成，每一块象牙板适用于一个不

148

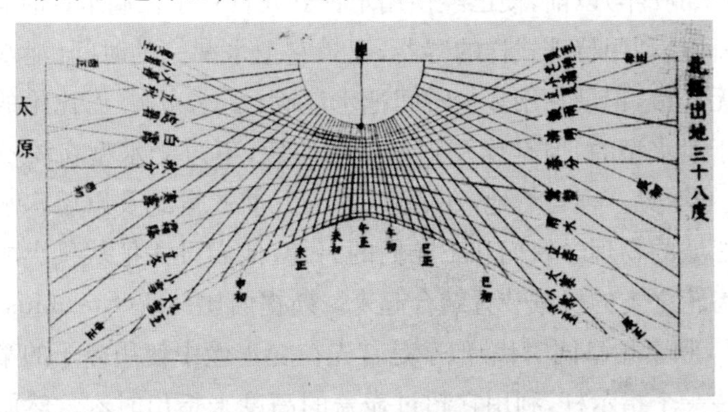

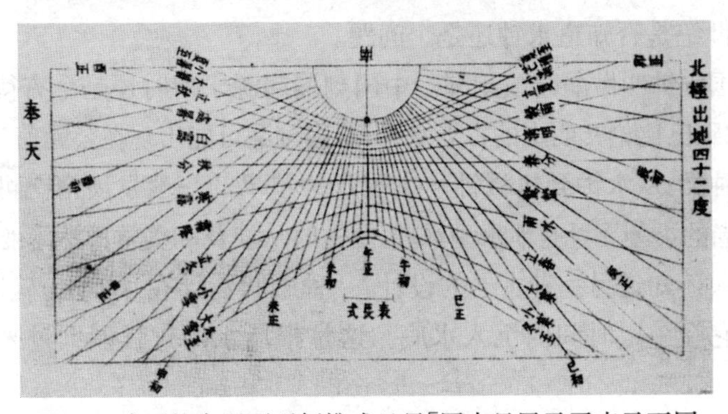

图 92 晚近的中国丙型便携式日晷[图中只展示了表示不同纬度的象牙板中的两片。克莱(R. Clay)博士藏品]

同的纬度,板上刻有复杂的网状线,这些线根据一种特殊的投影法把天球上的线绘制到平面上。表长约2.5厘米,可拆卸以便携带。表端的影子同时指示出时间和节气。有理由相信,这种设计的日晷是在1267年从阿拉伯传入中国。

刻漏

日晷测得的是真太阳时或视太阳时,但是由于地球绕太阳运转的轨道不是正圆而是一个椭圆,也因为自转轴相对于它的公转轨道有一个倾角,所以视太阳时是不均匀的。简单地说,太阳不像看起来那样在一年中按均匀的速度通过天空。如果我们想得到均匀的时间,必须用到一种平太阳时。所以很早的时候人们就开始使用不依赖太阳进行时间测量的方法。欧洲在14世纪早期机械钟出现以前,主要靠日晷。而中国则对水钟十分重视,这种计时仪器在他们的文化中已发展到了登峰造极的地步。

虽然如此,水钟却不是中国的发明,这一点是十分肯定的。从古代楔形文书的记载和从埃及古墓出土的实物和明器可知,巴比伦和埃及早在商初(约公元前1500年)以前,便已经使用水钟好几百年了。滴水计时有两种简易的办法,一种是利用特殊式样的容器,记录它把水漏完的时间(泄水型),另一种是底部无开口,记录它用多少时间把水注满(受水型)。巴比伦的水钟似乎主要是属于泄水型的,但是埃及则两种都使用,不过受水型在埃及出现的年代较晚,也较罕见。很自然地,在后来(约公元前3世纪及以后),水钟引起亚历山大里亚城的物理学家们和工匠们的兴趣,他们设法把从狭小的管口滴下的水滴和齿轮之类的机械装置结合起来。斯提西比乌斯(Ctesibius,约公元前3世纪中叶,和秦始皇同时代)似乎是首先在受水壶中使用浮子的第一人。浮子上可以装一个指示杆,利用它超过壶盖的高度来指出时刻。然而希腊人在公元前3世纪是否知道水钟还是个问题。

149

在中国水钟叫做漏壶或刻漏。中国刻漏起源于何时还是个有待解决的问题,但考虑到巴比伦文明中的古老水钟,中国刻漏可能出现在公元前7世纪。

刻漏种类:从水钟到机械钟　中国水钟技术的一般发展情况可以概述如下。最古老的类型无疑是泄水型水钟,是古时从埃及和美索不达米亚传入的。[①]但是中国人还知道另一种古老的设计,一种碗状物浮在水面上,碗底有孔,孔的大小使它在一定时间内沉入水底。这是把泄水的过程颠倒过来了。从汉

① 这样陈述带有猜测的性质。并没有人给出过确凿的证据证明,泄水型水钟是古时从埃及和美索不达米亚传入中国的。——译者

代开始，浮子上装有漏箭的受水型漏壶逐渐流行。起初只有一个贮水壶，但不久人们了解到，壶中的水慢慢漏完，水压逐渐降低，流速减慢，结果计时就不准确了。若干世纪以来，避免这个困难的方法主要有两种(图 93)。一种简单的却又非常巧妙的方法(甲型)是在贮水壶和受水壶中加入一个或多个补偿壶。这里每个相邻的水壶补偿了前一个水壶中下降的水压，据查，在受水

150

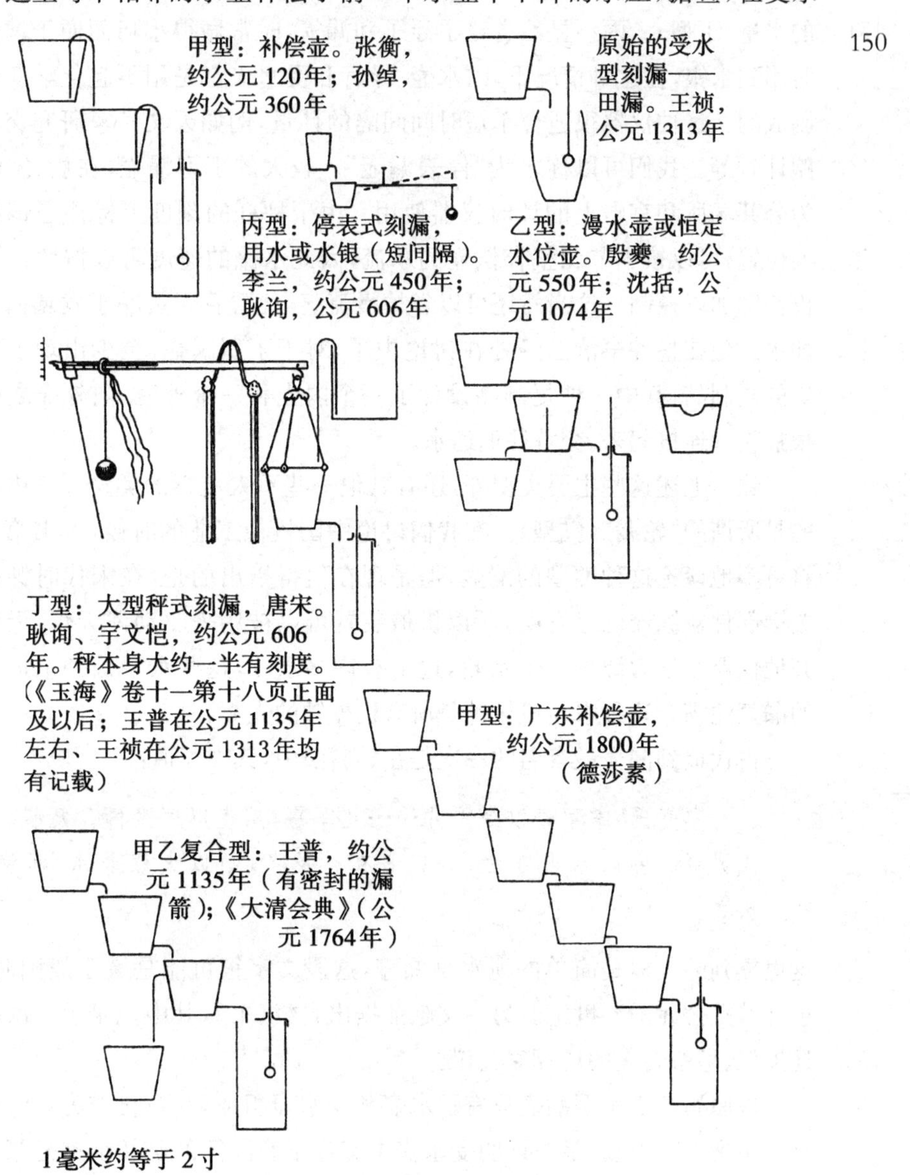

图 93 中国刻漏的几种类型

壶之上所用的水壶曾多至六个。另一种(乙型)主要类型是在一列贮水壶和受水壶中间加入漫水壶或恒定水位壶。

有些中国水钟跟杆秤一起使用,这是一种迄今为止在某种程度上被研究者忽略了的类型。它们至少包括两种类型,一种是把典型的中国杆秤(两臂不等长的天平)和受水壶结合起来(丙型);另一种是用秤称最低的补偿壶中的水量(丁型)。丙型显然省略了浮子和漏箭,时常做得小巧而便于携带。有时用到水银,在这种情况下,贮水壶、导管和受水壶都是用不起化学变化的玉制成的。这种仪器很适合于短时间间隔的计量,例如天文学家研究交食或赛跑计时等。我们可以称之为"停表漏壶"。较大的丁型漏壶,在唐、宋时代作为公共场所和宫殿上的计时仪器使用。由于秤杆的刻度上标注了铜权的标准位置,可以按季节调整补偿壶的水流,因此水流的速度可以按照不同的昼夜长度加以控制。这当然还可以省掉漫流壶,使看管人员易于发觉何时需要加水。现在整件事情已经处在讨论中了,对于丁型漏壶,至少出现了两种竞争的复制品,其中一种复制品设计了一个内壶和一个外壶,内外壶之间由一根虹吸管连接起来,交替往返运水。

151

除了上述这些主要类型外,还有其他一些不太流行的类型。其中最有趣的是所谓的"轮漏"(戊型)。在我们讨论中国机械工业的时候(本书第三卷),将更多地谈论这种类型的漏壶,但是现在值得指出的是,在宋代时钟机构的关键部件擒纵器已经发明,所以机械装置可以被用来驱动浑天仪、天体仪和其他仪器。动力源是一个水轮,边上有许多水斗,这些水斗被一个恒定水位的漏壶注满。这种水运机械钟是所有机械钟的先驱。

古代提到漏壶最有名的一次是在《周礼》中,其中写道:

> 挈壶氏:掌挈壶以令军井……凡军事,悬壶以序聚欜。凡丧,悬壶以代哭者。皆以水火守之,分以日夜。及冬,则以火爨鼎水,而沸之,而沃之。

这里提到的大概是简单的泄水型漏壶,这段文字很可能是属于战国时代的,也许就是公元前4世纪。另一文献证据出自《汉书》,其中记录了一次由司马迁提议、皇帝召集的历算家会议。

152

最原始的受水型漏壶只有贮水壶和受水壶组成,在乡村作为计时仪器一直沿用到14世纪。最早证明受水壶中有浮子和漏箭的确切证据是张衡和他的同时代人在公元85年左右给出的。并且他们还可能用到了虹吸管,因为出现了"玉虹"一词,这在后来显然就是指虹吸管。从这里可以追寻甲型漏壶的发展。然而考古学证据告诉我们，这种漏壶在公元 1 世纪末不是什么新鲜事物。有两个西汉漏壶流传到后世，至少到宋代还没有遗失。当时有人为其中的一个绘了图，并写了说明。它是个圆柱形的小铜壶，底部插有导管，盖上有个孔，漏箭可以在其中上下滑动。铭文的年代无法确定，最晚也许是在公元前 75 年，最早是公元前 201 年。

153

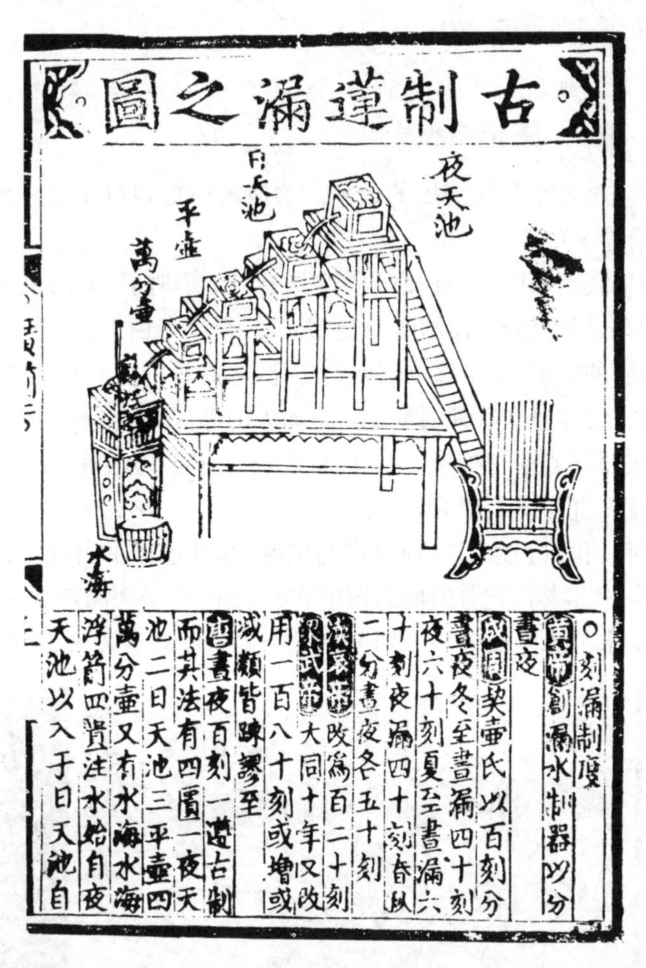

○刻漏制度
黄帝創漏水制器以分
晝夜
成周挈壺氏以百刻分
晝夜冬至晝漏四十刻
夜六十刻夏至晝漏六
十刻夜漏四十刻春秋
二分晝夜各五十刻
漢哀帝改爲百二十刻
梁武帝大同十年又改
用一百八十刻或增或
減頗皆踳謬至
唐晝夜百刻一遵古制
而其法有四匱一夜天
池二日天池三平壺四
萬分壺又有水海水海
浮箭四貫注水始自夜
天池以入于日天池自

图 94　带四个补偿壶的受水型刻漏［据说为吕才（卒于 665 年）所作。该图采自公元 1478 年版类书《事林广记》，原书藏于剑桥大学图书馆。下栏的文字提到黄帝发明漏壶的传说以及有关计时的其他事情］

中国和亚历山大里亚城都有这种带有浮子和漏箭的受水型水钟，但是它们之间的关系很难弄清楚。中国在 1 世纪末已经和罗马、叙利亚有过接触，但直到公元 120 年才确实有一些西方“使者”到达中国。也有可能更早的接触没有记载下来，但是中国使用这种漏壶的年代可能早得多，事实上要早到汉初，即公元前 200 年前后。这让人难以下结论说:这种漏壶就是亚历山大里亚城的发明。就目前而论,这个问题还悬而未决,尽管看起来这种发明是从埃及和美索不达米亚向两个方向传播出去的。

《周礼》的引文告诉我们,汉代人们已经知道水在低温状态下变得更黏稠,并且已经作出努力让水在冬天保持恒温,或至少不让它冻结。桓谭(公元前 40—公元 30 年)告诉我们:

> 余前为郎典漏刻,燥、湿、寒、温异度,故有昏、明、昼、夜。昼日参以晷景,夜分参以星宿,则得其正。

他已经注意到蒸发率和黏滞度的改变。这段话还提到恒星时和水钟时的比较,也是很有意义的。

154

至迟自周代晚期以后,昼夜已经被分成十二个时辰,同时又平行地把昼夜分成一百刻。昼夜分别使用两个受水壶,一个用于白天,一个用于夜间,这是一种不必要的麻烦;由于昼夜长度的变化,漏箭的分度便有困难,古埃及人和古巴比伦人已经遇到这种困难了。中国人的办法是,准备一套分度各差一刻的漏箭,按照季节逐一抽换。从 102 年开始,根据历法确定每一节气换一箭,这种制度一直延续了一千多年。

到了晋代,我们获悉了一种多壶的刻漏,并且还似乎出现了虹吸管。图 94 是宋代类书《事林广记》的插图,图中有四个壶,浮子和漏箭是一个和尚像。在宋代,恒定水位的漫流壶(乙型)开始流行。这是较晚发展起来的类型,尽

154

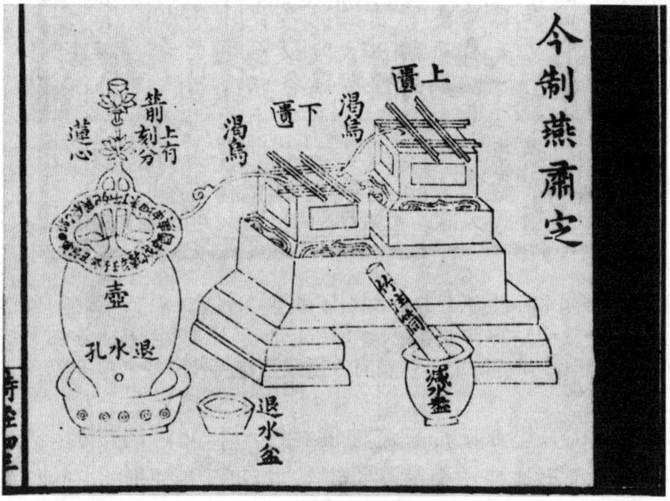

图 95 漫流式受水型刻漏[据说是燕肃所制(1030 年)。采自清版《六经图》(1740 年)]

管最早对这种类型进行描述的是公元540年左右殷夔的《漏刻法》。当时在贮水壶和受水壶之间只有一个壶，壶中有隔板，使水流“踟躇”起来，从贮水壶流出的水经过了过滤。不过这种装置的年代大概还要早一些，也许早到5世纪晚期。

155　在北宋初期，燕肃的“莲花漏”采用了漫流的原理，之所以这么叫，是因为受水壶的顶部状如莲花，这是佛教的象征。燕肃最初在1030年制作此种刻漏，经过多次试验，六年后被正式采用。事实上，这种制式在其后数百年成了刻漏的标准（图95），因而“莲漏”一词也成了通用名词。随着时间的推移，甲乙两种类型的漏刻慢慢合二为一（或许有点不合理），于是整个系统包括了贮水壶、补偿壶、漫流壶、带浮箭的受水壶和漫流受水壶（图96）。

156

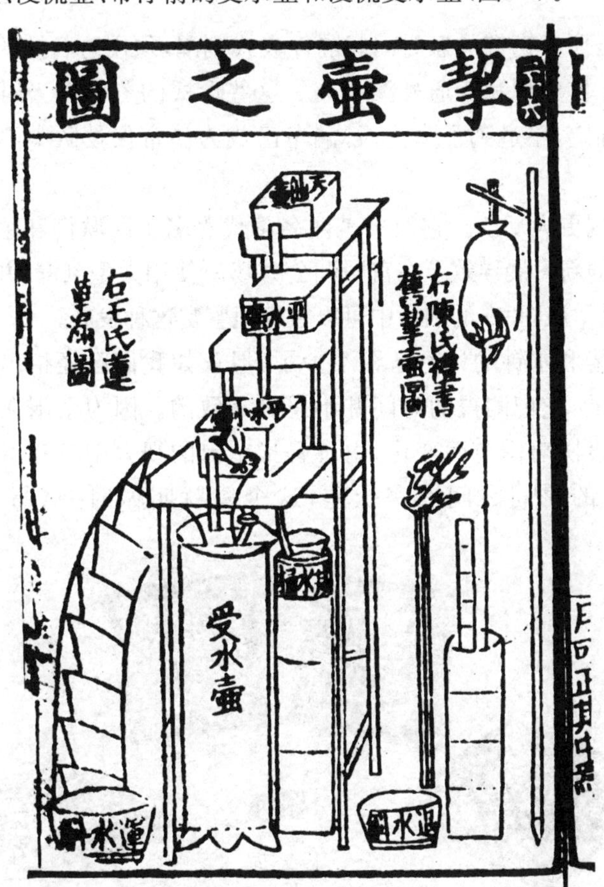

图96　一幅刻漏的最古老的木版画［采自宋代杨甲的《六经图》（1155年）。图中展示了1135年王普在《官术刻漏图》中描写的复式多壶漫流刻漏，附有自动化装置，在漏箭上升到最高限度时自动断流。图右侧杨甲展示了最古老和最简单的受水型漏壶，作为对《周礼》中有关描述的图示］

最后关于丙型和丁型漏刻必须略作交代。此两种漏刻不用浮子上漏箭的高度,而是用受水壶的重量来指示时刻。最简单的办法就是把受水壶附在杆秤上,这种方法起源于汉代或三国时期。我们得到这方面的最早文献记载来自道士李兰,年代在 450 年左右。按他的说法此法似乎已是人所共知了。如 700 年的类书《初学记》中的复述:

> 以器贮水,以铜为渴乌,状如钩曲,以引器中水于银龙口中,吐入权器。漏水一升,秤重一斤,时经一刻。

这是个小秤漏。李兰接着说:

> 以玉壶、玉管、流珠——"马上奔驰"行漏。流珠者,水银之别名。

这样,他指出便于携带的短时间间隔停表式刻漏,须用防腐蚀的零件才能使用水银,但工作原理和普通秤漏相同。这些形式的刻漏在当时的流行程度如何,很难确定,不过到了隋代,行漏车已成为皇帝仪仗队中不可缺少的一部分。

丁型漏刻更为复杂。它似乎是两名隋代著名工匠耿询和宇文恺的发明创造。这时的新发展导致了在宫殿和公共场所使用大型刻漏,并一直连续使用到 14 世纪。从图 93 的图示中可以很好地鉴赏这种发展。

关于日晷和水钟的讨论已经不少了,但正如我们已经指出的和人们也已经认识到的,它们测得的时间并不总是一致的。因为太阳在天空中穿行的视运动速度随着季节而变化,由日晷指示出的视太阳时和由钟表指示出的均匀流逝的时间之间有一个差,这个差就叫做时差(the Equation of

157

图 97 一件年代不详的金属香篆钟(香篆粉的燃烧点沿篆字形笔画蜿蜒前进。右后方的香盘作"寿"字形。右前方的罩子上可看到"双喜"字样。伦敦科学博物馆摄)

Time)。视太阳时可以比时钟时(平时)快 14.5 分钟(这发生在二月),而平时可以比视太阳时快 16.5 分钟(在十一月)。对于这样大的差数——大约中国的一刻钟——刻漏可能比 11 世纪的中国机械钟或 14 世纪的欧洲机械钟更容易觉察出来。

虽然有发展前途的是机械钟,但在某些情况下,也可能有较水钟更为精确的计时方法。12 世纪中叶的宋代学者薛季宣说,除了刻漏和日晷之外,还有一种"香篆"计时法(图 97)。看来要使香篆燃烧得非常均匀是很困难的,也许从来就没有做到过。但是这种方法在中国一直广泛流行,并使一位 17 世纪的耶稣会传教士安文思(Gabriel Magalhaens)留下了深刻印象。她写道:

> 华人亦有夜验更筹之法,已由此发展为该国一新奇工业。彼等将剥离碎之木材捣为粉末,调为糊状,然后制成各式盘香。抑或以贵重物料如沉、檀等木制成,长约一指许,富家厅堂及读书人之书斋皆燃之。……盘香以特制模子制成,粗细均匀,自下盘旋而上,直径逐渐缩小,成圆锥形,间距则逐圈增大,宽一掌以至三掌以上;燃烧时间与其大小成比例,长一日、二日至三日不等……此盘香形似渔网,亦似绕于圆锥体上之绳;悬其中央,燃其下端,香火即宛转燃烧。其上常附标记五,以辨五更。以此计时至为可靠,吾人从未见其有大误差。书生、行旅及一切因职业关系须按时起床者,可在盘香适当位置上悬以小重物,燃至此处时,重物即落入盆中,铿然作响,以醒睡者……

158

人们或许要问:中国中古时代有没有沙漏?11 世纪诗人苏东坡的某几句诗句被认为是暗示了在宋代人们使用了沙漏。但苏东坡指的更有可能是刻漏。不管怎样,我们知道明初以后有几种附有传动轮的机械钟,已经以沙代水了。

这几种方法都不能把时差展示出来。不过,可以设想把一盏点燃的灯置于与世隔绝的地方,如果灯的设计完善,并且油的成分和质地保持不变,那么它所起的作用和良好的计时器无异,可以探测出日晷和时钟之间的差别。正因为如此,杨瑀的《山居新话》(1360 年)中关于某寺的"长明灯"的记载是有重要意义的:

> 范舜臣,汴人……尤精于天文之书。至顺间为涌福营缮司令,尝与余言影堂长明灯。每灯一盏,岁用油二十七个;此至元间官定料例。油一个该一十三斤,总计三百五十一斤。连年著意考之,乃有余五十二斤;

159

则日晷之差短明矣……

如果这段话是确实无误的话，那也一定是断章取义的，因为在年度的基础上是看不出日晷差短的。不过杨瑀明确宣称，灯钟时与日晷时之间的差异已经得到重视，这一事实至少可以说明范舜臣在一年中的某些时期里连续作过对比记录。

望筒和璇玑玉衡

我们现在放下圭表和计时仪器，开始来讨论中国天文学家直接观测天体的仪器。我们已经知道了用来观测北天极的窥管，毫无疑问这样的窥管（当然不带透镜）在中国古代天文学中曾普遍使用。如公元 1103 年宋代《营造法式》中所载，当时的测量人员也使用这种窥管（图 98）。古巴比伦的天文学家似乎使用了窥管来除去侧光使暗星有更好的能见度。比如，暗于六等的恒星不能为裸眼所见，但是通过在一个黑屏上开一个六毫米的小孔并放置在离开眼睛 4.5 米的地方，就可以在晚间看见八等星（就是说暗了六倍）。古代窥管直径是否小到能产生这种效应，还是一个疑问，但它们肯定有助于观测。然而，尽管欧洲和亚洲文明都熟悉窥管——它出现在西方手稿中（图 99）——但是只有在中国，浑仪附加窥管才成为一种标准制式。古代提到窥管的典籍，以《书经》最为重要。它的年代很不确定，但可能是在公元前 6 世纪前后两百年之内。

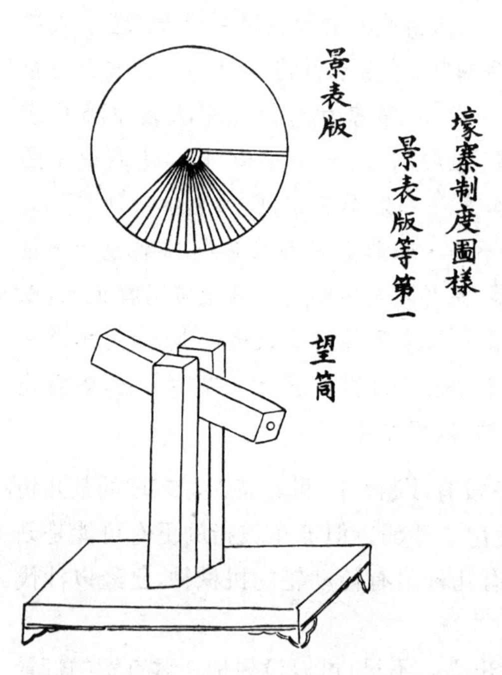

160　**图 98**　《营造法式》（1103 年）中的望筒和景表版

出于即将明了的理由，我们现在转而来考查两件声誉卓著的中国古代玉器（商周时代）——“象天地”、“礼天地”之器。“象天地”之器叫做“璧”，是中央穿有大孔的扁平圆盘；“礼天地”之器叫做“琮”，是筒状的或中空的圆柱体，外侧看起来像长方体，两端露出短的圆筒形状，这是从一整块玉上雕琢出来的。图 100 展示了这两件古代礼器，它们无疑是古代帝王祭祀用的器物。多少世纪来，人们一直在猜测它们的含义。琮是后妃佩带的东西，可能象征子宫。璧象征阳性，现存的实物显示它带有一个、两个或四个突出物，形状象征阴茎或方形的“柄”。看起来它是用于祭祀天、日、月、星辰的。它们的含义还远远不止这些。

还有另一种类型的璧。有许多实物说明这种璧的外缘雕琢奇特（几乎可以说是刻度），共分为长度相等的三部分，每一部分均由一突出部和一陡峭的缺刻开始，接着就是一系列形状不同的齿，然后以平滑的边缘与第二部分相连。而且，在这些圆盘的一面刻有大致成直角的十字纹，由于线条很均匀，所以不能被看作是雕琢时偶然造成的痕迹。当人们认识到这种形式的璧——也叫璇玑——是一种天文仪器时，那些刻度和线条马上变得好解释了。图 101 演示了它的用途：当大熊座 α 和 δ 两星位于三处主要缺刻之一时，小熊座 α 即在第二缺刻处，而东方之宿（天龙座和仙王座的恒星）则恰与第三缺刻附近的各齿相合。在公元前 600 年左右，这样做就可以把璇玑的中心定在北天极上，可以看到小熊座 β 在视场中旋转。现在如果把琮插入璇玑的圆孔内，并使它的一个平面与璇玑背面所刻的双线平行，则一年中必有四次发生下列情况：在一定时刻，窥管的平面或与地平线平行，或与地平线垂直。

图 99　欧洲中世纪天文学家在使用窥管（采自 10 世纪圣加尔的古抄本）

161

那么，那条与双线垂直的单线有何用处呢？它可能代表二至点的方向，因为大家必定还记得，在公元前 1250 年的商代，大熊座 α 的赤经接近 90 度（等于夏至点的赤经），而不是现在的 163 度。事实上，可以根据璧上那条单线跟大熊座 α 之间的夹角来定出它的年代。据此，现存的两个著名实物的年代一为公元前 600 年，一为公元前 1000 年。

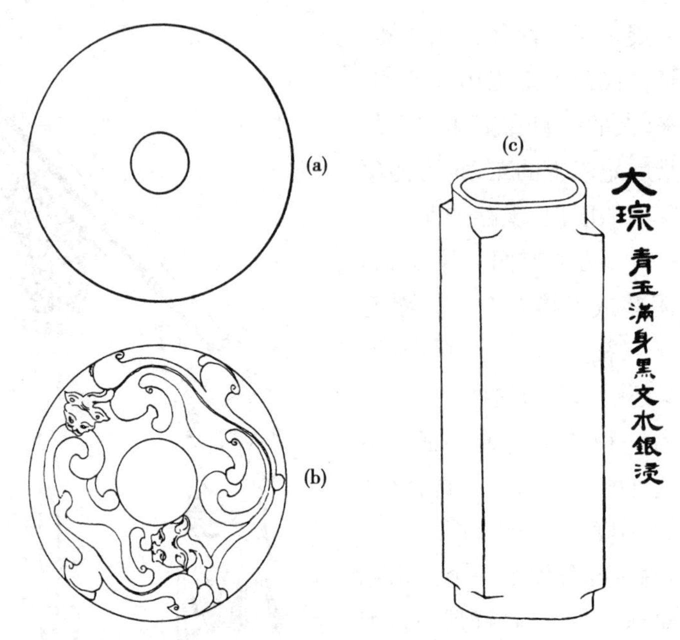

162

图 100 玉制古礼器——璧和琮［(a) 素璧；(b) 龙纹璧；(c) 琮。根据劳弗(Laufer)《中国陶器》……和米歇尔(Michel)］

163

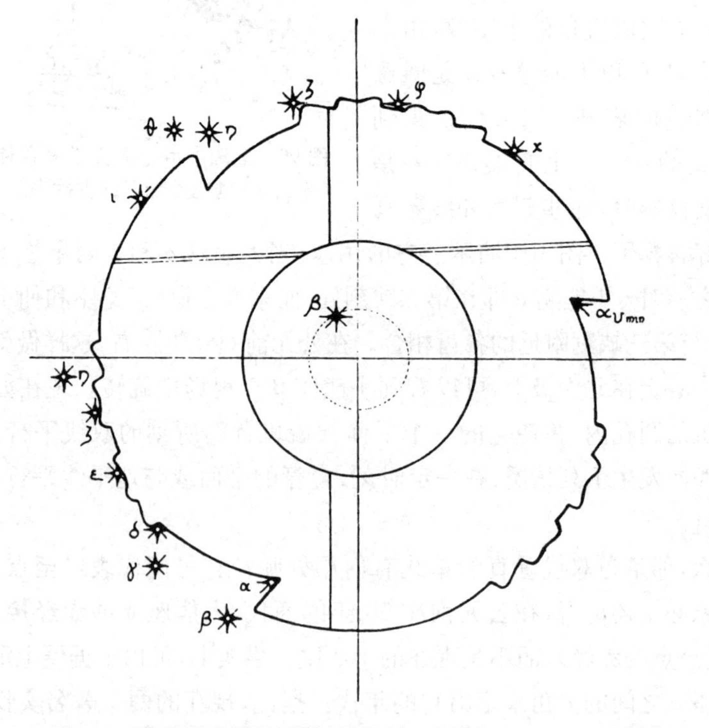

图 101 璇玑用法演示图［根据亨利·米歇尔(Henri Michel)］

现在的问题是这种仪器有什么价值。它能做到什么简单的观星所做不到的事情呢？一种答案是，它首先可以用来定真天极的方位，然后来定至点的方向。这点在《周髀算经》中写明白了：

> 正北极，璇玑之中。……希望北极中大星。……常以夏至夜半时，北极南游所极。……冬至夜半时，北游所极。……冬至日加酉之时，西游所极。日加卯之时，东游所极。此北极璇玑四游。

毫无疑问，这里所观测的是小熊座β星的绕极转动。有人甚至认为，很多中国星图上画的围绕天极大致形成四方形的四颗星（例如，参见图77）并不是真实的星，而是代表小熊座β星的四个位置。此外，璇玑还可以作为研究其他近赤道星座的简陋定向仪器使用。它的边缘上的各齿提供了一系列赤经——如我们现在的叫法，完全符合把拱极星座和赤道星座拴在一起的原理。这完全是中国古代天文学的特点。

164

如果我们认为琮这种中空的圆柱体是一种理想化了的窥管，那么琮和璧作为天文仪器使用应当在它们成为象征天地的礼器之前，因此它们必定是很古老了。所以有人认为，"昜"——阴阳之阳的本字——所表示的不是"日"，而是供桌上放着一块璧；而"扬"字像一人伸臂举起玉璧或礼器。

浑仪和其他大型仪器

浑仪是由若干个与天球上的大圆如赤道、黄道等相对应的圆环所组成的球形仪器（图102）。在17世纪望远镜发明之前，浑仪是所有天文学家在测定天体方位时都不可或缺的仪器。从某种意义上说，浑环迄今仍然存在着，只是经过了改进并大大缩小了尺寸，通过这些装置可以使望远镜指向天空中的任何一点。相反地，望远镜则是那些早期的窥管、瞄准器等部件放大了的翻版，古代天文学家在从浑仪环上读出天体的位置之前，就是通过这些部件来瞄准天体的。

从一开始，中国人就把这种球形仪器叫做浑仪。在中国，浑仪不仅是一种观测仪器，还被用作天象仪，以帮助历法测算。为了这个目的，浑仪采用水力驱动，这样，随着复杂度和准确度的变化，天体的运动可以被再现出来。

首先需要指出的是，中国的浑仪和欧洲、阿拉伯的浑仪有根本的不同，这是因为中国人始终坚持使用后来成为"近代"天体坐标的赤经、赤纬，而西方

165 **图 102** 中国传统的赤道式浑仪[安置于北京观象台,戴进贤(Ignatius Kögler)及其同事于 1744 年制造。汤姆森(Thomson)摄影,布谢尔(Bushell 翻印)]

人一直使用黄道坐标。这就是说,虽然中国天文仪器大多装有黄道环,并且中国人曾煞费苦心地去解决赤道和黄道度数的换算问题,可是黄道环在这些仪器的主要功能中所起的不过是辅助作用,就像赤道环在欧洲天文仪器中的作用那样。稍后我们将看到,这一特点怎样导致中国人在 13 世纪发明了极轴装置,这一装置实际上跟现代望远镜中所使用的装置是相同的。

1. 浑仪的发展概况

最原始的浑仪很可能是简单的单环,附有某种瞄准线或瞄准器,按照需要装在子午面或赤道面上。观测得到的一个量是北极距(中国式的赤纬),另一个量是入宿度(中国式的赤经)。石申和甘德(公元前 4 世纪)很可能使用过这样的装置。从公元前 1 世纪中叶开始,开始了迅速的发展。公元前 52 年耿寿昌第一次引入了固定的赤道环;公元 84 年傅安和贾逵加上了黄道环,125 年左右张衡又加上了地平环和子午环。张衡制造了一个演示型的仪器,地球的模型处在中央,仪器的环圈由水力推动。他还制造了实测用的仪器,正如我们即将看到的那样,他把演示和实测两者的效用结合了起来。

此后,这两种浑仪的制作经历了几百年而没有什么改变。但是黄道环和166 赤道环固定在一起的结构虽然便于研究周年运动,但不便于研究周日运动。因此,在公元 323 年,孔挺便在他的浑仪上,设法使黄道环可以随意固定在赤道上的任何一点上。这种仪器就是后来各种主要浑仪的前身。三百年后，李淳风作了重要革新，他用三重同心环代替了两重环。内重还有附有窥管的赤纬环，新的装置包括黄道环、赤道环和第三个给月亮的白道环（尽管在1050年之后就废弃不用了）。同时外重环包括赤道和其他在唐以前浑仪上常见的环圈。李淳风活跃在7世纪早期，正值佛教影响强大和希腊天文学思想通过印度进入中国的时候。为了便于观测黄纬（在希腊天文学中很重要），李淳风曾经提出在黄道环上安装窥管的建议，但是首先实施这一计划的可能是僧一行。但是中国天文学的原创特征从来不会轻易改变的，除了建造于1050年的一件例外的仪器外，直到耶稣会传教士入华为止，在黄道环上再也没有使用过窥管装置。

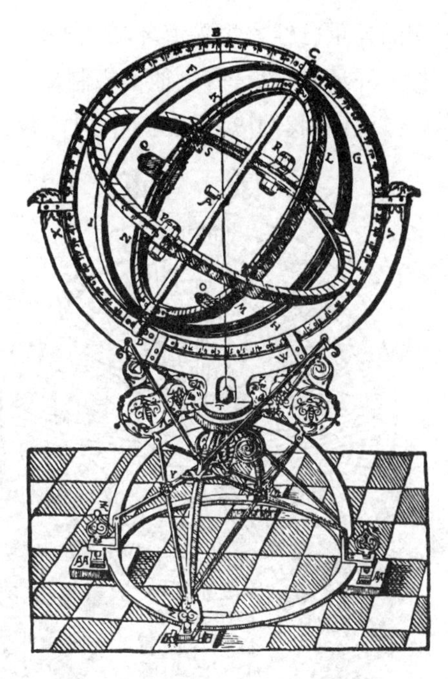

图103　第谷·布拉赫的小型赤道仪（1598年）

把中国赤道式浑仪的最后形制和西方传统的浑仪比较一下是很有意思的。第谷·布拉赫1598年的小型赤道仪（图103）不同于郭守敬1276年的浑仪（图104）和苏颂1088年的浑仪，主要的不同是第谷的浑仪较为简单，因为

167

图104　郭守敬的赤道浑仪（约1276年，按山西汾阳的纬度造成，后来保存于北京和南京，照片摄于北京。图中的仪器大概是1437年皇甫仲和的复制品之一）

它的外重已经去掉赤道环和地平环，内重则去掉了黄道环。这当然是因为第谷另外还有黄道浑仪；他不想制造一种中国特色的"多用仪器"。

或许，我们应该认为，中国浑仪的制造在宋代(特别是北宋)达到顶峰。因为我们后来时常听说的四大浑仪都是在995年到1092年之间制造出来的。但是1126年北宋首都沦陷于金朝的鞑靼人之后，天文学也遭重创，尽管一些勤奋的学者仍十分努力，但是南宋再也没有达到所失仪器的水平。尽管苏颂的仪器——列在四大仪器的末位——在某一重要方面是独特的(我们即将看到这点)，但在总的构造方面却很难代表中国浑仪工艺的"伟大传统"。这一浑仪图示在图105中，它的各个部分也被列出来了，苏颂的《新仪象法要》(1094年)配了大量插图，尽管绘图者难以描绘出所有部件的正确尺寸。

169

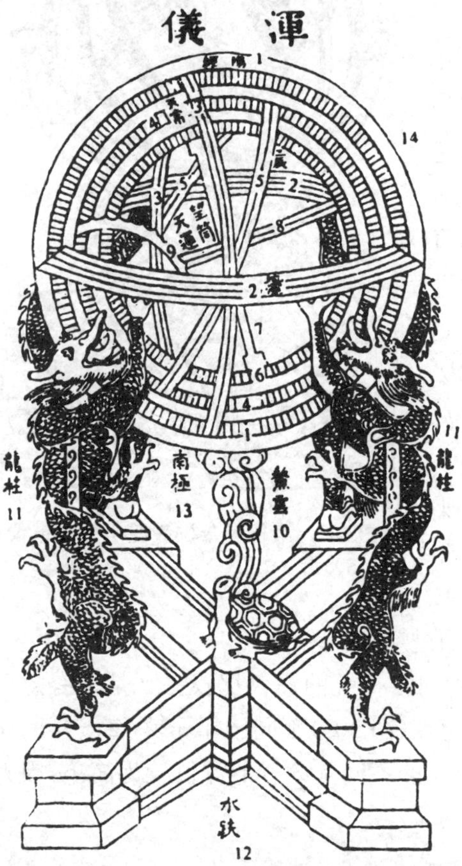

168

图105　苏颂1090年的浑仪(描绘在《新仪象法要》中。此图由马伯乐(H. Maspero)重绘。这是第一台由时钟传动的浑仪)

外重：

1. 子午圈　2. 地平圈　3. 外赤道圈

中重：

4. 二至圈　5. 黄道圈　9. 周日运转齿环，与动力装置相连

内重：

6. 极轴装置赤纬环或时角圈，附有瞄准器　7. 瞄准器　8. 直径撑杆，用以加固瞄准器

其他部件：

10. 垂直柱，内含传动轴　11. 龙形支柱　12. 底座横档，上有水准器　13. 南极枢轴　14. 北极枢轴

2. 汉代和汉以前的浑仪

关于浑仪最初的情形，确实是很难搞清楚的。主要的文献是出自1世纪扬雄《法言》里的几句话。有人问他关于浑天的事，他回答说："落下闳营之，鲜于妄人度之，耿中丞象之。"我们因此似乎就被强加了一个概念，落下闳确实曾经制造了浑仪(约公元前104年)。在前文提到过的蔡邕上书中给出过对这种仪器的描述，他大约在180年上书皇帝：

今史官候台所用铜仪，则其

法也。立八尺圆体,而具天地之形,以正黄道,占察发敛,以行日月,以步五纬;精微深妙……

我们所拥有的关于浑仪的最古老资料是张衡《浑仪》(约125年)一书的残篇。 170
这一重要文献一开始就写道:

赤道横带浑天之腹,去极九十一度十九分度之五。黄道斜带其腹,出赤道表里各二十四度。故夏至去极六十七度而强,冬至去极百一十五度亦强也。

然则黄道斜截赤道者,则春分、秋分之去极也。今此春分去极九十少,秋分去极九十二度少者,就夏至晷景去极之法以为率也。

这两段文字给出了汉代青铜浑仪的概貌,不过第二段因为另外的原因而更有意义。前面已经提到320年虞喜发现岁差,然而这里从张衡的话中我们看到,中国天文学家在一个更早的年代已经对这一事件感到不安了。二分点的北极距显然不相等的情况,只有在使用传统的二至点影长测量数值,并且继续依赖传统的极星来计算时才出现的。这时本来应该重新测定二至点的影长,从而认识到极星位置已经移动。

张衡的原文中还提到通过浑仪赤道环的直接度量来对黄道进行分度。他描述了一个可操作的方法:

是以作小浑,尽赤道、黄道,乃各调赋三百六十五度四分之一,从冬至所在起……取北极及衡各针掾之为轴,取薄竹篾,穿其两端,令两穿中间与浑半等……令篾半之际从冬至起,一度一移之,视篾之半际多少黄赤道几也。……从北极数之,则去极之度也。

这种方法一直沿用了一千五百年之久,直到元、明时代受到阿拉伯和西方影响为止。这是用赤道坐标表示天体沿黄道运动的主要方法。传统的中国天文学始终没有把在赤道坐标系统中划分二十八宿(相当于现在的赤经)的办 171
法推广到黄道坐标系统中去。①

关于这种仪器,我们只从有关人物的活动中知道那么一丁点。一则特别有趣的记载来自桓谭(公元前40年—公元30年)的著作:

扬子云好天文,问之于黄门作浑天老工。曰:"我少能作其事,但随

① 这种说法欠妥。中国古代虽然没有沿着黄道另外划分出二十八个宿来,但在隋唐以后的《律历志》中给出了与二十八宿赤道度数对应的二十八宿黄道度数,用来描述太阳和行星沿黄道的运动。——译者

尺寸法度，殊不晓达其意。然稍稍益愈，到今七十，乃甫适知，已又老且死矣。今我儿子爱学作之，亦当复年如我乃知晓，已又且复死焉。”其言可悲可笑也。

这段文字告诉我们几件事情。在扬雄的时代(公元前53年—公元18年)明显已经有制作仪器的传统了。这些事实加强了落下闳曾经使用过浑环的论断。此外，人们可以由此感觉得到，当时缺乏技术的传授，很少有人能解释天球。也许这是可以预料的，因为浑仪被当作国家机密，或者至少也是一种“机密情报”。

3. 时钟机械的发明

第一座水运浑仪是公元132年前后张衡所制作的一些浑仪中的一个，据说它借助于漏壶的恒压水头用水轮缓慢转动。7世纪中的《晋书》记载说：

……张平子既作浑天铜仪，于密室中以漏水转之。令伺之者，闭户而唱之。其伺之者以告灵台之观天者曰：璇玑所加某星始见，某星已中，某星今没，皆如合符也。

这样大致情形就清楚了。事情的经过就是：两个观测者把密室中机械浑仪所演示的天象和天上的实际天象进行了比较。

172 所有这一切都远在723年左右一行和梁令瓒发明第一个擒纵器——所有机械计时器的关键部件(参见本书第三卷)——之前。此后，演示用的浑仪和浑象仍继续使用动力来运转，直到耶稣会传教士来华。在8世纪之前，这种机械装置不大会以足够精确的速率转动，只设计成用来粗略计时，兼用作一种演示和计算的装置。事实上，在中国浑仪的长期发展过程中，形式上是一种天文仪器，本质上却是时钟装置。因为从张衡时代起，天文技术人员一直想做出一种缓慢旋转的轮子，与天上的周日视运动步调一致。8世纪初期之后，这个问题实质上已经解决了。张衡如何做到这一点还不知道。

很自然地产生了如下问题：张衡和他的后继者们为什么要这样做呢？成书年代与张衡在世年代大致相当的《尚书纬考灵曜》中有一段有关记载令人很感兴趣：

璇玑中而星未中为急；急者日过其度，月不及其宿。璇玑未中而星中为舒；舒者日不及其度，月过其宿。璇玑中而星中为调；调者风雨时，庶草蕃芜，而五谷登，万事康也。

这段话为我们给出了两种浑仪的区别：计算用的浑仪置于密室，观测用的浑仪置于露台。汉代的天文学家和他们的前辈以及后继者一样，十分注重恒星显示方位和日月显示方位之间的分歧或差异。从很多古代资料来看，事情很可能是这样：在浑仪中，有一些小物件代表太阳、月亮和行星，他们附于浑仪或浑象的某处，但能在上面自由移动，这样室内的计算者可以调整它们的位置，使得它们与历书上的预测符合。如果他报告的恒星上中天或别种运行与室外的观测者看到的不合，就可以在历法计算中进行修正。 173

苏颂在 1092 年给皇帝的上书中引用了上述汉代纬书中的这段话之后，接着说：

> 由是言之，观璇玑者不独视天时而布政令，抑欲察灾祥而省得失也。

这段话以很有意思的方式把预测灾祥的能力合理化了，在中古时代，一般人自然地把预测灾祥当作天文学家的工作。苏颂说，他们在某种程度上是能够预见未来的，因为他们知道，如果历书编制正确，农事完全按照季节进行，那么除非发生特大灾害，自然就会丰收。不管怎样，中国唐代以前的浑仪或浑象尽管没有擒纵器，转动也或快或慢，但它们经历了无数个暴风雨的夜晚和阴霾的白天，而要完全否定它们在占星术上的作用，那可能是不明智的。

关于时钟和它的前身就谈这些。但是在这些古书的记载中，还有一些有意义的东西被汉学家们忽略了。1090 年在开封建立的苏颂水运仪象台上安置了由水力驱动的浑仪，其中安装了窥管。对天文学家来说，这种给观测仪器安装上水运装置的做法只有一个目的，就是保证窥管自动转动并指向特定的天体，当该天体因为地球的绕轴自转而在天空中缓慢移动时能够跟踪它。窥管转动的速率不能超过每小时 15 度，而这相当于苏颂时钟的 163 声滴答声。因为这台青铜仪器的重量必定超过 20 吨，所以这个机械装置的调节应该是比较粗略的。

这台仪器还有另一项功能也应该得到重视。苏颂自己说过，天体可以自动地保持在窥管的视场内。他说，事实上还做到了，让白天的太阳留在窥管中。大概这是为了检测整个时钟的计时。仪器每滴答一声前进一步后，这种运动会使太阳光线重新射入窥管一次。 174

西方在 1670 年由罗伯特·胡克(Robert Hooke)首次建议用一种时钟驱动的自动调节望远镜来跟踪天体，然而由于技术原因，这个建议直到 1824 年由约瑟夫·弗朗和费(Joseph Fraunhofer)付诸实行。我们可以总结说，中古时代中国浑仪的机械化，虽然主要运用于为计算和演示目的的仪器，却率先发明了现代望远镜上的时钟装置。苏颂出色地把时钟机械和观测用的浑仪结合起来，因而领先了胡克六个世纪，领先了弗朗和费七个半世纪。

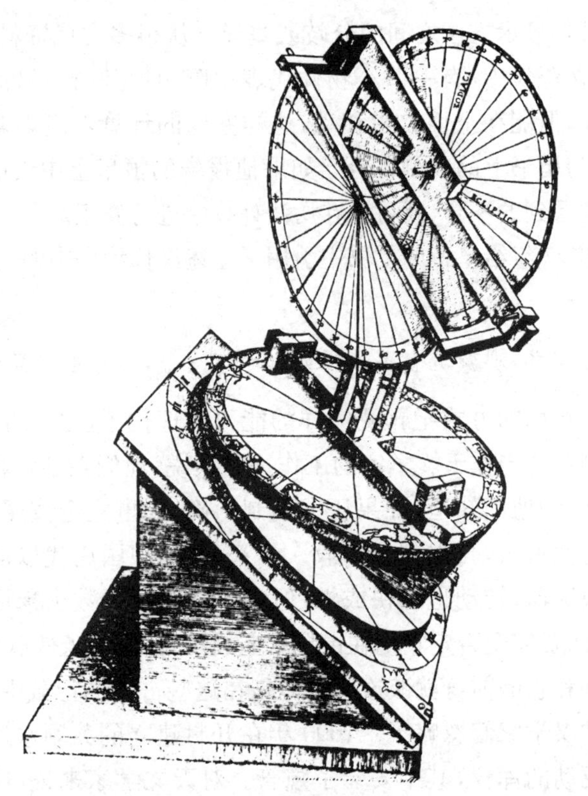

175 **106** 公元1540年皮特里斯·阿皮亚努斯(Petrus Apianus)的黄赤道转换仪

4. 赤道式装置的发明

关于南宋的浑仪我们了解得很少,可是13世纪郭守敬的一些仪器至今还在,被保存在南京东北郊中国科学院紫金山天文台内。制成于明代的这些仪器,到1600年耶稣会传教士来华时还在使用。利玛窦(Matteo Ricci)曾经提到过它们,他对其中一件仪器的描述很有意思:

> 其四,即最后一具,乃其中最大者,似由大星盘三、四具拼合而成……一盘斜置于南面以象赤道;另一盘立于水平面之上,神父曾误以为子午圈,而此盘固可绕自身之轴而旋转者;复有一盘置于子午面上,具垂直轴,似表示一垂直圈,然此轴亦可以垂直方向任意旋转。此外,各盘均有刻度,以凸起之钉为标志,如此则夜间暗中摸索,即可知其度数。此复合星盘仪全部置于大理石座上,石座四周有水渠以取平。

关于元代太史院在1276年到1279年重新置备仪器的情况,我们是从中国的可靠文献中了解到的,其中当然包括《元史》。图107、108和109所示的仪器在《元史》中叫做"简仪"。我们可以把这台仪器看成是中世纪"黄赤道转换

图 107 简仪(郭守敬于公元 1270 年前后设计建造。这是所有现代赤道仪的前身。图中仪器似是皇甫仲和的仿制品。照片摄自东南方。底座长 5.5 米,宽 3.8 米,装备窥管的可转动赤纬环直径 1.8 米,由此可以推想全仪的大小。中国科学院摄) 176

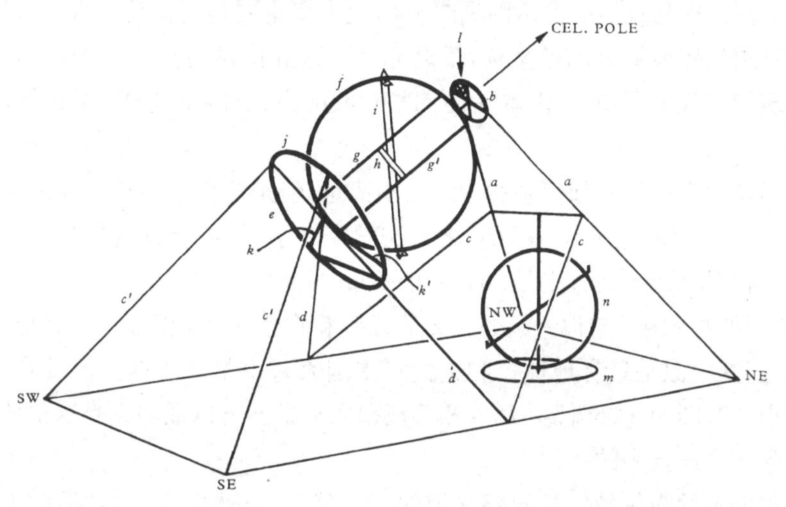

图 108 郭守敬简仪图解(从东南方向观看,以便与图 107 对比) 177

a,a:北极云架; b:规环,直径 71 厘米(固定着); c,c,c′,c′:龙柱; d,d:南极云架; e:百刻环,刻有十二时辰和一百刻,每刻分成三十六分,环上北面有四个圆轴,使它所承的直径 1.93 米的赤道环(j)便于旋转; f:四游双环,直径 1.83 米。两面都刻有周天度和分,附有窥衡(i)以便测量去极度; g,g′:直距; h:横关,可防止变形; j:可转动的赤道环,直径 1.83 米,细刻列宿及周天度分,中间由十字距加固,与四游环同; k,k′:界衡,可动独立径向指针,有无横耳不详,从名称来看是划定列宿边界的; l:定极环,直径六度,附于规环上部(只能在图 109 中才可见),中间有斜十字距,距中心有孔,它似乎用来测定北极上中天的时刻。可通过连在南极云架上的铜板小孔进行观测,主要极轴通过百刻环、赤道环及规环的中心,也有小孔,从而形成一根极轴窥管; m:阴纬环,固定的地球坐标平经圈; n:立运环,测量高度角,垂直旋转,附窥管。

图 109 郭守敬简仪(从南面观看,在上方可看到附在"规环"上的"定极环"及其十字距和中心孔。中国科学院摄)

仪"(torquetum)的简化,它由一系列的盘和环构成,但不像浑仪那样装置成同心的圆环。这种仪器的演示图见图 106,它大概主要是用在计算方面,可以直接把黄道坐标换算成赤道坐标,反之亦然。这好像是阿拉伯人的发明,可能与西班牙穆斯林贾布・伊本・阿弗拉(Jābir ibn Aflah,生于 1130 年左右)有关。

阿拉伯人的发明如何到达中国还不清楚,但是这似乎经过了波斯马拉盖天文台(Marāghah Observatory)的天文学家之手,很可能就是札马鲁・丁・伊本・穆罕默德・纳查里(Jamāl al-Din ibn Muhammad al-Najjārī),他于公元 1258 年到达中国。与他一起的天文学家带来了七件天文仪器,在《元史》中都有描述,其中似乎只有地球仪和星盘对中国人来说是新东西。但没有"黄赤道转换仪"(图 108)的记载,尽管相关证据似乎足够可以证明它是这次传入中国的阿拉伯仪器中的一件。

郭守敬的简仪最使我们感兴趣的一点就是,虽然作为一架"拆散了的浑仪",并和黄赤道转换仪有关,但它却是纯赤道式的(图 106)。毫无疑问,正是因为被去掉了黄道部件,它才被叫做"简仪"。这说明这种仪器虽然曾可能受到过阿拉伯的影响,可是郭守敬为了使它适合中国天文学的特点,已经作了修改,即改用了赤道坐标系。他如此行事,大大领先于现代望远镜中广泛使用的赤道装置(图 110),因为在这样的装置中,需要一种只绕一根轴转动的旋转来跟踪横穿天际的弯曲路径。这里,我们再一次看到中国人坚持使用后来通行世界的赤道坐标系统,也看到中国人致力于实用技术上的简单性。

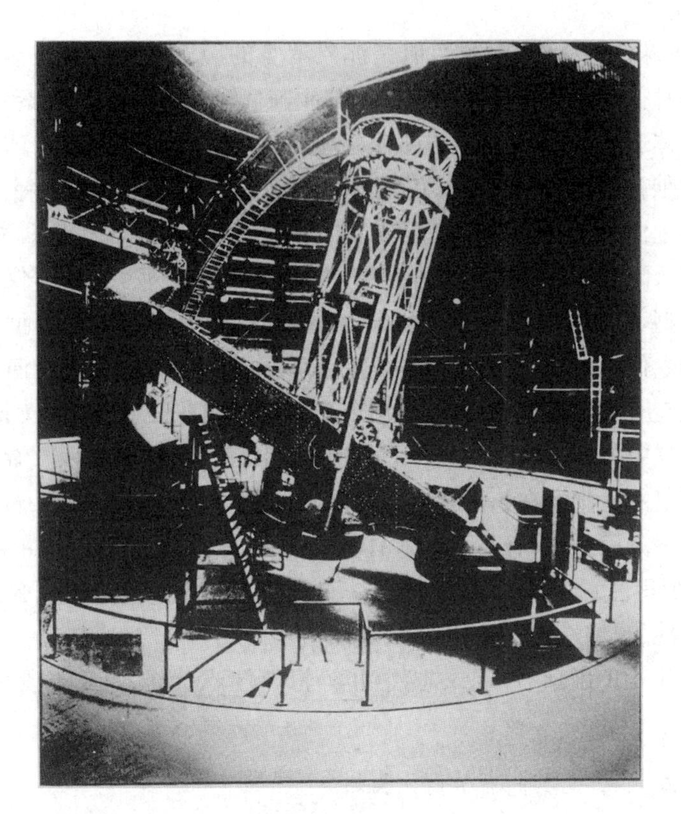

图 110 20世纪赤道式望远镜［加利福尼亚威尔逊山(Mount Wilson)上的100英寸(2.5米)反射望远镜。黑耳天文台(Hale Observatories)摄］

179

中国人当时似乎没有接受地球仪，也没有迹象表明他们接受了星盘，这样的实物一件也没有。但是，中国人却拥有一件仪器，它在西方是星盘的前身，这就是传重升降钟，一种在希腊化时代并不算稀罕的水钟。它有一个青铜晷面，晷面通过一个浮子的升降而转动，浮子用平衡索附着在鼓轮上。一个木栓代表太阳，插在晷面上位置合适的小孔中，晷面在一层代表子午圈、天赤道等等的金属网后面转动。这一装置恰与星盘相反，星盘上的恒星点标在蛛网上，而晷面上刻了各种各样的圈圈在下面转动。有证据表明(将在本书第三卷中讨论)，传重升降钟的晷面——所有钟表的钟面的前身，已经为中国人所知，并在一些水钟中使用了。

天球仪

180

在一个球面上表现星座和恒星的想法可以追溯到古希腊，而这可能是从巴比伦人的一些实践经验中发展而来。尽管人们一般认为，在中国古典技术名词中,天球仪被称作"浑象",但是浑象本身的历史却还没有被搞清楚。既然石申和甘德测定恒星位置的年代在公元前4世纪,那么,认为秦、汉时代不会制成实体球式的"浑天仪"是没有道理的。我们拥有的提到天球仪理论和浑环的文献就属于这一时期,而问题却是依赖于某些名词如何解释。

传统上浑象不同于具有实测功能的浑仪,但这类仪器不止两种,而是有三种类型。除去上述两种以外,还有一种演示用的浑仪,这种浑仪中央装有大地的模型,并有使外重诸环不断转动的装置,也有不带大地模型和转动装置的。结论似乎就是,在公元4世纪以前"浑象"一词,往往是指演示用的浑仪。这类装有大地模型的浑仪,可引公元250年左右王蕃的叙述为证,他解释说想从浑仪中挪开大地模型,而用平的柜顶来替代它代表大地。看来把这种演示用浑仪的一半沉在箱形容器内的做法一直沿用到8世纪初一行和梁令瓒时代。另一方面,开始有真正的实体天球仪似乎不早于钱乐之的年代(公元435年),值得注意的是,这种天球仪一直到310年左右陈卓根据公元前4世纪开始出现的《星经》编制成标准的星图后才出现。

这一点可以用《隋书·天文志》中由李淳风写于公元654年的一段话来证明:

> 浑天象:
>
> 浑天象者,其制有机而无衡。
>
> 梁末秘府有,以木为之。其圆如丸,其大数围。南北两头有轴。遍体布二十八宿、三家星、黄赤二道及天汉等。别为横规环,以匡其外。高下管之,以象地。南轴头入地,注于南植,以象南(天)极。北轴头出于地上,注于北植,以象北(天)极。正东西运转。昏明中星,既其应度,分至、气节,亦验,在不差而已。
>
> 不如浑仪,别有衡管,测揆日月,分步星度则也。

181

这段记载连同一些对它的进一步注释,再加上王蕃的一些话,带给我们如下图景:当张衡在125年制作真正的浑仪时,他把它做成了两种形式,一种用于实测,另一种用于演示和计算。张衡似乎没有在浑仪正中央放上地的模型。刘智在公元274年也没有放上地的模型。[①] 放进地的模型似乎是3世纪中叶葛衡的贡献,紧接着王蕃便采用另一办法,把天球的一半放在柜中,把柜顶当作地平。

公元5世纪初,开始出现了真正的天球仪。在435年钱乐之至少制造了两具仪器,一具属于传统的浑仪,附有地的模型;另一具是真正的天球仪。

① 该句应该改作:"陆绩在公元225年也没有放进地的模型。"刘智274年的模型中是有大地的。——译者

制约因素大概就是根据《星经》来编制标准星图的问题。做过吴国太史令的陈卓在 310 年编制了第一部标准星图，我们被明确告知，钱乐之的天球仪就是以这些星图为基础的。此后经历了很长一段时间，我们能够肯定的下一个大天球仪是苏颂于 1090 年放置在他的水运仪象台上的浑象(图 111)。接着就是郭守敬的浑天象(1276 年)。这一传统被耶稣会传教士所继承。非常遗憾的是，中古早期中国的浑象没有一个被保存下来。

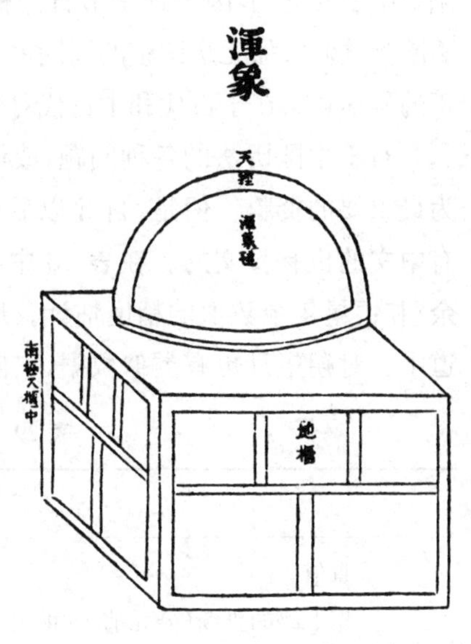

图 111 苏颂的天球仪[一半隐在柜中,用水力时钟机械运转。采自《新仪象法要》(1092 年)]

182

跟欧洲相比,中国天球仪的发展在有些方面显得缓慢,但在另一些方面却又比较先进。虽然到 5 世纪初才出现实体天球仪,的确为期较晚;但是演示用的浑仪至迟在 3 世纪中叶已装有大地的模型,这一做法又是极其先进的。欧洲人直到 15 世纪末才发展到这一阶段。

第六节 历法天文学和行星天文学

虽然关于中国历法的文献很多,但它们在自然科学方面的意义不如在考古学和历史学方面的意义来得大。但是,正如我们在前面所看到的,在中国历史上,二十二个世纪中出现的 100 多部历法,串成的这历法系列,的的确确也是各种历表和天文表的精度不断演进的系列。所谓历法,只不过是把时日组合成一个个周期以适合日常生活和文化或宗教习惯的方法。历法的组成单元,有一些以对人类显然有重要意义的天文周期为依据,如日、月、年等;另一些是人为的,例如星期和时、分、秒等。历法的复杂性在于根据太阳确定的周期不能被根据月亮运动确定的周期整除。朔望月(从新月到新月)长度的现在值是 29. 530 50 天,而回归年(从春分点到春分点)的长度是 365. 242 19 天,这其中一个数字不是另一个的整数倍。根据月亮的运动建立的历法,即只用阴历月,无法预示季节的变迁;而只根据回归年制订的历法不能预示望月,而望月在人类没有使用人工照明的年代是相当重要的。所以,在西方文明中复活节的日期在阳历中是移动的,因为这个节日是根据阴历确定的。可以说,整个历法史就是不断尝试调整那无法调整的周期关系。所以我们在这方面的论述比较简略,真正的科学意义在于古代和中古代对行星公转周期的估算精度方面。

对于中国历法的各种问题,或许以邢云路1600年前后著的《古今律历考》为最重要的资料。但是,自此以后许多可靠的著作被写出来,这些著作中既有中文的也有日文的。在表28中我们给出了一些中国人确定的回归年"岁余"和恒星年余数值的精度估计。从5世纪开始,这两个数值都已经被精确知道了。对朔望月也有类似数据,它们在表29中给出。

183

表29　朔望月长度值

	朔望月长度(天数)
真值	29.530 588
据卜辞的推断(公元前13世纪)	29.53
杨伟(《景初历》,公元237年)	29.530 598
何承天(《元嘉历》,公元443年)	29.530 585
祖冲之(《大明历》,公元463年)	29.530 591

日、月和行星的运动

中国本土天文学从未尝试用一种先进的几何学方法来分析月球的运动。《逸周书》是最早提到月球运动的文献之一,年代大概早于公元前300年。公元前120年左右的《淮南子》给出了一段关于月球运动的说明,说月亮每天在恒星间向东运动13中国度,这是后来采用了很久的数据(现代值是13°或12.8中国度①)。公元前4世纪的石申已经知道月亮的运动速率是变化的,并且月亮的运动轨道时而在黄道南、时而在黄道北。最早提到"月行九道"(因为月球绕地球运动轨道的缓慢进动而形成的一套连续的轨道)(图112)是《洪范五行传》,该书由刘向著于公元前10年左右,书里给出了详细的叙述。依照传统习惯,月行的轨道被标上了颜色,但白色是主要的。

184

四季的长度不等,这在中国发现得相当晚。虽然从汉代天文学家所用的数据来看,他们已经知道二分点不在二至点的正中(而正是这个事实使得古

① 这里给出的数字过于粗糙,而且换算有误。按现代值,月亮平均每天行走13.176°,合13.359中国度。——译者

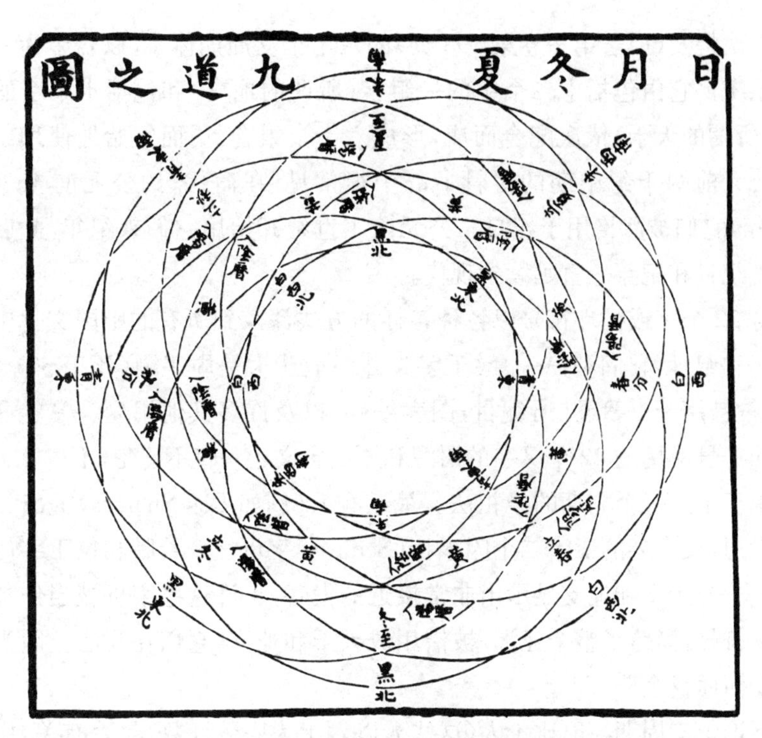

图 112　晚清重刻的月行九道图[此图表示月球轨道的长轴逐渐向前移动。八个远地点(月球绕地轨道上离开地球最远的点)的不同位置分别由图中最外侧的突出部分表示。月球在八九年间(实际上是 3 232. 575 天)依次通过这些位置。轨道当然是由一条线旋绕而成,而不是九条分开的线,但此图是汉代的画法]

185

希腊天文学家喜帕恰斯在公元前 2 世纪提出太阳的偏心运动理论),但在中国直到 570 年北齐张子信和他的学生张孟宾的时代才认识到这一点。也许这归因于当时中国对发展一种合适的代数方法的需求(喜帕恰斯当然是使用一种基于希腊行星轨道几何模型的几何学方法)。我们在前面讲述数学一章中已经看到,唐代数学家李淳风已经知道有限差分法,这是一种很重要的代数方法,可以求出各种方程——例如太阳经过天空的角运动方程——的常数项。由于这种方法据信始于 5、6 世纪之间的祖冲之和刘焯,因此二张可能已经知道它。但更早就无人知晓了,尽管这种方法可能要追溯到巴比伦。中国和巴比伦在日月运动历表(对特定日期给出了天体位置的表格)上的相似性,其实早已为人们所觉察。

干支周期

在中国文化中,最古老的纪日法完全不依赖于太阳和月亮。这就是我们曾经多次提及(原著第一卷第198页)的六十干支周期体系,以六十为一组的计数系统。它由包括十二个字的一组字(所谓的地支)和包括十个字的另一组字(所谓的天干)依次配合而成,形成六十个组合,周而复始地使用。这些字在公元前两千纪中期的甲骨卜辞中很常见,在商代(约公元前1520—前1030年)它们被严格用于纪日。公元前1世纪开始用它们来纪年,此后连续的干支纪日和纪年一直延续到现代。

这22个字或循环符号以各种各样的方式深入到所有的中国文化中。除了纪年和纪日,它们和另一套《千字文》[一般认为是周兴嗣(死于521年)所作]也常被用于书籍卷、册编目,图表编码,以及许多其他用途。关于这些作为周期符号使用的22个汉字的语源和原始含义还一直不清楚,不过十天干可能来源于十天一个周期的祭祀法。最近有人(例如Ras Shamra)提出一种迷人的设想,最古老的二十二个闪米特(Semitic)字母——希腊和拉丁字母来源于此——与天干和地支显示出非常接近的发音,也许这些字母被当作神奇的超自然符号,横跨了整个亚洲,被借用成天干和地支,它们在写法上因为发生了改变而面目全非了。

186

不论干支周期与巴比伦人(这些人以六十为底数计数)是否有关,用六十日作为一个计算单位是很方便的,循环六次正好差不多等于一回归年。同样,六十日周期又可分为六个周期,每个周期十天;而且,六十日也差不多等于两个朔望月。必要时,可置一个到三个十天的闰,偶尔也插入整整一个六十日周期。十日周期一直沿用到我们现在,农村至今还在使用。七日的星期制是经波斯、粟特(Sogdian)商人从域外传入的,传入年代不会早于宋代。当时的一条记载说:"如果你不知道星期几,就去问粟特人。"①有一些证据表明,西周早期也有一种类似的七日周期制,但没有传下来。

中国的六十干支周期可以比作两个互相啮合的齿轮,一个轮有十二齿,另一个有十齿,这样六十个组合之后,新的循环又开始了。最为有趣的一点是,古代美洲文化中也有类似于中国古代的周期制,只是稍微复杂而已。玛雅人有一种宗教年(tzolkin),每年260日,由数目字1到13和二十个纪日的象形字循环配合而成;这种年之后紧接着一种历法年(haab),由二十个纪日的

---

① 据《文殊师利菩萨及诸仙所说吉凶时日善恶宿曜经》卷下"七曜值日品第八"载:"夫七曜者,所谓日月五星下值人间,一日一易,七日周而复始。其所用各各于事有宜者不宜者。请细详用之。忽不记得,但问胡及波斯并五天竺人总知。"原文所引似乎出于此佛经而经宋代学者转载。《文殊师利菩萨及诸仙所说吉凶时日善恶宿曜经》由唐不空三藏于乾元二年(759年)从梵文翻译成汉文,故七日星期制传入中国当不晚于中唐时代。原文所谓不早于宋代,误。——译者

象形字同十九个月配合而成，每年有 365 日，十八个二十天周期外加上五天。在这种情况下，相啮合的两个齿轮分别为 260 齿和 365 齿，整个周期为 18 980 日或 52 年。这样构成的循环周期被阿兹特克人和其他中美洲文化所采用。但是由于其公倍数不便于计算，玛雅人又发展了一种以二十进位为基础的类似纪日系统，这为他们提供了一套极其精确的纪日法。

一种普遍的观点认为十天干是由五行说与阴阳说结合而成，但这种看法是不正确的，因为十天干远远早于这两种晚周学说而先出现。很有可能的是，它们是每旬十日的名称，到了西汉，它们才和十个出处不明的占星术名称发生了联系。十二地支名称则很早便用在一回归年的十二个月份上，但也还用在其他方面，特别是罗盘的方位和每恒星日（即根据恒星而不是根据太阳确定的一天长度，一恒星日大约比一平太阳日短四分钟）的十二个时辰上。有人认为，十二地支源于每月例行的仪式。中国人还有另一套同时并用的占星术名称，大概出自用木星来纪年的周期。因此，接下来需要考察一下行星周期问题。 187

行星的公转

《开元占经》上载有公元前 4 世纪以后天文学各学派的一些基本术语。所有的中国天文学文献都证实了这些记载，而最近发现了一些迄今为止还无人知晓的行星运动方面的手稿，尤其引人注目的是马王堆出土的大约属于公元前 168 年的手稿。每颗行星都与五行之一和五方之一相配。众所周知，由于地球和其他行星之间的相对位置在不断变化，当在夜晚观测行星时，在大部分时间里它们在恒星背景下向东移动，但有时它们看起来变得静止不动，然后开始向西移动（逆行），然后再一次停止不动之后，又开始向东运动（顺行）。中国人有一套专用术语来描述所有的行星视运动。

(1) 木星	岁星	木	东
(2) 火星	荧惑	火	南
(3) 土星	镇星	土	中
(4) 金星	太白	金	西
(5) 水星	辰星	水	北

战国时代的观测者，一定已经按照他们的方法绘制了五星运行图。关于行星逆行，司马迁在《史记》中写了很多。这里复制了一幅来自后代资料的水星逆行图（图 113），但所图示的事实一定为古代中国人所熟悉。通过比较公

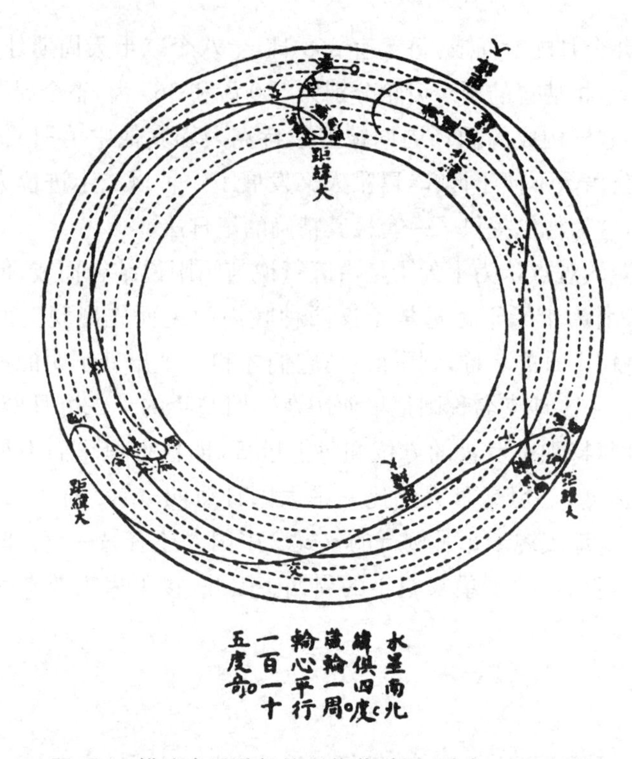

图 113 描述水星逆行的环状黄道图(采自 1726 年的《图书集成》,从 635 年的《晋书》所载的定义来看,图中所用表示五星运行的术语是很古的)

189

元前 400 年—公元 100 年之间不同年代的行星公转周期数值(表 30),我们可以明确地觉察到当时天文学在日趋精密。并且由此可见,到 1 世纪末,五星会合周期(在天空中完成一个视路径的周期)的估测值已经非常可靠。西方在这方面略晚一些,大约 175 年斯多噶派(the Stoic)学者克雷奥梅德斯(Cleomedes)给出的一些数值具有相同的精度。水星由于最难被肉眼观测到,所以它引起的困难也最大。

尽管有如此正确的观测,但中国对行星运动的研究一直停留在纯数字水平上。不像在希腊天文学中,用圆和曲线的几何学来给出行星运动的图解,并提出与此几何图景相符合的理论。中国天文学则总是使用巴比伦天文学家纳布里亚努(Nabu-riannu)和基丁努(Kidinnu)那样的代数学方法,从来不寻求一种行星运动的几何模型。如果说中国天文学在耶稣会传教士入华时显得有些陈旧的原因就在于此,那么人们还必须记得,从开普勒及其后继者为了摆脱圆周运动理论而得到椭圆轨道的概念所作出的巨大努力来看,希腊人对几何学的依赖却是太过分了。

表 30 行星公转周期估测值

	水星	金星	火星	木星		土星	
真值	日数	日数	日数	日数	年数	日数	年数
恒星周期①	87.969	224.7	686.98	4 333	11.86	10 759	29.46
会合周期②	115.877	583.921	779.936	398.884		378.092	
石申(公元前 4 世纪)③	—	736	780	—		—	
甘德(公元前 4 世纪)④	68+	585	—	400		—	
克尼都的欧多克斯(公元前 408 年—前 255 年)	110	570	260	390		390	28
《淮南子》⑤(公元前 2 世纪)	—	635	—	—		—	
《洛书纬甄曜度》作者(约公元前 2 世纪)	74+	—	—	—		—	
司马迁(公元前 1 世纪)(《史记》所载)	—	626	—	395.7	12	360	28
刘歆(公元前 1 世纪末)(《汉书》所载)	115.91	584.13	780.52	398.71	11.92	377.93	29.79
李梵(公元 85 年)(《后汉书》所载)	115.881	584.024	779.532	398.846	11.87	378.059	29.51

① 恒星的公转周期是行星以恒星为参考物在轨道上绕太阳公转一周的时间。
② 会合周期是行星以太阳为准,两次与地球会合的时间间隔,也就是行星两次通过地球和太阳的连线的时间间隔。
③④ 保存在《开元占经》中的数据。《晏子春秋》(约公元前 4 世纪)卷一第二十二页正面也提到过火星的运动。
⑤《淮南子》卷三第四页正面。

然而，就说中国天文学家们从未想象过行星的运动轨道是轻率的。在
190 《朱子全书》耐人寻味的一章中，记载了1190年前后几段对话，这位哲学家曾谈到"大轮"和"小轮"，也就是日、月的小"轨道"和行星与恒星的大"轨道"。特别有意义的是，他已经认识到"逆行"不过是由于天体相对速度不同而产生的一种视现象。他主张历算家们都应当明白，所有逆行和倒退的运动，本质上都是顺行和前进的运动。

当17世纪耶稣会传教士把欧洲的思想带入中国时，他们描述的行星运动理论是古希腊的天球理论，地球位于宇宙的正中央。只有在很少的几年里，他们简单提及了哥白尼的日心说，但是当1616年日心说被列入罗马教廷的《禁书目录》中之后，传教士们再也没有冒险传播过它。第谷·布拉赫发明了一种替代理论，在这理论中地球仍然留在宇宙的正中不动，有月亮和太阳围绕它运转，而其他行星则围绕太阳转动。这种学说不受谴责，所以传教士们把它介绍给中国学者。所有这一切的结果是给中国人加强了如下印象：西方人的理论是前言不搭后语的。伟大的中国天文学家王锡阐(1628—1682年)像他的许多同胞一样，在接受新知识时不受正统学说的限制，他接受并修改了第谷的理论，进一步提出最外层行星的天球向太阳发出一种作用力，来解释行星的运动。他的工作，以及其他许多受欧洲天文学来华的激发而做出的工作，鼓舞了中国人重新发现已经被遗忘了近三个世纪的他们自己的天文学传统，并重新拥有对它们的兴趣。

十二次

因为木星的恒星周期(绕太阳一整圈的时间)差不多等于十二年(实际上是11.86年)，所以木星的周期运动必定在很早的时候就引起人们的注意了，而它还似乎与十二支以及一回归年的12.37个朔望月有某种联系。《计倪子》一书在介绍公元前4世纪南方的传统知识时说：

> 太阴三岁处金则穰，三岁处水则毁，三岁处木则康，三岁处火则旱。故散有时，积籴有时。领则决万物，不过三岁而发矣。……

191 这里的"太阴"不是指月球，而是指一个假想的看不见的"反木星"，它的公转方向与木星的公转方向正好相反。木星(岁星)和其他行星在恒星背景上向东运动，因此想象出一个"影子行星"(太岁或岁阴)跟太阳一起向西运动。木星的十二站称为"次"，整个周期的年数叫做"纪"。一纪中的岁名以两种形式传了下来，一种属于天文学的，另一种属于星占学的。因此这些岁名自然地既被用于一年的十二个月和一日的十二时辰，也被用于岁星纪年。天文学上

的一套名称被用来描述木星的位置，而星占学或历法上的一套名称则被用来表示反木星（太岁）的位置。

月份的名称在中国古代历法中不是很重要。回归年的十二个月（气）被分成二十四个双周，其中十二个是“中气”，十二个是“节气”（以竹节作比）。这些名称列在表 31 中。它们无疑是很古老的，最早的文字资料见于晚周的《穆天子传》。在此之前的商代，月有 29 天的小月和 30 天的大月，有时两个大月连续出现。[①]

192

表 31 二十四节气表

	名 称	开 始 日 期[②]
1	立春	2 月 5 日
2	雨水	2 月 20 日
3	惊蛰	3 月 7 日
4	春分	3 月 22 日
5	清明	4 月 6 日
6	谷雨	4 月 21 日
7	立夏	5 月 6 日
8	小满	5 月 22 日
9	芒种	6 月 7 日
10	夏至	6 月 22 日
11	小暑	7 月 8 日
12	大暑	7 月 24 日
13	立秋	8 月 8 日
14	处暑	8 月 24 日
15	白露	9 月 8 日
16	秋分	9 月 24 日
17	寒露	10 月 9 日
18	霜降	10 月 24 日
19	立冬	11 月 8 日
20	小雪	11 月 23 日
21	大雪	12 月 7 日
22	冬至	12 月 22 日
23	小寒	1 月 6 日
24	大寒	1 月 21 日

注：二十四节气的每一气相当于太阳在黄道上移动黄经 15°。节气的平均周期是 15.218 日；半个朔望月的长度为 14.765 日。这些节气名称表明，这一制度最初是在黄河流域或黄河以北制定的。

① 商代月份是不是这样安排，学术界还没有定论。——译者

② 二十四节气的开始日期在公历上并不是固定不变的，现代的情形也有 1 天的出入。——译者

从很早的时候起，十二次就和十二种动物如牛、羊、龙、猪等的生长周期有关联。东、西方学者关于这些联系的起源大有争论，一些人认为它们是从邻近的突厥人(Turkic)或古代中东国家传到中国的；另一些人则致力于证明这些主要是在中国土生土长的。这些议论，大部分需要根据目前关于文献年代及其可靠性的了解，而重新加以考虑；不过对于科学史家来说，无论谁发明了这些动物周期，都是一样的。它的意义似乎纯粹在于考古学和人类学方面。然而值得一提的是，在大多数亚洲文化中，如蒙古族、藏族还有汉族，都还在用十二种动物纪年。

谐调周期

由于回归年不能分成整数个朔望月，所有文明的历法制订者都认识到某种"谐调"结果的重要性，这就是说按照阳历和阴历两种周期计算，经过一个较长的时间段后大致同时达到两种周期的末尾。19个回归年差不多等于235个朔望月。在西方，这个周期与雅典的默冬(Meton，约公元前432年)有关；在中国它叫做"章"。四个默冬周恰好等于七十六年或27 759日，这个周期与库齐库斯(Cyzicos)的卡利普斯(Callipus，活跃于公元前370—前330年，与石申同时代)有关，如果每个卡利普斯周中减少一日，那么据此制订的历法是相当令人满意的。在中国，这七十六年的周期叫做"蔀"。

其他的谐调周期也被发现。如二十七章等于47个月食周(一个月食周等于135个朔望月)或513年，这就叫一"会"。三会(或八十一章)构成一"统"(1539年)，周期小于一统时总日数不会是10的倍数。可以使六十干支、朔望月、回归年和食周在其中会合的最小周期是三统或4 617年。还有一种单位叫"纪"(前面已提到过作为木星公转周期的"纪")，或者叫"遂"或"大终"。一纪等于二十蔀，即1 520年或19×487个六旬周期。三纪成一"大备"，有称一"元"或一"首"。成书于汉代或更早的《周髀算经》接着说，七首为一"纪"，即31 920年。经过这样长的时间后，"生数皆终，万物复始"。这个"庞大周期"颇为有趣，因为它恰好等于儒略周(Julian cycle，7 980年)的四倍。儒略周是西方在16世纪晚期由约瑟夫·斯加利格(Joseph Scaliger)提出的，是《周髀算经》成书后几百年的事。"纪"是如下一些周期的最小公倍数，它们是：默冬章、卡利普斯蔀、八十年周期(其中包括若干六旬周期)以及六十干支本身、还有西方二十八年的安息周(sabbatical cycle)和十五年的罗马小纪(Roman indiction)。

还有其他有趣的周期关系。行星周期常数常被称为"纪母"，日、月、年周期常数称为"统母"。按照汉代的朔望月长度计算，最少需要八十一个朔望月

193

(2 392 日)才可能使日数为整数,如果把此数跟 135 个朔望月的月食周联系起来,把前者乘以 5、后者乘以 3,得 405 个朔望月或 11 960 日。这就是可容纳月食周的最短整日数周期,这一周期与玛雅人的大宗教年(tzolkin)相同。

那些较短的周期正好和希腊人的历周相同,在某些学者看来,这似乎已成为西方历法传入中国的有力证据。然而,有理由相信商代的人已经知道章和蔀了,这不是说发现了这些名称,在卜辞中迄今还没有发现章和蔀的字样;而是说发现了某些肯定被卜辞作者认为是极其重要的年月日期,从这些日期的间隔可以正确推断出章和蔀的周期。其中有两个是交食的日期(公元前 1311 年和公元前 1304 年),已用现代计算方法证明是正确的;另外两个是朔旦的日期(公元前 1313 年和公元前 1162 年)。这两个日期之间的间隔正好是二蔀或八章。如果这点可以肯定下来,我们就很难假定巴比伦人和商代的中国人不知道这些周期了。①

汉代天文学家想把五星公转的恒星周期和会合周期纳入上述那些历周之中去是很自然的。他们的想法是,在历周之初("上元")所有行星"聚"在天空中的一点,在历周之末行星再次聚在一起。木星和土星每隔 59. 577 9 年(恰好与干支纪年的周期很接近)差不多在天空中的同一点上会合一次。木星、土星和火星每隔 516. 33 年会合一次,这可以解释公元前 290 年左右的《孟子》中"五百年必有圣人出"的说法。中国古代很注意观测五星的"合"和"掩"或"食"。有时因为政治原因也会故意改动,如公元前 205 年的一次会合,发现它是错误的。但是经过重新计算,发现那些记录大部分十分可靠。如公元前 69 年的月掩火星和公元 361 年的月掩金星都与计算结果符合。我们还时常看到史书中预言被证实的记载,如公元 955 年窦俨的一次预言被证实。

194

"五星聚会"的想法也见于希腊和希腊化时代的文献中,它似乎来自贝罗索斯(Berossos,公元前 3 世纪)和巴比伦人。现在,三统相当于九个月食周(135 个朔望月)或 4 617 年,或者相当于 28 106 个六旬周期。这是汉代学者,主要是刘向和刘歆,结合五星周期提出的时间单位。他们认为经过 138 240 年之后,所有的行星将完全重复它们以前的运动,所以把这个"齿轮"和 4 617 年的周期配合起来,便形成一个完整的"大周",它有 23 639 040 年。这个周期的起点就是所谓的"太极上元"。在中国以后的天文学史中,这个想法一直以各种不同的形式延续着。想想一行在历法计算中引入不定分析法,得出自从

---

① 这一段论述存在两个问题。其一,几块甲骨的定年并不是这么肯定的,需要进一步研究;其二,交食必定发生在朔望,所以交食跟交食之间、朔旦跟朔旦之间,相差整数个蔀或章,是很自然的事情。这一点不能证明商代人已经了解蔀或章,只能证明商代人对交食和朔旦作了记录。——译者

上元以来到公元724年，时间已经过去了96.96百万年，这就是中古时代中国宇宙学广袤、博大的特征。一行之后一千年的西方世界，大主教乌舍耳(Ussher)计算出开天辟地的年代不会早于公元前4004年。

第七节 天象记录

交食

中国古代认为日食和月食是日、月被某种天龙慢慢吃掉(图114，图115)，这可从表示日月食的最早术语“食”字清楚地看出来，“食”字最早出现在安阳的甲骨卜辞中。“食”就是吃，它的原始象形文字像个带盖的食器()。交食较确切的技术名词是加上“虫”字的“蚀”字这个词直到相当晚的汉代才出现。

195 **图114** 月食(这里明亮的满月慢慢地变得非常暗淡，通常变成红褐色，只剩一弯月牙还保持明亮)

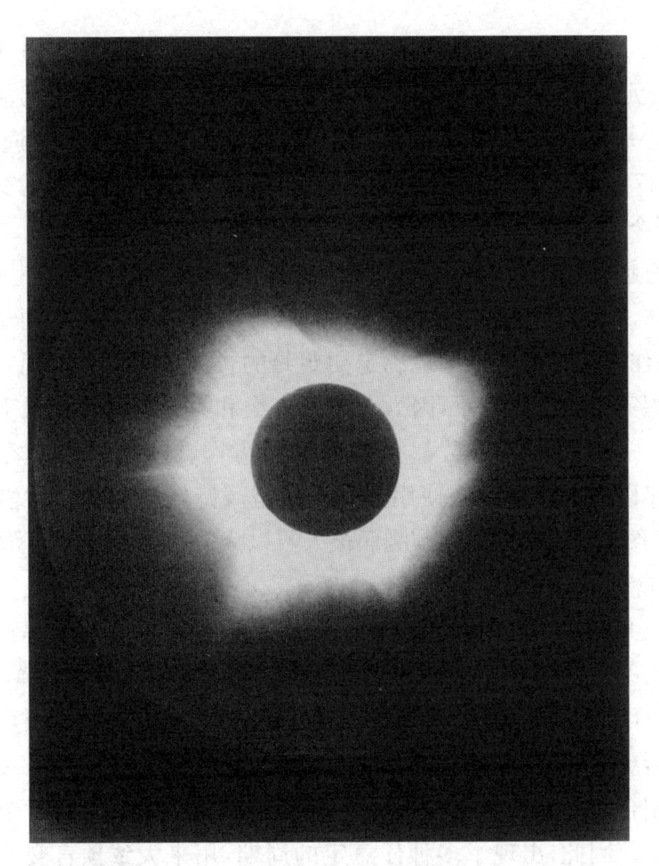

图 115　日全食(包围着被食尽的日面的日冕相对较暗，只有满月的一半亮，无法补偿突然而急剧失去的太阳光)

196

中国交食观测的历史可以上溯到多久远？自从对交食周期逐渐掌握，一行计算了夏、商两代的交食之后，这个问题已经争论了几百年了。历来认为记载在《书经》中的日食发生在公元前第三千纪。原文这样说："乃季秋月朔，辰弗集于房。"这次日食的证认年代从公元前 2165 年到前 1948 年都有，但是因为这个年代属于传说中的年代，而文献肯定是晚出的，所以精确推定这次日食年代的尝试被放弃了。接着人们认为载于《诗经》的日食是最早的，这次日食的年代被定为公元前 734 年，常被认为是所有人类文明历史上可考的最早日食，因为巴比伦的天象记录在托勒密时代以后就全部散失了。但是，公元前 331 年亚历山大大帝征服巴比伦后，显然曾经有一些公元前 747 年[拿波纳萨(Nabonassar)时代]或甚至公元前 763 年的巴比伦天象记录，被亚里士多德的侄子卡利斯提尼斯(Callisthenes)带往希腊。然而，最近对甲骨卜辞的研究使中国人在存世天象记录上更占优势。因为记录在甲骨上的六次月食和

197

一次日食已经被考证清楚了。这些月食的年份是公元前1361年,公元前1342年,公元前1328年,公元前1311年,公元前1304年和公元前1217年;日食的年份是公元前1217年。除了这几次月食外,还可以加上《逸周书》所载公元前1137年的第七次月食,显然都是正确的[①]。另外有更多的交食记录被破解,但至今还未能确定它们的年代。

一种有趣的论点认为,商代人观测月食不是出于星占术的考虑,而是为了编制历法。因为月食只能发生在望日或十分靠近望日的日子,而卜辞表明,它们的作者想尽可能准确地确定朔望月的长度。我们还得到一些有关商代国家组织等级状况的暗示,因为上述第一次和第五次月食记录下面都有一个"闻"字——也就是"盖非殷都所见,而得自方国奏闻者也"。这个"闻"字在一千五百年以后的汉代还在使用。有趣的是,《诗经》上日食用"醜",月食用"常"字,这意味着后者已经能预测而被人习以为常,而前者却尚不能预测。

1. 交食理论

中国人究竟在什么时候对交食的本质有了大致正确的了解?这个问题和预报交食的方法有关。在西方,相传希腊哲学家米利都的泰勒斯(Thales of Miletus)预言了公元前585年的日食,但最近的研究表明这很可能运气的成分比推断更多一些。这里,所有古人都面临的一个困难就是月亮的轨道并不与黄道相合。如果两者重合,那么每个月初都会发生日食、每个十五都会发生月食了。因此,出现了多种任意定的周期,用来大致预言交食在什么时候发生。

月亮反射太阳光而发亮,这一事实在前面提到过了,但是,尽管中国人似乎比任何西方人都更早观测交食,但是他们对日月本质的认识却比希腊人晚得多。公元前4世纪的石申肯定已经明白月亮跟日食有关,因为他曾教人们根据月亮和太阳的相对位置去预报日食。他认为,每当月亮在晦或者朔与太阳聚会时,日食就会发生。然而石申可能并不认为日食是由于月亮的实体介入太阳和地球之间,而是因为月亮辐射出的阴气势力压制了太阳辐射出的阳气势力。这个说法解释了甘德为什么会说日食是从太阳中心向四周展开的,他可能是把太阳黑子当作初亏了。这可能也解释了晚周和汉代的天文学家为什么会把偏食叫做"日薄"。至于月食,公元前4世纪的天文学家所了解的情况似乎反不如商代,因为他们认为在一月之中随时都可能发生月食,而不是只在望日。

198

① 跟前面几次一样,作者在讲到商代卜辞的断代时,所作陈述太肯定。其实很多问题现在还没有研究清楚,作者所依据的董作宾《殷历谱》只是一家之言。所有这些日食、月食的年份只有参考价值。而《逸周书》所载那次是不是月食、在哪一年,都无定论。——译者

在司马迁时代(约公元前100年),人们以为几乎所有天体,不仅包括五星而且还包括大角和心宿二,所产生的影响都可能导致月食。司马迁肯定知道月食有固定的周期,但他没有谈到过日食的周期,也没有试图提出有关日食的理论。阴气、阳气的理论直到公元1世纪还存在,因为王充提到过它。从他的话来看,当时显然已经有了正确的见解,他本人则坚持一种错误的假设,认为太阳和月亮会周期性地萎缩或衰退。他的评论很有意思:

> 儒者谓:日蚀,月蚀也。彼见日蚀常于晦朔。晦朔月与日合。故得蚀之。夫春秋之时,日蚀多矣。经曰:某月朔,日有蚀之。日有蚀之者,未必月也。知月蚀之,何讳不言月?
>
> 说日蚀之变,阳弱阴强也。人物在世,气力劲强,乃能乘凌。案月晦光既,朔则如尽,微弱甚矣,安得胜日?夫日之蚀,月蚀也。日蚀谓月蚀之,月谁蚀之者?无蚀月也,月自损也。以月论日,亦如日蚀,光自损也。

王充然后再次提到了月如何蚀日的问题,并再次陈述了正确的观点,并批评说: 199

> ……日月合于晦朔,天之常也。
>
> 日食,月掩日光,非也。何以验之?使日月合,月掩日光,其初食崖当与日复时易处。假令日在东,月在西,月之行疾,动及日,掩日崖,须臾过日而东,西崖初掩之处光当复,东崖未掩者当复食。今察日之食,西崖光缺;其复也,西崖光复,过掩东崖复西崖,谓之合袭相掩障,如何?

王充在这里描述的不是一种日全食,而是一种日面外围有一圈没有被食去的日环食。接着王充就问日、月是不是真正的球形?他得出结论说,日月看起来是圆的,这是一种假象,为了证明他的说法,他引用了流星作为证据,经过检查,流星是一种形状很不规则的石头。

总之,在王充的时代(约公元80年),人们已经普遍掌握了正确的交食理论。然而王充宁愿相信一种和古罗马诗人卢克莱修(公元前1世纪)相似的臆测,认为太阳和月亮发光有其本身的节律。王充故意在日环食的观测和天体的形状等问题上强词夺理,来支持自己的说法。但是,也许王充的真正意义在于:持怀疑论的儒生总是批评有实际经验的天文学家的理论没有和道家学说划清界线。他可能没有注意到术士和星象观测者之间、或占卜者和历算家之间的巨大区别。当时皇室对他们一律重用,使得人们对朝廷失去信心。王充对这些人和他们的理论全部反对——但是,有时他们的理论是正确的。 200

有机自然观认为宇宙是一个巨大的内在统一的有机体。这是中国的永恒哲理。王充的气说却成了这种宇宙观起过阻碍作用的一个明显例证。连交食轨道和互相遮蔽等简单概念，在王充看来也过于机械，因此他宁愿相信来自天体内在性质的一种节奏。王充并不是唯一持这种想法的人，两个世纪以后的刘智是另一位。

而正确的观点已经在公元前1世纪刘向的《五经通义》中出现："日蚀者，月往蔽之。"由此看来，正确的观点大概出现在从战国初期到西汉中期的某一时期。在王充之后，正确的理论已经完全建立起来了。

2. 天象记录的范围、可靠性和精度

《左传》上载有公元前720年以后三十七次日食，从汉初以后，历代史书中都有系统的交食记录。托勒密在亚历山大里亚写成的《至大论》中给出的月食表始于公元前721年，这是令人瞩目的巧合。关于汉代的交食和古代天文官员的可靠性，人们已作了非常仔细的研究，还尝试作了一些估计，如表32中所列。一些没有被记录的日食可能与天气不好有关。不能证实的日食记录可能是按照某种周期计算，然后加入到记录中的。然而，日食和月食也有可能出于政治上的原因而有所增减，为了批评朝廷就增加一些，统治开明就减少一些。所以当不受欢迎和残暴的吕后当政时，尽管当时不曾发生日食，却出现了一次日食通报（公元前186年）。通过非常仔细的考察后可以得出结

201

表32　中国古代天文学家的日食观测

	《春秋》(《左传》)	《前汉书》
确切可考并经现代计算证实了的		
非常显著的	21	12
可见到的	5	9
不显著	2	6
不易见到	3	6
偏食	1	5
	32	38
假定记载日期略误，尚可考证	0	14
待考	3	0
不可能	2	3
记录总数	37	55
按照现代推算应有显著日食而无记录	14	28

论，日食记录的伪造很罕见。事实上，刚刚提到的吕后时的情形可能是独一无二的。但是，记录似乎经常不完整。而且它们的不完整程度与朝廷的威望相吻合。如果当时并不需要“天诫”的话，天文官员虽然记下了日食但可以不上报，所以史官们就无法记下它。这里所谓的威望是指朝廷对在朝大臣的威望，而不是指在百姓中的威望。因此我们可以认为，汉代日食记录最完整的时代就是儒家官吏最不满意的朝代。

如果我们能够找到，肯定有很多记载能够说明历代钦天监的工作习惯和思想情况。在杨瑀1360年著的《山居新话》中有一个事例，它提供了足够的信息让我们了解过去的实情。杨瑀说：

> 余任太史同佥、特旨令知天象事后，至元六年七月朔，灵台郎张某来请，甚急。及同到院，则李院使者肃衿以待。曰：“夜来景星见。此祥兆也！可即往奏闻，我辈当有厚赐。”余乃以奏目画图考之志书，殊异。余曰：“虽见于晦日，形则少异。且景星之现，当有醴泉出、凤凰来、朱草生、庆云至，而相副之；今陕西灾疫，腹里盗贼，福建反叛，恐非所宜。何天道相反如是耶？”李公之意颇坚，折之不已。余曰：“今见者惟灵台监候六人也。万一或有天下共见之凶兆，当何如耶？”遂答曰：“伺再见即闻。”乃止。越九日，太白经天。由是言之，凡事不可造次也如此。

202

因此，这一点是很明白了，对在长时段范围里对周期性事件感兴趣的现代天文学家或气象学家来说，在充分利用中国古代天象记录之前，必须仔细作历史学上的分析和研究。不过，中国的天象记录并不像一些苛求的评语所说的那样不准确，否则便不可能从中推出像太阳黑子周期那样为大家熟知的周期了。还有，公元前96年的日食是一个显著的例子。这次日食本来被列入待考之类，后来从汉代的瞭望塔遗址中发掘出一些历书，并证明学者们插入了一个错误的闰月。等到作出了必要的修正后，便证明《汉书》关于这次日食的记载是正确的。

看到交食记录日趋精密的情况是很有趣的。《春秋》里就已经出现了三次日食出现“既”的字样，表明是全食。关于公元前442年、前382年和前300年的日食，《史记》里有“昼晦星见”的话。汉代记录除了“既”字之外，又增加了“几尽”、“不尽如钩”之类的术语。有一次还提到了三分的偏食。后来历代都载明了偏食食分，唐代记录中还有“大星皆见”的话。汉代记录有时还载明日食的持续时间和起讫时间，误差不超过一刻钟。唐宋记录中的细节大部分都很精确。关于交食在天空发生的位置，汉代一般都有记载，而唐代则全部有记载。现代的核对证明它们绝大部分是如实记录的。

203　3. 交食预报

中国天文学家自然一直致力于交食的预报，尽管这和文艺复兴前的一切努力相似，预报是建立在经验基础上的。我们现在知道了，对于一种交食周期，如十八年零十一天(223 个朔望月)的沙罗周期(saros)，在这个周期结束时，日月又处在同一个相对位置上，日食又重复出现。而这一切仅仅依赖于月球和月球交点(月球轨道与黄道的交点)的公转周期。但是，这个周期当然不容易得到，因为不可能在一个中心观测到所有的日食，每次日食只能在地球表面的一个小范围内被看到。尽管在一个沙罗周期里日食比月食多，困难仍然存在。对日食来说，大致在同一个地方重复出现，需要一个更长的周期；希腊人认为这个周期是五十四年三十三天。汉代人似乎并不知道这些周期，但他们发现了自己的周期，即 135 个月的"朔望之会"(稍后叫做"交食周")。一个沙罗周期内包含四十一次日食，而一"朔望之会"内有二十三次日食。刘歆在公元前 7 年的《三统历》里常用"朔望之会"，看来这是在公元前 1 世纪中发展起来的。

到了公元 3 世纪初，月亮的轨道被分析得更加清楚了。刘洪预报交食的方法已经认识到了月亮轨道跟黄道的交角，并确立了月球轨道跟黄道的交角大约为六度(合西方的度数 5°54′；现代值为 5°8′)，这些数据在 206 年的《乾兴历》中得到使用。在同一个世纪里，杨伟能够预报日食初亏和复圆时月亮圆面边缘接触太阳的方位。这个方法在接下来的世纪中由姜岌大大改进，他显然还能预报偏食的食分，也是在这个时期，开始尝试预报地面上可见日食的地带。在宋代，有时交食的预报由一个机构负责，而交食的观测由另一个机构负责。高水平的交食预报一直延续下来，直到明代水平日益下降，早期的方法也都被遗忘了。当耶稣会传教士来到中国，他们之所以能取信于中国皇室并被接受，能预报交食是一个重要的原因之一。

回顾过去，可以发现人们关于交食起因的看法有一个有趣的变化。起初，人们带着恐惧和敬畏的心情把交食当作不祥的预兆或"天谴"，然后慢慢地交食走进了可预测事件的领域；这样就扩大了科学的领地、缩小了天意愤怒可以降临的范围。

204　4. 地球反照和日冕

在跟交食有关的天象中，需要提到一下"地球反照"效应。该效应就是日光照射下的地球，通过反射把月球黑暗部分照亮。如《帕特里克·斯彭士爵士歌谣集》(*Ballad of Sir Patrick Spens*)所说的：

昨宵见新月，
旧月偎其怀。
船主若出海，
恐遭祸与灾。

这个现象也被中国人所认识，司马迁说：

天精而见景星。景星者，德星也。其状无常，常出于有道之国。

前面所引杨瑀的记载中就说，景星出现代表吉祥这样一种传统说法使得当时(1340年)北京观象台的官吏过早庆祝。奇怪的是，欧洲人的解释在性质上完全相反。

公元前两千纪的卜骨上可能包含了最早的日冕观测记录，在日全食时，可以看到一串珍珠一样的白光围绕太阳，有时伸展出旗幡一样的光芒。甲骨碎片的年代可能是公元前1353年、前1307年、前1302年或前1281年；上面的文字释读为："三焰食日，大星。"因此假设这是一次日冕记录或可能是一次特别强烈的日珥(有时出现在太阳周围的像火焰一样的大量气体)爆发记录，不是没有道理的。

另一条可能与此有关的记录是《左传》所载公元前490年："有云如众赤乌，夹日以飞。""日珥"一词是指太阳的一种晕轮，也可能被用来指日冕。也有人提出，"带翅膀的太阳"图形可能起源于日冕观测，这种图形带有亚述和波斯的特征，但在古代中国也不是没有。

新星、超新星和变星

中国古籍所能提供的丰富天象记录中，交食并不是唯一一种天象。天空中肉眼可见的恒星总数并不是一个常数，我们知道，时不时地，一些恒星出现了，而另一些恒星消失了。一些恒星的亮度或星等在变化。有时原来勉强可见或根本不可见的恒星亮度突然增加一百万倍，这样的恒星爆发叫做"新星"，如果爆发特别猛烈，则叫做"超新星"。其他还有一些恒星的亮度发生周期性的变化，这些就是"变星"。在现代天文学中它们都是很重要的，而有关它们过去的爆发记录对当前宇宙学理论来说，至关重要。

至今最古老的新星记录在一片年代约为公元前1300年的卜骨上(图116)。卜辞说："七日己巳夕㞢新大星并火。"同一时期的另一块卜骨上说："辛未有毁新星。"这可能是指同一事件，因为第二个日期只是在前一个日期的两天之后，而这样的亮度增减是在预料之中的。用"新星"一词表示我们现

205

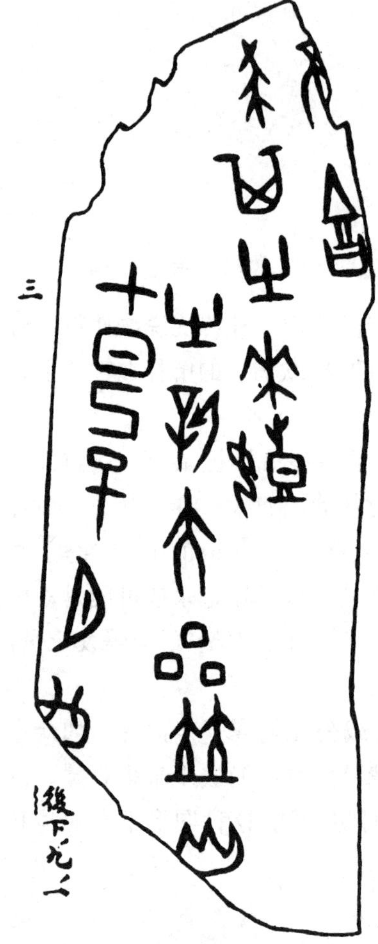

206

图 116　最古的新星记录（这片甲骨上卜辞的年代约为公元前 1300 年，从左到右的两列文字①为："七日己巳夕[illegible]㞢新大星并火"）

在所谓的新星，到汉代中期就终止了，以后"客星"代替"新星"而为人所知。

还有其他的例子。13 世纪末，马端临在《文献通考》中把汉初以来出现的不寻常的星列成清单。把可疑的中国新星的位置绘制到一张星图上之后，它们在天空中的分布跟现代已知新星的分布相似。因此，那些客星确实是新星。这一结果对关于中国记录可靠性的争论很有意义，如果那些"客星"是专门为批评朝廷而伪造出来的，那么它们绝不可能正好都被安置在天空中合适的位置上。

现在人们认为，我们的银河系中大约每隔一两个世纪出现一次产生超新星的恒星大爆炸，在其他星系也大致如此。我们的银河系中见于历史记载的超新星有四颗，其一是 1572 年第谷观测到的"新恒星"；其二是他的弟子开普勒在 1604 年观测到的超新星；其三是 1006 年的超新星；其四是几乎只有中国记录的 1054 年的超新星。这最后一颗超新星就是现在所知的巨蟹座星云（Crab Nebula）的起源，在照片上它看起来像一团不定型的、弥漫的亮云，但在望远镜里看起来它的形状像一只寄生蟹。这个气团一直在从一颗中心恒星开始向外膨胀。根据中国的记录这颗客星的最高视亮度跟金星相等，因此很容易计算出，当它爆发时，亮度是我们太阳亮度的几亿倍。

近年来中国新星记录在现代天文学如在恒星生命周期和其他课题研究中的价值得到重视，而根据 1054 年客星对巨蟹座星云超新星遗迹的证认则是毫无疑问的。描述这一次爆发现象的五种文献已经收集齐全，但是只有《宋会要》中的一则记载需要引述如下：

① 原文作"中间的两列文字"，误。——译者

> 至和元年七月二十二日，守将致仕杨惟德言："伏客星出见，其星上微有光彩，黄色。谨案《皇帝掌握占》云：'客星不犯毕，明盛者，主国有大贤。'乞付史馆，容百官称贺。" 207

皇帝准奏，并接受了百官的朝贺。公元1056年司天监报告客星已隐，这是客去的征兆。

欧洲和阿拉伯国家的人们倾向于一种古老的信念，认为天国是永恒不变的。1006年的超新星由于特别的明亮，在西方也被提及，而在东方则有详细记录。但是1054年超新星只有在东方有记载。然而第谷·布拉赫记下了1572年超新星的出现，从他本人和其他人的观测中，证明这是一种真正的天象，就是说远远地发生在月球距离之外，所以是在普通的可视球层之外。对欧洲天文学来说，事实上对整个西方科学来说，这都是一个非常重大的事件。中世纪欧洲人没有能够认识到这一现象，不是因为他们难于观测它们，而是因为他们思想上的惰性和偏信天体完美无缺这一毫无根据的信念所造成的。在这方面，中国人没有受到束缚。

彗星、流星和陨星

现存的一些巴比伦楔形文字记录可以把彗星的观测追溯到公元前1140年，由于它们所具有的星占学含义，在古代和中世纪欧洲对它们的观测记录也很丰富。而中国的记录却是最完整的。对1500年以前四十颗彗星大致轨道的计算几乎全依赖于中国的观测记录。跟新星的情形类似，历代史书中出现的彗星记录汇编，最早也是中国人自己完成的。马端临把它们编入他的《文献通考》中，所载彗星记录一直到1222年。一卷增补本把记录年代又往后延伸了不少，经过对各种证据的考察后得到了一份完整彗星表，列出了从公元前613年到公元1621年的372颗彗星。

为了说明中国天文学家描写彗星的细致程度，我们选出一则1472年的彗星记录，在欧洲，柯尼斯堡的约翰内斯·米勒（以雷乔蒙塔努斯[①]闻名于世）也研究了这颗彗星：

> 成化七年十二月甲戌，彗星见天田，西指。寻北行，犯右摄提，扫太微垣、上将及幸臣、太子、从官。尾指正西……己卯，光芒长大，东西竟天。北行二十八度余，犯天枪，扫北斗……正昼犹见…… 208

① Regiomontanus（1436—1476年），德国天文学家和数学家。约翰·缪勒是他的笔名。——译者

209

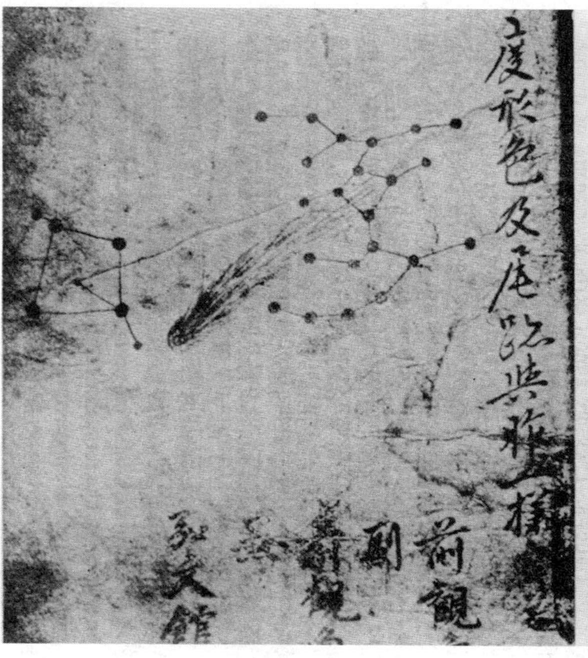

(a)

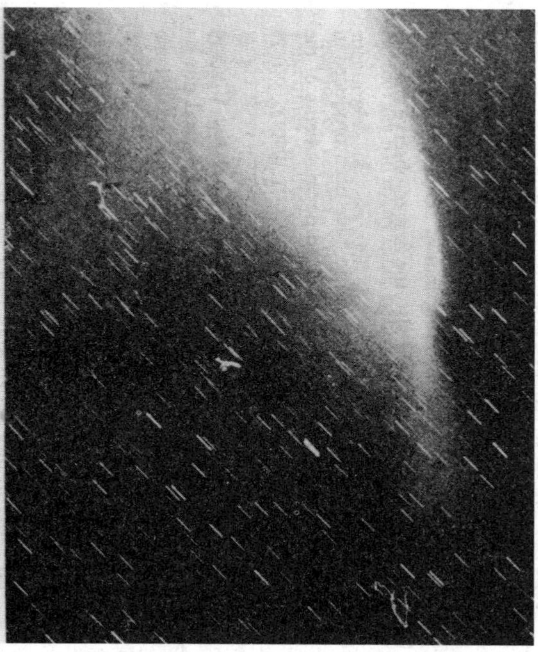

(b)

图 117 彗星[(a) 朝鲜弘文馆(天文台)保存的手稿附图之一,描绘了公元 1664 年 10 月 28 日夜间在翼、轸之间通过的彗星。边上的文字为:"度、形、色及尾迹与昨一样。"下面的文字提到以前的观测。左侧最末一行有"弘文馆"字样。鲁弗斯(W. C. Rufus)摄影。(b) 阿伦-罗兰(Arend-Roland)彗星,1957 年 4 月 28 日午夜,用黄赤光摄于英国剑桥,从照片可以清楚地看出彗尾有"芒",指向远方。尽管带"芒"的彗星不多见,但在古代和中古时代的中国文献资料中也有记载。阿格(Argue)和沃尔夫(Wolf)摄影]

从这样的描述中，彗星的轨道很容易定下来。“扫”字用得十分恰当，因为中国自古以来称彗星为“彗星”、“扫星”、“篷星”，还有其他的描述性名词“长星”、“烛星”等等也时常使用。与新星的混淆当然需要一直留意，因为彗星并不一定有尾巴，当彗星运动到日地连线上时，它的尾巴就会看不见，它的光变得朦胧模糊。中国人称反方向的彗星为“孛星”，这至少在理论上同新星做了明确区分。我们不知道北京钦天监的彗星记录里是否保存有手绘彗星图，而图 117a 是朝鲜彗星记录中较晚的一幅。

毫无疑问，哈雷彗星对天文学的影响最大。这不仅因为它是最早一颗被确定为周期彗星的彗星，而且也因为它的历史可以准确地追溯两千年以上。它能被追溯到这么久远正是归功于中国观测记录的细致。哈雷本人的观测在 1682 年进行。他认识到他所观测的，就是 1531 年阿皮亚尼斯(Apianus)所看到的，也是 1607 年开普勒所看到的那颗彗星，并预言它将于 1758 年重新回归，结果真的如言而至。哈雷彗星回归的重要性怎么估计也不为高，它证明了一些彗星至少是太阳系的成员，它们的运动和其他行星一样，符合牛顿定律。这颗彗星在 1835 年再次出现之后，天文学家和汉学家通力合作，把它的所有回归做了一次全面计算。中国记录中最早可能是哈雷彗星的记录在公元前 467 年，不过资料不够充分而不能十分肯定。然而公元前 240 年的彗星是哈雷彗星无疑。公元前 163 年那次回归不容易证明，但公元前 87 年和公元前 11 年的两次都十分明确，后一次被中国人仔细观测了六十三天。公元 66 年的回归也有精确的观测记录，自此以后，按七十六年一次的周期，每次回归都在中国史书上有记载，其中包括公元 1066 年的那一次，该次彗星出现在盎格鲁诺曼人的历史上是众所周知的。首先观测到彗尾总是背向太阳的，也是中国人。 210

中国似乎很少仔细推敲过彗星理论。一些早期的作者自然地把彗星说成是阴阳错乱的结果。但是，另一些人把不同的彗星和不同的行星联系起来，认为每一颗彗星是从一颗特定的行星中生出来的，这似乎有点现代彗星理论前身的味道。这样中国人把彗星跟太阳系联系起来，这种理论由京房在公元前 50 年左右就提出了；他的原书已经失传，但在另一部书中保存了同样的理论。

彗星和流星群之间有密切的关系。我们知道，8 月份的英仙座流星群沿着图特尔彗星(Tuttle's Comet)轨道运行；11 月狮子座流星群(通常每隔三十三年就造成一次大流星雨)沿着腾普尔彗星(Tempel's Comet)的轨道运行；而 5 月的宝瓶座流星群则沿着哈雷彗星的轨道运行。几乎可以肯定，这些流星群是粉碎了的或正在粉碎中的彗星残体。中国文献中有大批关于流星、贲星、流星雨,以及坠落地面的陨星记载。13 世纪马端临在他的《文献通考》中对这些记录作了辑要。很多观测记录得很详细,全部的流星表超过二百页。如果加上地方志中的记录,那么资料数量将更为庞大。最早的记录始于公元前 687 年或前 644 年(因为汉儒窜改过先秦古籍,所以年代不尽可靠)。公元 931 年,记录了一次很大的狮子座流星雨,这些记录是如此完备,以致可以据此分析观测的统计结果和确定再次爆发的周期。

下面是一则对陨星的仔细描述,出自沈括的《梦溪笔谈》:

> 治平元年,常州日禺时,天有大声如雷,乃一大星几如月,见于东南。少时而又震一声,移著西南。又一震,而坠在宜兴县民许氏园中。远近皆见,火光赫然照天,许氏藩篱皆为所焚。是时火息,视地中只有一窍如杯大,极深。下视之,星在其中荧荧然,良久渐暗,尚热不可近。又久之,发其窍,深三尺余,得一圆石,犹热。其大如拳,一头微锐,色如铁,重亦如之。

211

中国古书中称陨星为“陨”和“陨石”外,还有许多别名。在非常早的时候它们叫做“天犬”。另外,跟许多其他文明中的情形一样,陨石常常和新石器时代的石斧相混淆,660 年,一块呈送给皇帝的陨石被叫做“雷公石斧”。另外还有“雷墨”、“霹雳碪”等名。

太阳天象:太阳黑子

因为欧洲人关于上天完美无缺的成见,一些天象就没有引起他们的注意,其中最明显的例子就是太阳黑子。在欧洲,太阳黑子的发现是伽利略使用望远镜完成的天文学进步之一。他在 1610 年末首次看到太阳黑子,但直到 1613 年才发表他的观测结果,此时同样的发现已经分别由英国的哈里奥特(Harriot)、德国的法布里修斯(Fabricius)和荷兰的谢涅尔(Scheiner)各自独立作出。起初,人们把用肉眼看见的太阳表面的暗点解释成是行星通过太阳表面,事实上谢涅尔就认为黑子可能是太阳的卫星。伽利略驳倒了所有这些说法,并指出黑子必定是在日面上或靠日面非常近。

欧洲的太阳黑子观测记录其实可以追溯到 17 世纪以前:在公元 870 和 840 年有裸眼观测到黑子的记录,但它们被解释成是水星和金星凌日;此外还有 1196 年和 1457 年的观测,但是它们的本质仍然不为人所知。

中国的黑子记录是我们所拥有的最完整的资料。最早的记录从公元前

28年刘向时代开始，比西方最早的文献几乎早一千年。从那时起直到1638年，中国正史中显著的太阳黑子记载达112次，另外还有大量记录散见于地方志、笔记小说以及各种其他书籍。尽管有了更近的汇总，但13世纪的《文献通考》和百科全书《图书集成》中就已经有了丰富的黑子观测记录表。黑子常被描述成“大如钱”、“大如卵”，或如桃、如李等等。中国古代称太阳黑子为“黑气”、“黑子”或“乌”。而“乌”(即表示乌鸦，又表示黑色)这一名称的使用提出了一个问题，即公元前28年以前的一些记载是否可能就是基于太阳黑子的观测。日中乌(它的伴侣是月中玉兔)是中国周代和汉初流行的古代神话传说的一部分。我们在公元1世纪的《论衡》中找到这样的段落，在书中作者王充说：“儒曰：日中有三足乌……”接着王充用他的怀疑观点进行辩论，说这是完全不可能的。但是，这可能意味着早在邹衍时代(公元前4世纪晚期)人们就已经观测到太阳黑子了。 212

正和观测日食的情况相似，大概在很早的时候人们就通过墨色水晶或半透明的玉观察过太阳。16世纪的博物学家李时珍曾特别提到过这一方法，他说在《玉书》中提到一种专门用来观测太阳的玉。戈壁滩上的沙尘暴所造成的昏暗天色也可以使人进行黑子观测。

第八节　基督教传教士入华时期

从本书前面顺便作出的一些暗示可以让人觉察得到，传教士们的到来对中国科学来说不是一种纯粹的好事。我们可以先开一张临时的单子来评价他们的功与过。第一，欧洲预报交食的方法远比中国传统方法先进。第二，传教士们带去了明确的行星运动几何分析模型，当然也带去了为运用这种方法所需要的数学。这一点还有许多其他应用，例如，第三，日晷的构造、星盘所必需的几何投影法，以及测量学方面。第四种贡献是大地球形说，以及用经纬线把地球划分为若干长方格。第五，欧洲人16世纪的代数学，连同许多新的计算方法、计算尺之类的发明等，能为中国人所利用。第六，仪器制造、刻度、螺旋千分尺以及诸如此类的欧洲新技术，在输入的新事物中也不是毫无价值的。望远镜的传入是这方面的最高峰。

让我们再来看看这场交易中的另一方。尽管入华传教活动，其智力水平之高，在文化交流史上也是最引人注目的一次，但是中国天文学家在这场交易中也毫不逊色。

213 **中国和水晶球体系的崩溃**

传教士带去的世界图式是一个封闭的宇宙，地球处在宇宙的正中央，套着一重重的水晶球。因此他们反对中国本土的宣夜说，宣夜说认为天体漂浮于无限的空间中。而具有讽刺意味的是，当传教士反对宣夜说的时候，也正是欧洲的最先进思想在打破封闭宇宙的时候。因此他们的过错是阻挠哥白尼日心说在中国的传播，因为他们对教会加于伽利略的惩罚毕竟不能不有所顾忌。再者，在岁差问题上，他们用一种错误的理论来代替中国人不提出理论的谨慎态度。他们完全不能了解中国传统天文学的赤道和天极特征，把宿和黄道带混淆起来，毫无必要地引入赤道十二宫。加之传教士们不顾第谷刚刚向赤道坐标（赤经和赤纬）前进了一步，而试图把不令人满意的希腊黄道坐标强加给中国天文学。

关于这种荒谬的立场，在利玛窦后来写于1595年列举所谓的中国人的“不经之谈”的信中可见一斑。他写道：中国人说，

> （1）地平而方，天圆如盖；他们从未想到人在地球上可以对蹠而居。
>
> （2）只有一重天（而不是十重天）。天上空虚无物（而不是固体）。星辰在太空中运动（而不是固定在天穹上）。
>
> （3）他们不知道空气为何物，我们认为有空气的所在（指各水晶球之间），他们认为是太空。
>
> （4）他们增加金和木，略去空气，凑成金、木、水、火、土五行（不用四元素）。更恶劣的是，他们造出五行相生之说；可想而知，此说缺乏根据。但由于这是他们的古圣先贤传下来的学说，竟无一人敢于反对。
>
> （5）关于日食，他们提出了一个绝妙的理由，即月接近日时，日光减弱。
>
> （6）夜间，太阳隐在距地不远的山后。

这里，我们看到16、17世纪之交欧洲学术盛气凌人的一种表现，把固体天球体214 系这种根本错误的宇宙图式，强加给一种基本上正确的宇宙图式，后者来自宣夜说，认为星辰浮于无限的太空中。但是在交流中有没有具有刺激性的东西返销回去呢？

看来，中国人的天学知识和他们不受束缚的自由思想让西方天文学（例如天体的完美性和不朽性）遭受到打击，并且中国人对水晶天球体系的怀疑态度也不是没有影响的。尤其是这个宇宙中到处有生命的观点、“多世界论”的想法，中世纪欧洲的学者们是无法想象的。17世纪出现了大量关于星际旅行的科幻小说，其中有些以中国人为主题，像弗兰西斯·戈德温（Francis

Godwin)的《月中人——神行使者刚萨尔月球旅行谭》(*The Man in the Moone*; *or a Discourse of a Voyage Thither*, *by Gonsales*, *the Speedy Messenger*, 1638年),在书中旅行者返回地球时,降落在中国,在那里他遇到了满清大官们和传教士们,并指出月球上的居民和中国人说同一种语言。同样的主题由约翰·威尔金斯(John Wilkins)在《月球世界的发现——月球上有另一可居住的世界的证明》(*Discovery of a World in the Moon*, *tending to prove that' tis probable that there may be another habitable World in that Planet*)一书(也是在1638年)和克里斯蒂安·惠更斯(Christiaan Huygens,1698年)的书中推进,但浪漫色彩稍逊。中国主题再一次出现在丹尼尔·笛福(Daniel Defoe)的政治讽刺文章《月球世界杂记》(*The Consolidator*; *or Memoirs of Sundry Transactions from the World in the Moon*, 1705年)中,作者也提到了戈德温和威尔金斯。而中国主题的第三次出现是在迈尔斯·威尔逊(Miles Wilson)的《犹太流浪者焦卜森的一生》(*History of Israel Jobson*, *the Wandering Jew*, 1757年)中,书中主人公游历了所有的行星,并用汉语认真地写下了他的旅行记。事实上,这个时期的随便哪本涉及多重可居住世界的书中,没有不提到中国的。

总之,可能中国人的宇宙无限、可经历变化的观念,和他们对西方水晶球体系的完全不信——这一点传教士们在中国一开始讨论宇宙学问题时就会立即明白的,就是促进欧洲中世纪宇宙观念崩溃的因素之一,而且还对现代天文学的诞生作出了贡献。对于这样一种见解,有同时代的克里斯多弗·谢涅尔(Christopher Scheiner)的话为证,1625年左右他在设法说明星空具有流体性质时写道:

> 中国人从不在他们的无数出色的学院中讲授天是固体的说法;从他们过去两千年中任何时期出版的书来看,都可以作出这一结论。由此可见,天是流体的理论确实十分古老,而且易于证明。此外,即这种理论似乎是为普遍进行科学启蒙而提出的。据从中国回来的人说,中国人非常相信这种理论,因而把相反的看法(多重固体天球体系)完全视为无稽之谈。

215

我们还可以以约翰·纽霍夫(Johan Nieuwhoff)的看法为例。1656年纽霍夫随同荷兰大使前往北京,他发现多世界论非常具有中国特色。

无论如何,当我们看到卫三畏(Wells Williams)在1848年责备晚清通俗作家相信固体天球,并把它当作是中国人古已有之并一直坚守的教条,真是感到滑稽到了极点。

不圆满的交流

前面已经提到过，利玛窦本人是真心诚意(很有理由这样说)赞赏郭守敬所制造的仪器的。但是明代末年是那样的萎靡不振，欧洲人对于自己在科学方面的优势又是那样的自信，以致谈论中国天文学的文章在17世纪的欧洲总是不受欢迎。例如李明(Louis Lecomte)在1696年写道

> 他们一直不断地进行观测。五位术数家每夜在台上守候，仔细观察经过头上的一切；一人注视天顶，另一个负责东方，第三位西方，第四位眼望南方，第五位北方，这样世界的四个角落里发生的每一件事情都逃不过他们的辛勤观测。……如果这些事情永远由熟练、细心的术数家去做，我们就会得到大量的奇事异闻；但是当这些天文学家很不熟练、很少留心这门学问的发展时，又另当别论了。只要他们的薪水经常照发，收入稳定，天上出现的变动跟他们关系不大。但是，如果天象非常明显，例如发生了日食，出现了彗星等，他们就不敢那样玩忽职守了。

当基督教传教士在中国开始进行活动时，欧洲天文学有两项极其重要的特征，即望远镜的发明和接受哥白尼日心说，把太阳而不是地球作为宇宙的中心。他们把前者带到了中国，但对于后者，经过一番犹豫之后他们决定闭口不谈。利玛窦于1610年死于北京，同一年伽利略出版了他的《星际使者》(*Sidereus Nuncius*)，公布他用望远镜作出的发现。1616年和1632年，伽利略因传播哥白尼学说而两次被宗教法庭定罪，这些对派往中国的传教团当然会产生很大的影响。

216

1618年基督教传教士邓玉函(Terrentius，即 Johann Schreck)到达中国。他继伽利略之后当选为山猫学院(Cesi Academy)的第七名院士，是一位有才华的天文学家和物理学家。他随身携带了一架望远镜，后来在1634年献给了皇帝；他与伽利略和开普勒保持着联系，但前者对他帮助不大，后者对他则很热心。在中国，望远镜被称作“远镜”。

现在已经明确，在早期，特别是在伽利略被判罪之前，传教士中相信哥白尼学说的其实不止一人。一般可以这样说，从1615年到1635年中国出版的书中已经介绍了用望远镜作出的发现，但是没有提到哥白尼学说。然后有一小段时期里，曾提到过日心说，但是当伽利略被定罪的消息传到中国之后便又降下帷幕，回复到了地球中心论的世界观。正如我们在前面已经见到的，中国人对西方学说的总印象是前后矛盾的，认为欧洲人自己也不明白太阳系是怎么回事。这一点当然不影响基督教传教士在历法改革中施展其所长，因

为从历法的观点来看，地心说和日心说是等价的。

西学还是新学

在1629年到1635年之间，包括邓玉函在内的第二代传教士写成了一部包括当时科学知识的不朽巨著。后来因为要呈献给朝廷，这部书取名为《崇祯历书》。十年后它再版时叫《西洋新法历书》。后来构成1723年出版的《御定历象考成》的基础，并被收入1726年的《图书集成》，最后在1738年又增加了包含西方最新观测成果的天文表。

到这里我们必须稍稍停顿一下。读者可能注意到在前面的段落中没有什么特别有意义的地方，似乎只是罗列了一些事实。但是，这些事实实际上牵涉到与两大文明接触问题有关的某些重要论点。目前至关重要的是，全世界都应当认识到，17世纪欧洲并没有发展出本质上是“欧洲的”或“西方的”科学，而是发展出了世界性的科学，即与古代和中世纪相对而言的“近代”科学”。现在这些古代和中世纪科学总是带有不可磨灭的种族形式和印记。他们的理论，在形式上或多或少具有原始性，深深扎根于它们的文化，因而无法找到共同的表现方式。但是，科学发现的基本方法一旦被人们发现，对自然界进行科学研究的完备方法一旦被掌握，科学就有了像数学那样的绝对普遍性，并以它的近代形式在世界各地生长，成为各个种族和人们的共同财富。关于四元素或四体液以及阴阳的争论，过去永无休止，争论者不能达成一致意见。但是当科学理论数学化以后，便产生了一种世界性的语言，一种通用的交换媒介，一种超越商品的、商人单一价值标准的化身。而这种语言传达的是一切地方的一切人都能接受的无可辩驳的科学真理。过去在欧洲历史上发生的某些事情，使得我们这个时代能够出现一个物质上同一的世界，但是这不能阻止任何人跟随伽利略和16、17世纪自然哲学家们的脚印前进。同时，近代科学技术赐予欧洲人的政治统治时期正在明显地走向尽头。

217

耶稣会士以他们的缓和方式，成为第一批实行这种统治的人，虽然他们的情况只是意味着一种精神上的统治。他们力图通过把文艺复兴时期的科学精华带往中国的办法，来完成他们的宗教使命，这是一种极其开明的做法。不过，对他们来说，科学只不过是达到目的的一种手段而已。他们的目的自然是利用西方科学的威望来支持和抬高“西方”宗教的地位。这种新科学可能是正确的，但对于传教士来说，更重要的是它发源于基督教世界。中国人眼光敏锐，一开始便把这一切全看穿了。耶稣会士可以把文艺复兴时期的自然科学坚持说成是“西学”，但中国人清楚地认识到那首先是一种“新学”。

在1640年传教士们就对朝廷接受书名中使用“西洋”一词表示强烈的不满，但是自从1644年满族取得统治地位以后，他们觉得可以随意使用“西”字了。然而，1666年当康熙皇帝自己亲自花大量时间学习近代科学的时候，他坚持数学和天文书籍从此以后的版本上只带有“新法”字样。这样，他把自己 218 同旧世界另一端的一批人联系了起来，这批人为了搞清楚新哲学或实验哲学中的问题，正在伦敦的皇家学会开会。令人疑惑的是，如果他曾经知道那批人的许多事情，而他们却只知道他的年号。

第九节　中国天文学融入近代科学

1699年，北京观象台在学识渊博的传教士南怀仁(Ferdinand Verbiest)的指导下重新装备。元、明时代的旧仪器从北京东城墙上的观星台搬走了，在原来的地方安置了一套新的仪器，这些仪器迄今还保存在那里(图118)。由

219 **图118**　北京观象台，1925年自平台东北角拍摄。右侧是戴进贤(Kögler)、刘松龄(von Hallerstein，1744年)的经纬仪和南怀仁的象限仪。中间是南怀仁的天体仪。背景中南边一列自右向左是南怀仁的黄道经纬仪和地平经仪，然后是纪理安(Stumpf)的地平经纬仪(1714年)。背景为北京的屋顶、树木等(照片为惠普尔博物馆收藏品)

表 33 东西方天文学发展对照表

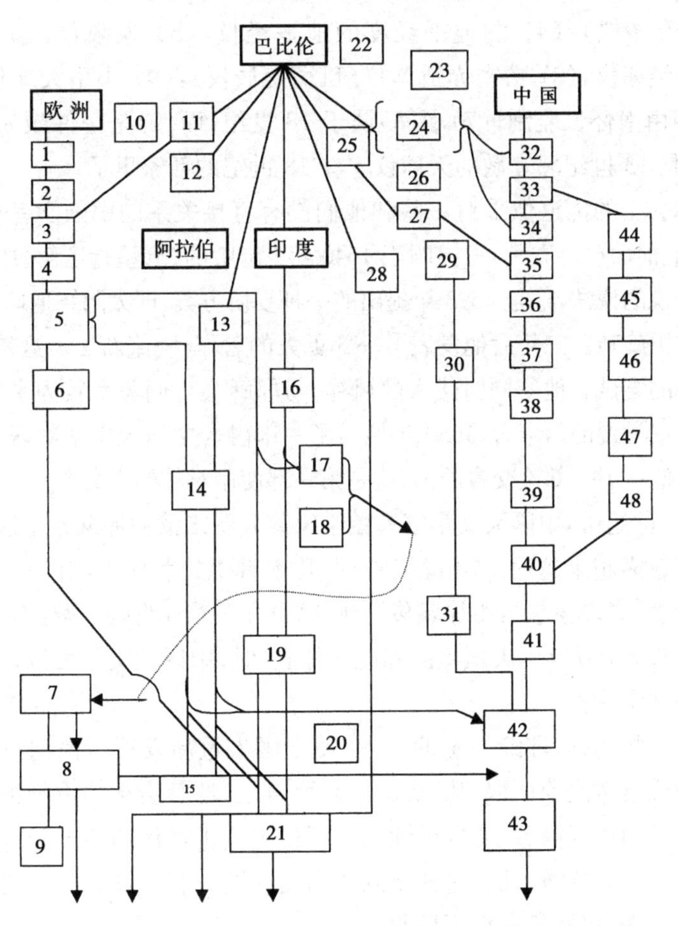

1. 公元前6世纪到公元前3世纪前苏格拉底时代的推测 2. 公元前230年阿里斯塔克(太阳中心说) 3. 公元前230年,埃拉托色尼 4. 公元前135年,喜帕恰斯(岁差及最早的星表) 5. 2世纪,托勒密 6. 黄道坐标及浑仪 7. 哥白尼(日心说),约1580年,第谷采用赤道坐标 8. 开普勒、伽利略(望远镜) 9. 牛顿,天体力学 10. 黄道带(公元前420年) 11. 天象记录及代数学的天体运动表 12. 贝罗索斯、基丁努、纳蒲,塞琉古王朝巴比伦 13. 马纳吉尔(宿或月站) 14. 10世纪至14世纪,巨型天文仪器时期 15. 多世界说 16. 纳沙特拉(宿或月站) 17. 佛教徒的影响(一行,公元前730年) 18. 赤道浑仪 19. 札马鲁丁(黄赤道转换仪等) 20. 耶稣会士 21. 18世纪,巨型天文仪器时期 22. 古巴比伦人 23. 公元前1400年—前1000年,埃阿—安奴—恩利尔泥板 24. 圭表、漏壶、黄道望筒 25. "三环" 26. 公元前900年—前700年穆尔—阿宾泥板 27. 公元前5世纪,"周髀" 28. 盖天说、宣夜说、浑天说(郄萌) 29. 汉代关于宇宙论的讨论(1世纪) 30. 浑仪,公元前104年,落下闳;公元125年,张衡(转仪钟)及其后数世纪的许多天文学家 31. 苏颂 32. 公元前14世纪,交食记录开始,四季昏中星确定,干支六十周期 33. 公元前6世纪,彗星记录,古历法及历书开始 34. 约公元前350年,石申最早的星表 35. 公元前150年,二十八宿已完整 36. 公元310年陈卓星图 37. 公元440年,第一具天球仪,钱乐之 38. 公元672年,星图 39. 约公元940年,最早的星图手稿 40. 公元1086年,苏颂星图 41. 公元1193年苏州天文图 42. 公元1279年,郭守敬及赤道装置的发明(巨型天文仪器时期) 43. 与世界科学汇合 44. 公元前104年,颁行历法100种的第一种 45. 公元前28年,太阳黑子(日斑)记录开始 46. 1世纪,干支纪年 47. 约公元350年,虞喜(岁差) 48. 公元725年,瞿昙悉达《开元占经》

耶稣会士及后人监制的仪器如下：(1) 黄道经纬仪，(2) 赤道经纬仪，(3) 大型天球仪（天体仪），(4) 测地平经度的地平经仪，(5) 象限仪，(6) 六分仪，(7) 地平经纬仪，(8) 精密赤道浑仪（玑衡抚辰仪），(9) 小型天球仪（浑象）。(1)到(6)由南怀仁监制，(7)和(8)属于18世纪，而(9)是一件颇为离奇的仪器，可能是13世纪郭守敬的天球仪安在18世纪的新家里了。

耶稣会士的传道似乎对一些和他们没有直接关系的中国学者也有影响。例如，我们前面已经看到，王锡阐于1640年[①]出版的《五星行度解》中本质上属于第谷学说的说法，这是1593年提出的一种妥协方案，即太阳绕地球旋转，其他行星绕太阳旋转。三年后他发表了一部更大的著作《晓庵新法》，这是一次综合中西学说的尝试。他的同时代人薛凤祚，与耶稣会士们关系较为密切，但他可能是哥白尼学说的信奉者，1650年他写了一部融合中西天文学的著作《天学会通》，稍后他写了一部论交食的书，这是第一部使用对数的中文书。

在18世纪中，中国天文学家和数学家离开明末清初耶稣会士这群幽灵散布的那阵迷雾越来越远。18世纪末，在几本重要的著作中，有一本关于天图制作的专著《高厚蒙求》，由徐朝俊写于1800年。当1851年冯桂芬发表《咸丰元年中星表》(100颗中天恒星的赤经赤纬表)时，中国天文学可以说是最终融入世界天文学中去了。

出乎预料的是，耶稣会士的介入，使中国人重新发现了他们自己固有的文明在明代衰微之前所取得的成就。总而言之，耶稣会士的贡献虽说是错综复杂的，但带有一种高级的投机性质。即使他们把欧洲的科学和数学带到中国只是为了达到传教目的，这种交流作为当时两大相互隔绝文明之间文化联系的最高水平，仍然是永垂不朽的。

第十节　结　　语

对于这样长长的一章，结语最好简单一点。中国人对天文学发展的贡献非常巨大，这一点现在看来证据是非常充分的（见表33）。不必再提曾经引起我们注意的全部论点，只需指出：(1) 有天极的赤道坐标系统，与希腊和希腊化时代人们用的完全不同，但一样合理；(2) 早期的无限宇宙概念，恒星是漂

221

① 原文此处作1640年，肯定有误。因为王锡阐生于1628年，12岁出版《五星行度解》，于理难通。王锡阐以明之遗民自居，学术活动时间在清兵入关（1644年）以后。该书具体出版年代现难以考订，当在1660年前后。——译者

浮在虚空中的实体;(3) 发展了定量化的方位天文学和星表,比其他任何有可相媲美著作流传下来的古代文明都早两个世纪;(4) 把赤道坐标(本质上即现代赤道坐标)用于星表,并坚持使用两千年之久;(5) 精心制作且日趋精密的天文仪器,以 13 世纪发明的赤道装置为顶峰;(6) 望远镜的前身——转仪钟和窥管的发明,以及其他一系列改进天文仪器的巧妙装置的发明;(7) 连续而精确的天象记录,如交食、太阳黑子、彗星、新星等,持续记录的时间比任何其他文明古国都长。

这张清单中的明显短处正是西方天文学所长的地方,缺少如希腊行星运动的几何模型,阿拉伯人用于星盘刻度的投影几何学,以及文艺复兴时期的物理天文学。我们时常听说"希腊人天性长于探索——不仅想知其然,而且想知其所以然……",但是这显然是一种错误的对比。探索事实的原因并不一定非用几何学或力学概念不可。中国人对这种解释方式并不感到需要——整个宇宙有机体中的有机组成部分各按其性质循着自己的"道"去运动,而这种运动可用本质上"非表现性"的代数学方式去解释。这样中国人便从欧洲天文学家把圆圈圈当作最完美图形这一困惑中解脱出来。中国人也不曾体验过中世纪水晶球的桎梏,这些水晶球正是希腊几何学精神出人预料地坚固的物质化。如果说中国的天文学同中国所有科学一样基本上是属于经验性和观测性的,那么它虽然没有西方天文学那样理论上的成功,但也避开了西方理论上的那种极端和混乱。显然,中国天文学在整个科学史上所占的位置,应该比科学史家通常给予它的重要得多。

第三章　气象学

气象学(Meteorology)一词自从其产生于古希腊以来,其含义已经经历了不少变化。按照亚里士多德在《气象学》(*Meteorologica*)一书中的说法,气象学研究的内容包括许多现在称之为天象的东西,诸如流星(Meteors,西文气象学即由此得名)和陨星、彗星和银河等等,当时这些现象都被归入"月下世界"——离我们较近的空间——的范围。在现代意义上,气象学所研究的主要是气候、天气和所有发生在地球大气层内的现象,包括潮汐现象在内。中国文献中没有和亚里士多德《气象学》相类似的著作,但这并不表明中国人对天气现象不感兴趣。他们在气象学的某些气象观测方法方面长期以来走在西方的前面,保存的气象记录更完整,时间也更长。至于对潮汐的了解有时他们也明显胜过西方人。

第一节　一 般 气 候

中国气候的循环变化是季候风环流的结果。偶然出现的热带气旋,以及大陆气旋风暴的推进,都受到次大陆地势起伏的调节。虽然中国气候来自西边陆块的影响比来自东边太平洋的影响大,但是中亚的干燥空气仍然和东南海洋的潮湿空气在中国这块战场上终年相持。夏季,亚洲腹地上空的气团受热膨胀并上升,吹向周围的海洋。随之形成的低气压把温暖潮湿的海洋空气沿地面引入,这样通过对流形成了大规模的大气环流。到冬季,这个过程反过来。因此而形成的风是季候风，这种风在中国不如在印度有规律，但同样是当地气候的基本背景。这样降水主要集中在特殊的雨季，通常占夏季的三个月，这一点凡是在中国居住过的都知道。

223 中国气候在长时间尺度上有多大的变化呢？关于这一问题有很多讨论，一致的意见是：中国（至少是华北）过去既比现在温暖也比现在潮湿。这一结论主要是根据古代文献中的气候学和生物学证据得出的。例如，战国时代的物候观察表明，一些周年变化的现象，如"桃（*Prunus persica*）始华"、"鸲鹒（即杜鹃，*Cuculus micropterus*）鸣"、"玄鸟（即家燕，*Hirundo rustica*）至"等等，都比近年的观察记录早一星期至一个月。商周时代，黄河流域还有大象出没，但此后就不见于记载。一直到宋代，华南还有华南鳄，但宋代以后就没有了。

说到中国古代气候知识的发展，天气预测始终没有超过农谚的阶段。欧洲在文艺复兴之前也是如此。这种农谚成为《易经》主要组成部分——《筮辞》——的构成部分，在许多古书中也时常出现。比如在公元前 4 世纪的《道德经》中，我们读到："飘风不终朝，骤雨不终日"的话。在《易经》中，月晕是风雨之兆，东行的云（方向与季风雨相反）利于出行。在道家研究自然的项目中，天气的观察和预报一定占了很大的比重。叶梦得在 1156 年的《避暑录话》中写道：

> 224 在山居久，见老农候雨阳，十中七八。问之无他，曰："所更多耳。"问市人则不知此。余无事，常早起，每旦必步户门，往往童仆借未兴。其中既洞然无事，仰视云物景象于山川草木之秀，而志其一日为阴为晴，为风为霜，为寒为湿，亦未尝不十中七八。……

中国古代也曾谈论到气候对人类健康和疾病的影响，古希腊人也有这样的论述。

第二节　温　　度

汉代的"现象论者"把不合时令的严寒、酷暑解释成是帝王卿相失德的"天谴"。这样，把奇热的夏天和严寒的冬天记录下来，本质上是为了星占学目的，同时这些记录也被保存在官修正史中。对中国人来说，要使漏壶准确计时，温度也是要考虑的一个重要因素。有关严寒和酷暑的记录在类书《图书集成》（1726 年）中占四卷之多，从这些记录中推断出了中国气候的长周期变化。从中还可以看出天气变化和太阳黑子出现频率之间的大致相关性(表34)。

225

表34　严寒的冬天跟太阳黑子频率的关系

世　纪	每世纪寒冬数目		太阳黑子频率(中国的记录)
	欧　洲	中　国	
6世纪	—	19	7
7世纪	—	11	0
8世纪	—	9	0
9世纪	11	19	8
10世纪	11	11	1
11世纪	16	16	3
12世纪	25	24	16
13世纪	26	25	6
14世纪	24	35	9
15世纪	20	10	0
16世纪	24	14	2

第三节　降　　水

安阳甲骨卜辞的研究表明,远在公元前13世纪就已经开始作颇为系统的气象记录了。有人对从公元前1216年开始的一连串卜辞进行了分析,其中雨、霰、雪、风以及风雨的方向都按旬为周期作了记录。许多成功的预言被记录下来,因为占卜的习惯是在占卜之后确实发生的事件,才记录到原来刻着预言的卜骨上,譬如确实下了雪,那么就在卜骨上记下"雪"字样。和其他古代文明一样,中国古代的气象学跟占卜有密切关系。

具有重要科学意义的是,中国对气象学上的水循环的认识。也许最早提到这一点的是《计倪子》,这是一部公元前4世纪后期自然主义者的著作。书中说:

> 风为天气,雨为地气。风顺时而行,雨应风而下。命曰:天气下,地气上。

稍后也有类似的陈述,一部汉代的书中说:"昆仑山有五色水,赤水之气上蒸为霞。"这大概是公元前50年的说法。在公元1世纪,人们还不能把大气中的循环跟星际空间的辽远距离区别清楚。希腊人也有同样的混淆。王充的《论衡》(82 年)里对此有一段有趣的记载：

> 儒者又曰："雨从天下"，谓正从天坠也。如实论之，雨从地上，不从天下。
>
> ……何以明之？《春秋传》曰："触石而出，肤寸而合，不崇朝而遍天下，惟太山也。"太山雨天下，小山雨一国，各以小大为近远差。雨之出山，或谓云载而行。云散水坠，名为雨矣。夫云则雨，雨则云矣。初出为云，云繁为雨，犹甚而泥露濡污衣服。若雨之状，非云与俱，云载行雨也。 226

接下来一段讲述了降水与月、星的季节性关系，而这段话的主要意义在于，对水循环有一个很清楚的了解，以及对山在降水过程中所起的作用范围作了评价。不久之后，水循环被完全了解清楚了。在王充之后不久，云被定义为"润气"(湖沼蒸发的湿气)，在公元 3 世纪，水循环被再次提出来讨论。在宋、明两代，关于此点有很多说法。

在希腊，对水循环的认识可以追溯到公元前 6 世纪米利都的阿那克西曼德(Anaximander of Miletus)。亚里士多德以两种地面蒸发的概念——一种是水的蒸发，另一种是气的蒸发——建立了他的《气象学》。水的蒸发相当于中国地气上升的概念；气的蒸发可能是由观察火山口的含硫气体之类而得来，古时靠它解释岩石中生成矿物和金属的原因。我们在《淮南子》一书中论述同一个问题的话里可以看到非常相似的说法。人们只好承认双方有互相交流的可能，但是这种概念出现得如此早，似乎又不可能有什么交流。

在不同的年代自然都有人以预测下雨知名。公元前 1 世纪的方士京房就是这样的一个，他的测雨术在《易章句》中多少记下来一些。另一个人是宋代的娄元善。一些 10 世纪的类书引述了一本失传的关于测雨的书，该书并不神秘，作者黄子发年代不详，大概是汉代人。不像我们现代对云的分类(卷云、积云等)，中古时代的中国人发明了很多术语，如覆车状的黄云、杼轴云等等。另一种颇受注意的天气征候是高空雾状卷云所引起的月晕，这被当作风的可靠信号。带有虹彩的月晕称为"飓母"，意思是"台风之母"。日晕也被仔细研究。

第一具湿度计并不是人们一度认为的由耶稣会传教士带来的，因为中国人在很早的时候便曾利用羽毛、木炭等物的吸湿性来进行湿度测量了。在公元前 2 世纪的《淮南子》一书中至少有两处提到用称量榆树炭的办法测试大气中的湿气，以便预报降水。在后来的书中可以看到同样的测验。有意思的是，15 世纪欧洲库萨的尼古拉(Nicholas of Cusa)恰好也用了同样的方法，他 227

比较的是羊毛和石块的相对重量。

关于降水预报就说这么多。因为降水造成河渠上涨、洪水泛滥等不可避免的后果,在中国这种后果一直很严重,所以我们发现中国人在很早的时候便使用雨量器,是并不感到奇怪的。在欧洲,一直到1639年才出现用容器收集雨水进行计量这一简单想法,而在朝鲜保存有一具15世纪的雨量筒。至今人们还没有认识到雨量器并不是朝鲜人的发明,它在中国的历史可以追溯得更早。关于这点的主要证据是秦九韶《数书九章》(1247年)包括了有关雨量器形状的算题。在当时大概各州郡首府都有这种雨量器。

更值得注意的是,这部书告诉我们当时还使用一种量雪器。这是一种巨大的竹笼,一定是放在山路两旁或山冈上面。如果宋代的地方官员果真向朝廷申报降雨量和降雪量的话,那么高级官员在计算堤防以及其他公用设施的维修和保养费用时,一定得到了很大帮助。

无需多说,中国天气记录中有很长、很丰富的水、旱灾统计表,如表35所示。

228

表35 各世纪中的旱涝之比

世　纪	降水率 每一个世纪中的旱灾 / 每一个世纪中的涝灾
2世纪	1.98
3世纪	1.60
4世纪	8.20
5世纪	2.06
6世纪	4.10
7世纪	3.30
8世纪	1.32
9世纪	1.80
10世纪	1.80
11世纪	1.70
12世纪	1.04
13世纪	1.80
14世纪	1.05
15世纪	2.25
16世纪	1.95

第四节　虹和其他现象

安阳出土的甲骨卜辞中有关虹的资料。"虹"字现在的写法带"虫"旁，把商代人的想法——虹是雨后出现的龙——保存了下来。宋代沈括曾记述他1070年左右到甘肃出使契丹时所见到的双虹。他和孙彦先都认为，虹是日光通过悬浮在空中的水滴反射而成的。两个世纪以后，波斯人库特布·丁·希拉吉(Qutb al-Din al-Shīrazī，1236—1311年)首次提出关于虹成因的令人满意的解释，他说光线通过透明的球体(水滴)，发生了两次折射和一次反射。

229

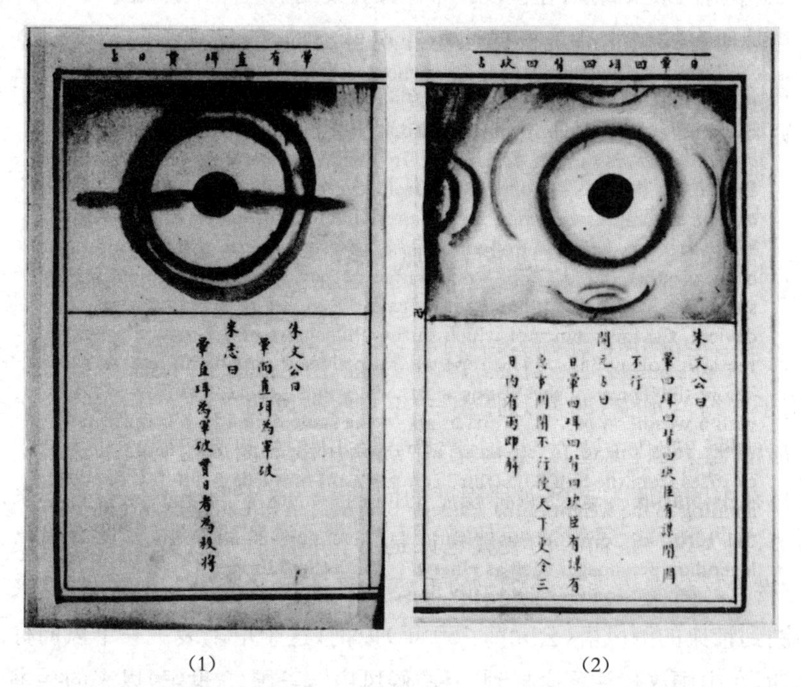

(1)　　　　　　　　(2)

图119　明仁宗朱高炽《天元玉历祥异赋》(1425年)说明幻日现象的两页(剑桥大学图书馆摄影)

图中文字：

(1) 晕有直珥贯日占——朱文公曰："晕而直珥，为晕破。"《宋志》曰："晕直珥，为晕破。贯日者，为杀将。"

(2) 日晕四珥四背四玦占——朱文公曰："晕四珥、四背、四玦，臣有谋，闭关不行。"

《开元占》曰："日晕四珥、四背、四玦，臣有谋，有急事，闭关不行。使天下更令。三日内有雨即解。"

由此看来，尽管是为了星占目的，对日晕的观测都极为精确。在上面两幅图中，幻日环、22°晕、46°晕和多种正切弧都清晰可辨。

但是雨后的虹在美观上不如其他奇怪而复杂的现象，包括同心晕和幻日。在某些特定的大气条件下，当太阳光透过高处六角形或角锥形冰晶所形成的云时，它看起来被日晕包围起来，并可看到四个亮光中心（幻日），有时在天空中与太阳相对的方向上会出现罕见的第五个太阳。幻日、同心晕也在这个位置上。一根垂直的柱子也可能穿过太阳。欧洲关于这一现象的记述出现在1630年。但是在整整一千年以前的中国，热衷于星占学的星象学家们便已致力于日晕现象的仔细观察了。《晋书》和其他7世纪的书中对日晕的十六或十七个组成部分的每一个成分都作了命名。中国人感到这种现象太动人了，以至于一位皇帝也肯降尊亲自写一部讲述包括这类现象的书，并附了插图。这就是1425年明仁宗朱高炽（在位仅一年）写的《天元玉历祥异赋》（图119）。

当然所有的预兆都是根据这些外观得出的，但是观测的精确性令人惊异。在7世纪使用的专门名词有二十六个，因此我们不得不作出结论说，在深入研究日晕方面，中国人远远地走在欧洲人的前面。

230

第五节　风和大气

在中国历史上，历代都有测风的记载，有关文献资料或多或少有些零碎。《淮南子》（约公元前120年）列出了一年中八种风的“季节”，后来这个分类变得更加精细。明代王逵在《蠡海集》中载有用纸鸢测风的实验。这就提出了风向标在中国到底古老到何种程度的问题——这个问题不像它看起来那么不重要，因为这一最简单的装置也许是所有有指针和度数的装置中最古老的，它在自然科学的哲学意义上的重要性是不用多说的。在欧洲，看来不可能追溯到雅典的测风塔（公元前150年）以前，这个塔上装了一个风向标。大约同期，在中国汉代注释家提到一种“候风扇”，三国（3世纪）以来的兵书中把它叫做“五两”，这是指所用的羽毛的重量。中国风标的发明者被认为是各种各样的传说人物，譬如黄帝。

据推测，汉代曾经有制作风速计的尝试。在《三辅黄图》（3世纪晚期的书，旧题苗昌言作）有一段话：

> 郭延生《述征记》曰，长安宫南有灵台，高十五仞，上有浑仪，张衡所制。又有相风铜乌，遇风乃动。一曰长安灵台上有相风铜乌，千里风至，此乌乃动。

虽然除风力以外，再也没有别的东西会影响到鸟的运动，可是这段话所提供的证据不是很清楚。此外，同书别处还提到台顶铜凤的记载，说它"上下有转枢，向风若翔"；这说明转枢和下一层相连，那里可能有一种机件，来指出——如果不是记录的话——风引起的转动速度。我们作如下推测不算离谱：我们现在的转杯风速计就是蹼轮风速表的翻版，第一具水轮出现在汉代（在后面我们还要讨论）。此外，铜凤据说有五尺高，作为风标未免太大了。但作为一种测验风的阻力的机件，则并不过大。如果这种解释是合理的，那么汉代风速计就可能是现代四转杯风速计的先驱，因为文艺复兴时期的钟摆型风速计现在已经不用了。杨瑀在《山居新话》（1360 年）中对龙卷风作了很好的描写：　231

> 至正戊子小寒后七日，即十二月望，申正刻，四黑龙降于南方云中，取水，少顷有一龙降东南方，良久而没。俱在嘉兴城中见之。

关于地球大气的作用，我们已经看到过了一个例子，就是关于太阳在不同高度视大小不同的问题。公元 400 年前后，天文学家姜岌解释了为什么太阳在初生和西落时都像巨大的红球，而在中午则显得色白而小：

> 地气不及天，故一日之中，晨夕日色赤，而中时日色白。地气上升，蒙蒙四合，与天连者，虽中时亦赤矣。

这样他就明白了太阳在低处时，我们看它必须通过比高悬空中时更厚的地球大气层。在此前一个世纪，郭璞在说起黎明和日落时的迷雾时，设想它们是由细小的微粒组成的。至于海市蜃楼，明代的陈霆所作的解释本质上是正确的。

第六节　雷　　电

古代中国人很自然地把雷电看作他们想象出来的两种最奥妙的力量——阴和阳——互相冲突的结果。在最广泛的意义上，考虑到这种理论对自然界正和负的概念——包括电的效应和化合现象——所作出的贡献，那么这一古老的中国思想是包含有伟大的真理因素的。《淮南子》（约公元前 120 年）中说：

> 阴阳相薄为雷，激扬为电。　232

但是这种自然主义的理论并不能使汉代人们对雷电充满的迷信恐惧心理稍稍平息。他们把天空的放电现象看作是对朝廷失政或个人恶行的"天谴"。王充反对这种现象主义观点(原著第一卷第203页),在《论衡》(公元82年)中发表了一通毫不含糊的自然主义议论。在下面一段话中我们看到他最杰出的地方:

> 盛夏之时,雷电迅疾,击折树木,坏败室屋,时犯杀人。世俗以为……天取龙;其犯杀人也,谓之有阴过。饮食人以不洁净,天怒击而杀之。隆隆之声,天怒之音,若人之吁矣。世无愚智,莫谓不然。……
>
> 推人道以论之,虚妄之言也。夫雷之发动,一气一声也。……
>
> 实说雷者,太阳之激气也。何以明之?正月阳动,故正月始雷。……盛夏之时,太阳用事,阴气乘之。阴阳分争,则相校轸,校轸则激射。……
>
> 何以验之?试以一斗水灌冶铸之火,气激㲊裂,若雷之音也。……天地为炉,大矣。阳气为火,猛矣。云雨为水,多矣。……
>
> 夫雷,火也。火气剡人,人不得无迹。如炙处状似文字,人见之谓天记书其过以示百姓,是复虚妄也。火剡之迹非天所刻画也。

公元前1世纪拉丁诗人卢克莱修(Lucretius)在诗歌《物性论》(*De Rerum Natura*)中表达了类似的观点。汉代其他学者如桓谭(公元30年以前)也极力倡导同样的主张。

在这以后的数百年间,否认雷电具有预兆的性质成了不可知论的唯理主义者的口头禅。苏洵提到一种当时流行的信念,认为雷击是对不孝行为的惩罚;他指出雷应该惩罚一切应该遭受惩罚的人,但显然它没有这样做。在同一个世纪里,大约在1078年,沈括记录了一次对雷电的描述,他写得那样详细,简直像是给科学杂志写专栏文章:

233

> 内侍李舜举家曾为暴雷所震。其堂之西室,雷火自窗间出,赫然出檐。……及雷止,其舍宛然,墙壁窗纸皆黔。有一木格,其中杂贮诸器,其漆器银扣者,银悉熔流在地,漆器曾不焦灼。有一宝刀极坚刚,就刀室中熔为汁,而室也俨然。……

以后的几个世纪里也不乏同样正确、客观的叙述,但关于雷电的真正性质的说明,则有待于文艺复兴之后科学高潮的到来。

第七节　北 极 光

中国历史记录中有一些关于“光异”和“五色光”的叙述,看来只能解释为对北极光的观测。这种记录最早的在公元前 208 年，最晚的在 1639 年。《开元占经》(718 年)引汉代预言家京房的《妖占》等书，提到公元前 193—前 154 年有“光异”大量出现，跟地震一样，这种现象被归结为阴气太盛的缘故。中国的此类观测记录还没有编制成完整的一览表，因为过去对这种现象的认识不是很清楚，没有把它当作一种实体看待，因此出现了好多名称——“赤气”、“北极光”等等——并且大量的文献有待查阅。一个经常出现的术语是“天裂”。对北极光的解释，直到现代才成为可能。

第八节　潮　　汐

在近代以前，中国对潮汐现象的了解和兴趣总的来说是多于欧洲的。正如人们常说的，这可能是因为地中海的潮汐比较微弱，未能引起古代博物学家的注意。而中国海岸却有相当大的潮汐，例如，长江口外的大潮高达十二尺以上，中国还拥有世界上两大观潮胜地之一，即杭州附近的钱塘江(图 120)；另一处在亚马孙河(Amazon)北河口，远离任何一个文明古国。塞汶河 234 (Severn)的潮汐要小得多。所以，从很早的时候起，这种显然跟一般海潮同类、但给人印象极为深刻的自然现象吸引中国的思想家们对它作出解释。

潮汐的正常情形自然先是涨水，起初比较慢，在中等水位时达到最快，然后慢下来，达到满潮，然后退潮，回复到原来的低水位。从潮涨到潮落整个循环需要 12 小时 25 分钟，这是月球连续两次通过子午线的时间间隔。涨潮幅度在一个朔望月里以月初最大，隔两个星期后最小。涨潮的幅度、高潮之间的间隔以及高潮与低潮之间的落差，极大地依赖于地形条件如海岸线和近海海底等。华北的一些地方，每 25 小时只涨潮一次。如果沿着有潮汐的河口如长江口溯流而上，涨潮的时间间隔渐渐缩短，退潮的时间间隔渐渐加长。有 235 一种潮简直是一种极端的例子，在片刻之间就涨到一半高度。长江[①]的潮头总高度达二十尺，在海上潮头开始的地方，波浪速度达每小时七海里，在内河，潮头过后，产生时速高达十海里的洪流。两波相接处会激起三十尺高的巨浪，如果靠近海岸，则会漫过庞大的海堤。在海潮到达之前，便远远地听到一种雷鸣般的声音。

在公元前 2 世纪，中国人就已经知道在月望之日可以看到十分壮观的海

① 此处似乎应指钱塘江。——译者

图 120 麟庆《钱塘观潮图》(采自《鸿雪因缘图记》,1849 年)

潮了。在枚乘(卒于公元前 140 年)的《七发》这篇富有诗意的文章中可以看到:

> 客曰:"将以八月之望,与诸侯远方交游兄弟,并往观涛乎广陵之曲江。至则未见涛之形也,徒观水力之所到,则卹然足以骇矣。……"

但是这里没有讲到潮汐与月亮之间的因果关系,当患病的太子问客人是什么力量使波涛动起来时,客人回答说,这种力量未见于记载,但不是神怪。然而到了公元 1 世纪,正是王充在他的《论衡》一书中清楚地指明了潮汐对月亮的依赖关系。他提到当时一种流行的说法,一位被屈杀的大臣伍子胥的尸体被扔在江里,他的冤魂从此便有规律地驱波逐浪,发出周期性的怒吼和冲击。王充把这种说法驳斥得体无完肤。他还给出一种科学的观点:

> 夫地之有百川也,犹人之有血脉也。血脉流行,汎扬动静,自有节度,百川亦然,其朝夕往来,犹人之呼吸气出入也。
>
> 涛之起也,随月盛衰,小大、满损不齐同。如子胥之怒以月为节也。

在王充的思想中，一定把月亮对潮汐的影响与小宇宙—大宇宙（microcosm-macrocosm）的呼吸理论结合了起来。但是在那个时代，这种自然主义的见解必须同其他比较原始的见解进行争辩。

下一步的进展在唐代由窦叔蒙完成（约770年）。窦叔蒙似乎是第一个使月亮潮汐说涉及某些科学内容的人，但他可能认为月亮引起水的膨胀和收缩。然后，余靖在他的《海潮图序》（1025年）中取得了明显的进步。他相信太阳和月亮对潮汐都有影响，而月亮更为重要，因为“月者，太阴之精，水乃阴类……”，他的书中给出了许多详细的观测证据。在同一个世纪稍后，沈括在《梦溪笔谈》中写道，他本人对月亮的周期运动和潮汐运动作过很多研究，接着他指出：“予尝考其行节……去海远，即须据地理增添时刻……”如此看来，沈括在1086年就给我们今天所谓的“港口常规时差”明确地下了定义，即某地理论上的大潮时刻与当地实际出现时刻间的固定差数。 236

在西方，看来是加利斯托斯的安第果努斯（Antigonus of Carystos，约公元前200年）是第一个指出潮汐的主要影响来自月亮的希腊人。他的见解跟枚乘的相似。但是西方取得的进展比中国更快，公元前140年左右，波斯湾塞琉西亚的迦勒底人（the Chaldean of Seleuceia）赛琉古斯（Seleucos）把潮汐同月亮的运行联系了起来，半个世纪后，阿帕梅亚的波塞多尼乌斯（Poseidonius of Apameia）说明了潮汐的子午时规律和大小潮规律。在中国直到宋代才达到这个水平。但是后来，在中国人向前进时，欧洲人反而忘记了已经取得的进展。从公元前100到公元1000年之间什么也没有做，只有公元700年前后的比德长老（Venerable Bede）是个例外，他认识到了当地潮汐的时差，但“港口常规时差”的完整表述要等到1188年吉拉尔德斯·坎布伦西斯（Giraldus Cambrensis）的《爱尔兰地形》（*Topographia Hibernica*）一书。中国在1086年提出这个概念。

在系统编制潮汐表方面，中国人是明显领先的，至少可以追溯到9世纪。自11世纪直到文艺复兴之前，中国人在潮汐理论方面一直比欧洲人先进得多。极具讽刺意味的是，伽利略曾驳斥开普勒的月球影响地面潮汐的说法是一种占星术学说。一直到牛顿时代，真正用引力说明潮汐现象的理论才完成并被人们接受。中国古代的观测家们从来都认为月亮对地面上的事物产生作用，而这种把月和地分隔开来的做法与整个有机自然观相悖。

237 # 第四章　地　学

第一节　地理学和制图学

在论述了纷繁的星星、辽阔的天空和浩瀚的海洋之后，转而讨论我们所居住的，因而较为熟悉的这个世界的面貌，讨论探险家和地理学家所探索的这个领域，那是很自然的。但是地理学是一门介于自然科学和人文科学之间的边缘学科。因此，想要对地理知识在中国的积累发展情况作一番系统论述，将会远远超出我们这本书所设定的范围。关于此，中西方都留下了数量巨大的文献，但与其说它们属于科学史，倒不如说它们属于历史本身。与本书真正有关的，应该是科学的制图学在中国的发展，因此，我们要做的，就是把这个问题作为一个重点来讨论。

不论是谁想编写中国的地理学史，都会碰到一个难题，因为他必须让读者知道中国学者在这方面写了大量的著作，但又必须避免冗长乏味地写到一大堆书名和作者姓名，何况其中有一些书早已失传。因此我们在这里只能列举少数几本书作为例子，而这些书当然应该是整个同类书籍中的代表。

在中国的文字中包含有许多远古时代的地理学符号。例如，"川"字是水流的图形，"山"字一度曾经是有三个山峰的山的写生，"田"字则表示一块有边界并被分成若干小块的土地。从"國"字中不但可以看到政治疆界，还可以看到国境内有"口"和"戈"的符号，其中"口"代表侵略者，"戈"代表守卫者。甲骨文和金文中的"圖"字，实际上就是一张地图的形状。可惜这个字的含义后来变了，被用来表示各种图解和图画，这样一来，如果文献中提到在一本很早就已散佚的书中有图的话，我们就无法确定其中所说的图到底是不是地图。总之，如果我们猜想中国的象形文字曾经促进过中国人绘制地图的传统，那么这样的猜想应该离事实不会太远。

238 前面经常提到，古代中国人思想中盛行的关于大地形状的观念，是“天圆地方”。但也有人对这种说法提出过疑问。例如，在公元1世纪和2世纪时，就不止一次地有人说过，宇宙像一个鸡卵，而地球就像悬浮在当中的卵黄。中国各个时代的思想家都曾附和虞喜（约330年）的观点，对地是方而平的说法表示怀疑。虞喜曾指出，如果地是方的，那么天的运行就会受到阻碍了。在他看来，地和天一样，也是圆的，只不过要小一些。所有支持浑天说的人都相信这种看法。然而这些观点对中国制图学的影响很微小，因为就像我们后面将看到的，中国的制图学采用的是网格法，并不考虑地球表面的曲率。同时，中国的地理学常常是纯自然主义的。

第二节　地理学的典籍和著作

古代著作和正史

留传至今的最古老的中国地理文献恐怕要数《书经》里的《禹贡》了，这部著作大约是公元前5世纪（周朝）的作品。大禹是传说中的“治水”圣王，并且是后世的水利工程师、灌溉专家和治水工作者的祖师。这部著作中不但列出了传统上所说的九州，而且还谈到了这九个州的土壤、特产以及流经这九个州的河流。一般认为，这是一部原始的经济地理学著作，其中所谈及的中国当时的地理疆域范围还不到中华文明最后所拥有地区的一半。但这部周朝的古籍实质上是一部自然地理学著作；九州的疆界是按自然条件，而不是按政治条件划分的。除了禹这个人物的活动以外，这部著作没有丝毫离奇荒诞的事，甚至也不带幻想和传奇的色彩。

通常认为，《禹贡》中似乎包含了一种朴素的同心方地图（见图121）的思想。这种看法产生的依据是这部著作结尾的几句话。这几句话说：从帝都起，五百里之内的地带是“甸服”，再往外五百里同心带之内是“侯服”，再次是“绥服”、“要服”，最外围的是“荒服”。但是文中并没有任何证明这些地带是同心方这一传统观点的文字；这种观点很可能只是根据地是方形的这种宇宙观设想出来的。这一点是很重要的，因为如果这些地带被设想为同心圆的

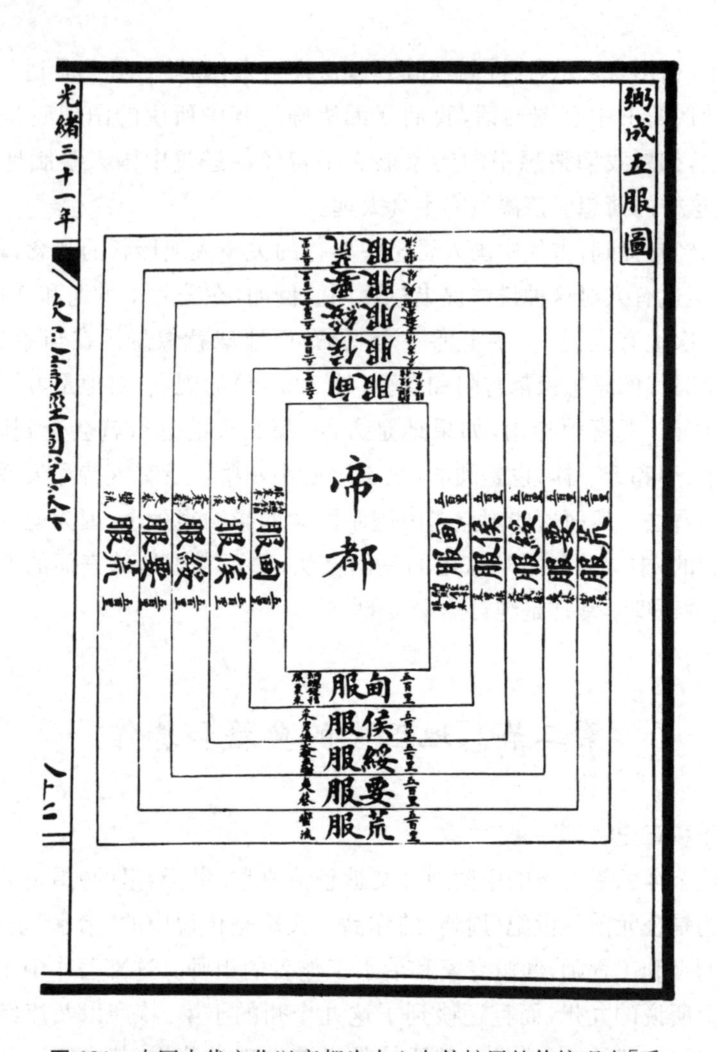

图 121 中国古代文化以帝都为中心向外扩展的传统观点[采自《书经图说》。在此同心矩形中，以帝都为中心向外扩展的各地带分别是：(a) 甸服(即王畿)；(b) 侯服(即诸侯领地)；(c) 绥服(即已经绥靖的地区；亦即已接受了中国文化的边境地区)；(d) 要服(即已与这个中心结成同盟的外族地区)；(e) 荒服(即未开化地区)……]

239

话，那么这种古老的分度制就很可能是东亚的宇宙寰宇观中关于地是圆盘形的传统说法的来源之一了。而同心方的思想则可能成为中国制图学的矩形网格制图法的原始思想。

一般说来，《禹贡》这部中国历史上最早出现的自然地理考察著作，与欧洲出现的第一幅地图(由公元前6世纪的阿那克西曼德绘制)大体上属于同一

240

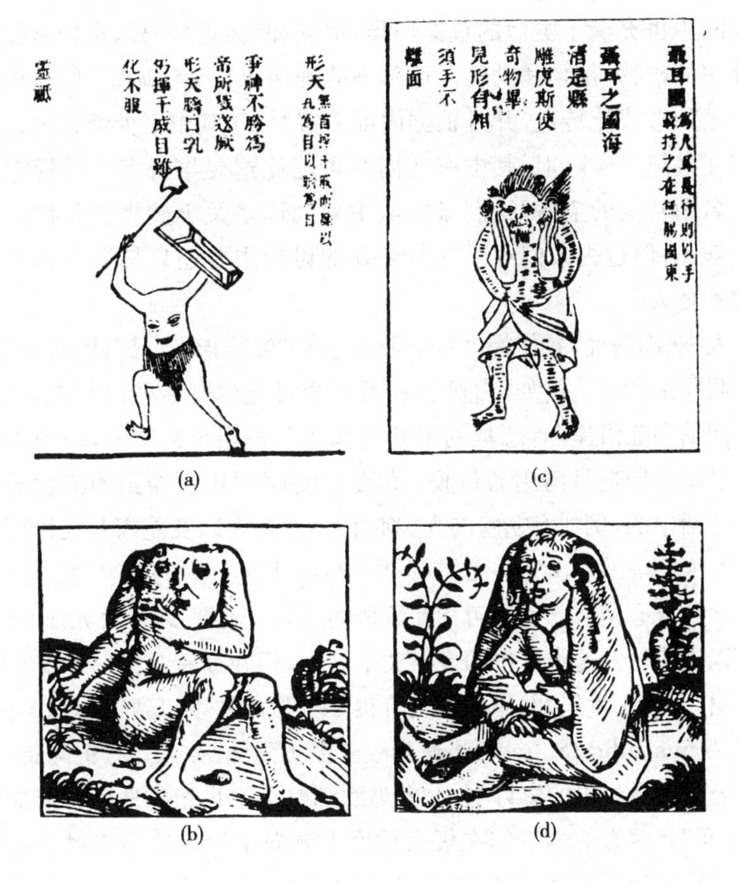

图 122 《山海经》(公元前 6 世纪到公元 1 世纪)中的怪人与索利努斯的《记闻集》(3 世纪)中的怪人的比较[(a)、(b)是无头人,(c)、(d)是长耳人]

241

个时代。但是,中国的这部著作比阿那克西曼德时代留传至今的任何文献都详细得多。纵观中国历史,《禹贡》的影响是深远的。所有的中国地理学家都以它为蓝本而进行工作,多引用《禹贡》中的词句为自己著作的标题,并不懈地力图重塑书中所描绘的地形。

这里有必要简单谈谈夏朝的九鼎和关于山脉与河流的古典著作《山海经》。据说鼎上铸有各种表示各地区及其奇异事物的图画和地图。《左传》一书中可以找到关于九鼎的一段经典记载,谈的是公元前 605 年所发生的事。文中称鼎铸造于夏朝的极盛时期,作为对老百姓进行教导的一种形式,“以便使他们知道各种事物,辨别善恶。这样,当他们出外旅行,渡过河流与沼泽,穿越高山与森林时,就可以避灾免祸”。我们从这段记载中读到的的确是一种古代传统,其中所谈的不是地理,而是怪诞的、宗教礼仪上的事情。

《山海经》中也充满了类似的荒诞怪异，但它和《禹贡》一样，也经常提到一些确实存在的矿物、植物和动物。这部书的确切年代无法确定，但在前汉时期一定以某种形式流传过，并且根据内部文字判断，其中不少资料可以上溯到公元前4世纪。实际上，其中有些内容可能比这要早得多。尽管它可以说是一个名副其实的宝库，我们可以从中得到许多关于矿物和药物之类天然物质的知识，但过去人们对于它所展开的讨论主要还只是围绕其中所描述的怪物和怪人。

有人把《山海经》看作是世界上最古老的"旅行指南"，因此力图对书中的许多记载作出考证。例如，白民国和毛人很可能就是指阿伊努人，而郁夷国一定是西伯利亚沿岸"有恶臭的未开化部落"，在很早的时候，中国人就从他们那里进口过制造弓箭用的鱼胶。但是《山海经》中所谈到的绝大部分怪人显然是神话中的，例如有翅膀的人、狗面人、无头人以及能离开人体而单独在天上飞的人头等等。由于在希腊神话中也有大量类似的故事(见图122)，所以很自然地就会使人产生是否相互流传的疑问。希罗多德(公元前5世纪)的作品可以说是谈及这类故事的最早文献之一，但在斯特拉博(公元前1世纪)和普林尼(公元1世纪)的作品中也有很多类似的故事。到了公元3世纪，索利努斯(Gaius Julius Solinus)将这类故事汇集到他所编写的《记闻集》中。这本书有公元6世纪出的修订本，书中为欧洲整个中世纪的地理学家提供了大量的"奇闻"。西方的学者们在极大程度上倾向于认为这类资料全部源自希腊。对于某些神话而言，他们的意见可能是对的，但是也有部分内容可以溯源到中国和伊朗，同时也不应忘记，巴比伦人同样对畸形神怪很感兴趣。

242

这类资料如果从生物学史的观点出发进行研究，会有些意义。在胚胎学家看来，作为这类传说的基础的种种奇形怪状的人和兽的形象，大多数显然有可能来源于自然产生的畸形人和畸形动物。比如，研究表明，东西方故事中关于狗面人身人和毛面人的传说很可能与缅甸至今还存在的毛面人有关，也可能与狗面猴有关。如果这种观点可以成立的话，那就没有理由去设想什么流传的问题，也没必要去追究这些传说最先起源是在哪里的问题了。另外一种观点是，这些神话很可能与古代各民族都有的一种仇视和惧怕异族人的心理有关，这种想法与此也并不相矛盾。

人类地理学

人类地理学是从《山海经》一类书籍对怪异人的描述很自然地发展起来的。这类著作的习用名称是进贡图(记述入贡部族的图书)，最早的一部以进贡图作为书名的书是在梁代(约 550 年)出现的,作者是江僧宝或萧绎。但据说早在公元 3 世纪三国时代的诸葛亮就已写过一部关于南方各部族的《图谱》。在唐代和其他朝代,都设有一个专门接待外国进贡者的机构——鸿胪寺,鸿胪寺的官员们负责记录下各进贡国的地理情况和风俗习惯,使之成为不断增加的政府情报的一部分内容(见图 123)。在这一过程中,便涌现出大量这类的图书。

图 123 晚清时期的毕献方物图(图示外族使者在鸿胪寺进贡时的情景。鸿胪寺的官员负责把进贡国的情况和物产记录下来。采自《书经图说》) 243

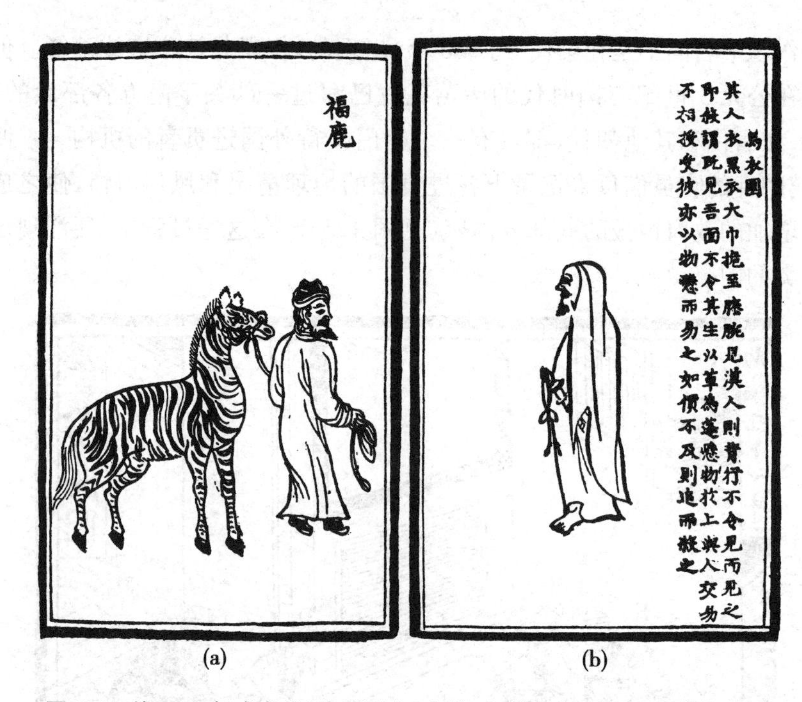

244

图 124　约 1430 年成书的《异域图志》中的两页[此书可能是明代宁献王朱权所著,他是一位炼丹术士、矿物学家和植物学家。几乎可以肯定他曾受益于郑和远航所带回来的动物学和人类学知识。(a) 斑马(福鹿)。(b) 一名乌衣国人,乌衣国无疑是阿拉伯边远地区的某一个地区。此图摄自剑桥大学图书馆所藏的目前仅有的一部书]

对南部地区和外国的地理描述

在中国的人种地理学和可称之为人种学及民俗学的学科之间并没有很明确的界线,因为在各个时代,都有很多受汉族文化影响较小的少数民族居住在这块土地上。此外,随着汉族文化的向南扩展,出现了越来越多的描述南部地区的异物和地形的书籍。凡描述风土人情及其地理分布的,都称为风土记;而描述还不熟悉的地区的,则称为异物志。在前一类著作中,最早的要算公元前 150 年左右卢植所写的《冀州风土记》。两部描述南部地区的早期重要著作分别是 2 世纪杨孚的《南裔异物志》和 4 世纪万震的《南州异物志》。

有关外国地理的文献,虽然很多已经散佚,但仍有不少保存下来的。其中最早的一部代表作是公元前 35 年出现的专谈匈奴情况的"图书"(关于此书我们将在下文第 260 页中会有更多的讨论)。但是,张骞在公元前 2 世纪出使西域时,居然没有用文字或图画把那里的少数民族的风土人情记录下来,似乎是不太可能的。到了公元 2 世纪,臧旻写了一部关于五十五个国家的详细备忘录。而该类著述到明代可以说是达到了最高峰，特别是15世纪时由于著名航海家郑和的远航，曾出现了不少著作。军事及其他原因的远航以及贸易一起，也促使了地理著作大量的出现。其中最受重视的一部应当属成书于1430年前后的《异域图志》(见图124)，作者不详，但有可能是明代宁献王朱权所著，他是一位炼丹术士、矿物学家和植物学家。几乎可以肯定他曾受益于郑和远航所带回来的动物学和人类学知识。

245

应该如何把上面所介绍的中国地理学发展情况同西方的描述性地理学的发展情况进行比较呢？尽管在希罗多德的时代以及在斯特拉博的时代，中国没有出现可与希罗多德和斯特拉博的著作相比的地理著作，但是从公元3世纪到13世纪，当欧洲文化走下坡路的时候，中国人则远远地走到前面去了，而且还取得了稳步的发展。当时欧洲在地理学上占据着统治地位的是索利努斯和他的神话故事，几乎就像中国在这方面占统治地位的是《山海经》一样，一度没有可与之相抗衡的。到了唐代(公元618—906年)可作为西方的唯一代表人物的，大概要算是叙利亚主教埃德萨的雅谷(Jacob of Edessa，公元633—708年)了。而同时代的阿拉伯人发展得很快，到了宋代，在960年后，他们已经为后来的西方地理学打下了基础。阿拉伯地理学在12世纪由于伊德里西(al-Idrīsī)著作的出现而达到了最高峰，而到13世纪仍然涌现出不少著名人物。当然，在西方也曾出现过与中国的佛教朝圣者所写的著作相似的朝圣著作，其中第一本是333年的"第一部基督教徒旅行指南"《从波尔多到耶路撒冷旅行记》(*Itinerary from Bordeaux to Jerusalem*)；此后还有一些贸易旅行记录。但是当你读了文艺复兴时代的详细编年史后，就会感到西方从那时起才开始走上一条对事物进行客观描述的路，而在这条道路上，中国人早已走了1500年了。像这样的发展局面，我们在研究人类认识潮流发展的历史时就已遇见过一次，本章中我们将会再度看到这种局面，特别是制图学领域内，这种情况更为明显。

水文地理学著作和描述海岸的著作

由于水道对于中国各个历史时期的社会和经济体制都极为重要，所以它自然就受到人们的密切关注。这类著作中最早的一部是公元前1世纪桑钦所写的《水经》，但是我们现在所看到的版本据说出自三国时期，起码是265年以前的某地理学家之手。书中至少对137条河流作了简短的描述。大约到6世纪初，伟大的地理学家郦道元对其作了增补，使它的篇幅将近增加到原书的四十倍，并定名为《水经注》。就这样，一部头等重要的著作产生了。根据几

246　本书的书名来判断，中国人自秦代起就已经开始对江河进行测绘制图了。单锷（1059 年）就曾写过这样一本关于水利的书，他花费三十多年的时间考察了苏州、常州和湖州地区湖泊、河流和渠道。一个世纪之后，傅寅写成《豫国说谈》，主要述及黄河流域。在傅寅的书中包括了一些可能是 12 世纪时绘制的地图（见图 125）。到了清朝，出了一些篇幅更大的著作。但在同时代（18 世纪）的欧洲，却找不到可与此类文献（见图 126）相比较的经典著作。

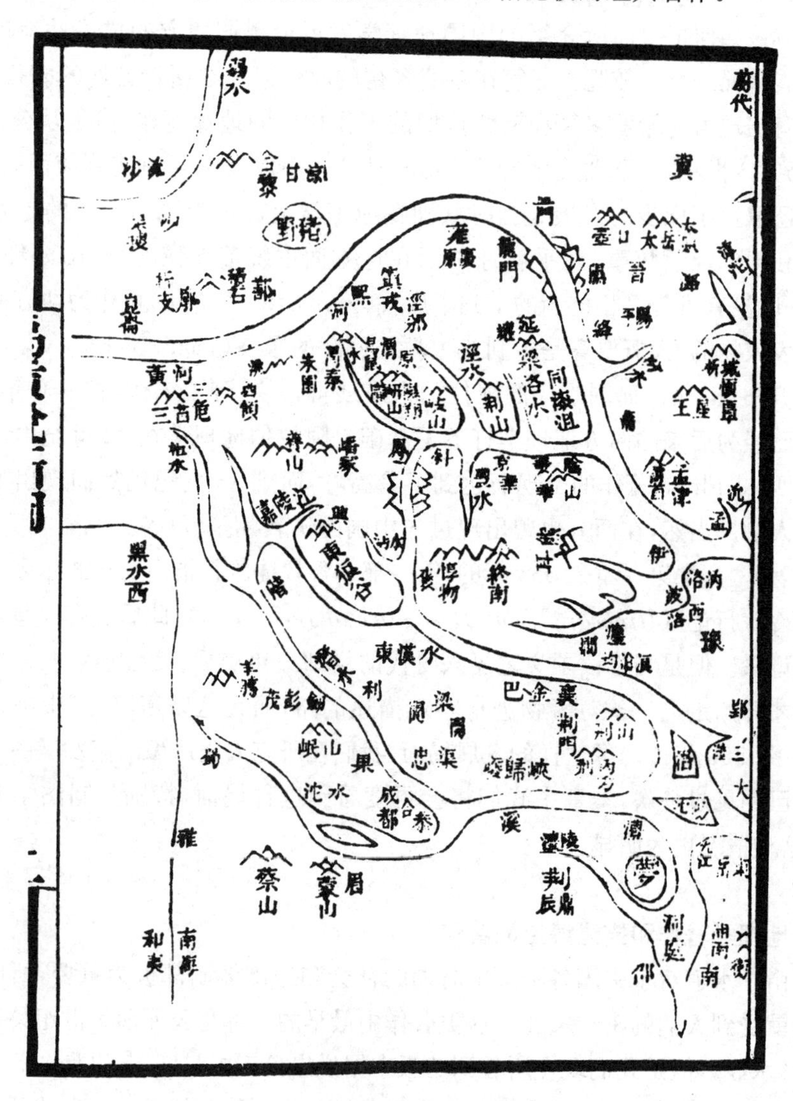

247　**图 125**　中国西部水系图［采自 1160 年傅寅所著的《豫国说谈》。图上方可见黄河的大弯围绕的鄂尔多斯沙漠和黄河经过的龙门峡。往下可辨认出沟通渭水和汉水（黄河和长江水系）并穿过秦岭的古道和运河。在四川境内，则标注了成都和峨眉山］

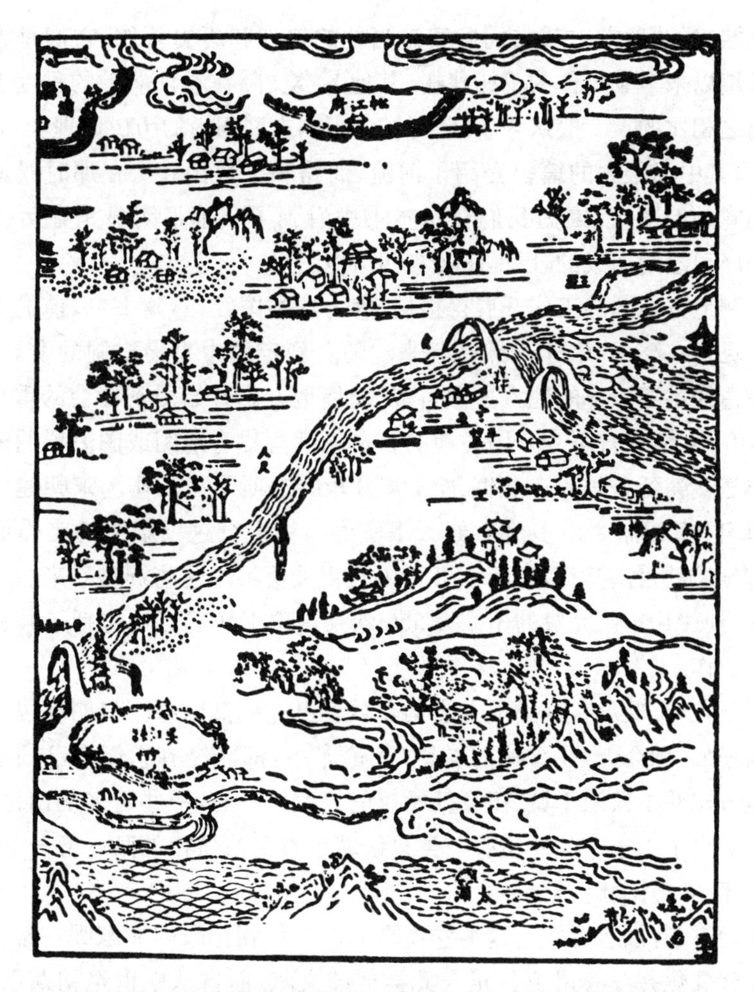

图 126　1725 年傅泽洪《行水金鉴》中所附的一幅全景图（前景是江苏太湖，左边围有城墙的是吴江；因此视角是向东的。大运河横贯全景经王泾村流向杭州。吴江城旁有著名的“垂虹桥”。图中另外还有两座桥。这样的复制图已不如原图那样精致）

248

除了这类专门研究大小水道的书籍以外，还出现过另一类关于中国沿海的地理著作。但这后一类书籍大部分出现得较晚。如 1562 年郑若曾出版的巨著《筹海图编》，这类书的出现与当时沿海各省经常遭受倭寇的侵袭掳掠有关。也有一些专著是为保护海岸地区、防止海水入侵而撰写的。

地方志

中国的一系列地方志在其广度和有系统的全面性上，可能没有哪个国家的同类文献可与之相比较的。凡是熟悉中国文献的人都知道，在中国文献中有卷帙浩瀚的"地方志",它们确实是当地的地理和历史著作,它们是各地学者们长期以来辛勤工作的不朽建树,其他各类文献在卷帙浩瀚的程度上很少能有与之相比的。一般认为347年的《华阳国志》(四川的历史地理学)是第一部方志,其中以很大的篇幅介绍了河流、商路和少数民族。在那时候就已经有四川省的地图了,因为我们在这本书中看到了一幅很明显是在后汉时期(约150年)绘制而成的《巴郡图经》(四川地图)。

绘制地方地图的工作开展得很慢,因为这类图经在《隋书》以前的书籍中并不多见,在《隋书》中才突然多起来。随着稳定的中央集权制的发展,人们往往被遣往远离家乡的地方去做官,从而使地方志开始受到社会的重视。大约在610年,皇帝曾下令全国各地的官员们编写附有地图或图表说明的风俗物产志送交朝廷备查。宋朝时继续大力开展这项编写工作。宋朝建立后不久,971年,皇帝命令卢多逊重修天下图经。在进行这项艰巨的工作的过程中,卢多逊游历各省以搜集所有可利用的相关资料。这些资料后来由宋准加以汇总,到1010年已完成的不下1 566卷。这项工作显然也包括了某种测绘制图的工作。

249

甚至在宋末以前,这类地方志的总数就已达到220种。自明朝以来数量又逐渐增加,到今天,几乎所有城镇(无论多小)都已经有它们自己的地方志了。地方志并不仅限于城、镇及其所属的行政区才有,一些著名的山岳,也有人为它们写了山志。此外还有一类只谈城市本身或城市的某一部分的著作,如500年的《洛阳伽蓝记》。

在西方,有没有可以与这类卷帙浩瀚的文献相比较的文献呢?希腊和希腊的古代文化并没有留下真正与此类似的文献,而自从中世纪初期以来,这类著作似乎也不多。直到13世纪,才出现了一部描述耶路撒冷城邦的法文书,这部书也许可以与七个世纪之前的《洛阳伽蓝记》相比。此外还出现了坎布伦西斯·吉拉尔德斯的几部著作。但一直到了文艺复兴时期,欧洲才出现了真正可以和中国相比的同类著作。正如我们前面已指出的,以及不久将在后面继续提到的那样,总体而言,欧洲地方志的发展同样也出现了一千年的中断期,所不同的是,在这一领域中,古代的西方世界在此之前并未取得过多大的进展。

地理方面的类书

在地理学著作方面尚未论述的只剩下自晋代(公元3、4世纪)以来所出现的地理总志了。这类地理著作主要是描述性的,虽然在唐、宋时期所出的这类文献中肯定都附有地图,但到今天这些图早已散佚了。公元300—350年间阚骃所写的《十三州记》也许可算是这类著作中最早的了。但是,现存的最古老的一部地理总志要算是814年左右李吉甫的《元和郡县图志》,那时已接近唐代末朝。在唐宋之交,出了一位重要的地理学家徐锴。在宋朝建立后不久(约公元976—983年),又出现了一本至今仍有参考价值的地理总志《太平寰宇记》,全书共二百卷,作者是乐史。从11世纪到12世纪这段时间,出现了更多的地理总志,但其中文学和史传的味道越来越浓,而所含的地理学的科学性则越来越少了。不过,在13世纪,又出现了两部很有价值的地理文献。

250 在以后的几百年中,这方面的著作出得不多,只有三部不同朝代的大一统志值得一提。第一部于1310年着手编写,但从未刊印过;第二部出版于1450年;第三部成书于18世纪,是于1687年开始编撰的。在第三部大一统志中不但有对各省的地理情况全面细致的描述,而且包含了关于中国版图以外的一些附属国和藩邻国的大量资料。此外,在18世纪初叶出现的《图书集成》中也有大量的地理资料。到这个时期,中国地理学著作与文艺复兴后的欧洲的同类著作相比,在许多方面都处于劣势。在这里我们再次看到这样一种情况:在中世纪早期,西方在地理学上拿不出什么东西可以与中国相比的。到了宋代,除阿拉伯之外,也仍然不能和中国相比;后来只是由于明代科学的衰落以及现代科学在欧洲的兴起,西方才远远地走到前面去了。

第三节　中国的探险家

在前面介绍的文献中所包含的大量的地理知识以及以下几节里将要专门述及的中国在科学制图学上的成就,如果没有无数旅行家和探险家们的大量观察和积累,显然是不可能取得的。这些旅行家和探险家,虽然有的是因公务或外事而出行,有的则是出于个人宗教信仰而去旅行的,但他们都以丰富的阅历和准确全面的观察,加深了人们对于地球这个世界的认识的深度和广度。由于他们在中国和欧洲的相互接触中起了重要的作用,我们早已在第一卷中提到过张骞和甘英等一些汉代官员以及三保太监郑和的功勋。

由于马可·波罗以及13世纪时其他一些欧洲旅行家的名气实在太大,就使得一些也曾作过重要旅行考察的中国旅行家通常受到了忽视。例如《西游录》的作者耶律楚材,他不仅是一位政治家,还是天文学的肇始人,曾随蒙古皇帝成吉思汗远征波斯(1219—1224年)。《北使记》的作者乌古孙仲端,他是塔塔尔族人，曾出使去谒见成吉思汗，于1222年回国。另外一次著名的旅行考察是一名道教的炼丹术士丘处机（长春真人）的西游，他因受命进谒成吉思汗（当时在阿富汗），于1219年出发到阿富汗，1224年回国，他的弟子李志常把他这次出行的经过记录成书，名为《长春真人西游记》。此书的序言中说："李志常掇其所历而为之记，凡山川道里之险易，水土风气之差殊，与夫衣服、饮食、百果、草木、禽虫之别粲然，靡不毕载。"在途经蒙古和中亚时，丘处机一行观察到了一次日食，而且在比以前的中国天文学家所到达过的地方更靠北的一处地点作了二至点影长测量。

251

另外还有一些科学意义更大的、以地理考察为主要目的的旅行。例如，探索黄河的发源地。在张骞那个时代（公元前2世纪），人们认为黄河发源于和田河，而和田河则发源于昆仑山脉（西藏高原北坡）并绕塔里木盆地的北面流入罗布泊。还有人认为，黄河伏流于罗布泊和兰州附近的一个山口之间。到了唐代，人们才搞清了真实情况。公元635年，一位名叫侯君集的将领曾奉命征讨西藏部族，当时一直向西推进到扎陵湖，并在那里"览观河源"。事实上，黄河的源头就在这个湖附近。不久这项考察就被刘元鼎所证实了，他于公元822年出使西藏。侯君集和刘元鼎大概都不知道，黄河围绕阿尼马卿山转了一个大圈再行折回。除这一点外，他们的观察结果都是完全正确的。到了1280年，忽必烈可汗曾派出一支由都实率领的科学考察队去探察黄河的源头，这次考察结果收录在1300年地理学家潘昂霄所著的《河源记》一书中。

后面我们将谈到中国文献中流传下来的一些旅行路线指南，这类指南当时主要是为实用的目的而写的。在明代，中国出现了一位写游记的名家，旅行家徐霞客（1586—1641年），他既不想做官，也不信宗教，但是对科学和艺术特别感兴趣。在三十多年的时间里，徐霞客走遍了全国最偏僻、最荒凉的地区，饱尝了各种艰难困苦。还曾多次遇盗匪而被洗劫一空，从而不得不依靠当地学者的资助，或者为当地庙宇撰写庙史而得到一些资助。不论是登上一座名山，或是踏上一条被积雪覆盖的小路，不论是站在四川水稻梯田的旁边，或是走进广西的亚热带丛林，他身边总是带着一个笔记本。为他写传记的人都异口同声地指出，他根本不相信什么风水，而是希望亲自去考察一下从西

252

藏高原向四面八方延伸出去的高山地区的分布情况。他的游记读来不像是17世纪的学者所写的东西，倒更像是一位20世纪的野外勘舆家所写的考察记录。他在分析各种地貌特征上具有惊人的能力，并且能够很有系统地使用各种专门术语，如梯、坪等，这些专门术语扩大了普通术语的含义。对于每一种东西，他都用步或里把它的大小尺寸仔细地标记出来，而不使用

含糊的语句。徐霞客的主要科学成就有以下三项：第一，发现广东西江的真正发源地在贵州；第二，确定澜沧江和怒江是两条独立的河流；第三，指出金沙江只不过是长江的上游，因为金沙江在宁远以南的鲁南山有一个大弯，以至于人们长期以来没有弄清这一点。

清朝常把一些确实有罪的或者被认为有罪的学者流放到边远地区(这当然不是清朝的新发明)，这曾是促使地理知识在清代有所增长的一个奇特因素。例如在1810年，一位任湖南学政的优秀学者徐松，被应考的秀才指控利用职权出售自己的著作以及在考题中没有出经书上的题目。两年后，他被流放到新疆，并在那儿居住了七年。正是由于这次流放，他才能写出四部关于边疆地区的优秀地理著作，从而丰富了中国的地理文献。

第四节　东方和西方的定量制图学

小引

通常认为，在科学的地理学史和科学的制图学史中有一段无法解释的中断时期，这个中断时期是从公元2世纪的托勒密时代起到1400年前后为止。有关这方面的著作在谈到中国所作出的贡献时，似乎都是按一套固定的格式来谈的，即先介绍中世纪的欧洲人对中国的认识，然后介绍阿拉伯人关于中国的说法，最后介绍13世纪时商人和传教士兼外交使节访问中国所产生的影响，但却丝毫没有谈及中国制图学本身的发展情况。事实上，在整个千年里，当欧洲人对科学的制图学还一无所知的时候，中国人却正在稳步发展着他们自己的制图传统，这是一种虽然并非严格按照天文学的原则，但力求尽可能定量和精确的制图传统。

科学的制图学——中断了的欧洲制图学传统

253

希腊的制图学始于埃拉托色尼(Eratosthenes，公元前276—前196年)，他和吕不韦是同一时代的人。埃拉托色尼确定了地球的大小尺寸以及曲率，从而最先把一种坐标系统应用于地表。在亚历山大里亚和赛伊尼进行了著名的夏至晷影测量之后，他得出了地球周长为40 225千米这一大体准确的数字。应当指出，希腊的制图学是以球形地面为基础的，而中国的制图学则是以平面地面为基础的。但是在实践中，这两者的差别比想象的要小，因为希腊人从来没有发明出一种令人满意的投影方法来把球形面投影到一张平面

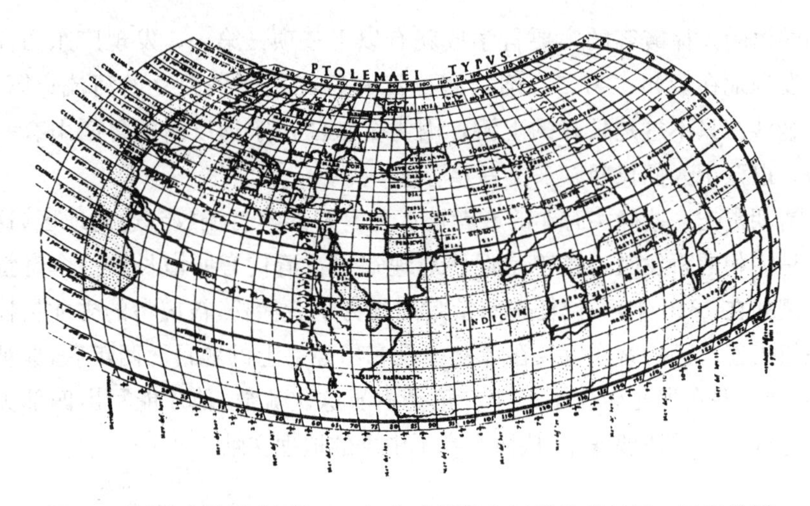

254

图 127　托勒密世界地图[1561 年由威尼斯人罗斯散利复原。经度按照幸福岛以东的时数划定,纬度则按一年中最长的白昼的时数划定。采自劳埃德·布朗(Lloyd Brown)]

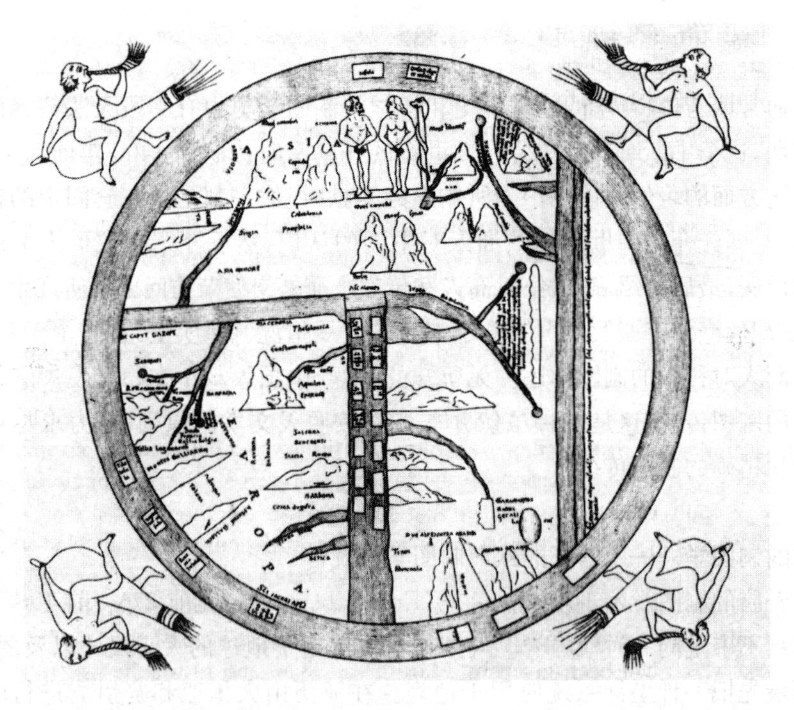

图 128　1150 年都灵手稿中的一幅毕达斯·利巴涅恩西斯(Beatus Libaniensis,卒于 798 年)式的世界地图[采自劳埃德·布朗(Lloyd Brown)。这里出现的就是 T—O 地图。天国和伊甸园画在上方的远东;下方画有把欧洲和非洲分开的地中海及许多岛屿]

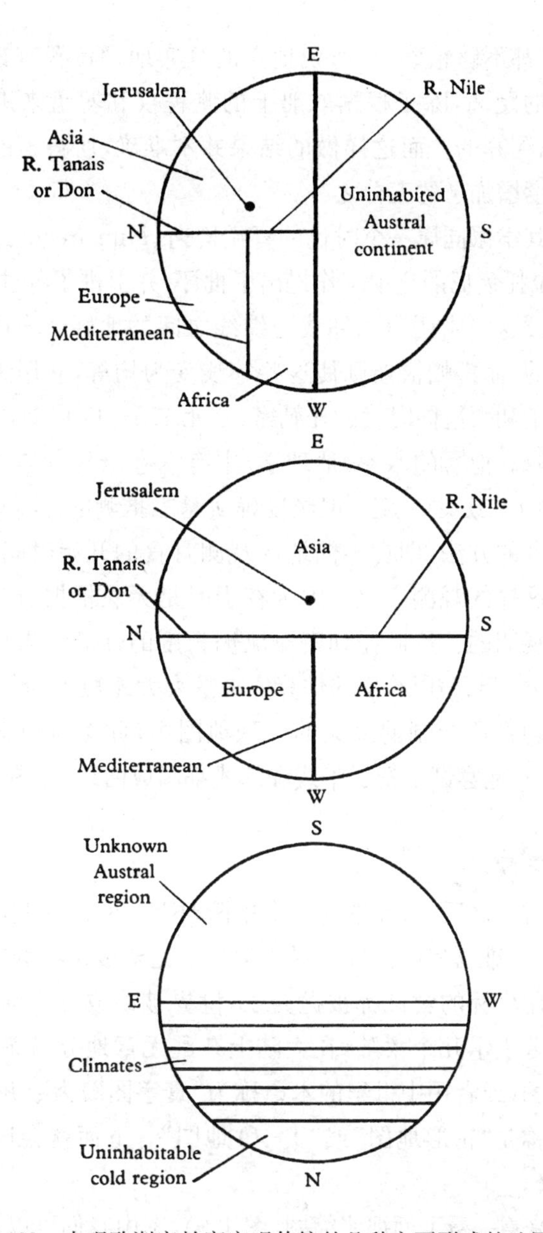

图 129　表现欧洲宗教寰宇观传统的几种主要形式的地图　　255

的纸上。

埃拉托色尼所定的我们这个有人居住的世界(oikoumene)呈椭圆形，长度约 12 500 公里，从南至北约 6 000 公里。其上纵横分布着一系列平行线(纬线)和子午线；纬线是根据二至点晷影长度来选定的，而子午线是任意选定的，基本纬线经过罗德斯，而基本的子午线经过赛伊、亚历山大里亚、罗德斯和拜占庭;两者都不够精确,与所说地点的真实地理位置有很大的出入。这些子午线之间的距离,除了根据航船上的测程仪和罗盘来进行船位推算以外,是无法加以测算的。而这样做的结果并不准确,所得出的地中海的长度要比实际的长度增加了约五分之一。

和刘安及其学派同属一个时代的喜帕恰斯(Hipparchus,公元前162—前125年),对埃拉托色尼的这项工作提出了批评,并引进了各种改进的方法,其中包括用"地带"这一术语表示纬线与纬线之间的地区。埃拉托色尼所定的纬线是很随意的,而喜帕恰斯则使这些纬线变为均等,并用天文学方法把它固定下来。到了和蔡邕同时代的托勒密(公元120—170年),古代的科学制图学发展到最高峰。他写的八卷《地理学》中有六卷全是各具体地区的经纬度表,精确度达到十二分之一度。但经度确实是靠推测的。喜帕恰斯虽然提出过一种测量经度的方法,即在不同地区观测月食的开始时间,但托勒密可能只做过一两个这样的观测实验。因为在当时是无法根据所要求的标准来组织这样的科学观测的。然而托勒密对亚洲长度的计算结果比起提尔的马里纳斯(Marinus of Tyre)所给出的估算值来是大大缩短了,而且被证明是完全正确的。在托勒密所绘制的最大的一张地图中(此图所包括的范围有经度180°和纬度80°),他尝试了把子午线和纬线都画成曲线(见图127)。

256 **欧洲的宗教寰宇观**

在托勒密时代之后,欧洲进入了大中断时期。欧洲在制图方面倒退得如此厉害,以致令人难以相信。科学制图学几乎完全被宗教寰宇观的制图传统所取代。所有用坐标的尝试都被抛弃了,世界被绘成一个圆盘,而这个圆盘被分成几个部分表示几个大陆,在大陆上杂乱无章地分布着河流和山脉(图128)。这类地图(或者用中世纪的术语称为"寰宇图")为数并不少,我们现在对其的习用名称是"轮形地图"或"T—O地图"。下面就会讨论到"T—O地图"的重要意义。

现在我们来看一看下面那张简图(图129),图中我们可以看到欧洲宗教寰宇观的几种主要表现形式。其中最早的一种被称为马可罗皮斯(Macrobian)式寰宇图,仍旧保留了托勒密的一种看法,即把赤道以下的世界南半部看作是一个未知的对蹠大陆。但对"有人居住的世界",地理学家仍满足于用一个T字来代表,T字的一竖是地中海,而一横的两半分别为顿河和尼罗河。耶路撒冷如果在图中出现的话,它的位置总是在有人居住的世界的中心。稍晚出现的这类地图,如利巴涅恩西斯式寰宇图,则把那个对蹠大陆(即南半球)全部省略掉，并把“有人居住的世界”画成占据了整个地球圆盘。第三种传统则保持了（希腊时代所说的）地带的模糊记忆，仅仅用一些平行线来表示这些地带，图中既不画子午线，也没有任何地理标志。

十五世纪利奥那多·达蒂（Leonardo Dati）所写的一首诗《拉斯菲罗》（La Sfera，写于1420年前后）给T—O寰宇图作出了经典解释。诗的大意如下：

“在一个圆圈O中作一个T字，把世界一分为三。圆的上部是亚洲，它几乎占去了世界的一半。T字的一竖把圆的下部一分为二，一半是欧洲，另一半是非洲，它们中间就是地中海”。

我们从图130中可以看到这类地图所达到的极度简略的形式。T—O寰宇图的传统直到17世纪还没有消失。

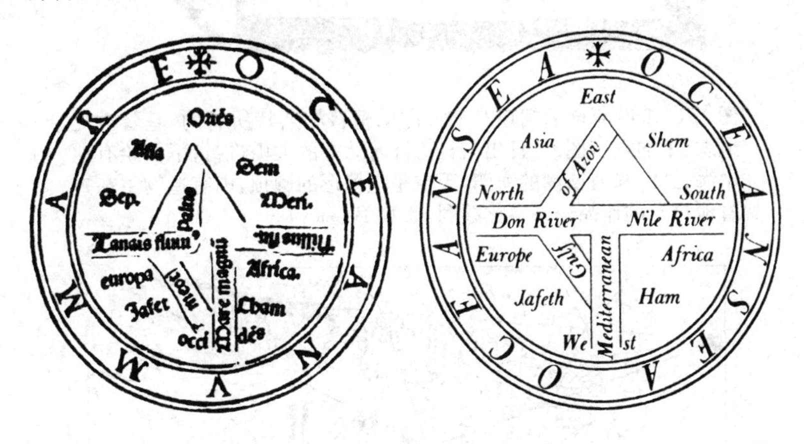

图130 1500年威尼斯出版的塞维利亚的伊斯多尔（Isidore of Seville，公元570—636年）所著的《词源学》一书中一幅纯粹图解式的世界地图

257

在结束这方面的话题之前，有必要提一下西方的其他一些离奇的说法。例如，柯斯马斯·印第柯普勒斯特在公元535—547年间写成的《基督教徒地志》。这确实是一部引人争议的著作，作者的意图是要揭露“希腊人在地理学上的邪说和愚昧”。因而这本书也有其重要性，人们从这本书里，可以找到基督教统治下的欧洲在神父们的影响下，彻底抛弃希腊人在定量制图学方面的全部成就的真正原因。柯斯马斯所绘的寰宇图（见图131）显示，天穹带有围墙和圆顶，下面则是平面形的地面，地面上有一些示意图性质的、难以辨认的海洋和陆地。特别值得注意的是，位于北面（或者位于当中）的那座大山以及绕着大山上升和下落的太阳，因为这是亚洲人所熟悉并且流传很广的一种观点，而柯斯马斯本人，正如他的姓印第柯普勒斯特所表示的那样，曾航海到过印度，而且还可能到过锡兰。后面，我们会回过头来谈柯斯马斯所画的这座山。

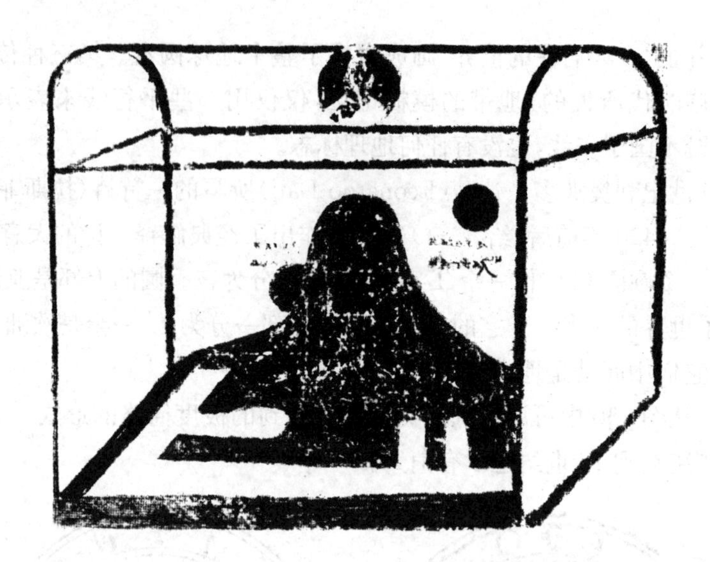

图 131 540 年前后柯斯马斯·印第柯普勒斯特所著的《基督教徒地志》中的寰宇图。[日出与日落绕着北方的大山进行；下面绘有地中海、红海和波斯湾的海湾，天空是呈桶形的圆顶，内有造物主在查看他自己的作品。采自比兹利(C. R. Beazley)]

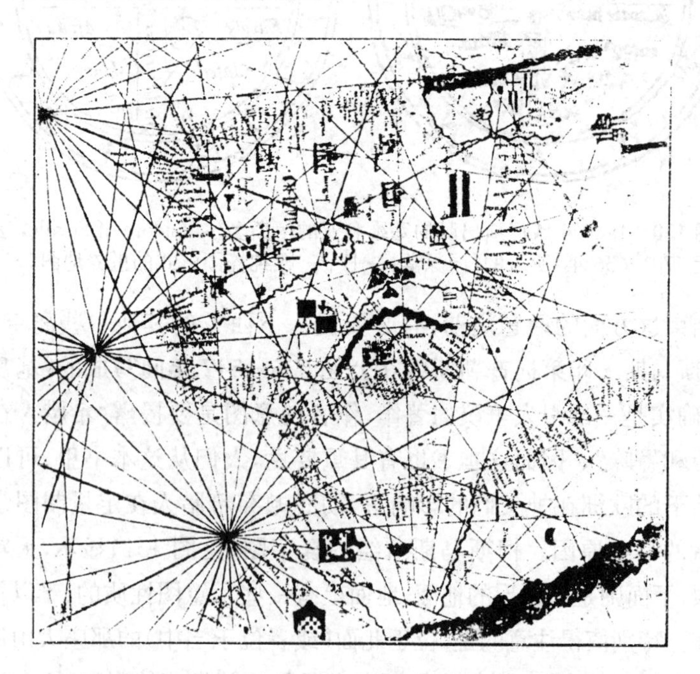

258

图 132 1339 年安吉利诺·杜塞托航海图中的西班牙(采自 de Repraz-Ruiz。在罗盘方位线和网格的后面可以清楚地看出直布罗陀海峡和半岛的整个轮廓，其上标有许多港口名称和海岸特点，并用国旗表示领土权)

在那些与这种一般画法有所不同的欧洲地图中，值得一提的还有一幅8世纪的地图。这幅地图也许是倒退得最厉害的一幅，画中只画了一个围绕地中海的马蹄形大陆。此外，还应提到10世纪末的"柯顿尼安那式"地图。这幅图与上述那幅恰恰相反，是在一个长方形的平面上画出欧洲大陆的主要轮廓，所画的轮廓比航海图出现以前的任何西方地图都好。 259

航海家的作用

约1300年，在地中海地区开始出现一种为了实用的目的而绘制的航海图，刚开始时数量还不多，但以后越来越多。图中主要画出了欧洲大陆的轮廓，在大陆的边缘标有各港口和沿海城市的名称，常常还绘上一些国旗，以表示它们属于哪个国家(这在当时对于舵手而言也许是很有用的；见图132)。其中最早出现、并有年份可考的是1311年的维斯康特实用航海图。但有人认为，有一些至今尚存的航海图可能比这还要早三十年左右。

实用航海图上的特有刻度不是经纬线，而是一种相互交织的罗盘方位线或斜驶线，例如，一条船沿着特定的罗盘方位航行的航线。从这一点可以明显看出，当时的人已经把定量制图学的再度引进同航海罗盘的使用彼此结合起来了，而欧洲人是在1200年之前不久才知道磁极的存在的。长期以来，这类实用航海图的出现被认为是由于受到阿拉伯的影响，但是现在已经出现了一种倾向，认为应当从比阿拉伯更远的东方去追索这种促进因素。实用航海图大量出现以后的巨大发展是文艺复兴的影响所产生的结果。葡萄牙的著名航海家亨利王子(Prince Henry，1394—1460年)曾组织过几次著名的探险，并且使托勒密的地理学知识得以复活。接着是杰拉德·墨卡托(Gerardus Mercator，1512—1594年)的时代。到了16世纪末，瓦格赫纳(Waghenaer)和奥特留斯(Ortelius)的地图相继问世，于是，这门科学便完全进入了现代时期。

科学的制图学：从未中断过的中国网格法制图传统

正当古希腊人的科学制图学在欧洲被人们遗忘的时候，这门科学却以不同的形式在中国开始成长起来。中国的制图传统开始于张衡(公元78—139年)的工作，一直持续到耶稣会会士来到中国的时期，中间没有中断过。张衡与提尔的马里纳斯是同一时代的人，而马里纳斯是托勒密的地理观的主要源泉之一。在论述张衡的贡献之前，我们先回顾一下在他之前的中国制图方面的情况。

1. 秦汉时代的起源

《周礼》一书，如果不把它看作是一本介绍周代情况的书的话，至少也可以把它看作是一本介绍前汉时期的一些观点的书。这部书中谈及地图的地方相当多。当时所设的大司徒一职，就是专门“掌建邦之土地之图”和统计这 260 些土地上的人口的。职方氏，则掌管“天下之图，以掌天下之地”。土训的职责是掌管各道(省)的地图，而且当帝王巡视各地时，他应策马追随于王车左右，以便向帝王汇报当地的特点和物产情况。掌管各道历史地理(方志)的诵训同样紧随帝王左右以便随时汇报过去山川的变化情况。此外，还有训方氏一职，负责掌管四方之政事。《周礼》中还提到为特殊目的而绘制的各种地图。例如管理矿藏的官员勘查各种金属矿的出产状况，并把矿址绘制成地图，交给开矿人使用。书中还谈到了军事地图。

汉朝人在他们所描绘的帝王封建统治机构的这幅理想化图式中谈到地图之处如此之多，并不足为奇。因为，在中国第一次提到地图的历史记载，可以上溯到公元前3世纪。公元前227年，燕国太子派遣荆轲去行刺秦王(即后来建立了秦朝的秦始皇)。荆轲以献督亢为名，带了督亢的地图面见秦王。这幅地图画在一幅绢上，放在一个匣子里，当地图从匣子里取出时，就会同时出现一把匕首。荆轲试图用这把匕首行刺，但没有成功。荆轲刺秦王这幅场景就成为汉墓的石刻匠所喜用的一个画面。

在秦始皇即位时，他曾把全国所有可以找到的地图收集起来。这些地图后来为汉朝带来了无法估量的好处，而且肯定曾一直保存到公元1世纪末。但是到公元3世纪的时候，这些地图散佚了。在整个汉代，典籍中提到地图的地方都很多。不久前，在挖掘死于公元前168年的泰公主之子，一个爱好藏书的年轻人的墓穴时，人们幸运地发现了几张公元前2世纪所绘制的长沙以及现湖南省地区的详尽的地图。《汉书》中记载，在张骞从西域回来那一年(公元前126)，汉天子曾查阅了“古图书”(地图和古书)；公元前117年，在汉武帝的三个儿子封王的仪式中，他的大臣向他进献了整个王国的各地地图。此外，公元前99年，李陵将军出征匈奴的时候，曾绘制过一幅军事地图。若干年以后，一支军队擅自攻占了匈奴单于郅支所居住的城，并杀了郅支，这一行动是对郅支在公元前43年杀了中国的一位外交使节的报复。这支军队的将领回到中国以后，呈献给当时的汉元帝以“图书”。但这里所说的“图书”到底指的是什么尚有争议，因为“图”的意义很含糊，既可以解释为地图，也可以解释为图画。据说在这场战役中，中国士兵曾和匈奴雇佣的罗马军团作过战。有 261 人对该战役作了仔细分析后认为，添加了许多图案的地图应该是一种较为可取的解释。到了下一个世纪，人们对地图仍予以重视，篡位称帝的王莽(公元9—23年称帝)曾委派了一名官员专门收集和研究与采邑问题相关的地图。公元26年，当光武帝用武力建立他的新政权时，曾使用过一幅画在绢上的大地图。当他牢固地建立了政权之后，每年都要举行一次大典。在大典上，由大司空向他进献一张王国的地图。此外，公元69年，在修复开封这一段决口的黄河大堤时，皇帝曾赐给负责此项工程的官员一套相关的地图。

2. 汉、晋时代的建树

接下来就是张衡所处的时代了。关于张衡在天文学方面的工作，我们在前面已叙述，而他在地震学上的成就后面就会谈到。在保存下来的张衡著作中虽然没有涉及制图学的，但从天文学家蔡邕谈到他的一段值得玩味的话来看，张衡很可能是矩形网格坐标的创始人。据说张衡曾“网络天地而算之”。他当时所用的天文坐标无疑是星宿，遗憾的是我们无法确切说出他所用的地面坐标是什么。张衡本人曾经绘制过地图那是可以肯定的，因为他曾在116年进献过一幅地形图。

但是，从促成中国制图学确定风格的形式这一点上看，三国时代和晋初比汉代更为重要。中国科学制图学之父是裴秀(公元224—271年)。267年，他被任命为司空。在《晋书》中保存有裴秀当时从事制图工作的详细情况以及他为所绘制的《禹贡地域图》写的序言。序言中的有些内容相当值得重视：

> 图书之设，由来尚矣。自古立象垂制，而赖其用，三代置其官，国史掌厥职。暨汉屠咸阳，丞相萧何尽收秦之图籍。今……惟有汉代舆地及括地诸杂图，各不设分率，又不考证准望……
>
> 制图之体有六焉：一曰分率，所以辨广轮之度也；二曰准望，所以正彼此之体也；三曰道里，所以定所由之数也；四曰高下，五曰方邪，六曰迂直，此三者，各因地而制宜，所以校夷险之异也……

262

裴秀所绘的地图没有一张留存至今，有人曾尝试重绘那些地图，并认为裴秀完全可以与托勒密相提并论。

因此，矩形网格制图法至少在裴秀那个时代就已经出现了。至于裴秀和张衡是因何而采用这种坐标系统的，我们可以作一些推测。自从封建时代开始，井田制就已成为社会和经济论战的一个主题，而井田一词中的“井”和“田”都清楚地表现出古人用坐标界限来分配田地的思想。此外，在《书经》中也提到过同心方制(见图121)。同时我们也不应忘记算盘的起源。中国史籍中第一次出现这种算具时提到的人名是道教数学家徐岳，他享有盛名的年代正好介于张衡和裴秀所处的时代之间，这一点可能是很重要的。很难肯定“经”和“纬”这两个字是什么时候开始用以表示“准望”坐标（如裴秀所称）的，但是在制图学家使用这两个字之前，它们的确切含义是指纺织品的经线和纬线。从秦代开始把地图绘于丝织品上这一事实，也许曾给人以启发，想到可以用一条经线和一条纬线的相交点来确定一个地点的位置。这也许是王嘉提到的吴王孙权重视一位女制图家的原因所在。同时我们知道，裴秀和贾耽（唐代的大制图家）都曾经用丝织品绘制地图。

另外一组与此有关的物件是卜卦盘、磁罗盘和棋盘。证明这几样东西的相关性的证据我们将在物理学这一章中再行讨论。这里想指出的是，卜卦盘上的那些方位标志（见图 133）和汉代哈哈镜（即四灵镜）上的类似标志（分别

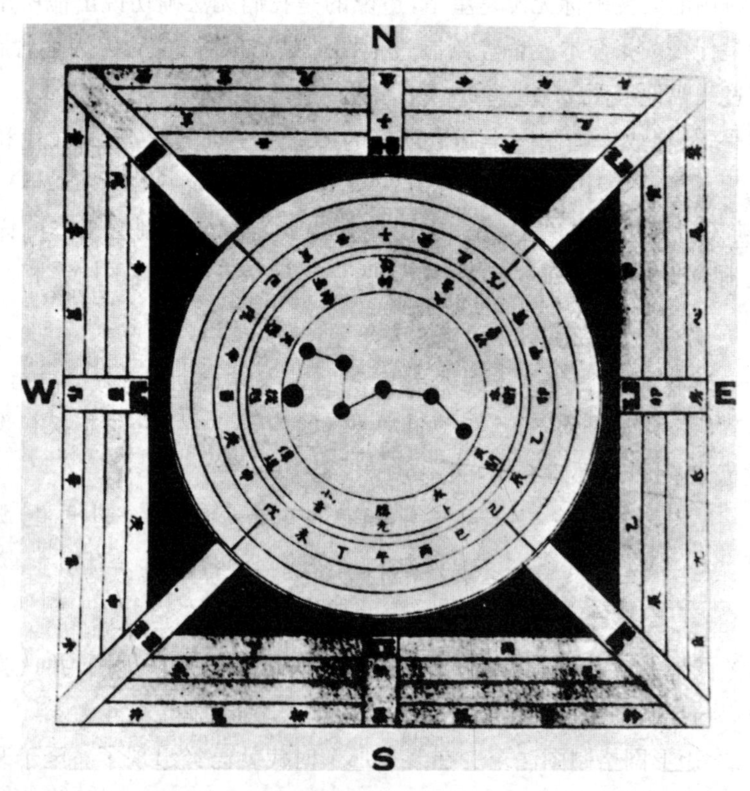

263　**图 133**　汉代栻（或称卜卦盘）的复原图［采自 Rufus，其根据是原田淑人（Harada）和田泽金吾（Tazawa）的著作。这是天和地的符号代表物，与磁罗盘的起源有关。表示地的方盘上有一个可旋转的、代表天的圆盘。前者周围刻有天干、地支和二十八宿，后者绘有大熊星座，并在周围刻有天干、地支和预兆的标记。这种卜卦盘的残片最先发现于朝鲜的两座汉墓中，即王盱（卒于公元 69 年）墓和彩箧冢］

标有灵、卦、支、气的名称）。如果画一些坐标线通过这个由方位点组成的封闭空间，就会形成九个小正方形（九野或九宫）。关于“野”字，我们在后面谈到一些天文地理著作时还将论及。

谈到地图的坐标网格同天文现象的关系时，立即就会引出这样的问题：裴秀和张衡的制图法同天文现象的关联程度究竟有多大？在这一方面中国人和希腊人似乎并没有什么不同。希腊人用晷影和二至日影长来确定纬度；中国人也完全知道影长在南北向线的不同点上是不同的。在经度方面，古代中国人也不比希腊人差。一直到了18世纪才实现了经度的精确测量，在整个古代和中世纪，测量经度的唯一方法就只有推测。 264

3. 唐、宋时代的发展

制图学到唐代有了很大的发展。在唐朝初期，国土大大扩张，促进了中亚地图的绘制工作。公元658年、661年和747年，出现了一些书籍和地图，但后来全都佚失了。甚至连唐代最著名的制图学家贾耽（730—805年）所绘制的地图也没能保存下来，但是我们可以找到大量关于他制图的资料。785年，他奉皇帝之命着手绘制全国大地图。这项工作直到801年才全部完成，但在这段时间内陆续呈献上了一些区域的分图。这幅全国地图宽9米，高10米，绘在网格上，1厘米相当于40里。因此，估计图中所包括的范围，从东到西达30 000里，从南到北达33 000里。根据绘制者的打算和目的来判断，它应当是一幅亚洲地图。

唐代的制图学家很可能作过进一步尝试，试图把地理坐标与天文坐标结合起来。我们从一批晦涩难懂的著作中可以发现这一迹象。从这些著作中我们了解到，某些地图顾名思义应该是一种地方志，但其内容事实上似乎却与道教学者和佛教学者有关。到了800年，一位名叫吕温的官员为李该的《地志图》作了序，序中有这样一句话：“方寸之界而上当乎分野，乾象坤势炳焉可观。”

唐代制图学的这种发展动向有三种可能的解释。第一，可能有占星术的成分。把地上的某些特定地区同天上的某些区域联系起来，这在中国本来就是一种非常古老的观念，在汉初和汉以前的文献中都可以找到。恒星应该与地上的山河相对应，而不是与可以改变的地名相对应。我们在后面就会看到，这一点可能就是12世纪在制图方面取得极大成就的背景。第二，道教和佛教学者很可能朝着建立真正的天文坐标体系努力过。他们画出与划分各宿的时圈相平行的子午线，应该就像希腊人在黄经的模型上画出子午线一样容易。这并非一定含有接受地球为球形的观点的意见，但到了唐代，中国和外国已经有许多接触，因此中国的哲学家们应该不会不知道西方有这一观点。

第三种可能性也许可以使我们注意到，自唐代开始可能已采用一种最原始的等高线来绘图了。17 世纪版本的《五岳真形图》（作者姓名不详）中可以看出，图中用以勾画山形的方法与近代所用的相媲美（见图 134）。《太平御览》中所引的该书原文表明，中国很早就已对峡谷的广度和深度作过精确的测量。这部书的成书年代不明，但在公元 4 世纪的一部道家传奇小说中就已提及该书的书名了。

265

图 134 制作等高线图的早期尝试（右图是泰山山脉图，选自 17 世纪版本的《五岳真形图》，它的年代很早，但具体年代不能确定。左图是相对照的一幅现代等高线图。采自小川琢治）

宋代的学者们在地理学方面做了大量工作，而且那时绘制的地图是中国留存至今的最古老的地图。据记载，宋代初期（公元 1000 年以前），一位在朝廷当官的地理学家盛度曾绘制了一幅西域图和一幅《河西陇右图》。但是，11 世纪的所有其他地图都因两幅流传至今的大地图的问世而相形见绌了。这两幅图于 1137 年被刻在石碑上，其中的一幅（见图 135）是宋代制图学家的一项最大成就。碑上的铭文说明，其比例尺是每一方格相当于 100 里。只要将其中所绘的水网拿来与现代地图比较一下，立刻就可以看出其精确度之高。

266

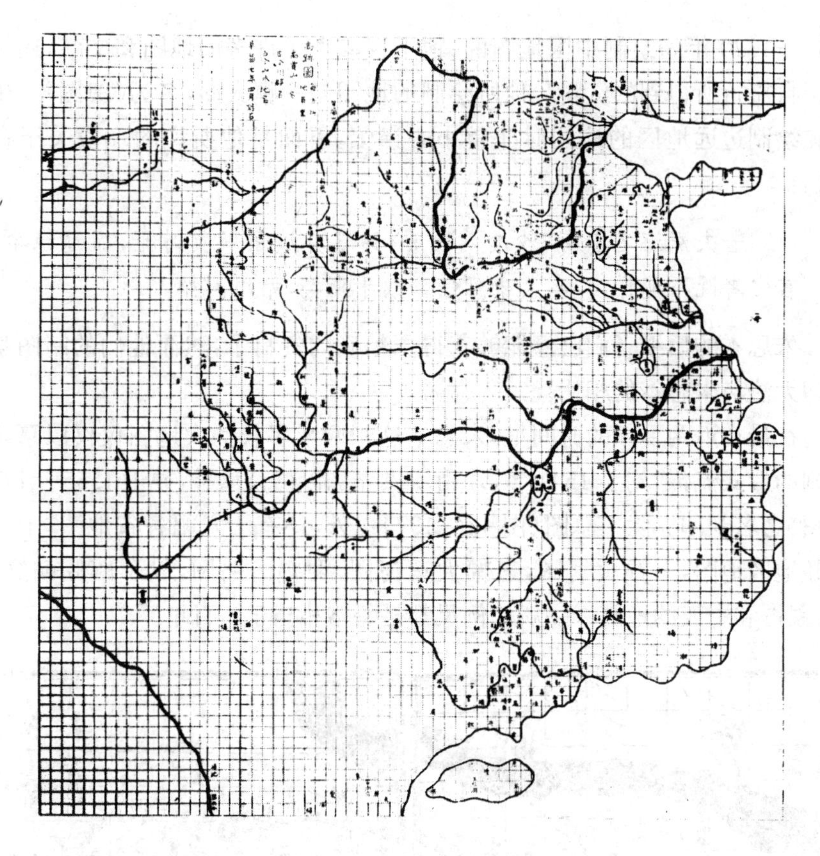

图 135 《禹迹图》是当时世界上最杰出的地图(刻石年代是 1137 年,但绘制年代大概是 1100 年以前。比例尺是每格相当于一百里。海岸的轮廓比较确切,水系也相当精确。现存于西安碑林博物馆的石刻图约为三尺见方。制图人名字不详)

267

无论是谁把这幅地图与同时代欧洲宗教寰宇图(见图 129)相比,都会因当时的中国地理学大大超过了西方而感到惊讶。另一幅石刻图看起来属于更早的一种传统。

值得注意的是,这两幅地图都是以上方为北,而所有留存至今的宋代地图也都是如此。以上方为南的习惯似乎并非起源于中国,而是起源于阿拉伯人,而且似乎较晚才为中国所知。中国第一幅印刷的地图也出现于宋代,而欧洲的第一幅印刷的地图要比它晚两个世纪。

4. 元、明两代的高峰时期

在元代出现了一位中国制图学史上的关键人物,朱思本(1273—1337 年)。他继承了张衡和裴秀的传统,并用以总结了大量因蒙古人统治整个亚洲而增加到唐、宋人已经掌握的知识里面去的新的地理知识。朱思本是在

1311—1320年间绘制中国地图的，他不仅参考了许多旧地图和文献，还使用了亲自旅行所得到的资料。他所绘制的地图是一幅大图，名为《舆图》。朱思本在绘制边远地区的地图时非常小心谨慎，下面是他所说的一段关于存疑的话：

> 若夫涨海之东南，沙漠之西北，诸蕃异域虽朝贡时至，而辽绝罕稽。言之者既不能详，详者又未可信。故于斯类，姑用阙如。

朱思本的后继者们已经能够获得更精确的资料了，然而他们的制图学成就却无法与朱思本的相比。

在最初近两百年的时间里，朱思本这张两米多长的大地图仅仅以摹本或碑刻的形式流传，到了1541年，才由罗洪先加以修订增补，并于1555年以《广舆图》之名刊印。除了总图（图136、137）以外，还有十六幅各省地图，十六幅边疆地区地图，三幅黄河图，三幅大运河图，两幅海路图，以及四幅朝鲜、安南、蒙古和中亚的地图。一般比例尺都是每格相当于一百里。

268

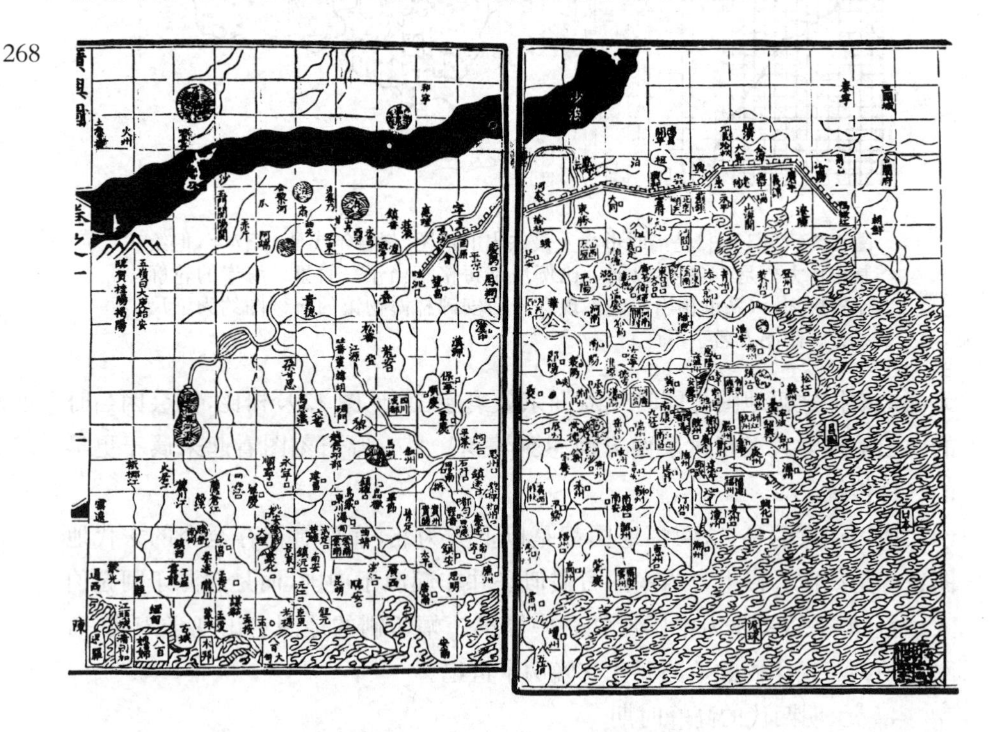

图136 《广舆图》中的两页［罗洪先在1555年左右根据朱思本在1315年左右所绘制的舆图增补修订而成。中国总图的比例尺是每格相当于四百里。西北的那个黑色带表示戈壁沙漠。在《珀切斯游记》(*Purchas his Pilgrimes*)一书中印有其中一张图］

尽管朱思本在绘制边远地区的地图时很小心谨慎，但是有一个事实仍是值得注意的，即朱思本及其同时代人早已知道非洲大陆的形状像三角形。在14世纪的欧洲和阿拉伯的地图中，常把非洲大陆的那个尖端画成指向东方，直到15世纪中叶这一错误才被纠正；可是有证据表明，朱思本早在1315年就已在地图上把非洲的尖端画成朝南的了。

270

14世纪的另外两位地理学家李泽民（约公元1330年间在世）和僧人清濬（1328—1392年）是专门绘制世界各国地图的。他们所绘制的两幅地图被带往朝鲜，并在那里被合成一幅图，尺寸为1.5×1.2米（5×4尺）。图中所用的中国城市名称和1320年时所用的完全相同，这说明这幅图基本上是属于朱思本那个时代的。图中的西方部分很值得注意，其中约有一百个欧洲地名和三十五个非洲地名，非洲被正确地画成三角形的形状，并且尖端所指的方向也是正确的。撒哈拉与许多中国地图上的戈壁沙漠一样，被画成黑色。从这幅地图可以看出，绘图者所掌握的西方地理知识已相当广博，而且比欧洲人当时所了解的中国地理知识要明确得多。这些地理知识显然是中国人通过和阿拉伯人、波斯人、土耳其人的接触得来的。不管怎么说，这类地图是元代地图的杰出代表作，大大超过了同时代欧洲和阿拉伯所有的世界地图。

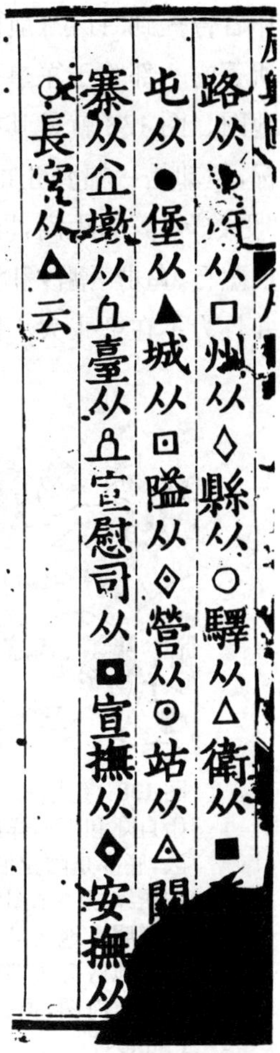

图137　《广舆图》的图例（府用白方块表示，州用白菱形，县用白圈，驿站用白三角，要塞用黑方块……这是最早系统地采用这种图例的地方之一）

269

5. 中国的航海图

差不多在朝鲜地理学家把元代的一些世界地图合并为一的时候，中国人正开始进行前面提到过的一系列著名的航海活动。在15世纪前半叶，南海和印度洋上展开的一系列航海活动大大地增进了中国人的地理知识，并带回了各种奇珍异品献给朝廷。这次航海活动范围很广，所访问过的海外国家大大小小不下三十多个，有占婆、爪哇、巴邻旁、泰国、锡兰、印度的卡利卡特和交趾、波斯湾、亚丁以及索马里的摩加迪沙。这些出航导致了1434年至1520年间四部重要书籍的问世。所有这些著作很详细地介绍了所到国家和地区的居民和物产，但却没有附（而且似乎也从未附过）任何地图。不过，其中的一个作者曾提到“针位(航向)”,并用作原始资料的一个来源;而且在1651年以前所著的一部关于军事技术的书的末尾,附有几幅指示出郑和远征所取航线的地图。图138就是其中一幅地图的一部分,显然,此图并未采用裴秀的网格坐标,但却是一幅真正的航海图,图中除了标有航线的精密针位外,还标有以“更数”计算的距离,同时也标注了沿岸对船员来说可能有用的所有各点,例如礁石、鱼群、潮汐和港口等。这幅地图的上方既不是南,也不是北,而是东,并且为了在纸张大小许可的范围内硬把印度洋塞进去,造成了图的部分失真。

271

图138 《武备志》中的海图之一[虽然这些图直到1621年才刊印,但它们始自郑和下西洋的年代(1405—1433年)。图的顶部是印度西部沿海地区,底部是阿拉伯。左面是波斯湾的开口处,右面是红海的入口。印度洋被压缩成一个图解式的狭长通道,其中的航线被标注上精确的针位和其他说明。地名可由数目字查对,如马斯喀特(81),亚丁(62),孟买(67)。每一地区旁边都有用“指”计算的天极星高度。这类地图可以被认为是中国的航海图,但是它们在形式上与西方的航海图有很大的区别。采自Phillips]

这些地图不仅在性质上同欧洲的海图很相似,而且在时间上也差不多;唯一不同的是,在中国的航海图上,针位是用文字来标注的,而不是欧洲海图上那样画出罗盘方位线。进一步的研究表明,这些航海图的精确性很高,误差一般在5度左右,这对于1425年的舵手来说,已经可以认为是极好的了。

6. 阿拉伯人所起的作用

由于这段时期前后中国人和阿拉伯人之间的广泛接触,我们接下来就谈谈阿拉伯人在制图学史上所起的作用。阿拉伯人和拜占庭的紧密联系使他们很早就接触到古希腊地理学家们的遗产,而且使他们从9世纪中叶开始就能利用托勒密著作中的知识。同时,在哈里发马蒙的时代[著名的哈里发,哈伦·赖世德的儿子,哈伦因《一千零一夜》(813—833年)对其宫廷生活的描述而成为不朽],新的经纬度表已经问世,因此定量制图学的传统在阿拉伯人当

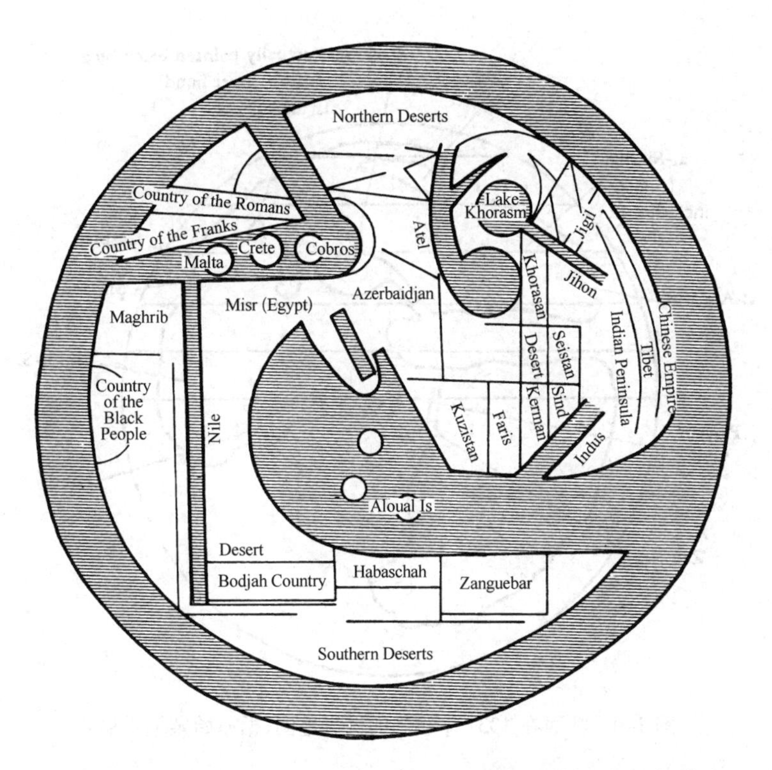

272

图 139 一幅阿拉伯轮形地图[艾布·伊沙克·法里西·伊斯塔克里和伊本·胡卡勒(950—970 年)绘制。它清楚地表现出阿拉伯制图学发展的第二阶段中强烈的几何图形化倾向。最初,以上方为东,就像同时期拉丁欧洲的 T—O 地图一样,但阿拉伯学者们知道远东是中国和中国的西藏,而不是地上的天国。此外,图中非洲的尖端也是指向东的,这个错误是中国地理学者首先纠正过来的。根据比兹利(Beazley),而比兹利采自雷诺(Reinaud)]

中从来没有完全失去过。

尽管如此,在公元 8 到 11 世纪这段时期,另外一种传统,即宗教寰宇图的传统,虽然没有完全占统治地位,但也很有影响。在阿拉伯文献中还可看到不少阿拉伯 T—O 地图和轮形地图。此外,还出现了一种在更大程度上走向几何图形化的倾向,结果使得轮形地图上海洋和陆地的轮廓完全失真(见图 139),并且这种地图同前面已研究过的同时代的中国地图是无法相比的。但是,到了 14 世纪,阿拉伯人对世界已知部分的大体形状已经知道得相当清楚。1331 年,纳速剌丁·吐西(Nasir al-Din al-Tūsī)绘制了一张只画出北半球气候地带的世界地图(图 140)。该图与威尼斯人马里诺·萨努多(Marino Sanuto,1306—1321 年)的世界地图非常相似,也把非洲的那个尖端画成是指向东方的。这两幅图和朱思本的图是同一个时代的作品,但在这三幅图中,

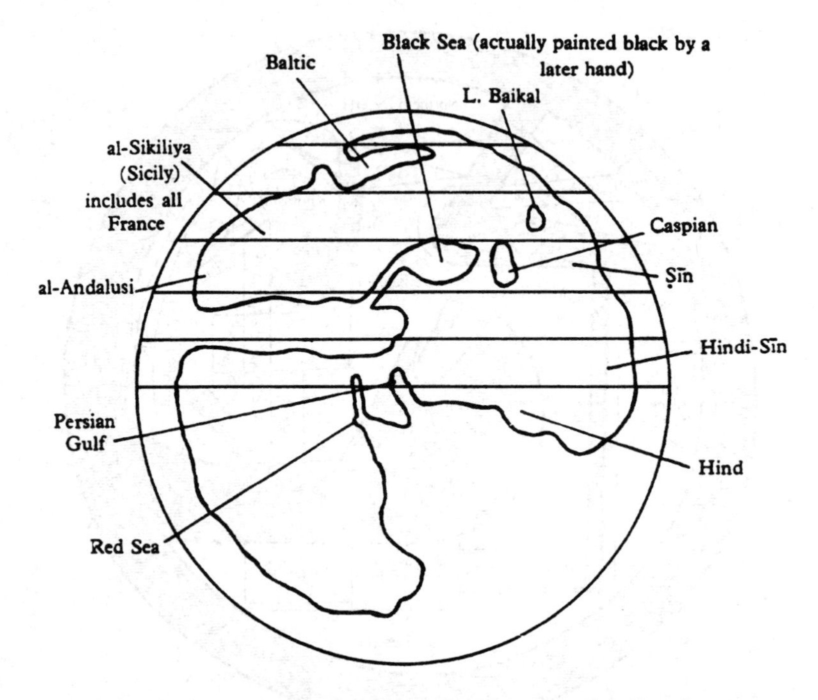

273　　**图 140**　吐西在 1331 年绘制的世界地图(据原始亲笔手稿)

只有朱思本的图把这个尖端的指向画对了。

在我们对穆斯林的制图学和中国人的进行比较时,有三幅主要地图是应该记住的。第一幅是伊德里西(al-Sharīf al-Idrīsī, 1099—1166 年)的世界地图,1150 年左右为西西里的诺曼王罗杰二世(Roger Ⅱ)绘制。此图完全承袭了托勒密的传统,绘了九条平行的纬线(气候地带)和十一条经线,但经线的画法很像麦卡托投影,而且没有考虑地球的曲率。相比之下,优势似乎是在 1137 年那幅同时代的中国网格地图一边。可是到了 13 世纪初,阿里 · 马拉库西(Alī al-Marrākushī)编了一张有 134 个坐标参照点的表,从而将地理学同天文学更紧密地结合起来,而中国当时的制图学家在这一点上还没有做到。

另外两套地图实质上也是带网格的地图,但不是由中国人,而是由阿拉伯人绘制的。其中之一是莫斯托菲 · 葛兹维尼(al-Mustaufī al-Qazwīnī, 1281—1349 年)所绘,他肯定和东亚有过接触。他所绘的三幅(伊朗)地图是带有网格的,而他所绘的世界地图,虽然是圆盘状的,但也画有网格。图上只有地名而没有表示自然特征的符号。另外一位绘制过这类与天文不相关的网格地图的代表人物是意大利的马里诺 · 萨努多(Marino Sanuto),他曾在绘制一幅巴勒斯坦地图时采用过网格。这是较晚的航海图问世以及托勒密制图法复兴之前仅有的一幅欧洲人所绘制的带有网格的地图。

关于在制图方法上可能发生过的总的传播方式的大体轮廓，现在已渐渐明朗了。那么阿拉伯人14世纪初期在定量制图学方面所做的工作，对后来航海图的发展到底起了多大的影响呢？阿拉伯定量制图学是完全受益于托勒密的知识呢，还是多少也受到过有着长久传统的中国网格地图的影响呢？阿拉伯人在广东的聚居地在8世纪中叶肯定已经形成，而且之后的两个世纪中，商人苏莱曼(Sulaiman)和伊本·瓦卜·阿尔巴士里(Ibn Wahb al-Baṣi)又曾到中国作了范围广泛的旅行。13世纪蒙古人的西征，使得阿拉伯人和中国人之间的接触更为密切。因此，马里诺·萨努多也许是采用了中国固有的传统而并不自知吧。 274

7. 东亚的宗教寰宇观

现在只剩下一个主要方面还需要谈的，这就是东亚存在的一种宗教寰宇观。这一点并没有为以前的汉学家所认识，而是随着最近研究工作的深入才被人提出来的。实质上，这种类型的地图都是以中亚或者说西藏北面的一座带神话色彩的山(即昆仑山)为世界的中心，在它的西面是一些未知的地区，在它的东面，则由朝鲜、中国、印度支那和印度形成一系列伸入东部海洋的大陆。在外海的周围又是一个环状大陆，而这块陆地本身又被一个更远的大洋所围绕。这类地图在朝鲜特别多见，常常在木刻、手稿和屏风图案中出现。在这类地图中，都找不到11世纪以后的地名。

虽然这类地图在中国从来没有盛行过，但是没有任何理由可以怀疑朝鲜是从中国接受这种传统的。在1562年章潢编撰的《图书编》中，也有这样一幅以昆仑山为中心的地图。这位杰出的编撰者写了这样一段话：

> 此释典所载……按此图与说出于释氏，虽不可尽信，然览此亦可以知地势之无穷尽云。

这个“不”字很值得注意。因为从这段话中可以看出，这种传统是一种佛教和道教的传统；另一方面又可以看出，那些知道裴秀的科学制图学传统的学者们对这类地图的评价是很低的。

《佛祖统纪》中所包含的寰宇观似乎可以追溯到347年前后，当时出现了关于这种轮形地图传统的主要参考资料。这段文字出自《汉武帝内传》，其中详细地谈到传说中汉武帝得到这本秘密且重要的《五岳真形图》的经过。这清楚地表明，我们这里所面对的，是佛教和道教的宗教寰宇观的一种混合传统，它和欧洲的宗教寰宇观很相似，所不同的只是前者以昆仑山为世界的中心，而后者以耶路撒冷为世界的中心。无疑这种寰宇观的传统是随佛教一起 275

传入中国的，传入后很可能又结合了中国早期所固有的、以昆仑山为中心的思想。但是这种传统在中国从来没有像宗教寰宇观在欧洲那样完全战胜过科学制图的传统。

第五节　中国的测量方法

现在我们再简单地回顾一下中国的科学制图学的传统。有必要谈三点：第一是中国制图学家可能使用过的测量方法；第二是立体地形图（浮雕地图）和其他专门地图的起源；第三是文艺复兴时期制图科学传入中国。

似乎可以认定，在汉初，中国人就已有了巴比伦人和埃及人当时已知道的简单而原始的测量工具。前面已经说过，日晷在天文学上的使用可以上溯到周或商代，可是，如果不使用水准器和铅垂线，日晷是无法摆正的。此外，当时一定也已使用了绳索和度竿（见图141）。《山海经》可能是谈到测量者如

276

图141　中国的测量方法（此图采自曾公亮1044年所著的《武经总要》。左面是一根竖直的度竿和一位手执照板的测量者；右面是一具水准器，有三个浮标和两条铅垂线。曾公亮书中描述这些仪器的文字出自一部更早的著作，即李筌于公元759年所著的《太白阴经》）

何进行计算的最早的文献之一，其中谈到大禹曾令他的两个助手去步量世界的大小。书中有其中一人的画像，右手拿着算筹，左手指向北方。这多少可以看出周末或汉初的测量工作者的形象。同样，在《周礼》中也提到了规、矩、铅垂线和水平。

铅垂线的发展形式之一是星形测量器，这种工具和罗马以及希腊统治时期的埃及有关，但可能有更早的起源。它是由两组铅垂线组成，这两组铅垂线互成直角，并且可以围绕一根垂直轴转动。其中一组可以用来对准目标，另一组则可以用来定出与之成直角的方向。汉代人似乎也用过这种工具，因为《周礼》中说，匠人“水地以县”（即用水准器和铅垂线来确定地面是否水平）；而且“置槷以县”（即用铅垂线来测定标杆是否垂直）。郑玄给第一句话加了一条注释，说“于四角立植而县以水，望其高下，高下既定，乃为位而平地”（即在仪器的四个角

图 142　《图书集成》中的一幅测量几何学的图解（这里所测量的是海岛上的悬崖高度）

277

上分别悬挂四根直线在水面上，观察并测定出各线的高低，就可以知道地面是不是水平的了)。至于水准，如图 141 中所示，是一个有三个浮标的水槽。

古希腊人除星形观测器之外，还有一项重要发明，就是亚历山大里亚城的赫伦(Heron，约公元 65 年前后)所发明的窥管。它是今天的经纬仪的祖先。中国人早已开始使用望筒了，但除了在浑天仪上的使用，我们没有找到任何早期的使用说明文字。如果中国人在公元前 4 世纪就开始使用望筒，那么，很难相信中国人会没有认识到用与窥管用途接近的象限仪来进行测量的好处。

前面早已介绍过刘徽提出的应用几何学(图 142)；刘徽和裴秀是同一个时代的人。魏国的一个将军邓艾也是这一时期的人，据记载，他每见到高山大泽，"辄规度指，画军营处所"，当地人常因为他的这种奇怪举动而取笑他。这段记载之所以值得注意，是因为它向我们显示出这种测量方法在 3 世纪时是多么普及，这种测量方法大多带有直角三角形测量法的特点。

十字仪或称雅各布的十字仪(见图 143)也许可以说是欧洲中世纪最重要的测量仪器。它是一根长 1.2 米、带有刻度的测杆，测杆上还有一根可前后滑动的横杆，这个工具是普罗旺斯的犹太学者列维·本格尔森(Levi ben Gerson，1288—1344 年)在 1321 年首次提到的。综上所述，很自然地会使人产生这样的想法：十字仪如果不是在更晚的时候通过耶稣会传教士传入中国的话，就必定是在 15 世纪时由阿拉伯人传到中国的。同样，曾有人认为在望筒上使用十字标线是札马鲁丁于 1267 年访问中国时传入的。然而，从以下沈

图 143 "雅各布的十字仪"的使用方法[采自奥伦斯·法因(Oronce Finé)的《关于几何学的应用》(*De Re et Geometrica*)，巴黎，1556 年]

括所说的一段值得注意的话中可以看出,十字仪早在 11 世纪(即宋代)就已经为中国人所知,而使用十字线网格甚至可以上溯到汉代。这段话是这样的:

> 予顷年在海州,人家穿地得一弩机,其望山甚长,望山之侧为小矩,如尺之有分寸。原其意,以目注镞端,以望山之度拟之,准其高下,正用算家句股法也。
>
> (《梦溪笔谈》卷十九第十三则)

之后,沈括在提到汉代陈王宠的高超射箭技艺时说: 279

> 予尝设三经三纬,以镞注之发矢,亦十得七八。
>
> (《梦溪笔谈》续编卷三第六则)

这段话大约写于 1085 年,其重要意义在于:十字仪在欧洲也已被称为弓弩,因而可以合理地认为它是从这种特殊的推进机械发展而成的。但是弓弩在中国要比在欧洲古老得多、普遍得多,可能曾两次从东方传到西方,第一次是在希腊化时代和拜占庭初期,第二次是在 11 世纪。到了大约本格尔森的时期,它就很自然地被应用于测量方面。在另一方面,弓弩在中国早在汉代就已成为标准的武器,而且从公元前 4 世纪起就一直在用。这个事实是不是和中国在测量方面上曾长期占优势的事实有一定的关系呢?正是这样的优势地位使得网格制图传统在裴秀以后得以继续。至少可以肯定,沈括确实挖出了一具上面刻有可以用来测量高度、宽度和距离的弓弩状仪器。此外,考虑到格尔绍姆和十字仪之间的关系,就可以想到,十字仪从中国传到欧洲很可能是通过希伯来人进行的。正是这些希伯来旅行家和商人,起到了沟通东亚和西欧之间的思想和技术的作用。

在《梦溪笔谈》中还有一段话谈到了测量方法在制图上的应用。沈括写道:

> 道路迂直而不常;既列为图,则里步天缘相应,故按图别量径直四至,如空中飞鸟直达,更无山川回屈之差。
>
> 予尝为守令图,虽以二寸折百里为分率,又立准望、互融、傍验、高下、方斜、迂直七法,以取鸟飞之数。图成,得方隅远近之实,始可施此法。分四至、八到,为二十四至,以十二支,甲乙丙丁庚辛壬癸八干,乾坤艮巽四卦名之。使后世图虽亡,得予此书,按二十四至以布郡县,立可成图,毫发无差矣。 280
>
> (《梦溪笔谈》卷二十五第二十二则)

这段话特别值得注意，因为它十分有力地证明，中国的制图学家们在 11 世纪末就已经像近代炮兵测量中所做的那样采用了罗盘方位的方法。在这本书的另一个地方，我们还可以找到世界上任何文献中关于磁针的最早的确切记载。而直到 3 个世纪之后，欧洲的航海图中才出现了罗经仪(compass roses)。

在沈括那个时代，已经采用度竿来测量坡度。沈括在他的自传中谈到他担任政府的水利工程师期间(1068—1077 年)所做的工作时，曾经提到这一点。这使我们知道社会因素的重要性的一个方面，也就是说，中国特有的水道管理工作一定曾对测绘技术的发展起到过促进作用。最后有一个问题：古代和中古代的中国制图学家是不是曾经使用过记里鼓车(一种有齿轮的距离测量工具)？既然中国文献中第一次提到记里鼓车的年代肯定和欧洲文献中第一次提到记里车的年代同样早(它可以上溯到燕太子丹的时代，即公元前 240—前 226 年)，而且中国人绘制的地图肯定包括有很多仅凭速度和罗盘而进行的方位推算，那么人们不能不怀疑张衡和裴秀这些制图学家是否真的使用过记里鼓车。关于记里鼓车，我们将在下一卷谈工程技术时再加以论述。

第六节　立体地形图(浮雕地图)和其他专门地图

用加大的比例尺把地表情况以模型的形式表现出来的这一概念，对我们来说似乎是足够清楚的。事实上，立体浮雕模型的历史要比地理学史家通常所认为的要长得多。1665 年，约翰·伊夫林(John Evelyn)曾在英国发表过一篇文章，题目是“论……新式浅雕地图(已在法国应用)”。但有些人把最早发明立体地图的优先权给了波尔·道格斯(Paul Dox)，因为他曾在 1510 年用这种方法来表现库夫施泰因附近的地区。不过这种做法可以上溯到更早的年代，伊本·拔图塔(Ibn Battutah，1304—1377 年)曾描述过他在直布罗陀见到的一幅立体浮雕地图。但实际上在中国，带有科学性质的立体浮雕地图早在 11 世纪就已经为人熟知了。

关于这一点的主要证据，可以在沈括的《梦溪笔谈》(1086 年)中找到。他这样写道：

> 予奉使按边，始为木图。期初遍履山川，旋以面糊木屑写其形势于

木案上。……上召辅臣同观，乃诏边州皆为木图，藏于内府。

由此可见，沈括在立体浮雕地图史上，也像在地理学的其他方面一样，应该占一个重要的地位。但是除了沈括以外，还可以在文献中找到对浮雕技术感兴趣的另外一些宋代学者的有关记载。

图 144　最早的立体浮雕地图可能起源于这两种器皿[左边是汉代的陶质博山香炉，炉盖的形状表示东海的一座仙岛。右边是一个祭祀用的陶壶，壶盖也做成山的形状。采自劳弗(Laufer)《中国陶器》]

281

制作浮雕地图的想法可以追溯到沈括之前多久，现在还不清楚，但是中国古代艺术中的某些传统很可能是产生这种想法的根源。这些传统之一是在香炉和酒壶一类的器物上雕刻出表示仙山的浮雕。图 144 左边所示的就是其中之一。这种陶质香炉的炉盖常呈起伏的山形，上有小孔，炉里的香烟就从这些小孔中逸出，在山的周围有时还刻有一圈海水。这种艺术题材至少应该是属于前汉时期的，因为张敞(卒于公元前 48 年)在他的《东宫故事》中就提到过这种香炉，在其他汉代著作中也有这类记载。在稍晚的时期，人们把这类香炉安上长柄，用在中国佛教的各种仪式上。但是，由于中国的考古书籍经常认为这种香炉是与道教有关的，因此一般认为炉盖上的山代表东海中著名的仙岛。在其他材料上，如玉石雕刻品上，也长期保留有表现这类仙山的传统。

282

但是，还有一个可能。最早的中国地图是刻在木板上的，有人引用了孔子常向“负版者(执户籍图者)”表示敬意的话来作为论据。这似乎说明，在地理图和人口统计之间很早就有关系。在“版”字的多种含义中，有一种是指铸造钱币用的带有沟槽的模子，当然也可以指用来印书的雕版。毫无疑问，在中国从甲骨文开始，刻字就一直是一件特别重要的事情。因此，这也可能是产生用浮雕来表现地形起伏这种想法的一个因素。当然，铭刻技术也是巴比伦文化和埃及文化的特色之一。此外，有一段关于公元前3世纪就可能已经出现了一幅浮雕地图的奇怪记载也不容忽视。《史记》中记述秦始皇的墓时，有这样一段话：

以水银为百川江河大海，机相灌输，上具天文，下具地理。

这段话至少说明，这个墓室中应当有一些能让水银在其中流动的凹槽，因此也意味着这是一幅浮雕地图。这件事发生在公元前210年。以后，在汉代文献中，我们又找到了一则关于公元32年的一幅军事地图的记载，据说这幅图用米粒堆成高山和峡谷。

木质地图的使用在公元5世纪导致了制图学方面的一个相当大的发展，即出现了一种“拼板地图”。刘宋的正史中谈到谢庄（公元421—466年）制作过一幅三平方米的木质地图。“离之则州别郡殊，合之则宇内为一。”（把图拆开，就成为一幅幅单独的州郡地图；把它们合在一起，就又成为一幅整个国家的地图。）

第七节　文艺复兴时期的制图学传入中国

1583年，第一个来到中国的耶稣会传教士利玛窦（Matteo Ricci）居住在肇庆的时候，有些中国学者，也是他的朋友，曾请他绘制一幅世界地图。这就是1602年问世的著名的利玛窦世界地图的缘起。这幅地图采用平面投影绘图法，纬线是平行线，经线是曲线，画出了美洲，而且肯定是以亚伯拉罕·奥特留斯（Abraham Ortelius）1570年的世界地图作为依据的。在清朝康熙年间（1662—1722年），中国曾开展了大规模的地理测绘工作，这是因为康熙皇帝本人力图扩展关于他统治下的广大版图的科学知识。当时曾定了一个很精密的编图计划，这个计划导致了《皇舆全览图》的问世。可能是耶稣会传教士首先建议康熙皇帝下令组织一次全国普查。这项普查工作于1717年完成，最后绘成的地图不仅是当时亚洲所有的地图中最好的一幅，而且比当时欧洲的任何一张地图都更好、更精确。此外，由于当时的西方地理学家有机会接触到中国的文献资料，他们自己的工作也得以改进。例如，马丁·马蒂尼（卫匡国神父）1655年的《中国地图集》在很大程度上是以《广舆图》作

283

为蓝本的。

在这个时期,中国的地理学知识继续向前发展,许多优秀的学术著作不断涌现。到了18世纪,又出现了一部非常优秀的作品《乾隆舆图》(1769年木刻版问世,1775年又出现铜版版本)。这本地图集是在1756年至1759年间耶稣会士开展的测绘工作的基础上绘制而成的,图的比例尺为1∶1 500 000。不过,值得注意的是,中国地理学家不很愿意放弃他们的矩形网格坐标系。在19世纪,许多地图集的同一幅地图上有时既绘有矩形网格,又绘上了经纬线。

第八节 对比性的回顾

现在我们可以对东西方的地理学发展来作一番全面的回顾(见表36)。我们要把科学的制图学同宗教寰宇观的制图传统加以区分。科学制图学传统是古希腊地理学家以及受希腊文化影响的各民族的地理学家创立的,但是这种传统到后来完全被抛弃了,于是制图学领域被宗教寰宇观的制图传统所占据。但是从表36中可以看到,正当欧洲出现这种情况时,一条科学制图学的长线在中国开始了,这条长线在它和文艺复兴时期的制图学汇合之前,一直没有中断过。

那么,马里纳斯和托勒密的子午线观念是否曾向东传播到了中国呢?我们目前还无法肯定地回答这个问题。很可能这样的传播曾通过早期的罗马叙利亚商人和使节的旅行发生过,但是即使我们能证明曾有过这样的传播,这对我们了解张衡或裴秀所用的详尽的地方资料的来源问题也不会有很大帮助,因此我们没有必要去设想张衡和裴秀的制图学是没有它们自己所固有的根源的。

在西方,希腊的定量制图学仅仅在拜占庭文化中以一种休眠的状态被保存了下来,但是,当它在9世纪时被阿拉伯人加以利用之后,就在阿拉伯文化中结出了丰硕的果实,使阿拉伯人在地理学上取得了更大的成就。在这个时期,拉丁语系各国的地理学仍为宗教轮形图所统治。直到1300年,西方地理学才出现一个觉醒时期,但这个觉醒并不是由地理学家、而是由那些有实践经验的水手和航海家所唤起的。毫无疑问,这种情况的出现至少在某种程度上是与中国磁罗盘的西传有关的。但是不久以后实用航海图中的斜驶线就开始被矩形网格所代替。那么,这也是从东方传来的吗?航海图自出现之初 285

284

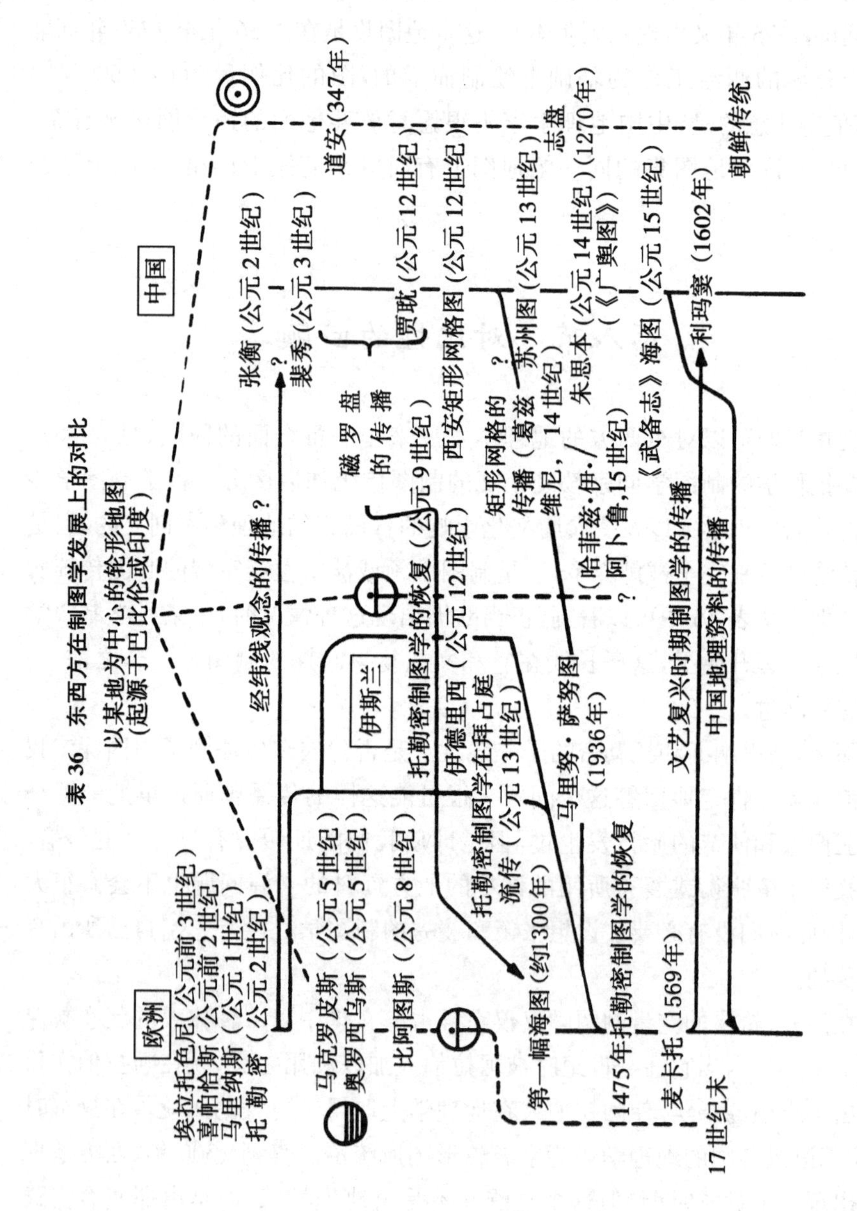

表36 东西方在制图学发展上的对比

起一直就是采用矩形网格的。既然阿拉伯人于8世纪开始就已在广州建立了聚居地，很难设想这些阿拉伯人会没有把中国的定量制图学知识和矩形网格制图法带回去。

宗教寰宇观的制图传统虽然在阿拉伯国家和中国都存在过，但是在中国，它从来没有获得过像它在中世纪的欧洲地理学上那样的统治地位。可能是由于儒家的观念和道家的技艺使得这种观点没有在中国被狂热地接受。这种宗教寰宇观在印度似乎是十分古老的，但是它最早的发源地似乎是巴比伦；我们已经知道有在公元前2500年至前500年间从那儿传来的地图，这些地图都呈圆盘形。总之，无疑中国人是从印度人那里把这种宗教寰宇观接受过来的。

最后还要补充一点，尽管文艺复兴时期的制图学在利玛窦时代传到了中国这一事实我们不能忽视，但是另一方面，东亚的地理知识在18世纪也传到了欧洲的地理学家那里这一事实，我们同样无法忽视。正是由于中国制图学家们一代又一代的辛勤工作，世界这个部分的地理知识才能够在现代地理学中体现出来。

第九节　矩形网格回到欧洲

在19世纪初，欧洲的制图学家把在平面上表现地表曲率的方法已经应用得如此熟练，而且用天文学方法测定出来的经纬度已经如此精确，以致没有一个人能够不对中国的传统网格绘图法抱以非常轻视的态度。但是在第一次世界大战期间(约1915年)，为了使炮兵在测绘人员的合作下能够准确地发射炮弹，这时矩形网格制图法又显示出其极为便利的一面。近年来，这种制图法在越过极地的飞行中已变得非常重要。在两极地区，所取的任何航线(南北向除外)都会以一个不断变化着的角度穿过辐辏状的经线。不过，我们并不以为那些在这方面作出革新的现代欧洲人都是知道他们的革新与中国的悠久传统之间的相似性的。

286 # 第五章　地质学和相关科学

对中国在地质学方面所作的贡献进行研究是一件十分困难的事，因为无论在中国还是在西方文献中迄今都还没有这方面的历史记载。因此，我们只能对此作出一些极粗浅的论述。此外，地质学在很大程度上是一门现代科学，是文艺复兴后的科学。其真正的发端是斯蒂诺（Niels Stensen 或 Nicolaus Steno）的《序卷》（1668 年），这部书介绍了诸如褶皱地层、断层、火山侵入、侵蚀方式等一类概念。正如我们所知，直到 18 世纪后叶，随着两个相对立的理论——水成说（认为地球上所有的岩石都是在水中形成的）和火成说（认为大部分岩石都是在地热中形成的）的提出，地质学才初步形成。中国在地壳构造方面的研究虽然也有几种颇值得注意的发现和发明，但总的说来，并未脱离这项研究早期普遍存在的落后状态。

第一节　普通地质学

绘画中的表现

我们不应低估中国绘画和书籍插图中所显示出来的精确观察及表现地质构造的能力。可以说，整本地质学教科书的大部分内容都可以用这种中国画和插图来作为图解。这类图画有不少散见于晚期的类书中（例如《图书集成》，1726 年）以及晚期的地理书中；图 145、146 就是其中的两幅。在所有这类图画中最值得注意的，也许要算宋朝画家李公麟（1100 年）所绘的龙眠山的背斜穹窿露头（见图 147）。

图 145　中国画中的地质学(山东费县附近历山山谷的更生现象。采自《图书集成·山川典》卷二十三)　287

图 146　中国画中的地质学(山东南部峄山的水成巨砾沉积。采自《图书集成·山川典》卷二十六)

288

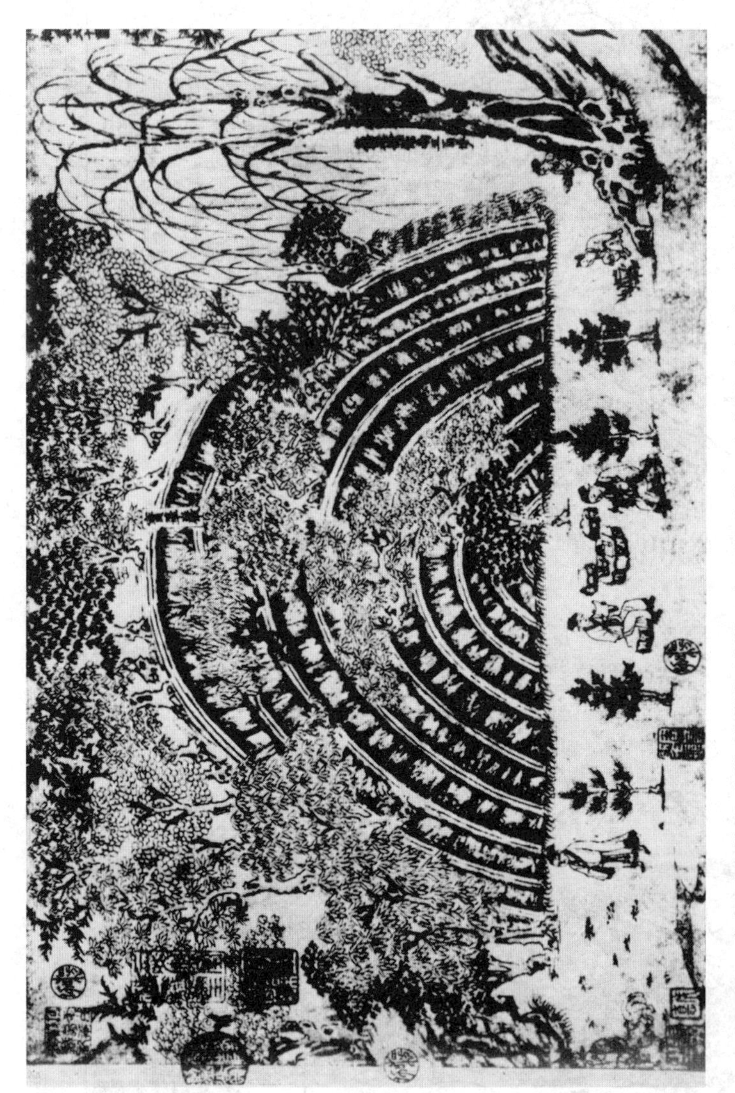

图 147　中国画中的地质学（安徽桐城附近龙眠山中的一个背斜露头，位于长江汉口至南京这一段的正北面。李公麟绘，约 1100 年）

中国的画家能对各种地质现象进行鉴别这一事实，充分证明他们具有运用画笔忠实地反映自然的非凡才能。当然，描绘地质构造并非他们的本意，而且对地质现象所作出的这些精确的描绘很可能与中国绘画艺术本身的审美观点也没有什么关联，但这里面确实包含有道家那种古老的、经验式的自然倾向。因此，他们所描绘的就是真实的世界（图 148）。

事实上，许多世纪以来，中国出版物中就有一种绘画手册或者说绘画指

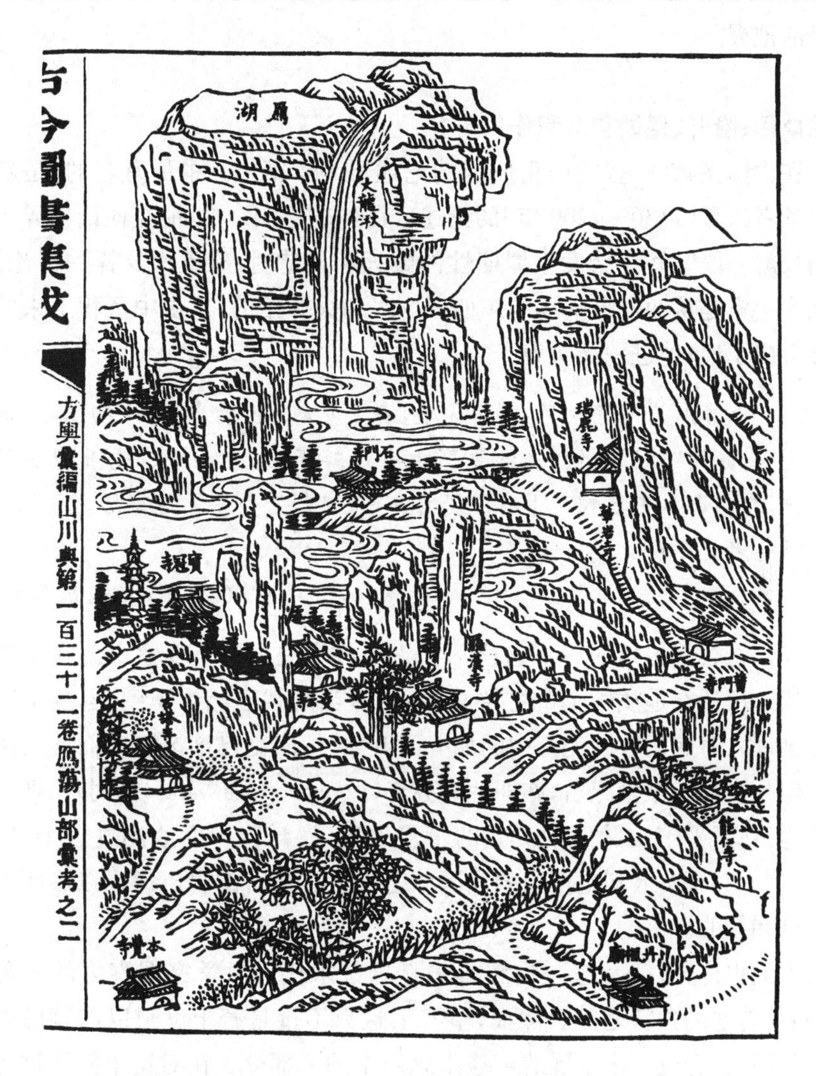

图 148　中国画中的地质学（浙南沿海温州附近雁荡山中侵蚀而成的悬崖。采自《图书集成·山川典》卷一三二。正是这样一些山岳促使 11 世纪的沈括去思考侵蚀作用和沉积作用，并促使他去陈述与此有关的一些基本的地质学原理）

289

南,其中包括各种标准的图样,而地质构造(山丘、山脉、岩石、江河)在其中自然也占据显著的地位。在这些绘画手册中,最有名的要数 1679 年的《芥子园画传》,在这部画册的某些版本中刊印有很早期的多色套印图。《画传》中使用了大量的普通术语,如“轮廓”(山的外形,排列得像割裂的轮边),“嶂盖”(最后覆盖上去的远峰轮廓)以及“皴”(山的皱纹)。画师们能竭尽毛笔之所能,把二十种以上不同的“皴”表现出来。这些足以说明,中国人对地质特点的灵活把握。

290 **山的成因、隆升、侵蚀和沉积作用**

在中国文献中,有关山岳成因的论述极为丰富。其中最有名的,是新儒学派学者朱熹(1130—1200 年)的论述。在《朱子全书》中,他在谈论世界每隔相当长的一段时间就会发生周期性的毁灭和再造时,有下面这样一段论述。他认为宇宙是从两样最基本的东西——水和火开始的,从水中沉积下来的东西便形成了地;他进一步认为:

> 五峰所谓一气大息,震荡无垠,海宇变动,山勃水湮,人物消尽,旧迹大灭,是谓“鸿荒之世”。尝见高山有螺蚌壳,或生石中。此石即旧日之土,螺蚌即水中之物。下者即变为高,柔者却变为刚。此事思之至深,有可验者。
>
> (《朱子全书》卷四十九)

后面我们将会简单地谈一下这段话在古生物学史上的重要意义。在这里先谈一谈这段话在地质学上的主要意义:朱熹当时就已经认识到,自从生物的甲壳被埋入海底柔软的泥土中的那一天开始,海底就已渐渐隆升而变为高山了。但是直到三个世纪后,亦即达·芬奇(Leonardo Da Vinci)的时代,西方人还认为,在亚平宁山脉发现贝壳的事实说明,海洋曾一度达到过这个高度。不过,达·芬奇本人却是把山的成因归之于含有化石的岩层形成以后所发生的抬升和扭曲。

291

人们也许会认为,这一见解是朱熹这位宋代大哲学家洞察力的一种表现,而且是他的独特之见。然而,事实上这只不过是若干世纪以前就已经出现,而以后又有进一步发展的一连串思想中的一部分。在对这个问题进行探索时,我们会碰到道家的一个特别的词汇——桑田。桑田本是一个地名,也可能是一个星座的名称。但到了唐代,它被用来指称那些一度被水淹没或将来会被水淹没的陆地。李白在诗中就曾用过这个词。颜真卿也曾写过一篇文章《麻姑山仙坛记》，其中提到了传说中道家仙女麻姑的话“已见东海三为桑田”，并接下去写道：

高石中犹有螺蚌壳，或以为桑田所变。

（《颜真卿文集》卷十三）

这篇文章可以肯定是在770年左右写的。

但是，麻姑关于桑田的这种见解，在公元8世纪已经不是什么新鲜的事了。颜真卿的这个故事引自归在葛洪名下的《神仙传》，如果《神仙传》确实是葛洪所写，那么它的年代要追溯到320年左右 。这本书的真实年代有可能没那么早，但可以确定是在唐代以前。我们还可以找到唐代以前的一些文献。在数学一章里我们曾提到过《数术记遗》一书，这部书大概写于570年。书中有下面这样一句话：

未知刹那之赊促，安知麻姑之桑田？

另外还可以举出类似的一些例子。因此有理由认为，在公元2世纪至6世纪之间的某一时期内，“桑田”一词曾具有和我们现在称之为“地质年代”一词同样的含义。

虽然前面提到的有关山岳形成的这些看法和道家以及新儒学派有明显的联系，但是毋庸置疑，这些观点与印度的周期浩劫说有渊源。周期浩劫说（即认为宇宙在浩劫中毁灭和重建）很可能是由佛教徒带进中国的。关于此，1201年的《野客丛书》中有一则离奇故事值得我们注意一下。这个故事所牵涉到的事情据说发生在公元前120年汉武帝在位的时候。那时有人在昆明湖附近掘地，发现了一种“黑灰”（可能是沥青、煤、泥炭或褐煤）。汉武帝问东方朔这是什么东西，东方朔回答说：“可问西域道人”（即指佛教的和尚）。18世纪的一部书引用公元1世纪的一部书中的一段话，说西域道人的回答是：“此乃天地劫灰之余也”。近代对佛教传入中国的年代的研究，使我们对这个故事的真实年代发生怀疑，因为在西汉以前肯定还没有和尚。尽管如此，这个故事一定还是相当古老的，因为在其他一些书籍中也可以找到这段故事。所以它的发生年代很可能是在佛教传入中国的早期，比如公元1世纪后半叶以前。 292

在欧洲的古典时期，关于山岳形成的文献是极其贫乏的。欧洲中世纪时这方面的观点曾受到诺亚洪水传说的主导，这一传说实质上是远古时代在巴比伦发生的一次洪水的反响。前面已经提到，当达·芬奇对高山上的化石作出解释时，欧洲的背景就是这样。但是远在达·芬奇之前，公元10世纪时伊斯兰教的文化中就已经出现了很先进的地质学思想，已经讨论到海平面的变化、侵蚀作用和河流的演变等等。11 世纪时伊本·西那(Ibn Sina，或称阿维森纳，Avicenna)把高地的形成归因于地震一类的自然界大变动。他在比朱熹早一个世纪以前，就用与朱熹极为相似的观点谈到侵蚀作用和其他一些现象。从这种思想出发应该是能对化石作出正确的解释的，伊本·西那也确实做到了。

上升的地层受到缓慢侵蚀的现象在中国中古代的思想中就已有十分清楚的表达了。有一个古老的词叫“陵迟”或“陵夷”，最初的意思大概是指丘陵的缓坡，但是在晋代之后被注释家解释为在一段时间内的逐渐衰微。汉朝诗人贾谊和梁元帝(约 550 年)都曾提到过河谷遭受侵蚀的现象。大约在 1070 年，宋朝沈括写了如下一段话：

> 予观雁荡诸峰，皆峭拔险怪，上耸千尺，穹崖巨谷，不类他山，皆包在诸谷中……原其理，当是为谷中大水冲激，沙土尽去，唯巨石岿然挺立耳。
> 如大小龙湫……亦此类耳。
>
> (《梦溪笔谈》卷二十四第十四则)

此外，沈括还描述过沉积作用：

293

> 凡大河、漳水、滹沱、涿水、桑干之类，悉是浊流。今关、陕以西，水行地中，不减百余尺。其泥岁东流，皆为大陆之土，此理必然。

由此可见，沈括早在 11 世纪就已充分认识到詹姆斯·赫顿在 1802 年所叙述并成为现代地质学基础的这些概念了。

山洞、地下水和流沙

关于山洞和洞中的形成物，在中国历史上各个时期都有人进行过研究；早期的道教隐士对此尤感兴趣，因而他们为各处洞穴所取的名字往往带有道教中的仙境的含义。石钟乳(见图 149)被收录于流传至今的一本最古老的无机化学物质和药物的志录《计倪子》(约公元前 4 世纪)以及第一部本草著作《神农本草经》(年代为公元前 1 世纪或 2 世纪)。

地下溪流的存在也早已为中国人所熟知。宋代的一本书中就有一段记载，提到人在某些情况下，例如在看到井水似乎与潮汐同涨落的情况下，猜想出井与海之间的联系，“海眼”一词便是由此产生的。关于泉水，在各种类书和地理志中都有大量记载。有一种有石化作用的泉水(在地质学、矿物学思想史上有重要意义)曾引起中国人的重视，在记载中被描述成清澈无比。

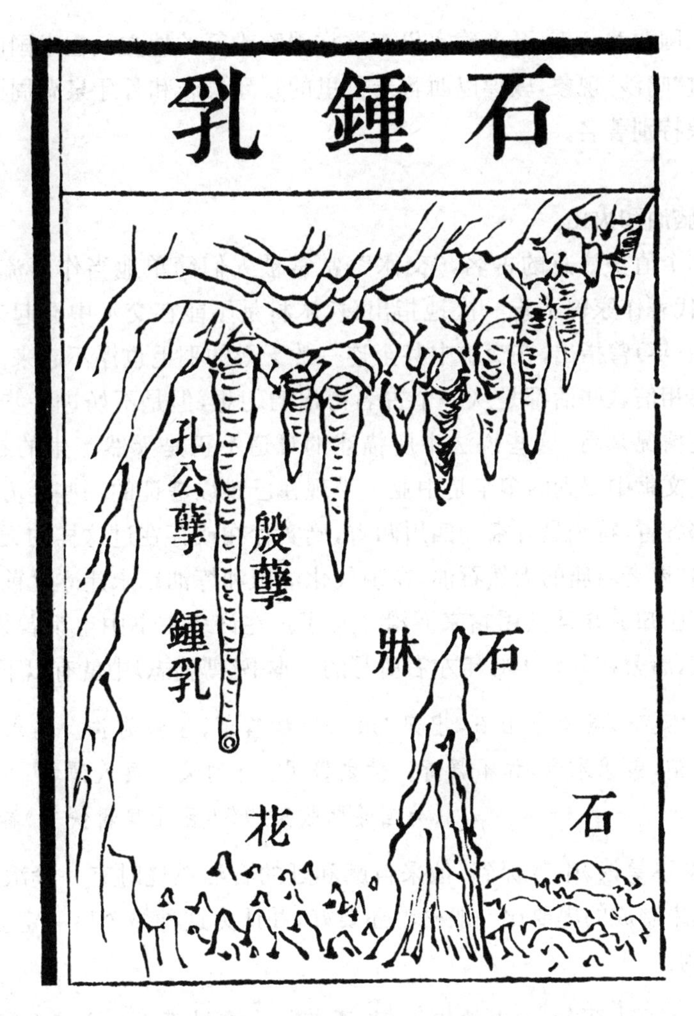

图 149　石钟乳、石笋和晶状沉积物[采自李时珍的《本草纲目》(1596 年)]　　294

在中国古代著作中，经常可以见到两个代表地质现象的地名：流沙和交水(弱水)，这两个地方都位于西部或西北部。战国时期或汉代初期的著作家们经常提到这两个地名，就像他们经常提到昆仑山一样。对于我们当前的论述而言，去考证流沙和交水到底是什么地方是次要的；这两个地名的重要意义在于它们所涉及的地质现象。流沙，顾名思义就是流动的沙或浮沙。沈括在《梦溪笔谈》中曾经谈到它：

> 予尝过无定河，度活沙。人马履之，百步之外皆动，澒澒然如人行幕上，其下足处虽甚坚，若遇其一陷，则人、马、驼车应时皆没。
>
> (《梦溪笔谈》卷三第十一则)

在中国西北一带，至今确实仍有这样艰险难行的地方。在中国的文献中也提到过“鸣沙”现象，敦煌以西若干公里的月牙泉庙和月牙泉湖周围的沙丘鸣沙现象特别著名。

石油、石脑油和火山

第二个值得注意的古名，“交水”，常常被人们简单地当作河流的名称。295 其实，古代著作家曾不止一次地指出过，木材是不能在交水中浮起来的。郭璞（约300年）曾指出，在交水中甚至连一片天鹅的羽毛也浮不起来。虽然有些人宁愿相信这些话都是从一个古名得出的幻想，但是不妨进一步猜想：就所有这些情况来看，这些说法中所描述的难道不正是天然产生的石油油苗吗？古代文献中提到的多半是中亚一带现在已难以考证的一些地方，但是在中国西部各省，特别是甘肃和四川两省，确实存在或存在过这样的天然油苗。例如，在甘肃老君庙的天然石油，在现代化油田和炼油厂未建立之前许多年，当地人就已知道并且已用它来润滑车轴了。在许多古书中也都曾提到过石油。例如，唐蒙在公元190年左右所写的一本书《博物志》中就有以下记载：

> （延寿）县南有山石，出泉“水”，大如筥篆，注池为沟。其水有肥，如煮肉洎，羕羕永永，如不凝膏。然之极明。不可食。县人谓之“石漆”。
>
> （马国翰所收集的《玉函山房辑佚书》卷七十三）

沈括在《梦溪笔谈》中曾提到，他采自鄜和延的石油燃烧时有一股浓烟，把烟炱收集起来制成的墨要比一般松墨还要好，并认为这种墨今后一定会被广泛采用，因为：

> 盖石油至多，生于地中无穷，不若松木有时而竭。今齐鲁间松林尽矣，渐至太行、京西、江南，松山大半皆童矣。造煤人盖未知石烟之利也。石炭烟亦大，墨人衣。
>
> （《梦溪笔谈》卷二十四第二则）

这些就是早在1070年的沈括所道出的关于砍伐森林的惊人预见。同样非常惊人的是，关于石油，沈括所想到的除了利用它的烟来制墨以外没有想到更好的利用方式，这也是中国传统文化的一个值得注意的特点。

由于中国境内本来没有火山，因此关于火山的一切资料就只能来自境外。最早提到火山的一份资料是3世纪的，但似乎不像是目击者所写，可能是从叙利亚商人那里听来的，也可能是去过南海的旅人（比如260年出使印度支那的康泰）带回的报告。至于温泉，在中国倒是有很多。唐代徐坚在他的《初学记》中就曾写道：凡水源有硫黄味，则泉必温热。宋代有人认为，泉水之所以温热，是因为地下硫黄和矾石的燃烧。明代的王志坚曾列举过形形色色的矿泉水及其功效。

第二节　古生物学

296

尽管“化石”这个术语在今天是专指埋在地层中的植物和动物遗体的，但是它的原始意义要广泛得多，凡是从地下挖掘出的有研究价值的东西都包括在内。不过，就现代的定义而言，很明显中国对于化石的认识年代之早，是欧洲和伊斯兰教各国无法与之相比的。

植物化石

古植物学的创始，确实应归功于中国人。从类书上引张华所说的“凡松树三千年后均化为石”这句话来看，中国人早在3世纪就已经知道松树的石化现象了。到了唐代，这一现象引起了人们的重视。767年画家毕宏画了一幅以松树化石为题材的著名壁画；在9世纪末也有关于石化松树的描述文字，五十年后，道家诗人陆龟蒙还为此写了两首诗。到了宋代，彭乘在《墨客挥犀》一书中写了这样一段话：

> 壶山有布木一株，长数尺，半化为石，半犹是坚木。蔡君谟见而异焉，因运置私第。余在莆阳日亲见之。
>
> （《墨客挥犀》卷五）

文中谈到只有部分树干石化的现象，说明观察得很细致。但是，这里有可能和四川发现的另一种石头——松林石混为一谈了。松林石只不过是一种因二氧化锰的结晶作用而带有木状条纹的石头。关于松林石的最早记载之一是在13世纪。另外还有一些类似的难以确定的文字记载。但是，下面沈括所写的这段话则明确地谈到了植物化石：

> 近年延州永宁关大河岸崩，入地数十尺，土下得竹笋一林，凡数百茎，根干相连，悉化为石。……
>
> （《梦溪笔谈》卷二十一第十七则）

297

动物化石

关于动物化石，我们所能找到的依据就充足得多了。腕足类动物是一种

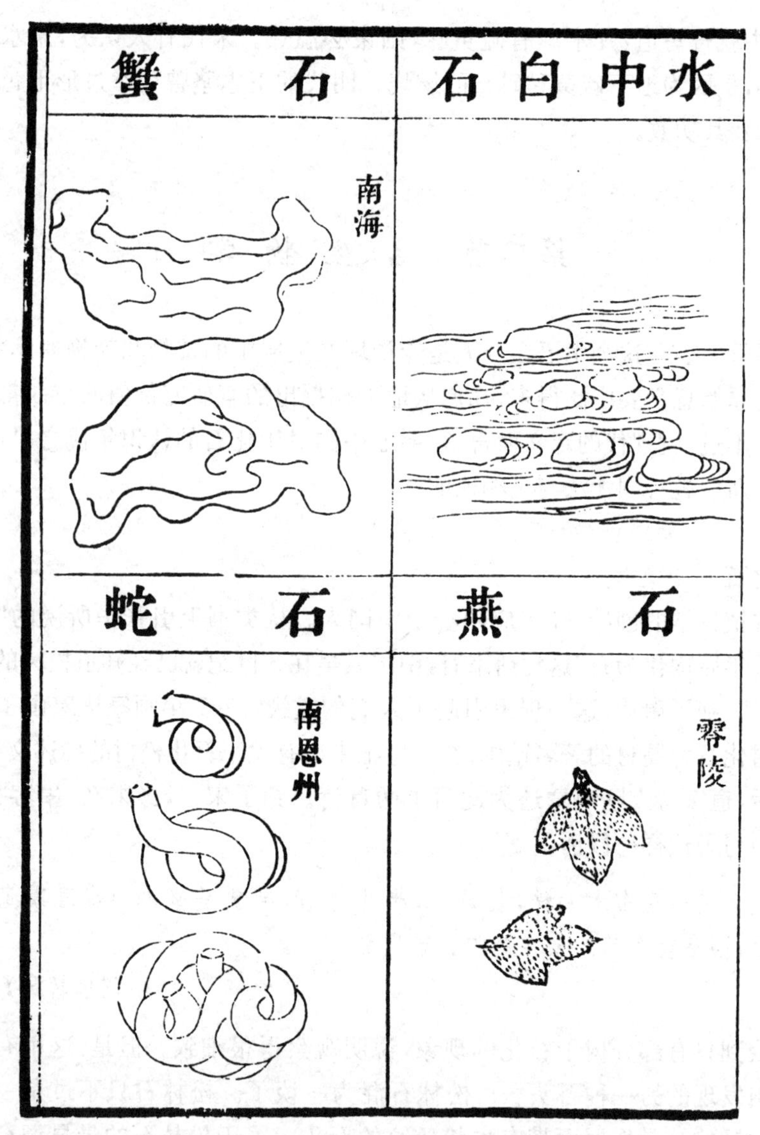

298

图 150 李时珍的《本草纲目》(1596 年)中所附的动物化石图(左上：石蟹；左下：石蛇；右下：石燕，即石燕属及有关各属的腕足类动物)

非常古老的门类，它在外表上与双壳类软体动物(如贻贝)相似。由于许多现已绝灭的石燕属及一些与之相近的属都具有像鸟儿展翅那样的壳，所以中国人把它们称为“石燕”。西方有人在 1853 年考证出石燕就是腕足类化石。而中国提到石燕的第一份重要资料，要算是 5 世纪末郦道元的《水经注》中的一段记载：“其山有石蚶，而状燕……及其风雷相薄，则石燕群飞，颉颃如真燕矣。”不过郦道元的这段记载也引自前人的著作，看来可能这种化石在公元 4

世纪就已为人所知了。公元6世纪开始，这种化石就被列入药书，图150就是药书中的一张附图。有一段时间这种石燕曾被收集起来当作贡品。曾敏行在1176年就认识到这类动物一度是生活于海中的。

石燕在暴风雨天气就会从岩石中飞出来这种想法，当然是很离奇的。于是，到12世纪的时候，宋代一位学者杜绾用实验来驳斥这种传说。他还找到了这种说法的起因：

> 昔传遇雨则飞，顷岁予陟高岩，石上如燕形者颇多，因以笔识之。石为烈日所暴，遇骤雨过，凡所识者，一一坠地，盖寒热相激，迸落不能飞尔。
>
> （《云林石谱》卷二）

文献中也常常提到，人们通常把石燕溶于或保存于醋酸中以供药用。传统的中国膳食中多半缺乏钙质（这是因为缺乏乳制品），因此就需要一种能提供可被消化的石灰质的好来源。在《本草纲目》中，就把化石列为治疗可能是由血钙过少而引起的牙病和其他一些疾病的药物。

在文献中也提到了其他化石，有“石蚶”，还有“贝”。中国人至少从宋代开始就已知道那些具有外骨骼的软体动物身上的一种很特异的卷形壳化石。这类化石在中国的第一部本草著作，即苏颂的《本草图经》（1070年）中就已出现。此外，还有一种直壳鹦鹉螺类化石以及含有这种化石的石灰岩在明代就已为人知晓。中国人在识别节肢动物化石方面取得的成就要比在识别上述头足纲动物化石方面的成就大一些。含有三叶虫的岩石，被称为“蝙蝠石”，这是因为这类动物化石的横截面像蝙蝠的翅膀。至于更新世的蟹就更广泛地为人所知，在宋代也曾被列为药物。

299

此外，中国人也研究过脊椎动物中的鱼类、爬行类和哺乳类的化石和亚化石。郦道元（卒于527年）的《水经注》是提到“石鱼”的最早资料，在1133年的《云林石谱》中也有有关“石鱼”的一段记载，不仅提到这种化石“悉如墨描”，还非常细致地描述了发现化石的地点和地层深度。爬行类、鸟类和哺乳类的骨骼、牙齿化石在中国古代通称为“龙骨”和“龙齿”。“龙骨”可作为药物而被人重视这一事实，曾帮助现代古生物学家在中国发现了古人类化石（北京人，Sinanthropus pekinensis）。此外，也正是通过对药铺中出售的药物的研究，才发现了第一批刻有文字的甲骨。值得指出的是，脊椎动物的化石要比前面提到的其他动物的化石更早被列入药书中。“龙骨”这个俗称表明，中国古代一向把这些化石看作是死亡已久的动物的遗骸，尽管带有某种神秘的意味；但是，早在12世纪，寇宗奭就已明确谈到史前怪异动物的存在了。

与文艺复兴之前的西方相比，中国人从大约公元前 1 世纪起对于他们所得到的动物化石的材料所作出的解释和认识都要比西方精辟且全面得多。我们在这里还需简单补充一下关于古地中海文明在这方面所作出的贡献。在希腊资料中，最早提到这个问题的是色诺芬（Xenophanes，公元前 6 世纪）的一段话，但是这段话只见于一份 3 世纪的引文。引文中说色诺芬尼相信“陆地和海洋曾经一度混在一起”，并提出了凭据：在离开海岸很远的内陆和高山上会出现海生动物的贝壳，以及鱼和海藻的印痕。这段引文还清楚地反映出印度的周期灾变说的思想。以后的希腊著作家也有一些关于化石的文献，但通常没有对此作出地质学上的结论，只是把这些事实当作一种奇怪的现象提起而已。

上面所说的这种情况很容易使人回想起定量制图学史上十分突出的大中断。希腊人曾经在这方面具有卓越的洞察力，或者说曾经取得过巨大的成就。但是从大约 2 世纪末到 15 世纪这段时期，亦即直到近代科学开始出现的时候为止，中国在这方面远比欧洲来得先进。而且中国人在他们极盛时期的初期，似乎也没有从西方那里得到过任何启发。

300

第三节 地 震 学

地震记载和地震理论

虽然中国境内没有活火山，但是中国自古以来一直是世界上最大的地震区之一。因此，中国人自然会保存有大量的地震记载，而这些记载现在确实成为世界地震记录中最悠久和最完整的一份。从这些记载中可以得知，到 1644 年为止，有记录的地震就有 908 次，而且都有可靠的数据。其中最早的一次发生在公元前 780 年，在这次地震中，有三条河道被阻断。光是南京，从 345 年到 414 年共发生了 30 次地震，从 1372 年到 1644 年则不下 110 次。但主要震区都位于长江以北和西部各省。根据记载，从宋末到清初出现过十二次地震高发期，并且表现出三十二年的周期性。地震有时会波及几个省，但通常不会在几个地区同时发生，而且在中国和日本的地震之间似乎没有什么相关性。中国破坏性最大的一次地震是 1303 年 9 月 25 日在山西发生的。而 1556 年 2 月 2 日的一次地震据说在山西、陕西和河南三省造成了八十多万人的死亡。据说 1128 年一次著名的西安战役就是以一次地震而告结束的。

古代和中古代的中国在地震理论方面并未取得过巨大进展，在欧洲这方面的研究也要等到文艺复兴以后出现地质性质的理论的时候，才取得一定的进展。但是在上面提到的公元前 8 世纪的那次地震的有关记载中，我们能找到关于地震的早期观点。《史记》(约公元前 90 年)中是这样写的：

> 幽王二年，西周三川皆震。伯阳甫曰："周将亡矣。夫天地之气不失其序，若过其序，民乱之也。阳伏而不能出，阴迫而不能蒸，于是有地震。今三川实震，是阳失其所而填阴也。阳失而在阴，源必塞；源塞，国必亡。"
>
> (《史记》卷四)

我们不要以为这种说法比古代地中海各国关于地震的说法更为原始。301 希腊人关于地震就有各种说法，认为地震是由于过多的水从高处涌入低处和洞穴而引起的；或认为地震是土块在干燥过程中堕入洞穴而引起的。亚里士多德甚至认为，地震的发生是因为太阳晒到潮湿的土地上所产生的水蒸气在溢出时遇到了阻碍。亚里士多德的这种说法与中国人的"阳气伏而不出"的说法极为接近。事实上，东西两种文化对于"气"的理论的重视是同样引人注目的。但直到近代，无论是中国还是欧洲，在地震理论上都没有取得什么进展。

地震仪的鼻祖

中国虽然在地震理论方面没有占领先地位，但是地震仪的鼻祖出在中国，这一点是无可置疑的。这是卓越的数学家兼天文学家、地理学家张衡(公元 78—139 年)的贡献。关于张衡，我们在前面已多次提到过。

在《后汉书·张衡传》中载有关于张衡所发明的地动仪的原始文字，而且叙述得颇为详尽。

> 阳嘉元年复造"候风地动仪"。
>
> 以精铜铸成，直径八尺。
>
> 盒盖隆起，形似酒樽，饰以篆文、山、龟、鸟、兽之形。
>
> 中有都柱，傍行八道，施关发机。
>
> 外有八龙，首衔铜丸，下有蟾蜍，张口承之。
>
> 其牙机巧制，皆隐在尊中，覆盖周密无际。
>
> 如有地动，尊则振，龙机发，吐丸，而蟾蜍衔之，振声激扬，伺者因此觉知。302
>
> 虽一龙发机，而七首不动。寻其方向，乃知震之所在。验之以事，合契若神。

自《书》典所记,未之有也。

尝一龙机发,而地不觉动。京师学者咸怪其无征。后数日驿至,果地震陇西,于是皆服其妙。自此以后,乃令史官记地动所从方起。

张衡地动仪的“都柱”(即中柱)实质上是一个摆,可能是一个悬摆,也可能是一个倒立的摆。图151是悬摆的地动仪复原图,图152是倒立摆的地动仪复原图。所有地震学家都承认,要制成一台在地震时只有一个铜丸会落下来(从而作出地震记录)的地震仪在技术上并不那么容易。因为地震时除了主震波(即纵波)外,通常还会有别的震波随之而来,而这些波大部分是横向的,有些横波的力量可能很强。因此,必须要有某种装置在仪器作出第一次反应之后立即进行制动。地动仪复原图中也显示了各种制动的方法。图153

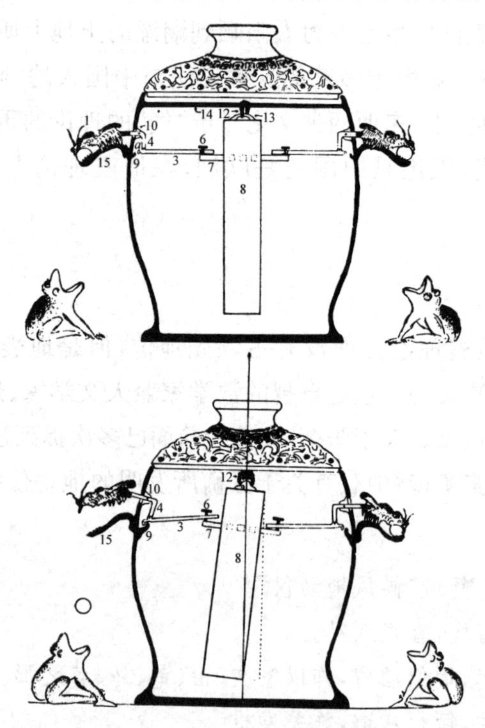

303

图151 王振铎所作的张衡地动仪内部构造复原图(地动仪内的悬摆带动着八条伸向八个方位的活动臂,每条臂的末端都和一个曲柄相连;曲柄末端有一个钩,可与器壁上的掣爪彼此挂钩。每一曲柄可使一个龙头抬起从而使龙口内的铜丸落下,同时钩住器壁上的掣爪,使仪器受到制动。部件名称如下:3—曲柄;4—能使龙头抬起的直角杠杆;6—穿过曲柄上一个孔的直立销钉;7—悬摆上的臂;8—悬摆;9—掣爪;10—突出杆上的枢轴;12—悬吊悬摆的绳子;13—吊环;14—支持悬摆的横梁;15—用来衔住铜丸的龙下颚)

是有别于倒立摆的第三种地动仪复原图。汉代的人应该已经能够制作出像图 151 和图 153 所显示的机械装置了，因为当时在弩机触发装置一类的机械装置上就已经使用了杠杆和曲柄。但是，图 151 所示的悬摆装置可能并不足以制止仪器对于后到的横波作出进一步的反应。日本科学家曾按图 152 所示的这种式样复制成了一台地动仪，并将它放在东京大学地震观测台进行了实验。结果发现，铜丸往往不是由于最初来到的纵波，而是由于后到的横波而掉落的，而只有在初震很强的情况下，才能够由于初到的纵波而掉落。因此，张衡很可能必须通过不断的实验来校准他的地动仪。

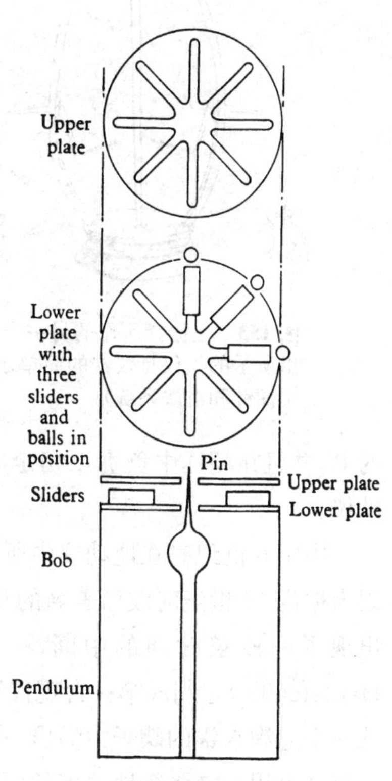

图 152　今村明恒所复原的张衡地动仪（采用了倒立摆的原理，受到地震震动时，摆上端的针尖就会进入八条导向槽中的一条，并推动滑块，从而推出铜丸。由于针一旦进入导向槽就不能离开，仪器便受到了制动）

304

这种用落下小球的方法来达到记录目的的原理，在张衡之前就已有人用过，亚历山大里亚城的赫伦（Heron of Alexandria，活动时期公元 62 年前后）在他所设计的几种里程计中就利用过这种方法。并且这种方法至今还被应用在某些仪器上，比如，一种记录海上水流速度的流速计。从其他中国文献中可以清楚地看出，张衡发明地动仪在当时被看作是一个很重大的事件。这并不奇怪，因为地动仪的发明能使中央政府的官员早些知道边远省份所发生的地震，从而有可能对地震所引起的困难和混乱采取适当的措施。由此可见，这项发明同前面提到过的雨量器和量雪器的发明可以相提并论。

有些人认为张衡的地震仪是一种后继无人的偶然成就，但是这种看法似乎并不符合事实。我们在文献中至少还可以找到两则关于这类仪器的报道，而且年代在张衡之后的数百年当中。一则提到 6 世纪时精通算术的信都芳曾在著作中描述过地震仪等仪器。既然他能够说明地动仪的原理并且得到皇帝的赏识，那么设想他曾制作过地动仪就不是没有道理的。另一则是一个世纪之后，581 年到 604 年，继承了这项学问的临孝恭。他写了一本关于地动仪

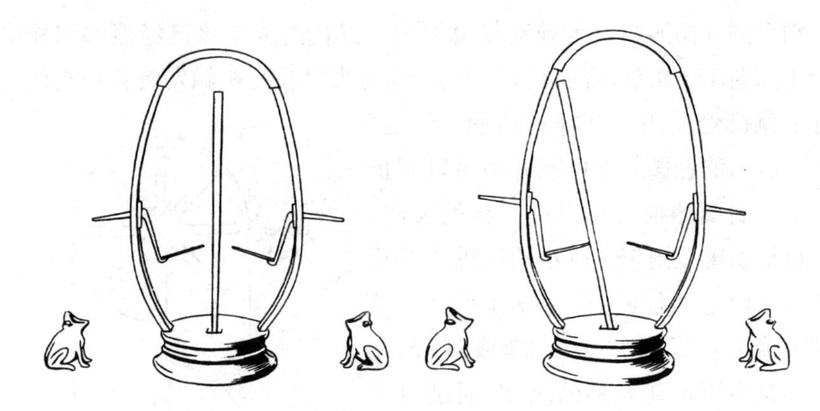

305 **图 153** 王振铎所作的另一个复原图(接受了今村明恒的倒立摆原理,这里所示的仅仅是仪器的简单示意图,王振铎仍然宁愿采用杠杆系统而不用撞针和滑块系统)

的书,并且在朝廷中负责一切定阴阳、卜吉凶的事务。他也有可能制造过地动仪。

中国 6 世纪时在地动仪中所使用的摆很可能通过某种方式传到了西方,因为据说 13 世纪时波斯著名的马拉盖天文台曾设有地震仪。从那以后再次出现了一段长时间的中断,一直到 1703 年,德·拉·奥特弗耶(de la Hautefeuille)才制成第一台现代地震仪。他所采用的原理是让水银在地震时从一个盛满水银的碟子中溢出,在整个 18 世纪,甚至晚至 1848 年,这一原理一直被沿用。与张衡地动仪的原理截然不同这一事实可以说明,这种地震仪是一种全新的发明,可能是激发传播的一例应用。以后,直到 19 世纪中期,才出现了今天的极为精密和复杂的地震仪。

306

第四节 矿物学

矿物学的起源要比地质学更早,因为在古代早就有人制定出关于各种石头、宝石、矿石和矿物的谱录。根据古代和中古代的药典和动植物的文献,印度和中国在岩石和矿物的研究方面所作的贡献完全可以与欧洲相提并论,有时甚至超过了欧洲。18 世纪因矿物分类体系的形成,近代矿物学发展起来,但是一直到 18 世纪末、19 世纪初雷尼-犹士丁·哈优弗(René-Just Haüy)对矿物晶体的研究工作,今天的系统矿物学才告形成。

本书在这儿第一次谈及一门纯描述性的科学(至少在它形成的早期阶段

是如此）。其中，中国人对岩石和矿石的研究工作并不是感情用事的，而是科学的，他们的贡献至少可与欧洲人相提并论。这使我们面临一些特殊困难，因为我们无法在这儿毫无遗漏地逐一介绍所有曾被研究过的无机矿物。因此，我们将选择若干已由科学史家们考证得最清楚的矿物作简短的讨论。

“气”的理论及金属在地下的生成

西方的亚里士多德认为，大地在太阳的影响下会产生两种蒸发物。一种是来源于地下和地表的潮湿的蒸气（比如形成云，再变成雨的水汽）。另一种来自大地本身，灼热、干燥、冒烟，并且像燃料一样极易燃烧。他相信，金属就是由湿的蒸发物凝结而成的，而其他所有的矿物和岩石则来自干燥的蒸发物。按照亚里士多德的描述，真实的过程还是晦涩不明。但是，对于我们来说，重要的一点是这一学说的“气体性质”，因为中国著作中的“气”似乎与亚里士多德的“蒸发物”非常相近。

公元1596年的《本草纲目》中有这样一段话：

> 石者，气之核、土之骨也。大则为岩石，细则为砂尘。其精为金为玉，其毒为礜为碑。气之凝也，则结而为丹青。气之化也，则液而为矾汞。其变也，或自柔而刚，乳卤成石是也，或自动而静，草木成石是也。飞走含灵之为石，自有情而至无情也。雷震星陨之为石，自无形而成有形也……

307

这的确是和希腊蒸发物学说相同的学说。两者可能有更古老的渊源（也许是巴比伦），并且在早于希腊和中国的梵文古籍中，应该可以找到表达这个意思的词。以上的引文是16世纪的，但我们可以进一步追溯到11世纪、5世纪、甚至公元前2世纪。

就古人对我们现在所说的地壳成分发生缓慢化学变化的过程的认识而论，他们并没有太大的错误；他们的错误在于，假设了金属和其他元素在互相转变。而由于深信金属和矿物在地下缓慢生长时能互相转变，人们更加相信，炼丹术士们可以借适当的方法在实验的条件下成功地加速这类变化，从而得到金子。道家也信奉这种观念，并进一步认为，地下发生过一系列化学变化，从而按一定的顺序产生矿物和金属。有人推测，中国的这方面理论是由西方传入的，但下面公元前2世纪的《淮南子》（早于大多数希腊古代化学文献）中的这段引文可以推翻这种推测：

> 正土之气也，御乎埃天。埃天五百岁生砄。五百岁生黄埃，黄埃五

百岁生澒，黄澒五百岁生黄金。黄金千岁生黄龙。黄龙入藏生黄泉。黄泉之埃，上为黄云。阴阳相薄为雷，激扬为电。上者就下，流水就通，而合于黄海。

308 偏土之气，御乎清天。清天八百岁生青曾。青曾八百岁生青澒，青澒八百岁生青金，青金八百岁生青龙。青龙入藏生青泉。青泉之埃，上为青云。阴阳相薄为雷，激扬为电，上者就下，流水就通，而合于青海。

这段文字反复叙述与此相似的理论，我们无需再往下引用。读到此，我们已经知道，中央为黄色，东方为青色。这种象征性相应关系的模式的其余部分可以列表如下：

南方“壮土”	赤色	七百岁生赤丹（朱砂）	赤澒（赤汞）	赤金（铜）
西方“弱土”	白色	九百岁生白玉（砷华）	白澒（白汞）	白金（银）
北方“牝土”	玄色（黑色）	六百岁生玄砥（黑色磨石）	玄澒（黑汞）	玄金（铁）

这段话是很古老的。颜色、方位等的相应关系是前文（原著第一卷第531—537页）中早已叙述过的象征性相应关系的一种，这里再次接触到便不足为奇了。但令人惊奇的是，这里同样出现了把气象学的蒸发物和矿物学的蒸发物并列的情况，这也正是亚里士多德学说的特色。文中还提到了后来在炼丹术中占重要地位的许多无机物质，并有力地证明，炼丹术矿物变质学说可以上溯到公元前4世纪的邹衍学派。当然，矿物变质理论在公元前122年就已得到全面发展。所以，如果说邹衍及其学派的理论是从亚里士多德（公元前384—前322年）或苏格拉底以前的希腊哲学家那里衍生出来的，这未免令人难以置信。因为我们知道，当时在东西两种文化之间要相互接触有很多困难。这种理论有可能是源于某个介于东西之间的古代文化发源地，并从那里传向双方的。

分类原则

在中国人用以区别矿物的象形字中，表示一切石类和岩石的“石”和表示

309 一切金属和合金的“金”是两个最重要的偏旁。“石”字的甲骨文写法（[illegible]）像一伸出物下有一口（代表一人），可能表示一个人避居在山洞里。“金”字（[illegible]）常

被认为是一个矿的图形：竖井上有盖，井中还有两块矿石，不过这对于殷商时代的人来说，似乎过于复杂了。第三个重要偏旁是“玉”，用于玉及各种珍贵的石类。第四个是“卤”字，用于盐类，但不走运的是它直到近代才被普遍采用。商代“卤”的象形文字是“[illegible]”，可以猜想，那是一个蒸发盐水的盐池的鸟瞰图，或者是试图画出一颗巨大的食盐晶体。

颜色在矿物分类上当然也起过重要作用。“丹”是红的意思，在中国炼丹术的矿物学上是一个重要的神秘字眼。究其根源，它代表的就是朱砂（硫化汞）。由于方士们把朱砂当作一种长生不老药，这个字后来就被用来代表所有的药品、药丸和药剂了。同样，其他矿物和盐也以“黄”或“青”字结尾的名字来命名，例如“雄黄”，正如现代的复杂有机染料被称为“尼罗河蓝”或“宝石绿”一样。

另一个能被广泛用于矿石分类的字是“礬”，表示矾以及一切与矾有关的物质。“礬”字上半部像篱笆，可能出自一种中国传统的蒸发盐和相似物质的方法。这种方法就是在露天把盐水等溶液向用干荆条编成的篱笆墙那样的大型建筑物上连续泼去（见图154）。“砂”（字义为小颗粒的岩石）、“灰”、“粉”（米磨成的细屑）、“泥”、“霜”（白霜）和“糖”（比如铅糖）等字都表示粉末。滑腻或黏滞的无机物，如黏土或皂石，被称为“脂”或“膏”。而且中国人认为矿

图154　自流井盐场的传统蒸发设备（这是原物的照片。盐溶液在露天场地连续不断地泼在这种用荆条和草扎成的大型建筑物上，使水和空气的接触面大大增加，盐水就被浓缩了。如果这是古法，它就可以说明“矾”字的结构）

310

石在生成之初是柔软、可塑的，并具有黏滞的特性，这与西方中世纪晚期和文艺复兴早期的著作家们的看法也恰好相同。

矿物学文献及其范围

中国古代矿物学文献中，居于首位和最重要的文献，就是从汉代到清代不断发展的一系列被称为“本草”（药典）的出色专著。列入本草类的书计二百种，差不多全是卷帙浩繁的著作。其中所记载的大部分是植物和植物性的药物，但是从一开始就有矿物性药物。这儿我们只能作一个最简单的回顾，详细书目就留待下一卷再叙。

《神农本草经》确实是汉代的著作，原书已散佚，后来经人重辑并注释，后世的本草著作也常引用它的片断。重要的是，本草自一开始就包括了矿物性药物。这部最早的本草就记载了四十六种无机物。这与欧洲的情况正好形成对照，在那里，自罗马医生盖伦（Galen）始的仅仅依赖于植物性药物的传统维持了有 1 200 年之久。年代在公元前 2 世纪或前 1 世纪的《本草经》中的药物表并不是我们所知最古老的。成书年代大概在公元前 4 世纪的《计倪子》（可以肯定是汉以前的著作）中就列出了二十四种无机物，大部分与《神农本草经》表中的相同。然而，这本书的目的似乎并不是记载药物，而是记录贡品和经济地理产品。

虽然后来的各种本草著作都详略不等地记载了无机矿物性药物，但是这一类著作中登峰造极的是 1596 年李时珍编著的《本草纲目》。书中详尽论述了二百十七种矿物的疗效。中国也有一些书并不是把矿物当作生药而是当作化学药品来介绍的。其中有唐代梅彪的《石药尔雅》，成书年代大约在 806 年。这部书列举了六十二种化学物质的三百三十五种异名，完全可以说是一本唐代炼丹术语的指南。其后，随着宋代科学专题论著的兴盛，出现了一整套专讲石类和矿物的书籍。到今天其中有些已残缺不全，但 1133 年杜绾的《云林石谱》却完整无缺地保留下来了。尽管这部书和西方的宝石鉴别书籍一样，对每一种矿物或石类都附上巫医的药方和荒诞的故事，可是却体现着一种欧洲著作中所缺少的观察和分析的精神。可惜的是，明、清两代未能维持这样的水平。

311

另外一点值得一提的是，自使用墨和毛笔以来，中国学者便以选择合适的砚石来研墨为一件乐事。他们也因此而留下了大量描述各种岩石的文字。关于砚石的最有名的专著是宋代的礼部员外郎米芾的《砚史》（约 1085 年）。不过这部书并不是最早的，因为 10 世纪晚期已有一本记载了三十二种砚石的

表 37　东西方玉石典中所涉及的石类及无机物的范围

	西方"石类"鉴别	记载石类及无机物数量	东方"石类"鉴别	记载石类及无机物数量
约公元前 350 年			《计倪子》(计然)	24
约公元前 300 年	《论石》(西奥弗拉斯图斯)	约 70		
约公元前 1 世纪			《神农本草经》	46
公元 60 年	《论药物》(狄奥斯可利德)	100		
约公元 220 年	《河流和山脉》(伪—托普鲁塔克)	24		
公元 300 年	《西拉尼德》(黑尔梅替克)		《抱朴子》(葛洪)	约 70
公元 818 年			《石药尔雅》(梅彪)	62(335)
公元 1022 年	《济世之书》(伊本・西纳)	72		
公元 1070 年	《宝石》(玛勃多斯)	60	《本草图经》(苏颂)	58
公元 1110 年			《证类本草》(唐慎微)	215
公元 1120 年			《宣和石谱》(祖考)	63
公元 1133 年			《云林石谱》(杜绾)	110
约公元 1260 年	《论矿物》(马格纳斯)	70		
约公元 1278 年	《宝石》(阿尔丰索十世)	280		
公元 1502 年	《石类》(列奥那多)	279		
公元 1596 年			《本草纲目》(李时珍)	217

《砚谱》,它的作者可能是沈仕,但也有人说是苏易简。而西方似乎没有完全可与此相当的文献。不过,现在我们有可能编出一张比较表,以说明东、西方在各阶段玉石鉴别方面所涉及的范围(见表37)。

一般性矿物学知识

在希腊西奥弗拉斯图斯(Theophrastus,公元前372—前287年)的书中就已经出现最古老的矿物分类,这种分类只是简单地以矿物是否会因热而发生变化作为其分类标准。因此,这仅仅是根据熔点把岩石和矿物区分开来,我们在四世纪的《抱朴子》一书中恰好可以找到这种分类方法:

> 又他物埋之即朽,烧之即焦,而五云以内猛火中,经时终不然,埋之永不腐败。
>
> (《抱朴子》卷十一)

"云母"这个词在中国历史上一直没有改变过。苏颂在《本草图经》(1070年)中对云母作了很好的描述。他这样写道:

> (云母)生土石间,作片成层,可析;明滑光自者为上……色如紫金。重沓可开析之,则薄如蝉翼。积之,乃如纱谷。又云,琉璃类也。亦堪入药。
>
> (《图经衍义本草》卷一)

313 苏颂在下文中根据颜色对八种不同的云母作了分类,并说明其中的两种是不可服用的。这段文字不但对云母的透明薄片作了十分清楚的描述,而且试图对各种云母之间的差别作出系统的区分。

本草著作中的描述主要偏重于医疗方面(将在下一卷论述中国的药物学时再谈到),但是有必要在这里指出的是:所有古代中国矿物学著作都注意到了晶体,指出了哪些矿物是六角形结晶,哪些是针状结晶、锥形结晶或是其他类型的结晶。早在11世纪,苏颂就在《本草图经》中谈到过矿物被打碎以后由晶体结构形成的特殊断面。在提到土产朱砂时他这样写道:

> 丹砂……土人采之,穴地数十丈,始见其"苗",乃白石耳,谓之"朱砂床"。砂生石上。……碎之,崭岩作墙壁,又似云母片。……
>
> 雷公云……有妙硫砂……有十四面如镜,若遇阴沉大雨,即镜面上有红浆汁出。
>
> (《图经衍义本草》卷一)

这段文字有几个地方值得注意。首先，我们可以看到，当时的中国人已经十分注意砂床的标志和周围岩石的特征了，同时还注意到矿物上具有代表性的特性，而且还试图描述晶体形状。

另外，由于靠近矿床而受到的影响，也不时会引起人们的注意。例如，杜绾在分析某种矿石呈绿色的原因时说，这是由于离它不远的铜苗蒸熏而引起的，因为这类矿石经常出现在铜矿附近。今天的解释是，这类矿石之所以会呈绿色，是因为其中含有孔雀石或其他含铜矿物的包体，而杜绾的说法与此并没有太大的出入。这使我们想到三个世纪之后德国冶金学家和矿业工程师阿格里科拉（Georgius Agricola）所提出的观点。阿格里科拉被看作是现代矿物理论的奠基者，他认为，成矿通道是在周围岩石发生了沉积以后由于地下水在裂隙中不断循环流动而形成的。在中国10世纪和11世纪的其他书籍中还可以找到关于石胆（硫酸铜）和曾青（碳酸铜）的类似说法。 314

关于矿床是由于地下水在岩石裂隙中循环流动而形成的这种观点，最为生动的描述可能要数郑思肖笔下的了（他卒于1322年，大约比阿格里科拉早两个世纪）：

> 孰知夫大地之下，皆一重土、一重泉相间，层负万气，支缕万物，脉柔顺巩固，荡化流跃；斜细其轴，互为钳锁；深运其机，密相橐籥；张布玄网，维络地根……
>
> 地气通，一方之水土俱甘香暖润，人物亦正清贤慧。……地气塞，一方之水土俱苦涩枯寒，人物亦愚陋恶逆……
>
> （《所南文集·答吴山人问远游观地理书》）

关于地下进行着某种循环的观点在堪舆家当中是相当普遍的（相信房址和墓穴应该与该地的地气走向相协调），而郑思肖在这里却用它来说明地下水在成矿通道中的蒸发或沉淀所引起的成矿作用。此外，还有一点值得注意的是，他把古代医学理论中因毛孔闭塞而致病的理论也应用到他的学说中去了。

古书中有关于各种矿物的实际应用的大量记载。当欧洲只有很少几个人知道硇砂、硝石、明矾等一类矿物之间的区别时，中国人已经根据制革、染色、油漆、焰火制造等方面工艺的要求，而对许多矿物作出必要的鉴别了。矿物的应用非常广泛，例如，硫酸铜（石胆）可用作杀菌药物，砒霜（炼铜时所得到的副产品）在插秧时可撒在稻秧根部以防止虫害。

315 **关于几种特殊矿物的说明**

现在对几种特殊的矿物作一些简短的介绍。为方便起见,另外几种重要矿物则放在以后的有关章节中讨论。例如,关于煤,将放在采矿和冶金一章讨论;高岭土,则放在制陶一章里讨论。

1. 明矾

明矾是一种具有巨大工业价值的矿物,其主要用途是在染色过程中作为媒染剂,为此必须提得很纯。此外还被用来软化皮革、给纸张上胶、制造玻璃、净化天然水和预防木材起火。它还有医学价值:止血、催吐和收敛作用。中国人很早就能区分生矾和那种用钠明矾石焙烧而成的枯矾,尽管焙烧技术似乎直到10世纪才在亚洲开始应用。在12世纪,阿拉伯又出现了第三种制矾方法,就是把含有硫酸铝的石头同尿放在一起烧煮,从而形成铵明矾。但是这种方法在中国似乎未曾用过。有证据表明,明矾是从西方的"波斯"(既指南海某一地方,同时也指波斯)输入中国的。据10世纪左右的《海药本草》中记载,明矾有两种,一种来自马来亚的波斯,另一种则来自阿拉伯。

2. 硇砂

氯化铵(硇砂)同样也是一种在医学和化学上都具有重要意义的矿物(它在医学上是有兴奋作用的祛痰剂和温和的胆汁输出促进剂)。氯化铵既不是普林尼所说的"阿摩尼亚盐",也没有出现在3世纪亚历山大里亚学派的化学家所编制的化学药物表中。10世纪前后,阿拉伯炼丹术士把它引入化学中,而他们又是从中国同行那里得到的。因为在中亚火山地带出产天然氯化铵,而且很可能从很早的时候开始,那里的人们就已经对它进行采集了。公元2世纪魏伯阳所写的《参同契》一书中就提到过这种矿物,并且还正确地提到,这种矿物在煮沸时会发生制冷效应。此后出现的另一本提到硇砂的技术书是660年的《唐本草》。所有的中国古书中都指出,硇砂是从中国西部省份即四川、甘肃、新疆、西藏等地运来的,在这些地方,硇砂是从火山活动区域或燃烧的煤层附近地区采集来的。

316 3. 石棉

在那些具有纤维结构的矿物中,石棉是很不寻常的一种,它由钙镁硅酸盐组成。尽管它可以呈现多种形态,并含有由其他元素形成的杂质,但是它的纤维通常可以被分离出来,看起来就像亚麻。贵橄榄石,或称纤蛇纹石,是一种含水的镁铁硅酸盐,它和石棉很相似,而且性质也相近。从很早的时候开始,人们就发现用这种纤维可以织成一种不怕火烧的布,因此很自然地就把这种东西看作是一种奇妙的神物。而且,实际上自公元前若干世纪以来,就出现过许多谈到石棉布的文献。西方的斯特拉博(Strabo,公元前63—公元19年)曾经谈到过"防火餐巾",其后有许多著作家也提到过它。据说中国人是通过4世纪时同罗马叙利亚之间的贸易而第一次知道石棉的,所以在公元4世纪的中国文献中把它列为阿拉伯的产品。但是,在《列子》中有这样一段记载:

> 周穆王大征西戎,西戎献锟铻之剑,火浣之布。其剑长尺有咫,炼钢赤刃,用之切玉如切泥焉。火浣之布,浣之必投于火,布则火色,垢则布色,出火而振之,皓然疑乎雪。皇子以为无此物,传之者妄。萧叔曰:"皇子果于自信,果于诬理哉!"
>
> (《列子》卷五)

由于我们很难确定这部书中哪些部分是汉以前所写,哪些部分不是汉以前所写,所以也不能肯定这段话到底是不是公元前3世纪或其前后所写,但是这种可能性是很大的。这段话涉及了后来许多讨论的要点。道家中有人企图以火浣布为例来说明,天地间存在的事物要比他们依靠哲理所想象的还要多,从而说服儒家怀疑论者。这段话中的萧叔就是作为道家的一个典型人物而出现的。此外还有一些不太确切的证据,例如300年,王嘉在《拾遗记》一书中就提到过,有人曾向燕昭王进贡过用火浣布作灯芯,并点"龙膏"的灯。燕国有过两个燕昭王,假如这个说法是真的,那么这件事发生的年代要么是在公元前598年,要么是在公元前308年。另外还有一段记载表明,公元3世纪前后,也出现过这一类的贡物。

对于石棉的来源与性质的说法有各种各样的。比如,火兽和凤凰的传说,300年葛洪对此的一段描写就是这种传说的一个代表。自然,这类传说的产生可能是因为古人无法相信,除了动植物以外还有别的东西也可以织成布。公元1世纪时西方的斯特拉博、狄奥斯可利德和普鲁塔克都对石棉的矿物性质有了正确的认识,但明确指出这一点的最早的中国文献则出现在5世纪或6世纪,文献中称石棉为"石麻"和"石脉",并说它可以用来制成细丝和粗绳。关于石棉起源的动物说和植物说在一些著作家中流行了一段时间,但最终受到了驳斥。在这里,我们再一次看到了同样的发展图式:首先是希腊人把正确的知识记录下来,但是后来,从希腊时代直到文艺复兴时期,中国人却远远走在欧洲人的前面。

317

4. 硼砂

硼砂(天然四硼酸钠)在中国古代文献中并未被提及,它第一次出现是在公元10世纪的一部药典中。西方在这方面的最早记载也大致出现在同一年代。它可能一直迟至这个时候,才由其天然产地——现在的青海省传入中原地区,其生产也可能和今天一样,是从自流井盐场的卤水中制取的。用硼砂作为焊接和铜焊的辅助剂(熔融状态的硼砂能溶解金属的氧化物,从而起到清洁金属表面的作用),在中国可以上溯至11世纪。硼砂由于具有和缓的、无刺激性的防腐性能,在中西方医学中都曾获得过广泛的应用,其性能也早已被中国药物学家所重视。

5. 玉和研磨料

玉,不是一种普通的矿物。对玉的爱好可以说是中国文化的特色之一,三千多年来,它的质地、形状和颜色一直启发着雕刻家、画家和诗人们的灵感。中西方都有大量关于玉的文献,但多半是属于美学鉴赏和社会用途方面的。而我们这儿所感兴趣的则是这种矿物的技术方面,即开采,尤其是加工,因为它的硬度很大,对它进行加工实在不是一件容易的事情。

英文中的jade(玉)这个词是西班牙语ijada的讹写,ijada一词的原意是胁腹或腰部,全称应当是piedra de ijada。当西班牙人侵占墨西哥后,他们把墨西哥人当作能防止肾病的护身符,一种绿宝石,连同它的贵重声誉一起带回了欧洲。中国古代的玉字并没有这些含义。不过,一个值得注意的事实是,对玉的欣赏和制作工艺并不限于中国,也是中美洲古文化和新西兰毛利文化的特色。这说明,大西洋两岸这种爱玉文化是有某些共同根源的,也许在两岸之间有着某些联系。

318

真玉,或称软玉,是隐晶质钙镁硅酸盐,属闪石类。硬玉(翡翠)在外观上虽然与真玉相似,但它是钠铝硅酸盐,属辉石类。硬玉通常是由小颗粒、而不是像真玉那样由细纤维组成的,因此,虽然它比真玉稍硬,但却比真玉更容易被雕刻家用刻刀进行雕刻。软玉之所以会呈现各种颜色,主要是因为里面含有铁、锰、铬的化合物。其他矿物也有不少和玉非常相似,中国人称之为"砆玉(即假玉)",硬度都比真玉要小得多。

新疆的和田(于阗)和叶尔羌地区的山上和河中是两千多年来主要的,也许是唯一的产玉中心。早在公元前4世纪,月氏人就已成了玉这项贸易的中间人。玉就出产在喀拉喀什河和玉龙河的河谷中,既可以开矿开采,也可以像捡石块那样在河床上采集(见图155)。硬玉在18世纪以前还不为中国人所知,18世纪以后,才开始从缅甸产地输入中国。

至于中国的古代玉器史,我们知道殷商人(公元前13世纪)就已经会雕琢玉器了,因为从安阳发掘出来的殷商遗物中就有玉制品。有证据表明,新石

图 155　妇女和女孩在新疆和田的喀拉喀什河和玉龙河里采集璞玉（采自1637年宋应星《天工开物》）

319

器时代的玉制工具已无需借助金属就可以加工出来，但当时一定曾用过研磨砂，可能是用砂岩薄片或其他石片作为切割工具。实际上，研磨方法是后来所有玉石加工的一个秘诀。古埃及早期在这方面也有同样的成就，当时就有用闪长岩制成的花瓶和水晶制成的细颈瓶。这也是公元前3世纪前后就已闻名的昆吾剑（见原著第316页）使人产生兴趣的原因。由于火浣布已被证明是确有其物，人们很自然地会认为昆吾剑这一奇物的名称也必然代表着某种东西。到了稍晚的时期，昆吾剑一词就成为指代一切优质钢刀的常用语了。研磨方法中最主要的发明，应该是转盘刀(铡铊，见图 156)。关于转盘刀的最古老的记载见于 12 世纪的一部文献，但并非直接提及。专门提到转盘刀的最早文献则出现在 1500 年。考虑到古时玉器制作方法同许多别的技艺一样，在手工艺人中是秘而不宣的，因此，在较早的文献中未加记载也并不是一件奇怪的事。事实上，昆吾剑的故事背后很可能就是指用踏板带动的钢制转盘刀和研磨砂的最早应用。在显微镜下可以发现，在晚周的玉璧上有使用旋转切割

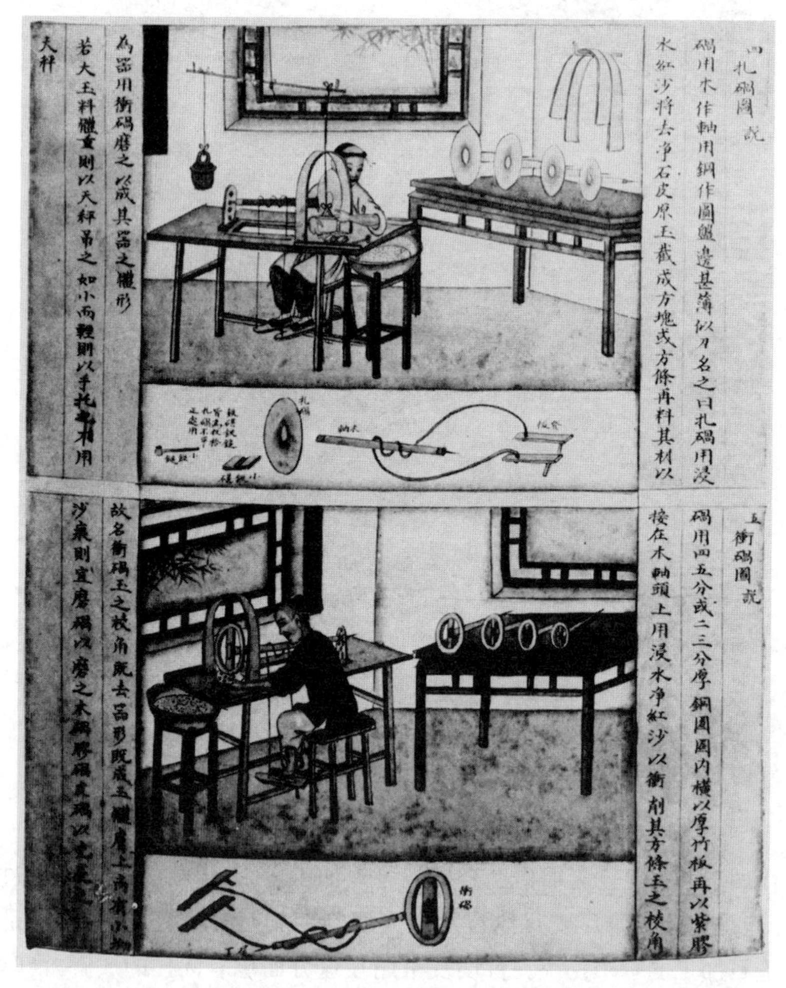

320　**图 156**　玉器作坊中的旋转工具[采自李石泉。上图是钢制转盘刀(铡铊，此处称为扎碢)连同脚踏装置和护板。说明文字提到要用红砂(碾碎的铁铝榴石)，又说如果所加工的玉较重，就用秤把它吊起，如图所示。下图是钢制研磨轮(磨铊，此处称为冲碢)，也用踏板带动，用碾碎的石榴石作为研磨料。说明中又提到抛光轮，比如用虫胶(紫胶)和金刚砂的混合物制成的胶碢，以及用皮革作缓冲物的皮碢]

工具的痕迹。这一点是和我们的猜想相一致的，同时和中国普遍使用铁器的年代（这一年代是相当晚的）也是相吻合的。

321

脂膏曾被用来作为研磨料的介质。11 世纪的吕大临曾写道："说者谓，蟾脂，昆吾刀，能治之如蜡。"（据说，用蟾脂和昆吾刀，就可以像加工一块蜡那样来对玉进行加工。）当然，历代的许多著作家并没能认识到脂膏里所含的研磨料是一个重要因素，而是以为脂膏本身对玉石会起到某种软化作用。最古老的研磨砂是石英砂；刚玉（如金刚砂，铝和铁的氧化物）则是 12 世纪才发现的，而碾碎的石榴石（如钙和铁的硅酸盐）则早在几个世纪之前就被使用了。

6. 宝石（包括金刚石）

一直以来，人们或是出于美学的观点，或是相信宝石可以治病，都把宝石视为至宝。由于以前的人不可能对宝石进行合理的分类，所以宝石的历史主要是属于考古学方面的。此外，不论在东方或西方，对这方面的许多术语都没有考证清楚，又使这个题目的讨论变得更加困难。我们在中国中古代文献中，还没有发现专门论述宝石的专著。不过，在前面已经提到的那些石谱、考古书籍和类书中，当然是有大量这方面的资料的。

金刚石的结构既不同于石棉的线状或链状大分子，也不同于云母的片状或层状点阵，而是长、宽、高三维齐全，交错相连的点阵。这种非凡的结晶碳（最坚硬的"石头"）古代的主要产地是印度，这是无可怀疑的。最早提到金刚石的文献之一出现在公元前 1 世纪，而希腊的狄奥斯可利德（Dioscorides）是于公元 1 世纪时知道有这种东西的，当时还提到金刚石是从印度输出的。中国提到金刚石的最早文献，一般认为是公元 3 世纪《晋起居注》中的一则记载，其中谈到敦煌地区曾献金刚石给皇帝；并说金刚石出自黄金，来自印度，可以用来切玉，虽使用多次也不会磨损。但最近又找到了一段比这更早的文献记载，其年代为 114 年。

关于采集金刚石的传说，东、西方是很相似的。中国有一种后期所用的采集方法是，让穿草鞋的人在含有金刚石的沙上来回走动，然后用火焚烧草鞋，并从灰烬中收集金刚石。关于金刚石是不可摧毁之物的看法，很可能是由于金刚石那种不同寻常的硬度而产生的。令人惊奇的是，中国人一直到 16 世纪葡萄牙人把一些经过切割和打磨的金刚石带到澳门的时候，才知道金刚石可以这样进行加工。

322

7. 试金石

试金石之所以值得注意，是因为它与一种很重要的技术有关。这种石头通常是呈粗粒状或燧石状的黑色碧玉，也就是一种和石英共生并被氧化铁或其他氧化物着色的隐晶质氧化硅。过去常用它来验定金、银合金的成色。中世纪的冶金家备有一套金针或金棒(24 根),每一根金针的含金率都有已知的固定标准,分别标有从一开到二十四开的标志。验定时将待验的金条在试金石上划一下,然后分别用这些标准的金针在这道划痕的旁边各划上一道痕,最后根据划痕选出成色同这块未知含金量的金条最接近的标准金针。在古代,划痕的色泽是唯一的判断依据,但在无机酸被引进验定技术之后,就可以在划痕上加上一些王水(以 4∶1 比例混合的浓盐酸和硝酸溶液),并观察这种溶剂对相比较的两条划痕所起的作用。如果发现两者有所不同,就换一根标准金针再试,直到找到划痕与待验金条完全一样的标准金针。这种方法依据的是金属反射率和色泽上的差别,而且不同含金量金属的这种差别是无法从金属表面直接看出来的,但是当金条在试金石表面上磨出屑来时,这种差别就清晰可见了。

试金石在希腊的应用显然有十分久远的历史。因为早在公元前 6 世纪的希腊诗歌里就已经提到试金石了,并且在这之后还有详细的描述文字。迄今发现的提到试金石的最早的中国文献恐怕是 1387 年的《格古要论》,书中谈到"试金石"来自四川,也可以用来验定银合金。此外,1730 年左右的一部分文献也谈到过试金石,说它色如新砚,深受用它来验定合金的商人们的重视。有人认为还有更早的提及这种石头的文献,但很难断定其中所提到的东西是试金石呢还是仅仅用来研磨的石头。因此,中国冶金术中最早采用试金石的确切年代仍然有待考证。

探矿

1. 地质勘察

古代的采矿者寻找矿床位置和矿物的方法一定是用以下几点来作为主要依据的:第一是传统的地质知识;第二是对地势的地层走向的观察;第三是关于所找矿物可能和哪一类岩石共生的知识。16 世纪欧洲的采矿实践给我们提供了关于这方面知识的一些线索,中国当然也应该有类似的传统。但是今天已经采用了新的勘探方法,即依靠地球物理学(如重力测量法和人工地震测量法),以及依靠对勘察区内的土壤和生长的植物所进行的观察和化学分析。在现代科学兴起之前,对土样进行化学分析显然是不可能做到的。但是由于人们能够从经验中得到关于某种植物同某种矿物共生现象的知识,所以对植物进行观察和分析的方法是可能的,而且,这种方法在中国可以上溯到相当久远的年代。实际上,凭借某种岩石或矿物和另一种岩石或矿物共生

323

的经验进行勘察，很可能是中国的传统采矿方法中最古老的方法之一，因为在汉代或汉代以前的古书中可以找到这方面的记载。在《管子》（部分选编自公元前4世纪后期的古代文献）中有这样一段记载：

> 上有赭者，其下有铁。……上有丹沙者，其下有鉒金。上有慈石者，其下有铜、金。
>
> （《管子》卷七十七）

2. 植物学找矿和生物化学找矿

中国人不仅认识到了矿石和岩石之间的某些共生关系，而且也早已注意到了植物和矿物之间的某些关联。那些彼此有关联的矿物和植物可能相隔好几米远，或者相距很远，中国人对于这种现象并不感到困惑。在许多古书中都出现过“感应”（即“超距作用”）这一概念，这也许是因为中国人很早就有了宇宙的有机整体观。

谈到这方面问题的最著名文献，可能要属段成式于公元800年左右所写的《酉阳杂俎》。书中有这样一段话：

> 山上有薤，下有金。山上有薑，下有铜、锡。山有宝石，木旁枝皆下垂。
>
> （《酉阳杂俎》卷十六）

从这段话以及后来的一些文献中可以知道，中国在当时不仅已经注意到指示植物的存在。而且还已注意到这些植物的生理状况了。我们认为这些经验性的知识很可能是从汉代到隋代逐渐形成的，这样的估计，总的来说不会与实际情况相差太远。当然，在这些文字记载中，既包含着真正的知识，也包含有一些不可思议的东西，例如镁的硅酸盐等一类矿物，不管人们是如何看重它们并把它们视为宝玉，但是它们的存在是不可能通过任何一种植物被指示出来的。不过我们现在通过在人工培养液中培养出低等植物的实验得知，植物需要有多种金属或非金属元素才能很好地生长，虽然所需要的数量极为微小。

现代科学研究已经查明，土壤中所含的金属元素会在特定的指示植物中积聚起来。例如，已知金会积聚在问荆（Egquisetum arvense）和犬问荆（Equisetum palustre）中，每吨这类植物的含金量可多达113克；当伞花硬骨草（Holosteun umbellatum）在富含汞的土壤中生长时，我们可以在它们的细胞之间观察到金属汞的微滴。从这些事实中可以看出，中国文献中关于从某种植物中可以得到某种金属的由来已久的主张是十分值得注意的。在1421

324

年的《庚辛玉册》中我们可以找到一段话，其中就谈到了这样的一些例子。这种知识至少已经用在提取水银的实践中了。

也许有人会认为，不论在哪一种文化中，采矿者都一定会从实践经验中得到某些植物和矿物之间存在关联的知识。但是，在欧洲中世纪的思想中似乎找不到这方面知识的任何痕迹。阿格里科拉只是稍稍谈到过这个问题，之后一直到1760年才出现了“植物学找矿”的苗头。但是，中国人在中古代所进行的这类观察确实可以说是仍在迅速发展中的、范围十分广阔的现代科学理论和科学实践的先驱。

第六章　物理学

物理学通常被认为是一门基础学科，然而在这一领域里，中国传统文化却从未有过突出表现。这种现象本身就值得人们注意。因此我们将在以后的章节里继续讨论这一问题。届时我们将对东亚社会中阻碍现代科学发展的各种因素进行总体分析，那时再来关注这一现象，所得结论会更有说服力。然而中国物理学的发展，也并非乏善可陈，前面在论及中国科学思想的基本观念时(见本书第一卷)，曾提到过一些物理学方面的内容，这里我们将继续研究公元前4到前3世纪的墨家学派的著作。通过研究，我们会发现原子论在中国从来没有受到过重视，我们知道中国的数学偏重代数而非几何，中国哲学是有机哲学而不是机械论哲学，同样，主宰中国古代物理学思想(甚至还谈不上已发展成一门学科)的是波理论而非粒子的观念。 325

中国人对物理学所作的最大贡献是他们对磁学知识的发展。为了方便起见，我们将在后面的一卷中专门讨论这方面的内容，到时我们将对中国人在磁罗盘及航海实践中所运用的磁学知识作一番彻底的研究。在磁学上，中国人远远领先于西方人，如果文艺复兴发生在中国而非欧洲，那么这些发明的结果会和我们现在所知道的截然不同。产生这种现象的原因是因为中国人似乎从来没有像中世纪的西方人那样研究过动力学。然而令人倍感不解的是，墨家对军事技术的发展有着极大兴趣，但在有关文献中并没有中国人曾对抛体和落体运动轨道作过研究的记录。然而理论的缺乏并不妨碍机械技术的发展，在这一方面，直到1500年，中国人都领先于欧洲。

326

第一节 波和粒子

这里我们首先要明确的是,主宰中国人物理学思想的是波理论而非粒子观点。原子论是欧洲和印度思想的一个广为人知的特征,而在中国,虽然不同时期都曾有思想家萌发过这种观念,但却始终没有人发展出相应的理论。这很可能是因为,原子论与中国思想赖以生存的宇宙观是背道而驰的。因为在中国人眼里,世界是一个有机的整体。尽管如此,还是让我们浏览一下原子理论在中国的发展情况。

可以这么说,朴素的原子理论独立产生于各种文明之中。劈柴是先人生活中常见的一种现象,因此人们就会不可避免地产生这样的疑问:如果把一块柴不停地对劈下去,直到不能劈开为止,那么会产生怎么样的结果?墨家学派对这一现象的论断最严格也最具逻辑性。在《墨子》中,他们从原子的角度来解释这种最终将会得到的几何体,并称之为端,同时,他们还以原子论的观点来定义时间的瞬间概念:

《经上》:始,当时也。

《经说上》:始,时,或有久,或无久,始当无久。

《墨经》成书于公元前4世纪抑或更早。因此这种有关时间瞬间的描述不可能是随佛教传入中国的。佛教最早传入中国是在公元1世纪,因此,如果说墨家是受到了印度佛教思想的影响才提出了这一概念,那是难以想象的。到了东汉,印度人的瞬间观念才真正开始在中国流行,人们称之为"刹那"。我们发现,在东汉徐岳的文章中已经有了这种说法。

墨家所说的"始"是由演变而来的,表示婴儿的诞生。而用来表示"点"字的"端"源于,意指植物初出的新芽。还有其他一些字,如"微"用来形容极小事物,源自,像两手紧握一个小东西。"微"有时被译作"原子"。这在文学上或许适用,从科学角度来看却似不当。到了公元前3世纪,又出现了"气"字,生物学上称之为"萌芽",所谓"万物源于气而又归于气"。这种意义的气,无论如何也无法把它解释成原子。在汉代的医学文献中,描述最微小重量的术语几乎都体现了一种原子论的意识,然而如果把它们直译成原子的话,那么与其原意相比,则显得过于确定化,过于牵强、生硬了。

同为数甚少的原子论观点相比,中国文献中对波动及类似的理论近乎众口一词。他们认为阴阳的交替、起与落的重叠影响着自然界万事万物的变迁。这一思想最早可以在公元前4世纪的《鬼谷子》书中略见一斑： 327

> 阳动而出，阴动而入。阳还终始，阴极反阳。

类似的例子不胜枚举。到了1世纪，王充这样写道：

> 旸极反阴，阴极反旸。

波动的理论统治着整个中国思想领域，有时竟成了科学理论发展的桎梏。传统的中国自然主义哲学认为，在一些基本力量的作用下，整个宇宙处于一种缓慢的、有节奏的运动状态之中。从本质上讲，这些力既相互对抗又相互依存。同样，多个物体之间也存在着相互作用，这些相互作用呈放射状并有规律地运动着。这与中国传统思想中认为自然物体有着各自的内在节律的观点在本质上是完全协调一致的。但这个观点不是对所有物理现象都适用的。比如，公元1140年，宋朝有位文人对月亮反射太阳光的说法持否定态度，他认为，用阴的周期性起落能更好地解释月亮的圆缺变化。其实这种观点在汉代就已形成，他只不过是继承了汉人的说法。汉代的王充曾极力反对正确的月食理论，而认为太阳和月亮都能独自周期性发光的。

综上所述，中世纪的中国物理学观念是一脉相承、浑然一体的。在中国人看来，聚成有形物质的气并不是由粒子构成，而是物体间作用和反作用力的体现。这种相互作用不受空间的影响，能跨越相当大的距离，存在于各个层面上，以波浪或曰振动的方式随阴阳两种基本力的改变而发生有节奏的变化。同时，物体有各自的运动节律，相互作用时就像乐队中的各种乐器发出的声音，和谐地融入整个宇宙的运动之中。

中国的自然哲学家曾致力于思考自然界周而复始的各种循环现象。这种研究最初似乎和季节的更替、人类的作息并没有特别直接的联系，然而后来人们通过更细致的研究，对各种自然现象做了更精确的循环论表述。事实上，循环论最早出现在天文、水利等学科当中，它与制定历法、观察汛期密切相关。在生物学和医学领域内，循环论的观点也有着很重要的地位。在医学上，人们认为人体内气和血液日夜不停地运动着。我们知道现在普遍承认的血液循环是1628年由威廉·哈维提出来的，而汉代中医推测出来的血液循环只比它慢60个节拍。 328

与之相对应，在西方思想家中，古希腊斯多噶派也持这种波理论。相当于中国秦汉时期的希腊斯多噶人已经把三维空间的连续媒质比作波浪或涟漪，以此来推广他们的波动说。同时他们还发现这种媒质处于一种应激状态。这些理论在生理学和神学中得到广泛应用,和产生于中国的波动说有着明显的相似之处。在中国,人们持有这样一种观点,即宇宙中存在着某种连续媒质或连续体,在后面我们马上就会讲到这一观点。尤其重要的是,我们发现了这样一个有趣的现象,斯多噶派从有机的角度看世界,即认为万物皆有灵或魂,事物之间即使相距很远也能产生感应。他们还认为有机体系内存在着物理学意义上的"力的场"。确实,斯多噶派和中国人都发现了产生潮汐的真正原因,从某种意义上来说,这并非巧合。

当然,在中世纪,中国人一直没有具体、系统地用波理论来解释各种物理现象。同样,希腊人和拉丁人也没有作过这方面的尝试。直到16、17世纪,人们才对科学的实验方法有了一个完整的认识,即科学理论来自实验。当时罗伯特·胡克多次提起自然界的"强烈振动"现象,并把波的理论运用到有关光学、热学和声学的研究上,此后,荷兰人克里斯蒂安·惠更斯以此为基础创立了完整的光学体系。初一看,和中国人近两个世纪的接触对欧洲的这些发现几乎没有什么促进作用。毫无疑问,波动思想的产生是对振动本身,例如弹簧运动加以研究的结果,然而我们不能忽视这样一个事实:胡克本人与在伦敦的中国到访人员之间有过密切的交往,很可能他们中的某位和他谈起过中国人的阴阳学说,这种在中国有着悠久历史的观点给胡克的发现提供了线索。

原子论是希腊思想的一个重要流派。公元前5世纪留基伯和德谟克里特创立了这一学说。当时,该学说虽然受到柏拉图、亚里士多德和其他一些哲学家的抨击,但此后受到伊壁鸠鲁学派的肯定,自此确立了地位。公元前1世纪卢克莱修的诗歌《物性论》更使之流芳百世。在基督纪元早期,原子论被彻底废除,到了17世纪又在欧洲兴起,并成为现代科学发展的一个主要特征。印度和阿拉伯人中也有持原子论观点的,但阿拉伯人主要是受到印度人而不是希腊人的影响。

329

值得注意的是,有一个有趣的现象:所有产生过原子论观点的这些文明都使用字母文字。在这种文字中,少量的字母通过不同的组合能产生无限量的单词。自然,人们就会联想到大量不同属性的物质是否也是由少量不同的微粒通过不同方式的组合构成的,卢克莱修就做出过这种推断。而另一方面,中国的汉字是一个有机的整体,习惯于使用表意文字的中国人就很难产生物质是由原子构成的这种思想。然而汉字中有二百十四个偏旁,大量的汉字就是由这些偏旁构成的。此外,很早以前中国人就把五行看作是组成一切自然现象的基本要素。因此原子论和字母文字之间或许有些关联,但我们不应过分地强调这种联系。

一直以来，人们对世界是连续的还是非连续的有着激烈的争论。在这场争论中，中国的有机哲学肯定是支持连续性观点的，这甚至在数学上也有所体现。古希腊人的观点和连续的世界观相去甚远，以至于他们难以想象像$\sqrt{2}$这种无理数的存在，理由是这样的数字永远不能分解成一个简单的整数。但正如我们所看到的，中国人认识到了无理数的这种特殊属性，他们不会为此而困惑，但也不会对此产生多大的兴趣。在他们的眼里，世界是一个连续的媒质，在这一连续体中事物之间发生相互作用，这种作用不是通过原子间的碰撞产生的，而是放射作用的结果。中国人眼里的世界是波的世界，而不是粒子的世界，因此现代"经典物理学"的两个组成部分之一——波动理论——的产生，要归功于中国人以及斯多噶学派。

第二节　质量、测量、静力学和流体静力学

在许多中国学者中有这样一种倾向，他们认为中古时期的中国文献中几乎没有涉及有关以上这些物理学思想方面的内容。这种观点未免太悲观。其实，当时的中国史料中不乏对杠杆原理和物质强度的论述。在物质的物理属性和某些基本测量方面，不但有实际的应用而且有理论上的探讨。在论证这种观点以前，我们先来看看公元前120年左右《淮南子》一书中的精彩篇章，该段文字用诗一般的语言，以天地万物为喻来描绘日常生活中的度量衡现象。它是如此的令人振奋，因为它来自一种不同类型的文明，这种文明既没有产生希腊的演绎几何学，也没有出现过以伽利略理论为代表的数学观。这段话具体为： 330

> 制度阴阳，大制有六度：天为绳，地为准，春为规，夏为衡，秋为矩，冬为权。绳者所以绳万物也，准者所以准万物也，规者所以员万物也，衡者所以平万物也，矩者所以方万物也，权者所以权万物也。
>
> 绳之为度也，直而不争，修而不穷，久而不弊，远而不忘，与天合德，与神合明，所欲则得，所恶则亡，自古及今，不可移匡。厥德孔密，广大以容，是故上帝以为物宗。
>
> 准之为度也，平而不险，巧而不阿，广大以容，宽裕以和，柔而不刚，锐而不挫，流而不滞，易而不移，发通而有纪，周密而不泄，准平而不失，

万物皆平。民无险谋,怨恶不生,是故上帝以为物平。

接着,文章依次赞美了规、衡、矩、权这些测量器,因为它们代表着准确、有序、清晰的精神,具有数字化、恒定和可重复使用的特性,而不存在模糊、混乱的现象。当然,如果不是自然界存在着与人类社会法律制度类似的自然法则,本来也无所谓有序无序。但是从虚无缥缈的气到点点繁星,人们建立了各种各样的模式,使得自然界越来越能够被识别、被测量。人们对其测量水平也越来越高。测量世界及其原理从来没有过改变,即使在皇天上帝之前,它们也同样如此。

331

墨家和测量

我们首先回顾一下前几章中的相关资料,以此作为了解中国测量学的背景知识。在数学上,中国人运用十进制的历史源远流长。在天文学方面,中国人很早就尝试着发明一种测量日晷影长的工具,这种工具和现在使用的铂制米原器十分相像。以下是公元前 4 世纪晚期,和亚里士多德同时代的墨家学派关于测量方面的论述:

《经》:物箕不甚,说在若是。

《经说》:物:甚长、甚短,莫长于是,莫短于是。是之是也,非是也者,莫甚于是。

毫无疑问,作者已注意到了全国上下由于使用不同度量制度引起的混乱。当时每个诸侯国都有各自的测量方法,而且不止一种。另外一些文章则说明,墨家致力于建立一个统一的度量衡体系,在日常生活中使用一种大小恰当的计量单位。

墨家的杠杆和平衡理论

这里需要再次强调,我们手头拥有的只是一些零星、不完整的资料。只有对这些幸存的资料作一些必要的推测,才能对战国时期的物理学有所了解。不过,我们下面引用的墨家的一些言论将有助于我们对墨家的杠杆和平衡理论的理解。

1. 力和重量

《经上》:力,(刑)形之所以奋也。

《经说上》:力:重之谓下,与重奋也。

2. 力的平衡，滑轮和天平

> 《经下》：（契）挈与（枝）收（板）反，说在薄。
>
> 《经说下》：挈，有力也；引，无力也，不（心）必所挈之止于施也；绳制挈之也，若以锥刺之。挈，长重者下，短轻者上；上者愈得，下；下者愈亡，上。绳直，权重相若，则正矣。（扳）收，上者愈丧，下者愈得；上者权重尽，则（遂）坠。　332

在后一个例子中，墨家借助一种实验机械来研究质量、力和加速度之间的关系。这种装置可以说是1780年由乔治·爱德华发明的阿德伍德机的原型。

3. 力的合成

> 《经》：无合与一，或复否，说在拒。

有关这一概念的评注已无处可查，因此，我们很难从只语片词中清楚地了解这段话的本意。如果文中的"拒"是"矩"的异体字的话，那么墨家已经在尝试用平行四边形的方法来进行力的分解。他们还注意到力的反作用力同研究对象是否处在平衡状态有关。如果按"拒"的本义来理解，那么文中所描绘的是物体碰撞时能量的传递现象。据我们看来，后者的可能性较小。在中古时期，中国人在制造机械的实践中已经积累了力的合成方面的经验，只不过在这方面缺乏理论依据。

4. 杠杆和平衡

> 《经下》：奥（衡的古体）而（必）不正，说在得。
>
> 《经说下》：衡：加重于一旁，必棰，权重相若也，相衡，则本短标长，两加焉，重相若，则标必下，标得权也。　333

这段话意义重大，它告诉我们，早在阿基米得提出杠杆平衡理论一个半世纪以前，墨家学派就已经建立了完整的杠杆学说。到了汉代，这种学说已经广为人知，《淮南子》（公元前120年）中有这样的记载：

> 是故得势之利者，所持甚小，其存甚大；……是故十围之木，持千钧之屋；五寸之键，制开阖之门。

众所周知，在古代西方，杆秤的出现比这要晚得多，而且它一直没有成为欧洲人的主要称重工具。令人不解的是，在中国，情况完全两样，尽管使用天平相对比较简单，但至少从汉代起，杆秤的使用就比天平要普及得多。此外，中式杆秤上的悬吊点不止一个，这样就能称不同轻重范围的物品。不过，在测量精确度要求较高的小样物品时,人们也使用天平,特别在宋代的炼丹术士和汉代以后的药剂师中,天平的使用率相对较高。

张力、断裂与连续性

首先,我们来看看墨家的两条经文。

1. 物质的强度

《经下》:(贞)负而不挠,说在胜。

《经说下》:负:衡木(如)加重焉而不挠,极胜重也。右校交绳,无加焉而挠,极不胜重也。

334 2. 张力,破裂与连续

《经下》:均之绝否,说在所均。

《经说下》:均:发均,悬轻而发绝,不均也。均,其绝也莫绝。

在第一条经文中,墨家致力于研究物体的应变、负载、弯曲和断裂现象。这些问题一直困扰着古代的机械师、建筑师和实用物理学家。直到文艺复兴时期,人们才对它们作出了理论上的解释。第二条经文更能引起人们的广泛兴趣。《列子》中也有一篇类似的文章,其中引用了《墨经》的说法,但其论证目的却恰恰相反。在墨家的经文中,作者似乎在证明,在拉力作用下纤维物质之所以断裂是因为构成物质的强度不等或内聚不均,从而在某处出现了一个断裂面。从本质上说,这是一种原子或粒子论的观点,与墨家对几何体及不可分割的时间瞬间性所下的定义相吻合。与之相反,《列子》一书的作者却支持连续性的观点。这和人们事先预料的完全一致,我们在讨论波动和粒子时已见其端倪。论及物体的连续性,列子这样写道:

均,天下之至理也,连于形物亦然。均,发均悬轻,重而发绝,发不均也。均也其绝也莫绝。

可见,道家的列子是非常传统的。然而要他用影响过亚里士多德的论点来证明自己的观点,却非他力所能及。不过,列子以道家的方式,用一系列的寓言和传说向我们展示了他对自然界的看法。他说,想想詹何,他仅凭一根丝做的渔线就能从万丈深渊里钓起不计其数的鱼,那是他精神集中和精神投射的结果。接着,他还讲了其他几个故事,其中有一个告诉我们,音乐能使人们心意相通,并产生天人合一的效果。这个观点极其重要。因为按现在的说法,音乐是一种声学现象,而在声学上,声波是在连续的媒质中传播的。这种说法经常出现在战国和秦汉时期的其他一些著作中，有着极大的影响力。

335 或许有人会认为我们所讲的已偏离物理学太远。其实不然，在古代的物理学观念中，精气（元气）可以解释为一种“辐射能”。人们认为波动和循环是最重要的，而离散或原子微粒的学说却没有任何市场。因此几千年来，波动和循环的观念成为中国人固有的思想。

重心和欹器

在雅典的亚历山大里亚，赫伦曾通过不规则悬垂物来研究物体的重心。与之相比，在中国却没有类似的理论性研究。但是中国人做过其他形式的尝试，其中最为人熟知的是悬挂一种L形的石板来观测物体的重心。说到运用重心知识，中国人的典范之作要数著名的“欹器”，这种容器能随着所容水量的多少而变换位置。对现在的人来说，利用交错的溢流管把一个青铜器隔成几个部分而达到上述的各种效果（见图157）是易如反掌的事，但在当时可算得上是一个奇迹，很多人视之为珍宝。有关“欹器”的描写最早出现在《荀子》一书。即使这种提水壶不是孔子时代的产物，但可以肯定，在公元前3世纪它已广为人知。以下是一段有关欹器的描述文字：

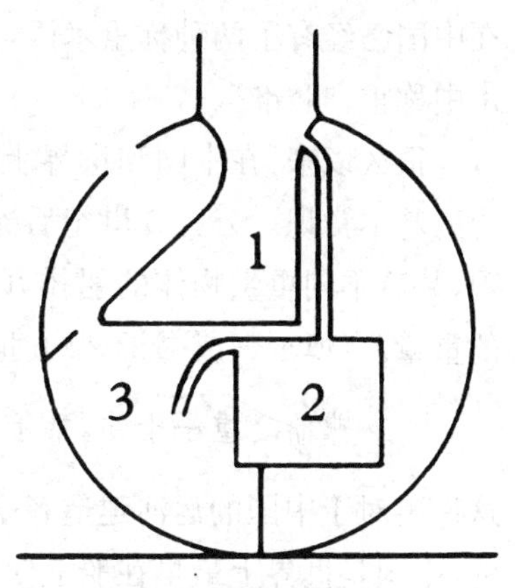

图157 “欹器”复原图（据推测所得）。

> 孔子观于鲁桓公之庙，有欹器。孔子问于守庙者曰：此为何器？守庙者曰：此盖为宥坐之器。孔子曰：吾闻宥坐器者，虚则欹，中则正，满则覆。孔子顾谓弟子曰：注水焉。弟子挹水而注之。中而正，满而覆，虚而欹。 336

书中还把这种现象引申到为人处世的中庸之道上去。因此，在此后一千多年里，欹器作为一种象征被放在宫廷的院落里，时时刻刻提醒着王子王孙恪守中庸之道。

比重、浮力和密度

在远古时期，人们就有了比重的概念。公元前4世纪，孟子说过，黄金比羽毛要重。他一定有比重概念，否则他怎么能说一小块黄金比一车羽毛还重呢？但在中国并没有出现类似于阿基米得的浮体研究专著。当然在周代和汉代，工匠们在实践中已经在反复应用阿基米得原理，他们以此来确定浮在水中的箭和车轮的质量分布。

读者一定都知道所谓的阿基米得原理以及与之相关的故事。为了检验希隆王的金冠是否掺假，阿基米得在洗澡时还在苦思解决的方法。突然他发现洗澡时人在澡盆里排出水的体积和身体的大小相等。于是他测出王冠的重量，并把王冠放于水中时排出水的体积和与之相同重量的黄金和白银排出水的体积加以比较，很快就得出了结论。据说，早在汉代，工匠们就已掌握了这一定律。从《周礼》的一篇文章中，我们可以知道那并非不可能，因为当时在中国已经有了两种称重术语，一种用于空气中称重，叫"权"；另一种用于在水中称重，叫"准"。

很久以来，在中国和世界上其他一些地方，水手中已广泛掌握了有关浮力的基本常识。公元3世纪后流传着一个非常有名的故事，有人根据观察发现，装着不同重量物体的船排开的水的体积不同，并运用这一理论来称大象的重量。《慎子》(成书于2—8世纪)一书中这样写道：

燕鼎之重乎千钧，乘于吴舟，则可以济。所托者，浮道也。

这件事对于中国的运河建造者来说并非什么新闻，但正如后面的卷中将论及的，中国是世界上最早在船上使用水密舱的国家。此外，在唐代，惠远和尚利用浮力制作浮沉漏刻来计时。而另一僧人怀丙，则利用浮力从水底打捞起重物，这与今天人们打捞时在浮箱中交替注水和充气的原理相似。

337

在中国，对液体比重的研究与盐水浓度的测定有着特殊的关系。最晚从汉代开始，盐业由政府垄断并成为税收的主要来源。许多文学作品对此都作了相关的描述。远古时代，盐工们用鸡蛋的沉浮来测试盐卤的浓度，后来中国人最常用的盐卤测试物是莲子。

中国的米制(公制)

现在人们普遍认为，度量衡的公制是伴随着货币制造、重量测定和体积计算中十进制的使用而产生的。但十进制并不是公制测量法的本质属性。公制产生的最大意义在于，人们首次成功地应用天文学原理及根据地球大小形状得到了一个不变的常量，并用它来定义日常生活中的计量单位。事实上，米的科学定义是地球水平圆周长的四千万分之一。公制的产生据说与人们不断发展的科学观有着直接关系。随着科学的不断进步，人们对一种恒定的、便于换算的物理计算单位的需求日益强烈，公制便应运而生。在欧洲，直到 18 世纪的最后十年，这种愿望才得以实现，但在中国，早在 18 世纪初的十年里，人们就已经确立了一种固定的计量单位。此外，就欧洲文艺复兴后取得的众多科学成果而言，在此之前存在着这样一个历史阶段，像我

338

表 38　一行和南宫说的子午线观测资料（公元 724—726 年）

位置		子午线　+725				
编号	地点	夏至时 8 尺之表的影长（尺）	春秋分时的影长（尺）	北极高度（度）	现代地图上所标的纬度近似值（度）	里和步（标在括号里）的大小
1	铁勒（贝加尔湖附近蒙古游牧族聚居处）	+5.13	+9.87	52.0°	约 52.76°	
2	蔚州（横野军，山西北部）	+2.29	+6.44	40.0	40.38	
2a	太原	—	+6.0	—	38.22	6900
3	滑州（白马县）	+1.57	+5.56	35.3	36.07	198（179）　1861（214）
4	汴州（古台表，浚仪附近）	+1.53	+5.5	34.8	35.31	
5	阳城（中心天文台）	+1.48	+5.43	34.7	34.93	167（281）　526（270）
6	许州（扶沟表）	+1.44	+5.37	34.3	34.65	
7	豫州（武津表，上蔡附近）	+1.36	+5.28	33.8	34.09	160（110）　1826（196）
7a	襄州	—	+4.8	—	32.46	6112
8	朗州（武陵）	+0.77	+4.37	29.5	29.42	
9	交州（护府，安南首府）	−0.33	+2.93	21.6 20.4	21.03	
10	林邑（林邑首府，顺化附近）	−0.57 −0.91	+2.85	17.4	17.50	

注：过去认为子午线长 13 000 里（约 3 800 公里），包含最北的测点（第一个）。但资料似乎表明，该地的数据系推断所得，非当时实测结果。有理由认为，测点 1—5 的距离是一次独立的估算，作于贞观年间（627—649 年）。

们上面提到的那样，在该阶段，人们把天文知识与日常生活相互联系在一起。据我们了解，早在公元8世纪，中国人就已经在这方面做了大规模的尝试。

虽然十进制不是此处讨论的重点，我们还是有必要重提：中国人对十进制表现出了极大的偏好。在讲中国数学史时，我们曾提到过这一现象。十进制的使用可以追溯到周代，出土的公元前6世纪的尺子可以证明这一点。到了公元前221年，其使用范围就更广了，在测重量和量体积时，世界上没有哪个国家像中国这么早、这么始终如一地使用十进制。不过度量衡制度的真正发展则要求人们把合适的长度固定为相对稳定的自然参数，而不被那些诸如王侯之类的制法者突发的奇思异想所左右。当中国人用天文学常数来定义地球的长度单位时，度量衡的发展就向前迈了一大步。中国学者之所以产生这种想法是因为他们发现，夏至在阳城（当时认为的中原的中心）之处，2.5米（8尺）高的日晷的影长为0.5米（一尺五寸）。以往，人们一直认为从阳城（大地的中心）每往北一里（按：当为一千里），日影长度就增长2.5厘米（按：当为一寸），而往南则递减2.5厘米。汉代以后，为了验证这一观点，人们往南一直测到了印度支那，然而得到的结果否定了这一数据关系。此后一直到唐代，大规模的纬线测量工作才得以开展。人们先测出纬线一度相当于多少里，然后根据地球的周长确定里的大小，从而实现用天文学常数来定义地球上的长度单位。其测量结果的精确程度比埃拉托色尼（约公元前200年）的数据略优，但比马蒙（约公元827年）这位伊斯兰哈里发手下的天文学家的测量结果要稍差一些。

339

为了建立基本的公制，中国人作了很大的努力。最能说明这一点是公元723年至726年间，皇家天文学家南宫说和当时最杰出的数学家、天文学家僧人一行建立了至少十一个观测站（阳城是其中之一），用来观测所需数据。这些观测站南至北纬17.4度的林邑（距现在越南的顺化不远），北达北纬40度的蔚州（今长城附近的灵丘境内的一座古城）。它们的详细位置见表38，测量结果表明日影每一千里的变化将近有10厘米，是古代学者所用数据的四倍。无可否认，由于众多原因，按今天的标准来说，这些测量的结果不尽准确。但他们所做的尝试从很多方面来讲都是极有意义的。首先，他们分析数据的数学方法在当时处于领先地位，而且这种勇于打破禁锢、挑战传统的开明思想，对于同时代的欧洲人来说是不可想象的。最重要的是，仅仅从规模来说，就中世纪早期的任何地方而言，这次观测活动都毫无疑问是有组织的科学研究活动的最优秀的典范。

第三节 运动学(动力学)

总体上讲,中国物理学缺乏对运动的研究,但《墨经》曾对物体运动做了非同凡响的推测。

1. 空间中的运动

340

《经下》:宇进无近,说在敷。

《经说下》:(伛)宇:(伛)宇不可偏举,(字)宇也,进,行者先敷近后敷远。

公元3世纪的司马彪曾说,"燕之去越有数,而南北之远无穷,由无穷视有数,则燕越之间未始有分也。天下无方,故所在为中;循环无端,故所行为始也。"(按:此段引文为晋朝郭象注解《庄子》时所言)许多世纪后,在欧洲,库萨的尼古拉斯(1401—1464年)和乔达诺·布鲁诺(1540—1600年)对运动有类似的认识,所用的言辞与这段引文也相差无几。

2. 运动和时间

《经下》:行修以久,说在先后。

《经说下》:行:(者)诸行者必先近而后远。远近,修也,先后,久也。民行修必以久也。

3. 运动

《经上》:动,或徙也。

《经说上》:动:偏祭徙者,户枢(免瑟)瑟免。

这也许是对圆周运动所做探讨的流风余韵。

4. 力和运动

《经上》:止,以久也。

《经说上》:止:无久之不止,当牛非马。若夫矢过楹;有久之不止,当马非马,若人过梁。

341

为了正确理解墨家学派的这些定义及其后中国人关于运动的思想,有必要大致了解一下运动学在欧洲的发展过程。希腊的运动学说起源于亚里士多德(公元前4世纪)。他认为,对一切物体来说都存在着一个"天然"位置,物体朝着这个位置沿直线做“本然”运动;物体的“剧烈”运动是受到外力作用的结果。另一方面,天体的本然运动则表现为圆周运动。他否认真空的存在,认为一切物体都是在空气或某种其他具有阻尼作用的媒质中运动的,这种媒质是物体运动得以连续进行的保证。在亚里士多德眼里,物体运动时,空气在其后迅速聚集起来以防止形成真空,这种聚集对物体施加一个向前的作用,从而使物体保持原来的运动状态。公元6世纪后,亚里士多德的后一种观点受到了强烈的质疑,人们再次认为物体开始运动时就已具有某种“推动力”。早在公元2世纪就有人提出过这种观点。这导致中世纪哲学家的运动观发生了翻天覆地的变化。

到了文艺复兴时期,运动学的研究取得了极大进展。伽利略通过对自由落体的研究,否定了亚里士多德的观点。在此之前,亚里士多德认为物体的“本然”运动不同于“剧烈”运动。通过观察抛体的运动轨迹,伽利略得出这样的结论:抛体在不受摩擦力或空气阻力作用的情况下,(沿水平方向)保持匀速运动状态。1687年,牛顿发表了他的运动定律,其第一运动定律这样写道:“在不受外力作用的情况下,任何物体总保持静止或匀速直线运动状态。”其实当时另外两位哲学家也发表过类似的观点,而早先伽利略在研究抛物体时也已经运用了这一理论。然而最令人惊讶的是,我们在公元前4世纪到前3世纪的《墨经》中也发现了一些论述,其观点和牛顿的运动定律极为相近。我们在前面“运动”及“力和运动”两节中已引用了这些观点。其中墨家所用的术语“久”,我们可以理解为牛顿第一运动定律中改变物体稳定运动状态的外力。

墨家的另外一些讨论表现了这个学派思想特征的相对性和辩证性,还有一条(我们未引述)则讨论了物体沿斜面运动的情况。而在西方,直到公元4世纪,帕普斯才作过类似的研究。在他以后,一直到公元13世纪和15世纪之间,欧洲人才又重新关注物体运动方面的研究。到了16世纪,伽利略对这个问题的全部内容进行了分析。

342

墨家的论断中充满了真知灼见。然而在此后的几千年里,中国史籍中再也没有出现有关物体运动的研究,不管是外力引起的物体运动还是自由落体运动。这令人难以置信,然而相关史料表明事实的确如此。不过理论上的缺乏并没有影响到中国人在实用技术方面的进步。无论是运输工具、抛射器还是我们涉及的各种机械制造,中国人非但没有落后于欧洲人,而且始终走在他们前面。这种现象一直延续到中世纪。早期黑火药武器的发明就是其中一例。从最初的火药配方到金属枪、炮的出现都发生在中国,后来才被欧洲人所掌握。这只不过是几个世纪以来中国人应用抛体运动原理的一个实例，当然它带有中国式的战略思想色彩。而此时的西方哲学家们正在做好各种准备，为伽利略和牛顿的伟大成就铺平道路。

为什么在这以后中国人没能在运动理论方面取得更大进步，这确实是个谜，特别是当我们从以下两方面来分析，这种现象更令人费解。首先我们来看看中国人是如何看待超距作用的。中国人认为自然界是连续、统一的。因此，他们能毫不费力地理解一定距离间的物体也存在着相互作用这一现象，这也使得他们很早就能正确解释潮汐的成因，并发现与磁罗盘有关的磁场。磁场的发现后来还在欧洲掀起了一场科学思想的革命。而在西方，由于人们不能理解有一定距离的物体间也存在着相互作用，这长期阻碍着人们去发现重力的本质。在中国尽管没有这方面的障碍，却也未能形成重力学这一推动运动学发展的重要理论体系。其次，从对运动和静止的相对价值的评价来看，在欧洲，希腊人和中世纪的哲学家认为，静止状态本质上要高于运动状态。这种观点可能源于社会地位的差异，因为在他们眼里坐而论道者比动手实干者地位要高。但中国人却没有这种观念，尽管在中国文化中君主和学者总是静静地坐着，而奴隶和大众却一刻也不停地劳作着。从千百年来中国人勤劳的传统来看，即使不能断言，但更有可能的是，中国人认为，任何状态都要胜于静止。圣人和上天一样，是永不止息的。尽管如此，中国人的动力学研究只停留在墨家的起步阶段，其后没有更大发展。

343

或许是因为中国人的思想和原子论相去太远，运动学在中国才没能得到进一步的发展。应当承认，亚里士多德可以称得上是动力学奠基人，但他并不支持原子论的观点。作为一个欧洲人，所接受的传统文化教育促使他下意识地从个体的角度观察物体的运动。然而在中国，墨家学派有着与众不同的原子论倾向，他们曾几何性地定义了点和时间的瞬间概念，并把绳索在拉力作用下断裂的现象归结为连续性的不完善。所以在中国，他们，也只有他们，才能从抽象的角度来考虑物体的运动。

第四节　物体的表面现象

从运动研究过渡到热学研究，首先要对摩擦现象进行分析。尽管在热学实践上中国人有着相当高的技术水平，但中国文献却没有记载这方面的理论探讨。钻木取火在远古即为人所知，后来的许多书对之也一再提及，《淮南子》就是其中之一。《周礼》中还出现了有关车轮摩擦的记载。但在欧洲，直到文艺复兴时期，人们才开始涉及固体间的摩擦问题。

到了唐朝，王子李荟和其他一些人饶有兴趣地研究了光滑平面的密合问题，此后在公元13世纪，周密指明了我们今天叫做单分子薄膜的一些特性，他这样写道：

> 熊矾善辟尘。试之之法，以净水一器，尘幂其上，投胆一粒许，则凝尘，豁然而开。

在另外一本题为《游宦纪闻》的宋代书中，张世南这样写道：

> 验桐油之法，以细篾一头作圈子，入油蘸。若真者，则如鼓而鞔圈子。才有伪，则不着圈子上矣。

这种用环状小圈测试油类质量的方法沿用了几个世纪。1878年，人们开始用这种方法来精确地测定物体的表面张力。

344

第五节　热学和燃烧

据我们所知，在西方，热学知识的积累是人们在构造物理学体系过程中取得的最后几项成果之一。在古代和中世纪，尽管人们在贸易和工业生产中积累了许多实用的热学知识，比如物体的膨胀与收缩现象，固体与液体及液体与气体之间的相互转化等类似的信息，但他们还是完全缺乏必要的热学概念和定义。因此在中古时期的中国文献中很少有热学原理的记载就显得不足为奇了。不过同西方同行一样，在他们观察和利用热现象的过程中也发生了许多有趣的事情。

16世纪李时珍在《本草纲目》中谈到了当时中国人对热的看法，他们认为火是气(元气)而非质(实际的物质)。和其他单一元素不同，火可分为阴火和阳火两种，并且每一种都有更细的分类(表39)。大家都知道，热是物体运动的一种表现形式。但据我们所知，在欧洲，直到19世纪初，这种观点还不被人们普遍接受。更多的人认为它是一种叫"卡路里"的流体，而且没有重量。这样看来，李时珍对火和燃烧进行分类的企图就不像刚开始看到的那样显得难以理解了。从表中我们可以看出，他试图把身体本身产生的热量和与肌肉运动有关的热量区分开来，他的这种分类是现在基础代谢和热量分类的雏形，表中所说的"三昧之火"可能是指瑜伽中，利用冥想使长时间暴露在低温下的

表39　李时珍关于火的分类　345

	火	
	阳火	阴火
天	(1) 太阳真火 (2) 星精飞火	(1) 龙火 (2) 雷火
地	(1) 钻木之火 (2) 击石之火 (3) 戛金之火	(1) 石油之火 (2) 水中之火
人	(1) 丙丁君火	(1) 命门相火 (2) 三昧之火
未分类	(1) 萧丘火(=寒火、冷热、天然气火) (2) 泽中之阳焰 (3) 野外之鬼磷 (4) 金银之精气	

身体保持高温状态的一种技巧。“龙火”的概念非常含糊,也许是指敲打或熔化物体时产生的不会燃烧的亮光。在李时珍那个时代,人们缺少足够的认识,还不能区分物体间由于相互摩擦或敲打而产生的不同种类的光与热。然而奇怪的是,他不知该把天然气产生的“冷”火归于哪一类。而在李时珍之前1700年,中国人已认识到天然气生热的现象,同时中国也是世界上最早以工业化规模利用天然气生热的国家。同样,他并没有认识到,燃烧的石油是扑不灭的,因为它浮在水面上还能继续燃烧。

几个世纪来,中国人对外界低温条件下发生的自燃现象一直保持着浓厚的兴趣。公元3世纪晋武帝的军火库发生了大火,损失惨重。调查发现,起火的原因是物质化学反应产生热量,从而引起油衣的自燃。这是有关自燃方面的典型例子。其他事实表明中国人对我们现在所说的液体的连续沸腾状态也有所研究。在日本茶道中,用茶壶烧水的程式早为人熟知,据说泡茶只用 346 烧开到第三滚的水。这样,中国画家的许多画中,茶壶成为道家圣贤或隐士的随身携带物品,我们对此就有了新的理解。

《淮南万毕术》中有一篇有关蒸汽的趣文。这篇文章成文于汉代,抑或更早。文中第八节这样写道:

> 铜瓮雷鸣:取沸汤著铜瓮中,坚密塞,内之井中,则雷鸣,闻数十里。

这个密封的水壶里可能充满蒸汽。投入水中时,由于突然变冷,壶内形成一个真空，如果水壶很薄的话就会爆破，产生巨大的声响。这和17世纪发明的早期蒸汽机是同一个原理。当然蒸汽机的汽缸很厚，不易炸裂。这个故事清楚地告诉我们，早在1 800年前中国人已掌握了如何利用蒸汽能的技术，不过在当时人们只是把它应用在军事上或用它来制造某种奇特的效果。

最后，我们来看看中国人是如何取火的。大家都知道，原始人利用摩擦木头产生热量，或用敲打燧石或铁块所发出的火星来点燃火绒取火。中国的古书中也有很多这方面的记载，相比而言，知道中国人发明硫黄火柴的人却相对较少。公元950年陶穀在《清异录》中这样写道：

> 夜有急，苦于作灯之缓，有智者批杉条，染硫黄，置之待用。一与火遇，得焰穗。

这方面的详尽记录出现在1366年。记录表明，火柴并非如人们所认为的那样，是杭州人发明的。事实上，在公元577年隋灭北齐时，宫中生活日趋窘迫的女眷们已首先开始使用火柴。尽管1270年马可·波罗在杭州时，市场上肯定已开始出售硫黄火柴。而在欧洲，没有明确资料显示欧洲人在1530年以前已开始使用火柴。

347 **发光现象的题外话**

几个世纪以来，各种混乱的观察结果不仅一直干扰着人们对有关热变化的研究，同时也妨碍了人们对伴随这种变化出现的各种燃烧现象的正确认识。其实这些观察结果大多数与热学无关，在今天我们把它们归为发光现象。发光有许多种，物体在遭受各种辐射时产生的光叫荧光；如果辐射源被切断后仍能发光，这种光就叫磷光；有时物体被加热后也有可能产生磷光（即热致发光）。放电时出现的发光现象叫电致发光。物体间的摩擦，特别是水晶受挤压或摩擦也能发光（即所谓的摩擦电和压电发光效应）。最后还有化学发光和生物发光现象，前者指的是物质在参与某些化学反应时发出的光，这种现象多发生于含磷物质中间；后者是指来自有生命物体的发光现象（其实也是一种化学光）。那么中国人是如何解释这些现象的呢？

首先让我们回顾一下1596年李时珍对热的分类。当时他对沼火或磷火这类发光现象深感困惑。其实，即便到了现在，我们也还不清楚产生磷火（或称鬼火灯）的真正原因——是甲烷燃烧？是一些特殊的化学反应？还是一种放电现象？正如我们所预料的那样，除了李时珍的《本草纲目》之外，其他很多中国古代文献也提到这种现象，而且有些文献还记录了许多有关腐烂物质发光的实例。现在我们知道，这是由发光的细菌和真菌引起的。而在当时，由于产生这种光的真正原因不为人知，人们就很自然地把它与沼火混淆起来，于是便有了磷火是由死尸产生的这一说法。在中国历代史书的《五行志》中，有很多这方面的内容。在《宋书》中我们可以看到：

> 宋明帝泰始二年五月丙午，南琅邪临沂黄城山道士盛道度堂屋一柱自燃，夜光照室内。此木失其性也。或云木腐自光。

在上文中最值得我们注意的是，当时人们已经清楚地认识到腐烂物体也会发光。史书中不仅仅描写了沼火、细菌和真菌的发光现象，而且对海水中产生的磷光也作了记录。当然和其他文明社会的人一样，中国人很早就观察到那些比细菌大的生物，如萤火虫的发光现象。 348

同时，人们也认识到了非生物中的发光现象，夜明珠就是一例。所谓的夜明珠，可能是某类在受挤压和相互摩擦时会发出亮光的萤石。其中最为人们熟知的是太阳石(bononian stone)，在17世纪备受科学家们的关注。这是一种天然硫酸钡，富含硫黄，加热后会在黑暗中闪闪发亮。中国人从氧化钡矿中提炼出这类夜明珠。宋朝时流传着这样一则有关人造磷化物的趣事，故事详见于11世纪文莹和尚的杂记《湘山野录》：

> 江南徐知谔为润州节度使……喜畜奇玩。……得画牛一轴，昼则啮草栏外，夜则归卧栏中。谔献后主煜。煜持贡阙下，太宗张后苑以示群臣。俱无知者，惟僧录赞宁曰：南倭海水或减，则滩碛微露，倭人拾方诸蚌胎，中有余泪数滴者，得之和色，著物则昼隐而夜显。

有趣的是，1768年约翰·坎顿确实从牡蛎壳中提取到过某种磷化物。他在书中写道，如果把碳酸盐和硫酸放在一起加热能得到硫化钙，但纯度不是很高。后来人们把这种磷化物称作坎顿磷化物。如果在这种磷化物中加入硫酸砷、硫酸锑或硫化汞，便会发出蓝色或绿色的光。宋初的僧人录赞宁是一位饱学的高僧，备受当时人们的尊敬，有可能他和当时其他一些炼丹术士已经研制出了这样的发光物质。此外，文莹的书中还提到了许多别的磷光现象。

除了沼火、生物、化学光和人造磷光反应，人们还注意到了静电和压电发光现象，后者又叫磷火，公元290年的《博物志》详尽地描述了这些现象：

> 斗战死亡之处，其人马血积年化为磷。磷著地及草木如露，略不可见。行人或有触者，著人体便有光，拂拭便分散无数愈甚，有细咤声，如炒豆。唯静住良久乃灭。后其人忽忽如失魂，经日乃差。
>
> 今人梳头著髻时，有随梳、解结有光者，亦有咤声。 349

第六节　光　　学

在光学上,伊斯兰学者诸如伊本·阿尔·海桑从古希腊几何学中吸取养分,取得了中国人未曾达到过的成就。如果说中国学者在光学方面取得的成就不及伊斯兰学者的话,那么中国人开始对光进行研究的时间并不比希腊人晚,这一点是毋庸置疑的。谈及中国人在光学上的成就,墨家学派的重要性再一次不可低估。在中国,道家或许会赞美大自然的雄伟和壮观,隐士们可能对各种自然现象夸夸其谈,而名辩学派则试图通过争论寻找解释自然的最好途径。只有墨家才会实实在在地把镜子对准光源,看看到底会发生什么现象。

在抽象地谈论光源以前,我们对光本身做些探讨。据说早在周代,王宫里的人已经开始用竹、松脂等易燃物做成火炬,放在墙上照明。有史以来,中国人一直用菜油点灯,有时也用动物油。人们在灯笼或小罐子里放入油和灯芯,用作较小空间的照明。最初做灯盏的小罐子是陶和铜做的。后周(约公元340年)时期(按:当为后赵时期),皇帝石虎宫中有120盏铁制的灯笼,一直被传为美谈。

古人通常用小碟子或圆钵做成灯盏,在里面放入灯油和灯芯,用以照明。这种灯盏外形小巧、制作简单,在原始社会很长一段时间里被广泛使用。到了中世纪,中国人开始在灯盏下放一盆冷水,用以降低灯油的温度,从而减少油的蒸发,巧妙地节省油量。1190年陆游在《老学庵笔记》中写道:

> 宋文安公集中有省油灯盏诗。今汉嘉有之。盖夹灯盏也。一端作小窍,注清冷水于其中,每夕一易之。寻常盏为火所灼而燥,故速干,此独不然,其省油几半。

350　早在唐朝,大约9世纪初,就已经出现了这种工艺。因此它和中国古代蒸馏装置中的冷却器,是同时代的发明。冷却器也许始于公元500年。同时这种省油灯的使用也是中国人在水套和化学冷凝器的使用上所做出的初步尝试,它的出现预示着13世纪中国人将在制冷技术方面取得伟大的成就。这方面内容我们将在以后的章节中再加讨论。

汉字中的"烛"最初也指火把。早期的火把是用植物纤维和毛竹做成的,但是这种叫法是从什么时候开始的却无人知晓。公元前40年出现了最早的蜡烛，当时的蜡烛是用蜂蜡制成的。但直到公元322年才第一次明确地出现蜡烛这个名词。其他资料显示，早在战国时期就已经有了蜂蜡，当时墨家先哲做实验时用的就是这种蜡烛。通常中国人把烛芯放入融化的蜡中做成蜡烛，而不是用模具浇铸。

墨家光学

让我们来看看公元前4世纪的《墨经》中的光学理论，尽管它们不是很详备，有的只是些片言只语。

1. 光与影的关系

《经下》：景不（從）徙，说在改为。

《经说下》：景：光至，景亡；若在，尽古息。

2. 本影和半影

《经下》：景二，说在重。

《经说下》：景：二光夹一光，一光者，景也。

这些论断说明墨家已经清楚地认识到光的直线传播现象。

3. 物体及光源位置决定了影子的大小

《经下》：景之小大，说在（地）杝正远近。

《经说下》：景：木杝，景短大；木正，景长小。火小于木，则景大于木。非独小也，远近。　351

这里，实验者一定在实验中使用了固定的光源和光屏，使木杆能在两者之间移动。

4. 针孔

《经下》：库，易也。

《经说下》：库：区、穴若斯，貌常。

我们不清楚这条经文前半段中的库的具体含义，有可能它是指类似于照相机暗箱的装置。在另外一条经文中，墨家还详细地研究了暗箱中所成的倒像，并提出了焦点这个概念，认为焦点处于外界物体发出的光线与暗箱内所成影子的交界处。

墨家研究了各种各样的镜子，从平面镜到多个平面镜的组合，以及由此产生的物像反演现象，同时他们还做了凹面镜和凸面镜成像的实验，并对实验做了解释。

《经下》:鉴(位)洼,景一小而易,一大而正,说在中之外、内。

《经说下》:鉴:中之内,鉴者近中,则所鉴大,景亦大;远中,则所鉴小,景亦小,而必正:起于中缘正而长其(置)直也。中之外,鉴者近中,则所鉴大,景亦大;远中,则所鉴小,景亦小,而必易:合于中而长其直也。

352

此经文对凹面镜成像的分析令人称奇。墨家在文中详实地记录了凹镜成像的观测结果,并对我们现在所说的实像和虚像作了区分。在第二条经文中墨家虽然没有给焦点和球心起专门术语,但已经认识到两者之间的区别。因此墨家对凹镜的观察是非常缜密的。同时,他们还观察到棍子在水中呈弯曲状,进而提出了光的折射理论。

为了更客观地了解墨家学派在光学上取得的成就,我们有必要重新浏览一下与之对应的古希腊光学。在西方,最早被人们广泛接受的光学理论是毕达哥拉斯的光学学说,他认为光是从眼睛里发出来的,直射到所看的物体上,因此只有眼睛看到某种东西才会有发光的感觉。另一个重要的理论是伊壁鸠鲁派哲学家提出的,他们认为,物体本身会发光,其光呈放射状,其中的部分光线进入人的眼睛后就形成了视觉。只有欧几里得的观点与墨家相近。和他的几何原理一样,欧几里得的光学包括五十八条定理,以四个定义为基础。而事实上,这四个定义早已为墨家所认识。然而我们对欧几里得关于镜像的研究却所知甚少。公元100年左右亚历山大里亚城的赫伦发表了他的光学著作,这是欧洲最早的光学专著。因此我们所掌握的墨家的光学研究著作远比希腊人的早。到了公元2世纪,托勒密写了《光学》一书,书中的光学理论比中国现存的所有古代文献的记载更为系统。托勒密不仅研究了镜像原理,还探讨了光的折射现象。后来人们运用他的折射原理纠正了测量天体时因大气折射而带来的误差,从而准确地找到了这些天体的真正位置。

公元965到1039年间,伊本·海桑所著的光学著作给欧洲的光学观带来了一场革命,直到那时欧洲人错误的光学概念才得以纠正。然而中国人却从来没有产生过眼睛是一个发光体这样一种错误的观点。相比而言,他们的想法更接近于希腊的少数派伊壁鸠鲁学派。

5. 镜子与取火镜

353

用取火镜聚集太阳光点燃火绒来生火,是人们取得的另一项重大光学成就,可以与墨家的光学著作相媲美,但前者的历史要古老得多。

这种取火方法在中国的史书中多有记载。早在青铜时代,中国人已开始使用铜镜,有关镜子的最早记载可追溯到公元前672年。然而,现存最古老的镜子是公元6年和公元10年制造的，东汉以后保存下来的就更多。汉代史书《周礼》中曾提到过两种官职：司爟和司烜。司爟通过钻木的方法获取新火，司烜则利用取火镜聚集太阳光取火。其他史籍中也提到了类似的镜子。在同时期的欧洲(拉丁)文献中也有同样的记载。我们知道制镜技术起源于埃及或美索不达米亚文明，这也许是制镜技术的两个分支。

现存的汉镜中锡的含量适中，因此不易破碎，且镜中含有足量的铅，这使得抛光效果得到了很大提高。这些镜子所用的铜锡合金材料平整、易于生光，并具有较强的耐磨损、抗腐蚀能力，特别适宜于制镜。这充分表明，当时的制镜技术中已融入了相当的冶金学知识。

当时，人们不仅利用凹镜会聚日光采火，还用它在月下取水。后汉的高诱非常清楚地描写了这两种用法：

> 阳燧金也……熟摩令热，日中时以当日下，以艾承之，则燃得火。方诸阴燧，大蛤也，熟摩令热，月盛时以向月下，则水生。以铜盘受之，下水数滴。

上文中描写了当时人们采集露水的一种仪式。作者以如此庄重的笔调对之加以描叙，是出自一种原始的迷信，而这种迷信思想与某些信念有着错综复杂的联系，即认为某些海洋生物的亏盈确实与月亮的圆缺周期一致，这一点已为现代科学所证明。或许某些软体动物的凹形外壳引起了人们的极大困惑，正如高诱文中所写的那样，"镜如蚌壳"。

直到汉代，墨家精确的科学理论仍然有着极大的影响力。这在公元前120年的《淮南子》一书中可见一斑。书中指出，取火时只有把火绒放在透镜侧的某一恰当位置，才能点燃火种。由此可以推断，当时人们已有了焦点的概念。书中还表明，当时人们不但有了高质量的各种凹面镜、平面镜，有的镜子表面还涂有一层锡。公元2世纪的《淮南万毕术》中记载了道家的一些炼丹秘方和技术制作。书中不但具体地描写了这些镜子的制作过程，还记录了利用平面镜组合得到的奇异现象： 354

> 取大镜高悬，置水盆于其下，则见四邻矣。

公元10世纪，有个叫谭峭的道士已明白这样一个道理：即使远处镜中所成的像很小，非人目力所及，但进入镜中的光线却是一样的。一个世纪后，沈括指出："古人铸鉴，鉴大则平，鉴小则凸。凡鉴洼，则照人面大，凸则照人面小。小鉴不能全观人面，故令微凸，收人面令小，则鉴虽小，而能全纳人面。"沈括认为，古人制镜技术要高于当时的人，这或许是因为他对当时工匠能力的质疑过于苛刻。但从中我们不难看出，与墨家学派相比，当时的学者与工匠之间的交流要少得多。沈括还做了有关小孔成像的实验，观察到光线在小孔处会聚的现象，认为这与光线被凹镜反射后集中在焦点具有某种相似性。

355

表面曲率不一的镜子

沈括还提及另一种镜子（见图 158）。《梦溪笔谈》记载道：

> 世有透光鉴，鉴背有铭文，凡二十字，字极古，莫能读。以鉴承日光，则背文及二十字皆透在屋壁上，了了分明。

沈括家有三面这样的镜子，在别人那里他也见过类似的收藏品。一般来说，普通的镜子即使再薄也不能透光，因此沈括认为古人在制造透镜时采用了特殊的工艺。

图 158 日本的“魔镜”［采自 H. Dember，Ostasische Zeitung，1933，vol. 9 (19)，p. 203。尽管被抛光的一面（此处背对读者）目视起来相当平滑，而背面刻在浮雕上的文字（见左图）在反射光像中却清晰可见（见右图），其意思是“高砂”，一部“能剧”的名字］

直到 19 世纪后半叶，人们才开始对透光镜做细致研究，到了 1932 年，对其光学原理有了比较确切的解释。透光镜“透光”的秘密在于其镜面是由为数众多的小曲面构成的（见图 159），由于镜背有花纹，致使镜面各处厚薄不一，较之薄处，厚的地方曲面较平，但这种差异不易察觉。据史料记载在西方也出现过这种镜子，而在日本，直到人们开始用现代物理方法研究透光镜的原理时，他们还在生产这种镜子。然而早在公元 5 世纪，或许更早的汉代，中国人就已经掌握了透光镜的制作工艺。后来人们还在镜后装一个活底，刻有与镜背不同的花纹字样，把镜子对着光时，屏幕上就显现了活底上的文字，与镜背面的图案截然不同，令人叹为观止。

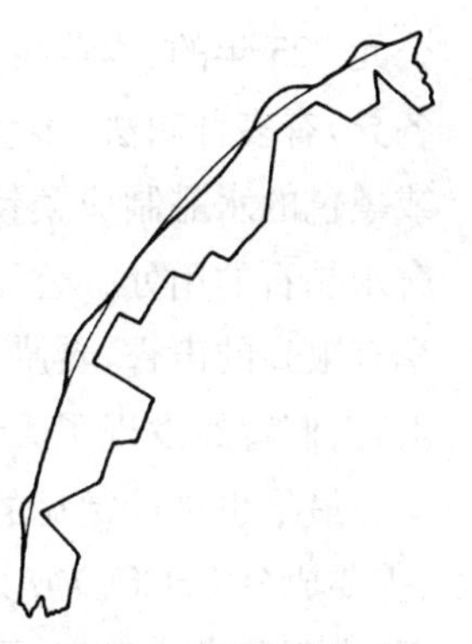

图 159　"魔镜"剖面图（被放大了，以凸显出其上的浮雕）

356

暗箱理论

唐、宋两代，人们似乎对暗房里的小孔成像现象表现出了极大的兴趣，并就此进行了大量的实验。1086 年，沈括在其《梦溪笔谈》中着重讨论了这一现象。

> 阳燧照物皆倒，中间有碍故也。算家谓之格术。如人摇橹，臬为之碍故也。若鸢飞空中，其影随鸢而移；或中间为窗隙所束，则影与鸢遂相违，鸢东则影西，鸢西则影东。又如窗隙中楼塔之影，中间为窗所束，亦皆倒垂，与阳燧一也。阳燧面洼，以一指迫而照之则正，渐远则无所见，过此遂倒。其无所见处，正如窗隙、橹臬、腰鼓碍之，本末相格，遂成摇橹之势。

这段描写令人颇感兴趣，文中有关数学家研究焦点的描述及其他资料表明，在这之前很长一段时间里，人们已对小孔成像现象作了积极的研究。其中，船桨理论更是令人叫绝，它把焦点两侧的锥形光束的形成原因用摇橹来比喻，直到今天这仍不失为一个好的解释方法。

早在公元 9 世纪，《酉阳杂俎》一书中就提到了暗箱。但书中对暗箱中成倒像的解释并不正确。公元 10 世纪阿拉伯著名的物理学家伊本・海桑曾用它来观察日食。但据我们看来，在伊本・海桑和沈括之前已经有人对这一光学现象进行过研究。总而言之，从公元 8 世纪起，中国人和阿拉伯人就已对针孔成像现象产生了浓厚的兴趣，但有关这一研究的起源，人们至今所知甚少。

透镜与取火镜

1. 玻璃和水晶石

由于原始文献的缺乏，人们对中国早期的玻璃制造水平直到今天才有所认识。水晶早在古代即为人所知，它是一种高纯度的石英（主要成分氧化硅），但那时人们只能把它当玉使用。因为融化水晶需要足够高的温度和特制的容器，只有现代技术才能达到这种要求。最早提到水晶的药物学著作是

357

公元725年的《本草拾遗》,但似乎在此之前水晶就已为人所熟知。水晶形态各异,有多种叫法,多呈有色半透明状,也有清澈透明的。明朝时有人用茶色或黑色的水晶制成墨镜,就像我们现在的太阳镜。在西方,人们很早就已了解水晶石的用处。公元前9世纪巴比伦人精工制作了一件水晶制品,在当时享有很高的声誉,希腊和罗马人也在书中提到过它。在庞贝和其他古代遗址上,人们曾经发现了大量的水晶球。

最早也是最常见的玻璃是通过熔解石英砂(主要成分氧化硅)和石灰石(主要成分 $CaCO_3$)或其他碱性物质而制成的。其主要成分是硅酸钠或硅酸钾,或两种成分都有,同时还有硅酸钙。后来人们用铅代替了某些碱性物质,制成了含铅的硅酸盐玻璃。有确切年份记载的玻璃出现在公元前3000年美索不达米亚地区,是已知最早的玻璃。到了罗马时期,以亚历山大城为中心的玻璃制造业已很繁荣,产品曾远抵中国。

2. 中国的玻璃技术

在周朝已出现了一种不透明的玻璃珠。这是已知最早的中国玻璃制品,属于含铅的硅酸盐玻璃。这种玻璃公元前100年以来只在西亚发现过,数量十分稀少。同其他国家相比,中国古代的玻璃制品别具特色,玻璃中氧化钡的含量相对偏高(有时高达20%),铅也占了很大比重(高达70%)。中国早期的某些玻璃制品的制作工艺有些类似于欧洲,常常在不透明的玻璃珠上穿一个洞,然后嵌入不同颜色的玻璃。这种玻璃珠的外形酷似眼睛,从公元前480年起在欧洲很普及,并于公元前300年左右传入中国。不过中国人通常把玻璃做成龙、蝉或玻璃璧的形状,因此极富中国特色。战国和秦汉时期,穷人家用便宜的玻璃品代替玉器用作陪葬。

长期以来,中国人习惯在玻璃中加入铅和钡,有时钡的含量更高。人们不禁会问,这里的随意性有多大?总的来说,采用这种工艺是为了增加玻璃的光泽度,但从汉代到唐代这段时间里,中国玻璃的类型在不断变化,开始含铅钡,后来转变为含铅钠钙,最后变成不含铅的普通软玻璃。尽管有迹象表明,中国的玻璃制造业可追溯到公元前6世纪中叶,但这仍不足以说明中国是最早制造玻璃的国家。

358

掌握了这些考古学证据以后,我们就可以从一个崭新的角度来看待某些史料。但与此同时,必须牢记这样一个事实:中国的很多玻璃制品是从国外进口的。汉语中玻璃有两种叫法:不透明的一般叫琉璃,或多或少有些透明的才叫玻璃。此外还有一个更早的称谓叫碧琉璃,最早是用来称呼外国玻璃的。琉璃这一说法似乎是从碧琉璃演变而来的。因此有时人们会以此为据,认为中国最早的玻璃来自国外，后来才发展了自己的玻璃制造业。现在我们知道，事实并非如此。但最早正式用来称呼玻璃的是一个外来词，这确实令人百思不得其解。在汉代，市场上常见的玻璃是本国道家工匠制造的，用来仿制玉器。或许是因为外国产的玻璃较为少见，所以更能引起当时宫廷里的人和学者的兴趣，因此中国人原来称呼玻璃的词语反而没有流传下来。

几个世纪以来，中国本土产的玻璃和进口玻璃并存，两者相互混杂，令人无从区分。在文学作品中最早和玻璃制造有关的要数女娲补天的故事了。女娲是中国创造人类的女神，传说中她采炼五彩石用来修补天裂。这个故事流传很广，早期的文学作品中多有描述。成书于公元前 4 世纪到公元前 3 世纪间的《列子》也记载了这个神话。女娲补天的故事和玻璃制造有着相似之处，拿它和我们现在所知道的汉代早期的玻璃制造方法相比，它似乎是古人制造玻璃的神话版。到了后汉，王充的《论衡》中提到了玻璃的制造方法，这是第一次真正意义上提到玻璃制造术的文献。公元 3 世纪以后，有关这方面的史料就层出不穷了。

总之，考古学及有关文学作品中的描述表明，从公元前 5 世纪开始，中国就出现了本土的玻璃制造业。它起源于古代美索不达米亚文明，是随着大宗的玻璃贸易进入中国的。这些进口玻璃制品中有特制玻璃器具，也有特殊的原材料。然而中国的玻璃工业似乎并不发达，不但在不同的地区，而且在不同的时期，其水平都起起落落。但我们最主要的疑问是，汉代以后中国是否已有取火镜和其他透镜？从各种资料来看他们显然具有制造取火镜和透镜的能力。

3. 取火镜与透镜的光学性质

在公元 83 年王充的《论衡》一书中，有三处提到了聚焦太阳光的器物。一开始，王充只不过讲述了一件平常的事情，盛夏时人们"消炼五石，铸以为器，乃能取火"；接着他传达了这样的信息，炼玉石的是道家术士；最后他将人工铸成的器皿同天然玉器作比较，这才是文章关键之所在： 359

> 《禹贡》曰璆琳琅玕者，此则土地所生，真玉珠也。然而道人消烁五石，作五色之玉，比之真玉，光不殊别。兼鱼蚌之珠，与《禹贡》璆琳，真玉珠也。然而随侯以药作珠，精耀如真。……阳燧取火于天，五月丙午日中之时，消炼五石，铸以为器，磨砺生光，仰以向日则火来至，此真取火之道也。

这是不是一篇有关如何制造玻璃取火镜的文章呢？我们确实难以作出肯定

的回答。曾经有人认为这里记录的是冶炼青铜的方法,事实上并非如此,如果真是这样的话,我们就无法理解为何这里特别提到用五石作原料。因为冶炼青铜只需两种矿石,如果加助熔剂的话,一种矿石即可。而熔制玻璃则需要硅石、石灰石、碱性碳酸盐,有时还要加氧化铅或氧化钡以及其他色料。当然它也没明确表示这是在制造透镜。但文中的取火镜是紧接着珍珠的出现而出现的,这却值得我们注意。因为在以后的几个世纪中,我们可以肯定,人们是用"火珠"来称呼取火镜的。前面我们曾提到过人们用玻璃替代玉器和铜制品作为殉葬物的现象,而这段引文与这个现象有着惊人的吻合。

公元3世纪末,《博物志》有关魔术的章节中讲述了这样一则趣事,人们当时削冰作透镜取火。原文如下:

> 削冰令圆,举以向上,以艾于后承其影,则得火。取火法,如用珠取火,多有说者,此未试。

360 尽管冰可以这样使用,但看来更可能的是,作者实际上是在谈论水晶或玻璃透镜。长期以来,在中国确实有千年积冰化为水晶石的说法。但第一次大范围地提到"火珠"是在唐代,据说最大的火珠有鸡蛋般大小,"白色(透明),光及数尺",还说这种火珠"状如水晶"。

据我们所知,中国最重要的有关透镜的记录出现在唐、宋年间。谭峭的《化书》写于公元940年前后,其中有一章提到了四种光学仪器。过去人们认为他所指的这四种光学仪器是镜子,实际上并非如此。镜子只有三种,即平面镜、凹面镜和凸面镜,而透镜却有四种:一面平一面凹的平凹镜,两面凹的双凹镜,另外还有平凸镜和双凸镜。如果我们带着透镜的概念再来看这篇文章,那么一切都会变得很明了。《化书》中这样写道:

> 小人常有四镜,一名圭(形如节状,指发散的双凹镜),一名珠(珠,双凸透镜),一名砥(古文中指磨刀石,此处指平凹镜),一名盂(盂,平凸镜)。圭视者大,珠视者小,砥视者正,盂视者倒。

毫无疑问,文中所说的珠是指老式的双凸透镜,砥则是平凹透镜。其实这也不难理解,砥在古文中有磨刀石的意思,而中国传统的磨刀石形状并不像圆轮,而是一块平整的石头,固定在架子中间,由于受到不断的磨损,正面呈凹

361 状。盂是一个坚硬的玻璃半球,即平凸透镜,剩下的圭就是双凹透镜。谭峭的实验流传至今,如果文中所写的内容更详尽一些,那就更为理想了。

此后的中国光学发展情况我们研究甚少,但可以大胆肯定,中世纪时玻璃和水晶的使用面要比我们通常想象的要广得多。17世纪前半叶,耶稣会传

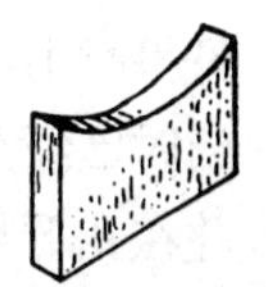

教士的到来给中国带来了许多新的光学知识，其中包括伽利略发明的望远镜。此外，他们还发表了一些光学方面的论文。与此同时，中国自己的光学研究也得到了进一步的发展。当时，在苏州有两位杰出的光学仪器巧匠薄钰和孙云球。他们研制发明了放大镜、魔灯、探照灯和望远镜，还有各种或简单或复杂的显微镜、万花筒以及各式各样的镜子。望远镜是薄钰在研究透镜的同时不经意间发明的，因此，他可以说是几个独立发明望远镜的科学家之一（其他还有利珀希、迪格斯、坡尔塔等）。公元 1635 年薄钰还把望远镜装备在炮上，可以肯定他是用望远镜给炮兵做瞄准仪的第一人。到了 19 世纪早期，出现了现代意义上的光学著作，像郑复光的《镜镜诊痴》，张福禧的《光论》等。

4. 眼镜和护目镜

曾经有人认为眼镜是中国人发明的。但我们经过仔细研究，发现与此相关的文献讹误颇多。事实上，1286 年左右欧洲人首先发明了眼镜。此后不久，眼镜就传入中国。和棉花一样，眼镜进入中国可能有两条途径，北面自陆路，南面则通过水路。然而，在宋代，人们确实已经掌握了两种镜片的制作工艺。一种是具有放大功能的玻璃片，另一种是用来保护眼睛的墨镜片。这两种镜片可以说是眼镜的雏形。刘跂在 1117 年去世之前，在《暇日记》中提到这样一件事，与他同时代的史沆和其他一些法官在办事时都使用各种各样的水晶放大镜，以此来帮助阅读一些不易看清的文件。审讯时，法官们还戴着烟晶(smoky quartz)做的墨镜，但与现在不同，他们戴墨镜不是为了防太阳光，而是用来掩饰自己对证据所表露出来的神情，以防诉讼当事人从中察觉什么。然而很久以前，在西藏和蒙古，人们已经佩戴墨镜以作防雪光之用，中原汉人也使用过这种雪地护目镜。

5. 皮影戏和走马灯

公元前 121 年，中国历史上发生了一件值得一提的事情：一个叫少翁的方士利用皮影戏成像的原理，使汉武帝看到了死去妃子栩栩如生的样子。《史记》和《汉书》中都记载了这个故事。《汉书》中这样写道：

362

> 上思念李夫人不已，方士齐人少翁，言能致其神，乃夜张灯烛，设帐帷，陈酒肉，而令上居他帐，遥望见好女如李夫人之貌，还幄坐而步，又不得就视……

这个故事一直为后人所津津乐道。到了唐代，类似的例子屡见不鲜。几个世纪来皮影戏逐渐发展成为许多亚洲国家的传统艺术形式。发生在汉代的这件事只不过是其中比较有影响的一例。从唐朝人们所掌握的光学知识来看，当时已经有人尝试制造一种新的光学仪器，他们在密封的壶上开一个小孔，并在孔上装一面或多面透镜，这种装置成了1630年问世的魔灯的一个组成部分。在唐朝，人们很可能继续发展了少翁开创的皮影艺术。

起源于中国的走马灯是现代电影的另一开山鼻祖，它的构造如下：灯的顶篷上装有一个叶轮，顶篷很轻，灯点亮后，热气流上升，推动叶轮转动。顶篷的下端由立轴组成，贴有画着图案的纸片或云母片，如果立轴转得很快，图中的人和动物就会给人一种活动起来的感觉。这个装置体现了独立影像连续快速运动的原理，人们还据此塑造了多臂的男女菩萨形象，如“十一手观音”或“千手观音”(图160)。

363

图160 江苏戒通寺中的四面千手观音形象(多重的肢体和特征象征着闪电般的动作和无限的活力)

12世纪时,宋代学者范成大和姜夔在诗中描写了这样的景象:点亮走马灯后,灯里马的影子就像在飞奔。有个叫安文思的基督教神父很喜欢这种走马灯,近代许多作家的作品中也提到过当时中国人有类似的娱乐工具。1900年敦礼臣在他的《燕京岁时记》写道:

走马灯者,剪纸为轮,以烛嘘之,则车驰马骤,团团不休……

人们通常认为走马灯是19世纪由西方人发明的,事实上早在1634年,约翰·巴特就提起过类似的装置。然而不管是西方学者还是像敦礼臣这样的中国作家都未能充分认识到古代能工巧匠们的智慧。汉代的丁缓便是一例,他发明了原始直升机,由此激发了现代空气动力学之父乔治·卡利爵士的灵感,而杰罗姆·卡丹也从他的常平架中深受启发。产生这种现象的原因不外乎两个,一方面西方人有着过度的自信,而另一方面中国人又是极端的自卑。因此我们只有以客观公正的眼光看待历史,最终才会发现,正如20世纪初西方人有许多东西值得中国人学习一样,在公元10世纪欧洲人在许多方面要远远落后于中国人。 364

第七节　声　　学

作为物理学的一个分支,声学可分为广义声学和狭义声学两种。广义上的声学涵盖了声音的一切本质属性,而狭义声学则是指我们在建造高楼大厦时所运用的各种声学知识。这里我们讨论的是广义上的声学,因此我们不仅要研究中国人在声学方面取得的各种成就,还要了解中古时期中国人对各种声现象的看法。在科学史上,声学是特别重要的一门学科,无论在东方还是西方,它都是人类最早开始研究大自然奥秘的领域之一。

和其他学科一样,中国人研究声学的方法同欧洲人大相径庭。古希腊人善于分析各种事物的本质,古代中国人则热衷于追寻事物之间的联系。正因如此,公元1世纪的希腊学者普鲁塔克才会提出这样的疑问:

长度相等的两支乐管,为什么较细的那支发出的声音较尖?为什么把乐管举高吹时发出的声音很尖,而朝下吹时又变低了?……

在中国,公元前2世纪的董仲舒是当时最具科学头脑的学者,具有非凡的哲学思想,他似乎对共鸣现象更着迷。据他发现,在一件乐器上弹奏一个音符,另一乐器上会发出同样的声音。董仲舒认为这种现象与中国传统的宇宙观不谋而合，在中国人眼里世界是一个有机的整体，因此共鸣现象也很容易理解，并非什么神秘莫测的事。他这样写道：

> 试调琴瑟而错之，鼓其宫，则他宫应之。鼓其商，而他商应之，五音比而自鸣，非有神，其数然也。

365

在研究中国声学史时我们会碰到两种不同的倾向。一般来说，学者们习惯于用文字来记录他们的所思所想，而精通乐律的工匠们则通常口述他们的所见所闻。从工匠们代代相传的乐理来看，他们肯定做过大量的声学试验，并提出了许多问题。这些疑问与希腊人提出的问题类似，但有关细节却鲜见记录。即便如此，我们还是认为中国人对各种声学现象倾注了极大的热情。尽管他们研究方法与希腊人不同，但取得的成就是毋庸置疑的。

声音和气味、色彩之间的关系

古往今来，中国人对音乐的敏锐程度无人能及，这一点无需怀疑。比如在演奏古琴时，光是触丝弦的手法就有十六种，另外还有其他一些弹、拨的技法。仅举一例，人们能在琴弦弹出的颤音就不下十种，这意味着演奏者能表达同一个音之间细致入微的差异。事实上，今天的古琴演奏高手在一般人听到最后一个音符消失后很长时间，还要屏息聆听琴弦上发出的余音。正如道家所说的，最伟大的音乐有着最精妙的音调，而古琴弹奏的基础技巧就是在同一音调上弹出不同的音质。到了刘宋王朝后期（公元 5 世纪左右），这种技巧得到进一步的发展和完善。

那么在古代中国人眼里，声音现象是怎样产生的呢？各种美妙的音乐又是怎么一回事呢？古希腊人对此有各种各样的解释。毕达哥拉斯学派认为声音即是错落有致的节奏，他们中还有人找到了声音和速度之间的关系，甚至认为速度本身就是声音。相反，在中国，古代的人们并没有这样的观念，他们认为声音同颜色和气味一样，是物体运动的一种表现形式。这种想法源自烧菜锅中散发出的气，汉语称之为“气”。在声学上没有与之对应的英语单词。它可以指蒸气、空气、呼吸、食物散发出来的气味，以及人们的祈祷、请求，但一般指祭祖时的气氛。公元前 9 至前 5 世纪的《诗经》中就描写了人们为后代及收成祈祷时的场景：

> 钟鼓喤喤，磬筦将将，降福穰穰，降福简简，威仪反反，既醉既饱，福禄来反。

366 祭祖时，子孙们吟诵的经文声、敲打乐器发出的音乐声，以及精致的青铜菜锅里散发出来的菜香，唤醒了沉睡的先祖引导着他们返回人间。先人们降临人间，欣喜地看到这一派热闹的景象：子孙们身着礼服，佩戴各种羽毛、饰物聚集在一起，这些穿戴的颜色与传统的祭祀主题相一致。

从远古时代起，中国人就注意到自然界中闪电、彩虹和各种香草之间有着错综复杂的关系，于是相信声音、色彩和气味之间也存在相互联系。他们认为从地面升到天上的气，比如菜锅里散发出的蒸气，代表活着的子孙后代，而另一种从天上降至人间的气，如雨和露水则象征着祖先的恩泽。两气合一就形成了风，而风是音乐的源泉。随着风一起出现的还有彩虹，它是天空的色彩。另外岁岁年年不同的花以及四季各异的香草也随风生长起来。

所有这些都是各种大的气候活动的标志和象征。古代中国人的生活起居都取决于这些气候活动，有时它们甚至能协调洪水和干旱。在这种大环境下，中国人形成他们的哲学观，认为自然界是一个有机的整体，因此从单一角度分析声音的方法很难与此保持一致。

气和声音的关系

在中国人看来，气主要有两种来源。一种由大地升往祖先那里，另一种则随先人由天上往下降。除此之外还存在着第三种气，那就是人类自身的呼吸，这也是气的一种重要来源。后来情况变得越来越复杂，人们认为气有别于一般的水汽和呼吸，是一种有灵性的发散物，因此也更神圣。成书于公元前 430 年至前 250 年间的《左传》这样写道："天有六气，降生五味，发为五色，徵为五声。"有时，气泛指向天上上升的气和从天上下降的气，有时又特指由天上往下降的气。《左传》中有气生五味的说法，在后面的章节中我们会看到在药物学和医学上，这五味有多么的重要。我们不知"降生"是什么含义，但有时人们用"六律"代指六种气。这种联系在中国早期的声学理论中极为重要，因为如果气能用管子输送，那么竹管显然是最堪担此任的，竹管还被用来作为灌溉工具。因此当我们在早期史料中看到萨满音乐家用竹管吹气，试图用魔摄法以自己的气息影响天上气流的状态从而达到改变自然活动的目的时，也就不足为奇了。从以后的史料中，我们还看到了与之相应的故事，讲到邹衍（公元前 4 世纪）用律管吹气帮助庄稼生长。 367

所有这些清楚地表明，中国早期的声学知识具有高度精神化的特征，同时我们也必须牢记，在古代中国人眼里，气是一种介于我们现在所说的"纯化气"和辐射能之间的一种物质。

气的通道;军事占卜者和他的管子

在原始人中,萨满教巫医常用空心的管子、骨头或树枝做话筒,以此来掩饰或放大自己的声音。如果中国有此类情况也不足为奇。但值得一提的是,和其他方面表现出来的一样,中国人还试图对这些话筒做一番改进,使它们能更清晰、稳定地传送声音,并对它们作了分类。

《兵书》一书早已失传。唐代张守节曾引用过其中的一些资料,提到了五种不同的士气,这些士气为有经验的占卜者所熟知。据说每个人体内都有一股与众不同的气,当军队中的士兵聚集在一起时,就会合成一股气,漂浮在队伍上方,看上去像一朵彩云。占卜者用管子吹气,使他们的气反作用于外部世界,既然两种气会因某种神秘的共振现象而相互作用,因此占卜者能利用敌军的合成之气探测到他们的士气。唐代学者司马贞这样写道:

> 凡敌阵之上,皆有气色,气强则声强,其众劲。律者所以通气,故知吉凶也。

这个看似奇怪的想法有着合乎情理的理论基础。在战争前的紧张时刻,由于焦虑或激动,萨满教巫师不能准确地吹出气,从而发生声音颤动无力或暗哑现象。尽管声音的这些变化是由萨满这方引起的,但由于共振现象,可以视为敌军士气的表现,这为占卜术提供了依据。

后来,人们利用五声音阶的分类对敌军的士气作了更详尽的测定,这五声是宫、商、角、徵、羽。在公元前4世纪的著作中,它们指的是全音阶中的五个乐音名或五个音阶(缺少第四、第七音的大调音阶)。但在此之前,它们还有其他的意义,而在这里,它们不是被用来衡量音调,而是变通着表示音质或音色。

368

音色的分类

至此,我们了解到早期的中国声学观是以气为理论基础的。这种现象一直延续到近代,但中国人对声音的研究确实在不断进步,起初他们只是用声音来占吉凶,后来逐渐发展到能正确地区分各种声音以及它们在音质、音量和音调上的不同之处。

今天,我们通过泛音来区分音色、确定音质。由于各种乐器上相同音符的泛音长度不等,因此同一个音经长笛或竖笛吹出,它们的音质会有所不同。但古代的中国乐师不会做出这样的解释,尽管音色对他们来说至关重要,但他们从不把构成声音的各种要素割裂开来单独考虑。

1. 制造乐器的材料

以制造材料划分，中国人把乐器归为八类，即所谓的“八音”。其完整的分类体系是逐渐形成的。根据周朝（公元6世纪后期——按：当为公元前6世纪）史料编撰的《乐记》中虽然已出现了钟、鼓、埙、篪、磬、羽、椌和楬八种乐器，但这些乐器其实只包含了四种“声源”，即金属、皮革、丝织物、竹类和石（见图161）。事实上，书中后来也指出这一现象。此书和其他参考文献

图161　后夔典乐图（清代后期表现传说中的乐祖师后夔传授音乐的场景。在后夔面前桌上摆着的是齐特拉琴和瑟；他的右边是笙、埙和篪；左边是箫和篇。图的上侧是编钟和大石磬，下侧立着编磬和鼓；后夔的桌子前面的地面上放置着柷和敔，旁边有人上茶。本图采自《书经图说》）

表明,在一段时期内,人们并没有对“八音”做出明确的分类;而另一方面,成书早得多的《左传》中则频繁提到风的八种形式,这也影响了人们对声音的分类。

2. 风和舞蹈

我们知道,中国人的日常生活安排取决于一年中节气的变化,而据《史记》记载,节气的变化与各种模拟舞蹈以及音乐有着密切的联系。据书中介绍,古代的帝王用这种神秘的方式来感召季节,使一年四季能按时到来。祭祀的舞蹈分为两种,一种模拟战争场面,另一种则演示和平景象,后者包括一系列兽舞和商羊(求雨舞)。有许多早期文献认为,在大型的钟、磬演奏之后,就会有狂风暴雨、雷电交加的现象。

风共分八类。罗盘的四个方位及各方位间都有一种(即东南西北风,还

370

有东北、东南、西北、西南)。东汉时评论家郑玄在描写“帽子舞”时指出,舞者冠上的羽毛象征着罗盘的四个方位。同时他还提到舞者的衣服上往往饰有翠鸟的羽毛。这种舞蹈通常在干旱求雨时表演,而翠鸟经常出没在河边或水地,两者之间的联系就显而易见了。表演时打击乐一般用来控制舞蹈的节奏,因为人们认为乐器本身也能主宰天气的变化。

综上所述,最初中国人是根据制造乐器的材料来划分声音的,用来制乐器的起初有四种材料:石、金属、竹、皮或革,后来又增至八种。这与人们所认识的八种风向吻合,因此人们设想每种风由一种特定的乐器控制。这样人们就试图根据风的八个方向或风源把乐器或声源划分成八种。后来人们又根据音高对声音进一步分类,因为示意舞蹈开始或控制节奏用的标志音的乐器,也应该可以作定音之用。

3. 音质、风向和季节的关系

每个人的音质和音调都不一样,但在任何一种文化中,人们对特定声音的反应总是相同的。《乐记》中提到了人们对五种声源的不同反应,说:“君子之听音,非听其铿锵而已也,彼亦有所合之也。”郑玄也论及了同样的话题。

郑玄和《乐记》都提到了五种声源,这与五行理论(见第一册)是一致的,但后来的参考文献中大都提到有八种声源(见表 40)。

表中对季节的划分似乎令人感到不解,但其中原委可能非常简单。因为早期人们采用的是比较简单的四分法——罗盘分成四个方位,一年有四季,声音也分为四种,但随着农业和管理体系的不断发展,人们对历法进行不断的改进,四分法也变得越来越复杂。表 40 正体现了这种变化。

表 40　传统的八种声源

声　源	罗盘方向	季　节	乐　器
1. 石	西北	秋冬	响石
2. 金属	西	秋	钟
3. 丝	南	夏	琵琶或齐特拉琴
4. 竹	东	春	笛
5. 木	东南	春夏	敔
6. 皮	北	冬	鼓
7. 葫芦	东北	冬春	笙
8. 地	西南	夏秋	埙

* 敔是一个中空的木头块,做成老虎的形状,有一个金属齿状的背;用一根末端分裂成十二片的棍子拂过或击打时会发出一种粗厉的声音。

音调的分类

罗马人用“尖”或“锐”、“低”和“沉”来描述不同的音调，音程较高一端的音是“尖”或“锐”，另一端的低音是“低”和“沉”。英国人则把音阶比作“梯子”或“台阶”，说它是一组由“低”向“高”走的音。而中国人却把音调分为“清”和“浊”两种。如果考虑到中华民族的经济与水利工程有着如此密切的联系，那么这种比喻也就不足为奇了。但说到中国音阶中用来指代五声的汉字，却没有这么容易理解，它们似乎是指祭祀舞中控制音乐和舞蹈的各种乐器的位置。有些史料中也确实说到，同西方由低到高、呈梯状的音阶不同，中国人以主音或者说宫调作参照，在其两旁安排其他音符。《淮南子》一书对此有着生动的描写:“中央为宫……宫者，音之君也。”

声学的发展

1. 音阶

只有在确定了音程,并给各个律音命名后,人们才有可能对音阶进行更精确的计算和研究,声学也就应运而生。我们已无法确定中国人最早给律音命名的具体时间,但《左传》的某些篇章(大约公元前 4 世纪)就提到了五声音阶,而当时并没有给五声具体命名。可以肯定的是,到了公元前 300 年,人们已用宫、商、角、徵、羽来区分弦乐器上不同的律音。这在《尔雅》一书中可以得到证实。我们发现,一个半世纪以后,董仲舒在讨论声音的共振现象时,明确地提到了这些律音的音名。

可以肯定,在公元前4世纪以前,人们已对音高进行了分类,并且在不同的乐器上使用不同的音名。吹长笛的根据长笛上的按孔起一套名字,并传授给自己的学生;弹琴的则按不同的琴弦,另起一套不同的名称。据司马迁在公元前100年左右的记载,早在公元前6世纪,已经出现了为弦乐器制作的乐谱,那是指的卫灵公曾叫他的乐师涓写过一首曲子。再往后(公元前150年),董仲舒在书中提到如何给乐器定音,如宫调或商调。令人称奇的是,当时中国人甚至给鼓也定了音准,并记录下敲鼓时的共鸣现象。而在欧洲,一直到16世纪,人们还未曾给鼓定音,那时欧洲人把鼓说成是“会隆隆发响的桶”。到了公元前120年,《淮南子》一书中不但确切地解释了五声音阶,而且指出把五声和十二律结合便可得到所谓的六十律。

372

2. 七声音阶及其发展

就这样,从公元前4世纪开始,中国就已经出现了五声音阶。但长期以来还有这样一种说法,称七声音阶是周王发明的。根据公元2世纪郑玄的记载,五声即相当于现在的C调的CDEGA,七声则是CDEFGAB。周朝是否真的已有七声音阶已无从考证,不过很多文献中都不止一次提到了“新乐”这种说法。

3. 十二律和具有标准音高的编钟

中国律学的发展经历了两个阶段,起初人们通过乐音之间的相对关系来确定音阶,后来演变为用一系列固定的绝对音高来表示音程。在中国,十二声音阶的发展和钟的演变密切相关。在中国古乐队中,乐钟扮演着双重角色:定音调及起音(示意音乐开始)。最晚从周朝开始,演奏音乐已不仅仅局限于敲打那些碰巧才能敲出希望得到的声音的响石或铜片,因为当时人们已经制造出十二口具有准确音高的钟,称之为“十二律”。所谓的“十二律”并非现代意义上的音阶,它们只不过是一系列基本的音符,以此为基础人们可以确定各种音阶。

最早在何时出现这套有标准音高的钟,我们已不得而知,但据《国语》记载,在公元前521年发生的一场辩论中,人们曾提到了这套钟,这也许是有这方面记录的最早的史料,但或许《月令》中的记载更早一些。在周朝,人们认为钟和铜镜一样,是一种具有某种神秘力量的物品,它们都被分成了两类——阴和阳。《国语》对它们的排列如表41所示。从表中可见,构成中国传统十二音阶的十二个律音,是以表中的钟名来命名的。

表 41 《国语》中钟的分类

373

阳　钟	阴　钟
黄钟	大吕
太簇	夹钟
姑洗	中吕
蕤宾	林钟
夷则	南吕
无射	应钟

4. 数学制律法

至此，在探究中国音阶演变历史时，我们提到音阶演变所经历的三个阶段：在初始阶段，如《周礼》中所述，各个乐音已经有了音名，尽管其中有些名称与最终采用的不尽相同。到了第二阶段，据《国语》记载，出现了用来表示音阶的十二口钟，这十二口钟分为两组，每组六个，这时所有的音名与最后公认的全音阶已完全一致，但各个音之间的音程关系却无法确定，音调本身的频率也不为人知。第三阶段，从公元前 240 年左右的《吕氏春秋》一书中可知，音阶的发展显然已翻开了崭新的一页。虽然当时各个音的音频仍无法确定，但我们可以知道这些音阶是如何得到的。

为了便于人们体会中国人计算音律方法的简洁，我们先来看一下希腊人的计律方法，即所谓的“毕达哥拉斯音阶”。这种制律法是西方律学的源头，现在的音阶都由此衍生而来。在研究音阶时，希腊人采用的是竖琴和西塔拉琴，两种都是弦乐器，他们的律学体系以八度音程为基础。最初，竖琴外侧的几根弦是根据八度音阶调制的，剩下两弦则按四度和五度音阶制成。到了公元前 6 世纪，毕达哥拉斯创造性地用弦长来定律，他先以一根自由振动的空弦为基础，然后取其二分之一、三分之二和四分之三的弦长来确定与八度、五度、四度音程相对应的弦长。毕达哥拉斯用这种数比关系来确定音阶，与此同时，古希腊另一学派则还是坚持用耳定音。

另一方面，中国人在确定音高标准时，所用数学工具至为简单，并且他们也不需要使用八度音列作为起点。中国人只需确定一个主音的弦长，然后分别乘以三分之二或四分之三便可取得无数个音高递增的律音，公元前 90 年司马迁所著的《史记》是有关利用弦长定律的最早史料。据该书记载，人们结合十进制和三分损益法得到了决定音阶的确切弦长，这种方法具有明显的巴比

374

伦风格。事实上中国定律法和“毕氏律制”有着异曲同工之妙，有可能两者都起源于古代巴比伦。古代巴比伦人拥有高度发达的弦乐器制作水准，有可能是中国和希腊律学的源头。

寻找准确的调音方法

在人们发现了用数学方法来确定乐音之间的音程后，调音艺术起了本质性的飞跃。在中国，许多学者和乐师有着惊人的听力，能分辨不同音符之间的细微差别。他们由此受人尊敬，后来尽管人们仍然敬重他们，但已认识到耳朵定音有其局限性，发明一种能准确定音的弦乐器已势在必行。

1. 共振现象及对可测弦的利用

有史料表明，早在周朝，中国就有了定音器。《国语》记载了用钟定音的方法，公元3世纪的韦昭在为之做注时，描述了一种给钟定音的叫“均”的调音器，说是“均，所以均音之法也，以木，长七尺，有弦系之，以为均”。尽管他的描叙不甚清楚，我们还是可以从中了解到汉代官方重大的典乐机构已使用了“均”这种“调音器”。他提到的调音器是如此之长，这本身就令人感到新奇。可能是因为长的弦能发出响亮动听的声音，比较容易在钟内引起共鸣。另外，弦越长，人们就越能对之细分。

因此可以肯定，在当时人们已经懂得如何利用共振原理来给古钟定音。成书于公元317年前后的《晋后略记》中有这方面的记载，其中有一篇相当有意思。

> 或有汉时故钟，以律命之，皆不叩而应，声响韵合，又若俱成。

2. 埋在地下的律管中的宇宙节律

从某种意义上讲，用共鸣原理来给古钟调音非常简单，但如何确定笛子这类管乐器的长度，使它们发音准确，却是个难题。然而我们知道，竹笛是通过送气而发声的，而风是气的一种主要表现形式。此外，古代中国人认为，八种声源决定了各自不同的乐器，而这些乐器发出的声音又引导着不同的舞蹈形式，从而感召着来自四面八方的风。因此音律、风和方向之间的关系十分清楚。或许，没有人头脑简单到如此地步，会认为只要把笛子放在正确方向上，相应方位上的风便会穿过笛管，吹响笛子，发出准确的声音。但是有些古代自然哲学家注意到风是由地气上升和从天气下降化合产生的，并会因季节的不同而不同。因此他们独辟蹊径，尝试着利用这一现象来找到能使笛子发出准确声音的风向。这样就产生了一种独特的吹灰定音法。

375

哲学家蔡元定（1135—1198 年）精通声学和音律，1180 年他曾提到过这种技法：

> 吹以考声，列以候气，皆以声之清浊、气之先后，求黄钟者也。是古人制作之意也。

他接着解释道，如果不能找到标准的音高，便切出长短不一的竹管，挑出那些有准确音高的竹管埋在地下，让后人来验证其准确程度。换句话说，蔡元定提到的是用实验的方法来获得具有标准音高的笛管，这种方法，别的人也同样可以拿来作为验证。正因为如此，蔡元定感叹道："后世不知出此，而唯尺之求"，所以才陷入困境。

图 162　錞（椭圆形的铜钟，口宽，底圆而窄，由拎环悬挂，通常如图制成老虎的外形。像铃一样，有一舌，但是悬挂在一根交叉的棍上，因为錞是朝上开口的。錞中装有不等量的水，有时被用来定音）

吹灰法是指把律管按罗盘相应方位排成一圈，律管倾斜放置，因此一端高，一端低。顶端填灰，放在单间密室里边。人们认为，这样，当指定月份的气到来时，相应的管中的灰就被吹了出来。由于这一方法显然无法完全令人满意，因此人们后来又作了一些改进，比如把管子埋在地下只露出上端。在此同时，人们对这一整套方法提出了质疑。尽管吹灰法带有某些神秘的色彩，但人们在此基础上制造了有标准长度的律管。汉朝以后，这些律管被广泛用来给乐器定音。

3. 利用盛水的容器调音

这里所说的是另一种调音方法，和古希腊的亚历山大人一样，中国人发现如果容器中的水量不同，发出的声音也不一样。人们对此作了充分的研究。公元 320 年，干宝对錞所做的说明，或许是利用盛水容器定音的最早记录之一（按：引文源自《太平御览》，非干宝所言）： 376

> 去地尺余，灌之以水，又以器盛水于下，以芒当心，跪注錞于。以手振芒，则其声如雷。

在唐代，人们已经普遍使用装水的碗给乐器定音，并制造了一整套定音用的容器。或许人们是在用水测标准容器的体积时受到某种启示，从而研究出了这种调音法。

4. 乐钟的制造和调音

在古代中国，钟在音乐演奏中和乐器定音中扮演着极其重要的角色。中国制钟历史悠久，其铸钟艺术非常值得研究，尤其是其中钟的演变方式，更是一个重要方面。

“铎”(图 163)是一种手钟，它也许是中国钟的鼻祖。最早的铎呈圆桶状，底部直径比铎身要长，开口向上，用手拿持。如果铎的口形朝下，悬挂起来，便成了钟(见图 164)。对于钟，人们通常用棍棒或锤子敲击，使之发出声响。钟舌(铃)的出现是后来的事。到了公元前 5 世纪，钟的上述演变包括钟舌的

377

图 163　口朝上的无钟舌手钟(又名铎。周朝。高 43cm)

出现已经基本完成，但如何把钟变成乐器则是另外一回事。直到今天，准确地给乐钟调音也不是一件容易的事。钟的音高和音质受多种因素影响，其中包括材料的质地、成分，钟的内部构造及外形，两壁之间的距离以及钟壁填料

378

的量。此外材料锻造和冷却时的温度也决定着钟的音质、音高。

使用前，钟的音高需经过调整。调音时，人们通常在钟的某些部位锉去一些材料，使钟壁稍微变薄，从而获得准确的音高。通过这种方法可以不断调整乐钟的基本音调，还可以得到一组与主音和谐的音阶。

从《周礼》的描述中，我们可以清楚地看到，中国很早就已经认识到，给乐钟调音涉及很多方面的问题。尽管《周礼》提到的这些问题只代表汉代学者的观点而不是铸钟匠们的实际经验，但它至少表明，当时人们已经认识到，有许多因素决定了钟的音调：

> 薄厚之所震动，清浊之所由出，侈弇之所由兴。

他们的认识非常合理。《周礼》一书的其他地方则记载了铸钟匠独有的技术术语和专业知识。在有关描写乐钟发出的十二种不同声音的章节，我们可以看到这些说法：

379

图 164　口朝下的无钟舌手钟(又名钟。周朝,可能是早在公元前 6 世纪之物。高 56cm)

凡声,高声硍,正声缓,下声肆,陂声散,险声敛……薄声甄,厚声石。　380

两千多年前,为了准确地制造乐钟的各个部位,中国人对其中的某些现象产生了极大的兴趣。毫无疑问,上文就此作了一番分析。然而我们不应忘记,即使在今天,对音质的研究也不是一门非常精确的科学,我们只能用“丰富”或“单薄”来形容它。

律管,黍米和度量衡

在其他古代文明社会中,人们在制定度量体系时,考虑的只是如何确定标准的长度、容量和体积单位,而中国人却显得与众不同,他们把衡量音高的音律也纳入度量体系。他们认为音律不仅与其他三种度量单位处于同等地位,而且是产生其他度量的基础。《国语》是这样描写音律的:

> 是故先王之制钟也,大不出钧,重不过石。律、度、量、衡,于是乎生。

我们前面提到过钟,它可以是一种标准度量器具,同时也可指酒具、或谷物的量器,但最常见的还是用它来指乐器的"钟"。我们可以想象得到,一个简单的容器是怎样演变成一口钟,然后由一口简单的钟发展成具有固定大小、质量和音高的标准量器的。当人们用律管给乐器定音后,律管也具有了钟的这种度量功能,所以我们在书上可以看到黄钟管确切能容纳多少黍粒这样的说法。有时人们可能根据管中所盛黍粒的准确数目来确定黄钟管的长度和容量,进而检验它的音准。这种方法出现在汉朝或汉朝以后,但它与人们过去对音律看法出入较大。在这之前人们一直认为音律是度量衡的基础,因为调弦者根据音律来定弦的长短,而弦的长短又给定标准音高。钟这种标准量器,还必须能发出黄钟之音。然而,使用黍粒的数量作为检测量器的中介标准,能促使人们去思考律管长度和直径之间的关系,这与声学理论的建构有高度的相关性。

使用黍粒来检测量器这种方法最有意义的一点是,它体现着一种对精确性的追求。过去的测量方法一直以人体为基础,如根据腕部脉搏到拇指根部的距离定义的尺和寸,显然那种方法无法通过测量去实现预期的准确音高。

381

对声音是一种振动的认识

在中国声学发展过程中,真正意义上的科学研究是从人们以谷粒数测量体积开始的。此后中国的声学发展进入了一个新的阶段。中国的汉代,正是西罗马帝国时期,维特鲁斯(约公元前 27 年)给后人留下了大量的声学知识,其中有些讲到了声音的本质。他认为,声音的传播是以无数的圆环状形式进行的,就像在平静的水面上投进一块石块一样,石激水荡,水纹既生,涟漪无穷。他还提到敲打紧绷的鼓面产生的声音现象,并对其本质作了说明。

在观察液体形成的波浪时,中国人也由此联想到了声音的本质。但在公元 8 世纪以前却很少有文献把两者进行类比。然而,下面这段文字却非常有趣,它出自董仲舒(公元前 2 世纪)的《春秋繁露》。在该书中,董仲舒大胆地应用波理论来解释包括气在内的所有的物质现象。

> 人下长万物,上参天地,故其治乱之故、动静顺逆之气,乃损益阴阳

之化，而摇荡四海之内。物之难知者若神，不可谓不然也。今投地，死伤而不腾相助；投淖，相动而近；投水，相动而愈远。由此观之，夫物愈淖而愈易变动摇荡也。……

在汉语中，"清"和"浊"两个字表明，水波与空气的波动之间存在着某种内在的联系。一般意义上，清指"清晰"，浊则有"浑浊"的意思。然而在声学著作中，它们被作为专有名词使用。郑玄认为清表示六个音调较高的音，而浊则指音调低沉的六个音。如果把一粒小石子投入水中，水溅起的声音音调相对较高，产生的水纹较小，也较为密集。此外，因为石头较小，投入水中后不会搅动湖底或河床，所以水仍是清的。而从另一方面讲，如果把一块大石投入水中，发出的声音音调就相对较低，溅起的水纹则比较大。同时由于石头大，搅动了河床，水也变得浑浊起来。以上对"清""浊"两个术语的起源作了解释。无论正确与否，这种解释确实和这两字出现的语境相吻合，同时和声音的其他属性如音质和音量也不矛盾。 382

中国人的思维具有相关性，习惯于把事物联系在一起考虑，表现在他们对音乐的看法上，这种起联系作用的因子便是气。公元前1世纪的《乐记》这样写道："地气上升，天气下降。"由此产生的结果是阴阳相互摩擦，天地振荡，雷霆震响，这样，天地的作用导致了音乐的诞生。距此13或14个世纪后，中国人对声音现象的看法更趋成熟。1060年，张载在《正蒙》一书中论及声音，谈到了他对声音的看法：

声者，形气相轧而成。两气者，谷响雷声之类；两形者，桴鼓叩击之类。形轧气，羽扇敲矢之类；气轧形，人声声簧之类。

这段引文表明，在解释声音的本质时，传统的中国思维方式既有优势但又存在局限性。中国人表现出的分类能力及敏锐的分辨力确实令人赞叹。但具有了这种分辨能力并不等于就能透彻地分析复杂的问题。比这略早，南唐的谭峭或是其他道士在《化书》中也谈到了声音的本质现象，他们的解释要更确切一些。谭峭说道：

气由声也，声由气也。气动则声发，声发则气振。

这是一个重大的进展。文中认为声音的出现使处于静止状态的空气变为振动状态，而振动的空气又产生了声音。文中及物动词"振"（有振动的意思）的使用，意义尤其重大。它明白无误地体现了这样一种观点——声音是一种振动。在这之前，中国人在描写钟声时也流露出这种思想，他们把钟声比喻成

383 一种不连续的颤动。考虑到中国人如此关注乐钟发出的音色，也就不难理解中国人会有声音是由大气的振动而产生的这样的想法了。

谭峭接着指出，我们周围无处不在的气流始终处于一种应激状态。如果气流的这种剧烈振动能产生声音，那么只要存在着一个中空或能产生共鸣的腔体，就能接受到气的信息，并听到它发出的声音。谭峭的这种想象出现在他另一段引文中。显然，在他眼里，世界是一个真空，有着无限的潜能，因为它能从无中生有，产生巨大的能量，譬如闪电。同时他认为闪电的出现产生了气，造成了气体的流动，从而产生了声音。谭峭的这种理论在一定程度上正确地解释了雷鸣的产生原因。

尽管谭峭未曾就听觉展开相关讨论，但中世纪的中国人并没有忽视这个问题。大约在742年，另一位道家学者，田同秀在《关尹子》中这样写道：

> 曰如桴扣鼓。鼓之形者，我之有也；鼓之声者，我之感也。

田同秀的这种说法非常有意思，在他看来，声音撞击内耳就像棒槌击鼓一样；也就是说声音会对耳朵造成一种压力。在这里只有经过自己的切身体会，人们才会这样形容声音。

从明代《湘烟录》一书中我们可以推测，最迟在公元4世纪，人们已开始研究回声的速度。但书中对之描述不详，有可能人们是先通过动作示意声音开始，然后测定声音传到观察者耳中的时间，并进一步推定其传播速度。

1. 对振动的探测

早在公元前4世纪，《墨子》中记载了有关军事防御工程方面的研究。该书的作者可能是禽滑釐，书中提到，守城的人用中空的容器作共鸣器（地震检波器），来侦测敌军在攻城时挖地道的方位和动静。文章指出，如果听到了挖土声，敌人肯定是在用挖地道的方式攻城了：

> 城五步一井，附城足。高地丈五尺，下地得泉三尺而止。令陶者为罂，容四十斗以上，固幂之以薄鞈革，置井中。使聪耳者伏罂而听之，审知穴之所在。

384

这个故事发生在大约公元前370年。在欧洲，波斯人公元前6世纪围攻巴克(Barca)时，就把空心盾牌用作侦察敌情的探听器。无论在东方还是在西方，人们在实践中独立地发展出了这一应用技术，这并不让人感到难以置信。

后来，在福建北部，渔民们发明了一种探测器，用来测听鱼群游近时发出的声音。这是中国人在运用振动原理的实践中最巧妙的一例。当预感到有鱼群游近时，渔民们就取出一根5厘米粗、1.5米长的竹竿，靠着船舷插入水中约1米处，然后把耳朵贴在竹竿上部的孔上聆听。据在场的西方人说，他们能听到远处嘈杂的隆隆声，此时渔民们告诉他们鱼群在1.5公里外，后来捕捞的结果证实了这种预测。

2. 自由发声的管乐器

前文曾提到有关萨满教巫师试图利用管子吹气的事。而炼金术士对此也颇感兴趣（实际上，有时他们可能是同一类人），因而一旦时机成熟，他们便以机械化的手段来实现这一过程。有关中国人在特殊风箱和泵机方面的发展，我们将在本书的下一章中加以论述。这里有必要说明的是，泵机中的阀门，或者更确切地说是风门片或瓣阀，与管乐器之间有着密切的关系。同泵机一样，弹奏类的管乐器的阀门孔在演奏时会完全关闭，而吹奏类的管乐器的阀门孔则能自由振动。

“口琴”（笙，吹奏类乐器）起源于周朝，通常认为，这种能自由发声的乐器的原理是从中国传入西方的。因此笙可以说是口琴或管乐器（管风琴、六角手风琴、手风琴等）的鼻祖，有确切资料表明，它是19世纪从俄罗斯传入欧洲的。

另一方面，在亚历山大里亚城，人们首次在各类管风琴上使用了带有活塞的风箱，在公元前1世纪末，维特鲁斯对此作了详尽的描写。公元13世纪，阿拉伯人发明的一种带风箱的风琴传入中国，引起了人们极大兴趣，在经过改造后被用于中国的乐曲。穆斯林的这一发明先于欧洲人在1460年前后对管风琴的发明，即使在被中国人改制为装有杏叶状的自由发声的管乐器后，仍至少领先于欧洲的管风琴五个半世纪。

平均律的演变过程

385

中国人对琴弦和空气柱的振动发声原理有着如此深刻的理解，因此我们有理由相信他们在律学上取得过巨大的成就。事实上，在律学方面，欧洲音乐从中国人那儿学到很多东西，然而通常人们却并未意识到这一点。

在很长一段时间里，西欧音乐人在定调和发展音阶体系时一直以希腊的律学体系为基本参考对象。按照毕达哥拉斯的制律方法，首先确定一个固定的音，然后根据振动弦的长度，得出一系列比事先确定的音高八度或五度的基本音，参照这些基本音，升高或降低音高形成一个全音阶。这种制律方法虽然被称作“标准律法”，但有其局限性。以此形成的音阶，乐音之间的音程取决于事先固定的那个音，因此不易转调。也就是说，如果一件乐器按C调定了音后就不能弹奏F调的曲子。因为决定C调中各音之间音程的标准音与F调的不尽相同。同样，中国的五度相生律也存在着类似的问题。在五度相生律中，人们仅仅把音高升高或降低五度，形成全音阶。只是有时为了在男女声或童声合唱时取得和谐的效果，才考虑到用八度音程定音阶，因此中国的律制与希腊的存在着细微的差别。

在西欧，直到17世纪才出现所谓的十二平均律。人们以现有的音阶为基础，调整各个音的音高，或降低某些偏高的音或升高某些偏低的音，使音阶之间的音程达到一致。由此人们可以随心所欲地进行转音或转调，约瑟夫·巴赫(1685—1750年)的作品使这种平均律受到人们的广泛重视。在中国，杰出的数学家、乐律理论家、满族(按：原文有误，应为明王后裔)王子朱载堉经过三十多年的仔细研究和实验，于1584年提出了十二平均律(见图165)。他利用数学方法等分了八音度之间的音符，得到了一个音程完全相等的音阶。简单地说，他的十二平均律就是把弦和管的长度连续除以二的十二次方根($\sqrt[12]{2}$)或把管的直径除以二的二十四次方根($\sqrt[24]{2}$)。他的平均律与欧洲后来出现的

386

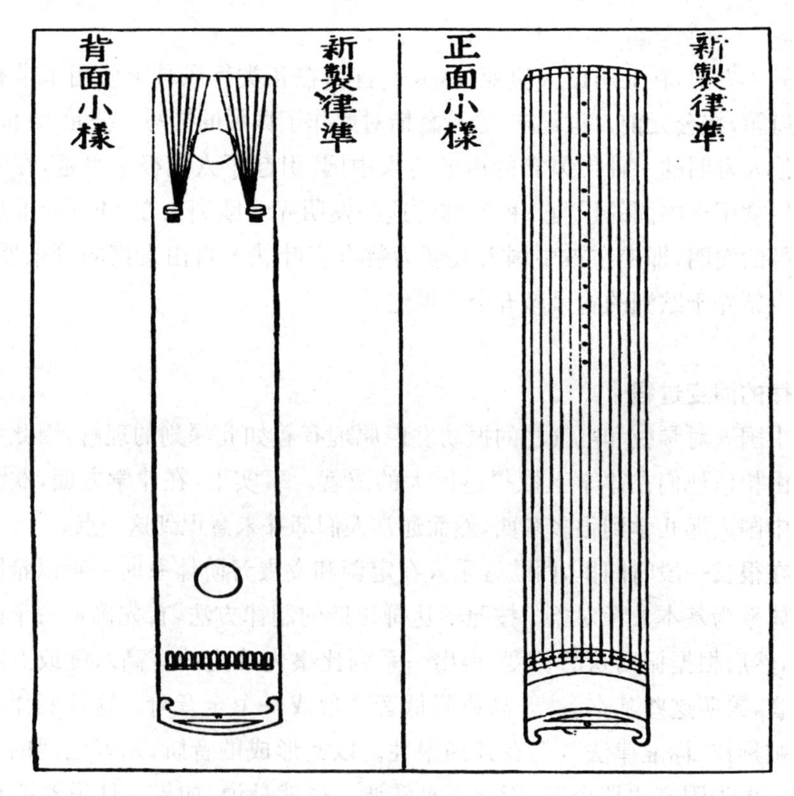

图165 朱载堉的律准器[采自他的《律学新说》(1584年)。上部的铭文为“新制律准”；右图为正面，左图为背面]

平均律完全相同。

研究表明，直到1577年，西欧还没有人掌握十二平均律。直到1620年前几年，佛兰芒物理学家西蒙·史蒂芬才提出了有关这种平均律的理论。史蒂芬的计算方法与朱载堉的方法十分相近，可能是他的独立发现。但如果是这样的话，那么这是他第二次与中国前人的著名发明巧合了。第一次是一种航海工具，也是在他之前中国就有了类似的发明。然而无论从哪方面看，朱载堉的发现都可以称得上是中国人两千年来在声学实践和研究中取得的最大成就。

387

因此，在这一科学和艺术的边缘学科里，近代的中国人和欧洲人是携手并进的，尽管朱载堉和史蒂芬也许对对方的情况一无所知。

索引（第一卷、第二卷）*

第一卷

* 索引中的页码均为英文版原书页码。

第二卷